高等学校教材

火炸药学

俞卫博　陈　丽　主编

西北工业大学出版社

西　安

【内容简介】 本书系统地阐述了热化学、燃烧理论、爆炸理论、爆炸作用、安定性等经典炸药理论，典型起爆药、猛炸药、火药和烟火药的组成与功能、性质与应用、现状与发展，以及点火传火、起爆传爆、延期、动力源和工程爆破等类型火工品的结构、作用、应用及发展趋势。

本书主要作为弹药工程与爆炸技术专业的教材，也可供相关专业研究生和相关领域科技人员阅读参考。

图书在版编目(CIP)数据

火炸药学 / 俞卫博，陈丽主编．— 西安 ：西北工业大学出版社，2022.4

ISBN 978-7-5612-8146-8

Ⅰ.①火… Ⅱ.①俞… ②陈… Ⅲ.①火药-教材 ②炸药-教材 Ⅳ.①TQ56

中国版本图书馆CIP数据核字(2022)第057345号

HUOZHAYAOXUE

火 炸 药 学

俞卫博 陈丽 主编

责任编辑：王玉玲　　**策划编辑**：华一瑾
责任校对：胡莉巾　　**装帧设计**：李 飞
出版发行：西北工业大学出版社
通信地址：西安市友谊西路127号　　邮编：710072
电　　话：(029)88491757，88493844
网　　址：www.nwpup.com
印 刷 者：陕西奇彩印务有限责任公司
开　　本：787 mm×1 092 mm　　1/16
印　　张：23.25
字　　数：610千字
版　　次：2022年4月第1版　　2022年4月第1次印刷
书　　号：ISBN 978-7-5612-8146-8
定　　价：68.00元

前　言

火炸药是一种特殊的能源，是军事领域应用最广泛的含能材料。火炸药及其制品——火工品在弹药领域的应用最广、用量最大，是现代意义上弹药完成远程打击、高效毁伤的主要能源，在精确命中方面也发挥着重要作用。

黑火药，是我国四大发明之一，也是火炸药的鼻祖，它在军事领域的应用直接拉开了冷兵器时代向热兵器时代过渡的序幕。在经印度传入阿拉伯，并经西班牙传入欧洲的过程中，黑火药对世界军事技术的发展、人类文明和社会的进步都产生了深远的影响。19 世纪以前，黑火药一直是武器发射与爆破的唯一能源，在火炸药领域占据统治地位。

军事需求牵引和技术推动是火炸药技术发展和应用的两大源动力。19 世纪后半期，局部战争对火炮射程、弹药威力提出的更高要求，以及化学工业、制造业等行业随第二次工业革命的蓬勃发展，促进了硝化甘油、硝化棉、梯恩梯、均质火药、雷汞等现代火炸药，以及火帽、雷管等火工品的发明，直接促成了现代意义上的弹药在战场上的使用。两次世界大战则直接推动了梯恩梯、火帽、雷管在弹药中的广泛应用，同时促进了火炸药、火工品理论与技术的快速发展，品种更多、能量更大、综合性能更好的火炸药与火工品在战场上发挥了更大作用，相关理论也日臻成熟。第二次世界大战结束后的第三次、第四次工业革命，带来了新型含能材料技术、微纳米技术、微机电系统技术的出现和快速发展，推动了火炸药、火工品技术的快速进步，直接导致了以低感、高能为主要特征的火炸药和以高安全性、小型化、多功能等为主要特征的火工品的出现，满足了现代战争对火炸药、火工品提出的多元化要求。与此同时，计算机技术、数值仿真技术以及现代测试技术的发展也为火炸药理论的发展、丰富和成熟提供了更多手段支持。

由于本书内容既涉及热化学、燃烧理论、爆炸理论等经典的火炸药基础理论，又涵盖典型火炸药特性和典型火工品的结构与作用等内容，更突出火炸药、火工品在弹药装备中的应用要求，体系完整、覆盖面广，故命其名为《火炸药学》。

本书是在火炸药学课程教学基础上，结合近年来弹药工程与爆炸技术专业教学大纲和人才培养方案调整，以及火炸药、火工品的最新发展和应用编写而成的。全书分为 14 章：第一章绪论，由俞卫博编写；第二章炸药的热化学性质，由陈丽编写；第三章炸药的感度，由张靖编写；第四章炸药的爆轰理论，由张靖和乔志明编写；第五章炸药的燃烧，由陈丽和张力编写；第六章炸药的爆炸作用，由赵然和张靖编写；第七章炸药的安定性，由陈丽编写；第八章猛炸药，由赵然和张力编写；第九章起爆药，由张力和鲁彦玲编写；第十章黑火药，由施冬梅和赵然编写；第十一章烟火药，由张倩和乔志明编写；第十二章发射药，由施冬梅、鲁彦玲编写；第十三章固体推进剂，由俞卫博和乔志明编写；第十四章火工品，由张力和鲁彦玲编写。全书由俞卫博统稿，杜仕国审定，乔志明和张林静参与了大量的校正工作。

本书的编写参阅了兄弟院校、研究所的教材和专著，以及诸多同行的最新研究成果，也得到了多家相关研究所和工厂同行的倾力帮助，再此一并表示感谢。

由于水平有限，书中难免有不足之处，恳请读者批评指正。

编　者

2021 年 4 月

目　录

第一章 绪 论

火炸药，泛称炸药，是一种特殊的能源或含能材料。与其他材料相比，火炸药是一种不稳定的物质，一定的外能作用即可使其发生化学变化，快速释放内能，形成燃烧或爆炸，对周围介质做功。火炸药及其制品广泛应用于常规弹药、导弹、鱼雷、航弹、核武器及航空航天系统等领域，主要实现上述装备的点火传火、推进发射、弹道修正、终端毁伤等功能。

第一节 爆炸现象

爆炸是物质迅速的物理变化和化学变化。在变化过程中，物质在有限体积内发生极为迅速的能量释放，系统的内在潜能急剧转变为机械功，并伴随有强烈的热、声、光等效应。

爆炸的本质是能量转换的过程。通常将爆炸现象分为两个阶段：第一阶段，某种形式的能量以一定方式转变为原物质或产物的压缩能；第二阶段，物质或产物由压缩态膨胀，在膨胀过程中引起附近介质的变形、破坏和移动。爆炸可分为物理爆炸、化学爆炸和核爆炸三类。

由物理变化引起的爆炸称为物理爆炸，其特点是物质的物理状态发生了变化。物理爆炸在日常生活中很常见。锅炉、高压气瓶、轮胎爆炸以及闪电等都属于物理爆炸。比如地震，就是由弹性压缩引起爆炸的例子。在地壳的个别地区形成的应力可以波及广大区域，并在某些区域集聚，突然释放出大量能量，强烈地震释放的能量相当于百万吨梯恩梯炸药爆炸所释放的能量。

由化学变化引起的爆炸称为化学爆炸，其特点是有新的物质产生。矿井瓦斯爆炸、煤矿粉尘爆炸以及炸药爆炸等都属于化学爆炸，这里重点研究炸药爆炸。炸药的爆炸是通过炸药分子的高速分解将化学潜能转换为热能，再将热能转换为机械能，并伴随有新的产物产生的过程。

核爆炸是指能量由核裂变或核聚变所产生的一种爆炸。核爆炸兼具物理爆炸和化学爆炸的特点。核爆炸所释放的能量比炸药爆炸释放的化学能要大得多。核爆炸在爆炸中心区可形成数千万兆帕的高压和数百万到数千万摄氏度的高温，其能量相当于数万吨到数千万吨梯恩梯炸药爆炸的能量。

第二节　炸药爆炸三要素

炸药发生爆炸变化需要具备三个基本要素，即反应的放热性、快速性和生成气体产物。

一、反应的放热性

反应的放热性是炸药爆炸的必要条件。炸药的爆炸过程伴随着炸药分子的分解反应。要使炸药发生分解反应，首先必须供给能量，使其分子活化或原来的结构破坏，重新组合成新的产物分子，同时释放出反应热。现代炸药的反应热一般在 3 000～6 000 kJ/kg，如梯恩梯为 4 222 kJ/kg，黑索今为 5 932 kJ/kg。炸药反应放出的热将传给未反应的炸药，使其继续分解，将分解反应在炸药中传播下去。

如果反应不具有放热性，或放热量很小，则前一层物质反应后，不能激发下一层物质的反应，反应便不能自动地传播，这样的物质不能称为炸药。另外，对于不放热或放热很少的反应，由于不能提供做功所需足够能量，所以也不具有爆炸性质。例如，草酸盐的分解反应为

$$(NH_4)_2C_2O_4 \longrightarrow 2NH_3+H_2O+CO+CO_2-263.6\ kJ$$

$$PbC_2O_4 \longrightarrow Pb+2CO_2-69.87\ kJ$$

$$HgC_2O_4 \longrightarrow Hg+2CO_2+47.38\ kJ$$

$$Ag_2C_2O_4 \longrightarrow 2Ag+2CO_2+123.4\ kJ$$

上述反应形式相似，但热效应不同。前两个反应是吸热反应，不能发生爆炸，而后两个反应能释放足够热量，可以发生爆炸。

二、反应的快速性

反应的快速性也是炸药发生爆炸的必要条件，是炸药爆炸区别于一般化学反应（如燃烧反应）的重要特征。就反应的放热量而言，单位质量的炸药往往小于普通燃料。然而，燃料正常燃烧并未形成爆炸，其根本原因在于反应过程进行得很慢。例如 1 kg 汽油在发动机中燃烧或 1 kg 煤块在空气中燃烧，所需时间为数分钟到数十分钟，而 1 kg 炸药爆炸时的传播速度一般在 2 000～9 000 m/s，爆炸反应一般在 10^{-6}～10^{-5} s 内即可完成，其速度比燃料燃烧快数千万倍。

由于炸药反应的速度极快，故可近似地认为，爆炸产物来不及膨胀，反应生成的热量全部集中在炸药爆炸前原有的容积内，从而维持一般化学反应无法达到的高能量密度，形成高温高压气体，并通过膨胀产生强烈的破坏作用。

三、生成气体产物

爆炸能量转换的本质决定了压缩能转换为机械能必须由工质完成。气体的可压缩性和膨胀系数都很大，是理想的能量转换工质，因此，生成气体产物是炸药爆炸的重要因素。

有些反应兼具放热性和快速性的特点，但由于产物不是气体，不能将快速反应释放的大量热量转换为机械功，故不能形成爆炸。如铝热剂反应：

$$2Al+Fe_2O_3 \longrightarrow Al_2O_3+2Fe+827.64\ kJ$$

该反应的热效应可将产物加热到 3 000℃以上，反应速度也很快，但因产物处于液态，无气体生成，故只能燃烧不能爆炸。

有些情况下，兼具足够的放热性和快速性两个条件，虽不生成气体，也会爆炸。比如，研细

的大量铝热剂，在空气中燃烧时，由于铝热剂及周围空气受热膨胀也会发生爆炸。但这种爆炸是空气受热后产生的，并不是铝热剂本身产生的。

总之，反应的放热性、快速性和生成气体产物是炸药爆炸的基本要素，缺一不可。放热性为爆炸反应提供能源，而快速性可使有限能量集中在较小容积内并产生强大功率，生成的气体产物则是能量转换的工质。这三个要素又相互联系、相辅相成，反应的放热性将炸药加热到高温，使爆炸反应加速，反应释放的热量还可将产物加热至高温，使更多产物处于气体状态。

第三节 炸药化学变化的形式

爆炸只是炸药化学变化的一种形式。在反应方式和环境条件不同时，炸药还会发生其他形式的化学变化。按照反应速度和传播的性质，炸药化学变化的形式可分为热分解、燃烧和爆轰。其中，热分解是缓慢的化学反应，燃烧和爆轰属于剧烈的化学反应，三种形式可在一定条件下转换。

一、热分解

常温条件下，且不受其他外界能量作用时，炸药通常以缓慢的速度发生分解反应。分解在整个炸药内部进行，分解速率主要取决于环境温度。常温下分解速度很慢，难以察觉；外界温度升高时，炸药反应速度加快，满足一定条件时，热分解可转化为燃烧或爆炸。研究炸药的热分解对炸药的长期贮存有重要的实际意义。

二、燃烧和爆轰

与热分解相比，炸药的燃烧和爆轰往往发生在炸药的某一局部，且都以化学反应波的形式在炸药中逐层自动传播。化学反应区较窄，化学反应就是在此很窄的反应区内进行和完成的。

炸药燃烧时，反应区沿炸药表面法线方向传播的速度叫作燃烧速度。一般情况下，炸药燃烧速度在每秒数毫米到数十米之间。燃烧速度受反应条件，特别是压力的影响很大，会随着外界压力增大而显著增大。炸药在空气中燃烧缓慢，但在密闭容器中会因压力不断增大而快速燃烧。

爆轰是以爆轰波形式沿着炸药高速地自行传播的现象，炸药爆轰的速度在 2 000～9 000 m/s 之间。爆轰速度受外界条件的影响很小。由于爆炸点附近爆轰产物压力会急剧升高，故无论炸药是否在密闭容器中，爆轰产物都急剧地冲击周围介质，使附近物体产生碎裂和变形。

爆轰分为稳定爆轰和不稳定爆轰。传播速度恒定不变的称为稳定爆轰，传播速度变化的则称为不稳定爆轰。通常所说的爆轰多指稳定爆轰，而把不稳定爆轰称为爆炸。本质上两者并无区别，无论是爆炸或是爆轰都以爆轰波形式传递能量。

燃烧和爆轰是两种性质不同的化学变化过程，它们的区别表现在以下几方面：

(1)从能量传播机理看，燃烧时反应区的能量是通过热传导、热辐射以及高温产物扩散传入未反应炸药的，而爆轰则是以伴有高速化学反应的冲击波——爆轰波的形式在炸药中传播的。

(2)燃烧过程中反应区内产物质点运动方向与燃烧波阵面方向相反，而爆轰时反应区内产物质点运动方向与爆轰波传播方向一致。

(3)凝聚炸药燃烧时，放热的主要反应发生在气相中，而爆轰时放热的主要反应发生在液相或固相中。

炸药化学变化过程的三种形式在性质上虽各不相同，但内在联系却十分紧密。某些条件下，爆轰可衰减为燃烧，某些工业炸药常出现这种转化；炸药缓慢的热分解亦能转化为燃烧甚至爆炸，而燃烧在一定条件下也可以过渡到不稳定爆轰，并发展为稳定爆轰。

第四节 炸药的特点及分类

一、炸药的基本特征

1.亚稳态

在热力学上，炸药是相对稳定（亚稳态）的物质。只有在足够外部能量激发下，才能引发爆炸。与此同时，大部分炸药的热分解速率很低，甚至低于某些化肥和农药。

2.自供氧

炸药燃烧、爆轰过程中的化学反应是分子或各组分间的氧化还原反应，无需外界供氧。

炸药分子或各组分内的可燃物质包括碳、氢原子或含有碳、氢的材料，助燃性元素则包括硝基、氯酸根、硝酸酯基或含有这些基团的材料。

3.自行活化

炸药一旦发生爆炸，因爆炸时放出的热量足以提供爆炸反应所需活化能，故在不施加任何外界作用和无任何物质参与的情况下，爆炸反应也能以极快的速度进行，直至反应完全。炸药的爆炸反应放热、活化能等数据对比见表1-1。

表1-1 炸药爆炸反应放热、活化能及其比值

炸药	反应放热 $Q_V/(\mathrm{kJ\cdot mol^{-1}})$	活化能 $E/(\mathrm{kJ\cdot mol^{-1}})$	Q_V/E
梯恩梯(TNT)	1 039	223.8	4.6
太安(PETN)	1 944	163.2	11.9
黑索今(RDX)	1 404	213.4	6.6
奥克托今(HMX)	1 832	220.5	8.3

4.高体积能量密度

体积能量密度是指物质能量与其体积之比。表1-2给出了以不同方式表征的部分燃料和炸药的反应能量值。

表1-2 部分燃料、炸药反应释放的能量值

物质名称	物质反应能量/ $(\mathrm{kJ\cdot kg^{-1}})$	物质-氧混合物反应能量/ $(\mathrm{kJ\cdot kg^{-1}})$	物质-氧混合物反应能量/ $(\mathrm{kJ\cdot L^{-1}})$
木柴	18 830	7 950	19.6
无烟煤	33 470	9 205	17.9
汽油	41 840	9 823	17.6
黑火药	2 930	2 930	2 803
梯恩梯(TNT)	4 180	4 180	6 480
硝化甘油(NG)	6 280	6 280	10 042

表 1-2 表明，以单位质量计，普通燃料燃烧时放出的能量远大于炸药爆炸所放出的能量。即使将助燃剂计算在内，单位质量的普通燃料与氧的混合物所释放的能量远大于炸药。但若比较体积能量密度，炸药要远大于燃料，是燃料的 100 多倍甚至数百倍。

二、炸药的分类

目前已知炸药种类很多，性质组成各异。为便于研究和使用，一般采用各种平行的方法对炸药进行分类。例如，按应用领域，可将炸药分为军用炸药和工业炸药。

常用的炸药分类方法有两种：一是按照用途分类，二是按照化学组分分类。

（一）按用途分类

根据用途，可将炸药分为起爆药、猛炸药、火药和烟火药四类。

1.起爆药

起爆药对外界能量敏感，在较小的外能作用下即可发生燃烧或爆炸，在弹药中常用作各种火帽、雷管、点火具等火工品中的装药。火工品或爆炸装置中，起爆药最先发生爆炸，故又称之为初级炸药。常用起爆药主要有氮化铅、雷汞、史蒂酚酸铅、特屈拉辛、二硝基重氮酚，以及击发药、刺发药等。

2.猛炸药

猛炸药在使用中通常由起爆药及其制品引爆或起爆，故又被称为次发炸药，其化学反应的形式主要是爆轰。与起爆药相比，猛炸药要稳定得多，只有在强的外界作用下才能爆炸，且爆炸后具有强烈的破坏能力。猛炸药在军事上主要用作各种弹丸装药和爆破药，也作传爆药和雷管中的加强药。

常用猛炸药有梯恩梯、黑索今、太安、特屈儿、奥克托今、硝化甘油等，以及梯萘（梯恩梯＋二硝基萘）、钝黑铝（钝化黑索今＋铝粉）、铵梯（硝酸铵＋梯恩梯）等混合炸药。

3.火药

火药是指在外界适当的能量作用下，能迅速而有规律地燃烧，同时产生大量高温气体的物质。火药的主要化学反应形式是燃烧，燃烧时产生的高温、高压气体，具有巨大的抛射能力。火药在军事上主要用作弹药的发射药，火箭、导弹的推进剂或者其他驱动装置的能源。火药也会发生爆轰，究竟发生燃烧还是爆轰，与火炸药的性质、激发模式以及约束条件有关。按照用途，可将火药分为枪炮用发射药、火箭推进剂和其他用途火药。

4.烟火药

烟火药的主要反应形式为燃烧，在军事上主要利用其燃烧时所产生的光、火焰、烟雾等特殊烟火效应。常用烟火药有照明剂、燃烧剂、发烟剂、信号剂、曳光剂等，分别作为照明弹、燃烧弹、发烟弹、信号弹和曳光管的装药。

20 世纪 90 年代早期之前，上述四类炸药是各自独立发展的。此后，随着科技的不断进步，炸药品种增多，各类炸药间的界限日趋模糊，为此炸药界将起爆药、猛炸药、烟火药和火药统一命名为“高能材料（High Enengy Material，HEM）”或者“含能材料（Energy Material，EM）”。

（二）按化学组分分类

按化学组成，炸药可分为单质炸药和混合炸药两类。

1.单质炸药

单质炸药是化学组成单一的、分子内含有爆炸性基团的物质。炸药分子结构中的爆炸性基团主要有:

(1) —C≡C— 基:存在于乙炔衍生物中,如乙炔银、乙炔铜等。

(2) —N═C— 基:存在于雷酸盐及氰化物中,如雷酸汞[$Hg(ONC)_2$]、雷酸银[Ag(ONC)]等。

(3) —N═N— 、—N═N≡N 基:存在于偶氮化合物和叠氮化合物中,如叠氮化铅[$Pb(N_3)_2$]、叠氮化银[AgN_3] 等。

(4) —N—X— 基:存在于氮的卤化物中,如三氯化氮[NCl_3]、二碘化氢氮[NHI_2]等。

(5) —O—Cl—O_2(O_3) 基:存在于无机氯酸盐、有机氯酸酯或高氯酸酯中,如氯酸钾[$KClO_3$]、高氯酸铵[NH_4ClO_4]、高氯酸甲酯[CH_3OClO_3]等。

(6) —O—O 基:存在于过氧化物中,如过氧化三环酮[$(CH_3)_2$—COO_3]。

(7) —N═O 基:存在于亚硝基化合物和亚硝酸盐(酯)中,如环三亚甲基三亚硝胺[(—CH_2—N—NO$)_3$] 等。

(8)—NO_2基:硝基是最重要的,也是应用最为广泛的爆炸性基团,单质炸药基本是C、H、O、N系硝基化合物。根据硝基基团的连接方式,单质炸药可分为硝基化合物(C—NO_2)、硝胺化合物(N—NO_2)和硝酸酯化合物(O—NO_2)三类。硝基化合物炸药的典型代表是梯恩梯,属于硝胺类的炸药主要是黑索今,太安、硝化棉、硝化甘油等是典型的硝酸酯类炸药。

(9)—NF_2基:二氟氨基被认为是最理想的含能基团之一。含有二氟氨基的化合物具有密度大、燃烧分解产物 HF 相对分子质量低、生成热高等优点,非常有利于提高推进剂的能量水平(爆速、爆压和比冲)。早在 1936 年,二氟氨基化合物的合成研究就已展开,但由于所合成化合物内在结构不稳定限制了其应用。直至 20 世纪 90 年代末期,具有稳定结构的二氟氨基化合物逐渐被合成出来,才又一次引发了对二氟氨基化合物的研究热潮。目前具有稳定结构的二氟氨基氧杂环丁烷及环 N-硝胺基偕二氟氨基化合物是研究重点,其在含金属 Be、B 的固体推进剂及高能炸药中的应用具有较大的优势。

(10) —M—C 基:有机金属中金属与碳成键,如草酸重金属盐。

具有爆炸性的基团及代表性化合物列于表 1-3 中。

表 1-3 主要爆炸性基团及典型化合物

爆炸基团	化合物
—C≡C—	乙炔及金属化合物,如乙炔银、乙炔铜
—N═C—	雷酸盐及氰化物,如雷酸汞
—N═N— 、—N═N≡N	偶氮、重氮、叠氮化合物,如叠氮化铅
—ClO_4、—ClO_3	无机卤酸盐、高卤酸盐、有机卤酸酯和高卤酸酯,如高氯酸铵
—O—O、—O—O—O	过氧、臭氧化合物,如过氧化三环酮
—C—NO_2、N—NO_2、—O—NO_2	硝酸盐、硝基化合物、有机硝酸酯、硝胺化合物,如梯恩梯、黑索今、硝化甘油、硝酸铵等
—NF_2	二氟氨基,如二氟氨基甲基环氧丁烷
—M—C	有机金属化合物,如草酸银

2.混合炸药

混合炸药是由两种或两种以上的成分组成的爆炸混合物，通常由两种以上炸药，单质炸药和添加剂，或者氧化剂、可燃物和添加剂混合而成。

第五节　炸药的要求及发展

一、对炸药的一般要求

炸药必须满足以下要求，才能得到实际应用。

(1)威力或能量足够，以保证完成一定的破坏或抛射等效应。

(2)感度适当，既要保证制造、运输、贮存和使用的安全性，又要保证使用时的可靠性。

(3)安定性好，适于长期贮存。

(4)原料丰富，价格便宜，无毒无害，制造安全，工艺简单。

二、炸药的发展历史

火炸药的发展历史可以概括地划分为黑火药时期、近代火炸药兴起和发展时期、品种快速发展和综合性能快速提高时期以及火炸药发展新时期四个阶段。

黑火药是我国的四大发明之一，是最早出现的火炸药。据历史记载，公元 808 年前后，我国便有了黑火药配方；公元 970 年(北宋时期)，已经有将火炸药用于军事领域的历史记载，并陆续出现了蒺藜火球、毒药烟球、霹雳炮、震天雷、突火枪等黑火药制成的兵器，拉开了由冷兵器时代到热兵器时代过渡的序幕。12 世纪以后，伴随着商业发展和元兵西征，黑火药传入印度，并经由阿拉伯国家传入欧洲。16 世纪下半叶，欧洲人将黑火药用于工程爆破、矿山爆破、煤矿爆破等，并制造出了装填有黑火药的球形爆破弹，从此黑火药在世界范围内广泛用于开矿、采煤、道路建设等领域。总之，黑火药的发明、传播以及在各领域的广泛应用，对促进军事技术进步和世界文明发展起到了巨大的推动作用。

19 世纪中叶到 20 世纪 40 年代是近代火炸药兴起和发展时期。在单质炸药方面，1771 年欧洲首先制得了作为丝和羊毛染料的苦味酸，1867 年其爆炸性质被发现，并于 1887 年被广泛用于装填各种弹药。1883 年制得的硝化淀粉和 1834 年合成的硝基苯和硝基甲苯，开创了合成炸药的先河。1863 年，威尔布兰德合成了梯恩梯，它于 1891 年实现工业化生产，并于 1902 年替代苦味酸，成为第一次和第二次世界大战中的主要军用炸药。它与 1877 年合成的特屈儿、1894 年合成的太安、1899 年合成的黑索今以及 1941 年发现的奥克托今等能量更高的炸药一起，形成了到目前为止还广泛使用的三大系列单质炸药。对军用混合炸药来说，第一次世界大战中，以梯恩梯为基的熔铸混合炸药广泛替代了以苦味酸为基的混合炸药。到第二次世界大战时，以特屈儿、太安、黑索今为原料制成的特屈托儿、彭托利特、赛克洛托儿和 B 炸药等混合炸药系列得到了发展。这些混合炸药和以上述猛炸药为基制成的含铝炸药、以黑索今为主要成分制成的塑性炸药、钝感黑索今共同形成了迄今为止仍广泛使用的 A、B、C 三大系列混合炸药。在发射药方面，1847 年意大利人索布雷诺发明了硝化甘油，为各类火炸药和炸药提供了主要原料。1883 年法国科学家布拉科诺研制出了硝化棉，1884 年法国人维也里制成了单基发射药。1844 年和 1890 年，瑞典科学家诺贝尔和英国化学家阿贝尔分别发明了以硝化甘油和硝化棉为基本成分的巴利斯太型和柯达型双基发射药。这两类现代意义上的发射药的发明和应用，为发射药进一步发展奠定了坚实基础。

20世纪50年代到80年代，科学技术的快速发展和第二次世界大战后对武器提出的新军事需求，使得火炸药的发展驶入快车道，突出体现为火炸药种类的增多和综合性能的不断提高。在单质炸药方面，奥克托今进入实用阶段。20世纪60年代到70年代，人们先后合成了具有耐热性能的六硝基芪和塔科特炸药，以及密度爆速大于9 000 m/s的一系列高能炸药。军用混合炸药方面，第二次世界大战后期发展的A、B、C三大系列实现了系列化和标准化，并发展了以奥克托今为主体的奥克托儿炸药、燃料-空气炸药、高聚物黏结炸药、低易损炸药等类型。火药方面，苏联首先将双基药用于火箭装药，美国首先研制出以沥青为黏合剂和以高氯酸钾为氧化剂的复合固体推进剂，使固体火药进入新的发展阶段。之后，人们又分别研制出了以聚硫橡胶、聚氨酯、聚丁二烯丙烯酸、端羧基聚丁二烯和端羟基聚丁二烯为黏合剂，用于各种战术和战略火箭或导弹的复合固体推进剂。复合火箭的发展同时也促进了双基发射药的发展，例如，出现了在双基药中加入硝基胍、黑索今或奥克托今等硝胺炸药组成的三基药，加入高氯酸铵、金属铝粉等组成的复合改性双基推进剂，以及在聚醚复合推进剂中加入硝酸酯增塑剂的NEPE复合推进剂。这些新型火药或推进剂在能量性质、成型工艺等方面取得了长足进步。

从20世纪80年代中期开始，武器系统对火炸药能量水平、可靠性和安全性等综合性能提出了更高要求，使火炸药发展进入一个新的时期。在炸药方面，伴随着高能量密度材料（High Energy Density Material，HEDM）概念的提出，人们合成了六硝基六杂氮异伍兹烷（HNIW）、八硝基立方烷（ONC）、1，3，3-三硝基杂氮环丁烷（TNAZ）以及二硝酰胺（AND），并在此基础上合成了以HNIW为基的高聚物黏结炸药，其能量输出比以奥克托今为基的LX-14系列高聚物黏结炸药提高约15%。发射药方面，为提高武器系统的战场适应性，通过采用高能黏合剂、高能增塑剂、高能量密度的氧化剂等方式，人们研制出了具有高能、低易损性和低信号特征的发射药或固体推进剂。

三、炸药的发展趋势

随着现代战争对弹药以及火炸药需求的强力牵引，以及新材料、新技术和新工艺的持续推动，火炸药的发展呈现出以下特点：

（1）高能化。对火药来说，高能化就是要在不影响其他性能的前提下，赋予弹药更远的射程，以满足远距离作战及区域防御的需要。对猛炸药、烟火药来说，高能化就是要适应目标防护能力增强需要，用尽可能少的药量达到预定毁伤或作用效果，或用同样的药量达到更好的毁伤或作用效果。

（2）低易发现性。研制和使用低羽烟、低烟焰火药，减小被敌方侦查的可能性。

（3）良好的环境适应性。良好的环境适应性就是能够适应复杂恶劣的战场环境，主要表现在：低易损性，即在恶劣的战场环境下，炸药在战场上被高温燃烤、受爆轰波、受高速破片作用时，不发生燃烧或爆炸，或者只燃烧不爆炸；耐辐射，即能够在战场复杂电磁环境下，不发生事故，不提前作用；耐高过载，即在弹药发射、飞行所经历的高过载作用下，不提前作用，药柱结构不破坏等。

第二章　炸药的热化学性质

炸药爆炸时要放出大量的热和气体产物，并通过高温高压气体产物的猛烈膨胀对周围介质做机械功。炸药爆炸时产生的热量、生成的气体数量以及气体产物所能达到的温度等热化学参数，是衡量炸药做功能力大小的能量示性数，对于炸药的选择、改进、使用和爆轰参数的计算至关重要。本章借助氧平衡的概念，在建立炸药爆炸反应方程式的基础上，讨论爆热、爆温、爆容等热化学参数的计算和实验测定。

第一节　炸药的氧平衡

一、氧平衡的基本概念

自然界中的元素有100多种，但组成炸药的主要是C、H、O、N四种元素。为改善炸药性能，有时还加入Cl、F、S等非金属元素以及Al、Mg等金属元素。C、H、O、N系列炸药的分子式可用$C_aH_bO_cN_d$表示，其中C、H为可燃元素，O是氧化元素。爆炸反应的实质是炸药分子破裂，分子中的可燃元素与氧化元素间发生高速氧化还原反应，生成新的稳定产物，并放出大量热的过程。爆炸反应生成的稳定产物主要有CO、CO_2、H_2O、NO和NO_2等氧化物，N_2、H_2、O_2和C等单质，NH_4、CH_3、C_2N_2和HCN等化合物。爆炸产物的种类和数量除了受爆炸时的压力、温度等影响外，主要与炸药中可燃元素和氧化元素的相对量有关。这个量通常用氧平衡来表示。所谓氧平衡是指炸药中所含的氧完全用以氧化其所含可燃元素时，所多余或不足的氧量。炸药的氧平衡可分为以下三种情况：

(1)正氧平衡，即炸药中的氧能够完全氧化可燃元素，且有剩余；

(2)零氧平衡，即炸药中的氧恰好能够将可燃元素完全氧化；

(3)负氧平衡，即炸药中的氧不足以将可燃元素完全氧化。

二、氧平衡的计算

1.单质炸药的氧平衡

对$C_aH_bO_cN_d$类炸药，氧平衡可由下式计算：

$$OB=\frac{[c-(2a+0.5b)]\times 16}{M} \tag{2-1}$$

式中：OB——炸药的氧平衡，用g/g炸药或%表示；

16——氧的摩尔质量，g/mol；

M——炸药分子的摩尔质量，g/mol。

炸药的氧平衡大小与 a、b、c 三个参量大小有关：

(1)$c>(2a+0.5b)$时，属正氧平衡，称相应的炸药为正氧平衡炸药。

(2)$c=(2a+0.5b)$时，属零氧平衡，称相应的炸药为零氧平衡炸药。

(3)$c<(2a+0.5b)$时，属负氧平衡，称相应的炸药为负氧平衡炸药。

对于含氟炸药，其通式为 $C_aH_bO_cN_dF_e$，氧平衡按下式计算：

$$OB=\frac{[(c+0.5e)-(2a+0.5b)]\times 16}{M} \tag{2-2}$$

对于更复杂的单质炸药，氧平衡用以下通式计算：

$$OB=\frac{\left(\sum A_{oi}B_{oi}-\sum A_{fi}B_{fi}\right)\times 8}{M} \tag{2-3}$$

式中：A_{oi}，B_{oi} ——第 i 种助燃元素的原子数和化合价；

A_{fi}，B_{fi} ——第 i 种可燃元素的原子数和化合价；

8——氧的电子数；

M——炸药分子的摩尔质量。

表 2-1 给出了某些炸药和有关物质的氧平衡数值。

表 2-1　某些炸药和有关物质的氧平衡数值

名　称	分子式	氧平衡 g/g 炸药	名　称	分子式	氧平衡 g/g 炸药
梯恩梯	$C_7H_5O_6N_3$	−0.740	硝酸钠	$NaNO_3$	+0.470
黑索今	$C_3H_6O_6N_6$	−0.216	硝酸钾	KNO_3	+0.396
奥克托今	$C_4H_8O_8N_8$	−0.216	硝酸钙	$Ca(NO_3)_2$	+0.488
特屈儿	$C_7H_5O_8N_5$	−0.474	高氯酸铵	NH_4ClO_4	+0.340
硝化甘油	$C_3H_5O_9N_3$	+0.035	高氯酸钾	$KClO_4$	+0.462
硝化乙二醇	$C_2H_4O_6N_3$	0.000	铝粉	Al	−0.890
太安	$C_5H_8O_{12}N_4$	−0.101	木粉	$C_{15}H_{22}O_{10}$	−1.370
二硝基甲苯	$C_7H_6O_4N_2$	−1.144	石蜡	$C_{18}H_{38}$	−3.460
四硝基甲烷	CO_8N_4	+0.490	矿物油	$C_{12}H_{26}$	−3.420
硝基胍	$CH_4O_2N_4$	−0.308	轻柴油	$C_{16}H_{32}$	−2.760
硝化棉(含 12.2%N)	$C_{22.5}H_{22.8}O_{36.1}N_{8.7}$	−0.369	沥青	$C_{10}H_{18}O$	−2.667
雷汞	$Hg(ONC)_2$	−0.113	木炭	C	−3.470
硝基甲烷	CH_3NO_2	−0.395	凡士林	$C_{18}H_{38}$	−1.300
硝酸铵	NH_4NO_3	+0.200	纸煤	含 80%C	−2.559

2.混合炸药的氧平衡

混合炸药的氧平衡等于各组分的氧平衡数值乘以对应组分的质量分数后，再求和：

$$OB=\sum_{i=1}^{n}(OB)_iW_i \tag{2-4}$$

式中：$(OB)_i$——混合炸药中第 i 种组分的氧平衡；

W_i——混合炸药中第 i 种组分的质量分数。

三、氧平衡的实用意义

1.评价炸药能量和气体量大小

对 C、H 等可燃元素来说，氧化越完全，释放的热量越多。因此，负氧平衡炸药的负氧越多,氧化就越不完全,爆炸时放出的热量越少。若产物中无固体的游离碳生成,则生成一氧化碳、氢气的量就多;反之,若有固体的游离碳生成,则生成的气体量就少。

正氧平衡炸药的正氧越多,剩余的氧将会与氮气发生热效应为负的反应(如生成 1 mol NO 的吸热量为 90.3 kJ),故爆炸时放出的热量将会越少。

零氧平衡炸药所含的氧恰好把碳、氢完全氧化成二氧化碳和水,且无不完全氧化物或氮的氧化物,氧对释放热量的贡献率最高。

2.估计炸药爆炸产物中有害气体含量

负氧和正氧平衡炸药爆炸时会分别产生一氧化碳和氧化氮等有害气体,负氧或正氧越多,产物中有害气体含量越大。这些有害气体,不仅会影响人体健康、污染环境,还能对瓦斯爆炸起催化作用,因此,矿井、坑道爆破等场合必须使用零氧平衡炸药。

3.确定混合炸药的最佳配方

通常将正氧平衡和负氧平衡炸药按照一定质量比例混合,使其氧平衡等于零或接近于零。这样既充分利用了炸药的能量,也不产生有害气体。

第二节　爆炸反应方程式

确定炸药的爆炸反应方程式,了解炸药爆炸时的产物组分和气态产物的量,对理论研究和工作实践都具有重要意义:一方面,可用于对炸药的爆热、爆温、爆压以及爆轰速度等参数的理论计算;另一方面,只有了解爆炸产物的具体组成,才能更好地通过调整炸药组分改善炸药的爆炸性能。

无论采用理论计算还是实验方法,确定炸药爆炸反应方程式都极其困难和复杂。除化学组成外,炸药的几何尺寸、密度、引爆条件、均匀情况等因素,以及炸药反应的温度、压力等条件都对爆炸产物组分的构成和含量产生影响。

可以用化学分析的方法确定爆炸产物,但得到的是冷却后爆炸产物的组分。冷却过程中,温度和压力发生变化,产物之间二次反应平衡也会发生变化,因此,得到的结果和爆炸结束瞬间不完全一致。另外,同一种炸药爆炸变化的形式(如热分解、燃烧、爆轰等)不同,其产物也不同。一般有机炸药的缓慢热分解过程可生成大量氮的氧化物和许多液体或固体的有机化合物残渣。快速燃烧时,在较高的压力下,物质分解的程度较高,分解产物主要是二氧化碳(CO_2)、一氧化碳(CO)、碳(C)、水(H_2O)、氢气(H_2)、氮气(N_2)、氧气(O_2)、二氧化氮(NO_2)、一氧化氮(NO)等,而爆轰产物组分与燃烧时的组分又显著不同。

按照勒夏特列(Le Chatelier)原理,压力增大使反应产物之间的平衡向着系统体积减小的方向移动。当炸药爆轰压力增大时,下列反应向气体减少方向发展。

$$2CO \rightleftharpoons CO_2 + C + 172.38\ \text{kJ}$$

随着装药密度的增大,爆轰压力增大,上述过程将会向气体体积减小的方向发展,导致爆轰产物中二氧化碳和碳含量增多,一氧化碳量减少。

此外,冷却时间、装药外壳的材料、爆炸时周围介质的性质、膨胀时的做功以及混合炸药的均匀程度等都对产物的组分有一定影响。因此,要准确确定爆炸产物的组分有一定困难。

根据化学热力学原理,爆炸变化反应一般应形成热力学最稳定的化合物,并伴随放出最大的热量。因此，可根据理论分析和实验所得数据，写出接近真实情况的爆炸反应方程式。

目前爆炸反应方程式的确定方法有两类：一类是理论计算法，常用的是化学平衡法，其主要依据是化学平衡原理和质量守恒定律；一类是经验确定法，即基于爆炸产物体积最大或能量优先的原则，来确定爆炸反应方程式。

一、理论计算法

根据化学平衡及质量守恒原理，理论计算法可以近似地计算出在一定条件下爆炸生成物的成分及其在冷却过程中的变化情况。理论计算时有以下假定：

(1)爆炸时虽然反应时间很短促，但由于爆温很高，爆炸产物之间的反应速度很大；

(2)由于爆炸变化速度极快，可将其视为绝热等容过程，爆炸过程中所放出的热量全部用以加热爆炸产物；

(3)高温高压下的爆炸产物服从理想气体状态方程。

对于叠氮化铅、乙炔银、三氯化氮等简单的无氧化合物，因其在爆炸时直接生成其组成元素的稳定单质，故可直接写出其爆炸变化反应方程式，如：

$$Pb(N_3)_2 = Pb + 3N_2$$

$$Ag_2C_2 = 2Ag + 2C$$

$$2NCl_3 = N_2 + 3Cl_2$$

对于 $C_aH_bO_cN_d$ 类的炸药，则需要根据其含氧量多少分三种情况分别考虑。

(一)第Ⅰ类炸药

符合 $2a+0.5b \leqslant c$ 条件的炸药称为第Ⅰ类炸药。该类炸药的含氧量足以使可燃元素完全氧化，其生成物中含有完全燃烧的产物二氧化碳(CO_2)、水(H_2O)、氧气(O_2)、氮气(N_2)及一些吸热化合物(如 NO)等，其爆炸反应方程式可表示为

$$C_aH_bO_cN_d = xCO_2 + yCO + mO_2 + uH_2O + vNO + wN_2 + Q_V \tag{2-5}$$

根据质量守恒定律，有

$$x + y = a \tag{2-6}$$

$$u = 0.5b \tag{2-7}$$

$$2x + y + 2m + u + v = c \tag{2-8}$$

$$2w + v = d \tag{2-9}$$

以上 4 个方程中有 6 个未知数，尚需 2 个方程才能求解。剩余的 2 个方程可由化学平衡常数得到。

根据爆炸反应方程式，爆炸产物之间的反应存在以下两个平衡：

$$2CO_2 \rightleftharpoons 2CO + O_2$$

$$N_2 + O_2 \rightleftharpoons 2NO$$

这两个化学反应的平衡常数为

$$K_p^{CO_2} = \frac{p_{CO}^2 p_{O_2}}{p_{CO_2}^2} = \frac{P^2 \dfrac{y^2}{n^2} \times P \dfrac{m}{n}}{P^2 \dfrac{x^2}{n^2}} = \frac{P}{n} \frac{y^2 m}{x^2}$$

$$K_p^{N_2,O_2} = \frac{p_{NO}^2}{p_{N_2} + p_{O_2}} = \frac{P^2 \dfrac{v^2}{n^2}}{P \dfrac{w}{n} \times P \dfrac{m}{n}} = \frac{v^2}{wm}$$

式中：P——爆炸产物的总压力；

p——爆炸产物各组分的分压；

n——气体的总物质的量。

根据理想气体状态方程式 $PV=nRT$，用 $\frac{RT}{V}$ 代替 $\frac{P}{n}$，上述平衡常数方程式可写为

$$K_p^{CO_2}=\frac{RT}{V}\frac{y^2m}{x^2} \tag{2-10}$$

$$K_p^{N_2,O_2}=\frac{v^2}{wm} \tag{2-11}$$

式中：V——1 mol 炸药爆炸产物所占的体积；

T——爆温。

表 2-2 给出了求解式(2-6)～式(2-11)6 个方程式所需平衡常数。如此，便可解出全部未知数，写出爆炸反应方程式。为求解简便起见，有时也可将某些生成量极少的次要产物忽略。如忽略一氧化氮生成的量，即 $v=0$。

表 2-2 $\lg K_p$ 随 T 的变化及温度为 0 K 时的反应热 ΔE_0

对爆炸反应 $A+B+C+\cdots \rightleftharpoons G+H+\cdots+\Delta E_0$

有 $K_p=\frac{p_A \cdot p_B \cdot p_C\cdots}{p_G \cdot p_H\cdots}$

温度/K	反应式①	反应式②	反应式③	反应式④	反应式⑤	反应式⑥	反应式⑦	反应式⑧	反应式⑨
300	−87.70	−63.08	−495.87	−103.16	−20.69	−187.01	−100.03	−193.49	−166.32
400	−63.58	−46.63	−365.63	−65.21	−13.25	−135.47	−79.96	−141.74	−122.22
600	−39.92	−30.18	−234.96	−26.32	−6.02	−83.89	−59.94	−89.74	−78.12
800	−28.13	−21.95	−169.37	−6.30	−2.55	−58.10	−49.87	−63.62	−55.55
1 000	−21.07	−17.00	−133.09	5.96	−1.63	−42.59	−43.81	−47.82	−42.05
1 200	−16.39	−13.71	−102.91	14.19	0.64	−32.36	−39.70	−37.29	−33.01
1 400	−13.04	−11.36	−84.70	20.36	1.47	−25.05	−36.74	−29.74	−26.52
1 600	−10.58	−9.59	−70.51	24.55	2.05	−19.58	−34.50	−24.07	−21.63
1 800	−8.65	−8.22	−59.46	28.01	2.47	−15.35	−32.73	−19.65	−17.82
2 000	−7.11	−7.12	−50.60	30.72	2.79	−11.97	−31.29	−16.10	−14.76
2 200		−6.22	−43.35	32.98	3.03	−9.22	−30.10	−13.20	−12.25
2 400		−5.47	−37.59	34.78	3.21	−6.95	−29.10	−10.78	−10.15
2 600		−4.84	−32.16		3.34	−5.03	−28.25	−8.72	−8.37
2 800		−4.30	−27.76		3.47	−3.37	−27.49	−6.98	−6.85
3 000		−3.83	−23.94		3.57	−1.96	−26.83	−5.44	−5.53
3 200		−3.42	−20.59		3.64	−0.73	−26.22	−4.11	−4.37
3 500		−2.89	−16.27		3.74	0.84	−25.47	−2.41	−2.90
4 000		−2.20	−10.51		3.85	2.92	−22.9	−0.15	−0.92
4 500		−1.44	−6.01		3.92	4.52		−1.64	0.64
5 000		−1.25	−2.38			5.80		3.34	1.88

各反应式及其 0K 时的反应热：①$HCN=0.5H_2+0.5N_2+C+130.75$ kJ；②$NO=0.5O_2+0.5N_2+89.77$ kJ；③$2N=N_2+711.60$ kJ；④$CO+3H_2=CH_4+H_2O+191.83$ kJ；⑤$CO+H_2O=CO_2+H_2+40.38$ kJ；⑥$CO+0.5O_2=CO_2+279.07$ kJ；⑦$C+0.5O_2=CO+113.07$ kJ；⑧$OH+0.5H_2=H_2O+280.51$ kJ；⑨$H_2+0.5O_2=H_2O+238.71$ kJ。

由于平衡常数取决于温度，故为确定爆炸产物的成分，必须知道爆温，而爆温又需要根据爆炸产物的成分来计算。因此，要利用渐近法求解：先假设某个爆温 T_1，由表 2-2 找出所需平衡常数。解联立方程组得到爆炸产物的成分，然后计算出爆热，再求出爆温 T，如 T_1 与 T 相差不大，即可认为原先所求出的爆炸产物组分即为所要求的组分。如果 T 和 T_1 相差很大，

则可取其平均值$(T_1+T)/2$作为新假设的爆温再重复计算，直到所得的温度和假设的爆温相符合为止。这种计算方法比较复杂，但结果比较精确。关于爆温及其计算方法，将在本章第四节做详细介绍。

(二)第Ⅱ类炸药

符合$2a+0.5b>c\geqslant a+0.5b$条件的炸药称为第Ⅱ类炸药。该类炸药的含氧量不足以完全氧化所含的可燃元素，但能够使其完全气化，即爆炸产物中不含有游离的固体碳。这类炸药爆炸产物组分的理论计算比较简单，结果也比较可靠，具有较大的实用意义。

此类炸药爆炸产物的主要成分包括二氧化碳、水等完全燃烧产物，不完全燃烧产物一氧化碳，以及游离的氢和氮，此外还含有微量的游离氧、氧化氮、甲烷和氰化氢等。若忽略微量生成物，这类炸药爆炸变化反应式为

$$C_aH_bO_cN_d=xCO_2+yCO+uH_2O+hH_2+wN_2+Q_V \tag{2-12}$$

根据质量守恒定律，有

$$x+y=a \tag{2-13}$$

$$2u+2h=b \tag{2-14}$$

$$2x+y+u=c \tag{2-15}$$

$$2w=d \tag{2-16}$$

爆炸产物中二氧化碳、一氧化碳、水和氢之间的关系，可由水煤气反应予以确定，即

$$CO_2+H_2\rightleftharpoons CO+H_2O$$

其平衡常数方程式为

$$K_p^{CO_2,H_2}=\frac{p_{CO}\times p_{H_2O}}{p_{CO_2}\times p_{H_2}}=\frac{P\dfrac{y}{n}\times P\dfrac{u}{n}}{P\dfrac{x}{n}\times P\dfrac{h}{n}}=\frac{yu}{xh} \tag{2-17}$$

由式(2-17)可以看出，水煤气平衡与压力无关。只需知道爆温T及在此温度下的水煤气平衡常数值$K_p^{CO_2,H_2}$便可确定所有的未知数。

式(2-13)～式(2-17)方程组的求解和第Ⅰ类炸药相同，需采用渐近法。

(三)第Ⅲ类炸药

符合$a+0.5b>c$条件的炸药称为第Ⅲ类炸药。该类炸药缺氧较多，产物中存在固体碳。其爆炸产物组分主要为一氧化碳、二氧化碳、水、氢气、氮气和碳，几乎没有氧气和氧化氮，但氰化氢和氨的含量比第Ⅱ类炸药中稍有增多。计算时，常忽略氰化氢和氨等微量成分。这类炸药的爆炸反应式为

$$C_aH_bO_cN_d=xCO_2+yCO+zC+uH_2O+hH_2+wN_2+Q_V \tag{2-18}$$

由此可以写出下列各式：

$$x+y+z=a \tag{2-19}$$

$$2h+2u=b \tag{2-20}$$

$$2x+y+u=c \tag{2-21}$$

$$2w=d \tag{2-22}$$

$$\frac{yu}{xh}=K_p^{CO_2,H_2}\text{（水煤气平衡常数）} \tag{2-23}$$

此外，确定游离碳的含量可用以下反应的平衡方程，即

$$CO_2+C \rightleftharpoons 2CO$$

$$K_p^{CO_2,C}=\frac{p_{CO}^2}{p_{CO_2}}=\frac{P^2\frac{y^2}{n^2}}{P\frac{x}{n}}=\frac{P}{n}\frac{y^2}{x}$$

根据公式 $PV=nRT$，有

$$K_p^{CO_2,C}=\frac{RT}{V}\frac{y^2}{x} \tag{2-24}$$

具体计算过程和前两类炸药相似。

二、经验确定法

勒夏特列(Le Chatetier)、布伦克里(Brinkley)和威尔逊(Wilson)等人从爆炸产物体积、放热量等不同角度提出了确定爆炸反应方程式的经验方法。

(一)布伦克里-威尔逊法

布伦克里-威尔逊法，又称 B-W 法，是基于能量优先性原则确定爆炸反应方程式的经验方法，其原则是：首先将氢氧化为 H_2O，剩余的氧再将碳氧化为 CO，若还剩余氧，则用其把 CO 氧化为 CO_2，而氮以分子状态 N_2 存在。

1.第Ⅰ类炸药

第Ⅰ类炸药的爆炸反应方程式为

$$C_aH_bO_cN_d \longrightarrow 0.5bH_2O+aCO_2+0.5dN_2+(c-2a-0.5b)O_2 \tag{2-25}$$

2.第Ⅱ类炸药

第Ⅱ类炸药的爆炸反应方程式为

$$C_aH_bO_cN_d \longrightarrow 0.5bH_2O+(c-a-0.5b)CO_2+(2a-c+0.5b)CO+0.5dN_2 \tag{2-26}$$

3.第Ⅲ类炸药

第Ⅲ类炸药的爆炸反应方程式为

$$C_aH_bO_cN_d \longrightarrow 0.5bH_2O+(c-0.5b)CO+(a-c+0.5b)C+0.5dN_2 \tag{2-27}$$

以梯恩梯为例，其爆炸反应方程式为

$$C_7H_5O_6N_3 \longrightarrow 2.5H_2O+3.5CO+3.5C+1.5N_2$$

这种方法应用较为广泛，尤其是对含氧量极不足的第Ⅲ类炸药，大都采用此方法来确定爆炸反应方程式。

(二)勒夏特列法

勒夏特列法是基于最大爆炸产物体积的原则来确定爆炸反应方程式的，并且在体积相同时，偏重于放热多的反应。该方法适用于确定自由膨胀的爆炸产物的最终状态。

1.第Ⅰ类炸药

确定第Ⅰ类炸药爆炸产物组分的方法是：将氢完全氧化为 H_2O，碳完全氧化为 CO_2，并生成分子状态的 N_2。对正氧平衡的炸药来说，还有 O_2。对于二氧化碳和水蒸气的解离反应以

及氮的氧化物的生成,则均予以忽略。

以硝化甘油为例,其爆炸反应方程式为

$$C_3H_5O_9N_3 \longrightarrow 3CO_2 + 2.5H_2O + 1.5N_2 + 0.25O_2$$

2.第Ⅱ类炸药

对第Ⅱ类炸药来说,首先考虑对产生气体产物有利的反应。即使碳先氧化为 CO,如氧还有剩余,再将剩余的氧平均分配于将 CO 氧化为 CO_2、将氢氧化为 H_2O。这是以这两个反应的热效应相近为前提的,它们的热效应分别为 281.3 kg/mol 和 241.6 kg/mol。

以黑索今为例,其爆炸反应方程式为

$$C_3H_6O_6N_6 \longrightarrow 1.5CO_2 + 1.5CO + 1.5H_2O + 1.5H_2 + 3N_2$$

3.第Ⅲ类炸药

对第Ⅲ类炸药来说,由于缺氧较多,该法已不适用,否则产物可能无 H_2O 生成,这是不合理的。对这类炸药可按以下原则写出其爆炸反应方程式:首先将 3/4 的氢氧化成 H_2O,剩余的氧平均地用于氧化碳,使之生成 CO 和 CO_2。很显然,一氧化碳的量应为二氧化碳量的两倍,并产生固体的游离碳。

以梯恩梯为例,其爆炸反应方程式为

$$C_7H_5O_6N_3 \longrightarrow 1.88H_2O + 2.06CO + 1.03CO_2 + 3.9C + 0.62H_2 + 1.5N_2$$

第三节　炸药的爆热

爆热是指在规定条件下单位质量炸药爆炸时放出的热量,可分为定容爆热 Q_V 和定压爆热 Q_p 两种。爆热是炸药产生巨大破坏、抛掷和粉碎功的能源,爆热与炸药的爆速、爆压等参数密切相关,是炸药重要的性能参数之一。爆热的研究和确定,无论对炸药的设计、应用,还是爆炸反应过程及爆轰参数的理论计算都具有重要意义。

炸药的爆热是一个总的概念,对于爆轰过程来说,按照阿宾(А.Я.Апин)的见解还应分为爆轰热、爆破热和最大爆热三类。这三个能量概念和炸药的其他爆炸性质有密切关系。

爆轰热是指爆轰波阵面(C-J 面,见本书第四章)上所放出的热量,它完全传递给爆轰波以维持爆轰波的稳定传播,所以爆轰热大小与炸药的爆速密切相关。有些标准中给出的爆热指的就是爆轰热。

爆破热则是在爆轰波中进行的一次化学反应的热效应和气体爆炸产物绝热膨胀时所产生的二次平衡反应热效应的总和。爆破热和炸药的做功能力密切相关。

最大爆热是指炸药爆炸变化释放能量的最大值。由于实际情况限制,最大爆热在实际爆炸条件下是不能达到的。

三者的数量关系为:爆轰热<爆炸热<最大爆热。

爆轰热是维持爆轰波稳定不变的重要因素,但其实验测定十分困难,目前尚无可靠的测定方法。最大爆热仅具有理论上的意义。爆破热不但可以实验测定,还可通过实验研究影响它的一系列外部因素,这对有效改善和提高炸药爆炸能量利用率,研究爆炸作用等具有实用意义。本节所涉及的爆热指的是爆破热。

一、理论计算

爆热理论计算的基础是盖斯(Hess)定律，即：反应的热效应与反应进行的路程无关，只与系统的最初状态和最终状态有关。如果由同一物质经不同途径得到同一最终产物，不同途径的热效应是相等的。

利用盖斯定律计算炸药的爆热时，可利用图 2－1 所示的三角形予以说明。图中，状态 1 是组成炸药元素的稳定单质，状态 2 是炸药，状态 3 是爆炸产物。从状态 1 到 3 有两条途径：第一条是由元素得到炸药，同时有热效应 $Q_{1,2}$，然后炸药爆炸生成爆炸产物，并放出热量 $Q_{2,3}$（爆热）；第二条是由元素直接生成爆炸产物，伴随生成热量 $Q_{1,3}$（爆炸产物的生成热）。

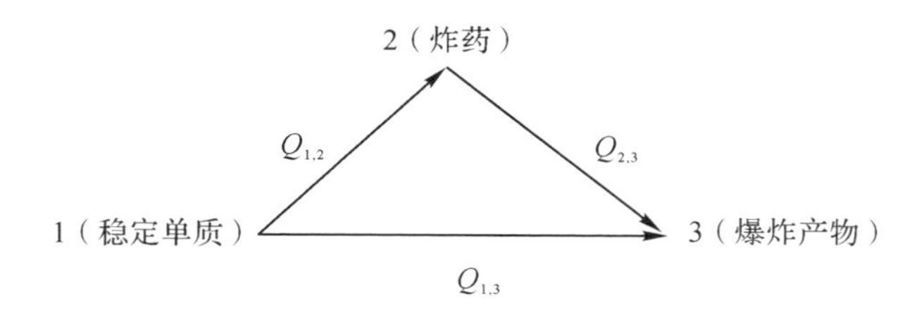

图 2－1　计算爆热的盖斯三角形

根据盖斯定律，$Q_{1,2}+Q_{2,3}=Q_{1,3}$。故炸药的爆热可表示为

$$Q_{2,3}=Q_{1,3}-Q_{1,2} \tag{2-28}$$

式中：$Q_{1,3}$——爆炸产物生成热的总和；

$Q_{1,2}$——炸药的生成热；

$Q_{2,3}$——炸药的爆热。

因此，只要知道炸药的爆炸反应方程式、炸药及爆炸产物的生成热数值，即可计算出炸药的爆热。炸药和爆炸产物的生成热可以查阅有关手册得到，表 2－3 列举了部分物质和炸药的生成热。如果有些炸药的生成热未知，则可通过燃烧热的实验或有关的计算方法得到。由于手册上给出的生成热数据一般都是定压条件下获得的，因此根据表 2－3 中的生成热和式(2－28)计算得到的都是炸药的定压爆热。

表 2－3　部分物质和炸药的生成热(定压，291 K)

物　质	分子式	相对分子质量	生成热/(kJ・mol^{-1})
梯恩梯	$C_7H_5O_6N_3$	227	73.22
2,4－二硝基甲苯	$C_7H_5O_4N_2$	182	78.24
特屈儿	$C_7H_5O_8N_5$	287	－19.66
太安	$C_5H_8O_{12}N_4$	316	541.28
黑索今	$C_3H_6O_6N_6$	222	－65.44
奥克托今	$C_4H_8O_8N_8$	296	－74.89
硝基胍	$CH_4O_2N_4$	104	94.46
硝化甘油	$C_3H_5O_9N_3$	227	370.83
1,5－二硝基萘	$C_{10}H_6O_4N_2$	218	－14.64

续 表

物 质	分子式	相对分子质量	生成热/(kJ·mol^{-1})
硝酸铵	$NH_4O_4NO_3$	80	365.51
过氯酸铵	NH_4ClO_4	117.5	293.72
水(气)	H_2O	18	241.75
水(液)	H_2O	18	286.06
一氧化碳	CO	28	112.47
二氧化碳	CO_2	44	395.43
一氧化氮	NO	30	−90.37
二氧化氮(气)	NO_2	46	−51.04
二氧化氮(液)	NO_2	46	−12.97
氨	NH_3	17	46.02
甲烷	CH_4	16	76.57

由于炸药的爆炸过程非常接近于定容过程，故可将定压爆热转换成定容爆热。由热力学第一定律可导出定容和定压热效应之间的关系为

$$Q_V = Q_p + p\Delta V \tag{2-29}$$

如将爆炸产物看作理想气体，且反应前后的温度和压力均保持不变，根据理想气体状态方程 $pV=nRT$，有

$$Q_V = Q_p + (n_2 - n_1)RT = Q_p + \Delta nRT \tag{2-30}$$

式中：Δn——反应前后气体摩尔数的变化量；

R——摩尔气体常数，取 8.314 J/(mol·K)。

凝聚炸药爆炸时，因最初体积远小于爆炸产物体积，可忽略不计，故用 n_2 代替式中的n_2-n_1。

归纳上述过程，爆热计算有三个步骤：

(1)第一步，写出炸药的爆炸反应方程式；

(2)第二步，按式(2-28)查表计算 Q_p；

(3)第三步，按式(2-30)换算 Q_V。

例如，已知太安爆炸反应方程式为 $C(CH_2ONO_2)_4 \longrightarrow 4H_2O+3CO_2+2CO+2N_2$，求太安的爆热。

按照盖斯定律，太安爆热为 $Q_{2,3}=Q_{1,3}-Q_{1,2}$。

表 2-3 中，H_2O，CO_2，CO，N_2 和太安的生成热分别为 241.75 kJ/mol，395.43 kJ/mol，112.47 kJ/mol，0 和 541.28 kJ/mol，故有

$$Q_{2,3}=(4\times241.75+3\times395.43+2\times112.47-541.28)\text{kJ/mol}=1\ 836.95\ \text{kJ/mol}$$

由于所采用的生成热数据均为 291 K 时的定压热效应，故计算结果也是 291 K 时的定压热效应 Q_p，而爆热应为定容下的热效应 Q_V。因此，还要用式(2-30)进行换算。其中，$\Delta n=$ 11 mol。

因此，太安的爆热 $Q_V=[1\ 836.95+11\times(8.314/1\ 000)\times291]\text{kJ/mol}=1\ 863.6\ \text{kJ/mol}$ 或 $Q_V=[(1\ 863.6\times1\ 000)/316]\text{kJ/kg}=5\ 899.4\ \text{kJ/kg}$。

按照基尔霍夫定理，基准温度不同（15℃、18℃、25℃）时，物质的生成热也不同，但对于工程计算来说，因基准温度不同引起的计算结果误差较小，故一般不作校正。

二、实验测定

爆热是通过爆热测量装置（见图 2－2）测定的，基本原理是：将定量试样放入密闭定容的爆热弹中引爆，测出内筒中水的温升值，再根据量热系统的热容量计算出试样的爆热值。

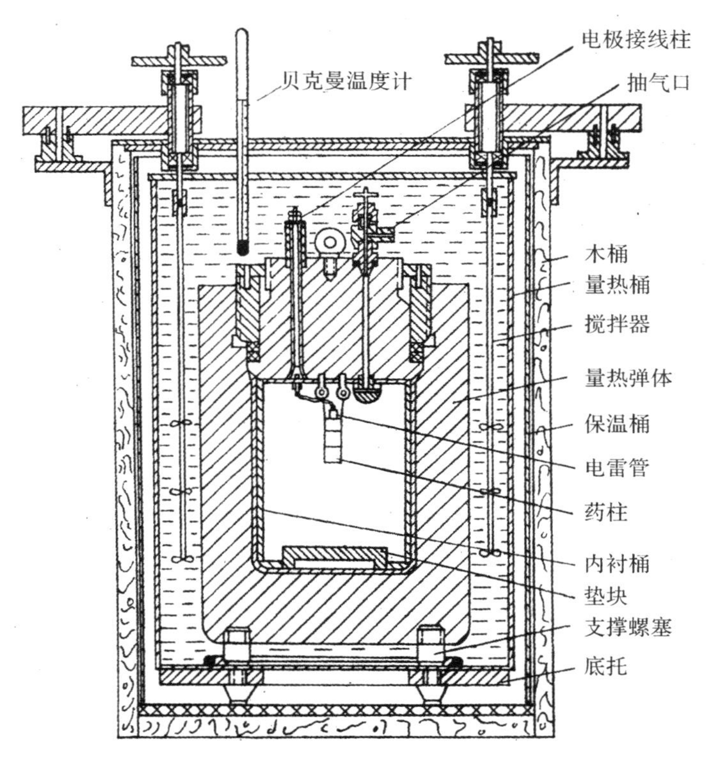

图 2－2　爆热测量装置

将装有雷管的炸药试样悬挂在弹盖上，盖好弹盖。由抽气口抽出弹内的空气，再用氮气置换弹内剩余气体，并再次抽空。用吊车将弹体放入量热桶中，注入室温下的蒸馏水（注入水量要准确称量），直到弹体全部淹没。恒温 1 h 后，记录桶内的水温 T_0，引爆炸药后记录水的最高温度 T，即可用下式计算炸药的爆热实测值，即

$$Q_V=\frac{c(m_w+m_y)(T-T_0)-q}{m_1} \tag{2-31}$$

式中：Q_V——试样的定容爆热，kJ/kg；

c——水的比热容，kJ/（kg·℃）；

m_w——注入蒸馏水的质量，kg；

m_y——仪器的水当量，kg；

T_0——爆炸前桶内的水温，℃；

T——爆炸后桶内的最高水温，℃

q——雷管空白试验的热量,kJ;

m_1——试样的质量,kg。

三、影响因素

1.氧平衡

零氧平衡炸药中的氧能够将可燃元素完全氧化,放出最高的热量,故在需要提高爆热的场合,通常使用零氧或接近零氧平衡的炸药。但是,同属于零氧平衡的炸药,因氢完全氧化为水所放出的热量较多,故相对含氢量高的炸药爆热较大。

在炸药分子中,若有一部分氧原子在分子结构中已经与可燃元素原子相连接,如 C—O、C═O、O—H 键等,这些键中的氧原子不会参与对可燃元素的氧化反应,因此称之为“无效氧”。含有“无效氧”较多的零氧平衡炸药,因部分能量已用于分子形成过程,故其生成热数值都较大,从而影响了爆炸时释放的能量。

2.装药密度

装药密度对爆热的影响主要由爆炸产物的二次反应引起:

$$2CO \rightleftharpoons CO_2+C+172.47\ kJ$$

$$CO+H_2 \rightleftharpoons H_2O+C+131.25\ kJ$$

对零氧或正氧平衡的炸药来说,因其爆炸产物 CO_2 和 H_2O 的离解速度较小,而且爆炸瞬间的二次反应较少或几乎不存在,所以对爆热影响较小。

对负氧平衡炸药来说,随着装药密度的增加,爆轰所形成的压力增大,上述二次反应的平衡向气体减少的方向移动,使爆热增加。

两种炸药的装药密度对爆热实测值的影响数据见表 2-4。

表 2-4 装药密度对爆热实验值的影响

参数	黑索今						梯恩梯			
装药密度/($g\cdot cm^{-3}$)	0.5	0.95	1.0	1.1	1.5	1.8	0.85	1.0	1.5	1.62
爆热/($kJ\cdot kg^{-1}$)	5 356	5 314	5 774	5 356	5 397	6 318	3 389	3 598	4 226	4 853

3.外壳

实验表明,负氧平衡炸药在大密度和坚固的外壳中爆轰时,爆热增大很多,见表 2-5。对于负氧平衡不多的炸药以及正氧、零氧平衡的炸药,外壳对爆热的影响不大。

表 2-5 装药外壳对爆热的影响

炸药名称	外壳材料	外壳厚度/mm	装药密度/($g\cdot cm^{-3}$)	爆热/($kJ\cdot kg^{-1}$)
黑索今	玻璃	2	1.78	5 309
黑索今	黄铜	4	1.78	5 936
梯恩梯	玻璃	2	1.60	3 511
梯恩梯	黄铜	4	1.60	4 514

外壳对负氧平衡炸药爆热的影响可归结为:外壳的存在减小了部分未反应炸药的抛散带来的能量损失,也限制了爆轰产物的膨胀,使爆炸压力增大,二次反应向放热量增大的方向发展,增加了爆热。

装药密度一定时，外壳厚度增大，可延长二次反应的时间，使爆热增加。但在厚度达到一定值后，爆热值也达到了极限。例如，黄铜的外壳厚度达到 3～4 mm 时，爆热不再增加。

4.附加物

在炸药中加入惰性液体可使爆热增加。表 2－6 给出了炸药含水量对爆热的影响数据。

表 2－6　炸药中含水量对爆热的影响

炸药名称	含水量/(%)	氧平衡/(%)	装药密度/($g \cdot cm^{-3}$)	爆热/($kJ \cdot kg^{-1}$)		爆热增加值/(%)
				干炸药	混合物	
梯恩梯	0	－74	0.8	3 138	—	
梯恩梯	35.6	－74	1.24	4 226	2 720	34.00
黑索今	0	－22	1.1	5 356	—	
黑索今	24.7	－22	1.46	5 816	4 393	8.59
太　安	0	－10	1.0	5 774	—	
太　安	29.1	－10	1.41	5 816	4 142	0.72

注：干炸药是指不含水的纯炸药，混合物是炸药和水按表中比例配成的混合炸药。

表 2－6 中的数据表明，炸药与水的混合物的爆热小于干炸药。但若以其中的纯炸药含量计算，混合物中炸药的爆热却大于干炸药。另外，含水量对负氧平衡的炸药影响较显著。可以认为水在混合物中起到了炸药“内壳”的作用，充填了药粒间的空隙，增加了密度，类似趋向单晶密度时的爆轰。

除水之外，在炸药中加入煤油、石蜡、惰性重金属等也有类似的作用，而加入氧化剂(如硝酸铵、硝酸钠、高氯酸盐的水溶液)，则可使爆热成倍增加。

5.高能元素

在炸药中引入硼、铍、铝、镁等高能可燃元素或氟等高能氧化元素，也可提高炸药爆热。

比如，在黑索今中加入适量的铝粉，爆热可提高 50%。其原因在于，铝粉除了和炸药中的氧元素发生剧烈的放热反应外，还与炸药的爆炸产物 CO_2、H_2O、N_2 等发生剧烈放热的二次反应：

$$2Al+1.5O_2 \longrightarrow Al_2O_3+1\ 667.8\ kJ$$

$$2Al+3CO_2 \longrightarrow Al_2O_3+3CO+826.3\ kJ$$

$$3Al+3H_2O \longrightarrow Al_2O_3+3H_2+949.8\ kJ$$

$$3Mg+N_2 \longrightarrow MgN_2+463.2kJ$$

$$Al+0.5N_2 \longrightarrow AlN+241.0kJ$$

第四节　炸药的爆温

爆温是指炸药爆炸时所放出的热量将爆炸产物加热到的最高温度，是炸药重要的能量示性数之一。炸药的爆温越高，爆炸产物的压力越大，对外界做功能力越强。军事应用中，不同场合对炸药爆温的要求是不同的。对鱼雷、高射炮弹、燃烧弹等弹药来说，为提高威力或作用效果，要求有尽可能高的爆温。对身管发射的弹药来说，为减少高温对身管的烧蚀，则要求有尽可能低的爆温或燃烧温度。

炸药爆炸过程中，温度变化极快、数值极高，可达数千摄氏度，故爆温的实验测定较为困难。目前所采用的爆温测定方法是比色测温法，即利用爆炸产物的实际温度与绝对黑体的比色温度间的关系，间接测量爆温。但由于爆炸产物的光谱发射率会随测量波长增大而减小，故实测温度比真实温度稍高。鉴于此，炸药爆温一般通过理论计算得到。

一、理论计算

为简化计算，先作以下三条假定：

(1)将爆炸过程近似地视为定容过程。

(2)爆炸过程是绝热的，爆炸反应所放出的全部热量用于加热爆炸产物。

(3)爆炸产物的热容只是温度的函数，而与爆炸时所处的压力(或密度)状态无关。此假定用于高密度炸药的爆温计算时，将会引起一定的误差。

上述假定引起的计算偏差不大，故在理论上和工程实际中都是允许的。

根据上述假定，有

$$Q_V = \overline{C}_V t \tag{2-32}$$

式中：Q_V——炸药的爆热，kJ/kg 或 kJ/mol；

t——爆温，℃。

$\overline{C}_V$——在温度由 0℃ 到 t(℃)范围内全部爆炸产物的平均热容量，J/(kg·℃)或 J/(mol·℃)；

一般热容与温度的关系为

$$\overline{C}_V = a + bt + ct^2 + dt^3 + \cdots \tag{2-33}$$

对一般不太复杂的计算，仅取其中第一、二项，即认为热容与温度呈线性关系，则有

$$\overline{C}_V = a + bt$$

故

$$Q_V = \overline{C}_V t = (a + bt)t$$

即

$$bt^2 + at - Q_V = 0$$

于是爆温为

$$t = \frac{-a + \sqrt{a^2 + 4bQ_V}}{2b} \tag{2-34}$$

利用式(2-34)计算爆温时，必须知道爆炸产物的成分(或爆炸反应方程式)和爆炸产物的热容量。热容量可采用如下卡斯特平均分子热容式计算。

对于二原子气体：

$$\overline{C}_V = 20.08 + 18.83 \times 10^{-4} t \quad [\text{J/(mol·℃)}]$$

对于水蒸气：

$$\overline{C}_V = 16.74 + 89.96 \times 10^{-4} t \quad [\text{J/(mol·℃)}]$$

对于三原子气体：

$$\overline{C}_V = 37.66 + 24.27 \times 10^{-4} t \quad [\text{J/(mol·℃)}]$$

对于四原子气体：

$$\overline{C}_V = 41.84 + 18.83 \times 10^{-4} t \quad [\text{J/(mol·℃)}]$$

对于五原子气体：

$$\overline{C}_V = 50.21 + 18.83 \times 10^{-4} t \quad [\text{J/(mol} \cdot ℃)]$$

对于碳：

$$\overline{C}_V = 25.11 \ [\text{J/(mol} \cdot ℃)]$$

对于氯化钠：

$$\overline{C}_V = 118.41 \ [\text{J/(mol} \cdot ℃)]$$

对于三氧化二铝：

$$\overline{C}_V = 99.83 + 281.58 \times 10^{-4} t \quad [\text{J/(mol} \cdot ℃)]$$

固体化合物的卡斯特平均分子热容近似式为

$$\overline{C}_V = 25.104n \quad [\text{J/(mol} \cdot ℃)]$$（n 为固态产物中的原子数）

卡斯特认为上述公式适用的温度范围为 4 000℃以下，但其数据的实验温度为 2 500～3 000℃，应注意外推温度过高时可能带来偏差。另外，三氧化二铝的平均分子热容计算公式的适用温度范围为 0～1 400℃，超过此温度范围时可用固体化合物近似式估算。

下面以梯恩梯为例，说明爆温的计算过程。

用 B－W 法写出爆炸反应方程式：

$$C_7H_5O_6N_3 \longrightarrow 2CO_2 + CO + 4C + H_2O + 1.2H_2 + 1.4N_2 + 0.2NH_3 + 1\,113.28 \text{ kJ}$$

对于二原子气体：

$$\overline{C}_V = (1+1.2+1.4) \times (20.08 + 18.83 \times 10^{-4} t) = 72.29 + 67.79 \times 10^{-4} t \quad [\text{J/(mol} \cdot ℃)]$$

对于 H_2O：

$$\overline{C}_V = 16.74 + 89.66 \times 10^{-4} t \quad [\text{J/(mol} \cdot ℃)]$$

对于 CO_2：

$$\overline{C}_V = 2 \times (37.66 + 24.47 \times 10^{-4} t) = 75.32 + 48.54 \times 10^{-4} t \quad [\text{J/(mol} \cdot ℃)]$$

对于 NH_3：

$$\overline{C}_V = 0.2 \times (41.84 + 18.83 \times 10^{-4} t) = 8.37 + 3.77 \times 10^{-4} t \quad [\text{J/(mol} \cdot ℃)]$$

对于 C：

$$\overline{C}_V = 4 \times 25.11 = 10.44 \quad [\text{J/(mol} \cdot ℃)]$$

将所有爆炸产物的热容量 $\sum \overline{C}_{Vi} = 273.16 + 210.06 \times 10^{-4} t$ 代入式(2－34)中，可得 $t =$ 3 259℃。

一般按照卡斯特的数据所计算出的 $\overline{C}_V$ 值稍低，故计算得到的爆温 t 值要稍偏高一些。

二、改变爆温的途径

使用炸药时，通常要根据实际需要，对炸药的爆温进行调整。将式(2－32)转换为

$$t = \frac{Q_V}{\overline{C}_V} = \frac{Q_{f爆} - Q_{f炸}}{\overline{C}_V} \tag{2-35}$$

式中：$Q_{f爆}$ ——爆炸产物生成热的总和；

$Q_{f炸}$ ——炸药的生成热。

由式(2－35)可知，提高爆温的途径有三个：一是增加爆炸产物的生成热，二是减少炸药本身的生成热，三是减少爆炸产物的热容量。前两条途径是通过提高爆热来提高爆温，故上节所

述所有提高爆热的途径，都适用提高爆温。但在提高爆热的同时，必须要考虑是否会同时增加爆炸产物的热容量。否则，爆热增加和热容量增加的效果抵消，达不到提高爆温的目的。因此，调整爆温应全面考虑三个因素的综合影响。比如，在炸药中加入高热值的铝、镁、钛等金属粉末后，爆炸产物的生成热增加较多，但产物的热容量却增加较少，故有利于提高爆温。下列数据可以说明这一点：

$$2Al+1.5O_2 \longrightarrow Al_2O_3+1\ 667.82\ kJ/mol \quad \overline{C}_V=125.5\ [J/(mol\cdot ℃)](3\ 000\ K)$$

$$3Mg+1.5O_2 \longrightarrow 3MgO+1\ 818.3\ kJ/mol \quad \overline{C}_V=150.6\ [J/(mol\cdot ℃)](3\ 000\ K)$$

$$1.5C+1.5O_2 \longrightarrow 1.5CO_2+591.47\ kJ/mol \quad \overline{C}_V=75.3\ [J/(mol\cdot ℃)](3\ 000\ K)$$

$$3H_2+1.5O_2 \longrightarrow 3H_2O+725.5\ kJ/mol \quad \overline{C}_V=113.0\ [J/(mol\cdot ℃)](3\ 000\ K)$$

虽然铝和镁燃烧产物的热容量比碳和氢的燃烧产物的热容量稍高，但铝、镁氧化时放出的热量要比碳、氢氧化时要大很多，故铝、镁的加入对提高爆温非常有利。基于此，很多对爆温要求较高的弹药，其弹体装药皆采用含铝炸药。

对于火药而言，通常需要通过降低爆温来减少对身管的烧蚀，并消除炮口焰。降低爆温的途径和提高爆温的途径恰恰相反，即减小爆炸产物的生成热，增大炸药的生成热和爆炸产物的热容量。

为降低爆温，通常在炸药成分中加入附加物。这些附加物中，有的可以改变氧与可燃元素间的比例，使其产生不完全氧化的产物来减少爆热，有的不参与爆炸反应，仅起到增加爆炸产物总热容量的作用。

火药中加入的用于降低爆温的附加物通常是碳氢化物、树脂、脂肪酸及其酯类，以及芳香族的低硝化度的硝基衍生物等有机物。

第五节　炸药的爆容

爆炸产物中固态产物所占的体积很小，可忽略不计，故炸药爆炸产物的体积一般指气态产物的体积。通常把规定条件下，单位质量炸药爆炸时生成的气体产物，在标准状态下所占的体积称为炸药的爆容（又称比容），以 V_0 表示，常用单位是 L/kg。

气态产物是炸药爆炸做功的工质，气态产物越多，爆炸反应热转变为机械功的效率越高，因此爆容与炸药做功能力有密切关系，是炸药的重要示性数之一。

一、爆容的理论计算

写出爆炸反应方程式后，按以下公式计算爆容：

$$V_0=\frac{22.4n}{M}\times 1\ 000 \tag{2-36}$$

式中：n——爆炸反应式方程中各气态产物的物质的量之和，mol；

M——爆炸反应方程式中炸药的摩尔质量，kg/mol。

二、爆容的实验测定

炸药爆容实验测定采用压力法，测定仪器是爆炸弹（见图 2－3），原理是根据真空定容的爆炸弹内试样爆炸产物的压力和温度，用理想气体状态方程求出冷却后气体爆炸产物（不包括水蒸气）的体积，测出产物中水的质量，再换算成标准状态下水蒸气的体积，两项体积之和，即为试样的爆容。该方法适用于固体炸药爆容的测定。

实验测定后，炸药的爆容按下式计算，即

$$V_0=\frac{(V_2+V_3-V_1)\times 1\ 000}{m} \tag{2-37}$$

式中：V_0——炸药的爆容，L/kg；

V_2——炸药（含雷管）爆炸后，气体产物（不包括水蒸气）在标准状态下的体积，L；

V_3——炸药（含雷管）爆炸后，生成的水在标准状态下水蒸气的体积，L；

V_1——一发雷管爆炸后，气体产物（包括水）在标准状态下的体积，L；

m——炸药的质量，g。

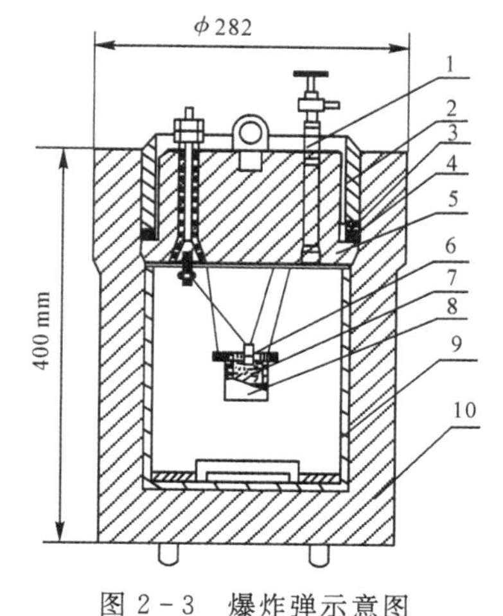

图 2-3　爆炸弹示意图

1—阀门；2—封盖；3—压圈；4—密封垫；5—弹盖；6—雷管；
7—炸药试样；8—陶瓷外壳；9—衬里；10—爆炸弹体

爆炸产物中有水，水在常温条件下为液态，在不考虑水占有的体积时，其余爆炸产物的体积称为干爆容；若考虑水为气态，产物的体积称为全爆容，即爆容。爆容与装药的密度、引爆条件、外壳限制等有关，因此炸药的爆容值是在一定测定条件下的结果。

表 2-7 给出了几种常用炸药爆炸气体产物的爆容实测数据以及产物中 CO/CO_2 的比值。

表 2-7　常用炸药的爆容实测值以及产物中 CO/CO_2 的比值

炸药名称	$\rho_0/(g\cdot cm^{-3})$	$V_0/(L\cdot kg^{-1})$	CO/CO_2
梯恩梯	0.85	870	7.0
	1.50	750	3.2
特屈儿	1.00	840	8.3
	1.55	740	3.3
黑索今	0.95	950	1.75
	1.50	890	1.68
太安	0.85	790	0.5～0.6
	1.65	790	0.5～0.6
黑梯 50	0.90	900	6.7
	1.68	800	2.4
苦味酸	1.50	750	2.1
硝化甘油	1.60	690	—

第三章 炸药的感度

第一节 感度的一般概念

炸药是一种亚稳态物质，只有在一定外界能量作用下才能够发生爆炸变化。在生产、运输、保管和使用过程中，炸药不可避免要受到热、冲击、摩擦、震动等各种形式的外能作用。受外能作用后，炸药是否发生爆炸或燃烧，既关系到能否可靠使用炸药，还关系到与炸药相关工作的安全性。

如图 3－1 所示，无外界激发能量时，炸药处于相对稳定的平衡状态Ⅰ，其位能为 E_1；受到外界作用后并吸收了不小于 $E_{1,2}$ 的能量后，炸药处于激发状态Ⅱ，其位能达到 E_2；处于激发状态的炸药发生爆炸变化；释放出 $E_{2,3}$ 的能量，并最终变成爆炸产物后，将处于状态Ⅲ的位置。通常把炸药由状态Ⅰ激发到状态Ⅱ必须吸收的能量 $E_{1,2}$（或 ΔE）称为活化能。炸药的活化能很大，约为 130～210 kJ/mol。这说明炸药是相对稳定的物质，要使其发生爆炸必须给予一定的外界能量。

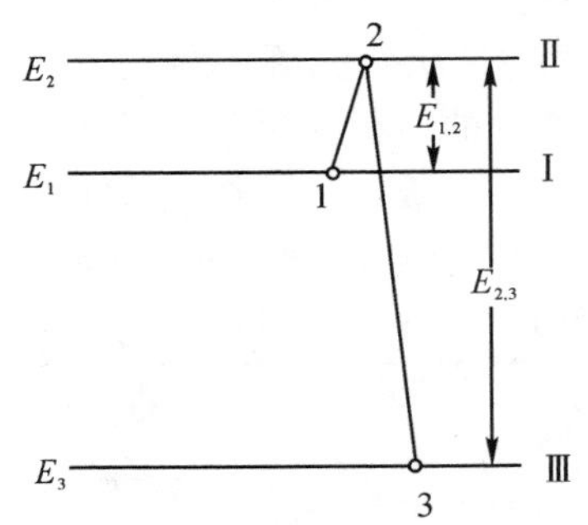

图 3－1 炸药爆炸过程的能栅图

Ⅰ—炸药稳定平衡状态；Ⅱ—炸药激发状态；

Ⅲ—炸药爆炸反应后的状态

把炸药在外界能量作用下发生爆炸变化的难易程度称为炸药的敏感度，简称为“感度”。通常用初始冲量来表示炸药的感度大小。初始冲量，又称引爆冲能，是指引起炸药发生爆炸变化所需的最小外能。初始冲量越小，炸药对外界能量越敏感，感度越大；反之，初始冲量越大，炸药越钝感，感度越小。

炸药的初始冲量主要由炸药分子结构决定。对不同炸药而言，分子结构的稳定性不同，破坏稳定性所需外能大小（活化能）也不同，初始冲量大小就有差异。此外，炸药的物理状态、外界能量的形式等都对炸药的初始冲量有影响。严格地讲，在分子结构一定时，炸药的初始冲量并不是一个常量，而是一个相对量，其大小与外界能量的形式及其加载方式有关。大量实验证明：

(1)初始冲量与外能作用形式有关。引起炸药发生爆炸变化的外能形式很多，如机械能(冲击、摩擦、针刺)、热能(加热、火花、火焰)、光能(激光和其他光)、电能(电热、电火花)、爆炸能(雷管、其他炸药爆炸)等。根据外界能量的作用形式，将炸药的感度分成多个类型，如机械感度、热感度(火焰感度)、光感度、电感度、起爆感度等。

需要指出，炸药对外界作用的能量形式具有选择性，且同一种炸药的不同感度之间不存在某种当量关系。比如，特屈拉辛的机械感度大于史蒂酚酸铅，但其火焰感度却小于史蒂酚酸铅；再如，热能以火焰形式传递时，可引起某些炸药的燃烧，但若通过均匀加热方式传递时，则可引起某些炸药的爆炸。

(2)初始冲量与外能作用速率有关。比如，以静压力缓慢作用在梯恩梯炸药上时，即使压力高达 50 MPa，也不会爆炸；但若迅速施加动压力时，较小的外能即可引起梯恩梯发生爆炸。

(3)初始冲量与装药状态有关。比如，用 8 号工程雷管能可靠引爆粉状或压装的梯恩梯炸药，但不能引爆铸装梯恩梯炸药。又如，雷汞处于松散状态或密度较小时，火焰作用时即刻发生爆炸，而当密度达到一定值时，火焰作用只能引起其燃烧，不会发生爆炸。

总之，影响初始冲量的因素有很多，难以建立其理论模型，也不能用某种感度来表示某一炸药的通用感度，故通常采用实验方法来研究炸药在各种形式外能作用下的感度。

研究炸药感度，对炸药、火工品以及弹药的设计、生产、使用和勤务处理等工作都有重要指导作用。具体工作中，可以根据炸药的感度，合理确定炸药的用途，合理选择起爆形式和能量大小，制定生产、保管、使用和勤务处理中的安全规则，采用各种方式对炸药感度进行钝化和敏化处理等。

第二节　炸药的热感度

炸药在热作用下发生爆炸的难易程度称为炸药的热感度。在生产、使用、储存过程中，炸药和火工品在热作用下的安全性与作用可靠性，均与炸药的热感度有密切的关系。

热作用的方式主要有两种：均匀加热和火焰点火。习惯上把均匀加热时炸药的感度称为热感度，而把火焰点火时炸药的感度称为火焰感度。

一、热感度的表示方法

炸药均匀加热时的热感度通常用爆发点来表示。爆发点是指在一定条件下炸药被加热到爆炸时加热介质的最低温度。爆发点越高，炸药的热感度越小。炸药从受热到爆炸所经过的时间称为延滞期，炸药的爆发点与延滞期之间有以下关系，即

$$\tau = C \cdot e^{E/RT} \tag{3-1}$$

式中：τ——延滞期，s；

C——与炸药有关的常数；

E——与爆炸反应有关的炸药活化能，J/mol；

R——气体常数，8.314 J/(mol · K)；

T——爆发点,K。

对式(3-1)两边取自然对数,则有

$$\ln\tau = A + \frac{E}{RT} \tag{3-2}$$

式(3-2)表明,若活化能 E 减小或爆发点 T 增大,则延滞期 τ 将迅速减小,且 $\ln\tau$ 和 $1/T$ 之间呈线性关系(见图 3-2),斜率为 E/R,因此,通过测定炸药一系列的爆发点和延滞期,可以求出炸药的活化能 E。

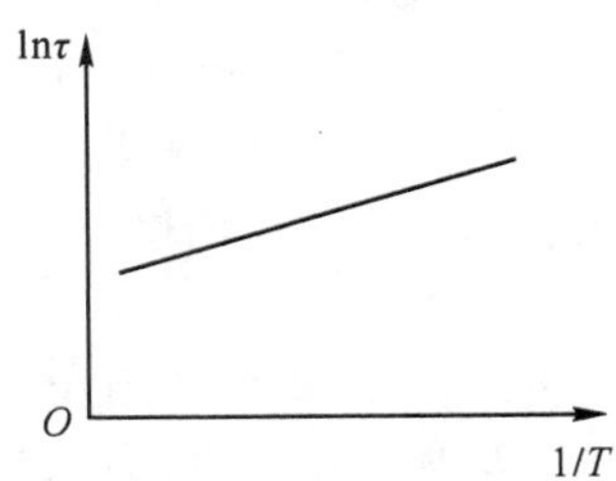

图 3-2　爆发点与延滞期的关系曲线

需要指出,热感度定义中的"一定条件"是指药量、颗粒度、实验程序以及反应进行的热传递条件和自加速条件等实验测定条件。实验条件不同,测定结果也不同。因此,实验必须在严格且固定的标准条件下进行。但在实际测定时,要准确测定炸药每一时刻的爆发点非常困难,因此,常测定炸药延滞期为 5 min、1 min 或 5 s 时的爆发点,并以此表示炸药的热感度。

以测定炸药的 5 s 延滞期爆发点为例,实验装置见图 3-3。测定步骤为:称取一定质量的炸药试样(药量:猛炸药 0.03±0.001 g,火药 0.045±0.005 g,起爆药 0.01±0.002 g)放入 8 号工程雷管壳中,塞上黄铜塞子,并加压 0.15 MPa 密封(火工药剂塞子自然下滑,不压)。将装有炸药试样的雷管壳插入已加热至恒温的伍德合金浴中(插入深度为 30 mm),同时用秒表记录发火的延滞期 τ,并在同一温度下重复测量至少 5 次。改变合金浴温度 T,确保测定温度点为 4～5 个,分别记录与之相对应的延滞期 τ。根据试验数据,采用最小二乘法做出 τ 与 T 以及 $\ln\tau$ 和 $1/T$ 之间的关系曲线。从曲线上找出与 5 s 延滞期相对应的温度,即为 5 s 延滞期的爆发点。此外,根据曲线及式(3-2)可以计算得出炸药的活化能 E 的值。详细的实验条件和要求参见相关标准。

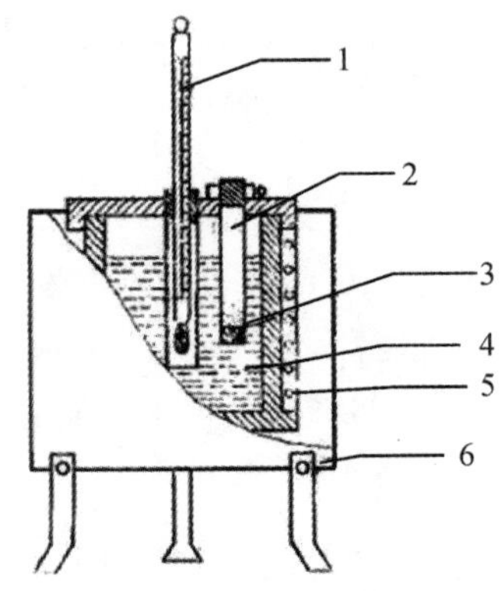

图 3-3　测定炸药爆发点的实验装置

1—温度计;2—装药的雷管管壳;3—炸药试样;
4—合金浴;5—电阻丝;6—外壳

表 3－1 给出了实验测定的某些炸药 5 s 延滞期的爆发点。需要强调，表中数据是在一定条件下测定的，不能作为炸药的特性常数来表示炸药的危险温度，而只能用来比较不同炸药的热感度大小。

表 3－1　某些炸药 5 s 延滞期的爆发点

炸药名称	爆发点/℃	炸药名称	爆发点/℃
硝化甘油	222	梯恩梯	475
太安	225	特屈儿	257
硝基胍	275	苦味酸	322
黑索今	260	雷汞	210
奥克托今	335	结晶氮化铅	345

二、热爆炸理论

炸药在均匀加热作用下的爆炸被称为热爆炸。炸药的热爆炸是炸药体系的一种不可控的内加热效应，这种不可控过程，既可由外部加热引起，也可由内部自身的自发化学热引起。在适宜的几何尺寸、温度、热绝缘等条件下，所有炸药或者能进行放热反应的物质都可以出现自行引燃，甚至爆炸的现象。

热爆炸理论主要研究炸药产生爆炸的可能性和临界条件，以及一旦满足临界条件后发生爆炸的时间等问题。热爆炸理论可分为定常和非定常热爆炸理论。定常是指炸药中温度的分布不随时间变化，而非定常则考虑了炸药温度随时间的变化。定常爆炸理论又分为均温分布和不均温度分布两种情况，均温分布是指炸药中各处温度均相等，而不均温分布则指的是炸药各处温度不同，即中部温度最高，沿半径方向向外逐渐降低，炸药表面处温度最低。下面着重讨论定常均温分布的情况。

为建立均温分布定常热爆炸的热平衡方程式，谢苗诺夫(Semenov)理论模型假设：

(1)炸药是均温的；

(2)周围环境温度 T_0 不随时间变化，即 $T_0=$ 常数；

(3) 炸药达到爆炸时的炸药温度 T 与周围环境温度 T_0 相近，两者差值($T-T_0$) 不大；

(4)炸药反应按零级反应进行，即在延滞期内不考虑炸药反应物的消耗；

(5)在炸药和环境接触的界面上，热传导遵守牛顿冷却定律，全部热阻力和温度降均集中于此界面上。

基于上述假设，即可建立炸药的热平衡方程式。

炸药在任何温度下都以一定的速度进行热分解而放出热量，因此炸药在热分解过程中应当有升温的趋势。随着温度增加，炸药分解放热速度加快，则炸药温度可能进一步升高。同时，分解放出的热量还会向周围环境传播和散失。

按照化学动力学原理，放热过程的速度随温度的升高呈指数增加，其放热速度可表示为

$$q_1=mQA\,\mathrm{e}^{-\frac{E}{RT}} \tag{3-3}$$

式中：m——炸药的质量，kg；

Q——单位质量炸药反应放出的热量，J/kg；

A——频率因子，与反应时分子的碰撞概率有关；

E——炸药的活化能,J/mol;

R——气体常数,8.314 J/(mol·K);

T——炸药的温度,K。

按传热学理论,散热过程的速度与温度变化呈线性关系,其散热速度可表示为

$$q_2 = \alpha S(T - T_0) \tag{3-4}$$

式中:α——传热系数,J/(m²·K·s);

S——散热表面积,m²;

T——炸药的温度,K;

T_0——介质温度(炸药周围的环境温度),K。

只有当单位时间内炸药反应放出的热量 q_1 大于散失给环境的热量 q_2 时,炸药中才有可能产生热积累,并可能使炸药温度 T 不断升高,引起炸药反应速度加快,最终导致炸药爆炸,故炸药发生热爆炸的第一个临界条件为

$$q_1 = q_2 \tag{3-5}$$

即

$$mQA\mathrm{e}^{-\frac{E}{RT}} = \alpha S(T - T_0) \tag{3-6}$$

达到上述热平衡只是炸药爆炸的一个条件,要达到爆炸还需满足另一条件:反应放热速度随温度的变化率超过散热速度随温度的变化率。只有这样才能引起炸药的自动加速反应,故炸药发生热爆炸的第二个临界条件为

$$\frac{\mathrm{d}q_1}{\mathrm{d}T} = \frac{\mathrm{d}q_2}{\mathrm{d}T} \tag{3-7}$$

即

$$\frac{AmQE}{RT^2}\mathrm{e}^{-\frac{E}{RT}} = \alpha \cdot S \tag{3-8}$$

将式(3-6)与式(3-8)联解,可得到热爆炸的临界条件为

$$T - T_0 = \frac{RT^2}{E} \tag{3-9}$$

或

$$\frac{E}{RT^2}(T - T_0) = 1 \tag{3-10}$$

求解式(3-10),可得

$$T = \frac{1 \pm \sqrt{1 - \frac{4RT_0}{E}}}{\frac{2R}{E}} \tag{3-11}$$

大量理论计算和实验结果分析表明,式(3-11)中根号前应取负值,且因 RT_0/E 的值很小,一般不超过 0.05,所以可对根号内部分进行泰勒展开,则有

$$\sqrt{1 - \frac{4RT_0}{E}} = 1 - \frac{1}{2} \cdot \frac{4RT_0}{E} + \frac{\frac{1}{2} \times (\frac{1}{2} - 1)}{2!} \cdot \left(\frac{4RT_0}{E}\right)^2 + \cdots \tag{3-12}$$

将式(3-12)代入式(3-11),可得

$$T \approx T_0 + \frac{RT_0^2}{E} \tag{3-13}$$

因此

$$(T - T_0)\frac{E}{RT_0^2} \approx 1 \tag{3-14}$$

或

$$\theta = (T - T_0)\frac{E}{RT_0^2} \tag{3-15}$$

这里称 θ 为无量纲温度。炸药在热爆炸临界条件下，其无量纲温度 $\theta = 1$。

式(3-13)还可用来估计在环境温度 T_0 时，炸药达到爆炸时必须具备的温度 T。例如，黑索今在 $T_0 = 277℃$ 时发生爆炸，已知黑索今的活化能 $E = 20.9 \times 10^3$ J/mol，可求得达到爆炸时的临界温度条件为

$$T \approx T_0 + \frac{RT_0^2}{E} = \left[(277+273) + \frac{8.314 \times (277+273)^2}{20.9 \times 10^3}\right]\mathrm{K} = 670\mathrm{K} = 397^\circ\mathrm{C}$$

因此，当环境温度 $T_0 = 277℃$时，若黑索今发生爆炸，爆炸时炸药的温度 T 为 397℃。

对于整个体系而言，不同的放热和散热条件将导致不同的结果：

(1)散热速度大于放热速度。此时，化学反应产生的热很快散失，炸药温度不但不上升，反而下降。因此，不会出现热爆炸，甚至反使炸药热分解的速度变慢。

(2)放热速度大于散热速度。此时，化学反应产生的热不能及时散失，而是在炸药中积累，使炸药温度不断上升。随着炸药温度的上升，热分解速度以及放热速度不断加快，炸药必然发生爆炸。

(3)放热速度与散热速度相等，即放热和散热平衡，处于所谓的“临界”状态。这种状态既可能转化为炸药的热爆炸，也可能转化为炸药缓慢的热分解。实验结果也证实，只要稍微改变临界条件下的温度、炸药的几何尺寸、热绝缘等，就会导致处在临界状态的炸药发生突然的热爆炸，或者缓慢的热分解。因此，临界状态是一个重要的状态。

图 3-4(a)形象地表示了上述三种情况。其中，q_1 对应的指数曲线是炸药热分解的放热速度曲线，q_2 对应的斜线是炸药的散热速度线，T_{01}、T_{02}、T_{03} 表示三种不同的环境温度。不同环境温度下，q_1 和 q_2 有相交、相离和相切三种关系：

(1) 环境温度为 T_{01} 时，q_2 和 q_1 相交，交点处炸药的温度为 T_1，此时炸药的放热速度与散热速度相等。当炸药的初始温度小于 T_1 时，由于放热速度大于散热速度，炸药可以自动升温至 T_1，此时 $q_1 = q_2$，即炸药的放热过程与散热过程保持平衡；如果炸药的初温大于 T_1，或由于某种原因使炸药温度大于 T_1 时，散热速度超过放热速度，炸药温度会自动下降至 T_1，故通常称 T_1 点为稳定平衡点。可见，当环境温度较低时，炸药不论在什么温度下开始反应，最终炸药温度都将维持在稳定平衡点 T_1 上，反应速度不会自动加快，直至所有炸药反应完毕。

(2) 环境温度为 T_{03} 时，q_1 在 q_2 上方，无论炸药的初始温度如何，炸药热分解的放热始终大于环境散热，炸药温度不断升高，并最终导致爆炸。

(3) 环境温度为 T_{02} 时，q_2 和 q_1 相切于 T_2 点，此时炸药的放热速度与散热速度相等。但如炸药温度稍稍偏离 T_2，炸药的放热速度都将超过环境的散热速度，放热过程与散热过程的平衡被打破，导致炸药分解剧烈加速并在体系内产生热积累，最终导致炸药爆炸。因此，称 T_2

点为不稳定平衡点(又称临界点),称该点对应的体系状态为临界状态。

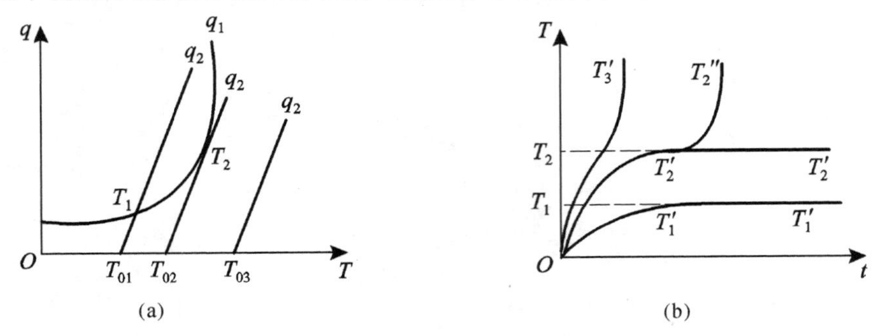

图 3-4　放热速度与散热速度曲线的关系

(a)$q-T$ 图;(b)$T-t$ 图

图 3-4(b)给出了在不同环境温度下炸药温度随时间的变化过程。曲线 T_1' 表示炸药在环境温度 T_{01} 时的升温状态,炸药升温至 T_1 后温度不再发生变化,直至反应完毕,相当于图 3-4(a)中 q_1 和从 T_{01} 出发的 q_2 组成的温度状态,T_1 为两线的交点,即稳定平衡点。T_2' 线表示在环境温度 T_{02} 时,图 3-4(a)中 T_2 点前 q_1 和 q_2 线组成的温度状态,此时体系处于临界状态。T_2'' 线表示到炸药温度达到 T_2 后继续反应时,q_1 和 q_2 组成的温度状态,炸药急剧升温直至爆炸。T_3' 线为环境温度 T_{03} 时,炸药温度随时间变化的情况,这种情况下,炸药温度急剧上升直至爆炸。

综上可见,炸药产生热爆炸的根本原因是体系的放热速度大于散热速度,并在体系内出现热积累。环境温度 T_{02} 是量变到质变的界限,环境温度低于 T_{02} 时,放热曲线与散热曲线相交,炸药将处于两条曲线的交点温度 T_1,进行稳定、缓慢的分解,不会导致爆炸。当环境温度大于 T_{02} 时,放热曲线处于散热直线之上,放热大于散热,热积累促使分解自行加速,最后导致爆炸。因此,T_{02} 是能够导致炸药爆炸的最低环境温度,即炸药的爆发点。显然,爆发点并非爆炸瞬间炸药的温度,而是炸药分解自行加速至爆炸时炸药的环境温度,即炸药的介质温度。当介质温度等于爆发点时,炸药从被加热到发生爆炸需要一定的时间,即该爆发点对应的延滞期。

炸药量对爆发点的影响如图 3-5 所示。药量增大时,单位时间内反应放出的热量增加,药量大的曲线 q_1 在药量小的曲线 q_1' 上方,虽然药量增加会使散热面积相应增加(q_2 的斜率大于 q_2'),但药量增加对爆发点的影响要比散热面积增加的影响更大,因此,药量越大,爆发点越低。

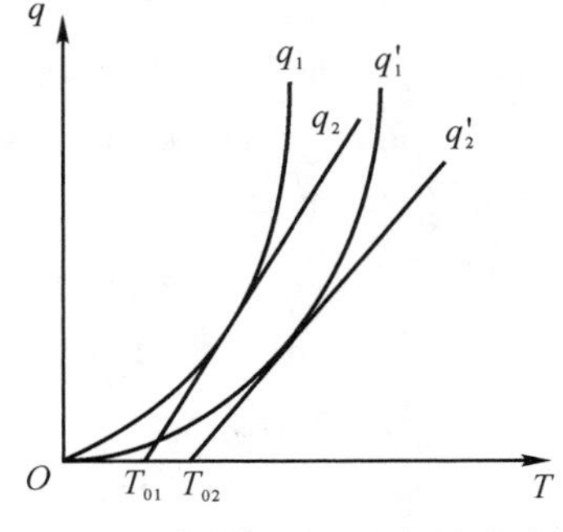

图 3-5　药量对爆发点的影响

上述分析再次表明，爆发点不是炸药的物理常数，它除了取决于炸药自身的性质外，还与炸药量、颗粒度以及反应进行时的传热条件等密切相关。如对同一种炸药、不同的介质来说，若介质传热系数小，则爆发点低，若介质传热系数大，则爆发点高。因此，如果储存中的通风条件不好，炸药在较低的温度下也有可能发生爆炸。

三、火焰感度

在开放空间中，军用猛炸药、工业炸药以及火药在受到火焰作用时，一般仅能发生不同程度的燃烧反应，而起爆药遇到火焰时往往发生爆炸反应。炸药在火焰（火星）作用下发生燃烧或爆炸的难易程度称为炸药的火焰感度。

与均匀加热不同，火焰仅作用于炸药的局部表面上。局部表面在接受了火焰传给的能量后温度升高，同时局部表面吸收的火焰能量还要向炸药与火焰的相邻表面以及炸药内部传递，使炸药表面层的温度降低。因此，火焰作用下，炸药表面层的温度能否上升到发火温度并发生燃烧，主要取决于其吸收火焰能量的能力和热导率的大小。

测定炸药火焰感度的方法较多，最常用的装置如图 3－6 所示。

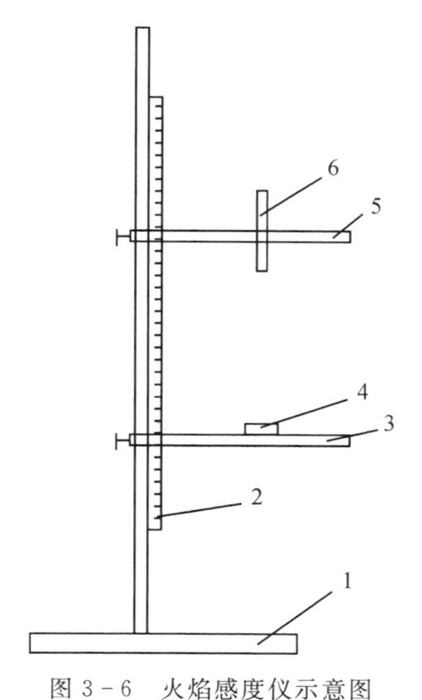

图 3－6　火焰感度仪示意图

1—底座；2—刻度尺；3—下固定架；4—7.62 mm 枪弹底火壳；
5—上固定架；6—导火杆

火焰感度的测定步骤为：准确称取 0.02 g 炸药样品，装入 7.62 mm 枪弹底火壳内后，放在下支架上并固定；在上固定架的导火杆内装导火索（或黑火药柱）；实验时，点燃导火索（或黑火药柱）并观察火焰对样品的点燃情况；固定上、下支架件，在该距离上做 6 次平行试验；通过不断调整上、下支架间的距离，用得到的上、下限来表示炸药的火焰感度。其中，上限是指炸药百分之百发火时的最大距离，下限是指百分之百不发火的最小距离。根据上限大小可以比较炸药发火的难易程度，下限通常用来比较不同炸药的火焰安全性，下限越小，火焰感度越小，火焰安全性越好。上限则通常用来比较炸药在火焰作用下的发火可靠性，上限越大，火焰感度越大，作用可靠性越高。

表3-2列出了几种起爆药的火焰感度。

表3-2　几种起爆药的火焰感度

炸药名称	100%发火的最大距离/cm
雷汞	20
氮化铅	做不出结果
史蒂酚酸铅	54
特屈拉辛	15
二硝基重氮酚	17

需要指出，由于实验中存在各种误差，特别是用导火索作为火源时，导火索药剂的颗粒度和密度差异都会导致火焰能量的差异，从而使实验结果出现误差，因此，表3-2中的数据不能作为炸药的特性参数，只能用于对不同炸药的火焰感度进行比较。

第三节　炸药的机械感度

炸药的机械感度指炸药在机械作用下发生爆炸的难易程度。炸药在生产、运输、保管以及使用时不可避免地会受到撞击、摩擦和挤压等机械作用，炸药在机械作用下的安全性如何，用机械能激发的火炸药、火工品能否可靠作用，都与机械感度有关，因此，从实验方法和起爆机理等方面对炸药机械感度进行研究，对于合理确定炸药的应用范围、保证炸药处理过程中的安全意义重大。

机械作用的形式有很多，如撞击、摩擦、针刺、发射过载、破片冲击、枪弹射击等。但无论形式如何，机械作用主要有两种情况——垂直的撞击作用和水平的滑动作用，与之对应的炸药感度称为炸药的撞击感度和摩擦感度。本节主要介绍相关标准中规定的火药和炸药的撞击感度、摩擦感度和枪击感度。

一、撞击感度

通常，火炸药撞击感度测试借助立式落锤仪（见图3-7）完成。立式落锤仪主要由固定且相互平行的两个立式导轨、可以在导轨上自由滑动的重锤和撞击装置等组成。该实验的实质在于测定炸药发生爆炸、拒爆或者炸药有一定爆炸概率时所需的撞击功。

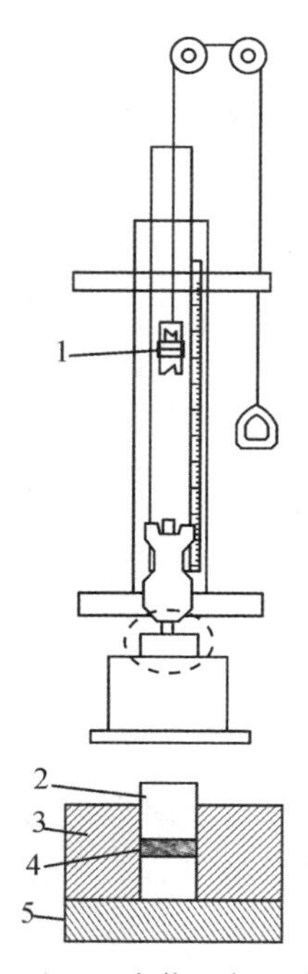

图3-7　立式落锤仪示意图

1—落锤；2—击柱；3—导向套；4—被测样品；5—底座

测试时，将一定质量的重锤固定在某一高度，将一定质量和颗粒度的炸药样品放在导向套内的上、下击柱之间，使重锤沿导轨自由落下，撞击击柱间的被测样品，再根据火光、烟雾或者声响来判断炸药是否发生爆炸，经多次实验后，计算该炸药样品发生爆炸的百分率。

实验研究发现，除炸药药量以及颗粒度对其撞击感度有影响外，撞击材料、加工精度、导轨的平行性和垂直度等都会影响撞击感度。因此，为提高测试精度，对仪器和实验条件都要严格控制，并保持相对的一致性。此外，为消除偶然因素造成的误差，需要在相同的条件下进行多次实验。

撞击感度的表示方法很多，常见的有爆炸百分数、上下限、特性落高等。

1.爆炸百分数

爆炸百分数是指多次实验中炸药样品发生爆炸的百分数。相同试验条件下，爆炸百分数越大，炸药的撞击感度越大。一般情况下，实验条件：落锤质量为 10 kg、5 kg、2.5 kg、2 kg 或其他质量，落高为 50 cm 或 25 cm，药量为 0.05 g 或 0.03 g。具体实验中，落锤质量、落高和药量等实验条件，需根据炸药种类、预估感度大小予以确定。实验以 25 次为一组，且必须有两组以上的平行数据，最后计算出炸药的爆炸百分数。

需要指出：撞击感度测试时，为保证实验条件的一致性，需要用标准物质对仪器进行标定，且落锤高度、药量都必须符合要求。若实验样品为一般的炸药或者钝感火药，用特屈儿感度标准物质标定，其爆炸百分数应为 48%±8%。若为一般的火药、高感度炸药或者浆状复合固体推进剂，用黑索今感度标准物质标定，其爆炸百分数应为 4%～20%。若为感度低于梯恩梯的钝感炸药，则用梯恩梯感度标准物质标定，其爆炸百分数应为 28%～48%。

表 3-3 给出了几种典型炸药的撞击感度数据。

表 3-3　几种典型炸药的撞击感度

炸药名称	爆炸百分数/(%)	炸药名称	爆炸百分数/(%)
梯恩梯	4～8	硝化甘油	100
黑索今	70～80	铵梯 80	16～18
特屈儿	50～60	无烟药	70～80
太安	100		

注：测试条件为落锤 10 kg、落高 25 cm、样品 0.05 g。

2.上、下限

撞击感度的上限是指炸药 100%发生爆炸时的最小落高，下限则是指炸药 100%不发生爆炸时的最大落高。实验测定时，先选择某个落高，以 10 次实验为一组进行实验，观察炸药的爆炸情况；再根据爆炸情况调整落高，最后得出炸药撞击感度的上限和下限。

3.特性落高

特性落高又称临界落高，是指炸药样品爆炸概率为 50%时所需的落锤下落高度，用 h_{50} 表示。测定特性落高方法是：通过实验得到上、下限后，按一定步长在上、下限之间逐步调整落锤高度；在不同高度上进行次数相同的平均试验，并计算爆炸百分数；以横坐标为落高，纵坐标为爆炸百分数，画出感度曲线。感度曲线(见图 3-8)上对应爆炸百分数为 50%的落高即为特性落高。

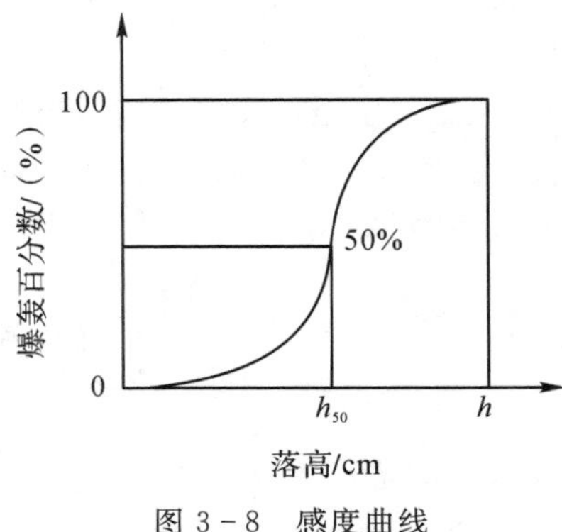

图 3-8　感度曲线

因起爆药的撞击感度较大，故其撞击感度测试可借助落锤质量更轻、导轨长度更短的立式落锤仪，或如图 3-9 所示的弧形落锤仪进行测试。弧形落锤仪中，落高标尺刻在弧形架上，落高刻度被放大，读数更精确，同时砝码的质量可以调整。弧形落锤仪的缺点是，锤头质量增加时锤头会出现摇摆，故砝码的质量不宜过大。

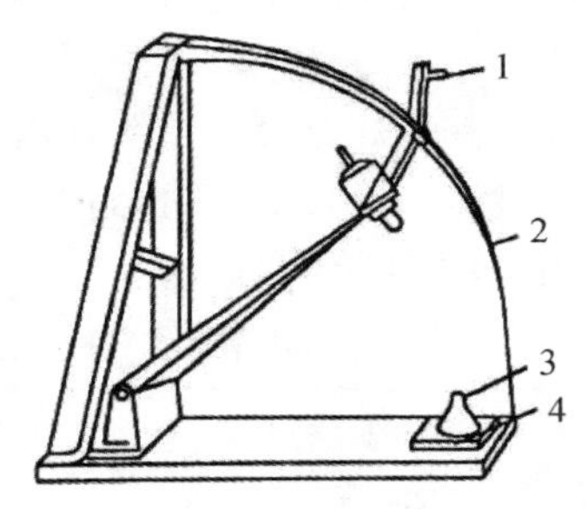

图 3-9　弧形落锤仪示意图

1—手柄；2—有刻度的弧形架；3—击针；

4—固定击针和火帽的装置

实验时，将 0.02 g 的起爆药放入枪弹火帽壳内，用锡箔或铜箔覆盖，在 30～50 MPa 的压力下压药。将装有药剂的火帽壳放在定位器内后，再放入击针。落锤落下时撞击击针，根据声响判断是否发火。

起爆药的撞击感度一般用上、下限表示，测试时在同一落高处必须进行 6 次平行实验。

部分起爆药的撞击感度数据见表 3-4。

表 3-4　起爆药的撞击感度

炸药名称	撞击感度(锤重 0.4 kg)	
	上限/cm	下限/cm
雷汞	9.5	3.5
叠氮化铅	33	10
史蒂酚酸铅	36	11.5
特屈拉辛	6	3
二硝基重氮酚	—	17.5

二、摩擦感度

在机械摩擦作用下，炸药发生爆炸的难易程度称为炸药的摩擦感度。

在加工或者使用过程中，炸药除可能受到撞击外，还经常受到摩擦作用，或者受到摩擦和撞击的共同作用。有些被钝化的炸药和某些复合推进剂，可能具有较低的撞击感度，但却表现出较高的摩擦感度，因此，从安全的角度考虑，研究和测定炸药的摩擦感度十分重要。

用于测定炸药摩擦感度的仪器有许多种，有摆式摩擦仪、BAM 摩擦仪和鱼雷感度仪等。应用较多的是摆式摩擦仪，包括苏式柯兹洛夫(Козлов)摆、英式布登(Bowden)摆、大型滑落试验仪等。国内广泛使用柯兹洛夫摩擦摆测定炸药的摩擦感度。柯兹洛夫摩擦摆主要由打击部分、仪器本体和油压系统组成，如图 3-10 所示。

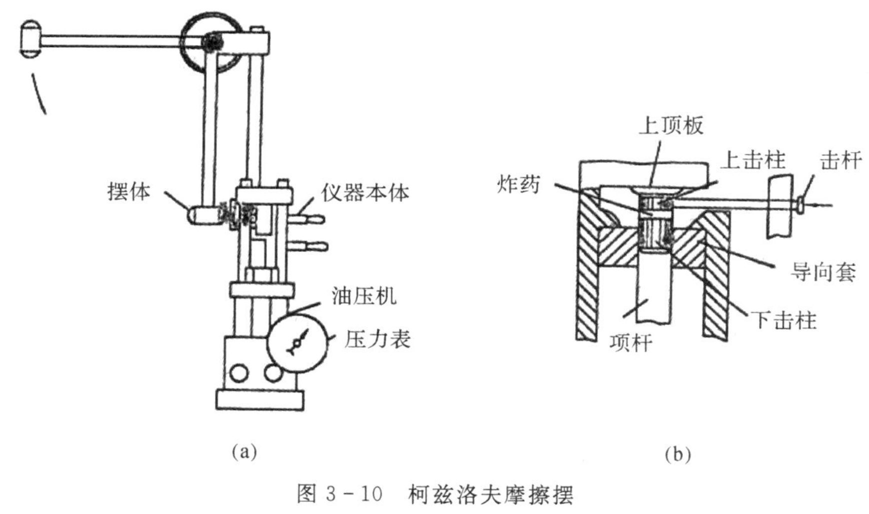

图 3-10　柯兹洛夫摩擦摆

(a)摩擦摆；(b)爆炸室

测试时，将 0.02 g(低感度或大颗粒混合炸药为 0.03 g)的炸药样品均匀地放在上、下两个钢制击柱之间，开动油压机，通过顶杆将下击柱从击柱导向套中顶出，并用一定的压力(压力大小可根据压力表的读数以及仪器活塞和击柱的截面积计算得到)压紧。摆锤从一定摆角处落下时打击击杆，上击柱迅速平移 1～2 mm，使两击柱间的炸药样品受到强烈的摩擦作用，最后以声响、发光、冒烟等情况判断炸药样品是否发生爆炸。测试结果的表示方法有两种。

1.爆炸百分数

不同类型炸药的测试条件不同，一般炸药的测试条件为压力表压强 3.92 MPa、摆角 90°、药量 0.02 g；一般火药的测试条件为压力表压强 2.45 MPa、摆角 66°、药量 0.02 g；钝感或大颗粒混合炸药的测试条件为压力表压强 4.9 MPa、摆角 96°、药量 0.03 g；高感度炸药的测试条件与一般火药基本相同，但摆角为 88°。上述实验条件下，除高感度炸药使用太安标准物质进行校准外，其他炸药用特屈儿标准物质来校准实验仪器，如果爆炸百分数分别为 4%～20%、16%～36%和 4%～20%，则说明仪器可分别用于一般火药、钝感或大颗粒混合炸药以及高感度炸药的摩擦感度测试。

表 3-5 给出了几种猛炸药的摩擦感度。

表 3-5　几种炸药的摩擦感度

炸　药	爆炸百分数/(%)	炸　药	爆炸百分数/(%)
梯恩梯	2	奥克托今	100
特屈儿	16	硝基胍	0
黑索今	76	太安	100

注:实验条件为摆角 90°、表压 3.92 MPa、药量 0.02 g。

2.不同压力下的爆炸百分数的感度曲线

上述试验条件下,作用在下击柱上的压力变化会导致炸药样品所受摩擦力变化,最终导致爆炸百分数的变化,故可根据不同压力下炸药的爆炸百分数大小来比较炸药的摩擦感度大小。图 3-11 给出了 9 种炸药的爆炸百分数随压力的变化曲线。

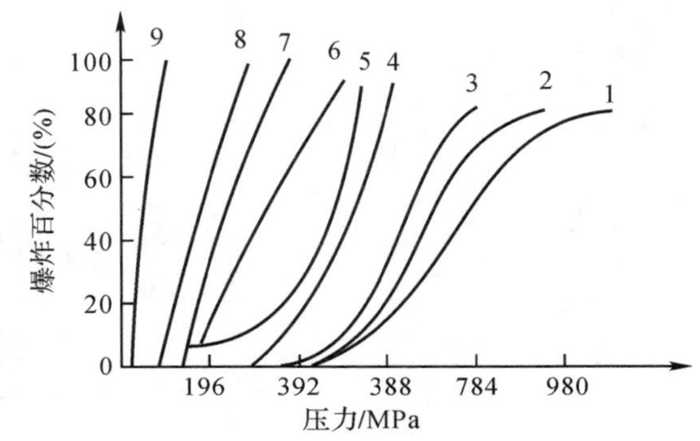

图 3-11　爆炸百分数与压力的关系

1—梯恩梯;2—二硝基苯;3—三硝基苯;4—特屈儿;5—黑索今;

6—太安;7—硝化棉;8—迭氮化铅;9—雷汞

三、枪击感度

枪击感度又称抛射体撞击感度,是指在枪弹等高速抛射体撞击下,炸药发生燃烧或爆炸的难易程度。与锤击试验相比,抛射体撞击是高速撞击,故枪击感度比撞击感度更能准确评价炸药在使用过程中,特别是在战场上被高速破片、枪弹等撞击后的安全性和机械感度。

目前炸药的枪击感度测试方法包括 7.62 mm 步枪法和 12.7 mm 机枪法两种,火药的枪击感度测试方法只有 7.62 mm 步枪法一种,且与炸药的测试要求相同。

测试中,以 7.62 mm 步枪普通枪弹在 25 m 的距离上射击裸露的药柱或药包,观察其是否发生燃烧或爆炸。用不少于 10 发试验中发生燃烧或爆炸的概率,来表示试样的枪击感度。

四、炸药在机械作用下的起爆机理

(一)热点学说的基本观点

机械作用下,炸药的爆炸机理非常复杂。长期以来,人们对其进行了许多实验和理论研究,也取得了很大的进展。

比较早期的观点是贝尔特洛的热假说。该假说认为,在机械作用下,无论作用形式如何,最终是机械能转变为热能使炸药的温度上升,当其温度超过爆发点时,炸药便发生分解或爆炸。在这一假说基础上，对雷汞的实验和计算结果表明，即使作用于雷汞的冲击能全部转化为热能并被吸收，温度上升也不会超过 20℃，这样的温升根本不可能使雷汞发生爆炸。其他一些炸药的计算结果也表明，假设炸药在受撞击时所吸收的能量被均匀地分散到整个炸药中，由于撞击时间很短，即使炸药体积很小，温度的上升也不可能使炸药发生爆炸反应，而实际情况则是炸药在撞击过程中所吸收的能量远小于它的临界撞击能，因此，这种假说受到质疑。

之后有人提出摩擦化学假说，即炸药在受到机械作用冲击时，炸药部分晶体内的晶粒相互接近，炸药密度增大。此外，在炸药的某些晶体表面和尖棱处产生法向和切向应力，相邻分子层迅速移动，引起分子键的直接断裂，或引起足以发生迅速化学反应的分子变形而发生爆炸。这种假说既没有考虑热的作用，也没有考虑有些炸药分子的键能非常大，一般的机械作用引起分子破坏相当困难，因此，摩擦化学假说也有很大的局限性。

20 世纪 50 年代，英国的布登(Bowden)在研究摩擦学的基础上于提出了热点学说。由于热点学说能较好地解释炸药在机械作用下发生爆炸的现象，且该学说的观点已经通过高速摄影等方式得到验证，因此得到普遍认可。

热点学说的基本观点是：炸药在受到机械作用时，绝大部分的机械能首先转化为热能；由于机械作用是不均匀的，所以热能不是作用在整个炸药上，而只是集中在炸药内的某些局部，并形成热点；热点处的炸药首先发生热分解，放出热量，并促使炸药的分解速度迅速增加；如果炸药中形成热点的数目足够多，且尺寸足够大，当热点的温度升高到爆发点后，炸药便在这些点被激发并发生爆炸，最后引起部分炸药乃至整个炸药的爆炸。

热点学说认为，热点形成和发展大致经过以下几个阶段：

(1)热点的形成阶段。

(2)热点的成长阶段，即以热点为中心向周围扩展的阶段，表现为快速燃烧。通过实验测定，该阶段太安的燃速为 400 m/s，黑索今的燃速为 300 m/s。

(3)低速爆轰阶段，即由燃烧转变为低速爆轰的过渡阶段，该阶段太安的爆轰速度为 1 300 m/s，一般炸药的爆轰速度为 1 000～2 000 m/s。

(4)稳定爆轰阶段，爆轰速度大于 5 000 m/s。

(二)热点形成的途径

实验证明，机械作用下热点形成的途径主要有三个：炸药内所含的微小气泡受到绝热压缩、摩擦(如炸药颗粒之间、炸药与杂质或与容器内壁之间的摩擦等)使炸药产生局部加热，以及炸药黏滞流动产生黏滞加热。

1.气泡绝热压缩形成热点

炸药中的微小气泡可能是炸药中原来包含的，或者是在撞击等机械作用时被带入到炸药中的。在液体炸药、塑性炸药或粉状炸药中，受到机械撞击时，气泡受到绝热压缩。由于气体的可压缩性大，易形成热点，此热点可使气泡壁处的炸药被点燃、发火或爆炸。

气泡绝热压缩形成热点可由相关实验证明。在相同的实验条件下，如用带有小孔穴的冲头撞击硝化甘油，因孔穴有利于形成气泡，使撞击感度大大提高，冲击能量仅为 1.96×10^{-3} J，而无孔穴的普通冲头撞击时则需要 9.8～98 J 的冲击能量。另外，若分别将相同药量的奥克托今分布成紧密状和环状，用同样的冲击能量对其作用，因环状分布有利于气泡形成，机械作用下气泡受绝热压缩后易形成热点，故环状分布的奥克托今爆炸百分数为 100%，而紧密状分布的爆炸百分数仅为5%～47%。

实验结果表明，气泡产生热点与气体的热导率以及相应的热力学性质有关。气体的热导率越高，其在绝热压缩过程中所产生的热量就越容易传给气体周围的炸药，炸药的感度越高。此外，若炸药中气泡的体积越小，比表面积越大，传出的热量越多，炸药的感度越高。

2.摩擦形成热点

炸药受到外界机械作用时，炸药晶粒之间、炸药与杂质或与容器内壁之间的摩擦均可形成热点而发展到爆炸。

颗粒间由于摩擦而形成的热点，能够达到的最高温度主要受炸药熔点的影响。起爆药的爆发点低于熔点，以至于起爆药在其熔点温度下爆炸。起爆药在机械作用下，因结晶颗粒间摩擦而形成热点的机理是存在的，这一点已通过实验得到证实。大多数猛炸药的熔点低于其爆发点，且只有在高于熔点的情况下才能高速分解，故通常情况下不会因药粒间的摩擦形成热点。

机械作用下，如果炸药在达到热点分解温度时还没有熔化，则其硬度将起很重要的作用。此时应力都集中在个别硬且尖锐的颗粒上，容易形成热点，在较小的能量下可使局部温度上升较高。如果颗粒较软，则在摩擦时会发生塑性变形，能量难以集中在个别的点上，也难以形成热点。因此，在炸药中掺入部分熔点高、硬度大的物质有利于热点的形成，使其感度增加。如果在炸药中掺入部分熔点低、可塑性大的物质将阻碍热点的形成，使其感度降低，有的甚至不能发生爆炸。

机械作用下，虽然有的炸药颗粒之间难以形成热点，但是炸药与容器内壁，特别是与金属容器内壁间的摩擦也可形成热点。这种情况下，热点处的最高温度除受炸药熔点影响外，还与金属熔点及其导热性有关。实验表明，如果金属熔点高于570℃，则能够形成热点。金属的导热性越差，则越容易形成热点，且热点具有较高的温度。

3.黏滞流动产生热点

机械作用下，如果机械冲击能很大，会使部分低熔点炸药熔化。熔化的炸药液体将迅速在炸药固体颗粒之间产生黏滞流动。在液体炸药受到撞击后，其撞击表面有可能因受挤压产生黏滞流动，形成局部加热，温度的升高将足以引爆炸药。因此，黏滞流动产生热点是液体炸药和低熔点炸药发生爆炸的原因。

应该指出，机械作用下炸药发生爆炸的原因，目前公认的是布登提出的热点起爆机理，它能够较好地解释一系列爆炸现象，但却不能解释所有相关实验现象。例如，在氮化铅中加入低熔点的石蜡，其撞击感度不但没有降低，反而还有所增加等。这是由于在机械作用下，炸药爆炸的过程非常复杂，影响因素也很多。温度的升高除了与热点的形成有关外，还与应力、变形速度梯度、炸药熔点以及变形时间等一系列综合因素有关。

综上所述，炸药在机械作用下发生爆炸的首要条件是形成热点。但并非所有热点都能够成长为爆炸，实验及计算结果表明，炸药热点成长为爆炸必须具备以下条件：

(1)热点的温度为300～600℃；

(2)热点的半径为10^{-4}～10^{-2} mm；

(3)热点的作用时间大于10^{-7} s；

(4)热点具有能量的数量级为10^{-10}～10^{-8} J。

第四节　炸药的起爆感度与冲击波感度

一、起爆感度

炸药的起爆感度，又称为爆轰波感度或爆轰感度，是指猛炸药在其他炸药（起爆药或猛炸药）的爆炸作用下发生爆炸变化的难易程度。炸药起爆感度的大小，对工程爆破中的主发装药量选择、火工品设计、弹药传爆序列设计等都非常重要。

炸药的起爆感度，一般用极限（最小）起爆药量表示。极限起爆药量是指，在一定的实验条件下，能引起 1 g 猛炸药完全爆轰所需的最小起爆药量。极限起爆药量越小，猛炸药的起爆感度越大。

测试猛炸药极限起爆药量的实验装置如图 3-12 所示。

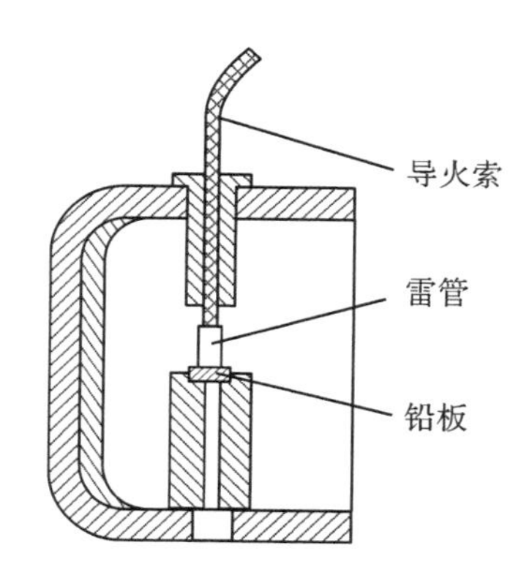

图 3-12　极限起爆药量实验装置

测试前，将 1 g 被测猛炸药试样，用 49 MPa 的压力压入 8 号工程雷管壳中，再用 29.4 MPa 的压力将一定质量的起爆药压入雷管壳中，雷管口装 10 cm 的导火索。将装配好的雷管放在防护罩内，并垂直置于 ϕ40 mm×4 mm 的铅板上后，点燃导火索引爆雷管。观察爆炸后的铅板，如铅板被击穿且孔径大于雷管外径，则表明猛炸药完全爆轰，否则，认为没有完全爆轰。用插试法（每次调整起爆药质量为 0.01 g）改变起爆药量，重复上述实验，即可测定出猛炸药的极限起爆药量。

部分猛炸药的极限起爆药量见表 3-6。

表 3-6　几种炸药的极限起爆药量

起爆药	猛　炸　药			
	梯恩梯	特屈儿	黑索今	太　安
雷汞	0.36	0.165	0.19	0.17
叠氮化铅	0.09	0.025	0.05	0.03
二硝基重氮酚	0.163	0.075	—	0.09

表 3-6 中的数据表明，同一起爆药对不同猛炸药的极限起爆药量不同，这说明不同猛炸药的起爆感度不同。此外，不同起爆药的起爆能力不同，故不同起爆药引爆同一猛炸药所需的

药量也不相同。关于起爆药起爆能力的相关内容，将在第九章中做详细阐述。

极限起爆药量的大小不仅取决于起爆药的起爆能力和猛炸药的爆轰感度，而且还与起爆药与猛炸药的装药条件、装药密度、颗粒度、外壳材料强度和尺寸等有关，因此用于比较起爆感度的数据应在相同实验条件下取得。

二、冲击波感度

炸药的冲击波感度，是指炸药在冲击波作用下发生爆炸变化的难易程度。

弹药传爆序列中，在前端与后端的炸药或部件紧密接触的情况下，后端的炸药或部件是受到前端炸药或部件爆炸产生的爆轰波的直接作用以及爆轰产物的加热作用等发生爆炸的；在前端与后端炸药或部件之间有介质的情况下，如果后端的炸药或部件发生爆炸，并不是前端炸药或部件爆炸产生的爆轰波直接作用引起的，而是经过介质衰减的冲击波作用的结果。

炸药爆炸时所产生的冲击波是一种脉冲式的压缩波。这种冲击波作用在物体上时，物体将受到压缩并产生热量。如果受冲击的是均质炸药，则冲击面上的炸药薄层将均匀受热并升温，当温度升到爆发点时炸药将发生爆炸；如果受冲击的是非均质炸药，炸药受热升温不均匀，将在局部高温处产生“热点”。热点处的炸药首先爆炸并向炸药内部扩展，最后引起整个炸药发生爆炸。

隔板实验是测定炸药冲击波感度最常用的方法之一，实验装置如图 3－13 所示。

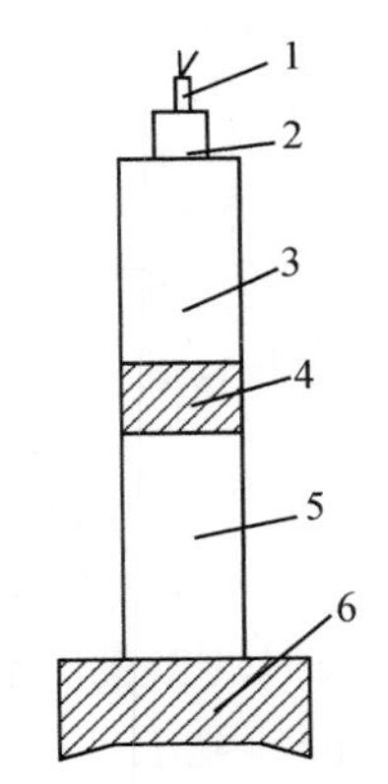

图 3－13　隔板实验示意图

1—雷管；2—传爆药柱；3—主发药柱；4—隔板；
5—被测药柱；6—钢座（验证板）

隔板实验方法中，为使主发药柱能形成稳定爆轰，传爆药常选用特屈儿。主发药柱的装药密度、药量以及药柱的尺寸应按标准严格控制，其直径应与被测药柱的直径相等。隔板用于衰减主发装药爆炸产生的冲击波，调节其波形，并阻止主发药柱的爆炸产物对被测药柱的冲击加热。实验应选用直径与主发药柱的直径相同或稍大的铝、铜等金属材料，或塑料、纤维等非金属材料隔板，厚度可根据实验要求进行选择。被测药柱直径较大时，应选用直径较大的隔板。大隔板实验的装置、方法、步骤和小隔板实验相似，但应相应增加钢座验证板的厚度。

雷管起爆传爆药柱后，传爆药柱引爆主发药柱，主发药柱发生爆轰并产生一定强度的冲击波，经隔板衰减、调节后，使其强度恰好能引起被测药柱的爆轰。如果实验后钢座上有明显的凹痕，说明被测药柱发生了爆轰，否则认为被测药柱没有发生爆轰。如果凹痕不明显，则认为被测药柱爆轰不完全。另外，为准确判断被发装药的爆轰情况，还可用压力计或高速摄影仪来测量冲击波参数，并根据参数判断被测药柱是否发生爆轰，或判断爆轰属高速爆轰还是低速爆轰。

被测药柱的冲击波感度用隔板值或50%点表示，记为δ_{50}。所谓隔板值，是指主发药柱爆轰产生的冲击波经隔板衰减后，其强度仅能引起被测药柱爆轰时的隔板厚度。若被测药柱100%爆轰时的最大隔板厚度为δ_1，而被测药柱100%不爆轰时的最小隔板厚度为δ_2，则隔板值为

$$\delta_{50}=0.5(\delta_1+\delta_2) \tag{3-16}$$

常用炸药的隔板值见表3-7。

表3-7　常用炸药的隔板值

炸药名称	装药条件	密度/(g·cm^{-3})	隔板值δ_{50}/cm
黑索今	压装	1.640	8.20
特屈儿	压装	1.615	6.63
梯恩梯	压装	1.569	4.90
梯恩梯	铸装	1.600	3.50
B炸药	压装	1.663	6.05
B炸药	铸装	1.704	5.24
硝酸铵	压装	1.615	<0

第五节　炸药的静电感度

炸药在静电火花作用下发生爆炸的难易程度称为炸药的静电感度。20世纪70年代至80年代，在黑药、起爆药和电火工品的生产过程中，发生了十多起因静电放电导致的事故。因此，为保证火炸药和火工品的安全生产、安全销毁，必须对静电感度相关问题进行研究。

常用炸药是绝缘体，比电阻大于10^{12} Ω/cm，易摩擦起电并形成很高的电压。如条件适合，还会产生静电放电火花，如静电火花能量足够，则会引起炸药的燃烧和爆炸事故。为避免炸药在生产、加工、销毁等环节因静电发生爆炸事故，必须从炸药因静电放电导致燃爆过程中的静电产生、静电积累、静电放电和炸药燃爆四个环节入手，对炸药静电产生的原因、静电放电的条件、静电感度和防静电措施等问题进行研究。

一、炸药静电产生原因及其测定

当两种固体接触距离小于2.5×10^{-6} mm时，会出现电子转移，失去电子的带正电，得到电子的带负电。摩擦可造成上述现象。如果摩擦产生的静电电荷不能及时释放，随着摩擦的不断进行，必然产生静电电位。对静电感度研究来说，必须研究炸药因摩擦产生静电的量，常用的测量装置如图3-14所示。

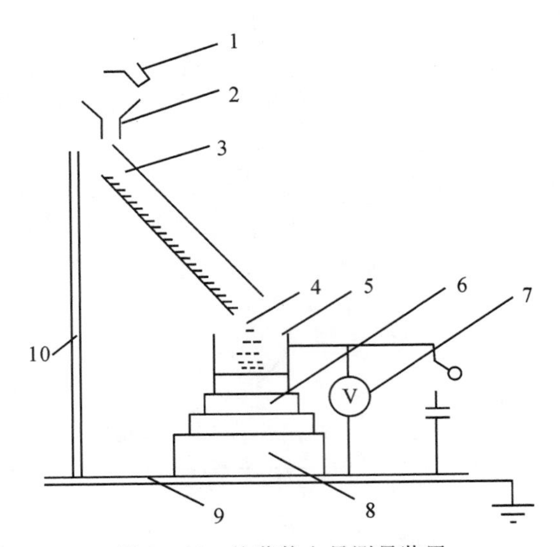

图 3-14　炸药静电量测量装置

1—样品杯；2—漏斗；3—导槽；4—试样；5—金属容器；6—绝缘板；7—静电电压表；8—聚四氟乙烯垫；9—导电橡胶；10—支架

测量时，借助漏斗把一定量的炸药试样从导槽顶端滑下，落入金属容器中，炸药在下滑过程中与导槽互相摩擦产生静电，其静电量为

$$Q = C_1 V_1 \tag{3-17}$$

式中：Q——摩擦所带的静电量，C；

C_1——装置的系统电容，F；

V_1——静电电压表读出的电压值，V。

炸药全部滑入金属容器后，合上开关 K，使已知外加电容 C_2 与 C_1 并联。并联外加电容前后，炸药所带电量相等，即

$$Q = C_1 V_1 = (C_1 + C_2) V_1$$

则有

$$C_1 = \frac{C_2 V_2}{V_1 - V_2} \tag{3-18}$$

因 C_2 已知，V_1 和 V_2 可由电压表测得，故可按式(3-18)求得 C_1。对于同一装置，一般认为 C_1 是常数，故炸药的静电量可用静电电压表的读数 V_1 来衡量。

表 3-8 给出了几种炸药在不同材料上摩擦后的静电量。

表 3-8　几种炸药在不同材料上摩擦后的静电量(kV)

炸　药	有机玻璃	聚苯乙烯	石　蜡
黑索今	8.20	2.25	1.11
特屈儿	3.05	2.14	0.20
梯恩梯	4.8	1.66	0.89

二、静电感度的测量

按照静电理论，如果电容两极板间距离足够小、电位足够大且超过极板间介质的击穿强度，将会发生静电放电火花。炸药在静电放电火花作用下，能否发生爆炸，取决于炸药的静电感度。炸药的静电感度测量的原理如图 3－15 所示。

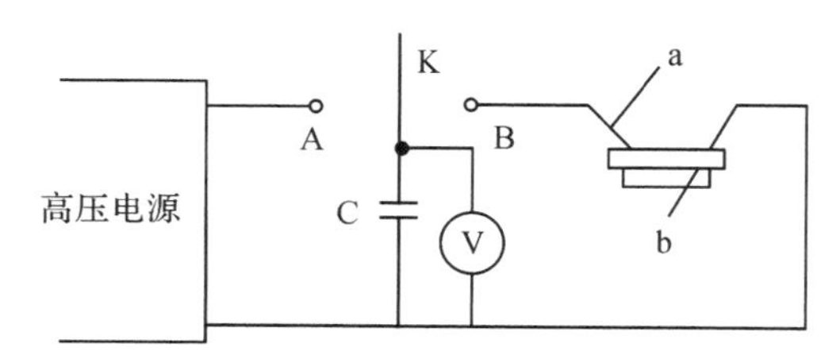

图 3－15　炸药静电火花感度测定装置示意图

a—尖端放电电极；b—被测炸药试样

测试时，220 V 的交流电通过自耦变压器的调压和升压变压器的升压，再经高压整流管整流后变成高压直流电，将开关 K 合到位置 A 给电容器充电；电容器的电压稳定后，再将开关 K 从 A 处断开并合到 B 处，尖端电极立即放电，产生静电火花。静电火花作用在两个尖端电极间的被测炸药试样上，观察炸药是否发生爆炸，并由下式计算实验时的静电火花能量，即

$$E=\frac{1}{2}CV^2 \tag{3-19}$$

式中：E——火花放电的能量，J；

C——放电电容，F；

V——放电电压，V。

炸药静电感度的表示方法有两种：一是一定实验条件下起爆炸药所需要的电火花能量 E；二是固定电火花能量下炸药的爆炸百分数。其中，第一种表示方法又可区分为三种情况。

(1)上限能量：炸药 100％爆炸所需要的最小电火花能量 E_{100}；

(2)下限能量：炸药 100％不爆炸所需要的最大电火花能量 E_0；

(3)特性能量：炸药 50％爆炸所需的电火花能量 E_{50}。

表 3－9 和表 3－10 分别以爆炸百分数和静电火花能量的形式给出了几种常用炸药的静电火花感度。

表 3－9　不同能量下几种炸药静电火花感度(爆炸百分数)

炸药名称	爆炸百分数/(％)						
	0.013 J (0.5 kV)	0.050 J (1.0 kV)	0.113 J (1.5 kV)	0.200 J (2.0 kV)	0.313 J (2.5 kV)	0.450 J (3.0 kV)	0.613 J (3.5 kV)
梯恩梯	18	50	68	83	100	100	—
黑索今	0	13	38	38	55	85	100
特屈儿	10	37	100	100	100	—	—

注：实验条件为电容 $C=0.1\ \mu F$、电极距离 $d=1$ mm、药量 $m=0.02$ g。

表 3-10　几种炸药的 E_0、E_{50} 和 E_{100}

炸药名称	E_0/J	E_{50}/J	E_{100}/J
梯恩梯	0.004	0.050	9.374
黑索今	0.013	0.288	0.577
特屈儿	0.005	0.071	0.195

需要指出，只有在施加的静电电压和能量完全相同的条件下，表 3-9 和表 3-10 中的数据才能作为比较不同炸药静电感度的依据。比如，梯恩梯和特屈儿在能量为 0.013 J 的 0.5 kV 的静电作用下的爆炸百分数分别是 18%和 10%，而在能量为 0.113 J 的 1.5 kV 的静电作用下的爆炸百分数则分别为 68%和 100%。再如，梯恩梯和特屈儿的 E_{50} 分别为 0.050 J 和 0.071 J，特屈儿所需能量要大于梯恩梯，但其 E_{100} 则分别为 9.374 J 和 0.195 J，梯恩梯所需能量则远大于特屈儿，故不能仅用一对数据来判断这两种炸药静电感度的相对大小。

三、防静电措施

上述分析表明，静电产生和积累是静电放电的基础，也是炸药因静电发生燃爆的关键。只有有效防止静电产生、减小电荷累积，才能防止炸药因静电产生事故。

(一)静电产生和积累的影响因素

(1)设备绝缘性。设备的绝缘性越好，摩擦产生的静电越不容易及时释放，越有利于静电的积累。反之，设备的导电性越好，则摩擦产生的静电越容易部分或全部释放，静电积累越困难。

(2)摩擦力。炸药产生静电的根本原因是炸药和各种设备材料之间存在着相对摩擦，摩擦力越大，则摩擦作用越明显，产生的电量越多。

(3)炸药的粒度与药量。炸药的粒度越小、药量越大，则炸药的摩擦力增大、比表面积增加，摩擦产生的静电越多。此外，炸药的表面积越大，越容易接受火花，发生爆炸的可能性也越大。因此，炸药的颗粒越细，药量越大，静电感度越大。

(4)空气湿度和炸药含水量。空气湿度越大，空气中带电离子数目越多，越有利于炸药产生的静电向空气中释放；炸药含水量越大，表面湿度越大，炸药表面的导电性也越好，越不利于静电的积累。

(二)防静电措施

(1)设备接地。生产和加工炸药的各种机械设备一般皆为导电性能良好的金属，若可靠接地，则可及时释放因摩擦产生的静电，这种方法既简单又有效。一般情况下，接地的电阻值应控制在 10^6～10^9 Ω 之间，这样既能有效释放静电电荷，又避免了因接地电阻过小，在放电瞬间产生急剧的放电火花。

(2)铺设导电橡胶或喷涂导电材料。炸药生产和加工过程中，有些设备只能采用橡胶或其它有机材料等电的不良导体或绝缘体。这种情况下，为及时消除静电，应尽可能在这些地方铺设或使用导电橡胶或喷涂导电材料，且材料的电阻率应小于 10^{10} Ω/m。

(3)增湿。如条件允许，可提高空气相对湿度，使带电物体的表面吸收或吸附一定的水分，降低表面电阻系数，以消除静电。这是工业生产过程中消除静电的常用方法之一，工业上所选用的相对湿度一般为 60%～80%。

(4)使用添加剂。在容易带电的介质或容器壁上喷涂一层与炸药得失电子能力相同的物质,或者涂一层抗静电添加剂,以防止静电的产生和积累。还有一种方法是,在炸药表面包覆导电性良好的物质,来防止静电积累。

(5)其他方法(包括正负相消法和外加直流电场法)。正负相消法,即采用两种不同的材料并按一定的面积比安装在与炸药接触的设备表面。炸药与两种不同材料摩擦时,产生电荷的极性相反,即炸药既带正电荷又带负电荷,如此可通过中和达到消除静电的目的。外加直流电场法,即利用外加直流电场阻止摩擦过程中炸药与设备间的电荷转移,同时促使已带静电的炸药与设备之间的电中和。

第六节　感度的影响因素

影响炸药感度的因素非常多,但主要有两个方面:一是炸药自身的结构和物理化学性质,二是炸药的物理状态和装药条件。与此同时,各因素对炸药感度的影响规律非常复杂。由于初始冲能的形式和性质不同,同一种因素对各种感度的影响不同,同时各种影响因素对某种感度的影响程度也不同。因此,通过研究炸药感度的影响因索,掌握其规律性,有助于预测炸药的感度,并根据这些影响因素人为控制和改善炸药的感度。

一、炸药的结构和理化性质

(一)炸药分子中爆炸性基团的性质、位置及数目

不稳定的爆炸性基团的存在是炸药在外界能量作用下发生爆炸的根本原因。炸药分子中,爆炸性基团的稳定性、数量、位置等,对炸药感度都有影响。

一般而言,爆炸性基团越不稳定,炸药的感度越高。例如,含氯酸根(—$OClO_2$)和高氯酸根(—$OClO_3$)爆炸基团的爆炸物要比含硝基(—NO_2)和硝酸酯基(—ONO_2)爆炸基团的爆炸物更不稳定。一般情况下,硝酸酯类要比硝基化合物的感度大,硝胺类化合物则处于两者之间。

爆炸性基团的数目对感度有影响。通常情况下,在同一类化合物中爆炸性基团越多,感度越大。例如,三硝基甲苯的感度大于二硝基甲苯。

爆炸性基团在炸药分子中的相对位置对感度也有影响。例如,太安含 4 个硝酸酯基,而硝化甘油只含 3 个,从爆炸性基团的数目来说硝化甘油更稳定。但实际上太安的热感度和机械感度都比硝化甘油小,这是因为太安分子中的 4 个爆炸基团是对称分布的。

对于芳香族化合物,其他取代基的数目也对感度有影响,且主要表现在对机械感度的影响。一般取代基数目越多,其撞击感度越大,相对而言取代基的种类和位置的影响较小。此外,炸药分子中的带电性基团对感度也有影响,带负电性的取代基感度大,带正电性的取代基感度小。例如,三硝基苯酚比三硝基甲苯的感度大。不同取代基对撞击感度的影响见表 3 - 11。

表 3 - 11　不同取代基芳香族衍生物的撞击感度

取代基	炸药	取代基数目	撞击功/(J·cm^{-2})
—CH_3	二硝基苯	2	191.1
	二硝基甲苯	3	185.2
	三硝基三甲苯	6	57.8

续表

取代基	炸药	取代基数目	撞击功/(J·cm^{-2})
—OH	二硝基苯酚	3	124.5
	三硝基苯酚	4	80.4
—Cl	二硝基氯苯	3	117.6
	三硝基氯苯	4	110.7
—NO_2	二硝基甲苯	3	185.2
	三硝基甲苯	4	111.7

注:冲击能是指炸药发生50%爆炸概率时所需的撞击功。撞击功愈小,炸药越不稳定,撞击感度越大。

(二)炸药的爆热

表3-12给出了几种猛炸药的撞击感度与爆热的关系。表中数据表明,爆热大的机械感度大。这是因为爆热大的炸药分解反应放出的热量多,能使热点达到较高的温度和具有较大的热量,易于成长为爆轰,并使爆轰在炸药中持续传播而不衰减。

表3-12 撞击感度与爆热的关系

炸药名称	爆热/(kJ·kg^{-1})	撞击功/(J·cm^{-2})	炸药名称	爆热/(kJ·kg^{-1})	撞击功/(J·cm^{-2})
硝化甘油	6 312	1.57	特屈儿	4 556	15.68
太安	5 852	7.84	苦味酸	4 305	19.6
黑索今	5 392	12.74	梯恩梯	4 222	34.3

起爆药机械感度与爆热的关系与猛炸药相同。相对于猛炸药,起爆药的爆热要小很多,但其机械感度却高得多。这是因为,与分子结构的影响相比,爆热的影响是次要的。

(三)炸药的生成热

炸药的生成热取决于炸药分子的键能,键能越小,生成热越小,炸药分子的稳定性越差,感度越大。大多数起爆药为吸热化合物,即生成热为负值,感度都较高;大多数猛炸药生成热为正,且较大,故一般情况下起爆药感度高于猛炸药。

(四)炸药的活化能

理论上讲,炸药的活化能越大则能栅越高,跨过能栅所需要的能量也越大,炸药的感度就越小。但表3-13给出的数据则说明,许多炸药的活化能值虽然相近,但其热感度却相差很大。这主要是因为活化能受外界条件的影响很大,且决定感度的因素十分复杂。

表3-13 撞击感度与爆热的关系

炸　药	活化能/(kJ·mol^{-1})	热感度	
		爆发点/℃	延滞期/s
叠氮化铅	108.836	330	16
叠氮化银	97.952 4	210	21
梯恩梯	116.370 8	340	13
三硝基苯胺	117.208	460	12
苦味酸	108.836	340	13
特屈儿	96.696 6	190	22

(五)炸药的热容和热导率

炸药的热感度一般随其热容和热导率的增加而减小。热容大的炸药温度升高到爆发点所消耗的能量多,故热感度小。炸药的热导率越高,热量传递越快,越不利于热量积累,炸药升到一定温度所需要的热量越多,故热导率高的炸药热感度低。

(六)炸药的挥发性

炸药的挥发性对热感度影响较大,但对机械感度和起爆感度影响较小。挥发性大的炸药在加热时容易变成蒸气,因蒸气的密度低,分解的自加速速度小,在相同的爆发点和相同的加热条件下要达到爆发点所需要的能量较多,因此,挥发性大的炸药热感度一般较小,这也是易挥发性炸药比难挥发性炸药发火困难的原因之一。但在机械作用或冲击波作用下,炸药发生爆炸都是在高压下完成的,这种条件下炸药的挥发完全受到抑制。

二、炸药的物理状态和装药条件

影响炸药感度的物理状态和装药条件主要包括炸药的温度、物理状态、晶型、颗粒度、装药密度及附加物等。

(一)炸药的初温

炸药初温升高时,其活化能降低,分子键断裂所需能量减少,故各种感度都会增大。表3－14给出了不同初温对炸药机械感度的影响数据。

表 3－14　不同初温时梯恩梯的撞击感度

温度/℃	不同落高下的爆炸百分数/(%)			温度/℃	不同落高下的爆炸百分数/(%)		
	25 cm	30 cm	54 cm		25 cm	30 cm	54 cm
18	—	24	54	90	—	48	75
20	11	—	—	100	25	63	89
80	13	—	—	110	43	—	—
81	—	31	59	120	62	—	—

(二)炸药的物理状态

通常情况下炸药由固态转变为液态时,感度将增加,如固体梯恩梯在温度为20℃、落高为25 cm时的爆炸百分数为11%,而液态梯恩梯在温度为100℃、落高为25 cm时的爆炸百分数为25%。液态炸药相对于固体炸药更易于发生爆炸的原因有三个:一是固态炸药在较高的温度下熔化为液态,在液态时炸药的分解速度比固态时大几十倍;二是炸药从固态熔化为液态需要吸收熔化潜热,使液态比固态具有更高的内能;三是炸药处于液态时具有较大的蒸气压而易于爆燃。

但也有例外,冻结状态的硝化甘油比液态硝化甘油的机械感度大。这是因为在冻结过程中,敏感性的硝化甘油液体与结晶之间发生摩擦而使感度增加。

(三)炸药的晶型

对于同一种炸药,晶体形状不同,其感度也不同。晶体形状不同,晶格能不同,相应离子间的静电引力也不相同。晶格能越大,化合物越稳定,破坏晶粒所需的能量越大,感度越小。此外，由于结晶形状不同，晶体的棱角度也有差异，故在机械作用下晶粒间的摩擦程度和热点产生的概率不同，从而使感度存在差异。例如，奥克托今具有 α、β、γ 和 δ 四种晶型，其撞击感度是不相同的，其中呈针状的 δ 晶型感度最大，见表 3－15。

表 3－15　奥克托今四种晶型的性质

性　质	晶　型			
	α	β	γ	δ
结晶形状				
密度/(g·cm⁻³)	1.96	1.87	1.82	1.77
晶型的稳定性	亚稳定	稳定	亚稳定	不稳定
相对撞击感度①	60	325	45	—

注：①数字越小，撞击感度越大，黑索今的相对撞击感度为 180。

(四)炸药的颗粒度

炸药的颗粒度主要影响炸药的爆轰感度。颗粒越小，比表面积越大，它接受的爆轰产物能量越多，形成活化中心的数目越多，越容易引起爆炸反应，炸药爆轰感度越大。此外，比表面积越大，反应速度越快，越有利于爆轰的扩展。

例如，100％通过 2 500 目筛的梯恩梯用氮化铅起爆时，其极限起爆药量为 0.1 g，而从溶液中快速结晶的超细梯恩梯的极限起爆药量仅为 0.04 g。对于混合炸药来说，各组分越细，混合越均匀，则爆轰感度越高。

(五)炸药的装药密度

一般情况下，炸药密度增大时，炸药的冲击感度、起爆感度和火焰感度都会减小。这是因为装药密度增加，炸药颗粒表面的孔隙率减小，不易吸收能量，也不利于热点的形成和火焰的传播，已生成的高温燃烧产物也难以深入到炸药的内部。如果装药密度过大，炸药在受到一定的外界作用时会发生"压死"现象，并出现拒爆，即炸药失去被引爆的能力。因此，在装药过程中要考虑适当的装药密度，如粉状梯恩梯的装药密度为 1 g/cm^3 时，用 8 号工程雷管能可靠引爆，而当装药密度大于 1.5 g/cm^3 时，需要加传爆药才能引爆。

(六)炸药中的附加物

在炸药中掺入附加物可以显著地影响炸药的机械感度。附加物对炸药机械感度的影响，主要取决于附加物硬度、熔点、含量及粒度等性质。

三、炸药的钝化和敏化

由于关系到安全和可靠性，所以感度是选择和使用炸药的重要依据。为确保安全，需选择感度低的炸药，或采取一定方法降低炸药的感度；为提高爆炸的可靠性，则需选择感度高的炸药或采取一定的方法提高炸药的感度。工程实际中，通常要根据需要，采取一定的措施提高或降低炸药的机械感度和爆轰感度。通常称降低炸药的感度为钝化，提高炸药的感度为敏化。

按照热点学说，热点的形成和传播是炸药发生爆炸的必要条件，故钝化就是要设法阻止热点的形成和传播，而敏化则是采取某些方法使炸药易形成热点、热点易于传播。

(一)炸药的钝化

常用的钝化方法有以下三种：

(1)降低炸药的熔点。在炸药中加入熔点较低的某种炸药并制成混合炸药以得到低共熔物，可以减低炸药的感度。对大量起爆药、猛炸药的熔点和爆发点进行比较和研究发现，炸药的熔点和爆发点值相差越大，则其机械感度越小，这种通过降低熔点来降低炸药感度的原因可以用机械起爆机理来解释。

(2)降低炸药的坚固性。炸药受到机械作用时产生变形，变形过程中炸药中所达到应力大小与炸药的坚固性有关，应力越大，机械感度越大。如果炸药的晶体有缺陷，则易被破坏而不能形成大的应力。降低炸药的坚固性，可以在生产时通过改变结晶工艺来实现，也可以通过添加表面活性剂实现，后者应用更广泛。

(3)加入少量的塑性添加剂。在炸药中加入少量石蜡、地蜡、凡士林、樟脑、硬脂酸等物质，并通过一定工艺使其在晶体表面形成一层柔软且具有润滑性的薄膜，可减少炸药颗粒相对运动时的摩擦，使应力在装药中均匀分布，以达到限制热点产生概率的目的。通常称能够降低炸药感度的附加物为钝感剂。

钝感剂的作用主要是阻止热点的形成，这一理论主要由苏联的鲍姆、阿法那谢夫以及卡尔普辛提出。他们在实验中测定了添加和不添加钝感剂时炸药在外界作用时产生应力的情况，发现加入钝感剂后的炸药发生了塑性变形，应力不易集中，从而阻止了热点的形成。

(二)炸药的敏化

炸药的敏化主要用于提高炸药的爆轰感度。常用的敏化方法有以下三种：

(1)加入爆炸物质。在炸药中加入梯恩梯等猛炸药以提高感度在工业炸药中应用广泛。在外界作用下，工业炸药中的猛炸药因感度高首先发生爆炸，爆炸产生的高温再引起猛炸药周围其他的物质发生反应，最后引起整个炸药爆轰。

(2)气泡敏化。这种方法主要应用在浆状炸药和乳化炸药中，也可应用在粉状硝铵炸药中。具体方法是，采用表面活性剂对硝酸铵进行膨化处理，制得轻质膨松多孔隙、多裂纹的硝酸铵。因含有大量空隙和气泡，在受到外界冲击作用后，颗粒间的空隙和颗粒内部的气泡被绝热压缩形成热点。

(3)加入高熔点、高硬度或有棱角的物质。碎玻璃、砂子以及金属微粒等高熔点、高硬度、有棱角的物质，都是良好的炸药敏化剂。在外界作用下，它们的存在能使冲击能量集中在物质的尖棱上形成强烈摩擦的中心，从而在炸药中产生无数局部的加热中心。敏化剂的加入，可使炸药从受冲击到爆炸瞬间的延迟时间 τ 大大缩短。例如，纯太安的 $\tau=240\ \mu s$，而加入 18%的石英砂后，$\tau=80\ \mu s$。

实验已经证明：将莫氏硬度大于 4 的物质掺入到不同的猛炸药中，炸药的感度会随着掺加物质的含量增加而增大。对机械感度来说，起决定作用的不是硬度，而是加入附加物的熔化温度。一般情况下，掺入的附加物的熔化温度越高，炸药的机械感度越大。

附加物对太安的摩擦感度和撞击感度的影响结果见表 3－16。分析表 3－16 中的数据，可以得出以下结论：

(1)对于掺入的附加物而言，无论其硬度如何，只要其熔点超过炸药中热点引发爆炸所需的临界温度便具有敏化性质。对于太安和黑索今来说，熔点高于 430～450℃的附加物才能作为敏化剂使用。

(2)附加物的熔点高于炸药临界温度时，硬度越大越有利于提高炸药的感度。

(3)实验条件下，莫氏硬度很大的玻璃是提高太安撞击感度的最佳敏化剂。

表 3-16　附加物对太安的撞击感度和摩擦感度的影响

附加物名称	莫氏硬度	熔点/℃	爆炸百分数/(%)	
			摩擦感度	撞击感度
太安(无附加物)	1.8	141	0	2
硝酸银	2～3	212	0	2
醋酸钠	1～1.5	324	0	0
溴化银	2～3	434	50	6
硼砂	3～4	560	100	30
三氧化二铋	2～2.5	685	100	42
玻璃	7	800	100	100
岩盐	2～2.5	804	50	6
辉铜矿	2.5～2.7	1 100	100	50
方解石	3	1 339	100	43

第四章 炸药的爆轰理论

爆轰是猛炸药和起爆药爆炸变化的基本形式。研究炸药的爆轰理论及规律，对于合理使用炸药、指导炸药装药设计及炸药研制等都具有重要的理论和实际意义。

爆轰的流体动力学理论被公认为是研究爆轰过程的基础理论。1881 年，贝尔洛特(Berthelot)和马拉尔德(Mallard)等人在研究火焰在管道中的传播时，发现了气体爆轰现象。后来，贝尔洛特提出了爆炸波理论，通过对爆炸波传播规律的研究，建立了用温度表示的爆轰传播速度公式。1890 年，米海尔逊(МехаЛъсоН)发表了流体动力学爆轰理论的主要原理，奠定了这一理论的基础。

1899 年和 1905 年，柴普曼(Chapman)和柔格(Jouguet)建立了平面爆轰波的一维理论，即柴普曼-柔格理论，简称 C-J 理论。C-J 理论是在热力学和流体力学的基础上建立起来的，是一种经典的爆轰波流体力学理论。C-J 理论提出并论证了爆轰波稳定传播时必须遵循的条件，即 C-J 条件，揭示了爆轰波能够稳定传播的物理本质，建立了计算爆轰参数的基本方程。将该方程与利用流体力学建立的质量守恒、动量守恒、能量守恒方程，以及状态方程联立并求解，可对爆轰参数进行定量计算。因此，C-J 理论是得到公认的研究爆轰过程的基础理论。但是，C-J 理论只是简单地将爆轰波阵面看成未反应炸药和爆轰产物分开的间断面，单纯利用气体动力学而不涉及化学动力学来探索爆轰过程，不能准确概括爆轰波的复杂情况，因此 C-J 理论对爆轰参量的计算值比实验值高 10%～15%。

1940—1943 年，苏联的捷尔道维奇(Zeldovich)、美国的冯·诺依曼(Von Neumann)和德国的多林(Doring)各自独立地提出了新的模型，即 Z-N-D 模型。该模型用冲击波和化学反应区的整个定常组态取代简单跃变，并建立了反应区内的化学动力学方程，进一步发展了爆轰波的流体动力学理论。

以上两种理论被称为爆轰波的经典理论，且皆属于一维理论。从 20 世纪 50 年代开始，随着计算机技术和测量技术的发展，人们对起爆机理、爆轰波的传播和结构状态的认识更加深入，主要体现在：运用现代测量技术、计算机技术等手段发现了爆轰波的三维结构；推广了一维定常理论；提出了爆轰的线性稳定性理论；等等。总之，爆轰理论还会随着科学发展和技术进步逐步完善。本章主要介绍爆轰波的经典理论。

第一节　冲击波基础知识

一、波的基本概念

受外界作用时，处于平衡状态的介质(如空气、水、固体炸药等)的某一局部状态(如温度、压力、密度等)会在瞬间发生变化，介质从平衡状态变成不平衡状态，称这种介质状态的变化为扰动。外界作用只引起介质状态参数发生微小变化的扰动为弱扰动，外界作用引起介质状态参数发生显著变化的扰动为强扰动。介质质点间有相互作用，故扰动会由近及远在介质内传播。扰动在介质中的传播称为波。波的传播过程中，介质原始状态与扰动状态的交界面称为波阵面。波阵面的移动方向即为波的传播方向。波阵面在其法线方向上的位移速度称为波速。

波传播中，波阵面上介质的压力、密度变化分增大和减小两种情况。称受扰动后波阵面上介质的压力、密度均增加的波为压缩波；称受扰动后波阵面上介质的压力、密度均减小的波为膨胀波(或稀疏波)。压缩波和膨胀波的产生和传播过程，可用活塞在充满气体的管中的运动过程加以说明。

图 4-1 所示为在充满气体的无限长的管中推动活塞产生压缩波的情况。

在某一瞬间，活塞从 R_0 移动到某一位置 R_1，原处于 R_0—R_1 间的气体因受压缩而移动到 R_1—A_1 间，压力、密度都升高。这种压缩过程在充气的管中逐层传递下去，形成压缩波。管中已经被压缩的气体与仍未被压缩的气体的分界面即为压缩波的波阵面，用 A_1 表示。波阵面右边是未受压缩的气体，其状态与原来管中气体的状态相同，压力为 p，密度为 ρ。波阵面左边是受到压缩的气体，压力为 $p+\Delta p$，密度为 $\rho+\Delta\rho$。由于波阵面两边存在压力差，其左边的气体将推挤右边的气体，使其压力、密度升高，而已经被压缩的气体又继续推挤还未被压缩的气体，如此逐层传递下去，甚至在活塞停止运动后，波阵面仍将继续向右运动。

显然，在压缩波波阵面到达之处，介质的压力、密度等参数增大，波的传播方向与介质的运动方向相同。把波阵面上介质的压力、密度等参数增量很小的波称为弱压缩波。

相反，如果活塞沿管向左运动，就形成膨胀波，如图 4-2 所示。当活塞向左从 R_0 移动到 R_1，则在 R_0 附近的气体必然会向 R_0—R_1 之间的空间膨胀，压力、密度下降，这种膨胀过程传到 A_1 面时，就使 R_1—A_1 间的气体压力和密度由原来的 p、ρ 变为 $p-\Delta p$、$\rho-\Delta\rho$。A_1 面就是气体发生膨胀部分和未膨胀部分的分界面，即膨胀波的波阵面。由于波阵面的两侧存在压力差，右边的气体继续向左边流动，使气体的压力、密度降低。如此逐层传播下去，便形成膨胀波。

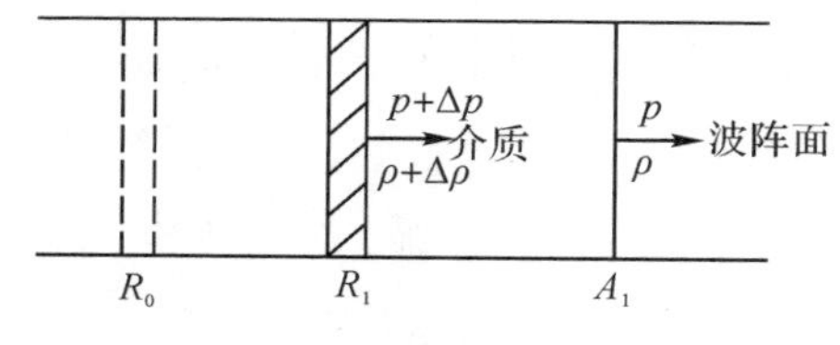

图 4-1　压缩波的传播

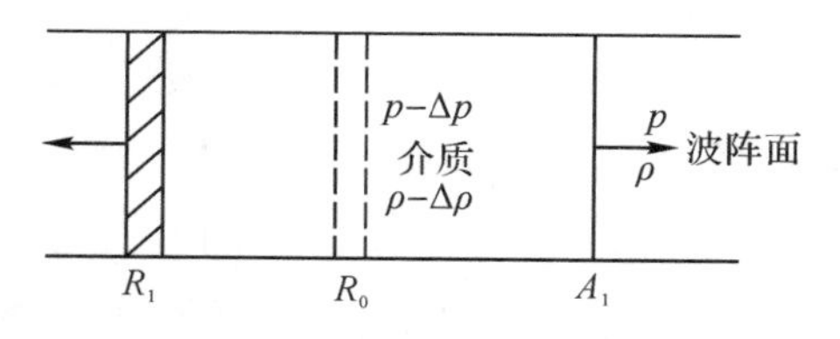

图 4-2　膨胀波的传播

与压缩波相比，在膨胀波波阵面到达之处，介质压力、密度等参数减小。波的传播方向与介质运动方向相反，即波由低压向高压方向传播，而介质由高压向低压方向流动。膨胀波是一种弱扰动，即在膨胀波的波阵面上，介质的状态变化非常小，而且是连续变化的。

通常情况下，压缩波和膨胀波同时发生。压缩形成波后，如果空间不是有限约束的，则常常会伴有膨胀波。

二、声波

如果活塞被置于管的中央，并以一定频率作往复运动，则管中活塞两侧气体以一定频率交替地发生压缩与膨胀，介质质点将在原来位置振动，而波向左和右两个方向传播，这种波就是声波。音叉在介质中振动发声就属于这种情况。由于声波是弱压缩波与膨胀波的合成，故声速与弱压缩波、弱膨胀波的传播速度相同。换言之，声速就是弱扰动在介质中的传播速度。

由于声波是介质的质点在其平衡位置上作往复式弹性振动所形成的，因此，声波具有以下特点：

(1)声波是压缩波与膨胀波交替的波，传播过程中，介质状态参数的变化是连续和有节奏性的。

(2)介质的质点只在其平衡位置上振动，不发生位移，声波经过后，介质便又回复到它原来的位置。

(3)声波是由弱扰动产生的无限振幅波，其波阵面上介质的状态参数变化无限小，即声波对介质的压缩极小。

(4)声速是弱扰动的传播速度，它只取决于介质的状态(压力、密度和温度)，而与波的强度无关。

声速的数学表达式可按下述方法求得。图 4－3 中，未扰动介质的压力和密度分别为 p、ρ，介质移动速度为 0，已扰动介质的压力为 $p+\Delta p$，密度为 $\rho+\Delta\rho$，介质移动速度为 u，波阵面 A 以速度 c 向右传播。方便起见，取与波阵面一起运动的坐标系。在此坐标系中，波阵面不动，波阵面右侧的气体以速度 c 向左流入波阵面，而以 $c-u$ 的速度向左流出波阵面。

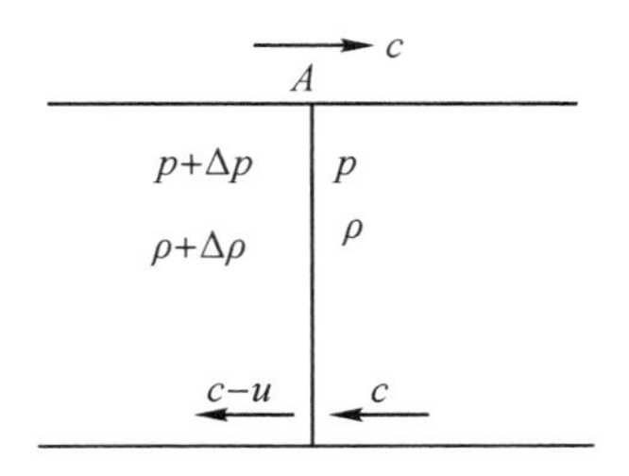

图 4－3　弱扰动的传播

由此可知，从右侧流入单位面积波阵面的介质质量为 $c\rho \mathrm{d}\tau$，向左流出波阵面的介质质量为 $(c-u)(\rho+\Delta\rho)\mathrm{d}\tau$，根据质量守恒定律，流入与流出波阵面的质量相等，即

$$c\rho \mathrm{d}\tau=(c-u)(\rho+\Delta\rho)\mathrm{d}\tau \quad 或 \quad c\rho=(c-u)(\rho+\Delta\rho) \tag{4－1}$$

介质流入波阵面时的动量为 $(c\rho \mathrm{d}\tau)\cdot c$，流出波阵面时的动量为 $[(c-u)(\rho+\Delta\rho)\mathrm{d}\tau]\cdot(c-u)=(c\rho \mathrm{d}\tau)(c-u)$。根据动量守恒定律，动量的差值应等于波阵面两侧压力差与时间的乘积：

$$(c\rho \mathrm{d}\tau) \cdot c - (c\rho \mathrm{d}\tau)(c - u) = \Delta p \cdot \mathrm{d}\tau$$

简化后，可得

$$c\rho u = \Delta p \tag{4-2}$$

由式(4－1)，得

$$u = \frac{c\Delta\rho}{\rho + \Delta\rho}$$

将其代入式(4－2)，得

$$\frac{c\Delta\rho}{\rho + \Delta\rho} = \frac{\Delta p}{c\rho}$$

则有

$$c^2 = \frac{\Delta p(\rho + \Delta\rho)}{\rho\Delta\rho}$$

即

$$c = \sqrt{\frac{\Delta p}{\Delta\rho}\left(1 + \frac{\Delta\rho}{\rho}\right)} \tag{4-3}$$

弱扰动情况下，波阵面的参数变化为无限小，$\Delta p \rightarrow \mathrm{d}p$，$\Delta\rho \rightarrow \mathrm{d}\rho$，$\rho + \mathrm{d}\rho \approx \rho$，故式(4－3)可写为

$$c \approx \sqrt{\frac{\mathrm{d}p}{\mathrm{d}\rho}} \tag{4-4}$$

同理，也可推导出与式(4－4)相同的膨胀波波速表达式，故可将式(4－4)作为声速的计算式。

声波传播时，介质的压缩和膨胀极为迅速，可以认为这些过程不与周围介质形成热交换，是绝热过程。此外，声波中介质参数的变化极小，可认为无限小，介质内部的黏滞摩擦和热传导可忽略不计，可认为其压缩和膨胀过程是等熵过程，故声速的表达式可写为

$$c = \sqrt{\left(\frac{\mathrm{d}p}{\mathrm{d}\rho}\right)_S} \tag{4-5}$$

有时利用 $\frac{\mathrm{d}p}{\mathrm{d}V}$ 较 $\frac{\mathrm{d}p}{\mathrm{d}\rho}$ 更为方便，其中 $V = \frac{1}{\rho}$，称为介质的比容。由于 $\rho = \frac{1}{V}$，则 $\mathrm{d}\rho = -\frac{\mathrm{d}V}{V^2}$，将其代入式(4－5)，可得

$$c = \sqrt{\left(\frac{\mathrm{d}p}{\mathrm{d}\rho}\right)_S} = \sqrt{-V^2\left(\frac{\mathrm{d}p}{\mathrm{d}V}\right)_S} = V\sqrt{-\left(\frac{\mathrm{d}p}{\mathrm{d}V}\right)_S} \tag{4-6}$$

若把声波的传播介质视为理想气体，则等熵过程中理想气体压力与比容的关系为

$$pV^k = a \tag{4-7}$$

式中：k——等熵指数；

a——常数。

即

$$p = \frac{a}{V^k}$$

则

$$\frac{\mathrm{d}p}{\mathrm{d}V}=-\frac{ak}{V^{k+1}}=-k\ \frac{p}{V} \tag{4-8}$$

将式(4-8)代入式(4-6)，得

$$c=V\sqrt{-\left(\frac{\mathrm{d}p}{\mathrm{d}V}\right)_s}=V\sqrt{k\ \frac{p}{V}}=\sqrt{kpV} \tag{4-9}$$

将理想气体的状态方程 $pV=nRT$ 代入式(4-9)，得

$$c=\sqrt{knRT} \tag{4-10}$$

式(4-10)称为声速的拉普拉斯公式，可适用于弱压缩波和膨胀波。式(4-9)和式(4-10)表明，声速与介质的压力、温度、密度有关，而与波的强度无关。

三、冲击波的形成

冲击波由多个有限振幅波的叠加形成，其波阵面上介质的状态参数呈突跃性变化，传播速度是超声速的。为形象地说明冲击波的形成过程和有关特征，以活塞在充满气体的管中加速运动并推动其中气体运动为例(见图4-4)说明如下。

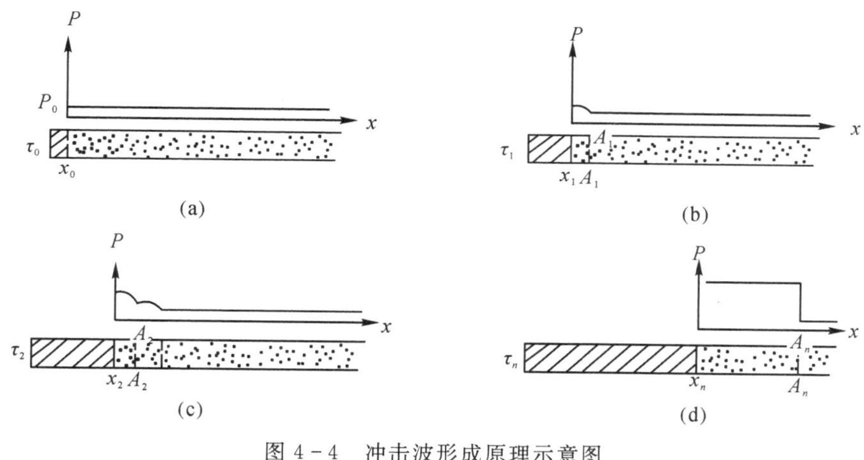

图4-4　冲击波形成原理示意图

(a)$\tau=\tau_0$；(b)$\tau=\tau_1$；(c)$\tau=\tau_2$；(d)$\tau=\tau_n$

(1) $\tau=\tau_0$ 时，假设活塞和管中的气体均静止，管中气体未受扰动。

(2) $\tau=\tau_1$ 时，活塞从静止开始运动，管中位于活塞前端的气体受到压缩，并产生一个压缩波，该压缩波在未扰动的介质中传播，传播速度为原来未扰动气体介质的声速 c_0，波阵面为A_1—A_1。

(3) $\tau=\tau_2$ 时，活塞继续运动，活塞前端气体继续受到压缩，产生第二个压缩波，波阵面为 A_2—A_2。第二个压缩波是在压力和密度均大于未扰动介质的已扰动的介质中传播的，故其传播速度等于已扰动气体介质的声速 c_1，c_1 必然大于 c_0，且传播的方向相同。随着时间的推移，第二个压缩波也必然会赶上第一个压缩波并叠加成一个较强的压缩波。叠加后波阵面上介质的压力、密度、温度都会升高。

(4) 同理，$\tau=\tau_n$ 时，由于活塞的运动，活塞前端的气体不断被压缩，产生了第 n 个压缩波，此时的波阵面为 A_n—A_n。第 n 个压缩波也是在已扰动的介质中传播的，因此，第 n 个压缩波

的传播速度c_n大于c_{n-1}，且传播方向相同。第n个压缩波必然也能够赶上第$n-1$个压缩波，叠加形成一个强压缩波，并使波阵面A_n—A_n上的介质参数发生突跃性变化，产生冲击波。

从冲击波的形成过程中可以看出，介质状态发生突跃变化的波就是冲击波。也就是说，冲击波的波阵面是一个突跃面，这个突跃面上介质的状态和运动参数发生不连续的突跃变化，其波阵面上状态参数的变化梯度很大。

四、冲击波基本关系式及参数计算

为了计算受扰动介质的状态参数，分析和研究冲击波的有关性质，必须建立起联系波阵面两侧介质状态参数和运动参数之间的关系表达式，即冲击波的基本关系式。为研究方便，先从简单的平面正冲击波出发，来推导冲击波的基本关系式。

平面正冲击波的主要特点如下：

(1)波阵面是平面；

(2)波阵面与未扰动介质的流动方向垂直；

(3)忽略介质的黏滞性和热传导。

(一)冲击波基本关系式

活塞在管中进行恒速运动，所形成的冲击波可看作平面正冲击波，如图4-5所示。冲击波阵面为A—A面，未扰动介质的状态参数为压力p_0、密度ρ_0、介质移动速度u_0、温度T_0；受扰动介质的状态参数为压力p_1、密度ρ_1、介质移动速度u_1、温度T_1，此时波阵面的传播速度为v_D。

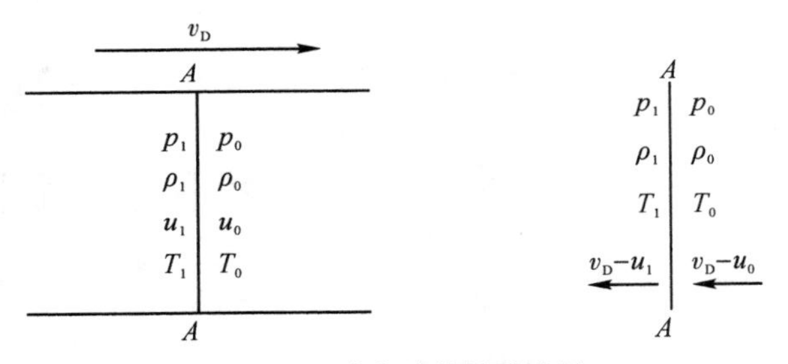

图4-5 冲击波传播示意图

取以速度v_D与波阵面一同运动的坐标系，则单位面积上、单位时间内介质从右侧流入波阵面的质量为$\rho_0(v_D-u_0)$，介质向左流出波阵面的质量为$\rho_1(v_D-u_1)$。根据质量守恒定律，流入波阵面与流出波阵面的介质质量相等，则有

$$\rho_0(v_D-u_0)=\rho_1(v_D-u_1) \tag{4-11}$$

式中：ρ_0—— 介质扰动前的密度；

ρ_1—— 介质扰动后的密度；

v_D—— 冲击波的速度；

u_0—— 波阵面前介质的移动速度；

u_1—— 波阵面后介质的移动速度。

根据动量守恒定律，冲击波传播过程中，单位面积上作用于介质的冲量等于其动量的变化量，即

$$F\tau = m \cdot \Delta u$$

式中：F—— 作用于介质单位面积上的力；

τ—— 作用时间；

m—— 介质单位面积、单位时间的质量；

Δu—— 在 τ 时间内介质速度的变化。

其中

$$F = p_1 - p_0$$

$$m = \rho_0 (v_D - u_0)\tau$$

$$\Delta u = (v_D - u_0) - (v_D - u_1) = u_1 - u_0$$

故

$$p_1 - p_0 = \rho_0 (v_D - u_0)(u_1 - u_0) \tag{4-12}$$

根据能量守恒定律，系统内能量的变化等于外力所做的功。系统的能量包括：单位时间内流入波阵面的介质的能量 $\rho_0 (v_D - u_0)[e_0 + \frac{1}{2}(v_D - u_0)^2]$，单位时间内流出波阵面的介质能量 $\rho_1 (v_D - u_1)[e_1 + \frac{1}{2}(v_D - u_1)^2]$。外力所做的功包括：单位时间内流入波阵面的介质的压力所做的功 $p_0 (v_D - u_0)$，单位时间内流出波阵面介质的压力所做的功 $p_1 (v_D - u_1)$。因此有

$$\rho_1 (v_D - u_1)[e_1 + \frac{1}{2}(v_D - u_1)^2] - \rho_0 (v_D - u_0)[e_0 + \frac{1}{2}(v_D - u_0)^2] = p_0 (v_D - u_0) - p_1 (v_D - u_1) \tag{4-13}$$

式中：e_0—— 未扰动介质中单位质量的能量；

e_1—— 已扰动介质中单位质量的能量。

称式(4-11)～式(4-13)为冲击波的基本关系式。

(二)冲击波的波速线及绝热线

1.冲击波的波速线

冲击波的基本关系式表示了冲击波压缩前后介质状态参数之间的关系，但这种形式不便于直接应用，为此需要对上述方程进行变换，以计算出冲击波的有关参数。

用比容 V 代替密度 ρ，因为 $V = \frac{1}{\rho}$，则式(4-11)可写为

$$\frac{v_D - u_0}{V_0} = \frac{v_D - u_1}{V_1}$$

故

$$v_D = \frac{u_0 V_1 - u_1 V_0}{V_1 - V_0} \tag{4-14}$$

在式(4-14)两端减去 u_0，可得

$$v_D - u_0 = \frac{u_0 V_1 - u_1 V_0}{V_1 - V_0} - \frac{u_0 (V_1 - V_0)}{V_1 - V_0} = V_0 \frac{u_1 - u_0}{V_0 - V_1}$$

即

$$\frac{v_D - u_0}{V_0} = \frac{u_1 - u_0}{V_0 - V_1} \tag{4-15}$$

将式(4-15)及$\rho_0=\dfrac{1}{V_0}$代入式(4-12),可得

$$p_1-p_0=\frac{u_1-u_0}{V_0-V_1}(u_1-u_0)$$

故

$$u_1-u_0=\sqrt{(p_1-p_0)(V_0-V_1)} \tag{4-16}$$

将式(4-16)代入式(4-15),可得冲击波传播速度为

$$v_D-u_0=V_0\sqrt{\frac{p_1-p_0}{V_0-V_1}} \tag{4-17}$$

式(4-17)描述了冲击波的波速与波阵面参数p_1、V_1之间的关系,变换可得

$$p_1-p_0=-\frac{(v_D-u_0)^2}{{V_0}^2}(V_1-V_0)$$

上式表示以V_1为自变量、以p_1为因变量的直线方程,在$p-V$坐标系中,为一条过点$A(p_0,V_0)$、斜率为$-\dfrac{(v_D-u_0)^2}{{V_0}^2}$的直线,如图4-6所示,直线斜率为

$$\tan\varphi=-\tan\theta=-\frac{(v_D-u_0)^2}{{V_0}^2}$$

$$v_D-u_0=V_0\sqrt{\tan\theta}$$

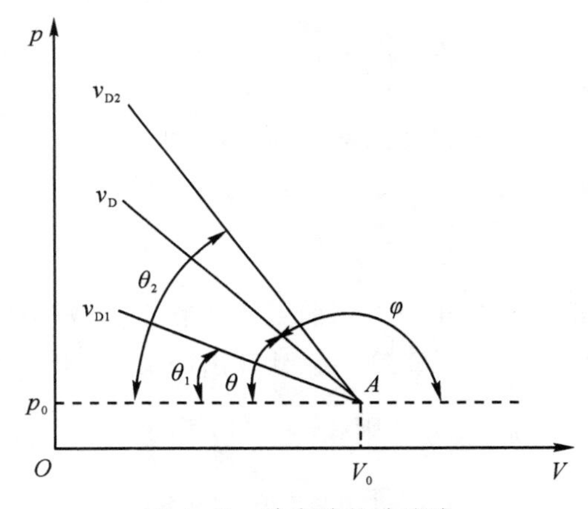

图4-6 冲击波的波速线

显然,当u_0、V_0一定时,如果直线的斜率$\tan\theta$不同,则对应的冲击波传播速度v_D也不同,斜率值愈大,则冲击波的传播速度愈大。因此,通过介质初态点$A(p_0,V_0)$的不同斜率的直线与不同的冲击波波速相对应,这些直线称为冲击波的波速线,又称为米海尔直线或瑞利直线,式(4-17)称为冲击波的波速方程。

2.冲击波的绝热线

式(4-13)可变换为

$$e_1-e_0=\frac{p_1u_1-p_0u_0}{\rho_0(v_D-u_0)}-\frac{1}{2}(u_1^2-u_0^2)$$

将式(4-12)代入上式，得

$$\begin{aligned} e_1 - e_0 &= \frac{(p_1 u_1 - p_0 u_0)(u_1 - u_0)}{p_1 - p_0} - \frac{1}{2}(u_1^2 - u_0^2) \\ &= \frac{1}{2}(u_1 - u_0)\left[\frac{2(p_1 u_1 - p_0 u_0)}{p_1 - p_0} - (u_1 + u_0)\right] \\ &= \frac{1}{2}(u_1 - u_0)^2 \frac{p_1 + p_0}{p_1 - p_0} \end{aligned}$$

将式(4-16)代入上式，得

$$e_1 - e_0 = \frac{1}{2}(p_1 + p_0)(V_0 - V_1) \tag{4-18}$$

式(4-18)体现了冲击波阵面后介质内能的变化 $(e_1 - e_0)$ 与波阵面上的压力 p_1、比容 V_1 的关系，称为冲击波的绝热方程，或称为冲击波的雨贡纽(Hugoniot)方程。

在 $p-V$ 坐标系中，可根据式(4-18)画出一条以介质初态 $A(p_0,V_0)$ 为始发点，凹向 p 轴和 V 轴的曲线，称为冲击波绝热线或雨贡纽曲线(见图 4-7)，而连接初始状态和冲击压缩后终点状态的直线即为波速线。

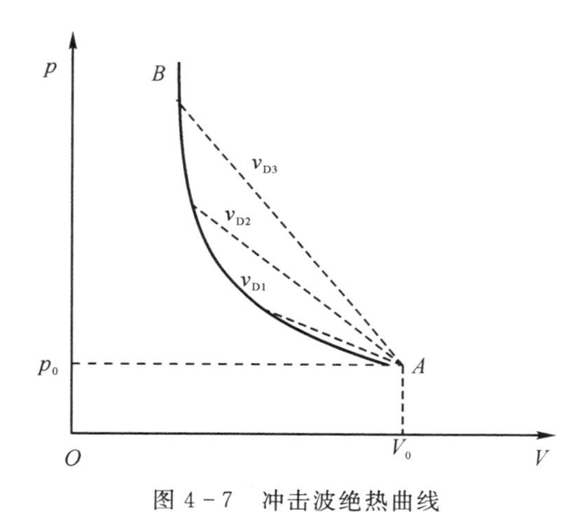

图 4-7　冲击波绝热曲线

冲击波绝热曲线上的每一点表示不同波速的冲击波传过同一初态 $A(p_0,V_0)$ 的介质后所达到的终态，即介质在初态 $A(p_0,V_0)$ 受到冲击并被压缩至终态 $B(p_1,V_1)$，其状态不是沿着冲击波绝热曲线变化的，而是突跃地从 A 点被压缩到 B 点。因此，冲击波绝热曲线表示的不是介质被冲击压缩的过程，而是介质由初态 $A(p_0,V_0)$ 受到冲击压缩时所有可能达到的终点状态。

图 4-7 中的冲击波绝热线上，处于 A 点以上各点所对应的冲击波，终态介质的压力增大、比容减小，为压缩波；处于 A 点以下的各点，终态压力减小、比容增大，为膨胀波。B 点越接近 A 点，波速线的斜率越小，冲击波的波速越小。若 B 点无限接近 A 点，则 $p_1 \to p_0$、$V_1 \to V_0$，波速线为通过 A 点的切线，根据式(4-17)可得波速为

$$v_D = V_0 \sqrt{-\frac{dp}{dV}} + u_0$$

若介质初态的移动速度 $u_0 = 0$，则

$$v_D = V_0 \sqrt{-\frac{dp}{dV}}$$

且当 $p_1 \to p_0$、$V_1 \to V_0$ 时，介质受到弱压缩波作用，该过程为绝热等熵过程，因此由式(4－6)可得

$$v_D = V_0 \sqrt{-\left(\frac{dp}{dV}\right)_S} = c_0$$

可见，当 B 点无限接近 A 点时，冲击波的传播速度变为声速，说明冲击波在传播过程中，由于衰减，最终的传播速度趋于声速。冲击波绝热线上每一点对应割线的斜率，都大于初态点切线的斜率，说明冲击波的波速大于声速。

(三)冲击波的参数计算

式(4－11)～式(4－13)可转换为用波阵面前、后的介质参量联系起来的方程组：

$$\left.\begin{aligned} u_1 - u_0 &= \sqrt{(p_1 - p_0)(V_0 - V_1)} \\ v_D - u_0 &= V_0 \sqrt{\frac{p_1 - p_0}{V_0 - V_1}} \\ e_1 - e_0 &= \frac{1}{2}(p_1 + p_0)(V_0 - V_1) \end{aligned}\right\} \qquad (\text{I})$$

推导冲击波基本关系式时，涉及质量守恒、动量守恒和能量守恒三个定律，并未涉及冲击波在何种介质中传播，因此方程组(Ⅰ)适用于在任何介质中传播的冲击波。显然，若将其用于某一具体介质中传播的冲击波时，必须与该种介质的状态方程 $p = p(e, V)$ 或 $p = p(\rho, T)$ 联系起来，以求得解冲击波阵面上的参数。上述 4 个方程中有 5 个未知量，分别是冲击波波速 v_D，以及波阵面后参数 p_1、V_1、e_1 和 u_1，故只要给定或确定其中的任何一个，便可确定冲击波阵面上的其他参量。

(四)理想气体的冲击波关系式及参数计算

若扰动前后的气体介质是理想气体，在所讨论的温度范围内其热容是常数，且服从 $pV^k =$ 常数的关系，其中 $k = C_p / C_V$，则

$$e = C_V T = \frac{pV}{k - 1}$$

受扰动前后介质单位质量的能量为

$$e_0 = \frac{p_0 V_0}{k - 1}, \quad e_1 = \frac{p_1 V_1}{k - 1}$$

故式(4－18)可写为

$$\frac{p_1 V_1}{k - 1} - \frac{p_0 V_0}{k - 1} = \frac{1}{2}(p_1 + p_0)(V_0 - V_1)$$

整理可得

$$\frac{p_1}{p_0} = \frac{(k+1)V_0 - (k-1)V_1}{(k+1)V_1 - (k-1)V_0} = \frac{(k+1)\rho_1 - (k-1)\rho_0}{(k+1)\rho_0 - (k-1)\rho_1} \qquad (4-19)$$

或

$$\frac{\rho_1}{\rho_0} = \frac{V_0}{V_1} = \frac{(k+1)p_1 + (k-1)p_0}{(k+1)p_0 + (k-1)p_1} \qquad (4-20)$$

式(4-19)、式(4-20)即为理想气体的冲击波绝热方程或雨贡纽方程。

式(4-16)、式(4-17)和式(4-20)就是理想气体的冲击波关系式，加上其状态方程就组成了计算理想气体冲击波参数的基本方程组：

$$\left.\begin{aligned}&u_1-u_0=\sqrt{(p_1-p_0)(V_0-V_1)}\\&v_D-u_0=V_0\sqrt{\frac{p_1-p_0}{V_0-V_1}}\\&\frac{p_1}{p_0}=\frac{(k+1)V_0-(k-1)V_1}{(k+1)V_1-(k-1)V_0}\\&p_1V_1=RT_1\end{aligned}\right\}\qquad(\text{Ⅱ})$$

方程组(Ⅱ)中有5个未知数 p_1、V_1、T_1、u_1 和 v_D。在介质的初始参数 p_0、V_0、T_0、u_0 和绝热指数 k 已知情况下，还需要再给定一个未知数，便可求解出其余4个未知数。

计算中还需要知道 k，而 k 值大小取决于分子的结构与温度。

常温时，双原子气体的 k 为1.4，三原子气体的 k 为1.33。温度很高时，k 取极限值，如双原子气体 k 为1.284，具有线性分子的三原子气体(CO_2)的 k 为1.152，具有对称非线性分子的三原子气体(H_2O、H_2S)的 k 为1.165。此外，对于空气(把它作为双原子气体)，在273～3 000 K范围内，平均热容量的近似公式为

$$\overline{C}_V=4.8+4.5\times10^{-4}T$$

再由 $\overline{C}_p=\overline{C}_V+R$ 和 $k=C_p/C_V$ 计算出 k 值。

(五)冲击波的性质

为了对冲击波的性质作进一步研究，有必要将冲击波的主要参数 p_1、V_1 和 u_1 表示为未扰动介质的声速 c_0 的函数。由于介质未受扰动，可令 $u_0=0$。根据等熵过程，以及声速的表达式 $c=\sqrt{kpV}$、理想气体定律 $E=\dfrac{pV}{k-1}$ 和冲击波的基本关系式，经推导可得

$$u_1=\frac{2v_D}{k+1}\left(1-\frac{c_0^2}{v_D^2}\right)\qquad(4-21)$$

$$p_1-p_0=\frac{2\rho_0v_D^2}{k+1}\left(1-\frac{c_0^2}{v_D^2}\right)\qquad(4-22)$$

$$\frac{V_0-V_1}{V_0}=\frac{2}{k+1}\left(1-\frac{c_0^2}{v_D^2}\right)\qquad(4-23)$$

$$\frac{u_1}{v_D}=\frac{V_0-V_1}{V_0}\qquad(4-24)$$

式(4-21)～式(4-23)就是对于静止的未扰动气体介质，以声速来表示冲击波参数 p_1、V_1、u_1 的关系式。

从式(4-21)～式(4-23)中可以看出：由于 $k>0$，因此冲击波传播的速度越大，波阵面上介质的移动速度 u_1 越大，冲击波阵面上的超压 p_1-p_0 越大，介质的比容变化 V_0-V_1 越大，密度变化 $\rho_1-\rho_0$ 也越大。

此外，通过比较 v_D 和 c_0 之间的关系还可以得到以下结论：

(1) 如果 $v_D=c_0$，则 $u_1=0$，$p_1-p_0=0$，这时在介质中传播的波为声波；

(2) 如果 $v_D>c_0$，则 $u_1>0$，$p_1-p_0>0$，这时在介质中传播的波为冲击波。

可见，对于冲击波而言，总有 $v_D > c_0$，$u_1 > 0$，而且由式(4-24)可知 $v_D > u_1$，这说明介质向波阵面传播方向运动，其速度小于波阵面的速度。

通过分析冲击波绝热曲线及式(4-21)～式(4-23)，并与声波的特性比较，可以得出冲击波的以下特性：

(1)冲击波的传播速度远大于未扰动介质中声波的传播速度；

(2)冲击波波阵面上介质状态参数(p_1、u_1、V_1)的变化是突跃的，而声波波阵面上介质状态参数变化很小，接近于零；

(3)受到冲击波冲击时，介质将沿扰动阵面传播的方向移动，而声波介质质点则在平衡位置上振动；

(4)冲击波传播的速度越大，波阵面上介质的移动速度 u_1 越大，冲击波阵面上的超压 $p_1 - p_0$ 越大，介质的比容变化 $V_0 - V_1$ 也越大，密度变化 $\rho_1 - \rho_0$ 越大；

(5)冲击波传播速度不仅与介质的初态有关，还与冲击波的强度有关(证明略)，而声波的传播速度只取决于介质的初态；

(6)冲击波形成时，介质的熵将增加，而声波的传播则几乎是等熵过程；

(7)冲击波无周期性，且以一次压缩突跃的形式进行传播。

第二节　气相爆轰的基本理论

一、C-J 理论

冲击波在介质中传播时，介质受到不可逆压缩，冲击波的部分能量将转换为介质的内能，造成冲击波的能量衰减和冲击波在介质中传播速度的下降。如果介质为炸药，且冲击波能量足够，则与冲击波相接触的炸药薄层将发生快速的化学反应，并转变为最终的爆轰产物。炸药反应放出的热量将抵消冲击波传播中的能量损失，使冲击波维持稳定的传播速度，直到全部炸药反应结束。这种伴随有化学反应的冲击波称为爆轰波。炸药反应放出的能量能及时补充到波阵面上，使波阵面沿炸药稳定传播，故通常认为爆轰波是一种含有化学反应能量的冲击波。

炸药的相态不同，其爆轰机理也不完全相同，柴普曼及柔格分别于1899年、1905年提出了针对气相爆轰过程的流体动力学爆轰理论，称为爆轰波的C-J理论，这一理论是研究各种相态炸药爆轰的基础。

(一)C-J 理论的基本假设

炸药发生爆轰时的化学反应主要在一薄层内迅速完成，所生成的可燃性气体则在该薄层内转变成最终的产物，根据这一特点，作出以下假设：

(1)介质的流动是理想的、一维的，不考虑介质的黏性、扩散、传热以及流动的湍流等性质；

(2)爆轰波阵面是平面，波阵面的厚度忽略不计，它只是压力、质点速度、温度等参数发生突跃变化的强间断面；

(3)波阵面内的化学反应在瞬间完成，其反应速率无限大，且反应产物处于热力学平衡状态；

(4)爆轰波阵面的参数是定常的。

这些假设，不必考虑化学反应的细节，化学反应的作用仅归结为一个外加能源，且只以热效应反映到流体力学的能量方程中，因而用流体力学的基本方程组就可以对爆轰过程进行理论分析。这种将爆轰波简化为含化学反应的强间断面的理论就是 Chapman－Jouguet 理论，简称 C－J 理论。

(二)爆轰波的基本关系式

为简化分析过程，可假设气体爆轰过程为理想的爆轰过程，即：假定气体炸药处在直径为无限大的管中，并在一无限的端面同时起爆；假定炸药是均匀的，并且忽略起爆后短暂的非稳定过程，这样在药柱中传播的是稳定的爆轰平面波，如图 4－8 所示。由于爆轰波是伴随有化学反应的冲击波，按图 4－8 中爆轰波的传播情况，可将其划分为两个控制面，即前沿冲击波阵面 1—1 面、爆轰波阵面 2—2 面，2—2 面的状态参数即为炸药的爆轰参数。

由于爆轰波是稳定传播的，故 1—1 面、2—2 面以及处于 1—1 面、2—2 面之间的化学反应区在传播中都是稳定的，其传播速度为 v_D。v_D 是爆轰波传播的速度，也是化学反应区的速度，即爆速。

如取以速度 v_D 向爆轰传播方向运动的坐标系，则反应区在该坐标系中是相对静止的，而原始爆炸物及爆轰产物分别以 v_D 及 v_D-u_2 的速度运动，运动方向如图 4－8 中的虚线箭头所示。

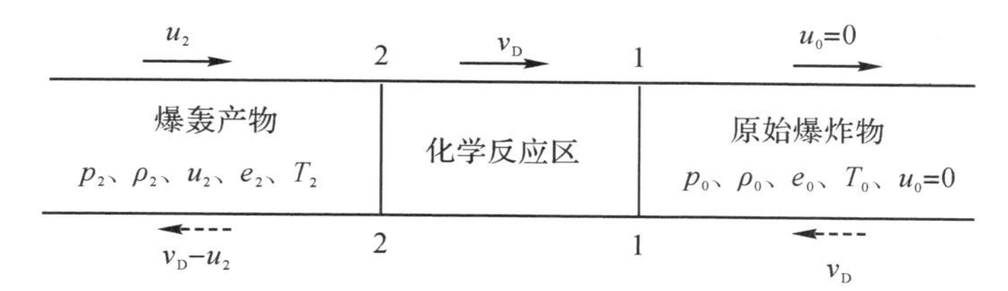

图 4－8　理想爆轰波的波面示意图

建立爆轰波的基本关系式，即建立炸药的初始参数（p_0,ρ_0,T_0,u_0,e_0）与爆轰参数（p_2,ρ_2,T_2,u_2,e_2）之间的关系。如不考虑前沿冲击波阵面上以及化学反应区内状态的变化：

由质量守恒定律，得

$$\rho_0 v_D=\rho_2(v_D-u_2) \tag{4-25}$$

由动量守恒定律，得

$$p_2-p_0=\rho_0 v_D u_2 \tag{4-26}$$

由能量守恒定律，得

$$\rho_2(v_D-u_2)\left[e_2+\frac{(v_D-u_2)^2}{2}\right]-\rho_0 v_D\left(e_0+\frac{v_D^2}{2}\right)=p_0 v_D-p_2(v_D-u_2)+Q \tag{4-27}$$

式中：Q 为爆轰化学反应区所释放的能量。

由式(4－25)，得

$$u_2=\frac{\rho_2-\rho_0}{\rho_2}v_D \tag{4-28}$$

将式(4－28)代入式(4－26)，得

$$v_D=V_0\sqrt{\frac{p_2-p_0}{V_0-V_2}} \tag{4-29}$$

将式(4-29)代入式(4-28),得

$$u_2=(V_0-V_2)\sqrt{\frac{p_2-p_0}{V_0-V_2}}=\sqrt{(p_2-p_0)(V_0-V_2)} \tag{4-30}$$

将式(4-27)整理后,得

$$e_2-e_0=\frac{1}{2}(p_2+p_0)(V_0-V_2)+Q \tag{4-31}$$

式(4-31)即为爆轰波绝热线方程或称爆轰波的雨贡纽方程。

(三)爆轰波的波速线与绝热线

根据式(4-31),可在 $p-V$ 图上绘制爆轰波雨贡纽曲线,如图 4-9 所示。

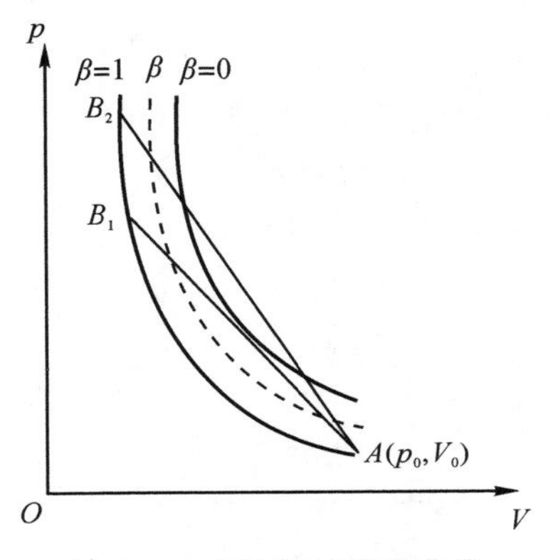

图 4-9 爆轰波的绝热曲线

由图 4-9 可以看出,当初始状态 $A(p_0,V_0)$ 一定时,由于在爆轰波传播过程中有化学反应能量的释放,因此,爆轰波的绝热曲线不通过 $A(p_0,V_0)$ 点,而是高于原始炸药的冲击波曲线。

由式(4-29)变换得到

$$p_2-p_0=\frac{v_D^2}{V_0^2}(V_0-V_2) \tag{4-32}$$

式(4-32)即为波速方程或米海尔逊方程。将此式表示在 $p-V$ 坐标系中,可以得到一条通过初始状态 $A(p_0,V_0)$ 的斜直线,这条直线称为爆轰波的米海尔逊直线或波速线,即图 4-9 中的直线 AB_2 或者 AB_1。

对于反应区内某一断面,由于化学反应尚未完全结束,放出的化学能仅为 Q 的一部分,若引入未反应物质的质量百分比 β,则爆轰波的雨贡纽方程可改写为

$$e_2-e_0=\frac{1}{2}(p_2+p_0)(V_0-V_2)+(1-\beta)Q$$

对于不同的 β,有不同的雨贡纽曲线,由化学反应消耗的物质越多,曲线所处位置越高。

需要指出,并非爆轰波雨贡纽曲线上的所有曲线段都与其爆轰过程相对应,它所代表的只是爆轰反应刚结束时生成物所处的状态。如果从初始点 $A(p_0,V_0)$ 作等压线和等容线,两线

分别与雨贡纽曲线相交于 D 点和 B 点，且过 $A(p_0,V_0)$ 点作雨贡纽曲线的两条切线分别切于 M 点和 E 点，则雨贡纽曲线就被分割成五部分，如图 4-10 所示，即 CM 段、MB 段、BD 段、DE 段和 EF 段。

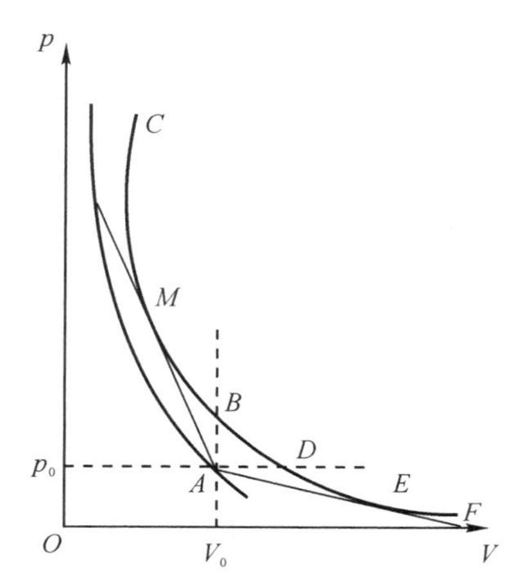

图 4-10　爆轰波绝热曲线的分段

在曲线 BC 段，由于 $p_2>p_0$，$V_2<V_0$，根据式(4-29) 和式(4-30) 可以得出，v_D 和 u_2 大于零，这说明 BC 段上的各点符合爆轰过程的特点，该段称为爆轰段。其中，CM 段曲线的斜率较大，称为强爆轰段，BM 段曲线的斜率较小，称为弱爆轰段，M 点称为 C-J 点。

在曲线 BD 段，由于 $p_2>p_0$，$V_2>V_0$，根据式(4-29) 得出 v_D 为虚数，这说明 BD 段不与任何实际的稳定过程对应。

在曲线 DF 段，由于 $p_2<p_0$，$V_2>V_0$，根据式(4-29) 和式(4-30) 得出 $v_D>0$，$u_2<0$，这说明该曲线段上各点燃烧产物的运动方向与波阵面的运动方向相反，这符合燃烧过程的特征，故 DF 段相当于燃烧过程。同理可知，DE 段 p_2-p_0 的负压值小，称为弱燃烧段，EF 段 p_2-p_0 的负压值大，称为强燃烧段，E 点称为 C-J 燃烧点。

通过对波速线和绝热曲线的讨论可知，对于给定的初始状态 $A(p_0,V_0)$ 和爆速 v_D，根据质量守恒定律和动量守恒定律，其爆轰产物的状态应在波速线上；而根据能量守恒的要求，爆轰产物的状态又必须在绝热曲线上，因此，爆轰产物的状态应该是由爆轰波的波速线和绝热曲线的相交点或相切点所对应的状态。

(四)爆轰波稳定传播的条件

大量实验结果表明，无论是气体爆炸物还是凝聚炸药，在给定的初始条件下，爆轰波都以某一个特定的速度稳定传播。根据上述讨论，爆轰波可能存在强爆轰、C-J 爆轰、弱爆轰三种状态，而实际的稳定爆轰过程只对应上述三种状态中的一种。因此，要从所有可能的状态中确定一个稳定状态，仅有三个守恒定律还不够，还必须有另外的条件，即需找到一个爆轰稳定传播的条件。这个稳定条件最早由柴普曼和柔格分别独立提出，简称为 C-J 条件。

柴普曼提出的条件是：实际的爆轰是对应于所有可能稳定传播的速度中最小的，或者说爆轰产物所处的状态是绝热曲线与波速线相切的点(图 4-10 中的 M 点)所对应的状态，该条件的数学表达式为

$$-\left(\frac{\mathrm{d}p}{\mathrm{d}V}\right)_{\text{绝热线}M\text{点}}=\left(\frac{p_2-p_0}{V_0-V_2}\right)_{\text{波速线}M\text{点}} \tag{4-33}$$

柔格提出的条件是:爆轰波相对于爆轰产物的传播速度等于爆轰产物的声速,即

$$v_{\mathrm{D}}-u_2=c_2 \tag{4-34}$$

综合柴普曼和柔格提出的条件,可以得出相同的结论,即爆轰波若能稳定传播,其爆轰反应终了产物的状态应与波速线和爆轰波雨贡纽曲线相切点 M 的状态相对应,否则,爆轰波在自由传播过程中是不可能稳定的。因此,切点 M 点(C-J 点)的状态就是爆轰波稳定传播时反应终了产物的状态,又称 C-J 状态。C-J 点的重要特点是,该点处膨胀波(或稀疏波)的传播速度恰好等于爆轰波向前推进的速度,所以爆轰波后面的膨胀波就不能传入爆轰波反应区之中,反应区内所释放出来的能量不会有损失,全部被用来支持爆轰波的稳定传播。关于 C-J 点满足 $v_{\mathrm{D}}-u_2=c_2$ 的结论,这里不再予以证明。

综上所述,结合爆轰产物的状态方程,并假设 $\beta=1$,则可得到爆轰波的基本方程组为

$$\left.\begin{aligned}&v_{\mathrm{D}}=V_0\sqrt{\frac{p_2-p_0}{V_0-V_2}}\\&u_2=\sqrt{(p_2-p_0)(V_0-V_2)}\\&e_2-e_0=\frac{1}{2}(p_2+p_0)(V_0-V_2)+Q\\&v_{\mathrm{D}}-u_2=c_2\\&p_2=f(V_2,T_2)\end{aligned}\right\} \tag{Ⅲ}$$

假设爆轰波通过前后的气体介质遵从理想气体定律,则根据 C-J 条件得

$$\frac{p_2-p_0}{V_0-V_2}=-\left(\frac{\mathrm{d}p}{\mathrm{d}V}\right)_{S,M}$$

将式(4-8)代入上式,可得

$$\frac{p_2-p_0}{V_0-V_2}=-\left(\frac{\mathrm{d}p}{\mathrm{d}V}\right)_{S,M}=k\,\frac{p_2}{V_2} \tag{4-35}$$

对于理想气体,有

$$e=\frac{pV}{k-1}$$

则

$$e_0=\frac{p_0V_0}{k-1}$$

$$e_2=\frac{p_2V_2}{k-1}$$

$$\frac{p_2V_2}{k-1}-\frac{p_0V_0}{k-1}=\frac{1}{2}(p_2+p_0)(V_0-V_2)+Q \tag{4-36}$$

综上所述,理想气体爆轰的参数方程组为

$$\left.\begin{aligned}
&v_D = V_0\sqrt{\frac{p_2 - p_0}{V_0 - V_2}}\\
&u_2 = \sqrt{(p_2 - p_0)(V_0 - V_2)}\\
&\frac{p_2V_2}{k-1} - \frac{p_0V_0}{k-1} = \frac{1}{2}(p_2 + p_0)(V_0 - V_2) + Q\\
&\frac{p_2 - p_0}{V_0 - V_2} = k\,\frac{p_2}{V_2}\\
&P_2V_2 = RT_2
\end{aligned}\right\} \qquad (\text{Ⅳ})$$

二、气体炸药爆轰参数计算

气体炸药的爆轰参数是指在C－J爆轰面上的5个状态参数，即 p_2、V_2、u_2、T_2 和 v_D，这些参数是描述气体炸药的爆轰性能以及衡量炸药性能的重要参数。

在给定炸药初始参数（p_0，V_0，u_0，T_0）后，即可应用方程组（Ⅳ）来计算C－J爆轰面上的状态参数。

由方程组（Ⅳ）中的第四个公式，可得

$$\frac{V_0}{V_2} = \frac{k+1}{k} - \frac{p_0}{kp_2} \qquad (4-37)$$

由方程组（Ⅳ）中第一个公式和式(4－37)，得

$$p_2 = \frac{1}{k+1}\left(\frac{v_D^2}{V_0} + p_0\right) \qquad (4-38)$$

将式(4－37)、式(4－38)以及 $kp_0V_0 = c_0^2$ 代入方程组（Ⅳ）中第三个公式并整理，可得

$$v_D^4 + 2c_0^2v_D^2 + c_0^2 - 2(k^2-1)Qv_D^2 = 0$$

解方程，得

$$v_D = \sqrt{\frac{k^2-1}{2}Q + c_0^2} + \sqrt{\frac{k^2-1}{2}Q} \qquad (4-39)$$

由方程组（Ⅳ）中第一和第四个公式，得

$$V_2 = k\,\frac{V_0^2}{v_D^2}p_2$$

将式(4－38)代入上式，得

$$V_2 = \frac{k}{k+1}\left(V_0 + \frac{p_0V_0^2}{v_D^2}\right) = \frac{V_0}{k+1}\left(k + \frac{c_0^2}{v_D^2}\right) \qquad (4-40)$$

将式(4－38)和式(4－40)代入方程组（Ⅳ）中的第五个公式，可得

$$T_2 = \frac{1}{R}p_2V_2 = \frac{1}{R}\cdot\frac{1}{k+1}\left(\frac{v_D^2}{V_0} + p_0\right)\cdot\frac{V_0}{k+1}\left(k + \frac{c_0^2}{v_D^2}\right) = \frac{(kv_D^2 + c_0^2)^2}{k\,(k+1)^2Rv_D^2} \qquad (4-41)$$

将式(4－38)和式(4－40)代入方程组（Ⅳ）中第二个公式，得

$$\begin{aligned}
u_2 &= \sqrt{(p_2 - p_0)(V_0 - V_2)}\\
&= \sqrt{\left[\frac{1}{k+1}\left(\frac{v_D^2}{V_0} + p_0\right) - p_0\right]\left[V_0 - \frac{V_0}{k+1}\left(k + \frac{c_0^2}{v_D^2}\right)\right]}\\
&= \frac{v_D^2 - c_0^2}{(k+1)v_D}
\end{aligned} \qquad (4-42)$$

因此,气体炸药爆轰参数的计算式为

$$\left.\begin{aligned} p_2 &= \frac{1}{k+1}\left(\frac{v_D^2}{V_0}+p_0\right) \\ V_2 &= \frac{V_0}{k+1}\left(k+\frac{c_0^2}{v_D^2}\right) \\ T_2 &= \frac{(kv_D^2+c_0^2)^2}{k\ (k+1)^2 R v_D^2} \\ u_2 &= \frac{v_D^2-c_0^2}{(k+1)v_D} \\ v_D &= \sqrt{\frac{k^2-1}{2}Q+c_0^2}+\sqrt{\frac{k^2-1}{2}Q} \end{aligned}\right\} \quad (\text{V})$$

对于强爆轰波,原始气体的压力 p_0 与 C-J 爆轰面上的压力 p_2 相比可以忽略不计,且 $v_D \gg c_0$,则气体爆轰参数的计算可以大大简化,其结果如下:

$$\left.\begin{aligned} p_2 &= \frac{1}{k+1}\rho_0 v_D^2 \\ V_2 &= \frac{kV_0}{k+1} \\ T_2 &= \frac{kv_D^2}{(k+1)^2 R} \\ u_2 &= \frac{v_D}{k+1} \\ v_D &= \sqrt{2(k^2-1)Q} \end{aligned}\right\} \quad (\text{VI})$$

对于一些混合气体在爆轰波阵面上的爆轰参数,柔格计算的结果见表 4-1。

表 4-1　部分爆炸气体混合物的爆轰参数

气体混合物	T_2/K	V_0/V_2	p_2/p_0	$v_D/(\mathrm{m\cdot s^{-1}})$	
				计算值	实测值
$2H_2+O_2$	3 960	1.88	17.5	2 630	2 819
CH_4+2O_2	4 080	1.90	27.4	2 220	2 257
$2C_2H_2+5O_2$	5 570	1.84	54.4	3 090	2 961
$(2H_2+O_2)+5O_2$	2 600	1.79	14.4	1 690	1 700

虽然柔格当时在计算时所用气体的热容 C_V 与温度关系的数据不太精确,但是可以看出,计算得到的爆速 v_D 值与实测值具有较好的一致性。

第三节　凝聚炸药的爆轰理论

凝聚炸药通常是指除气态炸药以外的液态炸药、固态炸药等。与气态炸药相比,凝聚炸药具有密度大、爆轰速度高、爆轰压力大、能量密度大等特点,故比气态炸药具有更强的做功能力。

一、凝聚炸药爆轰波的 Z－N－D 模型

C－J 理论把爆轰波当作一个包含化学反应的强间断面，不考虑爆轰波中化学反应区的结构。该理论可以使极其复杂的爆轰过程大大简化，而且实验已经证明，在利用 C－J 理论处理一些具体爆轰问题时常常可以得到比较满意的结果。但由于爆轰是有化学反应的过程，故必然存在由原始炸药转变成爆轰反应产物的化学反应区。实验发现，一般凝聚炸药化学反应区宽度为 0.1～1 mm。鉴于此，苏联的捷尔道维奇（Zeldovich）、美国的冯·诺依曼（Von Neumann）和德国的多林（Doring）在 20 世纪 40 年代分别独立地对 C－J 理论进行了修正，并提出了描述爆轰波的新模型，即 Z－N－D 模型。

Z－N－D 模型有以下基本假定：

（1）流动是一维的；

（2）爆轰波前沿是一个无化学反应的冲击波，冲击波为跳跃间断，波后是一连续、不可逆、以有限速率进行的化学反应区；

（3）化学反应区内，介质质点都处于局部热力学平衡状态，但尚未达到化学平衡。

由上述假定可见，Z－N－D 模型的实质是把爆轰波阵面看成是由前沿冲击波和有限宽度的化学反应区构成的。由于忽略热传导、辐射、扩散、黏滞性等因素，仍把前沿冲击波作为强间断面处理。

爆轰波的 Z－N－D 模型如图 4－11 所示。当爆轰波沿炸药向前传播时，处于 0—0 面的炸药压力由原来的 p_0 突跃到 p_1，使炸药受到剧烈压缩，达到高温、高密度状态，并开始以有限速率进行化学反应，反应区的初态就是冲击波波后的状态 1—1 面。随着化学反应的进行，压力急剧下降，到反应结束时下降为 p_2，反应区的终态就是爆轰产物前的状态 2—2 面，反应结束后由于爆轰产物的等熵膨胀，压力下降较为缓慢。

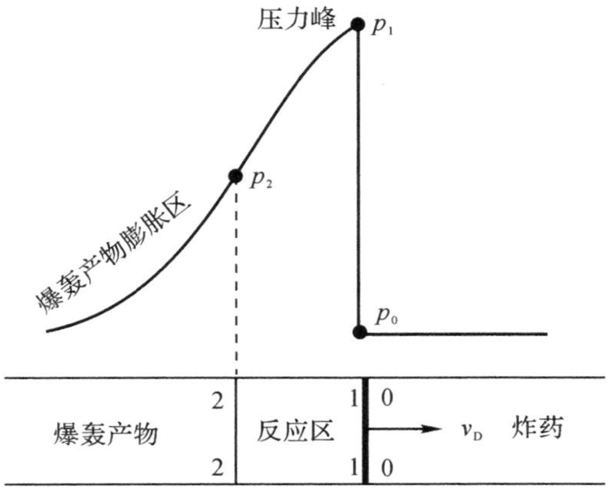

图 4－11　爆轰波的 Z－N－D 模型

爆轰波结构的 Z－N－D 模型是针对气相爆轰而提出的，该模型是将爆轰波看作由前沿冲击波和后随化学反应区构成，而且它们以相同的速度沿炸药传播。对于凝聚炸药，由于它们在爆轰波内所发生的变化比气态爆轰要复杂得多，其爆轰产物和未反应的凝聚相物质使反应区内存在着多相不均匀的结构，这种多相不均匀状态使凝聚炸药的爆轰反应机理存在着差异。

尽管如此，大量的实验结果均已表明，凝聚炸药爆轰波结构的概貌仍然可以用 Z－N－D 模型来近似描述。

二、凝聚炸药爆轰反应机理

爆轰波 C－J 理论和 Z－N－D 模型都是以理想状态为前提条件。C－J 理论假设爆轰反应速度无限大，爆轰波阵面很薄，且对反应区的厚度不予考虑，此外还未考虑反应区内所发生的化学反应历程；Z－N－D 模型假设反应区内所发生的化学过程是均匀的，没有具体考虑爆轰反应的有关机理。因此，它们都不能完全解释爆轰波沿爆炸物（尤其是凝聚炸药）传播过程中所出现的各种复杂现象。

一般凝聚炸药发生爆轰时，爆轰波中化学反应的速度很快，经前沿冲击波的冲击压缩作用，从反应开始到反应完成的时间约为 $10^{-8}\sim10^{-6}$ s。炸药的化学组成以及装药的物理状态不同，爆轰波化学反应的机理也不同。根据大量的实验研究，归纳出三种类型的凝聚炸药爆轰反应机理，即整体反应机理、表面反应机理和混合反应机理。

（一）整体反应机理

整体反应机理是指炸药在强冲击波的作用下，爆轰波阵面上的炸药受到强烈的绝热压缩，使受压缩炸药的温度均匀升高，如同气体绝热压缩一样，化学反应在反应区整个体积内进行。对于结构均匀的固体炸药（如压装均匀的单质炸药、铸装炸药等）和无气泡、无杂质的均匀液体炸药，由于炸药装药内组成和密度皆相同，故它们在爆轰过程中所发生的高速化学反应属于整体反应机理。

依靠冲击波的压缩使压缩层炸药的温度均匀升高而发生的整体反应，需要在较高的温度下才能进行，一般情况下应达到 1 000℃左右。凝聚炸药的压缩性较差，受到绝热压缩时的温升往往不明显，因此必须在较强的冲击波作用下才能引起整体反应。此外，随着密度的增加，凝聚炸药压缩性变差，则需要更强的冲击波才能引起整体反应，而与之相对应的爆速也较高。例如，硝化甘油炸药在高速爆轰时，其冲击波压缩下炸药的薄层温度达到 1 000℃以上，这样的温度下，硝化甘油被激发并发生剧烈的反应，反应在 $10^{-7}\sim10^{-6}$ s 内完成，爆轰波的传播速度达到 6 000～8 000 m/s。因此，在按照整体反应机理进行的爆轰反应中，炸药的爆速可达到 6 000～9 000 m/s，其爆轰波阵面上的压力高达 10^4 MPa，在冲击波的压缩下，炸药薄层的温度可突升到 1 000℃左右。

（二）表面反应机理

表面反应机理是指自身结构不均匀的炸药，在冲击波的作用下受到强烈压缩时，整个压缩层炸药的温度并不是均匀地升高，而是个别点的温度升得很高，形成起爆中心或热点。化学反应首先发生在热点处，然后再传到整个炸药层。结构不均匀的炸药包括松散多空隙的固体粉状炸药、多晶体炸药和由粒状炸药压制成的炸药药柱，以及含有大量气泡或杂质的液体炸药以及胶质炸药等。对这种结构的炸药来说，由于化学反应首先发生在炸药颗粒的表面或炸药层中气泡、气隙的表面，并形成起爆中心或热点，因此，称这种反应机理为表面反应机理。对于一些爆速为 4 000 m/s 的中等爆速炸药以及爆速不大于 2 000 m/s 的炸药，它们在受到冲击波压缩时所发生的爆轰反应机理也属于表面反应机理。

在表面反应机理中，“起爆中心”或“热点”形成的途径主要有以下三种：

(1)炸药中的微小气泡(气体或蒸气)受到冲击波绝热压缩,表面温度达 1 000℃以上,从而成为热点;

(2)冲击波经过炸药的质点间或薄层间,因运动速度不同发生摩擦或变形,在局部形成热点;

(3)高温爆炸气体产物渗透到炸药颗粒间的空隙中,使炸药颗粒表面局部过热形成热点。

与整体反应机理相比,按表面反应机理的爆轰反应所需要的冲击波强度要低得多。但为了能激起炸药的快速反应,也必须给予一定强度的冲击波。这样,既能使炸药颗粒的表面达到一定的温度,同时又能使炸药颗粒的内部也达到一定的温度。

有人曾经对不含气泡的均匀硝基甲烷液体炸药进行起爆,实验表明需要 8.5×10^3 MPa 以上的冲击波压力才能使其实现爆轰;而含有直径大于 0.6 mm 气泡作为起爆中心的硝基甲烷,只需要很小的冲击压力即可实现爆轰。对于硝化甘油,气泡作为起爆中心的作用则更加明显。

(三)混合反应机理

混合反应机理适合于含有不同组分的混合炸药,特别是反应能力相差悬殊的固体物质所组成的混合炸药。其特点是,反应发生在不同组分间的分界面上,而不是在炸药的化学反应区整个体积内。

按照混合反应机理发生爆轰反应的炸药,其组成可以分为两大类。一类是由几种单质炸药组成的混合炸药,如由梯恩梯与黑索今混合组成的黑梯炸药。这类炸药发生爆轰时,首先是各单质炸药组分的放热反应,之后是各反应产物相互混合并发生的生成最终产物的进一步反应。在这种情况下,爆轰反应主要取决于各组分中的自身反应,因此这类炸药的爆轰反应规律与单质炸药相同,其爆轰传播速度是组成混合炸药中各单质炸药爆速的算术平均值。严格地说,这类炸药的混合反应机理并不明显。另一类是反应能力相差悬殊的混合炸药,特别是由氧化剂和可燃剂或者是由炸药与非炸药成分组成的混合炸药。它们在爆轰时,首先是氧化剂或炸药分解,分解产生的气体产物渗透或扩散到其他组分质点的表面并与之反应,或者是几种不同组分的分解产物之间相互反应。如硝铵炸药,其化学反应机理是:硝铵炸药中的硝酸铵首先分解生成氧化剂 NO,即

$$2NH_4NO_3 \longrightarrow 4H_2O + N_2 + 2NO + 122.1\ \text{kJ}$$

之后,NO 与混合炸药中的其它可燃剂发生氧化反应并释放出绝大部分的化学能。

对于按混合机理进行化学反应的炸药,其爆轰过程受各组分颗粒度大小以及混合均匀程度的影响很大。各组分越细,混合均匀度越高,越有利于反应的进行;反之,颗粒度越大,混合越不均匀,越不利于化学反应的扩展,也会使爆速下降。此外,装药的密度过大,会使炸药各组分间的空隙变小,不利于各组分气体产物的渗透、扩散和混合,反应速度将下降。

需要指出,凝聚炸药的爆轰反应并不都是严格按照上述三种反应机理中的某一种进行的,而往往是两种机理共同作用的结果,如绝大多数工业混合炸药以及由氧化剂和可燃剂、富氧成分或缺氧成分组成的混合物等就是如此。

三、凝聚炸药爆轰产物状态方程

在研究气态爆轰过程基础上建立起来的 C－J 理论以及爆轰波传播的 Z－N－D 模型,对于凝聚炸药的爆轰具有一定的适用性。由于在凝聚炸药爆轰时仍然存在着 C－J 条件,因此可以用气相爆轰的流体动力学理论来研究凝聚炸药的爆轰过程,并以此建立凝聚炸药的爆轰参

数方程组，即

$$\left.\begin{aligned}
&v_D = V_0\sqrt{\frac{p_2 - p_0}{V_0 - V_2}} \\
&u_2 = (V_0 - V_2)\sqrt{\frac{p_2 - p_0}{V_0 - V_2}} \\
&e_2 - e_0 = \frac{1}{2}(p_2 + p_0)(V_0 - V_2) + Q \\
&v_D = u_2 + c_2 \quad 或 \quad \frac{p_2 - p_0}{V_0 - V_2} = -\left(\frac{\partial p}{\partial V}\right)_{S,M} \\
&p = p(\rho, T)
\end{aligned}\right\} \tag{Ⅶ}$$

但是，由于凝聚炸药的密度以及爆压均比气体炸药大得多，它们的爆轰参数差别也很大，只考虑理想气体状态方程以及范德华方程所描述的爆轰产物状态已不合适。因此，建立能正确描述爆轰产物热力学行为的状态方程，就成为研究凝聚炸药爆轰过程的关键。

爆轰产物的状态方程是压力、密度以及温度的复杂函数。由于爆轰产物处于高温、高压状态，且爆轰瞬间各产物分子间还存在复杂的化学动力学平衡过程，故很难用实验方法直接确定其状态方程。国内外许多学者在大量深入研究的基础上，建立了一些近似模型，提出了许多经验和半经验的状态方程，其中的一些参数仍由实验确定。虽然用这些方程式计算得到的结果与实验数据不完全符合，但对凝聚炸药爆轰理论研究仍有一定价值。下面主要介绍几种具有代表性的状态方程。

(一)气体模型

凝聚炸药爆轰产物被看作真实气体，其状态方程可采用理想气体状态方程的各种修正形式。

1.阿贝尔(Abel)余容状态方程

凝聚炸药爆轰过程中，如果考虑分子自身的容积，作为实际气体，则可以运用阿贝尔余容状态方程计算：

$$p(V - \alpha) = nRT \tag{4-43}$$

或

$$p = \rho nRT/(1 - \alpha\rho) \tag{4-44}$$

式中：α—— 余容，与炸药的装填密度有关；

n—— 气体产物平均相对分子质量的倒数，即 $n = \frac{1}{M_n}$；

R—— 气体常数。

该状态方程式是稍加改型的理想气体状态方程式。大量的实验研究表明，应用阿贝尔余容状态方程式计算高密度真实气体爆轰参数的结果与实测值比较接近。此外，研究表明，阿贝尔余容状态方程式只适用于计算较低密度的凝聚炸药，特别是炸药的密度小于 0.5 g/cm^3 时，计算值与实验结果相当一致。这是因为，装药密度较低时，装药密度对爆速影响较小，但当炸药的密度较大时，由于装药密度对爆速影响较大，不能将余容作为常数处理，若仍用阿贝尔余容状态方程式计算，必然与实测值相差很大。军用炸药的密度都在1.65 g/cm³以上，所以阿贝尔余容状态方程式在这类炸药上的应用就受到了限制。为此，人们对Abel余容状态方程进行了修正，并提供了两种修正方法。

（1）取余容α为比容的函数，则有

$$\alpha = e^{-\frac{a}{V}}$$

可得

$$p(V - e^{-\frac{a}{V}}) = RT \tag{4-45}$$

式中：a为与炸药组成和性质有关的常数。

（2）取余容α为压力的函数，则有

$$\alpha(p) = b + cp + dp^2$$

可得

$$p[V - \alpha(p)] = nRT \tag{4-46}$$

式中：b、c、d为与炸药组成和性质相关的常数。

将上述修正方程用于太安、吉纳、梯恩梯、黑索今等猛炸药爆轰参数计算，其结果与实验数据的符合程度较好。

2.泰勒-维里状态方程

在马克思维尔-博尔茨曼（Maxwell - Boltzmann）有关光滑球状分子的动力学理论和博尔茨曼有关密度展开式的基础上，泰勒（Tayler）采用了维里状态方程式：

$$pV = nRT(1 + \frac{b}{V} + 0.625\frac{b^2}{V^2} + 0.287\frac{b^3}{V^3} + 0.193\frac{b^4}{V^4}) \tag{4-47}$$

或

$$p = \rho nRT(1 + b\rho + 0.625b^2\rho^2 + 0.287b^3\rho^3 + 0.193b^4\rho^4) \tag{4-48}$$

该状态方程式与变余容方程式类似，其中b等于分子体积与阿伏伽德罗常数乘积的4倍，称之为维里系数，对于混合气体，有

$$b = \sum n_i b_i \tag{4-49}$$

式中：n_i—— 第i种爆轰产物的物质的量；

b_i—— 第i种爆轰产物的摩尔系数或第二维里系数。

高温条件下计算出的一些爆轰产物的维里系数见表4-2。

表4-2 高温时爆轰产物的b_i值

气体名称	b_i/(cm³ · mol⁻¹)	气体名称	b_i/(cm³ · mol⁻¹)	气体名称	b_i/(cm³ · mol⁻¹)
氨	15.2	氢	14.0	一氧化二氮	63.9
二氧化碳(转动)	63.0	氧	35.0	水蒸气	7.9
二氧化碳(不转动)	37.0	一氧化氮	37.0	甲烷	37.0
一氧化碳	33.0	氮	34.0		

应用该方程式进行爆轰参数计算非常方便且直接，但误差较大。如用该方程式计算太安、梯恩梯、黑索今和硝化甘油等炸药的爆轰参数，计算得到的爆速值与实测值相差约15%。

3.B-K-W状态方程式

B-K-W状态方程式由贝克尔（Becker）于1922年提出，后经凯斯塔科夫斯基（Kistiakowski）

和威尔逊(Wilson)多次修正确定,因此该方程式称为 B-K-W 方程式。该状态方程在计算凝聚炸药爆轰参数中应用最为广泛,其出发点是将爆轰产物看成是非常稠密的气体来处理。

B-K-W 状态方程式为

$$\left.\begin{aligned} pV &= nRT(1+xe^{\beta x}) \\ x &= K\sum x_i k_i / V(T+\theta)^{\alpha} \end{aligned}\right\} \tag{4-50}$$

式中:x_i—— 爆轰产物中第 i 种产物的摩尔分数;

k_i—— 第 i 种爆轰产物的余容因子;

K、α、β、θ—— 由经验确定的常数。

1963 年曼德尔(Mader)根据 B-K-W 方程式对三十多种含碳、氢、氧、氮元素炸药的爆轰参数进行了计算,根据实验数据选择了状态方程中 α、β、θ、K 的值,并将参数 α、β、θ、K 分成两套:一套用来计算黑索今以及与黑索今相类似的炸药的爆轰参数,其特点是爆轰产物中不生成或很少生成固体碳,称之为"适用于黑索今的参数";另一套用来计算梯恩梯类型炸药的爆轰参数,其特点是爆轰产物中生成大量的固体碳,称之为"适用于梯恩梯的参数",见表 4-3。

表 4-3　B-K-W 方程式中各参数及主要产物的余容

参数组	α	β	θ	K	产物余容值/($cm^3\cdot g^{-1}$)							
					H_2O	CO_2	CO	N_2	NO	H_2	O_2	CH_4
适用于黑索今的参数	0.50	0.16	400	10.91	250	600	390	380	386	180	350	520
适用于梯恩梯的参数	0.50	0.095 8	400	12.86								

(二)液体模型

1937 年,列纳德(Lennard)、琼斯(Jones)和迪冯斯勒(Devanshile)提出了一种描述爆轰产物状态的方程,称为 L-J-D 方程式,它将爆轰产物作为液体处理。其状态方程式为

$$\left(p+\frac{N^2 d}{V^2}\right)\left[V-0.7816\,(Nb)^{1/3}V^{2/3}\right]=RT \tag{4-51}$$

式中:N—— 阿伏伽德罗常数;

d—— 液体中一对相邻分子中心之间的平均距离;

b—— 分子余容,为分子体积的 4 倍。

大量的实验研究结果表明,应用这种模型建立起来的状态方程式适用于计算初始密度 $\rho_0<1.3\ g/cm^3$ 炸药的爆轰参数,但对高密度炸药来说,计算结果与实测值相差较大。

(三)固体模型

兰道(ΠанДау)和斯达纽柯维奇(СтанЮКОбич)将凝聚炸药爆轰产物看成与固体结晶相似的物质,并提出了兰道-斯达纽柯维奇方程:

$$p=AV^{-\gamma}+\frac{b}{V}T \tag{4-52}$$

式中:$AV^{-\gamma}$ ——爆轰产物分子间相互作用产生的冷压强或弹性压强;

$\frac{b}{V}T$ ——爆轰产物分子热运动和振动产生的热压强;

A、b ——与炸药性质有关的常数;

γ ——多方绝热指数。

如凝聚炸药的初始密度$\rho_0>1\ g/cm^3$，则爆轰压强中弹性压强是主要的，其热压强与冷压强相比可以忽略。此时的状态方程式可写成

$$p=AV^{-\gamma} \tag{4-53}$$

此即常γ状态方程，该方程形式非常简单，在凝聚炸药爆轰参数的近似计算中得到了广泛的应用。

需要特别强调，常γ状态方程与理想气体的等熵方程$p=AV^{-k}$虽然形式相似，但两者却有本质区别。式(4－53)只是一个经验公式，其常数γ的取值随产物的压力而变化，在低压范围时$\gamma=1.2\sim1.4$，在高压范围时$\gamma\approx3$。因此，γ绝对不等于绝热指数k，即$\gamma\neq\dfrac{C_p}{C_V}=k$，式(4－53)不是等熵方程。应当指出，由于常$\gamma$状态方程完全没有考虑化学反应过程，使用时只能用于简单近似的计算。

四、凝聚炸药爆轰参数计算

计算凝聚炸药爆轰参数的前提是选定爆轰产物的状态方程，组成凝聚炸药爆轰参数方程组。通常情况下，选用凝聚炸药爆轰产物的固体模型理论作为产物的状态方程进行近似计算。由于常用凝聚炸药的密度$\rho_0>1\ g/cm^3$，因此爆轰产物中的弹性压力较大，一般采用式(4－53)计算凝聚炸药的爆轰参数。

对于凝聚炸药，p_0可以忽略，则根据式(Ⅶ)，已知的C－J条件可写为

$$-\left(\frac{\partial p}{\partial V}\right)_S=\frac{p_2}{V_0-V_2}$$

对式(4－53)求导数，有

$$\left(\frac{\partial p}{\partial V}\right)_S=-\gamma AV_2^{-\gamma-1}=-\gamma\frac{AV_2^{-\gamma}}{V_2}=-\gamma\frac{p_2}{V_2}$$

可得

$$\frac{p_2}{V_0-V_2}=\gamma\frac{p_2}{V_2}$$

故

$$V_2=\frac{\gamma}{\gamma+1}V_0\ 或\ \rho_2=\frac{\gamma+1}{\gamma}\rho_0 \tag{4-54}$$

将式(4－54)代入方程组(Ⅶ)中的第一式并忽略p_0得

$$p_2=\frac{1}{\gamma+1}\rho_0v_D^2 \tag{4-55}$$

将式(4－54)、式(4－55)代入方程组(Ⅶ)中的第二个公式并忽略p_0，得

$$u_2=\frac{1}{\gamma+1}v_D \tag{4-56}$$

由方程组(Ⅶ)中的第四个公式，得

$$c_2=v_D-u_2=\frac{1}{\gamma+1}v_D \tag{4-57}$$

根据热力学第一定律以及有关方程，可以推导出凝聚炸药的爆速v_D表达式为

$$v_D=\sqrt{2(\gamma^2-1)Q_V} \tag{4-58}$$

计算爆轰波阵面上产物温度的经验公式为

$$T_2 = 4.8 \times 10^{-9} p_2 V_2 (V_2 - 0.20) M \tag{4-59}$$

式中：T_2——C－J 面上爆轰产物温度，K；

p_2——C－J 面上的爆轰产物压强，Pa；

V_2——C－J 面上的爆轰产物比容，cm^3/g；

M——爆轰产物的平均相对分子质量。

阿平和瓦斯卡包埃尼科夫指出，凝聚炸药爆轰产物的多方绝热指数 γ 值可以用下式近似计算：

$$\frac{1}{\gamma} = \sum \frac{x_i}{\gamma_i} \tag{4-60}$$

式中：x_i—— 爆轰产物中第 i 组分的摩尔分数；

γ_i—— 爆轰产物中第 i 组分的多方绝热指数。

凝聚炸药主要爆轰产物成分的多方绝热指数为：$\gamma_{H_2O}=1.9$，$\gamma_{CO_2}=4.5$，$\gamma_{CO}=2.85$，$\gamma_{O_2}=2.45$，$\gamma_{N_2}=3.7$，$\gamma_C=3.35$。

爆轰产物的组成按 $H_2O-CO-CO_2$ 型确定，即：炸药中的氧首先使氢氧化成水（H_2O），然后使碳氧化成一氧化碳（CO），剩余的氧再使一氧化碳（CO）氧化成二氧化碳（CO_2）。

例如，梯恩梯的爆轰产物组成如下：

$$C_7H_5O_6N_3 \longrightarrow 2.5H_2O + 3.5CO + 3.5C + 1.5N_2$$

则

$$\frac{1}{\gamma} = \frac{2.5}{11} \times \frac{1}{1.9} + \frac{3.5}{11} \times \frac{1}{2.85} + \frac{3.5}{11} \times \frac{1}{3.35} + \frac{1.5}{11} \times \frac{1}{3.7}$$

$$\gamma = 2.80$$

又如，求密度为 $\rho_0=1.80\ g/cm^3$、爆速为 $v_D=8\ 830\ m/s$ 的黑索今的爆轰参数。

黑索今的爆轰反应方程式如下：

$$C_3H_6O_6N_6 \longrightarrow 3H_2O + 3CO + 3N_2$$

确定 γ：

$$\frac{1}{\gamma} = \sum \frac{x_i}{\gamma_i} = \frac{1}{3} \times \left(\frac{1}{1.9} + \frac{1}{2.85} + \frac{1}{3.7}\right) = 2.60$$

确定 ρ_2：

$$\rho_2 = \frac{\gamma+1}{\gamma}\rho_0 = \left(\frac{2.6+1}{2.6} \times 1.80\right) g \cdot cm^{-3} = 2.49\ g \cdot cm^{-3}$$

确定 p_2：

$$p_2 = \frac{1}{\gamma+1}\rho_0 v_D^2 = \left(\frac{1}{2.6+1} \times 1.8 \times 10^3 \times 8\ 830^2\right) Pa = 3.9 \times 10^{10}\ Pa$$

确定 u_2：

$$u_2 = \frac{1}{\gamma+1} v_D = \left(\frac{1}{2.6+1} \times 8\ 830\right) m/s = 2\ 470\ m/s$$

确定 T_2：

$$T_2 = 4.8 \times 10^{-9} \times \frac{p_2}{\rho_2}\left(\frac{1}{\rho_2} - 0.20\right) M_2$$

$$= \left[4.8 \times 10^{-9} \times \frac{3.9 \times 10^{10}}{2.49} \times \left(\frac{1}{2.49} - 0.20\right) \times \frac{18+28+28}{3}\right] \text{K}$$

$$= 3\ 738 \text{ K}$$

实验测得的结果为：$p_2 = 3.9 \times 10^{10}$ Pa，$T_2 = 3\ 700$ K，$u_2 = 2\ 410$ m/s。因此上述计算的结果与实测值是相当符合的。

第四节　炸药爆速的影响因素

前述讨论表明，炸药的爆轰过程是爆轰波沿炸药装药逐层自动传播的过程。爆轰波传播时炸药受到高温高压作用发生高速化学反应，放出巨大能量，放出的部分能量又支持爆轰波对下一层未反应的炸药进行强烈冲击压缩，因而爆轰波可以不衰减而稳定地传播下去。

爆速是炸药的重要爆轰参数之一，而且与爆轰产物压力、炸药的猛度等性能密切相关，是衡量炸药爆炸能力的重要性能指标。前面所讨论的是理想、稳定的爆轰波，并没有讨论炸药性质、结构、装药尺寸和形状等对爆轰过程的影响。实践证明，这些条件对实际的爆轰过程有很大影响，研究这些影响因素对合理、有效使用炸药具有重要意义。由于凝聚炸药的应用最为广泛，故本节仅讨论影响凝聚炸药爆速的因素。

一、炸药的化学性质

炸药的爆速首先取决于自身的化学性质，主要是炸药的能量性质。对于 $C_aH_bO_cN_d$ 类单质炸药，爆热和比容越大，爆轰反应区的压力和温度越高，爆速越大(见表 4－4)。

表 4－4　几种单质炸药的爆热、比容和爆速

炸　药	$Q_V/(\text{kJ}\cdot\text{kg}^{-1})$	$V_0/(\text{L}\cdot\text{kg}^{-1})$	$\rho_0/(\text{g}\cdot\text{cm}^{-3})$	$v_D/(\text{m}\cdot\text{s}^{-1})$
梯恩梯	4 184	740	1.60	7 000
特屈儿	4 561	740	1.60	7 319
硝基胍	2 699	1 076	1.66	7 920
黑索今	5 774	900	1.60	8 200
太安	5 858	800	1.60	8 281

但对某些混合炸药，上述规律却不一定成立。例如，钝黑铝炸药的爆热比黑索今高得多，但爆速却低于黑索今，见表 4－5。

表 4－5　钝化黑索今与钝黑铝炸药的爆热、比容和爆速

炸　药	$Q_V/(\text{kJ}\cdot\text{kg}^{-1})$	$V_0/(\text{L}\cdot\text{Kg}^{-1})$	$\rho_0/(\text{g}\cdot\text{cm}^{-3})$	$v_D/(\text{m}\cdot\text{s}^{-1})$
钝化黑索今/铝粉(80/20)	4 184	740	1.77	7 000
钝化黑索今	4 561	740	1.60	7 319

这是因为钝黑铝混合炸药的爆轰反应是分阶段进行的。黑索今首先发生爆炸反应，然后其分解产物(CO_2 和 H_2O)再与铝粉发生二次反应：

$$2\text{Al} + 3\text{CO}_2 \longrightarrow \text{Al}_2\text{O}_3 + 3\text{CO} + 826.3 \text{ kJ}$$

$$2Al + 3H_2O \longrightarrow Al_2O_3 + 3H_2 + 949.8\ kJ$$

上述反应放热量很大，因而使爆炸反应的总热量显著增加。但上述二次反应的速度较慢，它们放出的能量来不及补充到冲击波阵面上，故支持爆轰波稳定传播并决定其传播速度的主要是第一阶段的反应，即黑索今本身的爆炸反应。同时，铝粉未反应之前还要吸收热量，反而使支持爆轰波的爆轰热降低，爆轰波阵面温度降低，导致爆速下降。

二、装药条件

本章前几节中讨论的爆轰都是理想状态，其爆轰波在传播过程中是稳定的。理想爆轰的前提条件是装药直径无限大，爆炸物是很均匀的物质，因此可以不考虑爆轰波传播过程中反应区内气体产物的径向膨胀，以及由此造成的能量损失。同时，理想爆轰认为爆轰波反应区内所发生的反应是很均匀的，而且是逐层发生的。

实际应用中，由于炸药的装药直径不可能无限大，且在保证使用效果的前提下，装药直径应尽可能小。比如，引信中传爆药柱的直径只有十几至数十毫米。同时，爆炸物也不是很均匀的物质，其紧密性和松散性差异很大。这种非理想的装药条件下，炸药的爆轰大多是非理想爆轰。此外，炸药的颗粒度、装药密度、有无外壳等都会影响装药的均匀性和爆速，因此，研究这些因素对于炸药的非理想爆轰速度的影响十分必要。

（一）装药直径

对炸药爆轰过程的研究发现，炸药的装药直径对爆轰的传播过程影响很大。只有当炸药的装药直径达到某一临界值时，爆轰才有可能稳定传播。习惯上，称能够稳定传播爆轰的最小装药直径为临界直径，用 d_{cr} 表示，对应于临界直径的爆速称为临界爆速，用 v_{Dcr} 表示。若装药直径小于临界直径 d_{cr}，则无论起爆冲量有多大，炸药都不能达到稳定爆轰。

当炸药的装药直径大于临界直径 d_{cr} 时，爆速随装药直径的增大而增大。当直径达到某一定值时，爆速达到最大值，超过该直径后，爆速则不再变化。习惯上，称炸药装药的爆速达到最大值时的最小直径为极限直径，用 d_{cp} 表示，对应于极限直径的爆速称为极限爆速，用 v_{Dcp} 表示。炸药的爆速与装药直径的关系如图 4－12 所示。

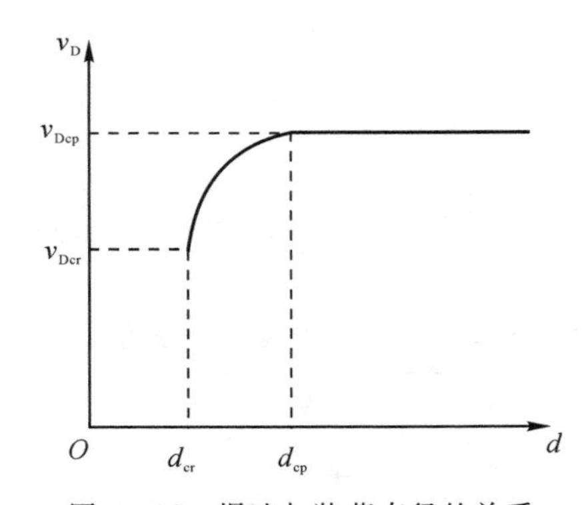

图 4－12　爆速与装药直径的关系

军用单质炸药或混合炸药的极限直径较小（如 $\rho_0 = 1.0\ g/cm^3$ 的黑索今的 d_{cp} 为 3～4 mm），而实际装药直径 d 一般都超过 d_{cp}，故炸药的爆速能很快达到极限爆速，并产生稳定的理想爆轰（对应图 4－12 中装药直径大于 d_{cp} 时的曲线段），此时的爆轰速度取决于爆轰时的放热量以及装药密度。实验证明，理想爆速约与爆轰反应热效应的平方根成正比，并随密度增加成比例增加。

炸药存在临界直径和极限直径的主要原因是爆轰产物的侧向膨胀，如图 4－13 所示。圆柱形装药在空气中爆轰时产生的高温高压爆轰产物将发生膨胀，除产生轴向膨胀波外，还会产生从装药侧表面向爆轰反应区内部传播的径向膨胀波，使高压的爆轰产物向侧向膨胀。无论是爆轰产物的轴向膨胀，还是侧向膨胀，都会影响炸药反应能量向波阵面的补充，从而对爆速产生影响。爆轰产物侧向膨胀对爆速的影响，取决于化学反应的时间和膨胀波从装药侧表面传到轴线的时间。

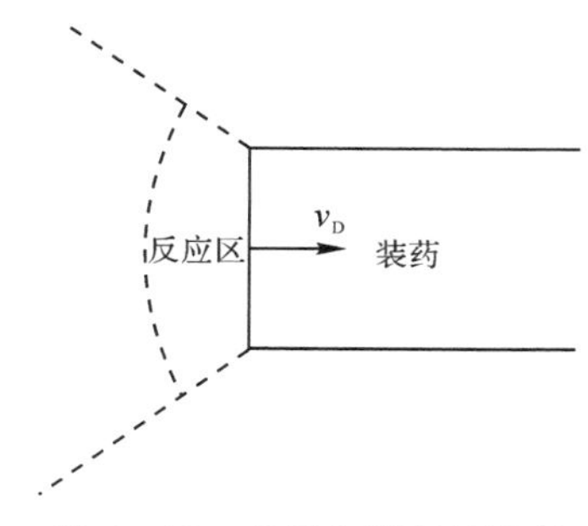

图 4－13　有侧向膨胀的爆轰

令 τ_1 为爆轰区内完成化学反应所需要的时间，τ_2 为径向膨胀波由装药侧面到达装药轴线的时间，则

$$\tau_1 = \frac{x}{v_D}, \quad \tau_2 = \frac{d}{2c}$$

式中：x—— 化学反应区的宽度；

v_D—— 爆轰波传播速度；

d—— 炸药的装药直径；

c—— 径向膨胀波传播速度。

炸药一定时，药柱直径的变化将引起 τ_1 和 τ_2 的数值变化。当 $d_{cr} \leqslant d \leqslant d_{cp}$ 时，由于装药的直径较小，$\tau_1 > \tau_2$，即在化学反应完成以前径向膨胀波已经到达装药的轴线处。由于侧向膨胀的影响，反应区的温度和压力下降，反应速度减慢，支持爆轰波的能量减少。装药的直径愈小，装药轴线处受膨胀波的影响愈大，支持爆轰波的能量愈少。此时虽然径向膨胀波使支持爆轰波传递的能量减少，但还能维持稳定爆轰，并且随着装药直径的增大，化学反应受径向膨胀波的影响愈小，爆速增加。当 $d < d_{cr}$ 时，装药直径已经减小到化学反应放出的能量不能维持稳定爆轰，造成爆轰熄灭。此时，即使起爆能量足够大，且能够引起炸药装药的爆轰，但爆轰会很快衰减，并在一定距离后熄灭。当 $d \geqslant d_{cp}$ 时，$\tau_1 \leqslant \tau_2$，在径向膨胀波到达装药的轴线以前，化学反应已经完成，装药中心部分的爆速不受径向膨胀波的影响，此时如再增大装药直径，炸药爆速不会增加。

由于侧向膨胀的影响，装药的边缘处的爆轰速度比轴线处小，边缘处的爆轰波阵面落后于轴线处的爆轰波阵面，故实际的爆轰波阵面是弯曲的凸球面。同时，由于装药轴线处已经爆轰的部分对其侧面未反应的炸药有起爆作用，使边缘处的爆轰波阵面上有能量补充，故凸球形波阵面能够维持稳定的传播速度。

总之,极限爆速 v_{Dcp} 是某种炸药在一定装药密度下的最大爆速,其数值大小只取决于炸药的性质和装药密度;而临界爆速 v_{Dcr} 是某种炸药在一定装药密度下的最小爆速,v_{Dcr} 愈小,炸药爆轰反应愈容易。因此,v_{Dcr} 的大小可以表示激发炸药爆轰的难易程度。

(二)装药密度

研究表明,炸药的爆速随着装药密度的增加而增加。图 4-14 给出了几种炸药爆速随密度变化的关系。

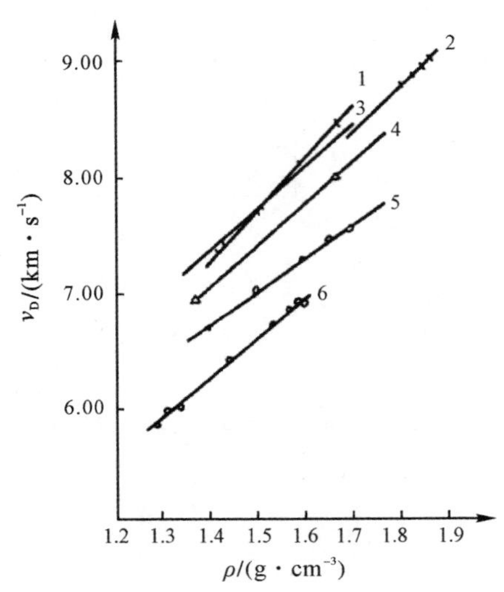

图 4-14　几种炸药的爆速与密度的关系

1—钝化黑索今;2—奥克托今;3—黑索今;

4—太安;5—特屈儿;6—梯恩梯

大量实验表明,对于猛炸药和起爆药,装药密度在 0.5 g/cm^3 到炸药结晶密度范围内时,爆速和密度之间呈线性关系,即

$$v_D = A + B\rho \tag{4-61}$$

式中:v_D——密度为 ρ 时的爆速;

ρ——炸药的装药密度;

A,B——与炸药有关的常数。

图 4-15 给出了梯恩梯在不同压装密度下的爆速实测结果曲线。实测数据表明,在较大的低密度范围内,梯恩梯的爆速和密度之间有很好的线性相关性,但密度提高到接近晶体密度时,随着压装密度的提高,爆速增加迟缓。压装梯恩梯的爆速方程可表示为

$$v_D = \begin{cases} 1.872\,7 + 3.187\rho & 0.9 \leqslant \rho < 1.534\,2 \\ 6.762\,5 + 3.187\,2(\rho - 1.534\,2) - 35.102(\rho - 1.534\,2)^2 + 115.056(\rho - 1.534\,2)^3 & 1.534\,2 \leqslant \rho \leqslant 1.636 \end{cases} \tag{4-62}$$

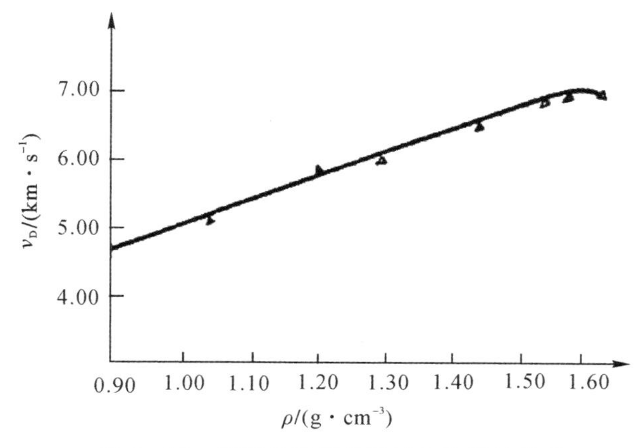

图 4－15　压装梯恩梯的爆速与密度的关系

由氧化剂和可燃剂组成的混合炸药，其爆速和密度的关系比较复杂。装药直径一定时，爆速先随密度增加而增加，密度增加至一定数值后，随着密度的增加，爆速反而下降，并可能在某一临界密度（与装药直径有关）时，发生所谓"压死"现象，即爆轰不能稳定进行，甚至导致爆轰熄灭。图 4－16 给出了两种硝铵炸药在装药直径为 100 mm 时的爆速-密度曲线。

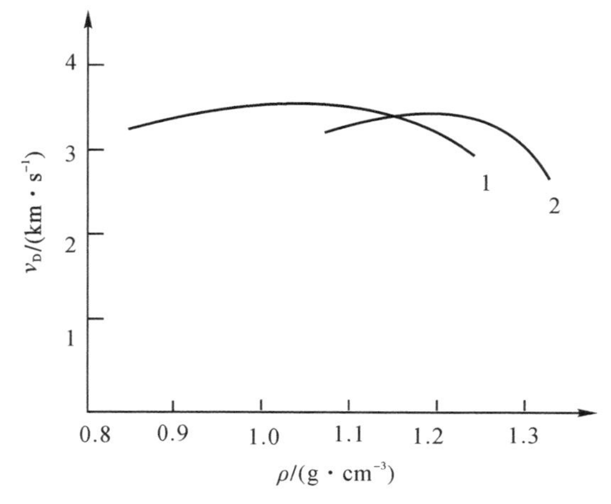

图 4－16　两种硝铵炸药的爆速与密度的关系

（三）颗粒尺寸和装药外壳

装药直径小于极限直径时，炸药的颗粒尺寸会影响炸药的爆速，这种关系对由氧化剂和可燃剂组成的混合炸药来说更为显著。一般情况下，爆速随颗粒尺寸的增大而减小，但当装药直径大于极限直径时，则对爆速无影响。如表 4－6 所示，阿马托（80 硝酸铵/20 梯恩梯）炸药的颗粒尺寸由 10 μm 增加到 400 μm 时，爆速由 5 000 m/s 迅速降到 2 900 m/s；而当颗粒尺寸增大到 1 400 μm 时，会产生熄爆。

表 4－6　阿马托炸药颗粒尺寸与爆速的关系（ρ=1.3 g/cm^3）

颗粒尺寸/μm	10	90	140	400	1 400
爆速/($m \cdot s^{-1}$)	5 000	4 600	4 050	2 900	熄爆

外壳存在能有效阻碍爆轰产物的侧向膨胀，减小能量损失，使炸药爆速增大。需要强调，

这种影响关系只有在装药直径小于极限直径时存在，而在装药直径和密度较大时外壳对爆速基本没有影响。从影响程度上看，外壳对混合炸药爆速的影响比对爆速大的单质炸药要显著。

(四)附加物

一般而言，炸药中加入惰性附加物，甚至可燃物，会降低炸药的爆速。由表 4－7 可以看出，大量加入氯化钠和硫酸钡等惰性物质，降低梯恩梯的含量，使反应放出的热量减少，爆速降低，但爆速的降低与热量减少并不成比例。这是因为这些杂质主要起着稀释的作用，只在一定程度上阻碍了爆轰的传播，而且加入这些附加物又会起到使混合物密度增加的作用。

表 4－7　附加物对梯恩梯爆速的影响

炸药成分	密度/$(g \cdot cm^{-3})$	爆速/$(m \cdot s^{-1})$
梯恩梯	1.61	6 850
50％梯恩梯＋50％氯化钠	1.85	6 010
75％梯恩梯＋25％硫酸钡	2.02	6 540
85％梯恩梯＋15％硫酸钡	1.82	6 690
75％梯恩梯＋25％铝	1.80	6 530

在黑索今和雷汞中加入 5.0％左右的石蜡作钝感剂时，与相同密度的纯炸药比较，其爆速还略有提高，这可能是因为加入石蜡后，爆轰产物中小分子气体产物增多，从而使爆速增加。

三、起爆初始能量

实验表明，用冲击波起爆炸药时能否引爆被发装药，与起爆冲击波的强度有关，而起爆冲击波强度通常用主发装药的爆速来表征，记为 v_{D0}。下面分两种情况讨论。

(1)被发装药直径 $d \geqslant d_{cp}$。一般情况下，初始冲能的大小只对装药起爆端附近的爆速有影响，如图 4－17 所示。当 $v_{D0} > v_{Dcp}$时，由于炸药爆轰反应释放的能量不足以维持过大的 v_{D0}，装药的爆速将由 v_{D0} 自行降低至 v_{Dcp}，如图 4－17 中曲线 4 所示；当 $v_{D0} = v_{Dcp}$时，炸药被起爆后爆轰波以 v_{Dcp}稳定传播；当 $v_{D0} < v_{Dcp}$时，如反应放出的能量能够逐渐加强引导冲击波，则在被发装药中激起的爆轰将逐渐成长，经过一定距离后，被发装药的爆速将由 v_{D0} 增至 v_{Dcp}，如图 4－17 中曲线 2 所示；当 $v_{D0} < v_{Dcr}$但初始冲能不足以激起炸药自行高速稳定传播的化学反应，即装药不能起爆时，在装药中产生的冲击波将迅速衰减为声波，如图4－17中曲线 1 所示。因此，只要 $v_{D0} \geqslant v_{Dcr}$，$d \geqslant d_{cp}$，稳定爆轰的爆速便为 v_{Dcp}，其值与初始冲能无关。

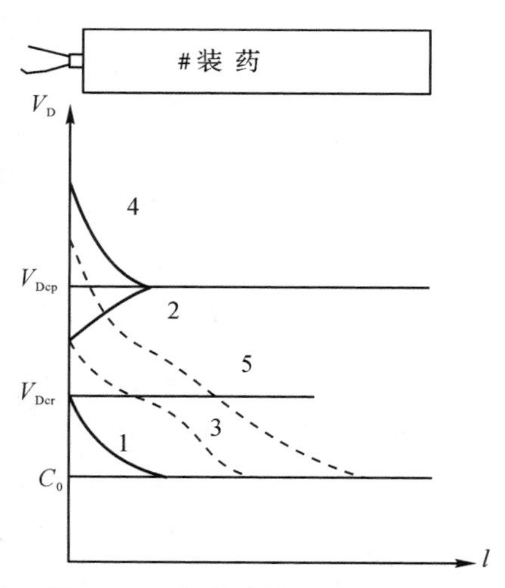

图 4－17　初始冲能对爆速的影响

(2)被发装药直径 $d < d_{cr}$。即使起爆冲能 $v_{D0} > v_{Dcp}$ 或 $v_{Dcr} \leqslant v_{D0} < v_{Dcp}$，爆轰也只能在装药一定长度上传播，并逐渐衰减直到熄灭，爆速逐渐降低并最终衰减为声速，如图 4－17 中曲线 3、曲线 5 所示。

第五节　炸药爆速的测定

为检验理论计算的正确性，研究实际爆轰过程的规律，必须通过实验测定爆轰参数，研究炸药的爆轰现象。用实验方法研究爆轰过程是一门专门的学科，即实验爆轰学。

通常测定的爆轰参数主要包括爆速、爆压、爆轰产物的速度、爆温以及多方绝热指数 γ。本节主要介绍炸药爆速测定的基本原理和方法。

爆速是研究炸药爆轰过程的一个重要参数，研究爆速和爆炸条件、药柱性质的关系是研究爆轰机理的重要依据。目前，爆速可以直接精确测定，而爆轰过程的其他参量多是间接测量的，而且许多方法也与爆速测量有关。因此，无论在理论和实践方面，爆速测定都非常重要。测定炸药爆速的方法较多，下面介绍几种典型的方法。

一、道特里什法

该方法由道特里什(Dautriche)首先提出，是一种最古老的测量炸药爆速的方法。其原理是利用与已知爆速的导爆索进行比较，来测量未知炸药爆速，实验装置如图 4-18 所示。

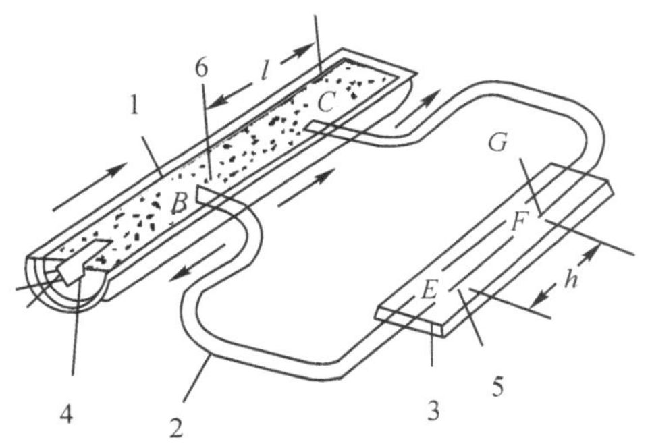

图 4-18　道特里什法测定爆速装置

1—待测炸药柱；2—导爆索；3—铅板；4—雷管；
5—导爆索中点；6—爆轰后铅板上的印痕

实验时将被试炸药装入内径 $d=20$ mm、长约 400～500 mm 的钢管或纸筒内，要求装药密度均匀。在柱形装药外壳 B、C 处开两个小孔，两孔间的距离 l 为 300～400 mm，B 孔的位置与雷管的距离不小于药柱直径的 4 倍，准确测量至 1 mm。将导爆索的两端插入 B、C 两孔内，深度一致。导爆索长 L 约为 1.5 m，将导爆索中点固定在铅板(长 500 mm、厚 5 mm、宽 50 mm)的 E 点，铅板安装在钢板上，并在 E 处的铅板上刻一标志线。

当炸药柱被雷管引爆后，爆轰波沿药柱传播，先后在 B、C 处引爆导爆索，导爆索中两个传播方向相反的爆轰波在 F 处相遇，并在铅板上留下一个明显的痕迹，测出中点 E 和 F 点的距离 h。因爆轰波传播经 $B\rightarrow E\rightarrow F$ 与 $B\rightarrow C\rightarrow F$ 所用时间相等，所以有

$$\frac{0.5L+h}{v_{\mathrm{D1}}}=\frac{l}{v_{\mathrm{D2}}}+\frac{0.5L-h}{v_{\mathrm{D1}}}$$

则

$$v_{D2}=\frac{l}{2h}v_{D1} \tag{4-63}$$

式中：v_{D2} ——炸药柱 B、C 两点间的平均爆速；

v_{D1} ——导爆索的爆速；

L—— 导爆索全长；

l—— 炸药柱上 B、C 两孔间距离；

h—— 导爆索中点刻线 E 与铅板炸痕 F 之间的距离。

该方法简单易行，无需专门的仪器，测试精度能满足工业炸药的检测要求，直至目前仍被用于工业炸药爆速的测试中。

二、高速摄影法

该方法利用爆轰波沿炸药传播时的发光现象，用高速摄影机将爆轰波沿药柱移动的光感光到与爆轰方向作垂直运动的胶片上，两个速度合成后在胶片上得到一条曲线，根据曲线的斜率测定爆轰波在药柱中各点的爆速。

高速摄影机有转鼓式和转镜式两类，转鼓式适用于燃烧过程，转镜式适用于爆轰过程。

转镜式高速摄影机的原理如图 4-19 所示，炸药引爆后，爆轰波阵面上的光经过两组长焦距的物镜后聚集在高速旋转的转镜上，经过反射，将影像投影在以转镜轴为圆心的弧形高感度胶片上。

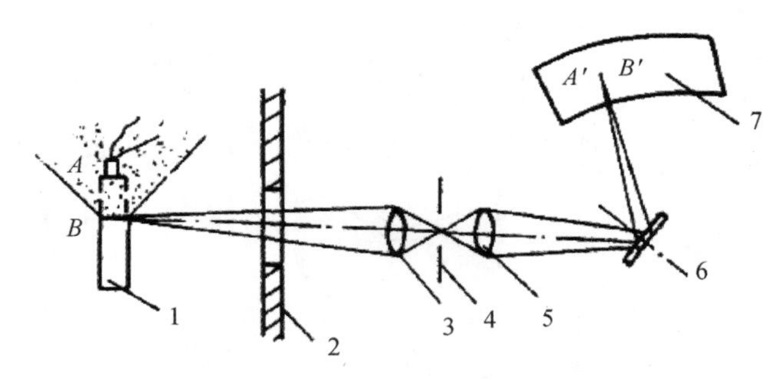

图 4-19 转镜式高速摄影机测爆速原理图

1—炸药药柱（正在爆轰）；2—防护墙；3，5—透镜；4—狭缝；6—转镜；7—胶片

当爆轰波由 A 传播到 B 时，反射到胶片上的光点由 A' 移动到 B'，从而在胶片上得到一条扫描曲线，如图 4-20 所示。转镜转动的扫描方向是胶片的水平方向，爆轰波传播方向是胶片的垂直方向，扫描曲线则是爆轰波在被测炸药柱上传播与转镜转动的合成曲线。

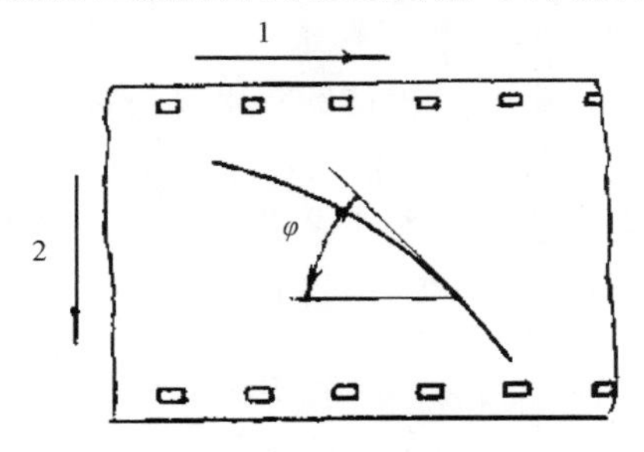

图 4-20 胶片上的扫描曲线

1—转镜转动的扫描轨迹；2—光点的传播方向

设扫描点在胶片水平方向移动的速度为 v_1，扫描点在垂直方向移动的速度为 v_2，扫描线在某点与水平线之间的夹角为 φ，则

$$\tan\varphi = \frac{v_2}{v_1} \tag{4-64}$$

水平扫描速度 v_1 可以根据转镜的转速和扫描半径确定。因为光线的入射角等于反射角，因此反射光点旋转的角度是转镜转动角度的 2 倍。若转镜的转速是 n，扫描半径为 R，则光线通过转镜反射到胶片上的水平速度为

$$v_1 = 4\pi Rn$$

竖直扫描速度 v_2 可以根据爆轰波向下传播的速度和摄影机的放大系数确定。设爆轰波沿炸药柱的传播在测试点处速度为 v_D，摄影机放大系数为 β，则光线在胶片上对应点的垂直速度为

$$v_2 = \beta v_D$$

将 v_1、v_2 代入式(4-64)，得

$$v_D = \frac{4\pi Rn}{\beta}\tan\varphi \tag{4-65}$$

对于某一高速摄影机，由于 n、R、β 都是常数，故令 $C = 4\pi Rn/\beta$ 为仪器参数。因此，爆速为

$$v_D = C\tan\varphi \tag{4-66}$$

由于仪器参数 C 可根据仪器的工作状态参数确定，故仅需测得扫描线上各点的切线斜率，就可根据式(4-66)计算出各点对应的炸药爆速。该方法仪器操作复杂，数据处理工作量大，必须在专门的实验室进行测试，但可以实现连续测量，记录整个爆轰过程中各点的瞬时速度，因而有利于深入研究爆轰的过程和本质，亦可用以研究不稳定爆轰过程。

三、测时仪法

该方法的基本原理是利用炸药爆轰时爆轰波阵面的电离导电特性或压力突变，通过测定爆轰波依次通过药柱内(或外)各探针所需的时间求得平均爆速。

测时仪法的基本工作原理如图 4-21 所示。

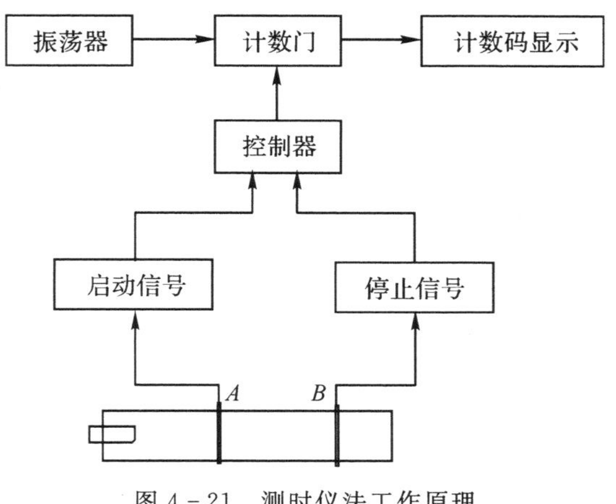

图 4-21　测时仪法工作原理

在被测药柱或药卷上 A、B 两点，各插一对电离探针，爆炸产物由于高温高压而发生电离，在爆轰波经过 A 点时，导通第一对探针并形成启动信号，信号经倒相整形后使控制器翻转而输出高电位，开启计数门，晶体振荡器发出已知频率的振荡信号进入计数器，并开始计时。当爆轰波传到 B 点时，使第二对探针导通，形成停止信号，信号经倒相整形后，使控制器再翻转过来输出低电位，将计数门关闭，振荡器的振荡信号不再进入计数器，计时停止。在计数器上显示出的数字即为在测定的时间间隔内通过的脉冲个数 n。根据振荡器的标准频率 f 及脉冲个数 n 可计算出爆轰波经过 AB 段的时间为

$$\tau = \frac{n}{f}$$

炸药柱的爆速通过事先测量得到的 AB 段长度及计算所得的 τ 计算得到。

这种方法的优点是操作简单方便、精确度高、受试炸药卷无需很长，且测定的数据可以直接用数字显示，必要时还可以与计算机联用，因此在生产检测和科研工作中被广泛应用。

第五章　炸药的燃烧

燃烧是炸药发生化学变化的一种典型形式。对于火药和烟火药剂来说，燃烧是其化学反应的基本形式，某些起爆药和猛炸药在爆炸初期通常也表现为燃烧，之后才由燃烧转化为爆轰。研究炸药燃烧的基本规律和从燃烧转变为爆轰的基本条件，对炸药的设计、生产、使用和销毁过程中的安全都具有重要的意义。本章仅讨论凝聚炸药的燃烧。

第一节　炸药燃烧的一般概念

燃烧现象在日常生活中较为常见，如天然气的燃烧、煤的燃烧等。通常将可燃物与氧发生的激烈氧化反应称为燃烧。将因化学反应放热产生高温气态产物而发光的空间称为火焰。将使燃烧层和未反应区隔开的总几何表面称为火焰阵面。

炸药的燃烧是一种自行传播的剧烈化学反应。与一般燃料的燃烧相比，由于炸药自身含氧，故可在隔绝空气的情况下燃烧。炸药的燃烧就是火焰阵面沿炸药的传播过程。决定火焰传播的基本因素是热传导和燃烧产物的扩散。

凝聚炸药的燃烧过程一般可分为两个阶段，即表面着火和火焰向炸药内部传播。称燃烧反应沿着炸药晶体或制品与空气交界面的传播为表面燃烧；称燃烧反应沿炸药晶体或制品表面法线方向向炸药内部的传播为截面燃烧。炸药表面着火的方式有两种：一种是由炸药本身化学反应自动加速产生，称为自动点火；另一种是在外界高温热源的强制作用下着火，称为强制着火，或称为点火。炸药的着火一般属于后者，此时点火源应具有足够高的温度，以及能够供给炸药足够的能量。

燃烧速度是指火焰阵面沿炸药传播的速度，是表征燃烧过程最重要的参数。燃烧速度包括线速度和质量燃烧速度。

燃烧线速度用单位时间内火焰阵面的单位面积上已反应的炸药体积来表示，即

$$u_n = \frac{V}{S} \tag{5-1}$$

式中：u_n——炸药燃烧传播的线速度，cm/s；

V——单位时间内燃烧的炸药体积，cm^3/s；

S——火焰阵面的总面积，cm^2。

质量燃烧速度用火焰阵面上单位面积和单位时间反应的炸药量来表示，即

$$u_m = \rho u_n \tag{5-2}$$

式中：u_m——质量燃烧速度，$g/(cm^2 \cdot s)$；

ρ——炸药的密度，g/cm³。

从过程上讲，燃烧可分为稳定燃烧和不稳定燃烧。在一定条件下，炸药以恒定的速度燃烧称为稳定燃烧；若炸药以变速燃烧则称为不稳定燃烧。不稳定燃烧的结果可能出现两种情况：燃速不断增加导致燃烧转为爆轰，燃速不断减小导致燃烧熄灭。

第二节 凝聚炸药的燃烧

凝聚炸药的燃烧要经历一系列比较复杂的物理和化学变化过程。对凝聚炸药来说，挥发性不同，燃烧时化学反应的相态不同，燃烧历程也不相同。易挥发性炸药燃烧的化学反应是在蒸气相中进行的，难挥发性炸药则既有气相反应又有固相反应，对速燃炸药则主要是固相反应。

一、易挥发性炸药的燃烧

易挥发性炸药分解所需温度小于其沸点，如硝化乙二醇。在被点燃或已经燃烧时，传递给炸药表面的能量，一方面用于使炸药分子活化发生反应，另一方面用于使炸药蒸发。由于蒸发速度远大于反应速度，所以传递到炸药表面的能量主要用于炸药的蒸发，且燃烧的化学反应主要在蒸气相中进行。

易挥发性凝聚相炸药的燃烧模型如图5－1所示。当炸药由初温 T_0 加热到炸药沸点 T_1（Ⅰ区）后，炸药表面被气化，并进入Ⅱ区。Ⅱ区内炸药蒸气被进一步加热，当温度达到一定值后，炸药蒸气开始燃烧反应（Ⅲ区），燃烧后的产物处于Ⅳ区，产物温度为 T_2。Ⅲ区内燃烧反应释放的能量，一方面将加热Ⅱ区内的气态炸药使其发生燃烧反应，另一方面将通过热传导的方式经Ⅱ区传递给Ⅰ区的凝聚态炸药表面，使其蒸发补充进入Ⅱ区。在一定条件下，随着燃烧反应和蒸发的不断进行，燃烧将稳定传播下去。稳定燃烧过程中，各个区域的移动速度相同。此时，燃烧速度指炸药气化区和燃烧反应区沿炸药移动的速度。

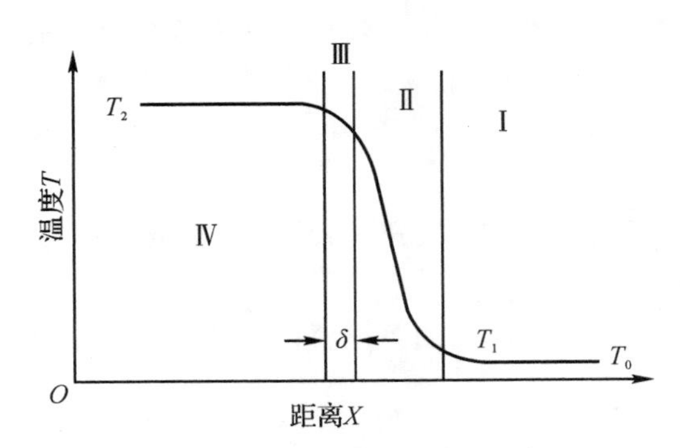

图5－1 易挥发性炸药燃烧示意图

Ⅰ—凝聚炸药区；Ⅱ—炸药蒸气加热区；Ⅲ—燃烧反应区；Ⅳ—燃烧产物区；
T_0—炸药的初始温度；T_1—炸药蒸气压力与外部压力平衡时的温度；T_2—燃烧温度

凝聚相炸药的燃烧线速度通常可以用通式表示为

$$u_n = A + Bp^v \tag{5-3}$$

式中：u_n——燃烧线速度；

A——常数，取决于凝聚相中的化学反应和传热条件；

B——常数，取决于气相中的化学反应条件；

p——反应区压力，Pa；

v——指数，取决于气相中主导反应的级数。

对易挥发炸药来说，燃烧反应主要发生在蒸气相中，压力对燃烧速度的影响较大，式(5-3)中的 $A=0$，$v=0.5\sim1$。

二、难挥发性炸药的燃烧

大多数凝聚相炸药都是难挥发性炸药，如大部分硝基类、硝胺类炸药，硝化棉、硝化甘油火药，以硝酸铵为主要原料的粉状工业炸药等。难挥发性炸药的特点是，沸点较高，受热时不能气化，且温度升至炸药沸点之前便发生分解，所以在凝聚相中的反应占有重要地位。难挥发性炸药的燃烧过程可分为三个阶段，其模型如图 5-2 所示。

未燃烧的凝聚炸药区(Ⅰ)	凝聚相反应区(Ⅱ)	无焰反应区(Ⅲ)	火焰反应区(Ⅳ)

图 5-2　难挥发性炸药的燃烧模型

第一阶段为凝聚相的放热反应，发生在Ⅱ区。此时，未燃炸药受热发生微弱的分解反应，并形成不稳定的中间产物，其反应是在表面或表面附近发生的。第一阶段的反应主要是在凝聚相中进行的，因此，影响反应的主要因素是温度，压力对反应的影响不大。

第二阶段为无焰反应，发生在Ⅲ区。此时，第一阶段的分解产物在气相中进一步反应，放出的热量传给凝聚相，使其反应速度加快。该阶段的反应在气相中进行，受压力影响。

第三阶段为火焰反应，发生在Ⅳ区。此时，第二阶段的反应产物间发生剧烈的化学反应，放出大量的热，并产生火焰，生成燃烧产物。反应放出的热量通过Ⅲ区传递给凝聚相。和第二阶段反应相同，该阶段反应受压力影响。

对于难挥发性炸药来说，低压下的燃烧反应主要是在凝聚相内进行，高压下的燃烧反应主要是在火焰区内进行，而中等压力下的燃烧反应则同时在上述两个反应区内进行，故式(5-3)中 $A\neq0$。

三、速燃炸药的燃烧

与难挥发性炸药相比，速燃炸药的挥发性更小，燃烧时凝聚相中进行反应的比例更大。速燃炸药燃烧时，由于在凝聚相中的反应速度很快，放出大量的气体产物和热量，从而使凝聚相的表面发生强烈的迸裂，大量气体产物夹带着尚未反应的炸药粒子进入气相，而后在气相中进行反应，在距表面较远处结束反应。起爆药中的雷汞和苦味酸钾都属于速燃炸药。

速燃炸药燃烧过程中，其凝聚相表面的迸裂和气化是同时进行的，这必将使燃烧的比表面和速度增加。由于物质的表面层发生强烈的分散，并以粉尘的形式由气流带离凝聚相表面继续进行反应，因此，这种分散的程度比难挥发性炸药要大得多。速燃炸药燃烧时发生的化学变化具有以下特点：

(1)燃烧时由于凝聚相炸药转变成气体，从而使它的密度远远低于原凝聚相的密度；

(2)燃烧时所进行的化学反应不仅发生在凝聚相表面，而且还明显地渗入到凝聚相内部；

(3)凝聚相的化学反应具有空间的不均匀性。

速燃炸药在高压下的燃速随着压力升高而增大,但在低压下(压力低于 3.92 MPa),由于反应主要发生在凝聚相内,燃速受凝聚相反应条件控制,因而受压力影响较小,故式(5-3)中 A 的数值比难挥发炸药的大,而 v 较小,一般取 0.5。

第三节 影响炸药燃烧速度的因素

一、炸药的物理化学性质

燃烧的可能性及燃烧速度,首先取决于化学反应速度和从反应区向原炸药层热传导的速度。如反应区中化学反应速度很大,而与之对应的热传导速度很小,则燃速会立即增大,甚至发生爆轰。比如,叠氮化铅几乎没有燃烧阶段,而是立刻转为爆轰。相反,如果化学反应速度很小,而热传导速度很大,则反应所放出的热量来不及补偿由热传导而造成的热量损失,燃烧速度将会逐渐降低,直到熄灭。

炸药的热导率对燃烧过程也有很大影响。若炸药的热导率过大,则大量的热量传入很深的未反应的炸药层中,加热层厚度增大,散失热量增加,使反应区的温度和化学反应速度降低,放热量较小,以至不能维持燃烧的自行传播。

炸药的挥发性也会影响燃烧过程,关于这一点,第二节已经阐明。

二、压力

第二节从理论角度说明压力与燃速的关系,本节重点讨论具体的实验结果。

1.起爆药的燃烧

大多数起爆药(氮化铅除外)在高于 1.0×10^5 Pa 的压力下不能稳定燃烧,燃烧极易转变为爆轰。在压力低于 1.0×10^5 Pa 时,起爆药可以稳定燃烧,其燃速与压力间呈线性关系,有

$$u_n = A + Bp \tag{5-4}$$

比如,雷汞在燃烧时燃速与压力关系的经验公式为

$$u_n = 0.402 + 1.1p$$

2.猛炸药的燃烧

实验研究表明,大多数猛炸药在略大于一个大气压力下,仍可稳定燃烧。燃烧速度与压力的关系也可用式(5-4)表示。这里给出了一定条件下,部分猛炸药的压力与燃速的关系式:

硝化二乙醇 $u = 0.008 + 0.102p$

黑索今 $u = 0.009 + 0.05p$

特屈儿 $u = 0.011 + 0.034p$

硝化棉 $u = 0.146 + 0.065p$

上述四种炸药中,燃速受压力影响最大的是硝化二乙醇,影响最小的是特屈儿。这说明,A、B 值的大小决定了压力对猛炸药燃烧速度的影响程度。B 值越大、A 值越小,燃烧反应在气相中所起的作用越大,压力对燃速影响越大。A 值越大、B 值越小,燃烧反应在凝聚相中所起的作用越大,压力对燃速的影响越小。

比较猛炸药和雷汞的 A、B 值可以发现，起爆药的 A、B 值都远大于猛炸药，所以在相同的条件下，起爆药的燃速要远大于猛炸药。这主要是由于起爆药的反应速度大于猛炸药的反应速度，且它的燃速随压力的增加比猛炸药的要大很多，以至在小于 1.0×10^5 Pa 的压力下起爆药不能稳定燃烧而猛炸药却能稳定燃烧。

3.火药的燃烧

虽然火药的燃速与压力的关系可用式(5-3)所示的通式表示，但实验数据表明，压力范围不同，燃烧表达式也不同。这是压力范围不同，对燃速起决定性作用的主导反应区不同以及主导反应区的化学反应不同的缘故。

对于均质火药来说，由于处于胶质状态、结构密实，故可在很大压力范围内进行燃烧。一般的炮用火药在 10^2 MPa 数量级的压力下，A、B 的值几乎都不变化，v 值变化也很小，其燃速与压力的关系可用式(5-4)表示。

4.无气体药剂的燃烧

由氧化剂和可燃物组成的无气体药剂，在燃烧过程中，几乎不产生或极少产生气体，其反应的最终产物为液态或固态物质，这种药剂的燃烧速度与压力无关，甚至可以在真空条件下稳定燃烧。这种无气体药剂燃速的燃速方程为 $u=a=$ 常数。

大多数炸药都有稳定燃烧的压力界限，稳定燃烧的压力界限包括压力上限和压力下限。稳定燃烧的压力上限是指能保持炸药稳定燃烧而不转变为爆轰时的最高压力。如果超过了压力上限，炸药就不能稳定燃烧，并从燃烧转变成爆轰。一般情况下，液态、粉状或低密度压装炸药稳定燃烧的压力上限较低，而高密度压装、铸装炸药的压力上限较高。例如：粉状太安和黑索今在稳定燃烧时的压力上限为 2.45 MPa，密度为 1.65 g/cm^3 的太安稳定燃烧的压力上限大于 20.58 MPa。这是因为粉状炸药在高压下燃烧时，高温的燃烧产物容易扩散到炸药颗粒之间的空隙中，引起内部颗粒着火，使燃烧表面急剧增大、燃速增加，稳定燃烧变成不稳定燃烧。当炸药密度很大时，燃烧气体产物不易扩散到炸药内部，因而能维持燃烧的稳定性。胶装炸药结构更为致密，气体扩散到炸药中的可能性更小，因而压力上限更高。

稳定燃烧的压力下限是指能保持炸药稳定燃烧而不熄灭的最低压力。凝聚相炸药的压力下限是由气相反应决定的。这是因为随着压力的下降，气相中的放热速度和反应均相应地降低，而凝聚相热传导速度保持不变，因此，原先的热平衡被打破，炸药的燃烧过程逐渐减弱，以至熄灭。如燃烧时凝聚相反应的作用越大，则在低压下稳定燃烧的能力就越强。

三、初始温度

初始温度对炸药燃速的影响可用经验公式表示为

$$u=\frac{1}{A'-B'T_0} \tag{5-5}$$

式中：u——燃速；

A'，B'——与炸药性质有关的常数；

T_0——炸药的初始温度。

一般初温升高 100℃，各种炸药的燃速要增加 1.3～2 倍。

四、装药直径

如从炸药一端引燃，则凝聚相炸药的燃烧存在临界直径。如装药直径小于临界直径，便不能维持稳定燃烧。这是因为，小直径炸药在燃烧过程中，从药柱侧表面传走的热量将相应增加。如果直径小于临界直径，燃烧层的热量损失将大于其化学反应的热增量，使反应层的温度降低，以至反应难以继续。表 5-1 给出了 1.0×10^5 Pa 的压力下，在玻璃管中燃烧时某些炸药的临界直径。

表 5-1　1.0×10^5 Pa 压力下在玻璃管中燃烧时某些炸药的临界直径

炸药名称	密度/($g\cdot cm^{-3}$)	临界直径/mm
铸装梯恩梯	1.59	32.0
铸装特屈儿	1.60	5.7
黑索今	1.0	6.0
低氮硝化棉	0.6	5.5
硝化乙二醇	—	2.0

当装药直径大于临界直径时，燃烧是稳定的。在一定的直径范围内，燃速不随直径的增大而增大，只呈现固定的燃速，如图 5-3 所示。

但当直径增至很大时，燃速还将随之增大，这是因为直径很大时，由于火焰的辐射作用，炸药表面既可以从热传导中获得热量，又可以通过热辐射获得热量，使燃速增大。此外，大直径的炸药在燃烧时，还能促使化学反应更为完全，从而使燃速增大。这是因为，直径较小时，燃烧生成物容易冷却，甚至在尚未反应完毕时，化学平衡因冷却而“冻结”，而当直径大、火焰区空间大时，冷却较慢，反应较完全。如直径为 30～45 mm 的梯恩梯，燃速为 0.018 $g/(cm^2\cdot s)$，而直径为 80 mm 的梯恩梯，燃速增至 0.023 $g/(cm^2\cdot s)$。

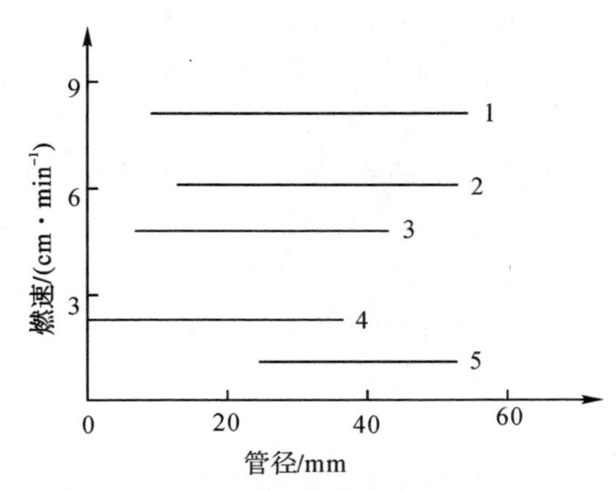

图 5-3　装药直径与燃速的关系

1—爆胶；2—代那买特(铁管中)；3—代那买特(玻璃管中)；4—硝化乙二醇；5—梯恩梯

五、装药密度

一般情况下，随着装药密度的增加，炸药的燃速会减小，见表 5-2。

表 5－2　某些炸药的密度与燃速的关系(装药直径为 24 mm)

密度/(g・cm^{-3})	0.65	0.68	0.69	0.74	0.85	1.04	1.05	1.07	1.16
特屈儿燃速/(cm・min^{-1})				5.41	4.83	4.46		4.27	
黑索今燃速/(cm・min^{-1})		不燃	3.46		3.19		2.19		1.49

装药密度增加时,炸药颗粒间的空隙减小,高温气体产物难以渗入到深层的炸药颗粒之间;装药密度较小时,炸药颗粒间的空隙增多,有利于高温气体产物向炸药深层次渗入,使燃烧面积增大,燃速变快。但如果装药密度太低以至低于某个极限值时,由于能量不能集中,燃烧也不能进行。

六、装药外壳材料

装药所用外壳材料的导热性和厚度将直接影响热量的损失。外壳材料的热导率大、厚度小时,热量损失多。此外,如果反应在气相和凝聚相中同时进行,则由于凝聚相温升得较快,凝聚相对容器壁的热损失增加,会使临界直径增大。因此,只有使装药直径增大,燃烧才能稳定进行。

七、催化剂

催化是化学反应中常见的现象,而对炸药燃烧的催化则更有实用意义。在一些发射药和推进剂中,通常要加入一些燃烧催化剂。根据其在炸药燃烧中所起的作用,可分为增速催化剂和降速催化剂两种,它们的作用是分别通过加快或抑制燃烧反应速度来达到特定目的。比如,在一些发射药中常加入樟脑等物质,降低燃速,以得到理想的膛压曲线。又比如,在一些推进剂中加入少量铅、镁等金属氧化物,增加燃速,保证推进剂在半密闭空间内的燃烧能按特定规律进行,以得到良好的弹道性能。

第四节　燃烧转爆轰

燃烧和爆轰有本质区别,但又相互联系。第三节分析表明,当炸药燃烧的稳定性受到破坏后,就有可能转变为爆轰。研究燃烧转爆轰对火工品、弹药传火序列设计,以及火炸药、火工品烧毁、弹药使用等工作的安全具有重要的现实意义。

一、燃烧转爆轰现象

凝聚相炸药燃烧时,如燃烧产物来不及扩散,反应区压力将不断增大,燃速也相应增大。当燃速达到某一临界值时,燃烧的稳定性受到破坏,以至突跃地转变为爆轰。需要强调,凝聚炸药燃烧中产生的冲击波首先产生在未完全反应的气体中间产物中。该冲击波有两个作用:一方面,它可以压缩燃烧阵面前的炸药,使其密度增大,燃速降低;另一方面,冲击波会使靠近炸药表面的气体中间产物或药柱中局部区域的炸药发生热爆炸。热爆炸产生新的压力突跃又会冲击未反应的炸药并使其爆轰。

凝聚相炸药燃烧转爆轰可以分为热传递和引发机理不同的四个阶段——稳定的顺层燃烧、对流燃烧、低速爆轰、正常的稳定爆轰。稳定的顺层燃烧时传热途径是热传导。对流燃烧阶段，气体燃烧产物渗入炸药空隙，点燃孔隙内炸药，明显地扩大了燃烧表面，使质量燃速比顺层燃烧大几十倍，破坏了燃烧的稳定性，该阶段的热传导途径是强制对流。低速爆轰是由弱的冲击波引起的，而稳定爆轰是由强冲击波引起的。以上四个阶段存在的时间长短与炸药自身的物理化学性质、药柱的结构以及实验条件有关，但它的总过程是加速的。在一定的条件下，有的炸药燃烧时可以从对流阶段越过低速爆轰阶段而直接转变为稳定爆轰。对有外壳的药柱来说，当壳中压力低于某一临界值时，低速爆轰过程是稳定的，但如果压力高于该临界值，则会由低速爆轰转化为稳定爆轰。

二、燃烧转爆轰条件

从凝聚炸药的燃烧过程来看，无论是固体炸药或液体炸药，加速的不稳定燃烧是由燃烧转变为爆轰的重要原因，而这主要是由燃烧时气体的平衡决定的。燃烧时，只有当气体增量（由反应而得）与气体减量（离开燃烧阵面的量）保持平衡，燃烧才可能是稳定的。若气体增加的速度大于气体减少的速度，则燃烧过程将逐渐自行加速。因此，稳定燃烧的临界速度可以用气体增减的平衡式表示，则有

$$m_1 = m_2 \tag{5-6}$$

式中：m_1——气体增加的速度，等于燃烧的质量速度；

m_2——气体减少的速度。

若 $m_1 > m_2$，就可能发展成爆轰。根据别梁也夫的近似计算，一个大气压（1.0×10^5 Pa）下普通炸药的临界燃速等于 7～8 g/(cm^2 · s)。即在一个大气压下只有当燃速小于 7～8 g/(cm^2 · s)时，燃烧才可能以等速进行。大多数能进行燃烧的炸药，其燃速都大大小于上述临界燃速。但在一定条件下，由于火焰阵面的变形和燃烧炸药量增多，这些炸药的燃烧稳定性仍有可能被破坏。

可用圆柱形装药的燃烧来研究上述条件。将装药放在一个坚固的管子（横截面积为 1 cm^2）里，如图 5-4 所示。燃烧从外压为 P_0 的开口端开始，燃烧生成物向火焰传播的相反方向流动，其流速和气体生成速度有关。

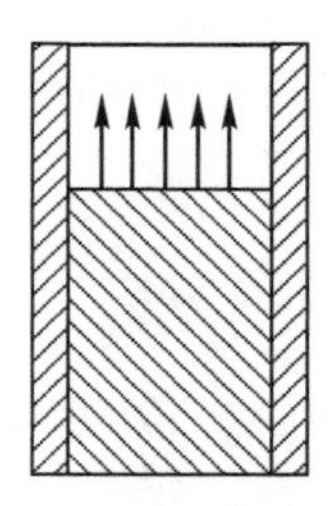

图 5-4　燃烧气体流出的示意图

根据研究结果，气体增量和减量的关系如图 5-5 所示。图中，横坐标表示燃烧阵面上的压力 p，纵坐标表示在一定压力下，燃烧表面积为 1 cm^2 时在单位时间内所生成的气体量 m_1（燃烧的质量速度），以及管内压力为 p、外压为 p_0 时，单位时间内从 1 cm^2 截面积所流出的气体减量 m_2。

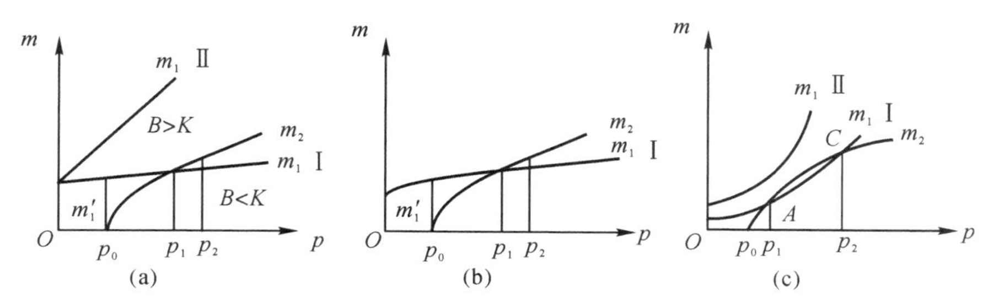

图 5－5　气体增量和减量的关系

(a)$v=1$;(b)$v<1$;(c)$v>1$

根据气体动力学原理，当 $p=p_0$ 时，即燃烧阵面上的压力等于外压时，气体的流量等于零。气体的流量随压力的变化开始按曲线增大，当内压为外压的 2 倍时，气体流量 m_2 将与压力成正比增大，即

$$m_2=Kp \tag{5-7}$$

式中：K 为与气体的温度、密度和热容有关的常数。

气体增量为 $m_1=Su_n$，若取燃烧表面积 S 为 1，则 $m_1=u_n$。当 $v=1$ 时，可根据式(5－3)作出图 5－5(a) 中的气体增量曲线 m_1。m_1 有Ⅰ和Ⅱ两条直线，分别对应 $B<K$ 及 $B>K$ 的情况。

直线Ⅰ中 $B<K$ 时，若炸药在压力 p_0 下燃烧，则在此压力下气体减量为零。如增加压力，则因气体增量大于减量，燃烧阵面上的压力将继续增大，直到压力达到 p_1，此时气体减量等于气体增量。即使由于某种情况使燃烧阵面上的压力大于 p_1，燃烧阵面上的压力又会因气体的减量大于气体的增量(p_2 的情况即如此)又下降到 p_1，所以在 $B<K$ 的情况下，燃烧是稳定的，不可能转化为爆轰。用类似的方法也不难证明，当 $B>K$ 时，管内压力将不断增大，在一定的条件下就可能引起爆轰。

图 5－5(b)(c)分别表示 $v<1$ 及 $v>1$ 的情况。前一种情况下，当压力为 p_1 时，燃烧也是稳定的。后一种情况下，气体的增量曲线 Ⅱ 因完全位于气体减量曲线之上，所以总是不稳定的。对于曲线 Ⅰ，则在一定压力范围内(即 $p=p_2$ 之前)，燃烧是可以稳定的。

必须指出，气体减量和增量相等并不意味着燃烧的稳定，这点从图 5－5(c)上的 C 点可以看出。

从上述讨论中，可以得出燃烧稳定性和 K 与 $B=\dfrac{\mathrm{d}u_n}{\mathrm{d}p}$ 之间的关系。K 是气体流量直线倾角的正切，是气体流量与压力之间的比例常数，B 为燃烧气体生成速度对压力的导数。由于压力、温度、装药密度等参数对 B 和 K 有影响，所以它们对燃烧稳定性也有影响。

具体炸药的 K 值可由一般喷管公式求得，即

$$K=\sigma\sqrt{\frac{k}{k+1}\left(\frac{2}{k+1}\right)^{\frac{2}{k}-1}}\sqrt{\frac{2T_0M}{p_0V_0T_1}}=\sigma\sqrt{\frac{k}{k+1}\left(\frac{2}{k+1}\right)^{\frac{2}{k}-1}}\sqrt{\frac{2\times 273M}{1.013\times 10^6\times 22\,410T}} \tag{5-8}$$

式中：σ—— 气体流出的横断面积；

k——C_p/C_V；

M——气体的相对分子质量；

p_0——大气压力；

V_0——气体的比容；

T_0——273 K；

T_1——气体温度。

对于双原子气体：

$$\sqrt{\frac{k}{k+1}\left(\frac{2}{k+1}\right)^{\frac{2}{k}-1}}=0.485$$

则

$$K=\sigma\times0.485\times0.000\ 155\sqrt{\frac{M}{T_1}}$$

取 $\sigma=1$，则

$$K=0.000\ 075\ 18\sqrt{\frac{M}{T_1}}$$

从上式中可以看出 K 并非常量，它是气体生成物温度及其相对分子质量的函数。但对某种炸药来说，可近似地将其作为常数来处理。

评定燃烧的稳定性，除根据爆温及燃烧生成物的平均相对分子质量算出 K 值外，还应把 K 值与 $\frac{du_n}{dp}$ 比较。一定的燃烧条件下，$\frac{du_n}{dp}$ 为一常量，通常用 B 来表示。

几种燃速服从 $u_n=A+Bp$ 的常用炸药的系数 B 的值见表 5-3。

表 5-3　燃速服从 $u_n=A+Bp$ 时几种炸药的系数 B

炸药	$B/[g\cdot(s\cdot kg)^{-1}]$	炸药	$B/[g\cdot(s\cdot kg)^{-1}]$
火胶棉	0.016 2	特屈儿	0.051 3
太安	0.018 0	液体的甲基硝酸酯	0.133
胶化的硝化乙二醇	0.029 0	胶化的硝化甘油	0.146 0
液体硝化乙二醇	0.039 0	雷汞	4.18
一号硝化棉	0.040 5	三硝基三迭氮苯	0.85
黑索今	0.050 5		

表中所列出的猛炸药的 B 值都比可能稳定燃烧的 K 值[7～8 $g\cdot(s\cdot kg)^{-1}$]小得多，而起爆药的 B 值则远大于 K 值或接近于其 K 值，所以理论上讲，猛炸药燃烧是稳定的，而起爆药的燃烧则很容易转变为爆轰。

三、凝聚炸药稳定燃烧的顺序

表 5-4 给出了相同条件下测得的影响炸药稳定燃烧的临界破坏压力。数据表明，猛炸药燃烧稳定性最高，起爆药最低，易熔炸药（熔点较低）比难熔炸药的稳定性高。这是因为，在燃烧时，易熔猛炸药在反应区传来的热量作用下能熔化，形成薄层熔体，同时由于凝聚相的反应速度较小，所以在药柱表面能形成密实的熔化层。稳定燃烧时，熔化层能阻碍或隔断气体深

入。因此，只要该层密实，燃烧始终就是稳定的。对难熔炸药来说，燃烧时不会生成熔化层，凝聚相中的反应速度又大，气体产物容易渗入药柱。固相反应也促进了表面层中物质的迸裂，使燃烧的比表面加大，这些都促使燃烧趋向不稳定。

表 5-4　炸药稳定燃烧的临界破坏压力

炸　药	$p_{临}$/MPa	炸　药	$p_{临}$/MPa
梯恩梯	200	硝化棉	20
苦味酸	80	过氯酸铵混合物	10～17.5
太安	55	雷汞	10
黑索今	25	氮化铅＋石蜡	任何压力下都爆轰

第六章　炸药的爆炸作用

炸药爆炸时形成的高温、高压产物，能对周围介质产生强烈的冲击和压缩作用，使与其接触或接近的物体产生变形、破坏和运动，这些作用是爆轰产物的直接作用。当目标离爆炸点较远时，爆轰产物本身的直接破坏作用并不明显。但是，当炸药在空气和水等介质中爆炸时，爆轰产物急剧膨胀会压缩周围介质并形成冲击波，在这些介质中传播的冲击波能对较远距离的目标产生破坏作用。

把炸药爆炸时对周围物体的各种机械作用统称为炸药的爆炸作用。研究炸药的爆炸作用，对正确评价炸药的爆炸性能和合理使用炸药、充分发挥炸药效能具有重要意义。

第一节　炸药的威力

威力，又称做功能力，是指炸药爆炸产物对周围介质所做的总功。炸药的威力可由理论计算或实验测定得到。

一、理论计算

假设炸药爆炸生成的高温高压气体对外做功的过程中没有能量损失，理论上可将炸药爆炸对外做功的过程分为定容绝热和绝热膨胀两个阶段，如图 6-1 所示。

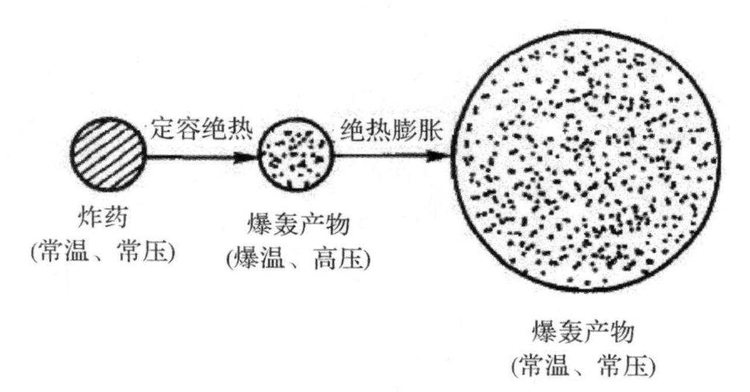

图 6-1　炸药爆炸做功示意图

第一阶段，炸药爆炸过程是定容绝热的，故可认为炸药的化学能全部转变成了爆轰产物的热能，使其处于高温、高压状态；第二阶段，爆轰产物绝热膨胀到常温、常压状态，故可认为爆轰产物的热能全部转换为对外所做的功。根据热力学第一定律可得

$$W = EQ_V \tag{6-1}$$

式中：W——炸药爆炸对外所做的功，又称为炸药的位能(是指爆轰产物绝热膨胀冷却到炸药的初温时所做的功，是炸药做功能力的理论数值)，kg・m/kg；

E——热功当量，$E=102$ kg・m/kJ；

Q_V——炸药的爆热，kJ/kg。

实际上，并非炸药反应所放出的热量(爆热)都能转换为对外所做的机械功，这是由于上述两种能量之间的转换必须依靠爆轰气体完成，故炸药的爆容决定了热能转换为机械功的效率。将爆轰产物看作理想气体，根据理想气体等熵方程及状态方程，经推导可得到爆轰产物绝热膨胀终止时所做的功：

$$A \approx Q_V\left(1-\frac{T_2}{T_1}\right)=Q_V\left[1-\left(\frac{p_2}{p_1}\right)^{\frac{k-1}{k}}\right]=Q_V\left[1-\left(\frac{V_1}{V_2}\right)^{k-1}\right]=\eta Q_V \tag{6-2}$$

式中：Q_V——炸药的爆热；

T_1、p_1、V_1——爆轰产物未膨胀时的温度(即爆温)、压力、比体积；

T_2、p_2、V_2——爆轰产物膨胀终态时的温度、压力、比体积(一般可近似用爆容 V_0 表示)；

k——爆轰产物的绝热等熵指数；

η——做功效率。

式(6-2)表示的是炸药的实际做功能力，数值上小于炸药位能。这说明，炸药实际做功能力的数值不仅与炸药的爆热有关，而且与炸药的爆容、爆轰产物的绝热等熵指数有关。仅当爆轰产物无限绝热膨胀($V_2\to\infty$)时，实际做功能力才等于位能。因此，在考虑提高炸药的实际做功能力时，需要从爆热和爆容两个方面综合考虑。

二、实验测定

测定炸药威力的方法有铅铸膨胀法、威力摆法、标准圆筒法、50 mm 圆筒法、平面飞片速度法等，不同方法适用的炸药不同。本节主要介绍常用的铅铸膨胀法和威力摆法。

1.铅铸膨胀法

铅铸膨胀法，又称特劳茨实验法，是测定威力最简单、最常用的方法之一，也是测定炸药威力的国际标准方法。该方法所用铅铸如图6-2所示，铅铸用精炼的铅铸成，外形为圆柱体(直径 200 mm、高 200 mm)，铅铸中央有圆柱孔(直径 25 mm、高 125 mm)。

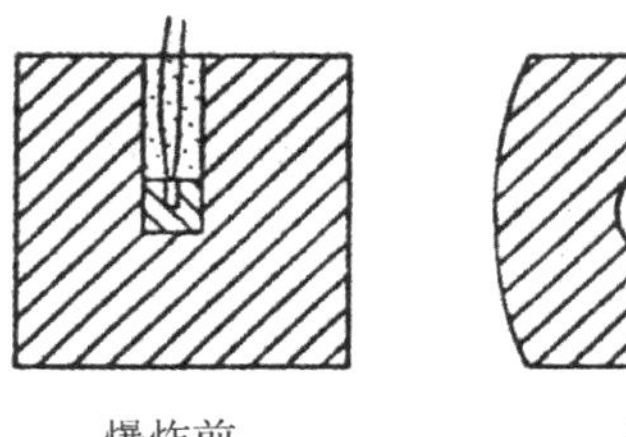

图6-2　铅铸实验示意图

实验时，将 10±0.01 g 炸药放在用锡箔卷成的圆柱筒(直径 24 mm)里，装上雷管后放入铅铸的圆柱孔内，孔中余下的空隙用经筛选过的石英砂自由填入，以减少爆轰产物向外飞散。

引爆位于铅铸孔内的炸药，炸药爆炸后，因爆炸产物的膨胀，铅铸的圆孔变为梨形孔，用水测出爆炸前、后铅铸孔的体积差（铅铸膨胀值，又称铅铸扩孔值）来表示炸药的威力，则有

$$\Delta V = V_2 - V_1 \tag{6-3}$$

式中：ΔV——铅铸膨胀值，cm^3；

V_1——爆炸前铅铸孔的容积，cm^3；

V_2——爆炸后铅铸孔的容积，cm^3。

需要指出，由于铅孔膨胀受温度影响，且雷管爆炸对扩孔大小有影响，故需要对测量结果进行修正。实验一般在15℃下开展，如温度有变化则需按表6-1对膨胀值进行修正。

表6-1　铅铸膨胀值受温度影响的修正值

温度/℃	−20	−10	0	5	8	10	15	20	25	30
修正量/(%)	14	10	5	3.5	2.5	2	0	−2	−4	−6

由于雷管参与了铅铸内孔的扩张过程，故需要从总膨胀值中减去因雷管爆炸产生的膨胀值，以得到炸药的实际威力。雷管爆炸产生的膨胀值通过空白试验测得，即引爆不带炸药试样的雷管，测定其扩孔值。例如，装有雷汞和特屈儿的8号工程雷管，其修正量为35 cm^3，装有雷汞和梯恩梯的8号工程雷管，其修正量为32 cm^3。

2.*威力摆法*

威力摆，又称做功能力摆，或弹道臼炮，其结构如图6-3所示。其中，摆体质量300 kg，悬挂在支架上，摆体药室内装有带雷管的10 g被试炸药，炮弹质量为10 kg。利用威力摆，可直接由爆炸时测出的炸药做功值大小来评定炸药的相对威力。

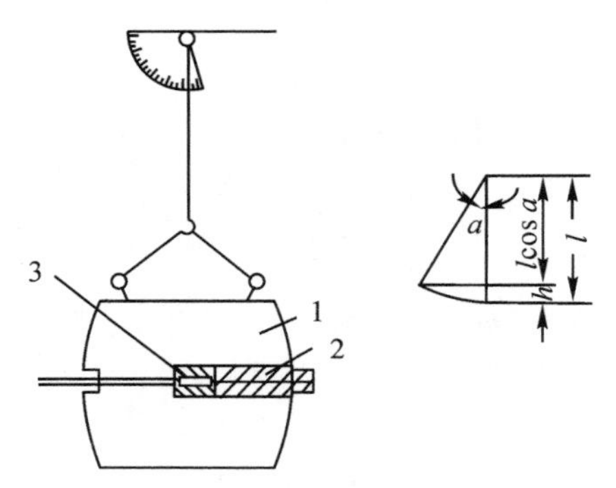

图6-3　威力摆原理示意图

1—摆体；2—炮弹；3—炸药

炸药在摆体药室内爆炸后，爆轰产物膨胀做功。所做的功分为两部分：一部分是使摆体摆动α角、重心升高h所做的功A_1；另一部分是发射炮弹所做的功A_2。这两部分功的和就是炸药的威力，即

$$A = A_1 + A_2 \tag{6-4}$$

式中：A——炸药所做的功；

A_1——摆体摆动α角所做的功；

A_2——发射炮弹所做的功。

根据能量守恒和动量守恒定律，经推导可得

$$A = Mgl(1-\cos\alpha) + \frac{M^2}{m}gl(1-\cos\alpha) = Mgl(1+\frac{M}{m})(1-\cos\alpha) \tag{6-5}$$

式中：M——摆体的质量，kg；

m——炮弹的质量，kg；

g——重力加速度，取 $9.8\mathrm{m/s^2}$；

l——摆体长度，m。

对某一威力摆，M、m、l、g 皆固定不变，故令 $Mgl(1+\frac{M}{m})=C$，称 C 为仪器常数。则

$$A = C(1-\cos\alpha) \tag{6-6}$$

常数 C 一定时，只要测出炸药爆炸后摆体的摆角 α，便可计算出炸药以做功能力所表示的威力。

工程应用中，通常以梯恩梯的威力为标准，来表示其他炸药的威力，即梯恩梯当量：

$$梯恩梯当量 = \frac{A_{某炸药}}{A_{梯恩梯}} = \frac{1-\cos\alpha}{1-\cos\alpha_0} \times 100\% \tag{6-7}$$

式中：α——测量被测炸药时威力摆的摆角，(°)；

α_0——测量同质量梯恩梯时威力摆的摆角，(°)。

当然，也可用铅铸膨胀值来计算梯恩梯当量。表 6-2 给出了某些炸药的铅铸扩张值与威力摆测定的梯恩梯当量值。

表 6-2　某些炸药的威力

炸药名称	铅铸扩张值 cm^3	威力 TNT 当量(威力摆值) (%)	炸药名称	铅铸扩张值 cm^3	威力 TNT 当量(威力摆值) (%)
黑索今	480～495	140	硝化甘油	515～550	140
太　安	490～505	140	奥克托今	486	—
特屈儿	340	136	黑火药	30	—
梯恩梯	285～305	100			

第二节　炸药的猛度

猛度是指炸药爆轰时，对与其接触的介质产生直接破坏的能力。与威力表示炸药的总体破坏作用不同，猛度用于表示炸药的局部破坏作用。

局部破坏作用，又称炸药爆炸的直接作用或猛炸作用，是指炸药爆轰结束瞬间，爆轰产物对周围介质或接触物体的猛烈击碎或粉碎作用。实际应用中，利用炸药局部破坏作用的场合有很多，如弹体在炸药的爆炸作用下形成破片、破甲弹聚能装药的破甲作用、利用爆炸高速抛掷物体、利用炸药与目标直接接触爆炸以切割钢板或破坏桥梁等。

爆轰产物的直接作用，只表现在离炸点极近范围以内。只有在极近范围内，爆轰产物才能保持足够高的压力和足够大的能量密度，并足以使与其极近的物体受到破坏。由流体动力学爆轰理论，在爆轰产物膨胀的开始阶段，爆轰产物的压力按照下式变化：

$$p\rho^{-\gamma} = 常数 \quad (\gamma \approx 3) \tag{6-8}$$

式中：p——爆轰产物的压力，Pa；

ρ——爆轰产物的密度，g/cm^3。

对于一般猛炸药，当爆轰产物膨胀达到原装药半径的1.5倍时，压力已经降到200 MPa左右。这时，爆轰产物对于金属等高强度物体的作用已经很微小了。因此，爆轰产物的直接作用只是在炸药与目标直接接触或极近距离时才表现出来。

一、理论计算

炸药爆炸直接作用主要与爆轰产物作用在目标上的压力及其作用时间（冲量）有关。不同的情况下，压力和冲量所起作用不同，猛度的表示方法也不同。当爆轰产物对目标的作用时间远大于目标的固有振动周期时，对目标的破坏能力只取决于爆轰产物的压力；当爆轰产物对目标的作用时间小于目标的振动周期时，对目标的破坏能力不仅取决于爆轰产物的压力，而且还取决于压力对目标的作用时间。因此，需要区分不同情况，分别用爆轰产物的压力或冲量来表示炸药的猛度。

（一）用爆轰产物的压力（p_2）表示

炸药爆轰能击碎周围坚固介质，是高温高压的爆轰产物直接对其强烈冲击的结果。爆轰产物的压力（p_2）越大，对周围介质的击碎能力越大。因此，对于凝聚炸药，可用下式表示炸药的猛度，即

$$p_2 = \frac{1}{4}\rho_0 v_D{}^2 \tag{6-9}$$

式中：p_2——爆轰产物的压力，Pa；

ρ_0——炸药密度，kg/m^3；

v_D——炸药的爆速，m/s。

式(6-9)表明，炸药的爆速和密度越大，猛度越大。

对于单质炸药，装药密度为1.0～1.7 g/cm^3时，炸药的爆速可近似表示为

$$v_D = A\rho_0 \tag{6-10}$$

式中：A 代表密度为1 g/cm^3时炸药的爆速，单位为m/s。

将式(6-10)代入式(6-9)，可得

$$p_2 = \frac{1}{4}A^2\rho_0{}^3 \tag{6-11}$$

式(6-11)说明，炸药的猛度近似地与密度的三次方成正比。因此，做猛度实验时，要严格控制炸药的装药密度。

（二）用作用在目标上的比冲量（i）表示

作用在目标上的力与对目标作用时间的乘积，称为作用在目标上的冲量，即

$$I = \int Sp\,d\tau \tag{6-12}$$

式中：I——作用在目标上的冲量，N·s；

p——作用在目标上的压力，Pa·s；

S——目标的受力面积，m^2；

τ——对目标的作用时间，s。

作用在单位面积上的冲量叫比冲量(i)。若目标的受力面积不随时间而改变，则有

$$i=\frac{I}{S}=\int p\,\mathrm{d}\tau \tag{6-13}$$

要求出比冲量，首先要知道作用在目标上的压力。假设爆轰波是一维平面波，即没有侧向飞散，炸药紧贴在目标上，目标是绝对刚体，如图 6-4(a)所示。根据一维等熵气体动力学方程，可推导出爆轰产物作用于目标上的压力随时间的变化关系，则有

$$p=\frac{64}{27}p_2\left(\frac{h}{v_{\mathrm{D}}\tau}\right)^3 \tag{6-14}$$

式中：h 为装药长度，单位为 m。

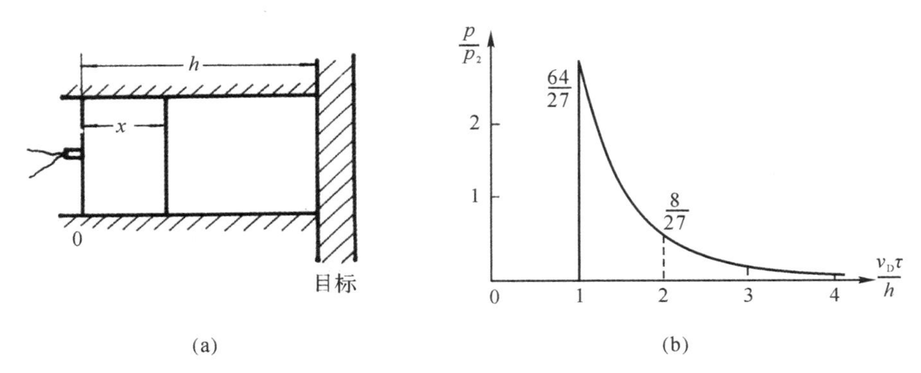

图 6-4　爆轰产物作用在目标上的压力

爆轰刚刚结束时，即 $\tau=h/v_{\mathrm{D}}$瞬间，作用在目标上的压力为

$$p=\frac{64}{27}p_2 \tag{6-15}$$

即爆轰结束瞬间产物作用在目标上的压力为爆轰压力的 64/27 倍。这是因为作用在目标上的压力，除了产物自身的静压之外，还有以 u_2速度运动的爆轰产物突然被目标阻挡，即由于冲击波反射的结果给目标很大的动压。

当 $\tau=4h/v_{\mathrm{D}}$时，$p=p_2/27$，即在 4 倍炸药爆轰所需的时间后，作用在目标上的压力已经下降到只有爆轰结束瞬间产物压力的 1/27，所以爆轰产物的压力衰减非常快。图 6-4(b)给出了爆轰压力衰减曲线。

将式(6-14)代入式(6-12)，可得

$$I=\int_{h/v_{\mathrm{D}}}^{\infty}Sp\,\mathrm{d}\tau=\int_{h/v_{\mathrm{D}}}^{\infty}S\,\frac{64}{27}p_2\left(\frac{h}{v_{\mathrm{D}}\tau}\right)^3\mathrm{d}\tau=\frac{64}{27}\left(\frac{h}{v_{\mathrm{D}}\tau}\right)^3Sp_2\int_{h/v_{\mathrm{D}}}^{\infty}\frac{1}{\tau^3}\mathrm{d}\tau=\frac{32}{27}S\,\frac{h}{v_{\mathrm{D}}}p_2 \tag{6-16}$$

再将(6-9)代入(6-16)，可得

$$I=\frac{32}{27}S\cdot\frac{h}{v_{\mathrm{D}}}\cdot\frac{1}{4}\rho_0 v_{\mathrm{D}}{}^2=\frac{8}{27}Sh\rho_0 v_{\mathrm{D}}=\frac{8}{27}mv_{\mathrm{D}} \tag{6-17}$$

式中：m 为装药的全部质量，$m=Sh\rho_0$。

作用在目标上的比冲量为

$$i=\frac{8}{27}\cdot\frac{mv_{\mathrm{D}}}{S}=\frac{8}{27}h\rho_0 v_{\mathrm{D}} \tag{6-18}$$

式(6－18)表明，当没有侧向飞散时，爆轰产物直接作用在目标上的比冲量与装药质量和爆速成正比。

需要明确，上述推导过程没有考虑侧向飞散，故公式中的 m 是全部装药质量。但实际爆轰过程中，由于产物的各向飞散，并非全部产物都作用在目标上，故 m 不是全部装药的质量，而是直接对目标产生作用的那部分装药量。

(三)有效装药量的确定

有效装药量(m_a)表示在给定方向上飞散的爆轰产物所对应的那部分装药量。

1.瞬时爆轰时的有效装药量

瞬时爆轰是为了便于处理爆轰问题而假设的一种特殊情况。它假设：爆轰在整个装药中同时进行，在同一瞬间炸药装药全部变成爆轰产物，爆轰产物占有原装药的体积，并且整个体积内爆轰产物的状态参数是相同的。这种情况实际上不存在，但因为爆轰过程很短促，有些情况与此相近。例如，在密闭容器中或在弹体内炸药爆轰时，由于容器变形的速度总比爆轰传播的速度要小很多，因此，可以认为爆轰是瞬时完成的。上述假设可大大简化爆轰过程，在计算有效装药量时，可不必考虑起爆位置和传播方向，因此，瞬时爆轰具有一定的实际意义。

装药瞬时爆轰后，爆轰产物同时以同样的速度向各方向飞散，产物中膨胀波同时以同样的速度从装药表面向轴心传播。

例如，圆柱形装药瞬时爆轰后，爆轰产物的飞散情况如图 6－5 所示。

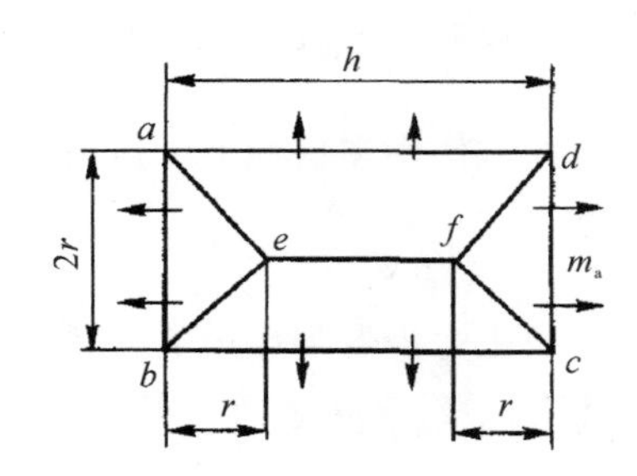

图 6－5　圆柱形装药瞬时爆轰后产物飞散图

图 6－5 中，h 表示装药高度，r 表示装药半径，ae、be、cf、df 是向各方向的膨胀波传到轴心时的波阵面。沿轴正方向飞散的有效装药是 cfd 圆锥体，圆锥体高为 r，底面积为 πr^2，则飞向 x 轴方向的有效装药量为

$$m_a=\frac{1}{3}\pi r^3\rho_0 \tag{6-19}$$

式中：m_a——有效装药量，g；

r——装药半径，cm；

ρ_0——装药密度，$\mathrm{g/cm^3}$。

显然，只有当 $h\geqslant 2r$ 时，才能获得上述有效装药量，当 $h=2r$ 时，e 和 f 交于一点，侧向飞散量最小。

2.产物两端飞散时的有效装药量

若装药侧面有坚固的外壳时，产物只向两端飞散，没有侧向飞散(见图 6-6)。

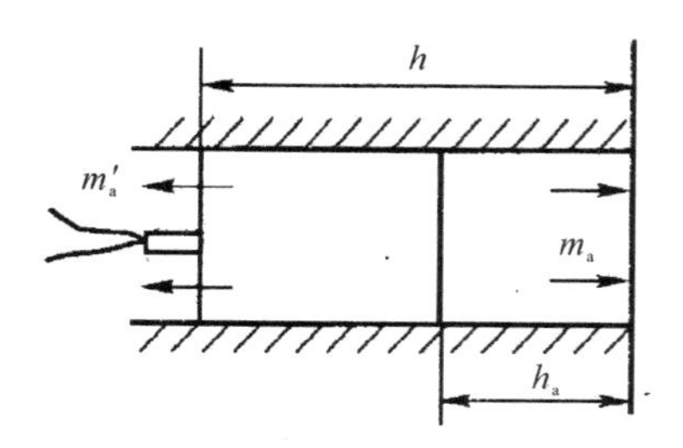

图 6-6　产物两端飞散示意图

装药从左端起爆，则理论上可以导出飞向起爆端的爆轰产物的质量为

$$m'_a=\frac{5}{9}m \tag{6-20}$$

飞向底端的爆轰产物的质量为

$$m_a=\frac{4}{9}m \tag{6-21}$$

m_a就是作用在目标上的有效装药量。

如果装药的高度为 h，则飞向底端的有效装药量的高度为

$$h_a=\frac{4}{9}h \tag{6-22}$$

3.有侧向飞散时的有效装药量

通常的实际情况是装药从一端起爆，产物各向飞散，如图 6-7 所示。

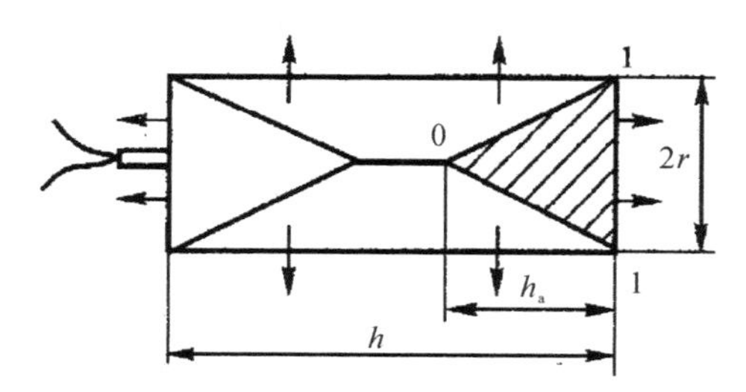

图 6-7　有侧向飞散时的有效装药量

图 6-7 中的 101 圆锥体是飞向底端的有效装药量，其高度为 h_a，装药半径为 r。确定 h_a，先假定侧向膨胀波传到装药轴心的时间与爆轰波传过 h_a的时间相等，即

$$\tau=\frac{r}{c}=\frac{h_a}{v_D} \tag{6-23}$$

侧向膨胀波的速度近似地取 $c\approx\frac{v_D}{2}$，则 $h_a=2r$，即有效装药量的高度等于装药的直径。

有效装药的体积和质量分别为 $\frac{2}{3}\pi r^3$ 和 $\frac{2}{3}\pi r^3\rho_0$。

将有效装药质量和 $S=\pi r^2$ 代入式(6－18)中，可以得到当装药足够长时，从装药的一端起爆，作用在底部目标上的比冲量：

$$i=\frac{16}{81}r\rho_0 v_D \tag{6-24}$$

4.装药的有效高度

若装药太短，则不能保证飞向底端的有效装药是一个完整的 101 圆锥体。例如，当装药高度为 $h=3r$ 时，根据两端飞散原理，飞向底端的装药高度为

$$\frac{4}{9}h=\frac{4}{3}r$$

显然，飞向底端的装药高度小于有效装药量的高度($2r$)，如图 6－8 所示。当装药高度不够时，有效装药量小于最大有效装药量。

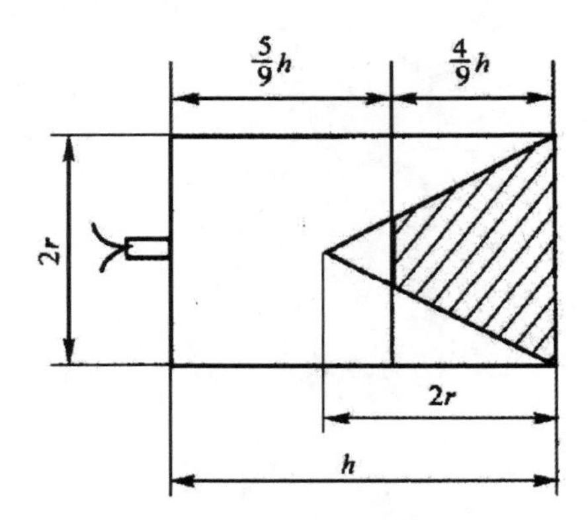

图 6－8　装药高度不够时的有效装药量

获得最大有效装药量的装药最小高度，称为装药的有效高度。装药的有效高度应该满足：

$$\frac{4}{9}h=2r \tag{6-25}$$

可以得到装药的有效高度是装药直径的 2.25 倍。

当装药高度超过装药的有效高度时，对于底端的直接破坏作用的有效装药不再增加，有效装药的体积为一个高等于底径的圆锥体。而当装药高度小于装药的有效高度时，有效装药为一个截锥体。

二、实验测定

测量炸药猛度的方法有铅柱压缩法、铜柱压缩法、猛度摆法和平板炸坑实验法等，下面主要介绍常用的铅柱压缩法和猛度摆法。

1.铅柱压缩法

铅柱压缩法由盖斯(Hess)于 1876 年提出，故又称盖斯法，其实验装置如图 6－9 所示。其中，铅柱高 60 mm，直径为 40 mm，钢垫板厚 10 mm，直径 41 mm，用于将炸药爆炸的能量均匀地传给铅柱，使铅柱发生变形而不易被击碎，装药密度一般为 1.0 g/cm³，质量为 50 g。对于黑索今和太安等猛度较大的炸药，装药质量一般为 25 g。

炸药爆炸后，铅柱被压缩成蘑菇状，高度减小，用测出铅柱压缩前后的高度差(Δh)来表示炸药猛度大小。显然，炸药的猛度越大，Δh 也越大。

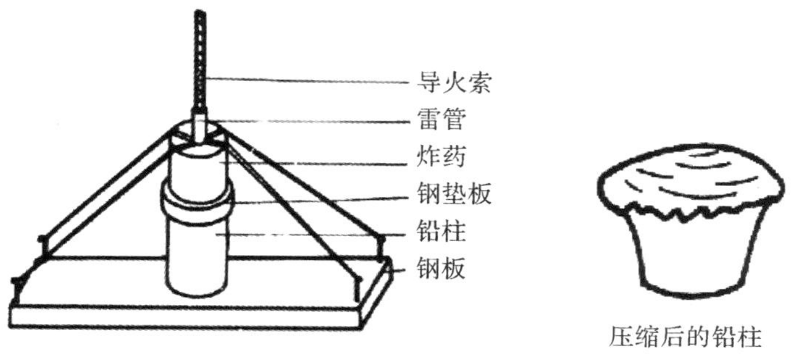

图 6-9　铅柱压缩法实验装置

常用炸药的铅柱压缩量见表 6-3。

表 6-3　常用炸药的猛度(铅柱压缩量)

炸 药	密度/(g・cm^{-3})	试样量/g	猛度 Δh/mm	炸 药	密度/(g・cm^{-3})	试样量/g	猛度 Δh/mm
梯恩梯	1.0	50	16±0.5	黑索今	1.0	25	24
特屈儿	1.0	50	19	太　安	1.0	25	24

铅柱压缩法设备简单，操作方便，但只能获得在同样条件下的相对比较数据，实验的平行性较差，误差较大，且不便于测量猛度更大的炸药。

2.猛度摆法

猛度摆法用于测定炸药爆炸作用的比冲量，所测结果与猛度的理论表示法一致。猛度摆的结构和实验原理如图 6-10 所示。

猛度摆是悬挂在旋转轴上的长圆型摆体，质量约数十千克。测定炸药猛度时，将一定质量的炸药试样，在一定压力下压制成药柱，将药柱的底部贴在击砧断面处，在药柱中插入雷管，并使药柱和摆体同轴。雷管起爆炸药后，由于爆轰产物的作用，使摆体以速度 v 开始摆动，当摆动到最高位置时，摆体的重心升高 h，此时摆体摆动的角度为 α。

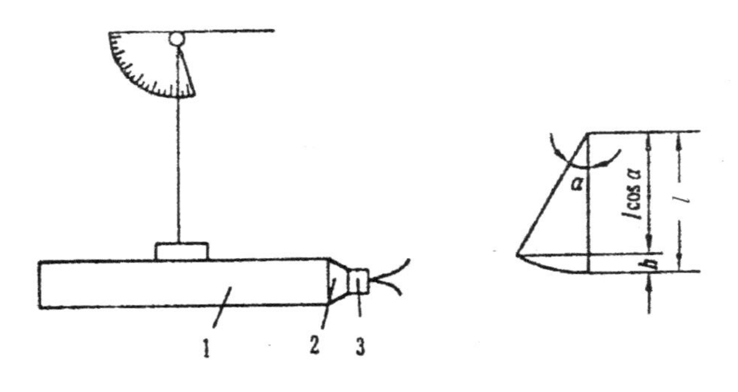

图 6-10　猛度摆示意图

1—摆体；2—击砧；3—炸药

根据能量守恒定律及动量定理，经推导可得作用于摆体的比冲量为

$$i=\frac{I}{S}=\frac{mgT}{S\pi}\sin\frac{\alpha}{2} \qquad (6-26)$$

式中：i——比冲量，Pa·s；

I——总冲量，N·s；

S——接受冲量的表面积，m^2；

m——摆的质量，kg；

T——摆的周期，s；

α——摆体摆动的最大角度，(°)。

由于 T、m、g 一定，故令 $C=\frac{Tmg}{\pi}$ 为摆的常数，则猛度可用下式计算：

$$i=\frac{C}{S}\sin\frac{\alpha}{2} \qquad (6-27)$$

需要注意，因炸药的比冲量不仅与炸药的装药密度有关，还与装药的几何形状有关，所以在比较炸药冲量时，所用炸药柱的密度和几何形状应保持一致。

表 6-4 给出了实验测出的梯恩梯与钝化黑索今的比冲量。

表 6-4　梯恩梯与钝化黑索今的比冲量

装药密度/(g·cm^{-3})	梯恩梯		钝化黑索今	
	比冲量 i/(Pa·s)	爆速 v_D/(m·s^{-1})	比冲量 i/(Pa·s)	爆速 v_D/(m·s^{-1})
1.30	0.285	6 025	0.336	6 870
1.35	0.295	6 200	0.343	7 060
1.40	0.303	6 320	0.355	7 350

三、猛度与威力的关系

由公式推导可知，威力主要取决于炸药的爆热和爆容，而猛度主要取决于炸药的爆速和密度。

对于单质炸药来说，一般情况下，威力大的猛度也大。但是，对混合炸药来说，威力大的猛度并不一定大。

表 6-5 给出了铵梯 80 与梯恩梯的性能参数。由于铵梯 80 为零氧平衡炸药，而梯恩梯为严重负氧平衡炸药，故前者爆热和威力皆大于后者。但由于铵梯 80 炸药在爆炸过程中存在二次反应，影响了爆速，故其爆速和猛度小于梯恩梯。

表 6-5　铵梯 80 与梯恩梯性能参数

炸　药	爆热 Q_V /(kJ·kg^{-1})	爆容 V_0 /(L·kg^{-1})	爆速 v_D /(m·s^{-1})	威力 A/cm^3	猛度/mm
铵梯 80	4 342	892	5 300	350～400	14(ρ_0=1.2 g·cm^{-3})
梯恩梯	4 184	740	7 000	285～305	18(ρ_0=1.2 g·cm^{-3})

钝化黑索今与钝黑铝性能参数见表 6-6。与钝化黑索今相比，钝黑铝炸药有 20%的铝粉，铝粉和炸药爆炸产物间发生二次反应时放热量很大，故钝黑铝炸药的爆热和威力较大。同

样由于二次反应的原因，钝黑铝炸药的爆速和猛度较小。

表 6－6　钝化黑索今与钝黑铝性能参数

炸　药	爆热 Q_V /(kJ·kg^{-1})	爆容 V_0 /(L·kg^{-1})	爆速 v_D /(m·s^{-1})	威力 A/cm^3	猛度/mm
钝化黑索今	5 430	945.7	8 089/1.67	430	17.65(ρ_0=1.0 g·cm^{-3})
钝黑铝	6 443	530	7 300/1.70	550	13.30(ρ_0=1.0 g·cm^{-3})

威力和猛度的关系说明，必须根据使用炸药的目的合理选择炸药。例如，用于炸毁桥梁、铁路、舰艇甲板等坚硬目标时，应该选用猛度大的炸药。对于杀伤榴弹，则要根据弹壳金属材料性能选用猛度适当的炸药。

第三节　炸药的聚能效应

聚能效应，又称门罗效应，是炸药爆炸直接作用的一种特殊形式。由于聚能效应能使爆炸能量在一定方向上集中起来，大大增强爆炸的局部破坏效应，故其应用十分广泛。军事上，聚能效应主要用于破甲弹战斗部、爆炸成型战斗部(Explosive Formed Projectile，EFP)及切割索等。工业上，聚能效应用于石油开采、钢板切割及钢板穿孔等。

普通装药与空心聚能装药对钢板爆炸作用的情况如图 6－11 所示。

实验条件为黑梯 50 的铸装药柱、药量 50 g、作用目标是钢板时，按图 6－11 所示四种情况分别进行实验，可得到表 6－7 所列的破甲深度数据。

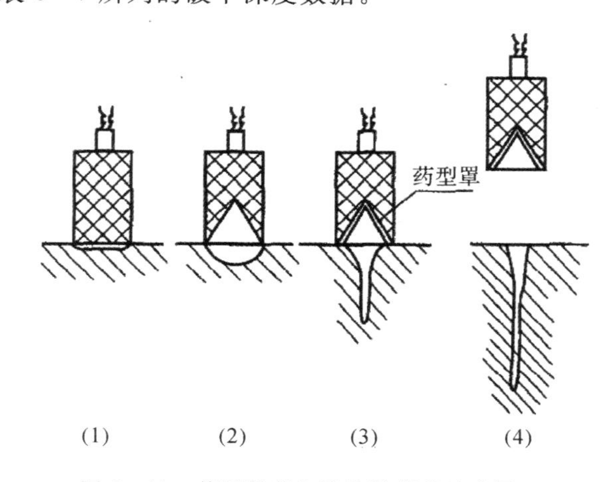

图 6－11　普通装药与聚能装药的示意图

表 6－7　四种情况的破甲深度

序　号	药柱形状	靶板材料	药柱与靶板相对位置	破甲深度/mm
1	实心药柱	钢 板	接 触	8.3
2	接触端带锥形孔	钢 板	接 触	13.7
3	锥形孔上放金属罩	钢 板	接 触	33.1
4	锥形孔上放金属罩	钢 板	距离 23.7 mm	79.2

实验结果表明，将装药底部制成空穴状，或者再加药型罩，并选取适当的炸高，可大大增加破甲效果，称这种作用为炸药的聚能效应。通常把带锥形孔（或其他形状）的药柱对靶板的破坏作用称为无药型罩聚能效应。把带锥形孔（或其他形状）和药型罩的药柱对靶板的破坏作用称为有罩聚能效应。

一、聚能效应的物理实质

1.无药型罩时聚能效应的物理实质

现以带锥形空穴的装药为例，说明无药型罩聚能装药的物理过程（见图 6－12）。

从一侧起爆聚能装药后，爆轰波由起爆点向前传播，到达锥形孔顶部时，爆轰产物沿轴线向前飞散。爆轰波继续向前传播时，靠近空穴表面上的各小股爆轰产物气流基本上沿垂直于空穴表面方向向装药轴心飞散。进一步运动时，由于各股气流相互作用，在空穴轴线方向上形成一股能量集中的集聚气流。这股气流在离空穴表面一定距离上集聚的密度最大，速度也最高（12 000～15 000 m/s），称此点为焦点。焦点到装药端面的距离叫焦距，用 F 表示。空穴的直径与焦点处气流的直径之比叫聚焦度，一般在 4～5 之间。由于被压缩的爆轰气流的径向膨胀作用，气流在大于焦距的距离上迅速扩散，因此，聚能效应只发生在离装药底部的一定距离上。大于该距离时，随着距离增大，聚能效应也迅速减低，以至完全消失。

总之，不带药型罩的聚能效应，主要是具有高能量、高密度、高速度的爆轰产物集聚流的冲击作用。与普通柱形装药相比，不带药型罩的聚能装药爆炸所产生的局部破坏作用大大增强。

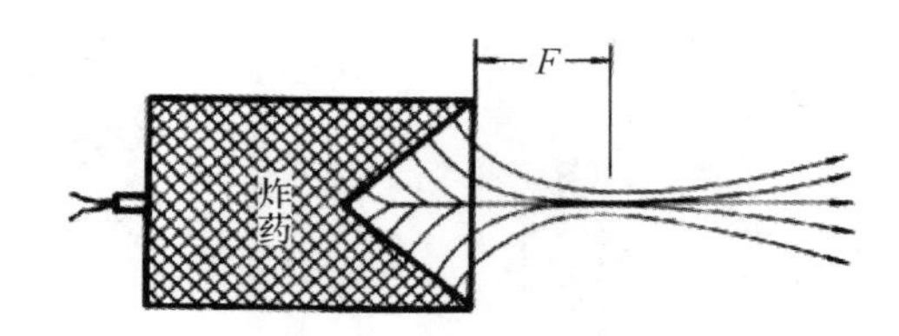

图 6－12　爆轰聚能流示意图

2.有药型罩时聚能效应的物理实质

实验研究表明，有药型罩时聚能效应的增强，是由于爆轰产物的能量传给了金属药型罩，并且在金属药型罩内发生了特殊的分配，使药型罩的部分金属变为金属集聚流。金属集聚流具有很高的能量密度，且在运动过程中不会像爆轰产物集聚流那样容易分散，因此具有更大的破甲能力。

关于金属流的形成过程和性质，可以用脉冲 X 射线照相来研究。图 6－13 所示是有圆锥形药型罩的聚能装药爆轰时的脉冲 X 射线照片。

可以看到，由起爆点传出的爆轰波（压力可达 10^{10} Pa 以上）到达药型罩表面时，强烈压缩药型罩金属，使受到压缩的罩微元迅速向轴线方向运动（速度达 1 000～3 000 m/s）。由于药型罩具有轴对称的结构，所在罩微元在轴线上发生高速碰撞和闭合后，从药型罩的内表面挤出一部分金属，高速向前运动。随着爆轰波连续向罩底传播，药型罩的内表面会连续挤出金属。

当爆轰波到达药型罩底平面时，罩面被全部压向轴线，在轴线上形成一股高速运动的金属流（射流）和一个伴随射流低速运动的杵体。需要强调，爆轰波到达药型罩底平面时，由于端部卸载，罩底部将有部分椎体发生断裂，并以一定速度飞出，此部分金属不会压向轴线形成射流和杵体。

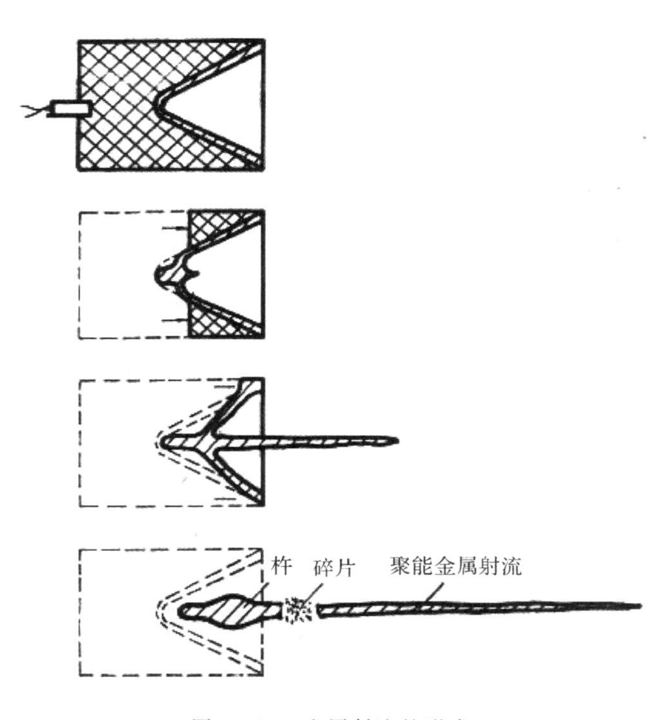

图 6-13　金属射流的形成

射流形成阶段，它和杵体是一个整体，但各截面间存在速度梯度。杵体的速度约为 500～1 000 m/s，金属流尾部速度和杵体相近，而越接近金属射流头部速度越大，金属流头部速度可达 7 000～9 000 m/s。由于速度梯度很大，所以射流在运动过程中会脱离杵体，通常仅有占药型罩质量 20%～30%的金属会形成射流。

脱离杵体后，射流头部和尾部同样存在速度梯度，所以在飞行过程中不断被拉长，但拉到一定程度后，金属流断裂成细粒，破甲效应随之大大减弱。因此，聚能装药底面与靶板之间应有一定的距离，称该距离为炸高。只有选择最有利的炸高，才能达到最好的破甲效果。

射流脱离杵体和金属流断裂的难易，取决于速度梯度的大小和药型罩金属的理化性质。速度梯度大、金属塑性差的射流容易断裂。

对于一般聚能装药，射流直径约 2～4 mm，长径比约为 100。当聚能装药与靶板间距离适当时，破甲深度可达 6～7 倍甚至 8 倍药型罩直径。

总之，有药型罩聚能装药之所以能够具有比无药型罩聚能装药更大的破甲效果，其根本原因是将部分爆轰产物的能量转换成为射流沿轴线运动的动能，避免了因聚能气流膨胀造成的能量损失。同时，由于射流密度大，横断面积小，头部速度大，使横断面上的能量得到高度集中。

二、影响因素

影响聚能效应的因素有很多，包括炸药性能、装药结构、药型罩、炸高、隔板、战斗部旋转运动等。为提高破甲效果，必须综合考虑上述因素。

（一）装药性能及结构

1.炸药性能

炸药的爆轰能量是形成射流的能源。大量实验表明，在炸药性能方面影响破甲威力的主要因素是炸药的爆轰压力，见表6－8。表中数据说明，炸药爆轰压力增加，破甲深度与破孔容积都会增加。由于爆轰压力是炸药密度和爆速的函数，因此在设计聚能装药时，应当尽可能选用高爆速的炸药，并尽可能增加装药密度。

表6－8　破甲深度随爆轰压力的变化

炸　药	装药密度/($g \cdot cm^{-3}$)	爆速/($m \cdot s^{-1}$)	爆压/GPa	破甲深度/mm
77HMX/23TNT	1.80	8 539	32.93	190
99HMX/1石蜡	1.71	8 682	30.67	165
75RDX/25TNT	1.70	8 134	28.71	158
95RDX/5石蜡	1.64	8 380	28.71	152
60RDX/40TNT	1.69	7 843	26.75	157
91RDX/9石蜡	1.60	8 228	26.75	148

2.装药尺寸

随着装药直径和长度的增大，形成的射流长度、直径及质量均增大，破甲效应也相应增强。但实验表明，装药直径增大，并不增大射流速度，破甲效应也不随装药直径增大而按比例增强。而且，在药柱长度增加到3倍装药直径以上时，破甲深度不再增加。因此，靠增大装药直径及长度提高破甲效应，实际上有一定限度。

装药高度必须保证炸药的有效装药部分不受膨胀波干扰，以保证形成射流的最大效应。对于无外壳的聚能装药，必须保证装药高度 $H > 2r + h$（r 为罩底半径，h 为罩的高度）。但对有外壳的装药，其装药高度可适当减小。

3.装药结构

当聚能装药爆轰时，爆轰波波形对药型罩的变形与金属流的形成有很大影响，以图6－14所示的装药为例进行分析。从起爆点起爆炸药后，爆轰波将以球面波的形式在装药中传播。在球面爆轰波通过整个药形罩的过程中，罩面和爆轰波的波阵面之间存在一定的角度 φ。理论分析与实验结果表明，作用在冲击点1的压力与 φ 角有密切关系。

若以 p_m 表示冲击点的压力，p_2 表示爆轰波阵面上的压力，则 p_m 与 φ 的关系可用以下公式表示。

采用紫铜质药形罩时，有

$$\left.\begin{aligned} p_m &= p_2(1.65 - 0.25 \times 10^{-2}\varphi) && 0^\circ \leqslant \varphi \leqslant 55^\circ \\ p_m &= p_2[0.69 + 2.34 \times 10^{-2}(90 - \varphi)] && 55^\circ \leqslant \varphi \leqslant 90^\circ \end{aligned}\right\} \quad (6-28)$$

式(6－28)表明，φ 值愈小，则作用于冲击点上的压力 p_m 值愈大。因此，为提高射流的能量，应使 φ 值尽量减小。但若采用如图 6－14 所示的装药结构，改变 φ 值很困难。

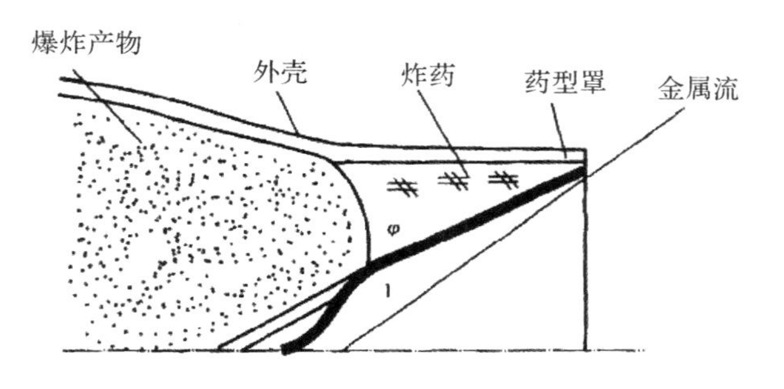

图 6－14　爆轰波冲击药型罩表面的情况

为减小爆轰波阵面与罩面的夹角 φ，通常的做法是在药型罩顶部前端放置隔板，如图 6－15 所示。当装药起爆后，爆炸冲量一方面在隔板中传播引起冲击波，另一方面引爆周围炸药，由于隔板中的冲击波和炸药中的爆轰波速度不同，造成爆轰波的波形发生变化，出现如图 6－15所示情况。其中图 6－15(a)(b)都使得 φ 角减小，提高了爆炸载荷，从而提高金属射流的速度及质量，增大了破甲效应，而图 6－15(c)仍是一球面波，不能提高破甲效果。实验证明，采用合适的隔板，可使破甲深度提高 15%～29%。

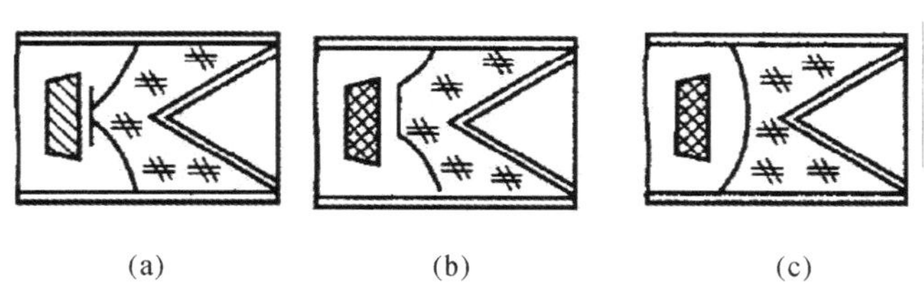

(a)　　(b)　　(c)

图 6－15　有隔板药柱的爆轰波形

(二)药型罩

1.药型罩材料

有药型罩的聚能装药主要靠高温、高速运动、连续且不断裂的金属射流的动能起到破甲效果。因此，原则上应选择密度大、塑性好、气化温度高的材料制作药型罩。不同材料药型罩的破甲深度见表 6－9。其中，紫铜、生铁的密度较大，在高温、高压条件下的塑性好，所以破甲效应强，而铝密度低、熔点小、易气化，虽然流动性性好，但破甲效应弱。

表 6－9　不同材质药型罩的破甲深度

药型罩材质	炸高/mm	破甲深度/mm	药型罩材质	炸高/mm	破甲深度/mm
紫铜	50	129	钢	60	103
生铁	95	148	铝	60	72

注：药柱直径 36 mm、长 50.7 mm，炸药成分梯恩梯/黑火药为 50/50(压制)，药型罩材料为紫铜，其厚度为 0.8 mm，锥角角度均为 40°。

2.药型罩形状

药型罩有圆锥形、半球形、喇叭形等形状。理论分析表明，破甲深度与射流的有效长度成正比，而射流刚刚形成时，其长度大致与药型罩母线长度相等，所以射流的初始长度取决于罩母线的长度。在药型罩其他条件相同时，喇叭形药型罩母线最长，锥形罩次之，半球形最短，故喇叭形药型罩射流长度最大。同时，喇叭形药型罩实际上是一个变锥角罩，顶部锥角小，底部锥角大，这有利于提高射流的速度梯度，便于射流充分拉长。另外，以金属射流头部速度看，喇叭形药型罩可达 9 000 m/s 以上，圆锥形为 7 000 m/s 以上，而半球形只有 4 000 m/s 左右。因此，喇叭形药型罩破甲效应最强，圆锥形次之，半球形最差。但喇叭形药型罩的工艺性较差，不易保证加工质量，且破甲稳定性不好。

目前锥形罩应用最为普遍，威力上可以满足要求，工艺比较简单，多用于破甲弹。半球形药型罩在炸药爆轰能量作用下易形成类似高速弹丸的 EFP 战斗部。EFP 虽然速度较小(2 000～3 000 m/s)，破甲深度小(与药型罩直径相当)，但因无速度梯度、穿孔直径大(占药型罩直径的 40%～60%)、药型罩利用率高(占药型罩的 70%以上)、后效大(穿孔大、随进金属多，造成靶板的碎片多)以及对炸高和旋转不敏感等原因，在对付混凝土以及防护较差的轻质装甲、普通车辆、钢筋水泥土等目标的弹药上应用广泛。

3.药型罩锥角

理论分析和实验结果都证明，药型罩锥角越大，射流速度越低(见表 6－10)，速度梯度越小，破甲深度越小，但因射流质量增大，射流呈短而粗的形状，故破孔直径加大；反之，锥角越小，射流速度越高，速度梯度越大，但射流质量越小，射流呈细而长的形状，故破甲深度越大，破孔直径越小，且射流的稳定性变差。当锥角小于 30°时，破甲性能很不稳定。锥角大于 70°后，金属射流形成过程发生新的变化，破甲深度迅速下降。当锥角达到 90°以上时，药型罩在变形过程中将产生翻转，形成 EFP 战斗部。

表 6－10 各种锥角紫铜罩金属流头部速度

药型罩角度/(°)	金属流头部速度/($m \cdot s^{-1}$)	药型罩角度/(°)	金属流头部速度/($m \cdot s^{-1}$)
30	7 800	60	6 100
40	7 000	70	5 700
50	6 200		

注：药柱直径 36 mm，长 50.7 mm，炸药成分梯恩梯/黑火药为 50/50(压制)，药型罩厚度为 0.8 mm。

大量静破甲实验表明，药型罩的锥角通常选取在 35°～60°间。对于中小口径装药，选取 35°～44°为宜；对于大口径装药，选取 44°～60°为宜。采用隔板时，角度宜大些；不用隔板时，角度宜小些。

4.药型罩壁厚

当爆轰产物的冲量足够大时，药型罩的壁厚 δ 越大，射流的金属质量越大，对提高破甲威力有利。但壁厚不可太大，否则将使罩的压垮速度变小，也可能形成破片，影响破甲作用。当然，壁厚亦不可太小，否则射流质量减小，也可能形不成正常射流。目前，在炮兵破甲弹中，一般取壁厚 δ 为 0.02～0.03 倍的罩口直径，中口径铜质药型罩壁厚一般在 2 mm 左右。

为改善射流性能，提高破甲效果，通常采用罩顶部壁厚小、罩口部壁厚大的变壁厚药型罩结构。采用这种结构，有利于增加射流长度，但由于同时增大了射流的速度梯度，破甲稳定性变差。对于小锥角药型罩，壁厚变化率 Δ(药型罩在单位母线长度上壁厚的差值)可小些，或采用等壁厚。对于大锥角药型罩，为保证低炸高情况下得到较长的射流和破甲威力，壁厚变化率可取大些。一般而言，药型罩锥角不大于 50°时，$\Delta \leqslant 1\%$；药型罩锥角不小于 60°时，$\Delta \approx 1.1\% \sim 1.2\%$。

（三）炸高

炸高的变化对破甲效应有明显影响。炸高的选取应保证射流在侵彻目标前充分拉伸但又不至断裂，以充分利用金属射流的能量。对于一般常用药型罩，有利炸高是罩口直径的 2～3 倍。有利炸高与药型罩锥角、药型罩材料、炸药性能、有无隔板均有关系，这里不再赘述。

（四）旋转

当聚能战斗部在爆炸过程中做旋转运动时，对破甲威力影响很大。实验证明：当转速 $n<$ 3 000 rad/min 时，破甲威力损失不明显；当 $n>$3 000 rad/min 时，随着转速的增大，破甲威力的损失也愈来愈大；当 $n=$20 000 rad/min 时，破甲深度将下降 60%以上。这主要由两方面原因引起：一方面，旋转运动破坏金属流的正常形成；另一方面，在离心力作用下，射流横截面增大，中心变空，单位面积的能量密度降低，并且这种现象随转速的增加而加剧。

旋转运动对破甲性能的影响随装药直径增加而增加。装药直径增大时，旋转引起的离心力增大，射流能量密度变小，且有利炸高变小。另外，旋转运动对破甲性能的影响还随药型罩锥角的减小而增加。

第四节　炸药在空气中的爆炸作用

一、基本现象

炸药在空气中爆炸时，高温、高压、高密度的爆轰产物迅速向四周膨胀。一方面，在产物膨胀方向形成空气冲击波，使空气的温度、压力和密度迅速增加，并随着空气冲击波在空气中的传播，不断扩大压缩层厚度。另一方面，在产物膨胀的反方向上产生向爆炸中心传播的膨胀波，导致产物区的温度、压力和密度迅速下降。

图 6-16 所示为爆轰产物膨胀开始阶段的压力随距离（以爆炸中心为原点）的变化情况。其中，p_0 为未经扰动的空气压力，p_1 为空气冲击波阵面上的压力，p_x 为爆轰产物和空气分界面处的压力，p_2 为爆轰波压力。

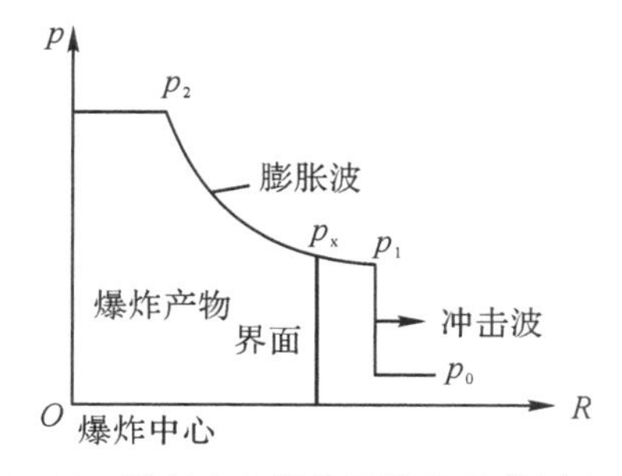

图 6-16　爆轰产物膨胀开始阶段的压力分布

冲击波传播过程中，在离爆炸中心一定距离上某点处的压力是随时间变化的，图 6－17 所示为实测的压力变化曲线。由图可见，在冲击波未到达之前，该点的压力为大气初始压力 p_0（一般约为 10^5 Pa）。冲击波的波阵面到达时，该点的压力突然升高到最大压力 p_m，之后压力将随时间下降。当冲击波阵面通过一段时间以后，出现低于大气压力的负压区。负压区是跟随在冲击波后面的爆轰产物脉动造成的。

冲击波传播过程中，图 6－17 中的 p_x、p_1 都会下降，但只要满足 $p_1 > p_0$，爆轰产物就会持续膨胀，直到 $p_x = p_1 = p_0$，称此时爆轰产物的体积为爆轰产物的极限体积。对一般炸药，爆轰产物膨胀到 p_0 的极限体积为原炸药体积的 800～1 600 倍。爆轰产物的极限体积与其作用的极限距离密切相关，依据极限体积并经计算可以得到，球形装药爆轰产物的直接作用范围为 10～12 倍的装药半径，柱形装药的直接作用范围约为装药半径的 30 倍。由此可知，爆轰产物对目标的作用距离很小。

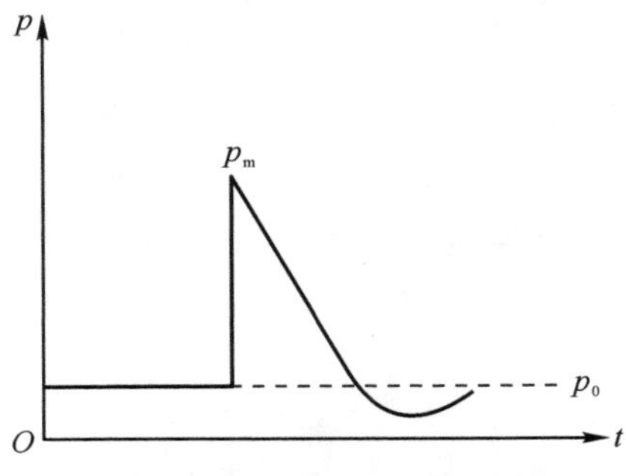

图 6－17　冲击波压力随时间变化关系

应该指出，爆轰产物体积达到极限体积时，爆轰产物还会因惯性继续膨胀，直至达到其最大体积（约比极限体积大 30％～40％）。此时，爆轰产物的平均压力低于未经扰动的空气压力 p_0，以至周围空气反过来压缩爆轰产物，使其压力增加，当爆轰产物压力增大到一定程度，又会反过来再次压缩空气。如此循环下去，爆轰产物将发生二次以及多次膨胀和压缩的脉动过程。需要指出，对目标破坏有实际意义的是第一个脉动过程。

在爆轰产物膨胀至最大体积后，空气冲击波与爆轰产物分离，并继续向前传播。此时，冲击波的压力分布情况如图 6－18 所示。

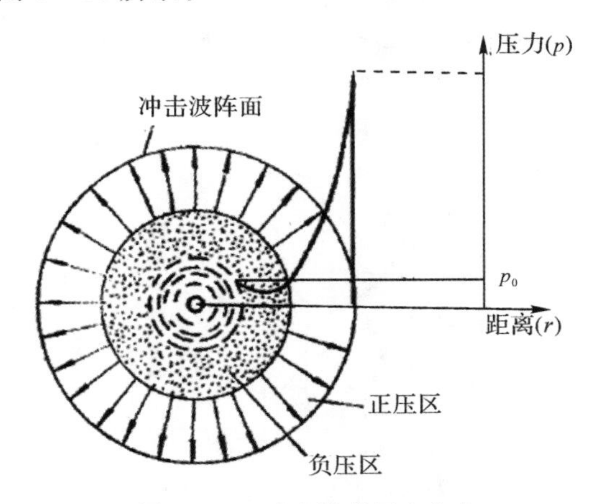

图 6－18　冲击波的压力分布

图 6－19 所示为爆炸冲击波在空气中传播的情况，图中 t_1、t_2… 分别表示爆炸后的不同时间。空气冲击波波阵面以超声速 D 的速度向前运动，而尾部以声速 c_0 运动。由于 $D > c_0$，所以随着空气冲击波的传播，其正压区不断变宽。由图 6－19 可知，当空气冲击波在空气中传播时，波阵面上的压力、速度等参数迅速下降。原因有三个：一是冲击波呈球形扩展，波阵面的表面积不断增大，通过单位面积冲击波的能量不断减小；二是由于波阵面的强度很大，传播速度很快，而波尾部的强度和速度不断下降，使冲击波压缩成厚度不断增加，导致冲击波的能量分布于逐渐增大的空气体积中；三是当冲击波通过时，部分能量消耗于对空气的加热，使空气温度升高。因此，空气冲击波在传播过程中，波阵面压力迅速下降，最后衰减为声波。

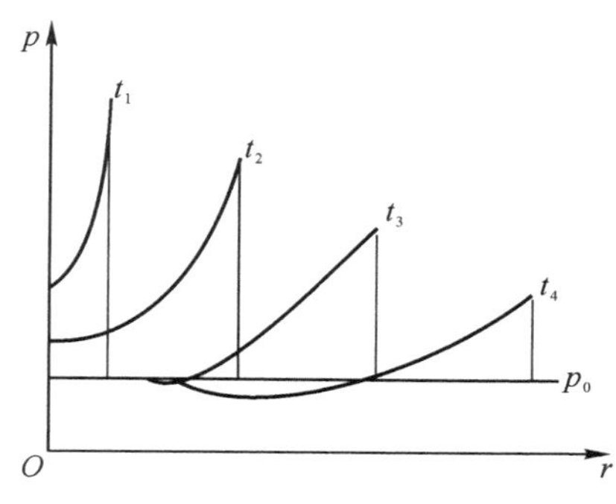

图 6－19　冲击波在空气中的传播情况

实际上，由于爆轰产物的作用距离很近，且炸药爆炸时的总能量约有 70%传入空气冲击波，所以炸药在空气中爆炸时起主要破坏作用的是空气冲击波。

二、空气冲击波的破坏作用

炸药在空气中爆炸时，形成的空气冲击波对目标的破坏作用，通常用冲击波阵面上超压和冲击波在正压区的作用时间及比冲量来衡量。

1.冲击波阵面上的超压

根据大量实验结果，当梯恩梯球形装药（或形状相近的装药）在无限空气中爆炸时，冲击波波阵面上的超压可用下列经验公式计算：

$$\Delta p = 0.084\frac{\sqrt[3]{\omega}}{r} + 0.27\left(\frac{\sqrt[3]{\omega}}{r}\right)^2 + 0.7\left(\frac{\sqrt[3]{\omega}}{r}\right)^3 \tag{6-29}$$

或

$$\Delta p = \frac{0.084}{} + \frac{0.27}{\bar{r}^2} + \frac{0.7}{\bar{r}^3} \tag{6-30}$$

式中：Δp——在距离 r 处，冲击波阵面上的超压，MPa；

r——距爆炸中心的距离，m；

$\bar{r}$——当量距离 $\left(\bar{r} = \frac{r}{\sqrt[3]{\omega}}\right)$，$\mathrm{m/kg^{\frac{1}{3}}}$；

ω——梯恩梯装药质量，kg。

上述无限空中爆炸，是指爆炸不受周围界面的影响。一般认为，装药爆炸中心距地面高度

h 满足下式所列条件时，可视为无限空中爆炸：

$$\frac{h}{\sqrt[3]{\omega}} \geqslant 0.35 \tag{6-31}$$

装药在地面爆炸时，由于地面的阻挡，空气冲击波不是向整个空间传播，而只向一半空间传播，炸药的能量被地面反射集中在此一半空间上，因此，装药在混凝土、岩石等刚性地面爆炸时，可看作是两倍的装药量在无限空间爆炸。于是可将 $\omega_e = 2\omega$ 代入式(6-29)，得到计算地面爆炸时的峰值超压计算公式：

$$\Delta p = \frac{0.106}{\bar{r}} + \frac{0.43}{\bar{r}^2} + \frac{1.4}{\bar{r}^3} \tag{6-32}$$

装药在普通土壤地面爆炸时，地面土壤受到爆轰产物的作用发生变形、破坏，甚至形成炸坑。因此，这种情况下不能按刚性地面能量全反射来考虑，而应考虑地面消耗了一部分爆炸能量，只能取 $\omega_e = (1.7 \sim 1.8)\omega$。所以，对普通土壤地面，若取 $\omega_e = 1.8\omega$，代入式(6-29)，可得

$$\Delta p = \frac{0.102}{\bar{r}} + \frac{0.399}{\bar{r}^2} + \frac{1.26}{\bar{r}^3} \tag{6-33}$$

对于其他炸药，由于爆热不同，可以根据能量相似原理换算成梯恩梯当量。即

$$\omega_N = \omega_i \frac{Q_{Vi}}{Q_{VN}} = \omega_i \frac{Q_{Vi}}{4\ 180} \tag{6-34}$$

式中：ω_i——某炸药的质量，kg；

ω_N——某炸药的 TNT 当量，kg；

Q_{Vi}——某炸药的爆热，kJ/kg；

Q_{VN}——梯恩梯的爆热，取 4 180 kJ/kg。

上述计算冲击波超压的经验公式，其适用范围是 $1 \leqslant \bar{r} \leqslant 15$。当 $\bar{r} < 1$ 时，由于在装药附近，冲击波参数受装药形状、密度、爆速等因素影响，计算结果误差很大。当 $\bar{r} > 15$ 时，冲击波为弱冲击波。

冲击波(以冲击波波阵面处超压表示)对各种目标的破坏作用见表 6-11～表 6-13。

表 6-11　冲击波对有生力量的杀伤

冲击波超压 $\Delta p/(10^2$ MPa)	破 坏 作 用
<0.2	没有杀伤作用
0.2～0.3	轻伤
0.3～0.5	中等损伤
0.5～1.0	重伤，甚至死亡

表 6-12　冲击波对兵器的破坏

冲击波超压 $\Delta p/(10^2$ MPa)	破 坏 作 用
0.2～0.5	各种飞机轻微损坏
0.5～1.0	各种活塞式飞机完全破坏，喷气式飞机严重破坏
>1.0	各种飞机完全破坏
1.0～2.0	各种未掩蔽炮兵装备受不同程度的破坏

表 6-13　冲击波对建筑物的破坏

冲击波超压 $\Delta p/(10^2\ \mathrm{MPa})$	破坏作用
0.02～0.07	玻璃部分破坏，屋面瓦部分翻动
0.07～0.15	门窗部分破坏，屋面瓦部分破坏
0.15～0.3	门窗框破坏，顶棚部分破坏
0.3～0.5	木板隔墙破坏，木屋架折断，顶棚塌下
0.5～1.0	木结构梁柱倾斜，砖木结构屋顶掀掉，墙部分移动或裂缝
1.0～2.0	砖墙部分倒塌，木结构建筑物破坏
＞2.0	砖木结构完全破坏

2.冲击波正压区的作用时间及比冲量

除冲击波峰值超压外，正压区的作用时间是空气冲击波的另一特征参数，它对目标的破坏起重要作用。与确定 Δp 相同，正压区的作用时间也是由实验得出的经验式计算得到。

梯恩梯球形装药在空气中爆炸时，正压区的作用时间为

$$t_{+}=1.35\times10^{-3}\sqrt{r}\cdot\sqrt[6]{\omega}\ (\mathrm{s}) \tag{6-35}$$

装药在刚性地面或普通土壤地面爆炸时，可分别将 $\omega_e=2\omega$ 或 $\omega_e=1.8\omega$ 代入式(6-35)，得到冲击波正压区的作用时间分别为

$$t_{+}=1.52\times10^{-3}\sqrt{r}\cdot\sqrt[6]{\omega}\ (\mathrm{s}) \tag{6-36}$$

$$t_{+}=1.49\times10^{-3}\sqrt{r}\cdot\sqrt[6]{\omega}\ (\mathrm{s}) \tag{6-37}$$

冲击波的比冲量由空气冲击波的超压 Δp 与作用时间 t_{+} 直接确定，但计算比较复杂，通常用以下经验式计算：

$$i=A\frac{\sqrt[3]{\omega^2}}{r}=A\frac{\sqrt[3]{\omega}}{r_0}\quad(r>12r_0) \tag{6-38}$$

式中：i——作用在单位面积上的冲击波冲量，Pa・s；

A——常数，梯恩梯炸药在无限空中爆炸时，$A=200\sim250$，使用其他炸药需要换算成TNT当量；

r_0——装药半径。

由式(6-38)可见，炸药在无限空中、刚性地面和普通土壤地面条件下，炸药爆炸的比冲量经验计算式分别为

$$i=220\frac{\sqrt[3]{\omega^2}}{r} \tag{6-39}$$

$$i=350\frac{\sqrt[3]{\omega^2}}{r} \tag{6-40}$$

$$i=326\frac{\sqrt[3]{\omega^2}}{r} \tag{6-41}$$

第五节　炸药在土石中的爆炸作用

炸药在土石中爆炸主要是指装药在岩石或土壤中的爆炸。炸药在土中或其他固体介质中爆炸时，对泥土或其他固体介质产生的破坏作用和抛掷作用称为爆破作用。由于地层(包括岩石)是一种很不均匀的介质，其颗粒之间存在着较大的孔隙，即使是同一岩层，各部分岩质的结构与力学性能也存在着较大的差别，因此，与空气的爆炸相比，土中爆炸的情况更加复杂。本节主要介绍炸药在无限土石介质中和有限土石介质中爆炸的基本现象和爆破药量计算。

一、基本现象

当炸药在土石介质中爆炸时，如炸药的体积远小于其周围土石介质的体积，则可认为土石介质是没有边界的，称炸药在这种介质中的爆炸为在无限介质中的爆炸。

(一)装药在无限土石介质中的爆炸

装药在无限土石介质中爆炸时，直接与炸药接触的土石受到强烈的压缩，结构完全破坏，且颗粒被压碎。由于受到爆轰产物的挤压，整个土石发生径向运动，从而形成一个空腔，如图6-20所示。若是脆性岩石，则被压成粉末，此空腔称为排出区(也称爆腔)。排出区的体积为装药体积的几十倍甚至几百倍。

与排出区相邻接的是强烈压碎区，该区内原来的土石结构全部被破坏和压碎，在均质岩石中还能观察到细密的裂纹。由于排出区和压碎区中土石的破坏主要是由爆轰产物的压缩应力作用引起的，或者炸药的爆炸能量大部分消耗于土石的压缩和粉碎，因此有时也将排出区和强烈压碎区通称为压碎区。

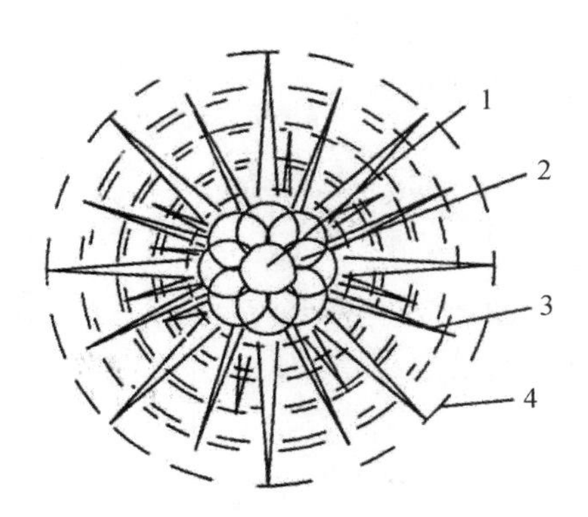

图6-20　土中爆炸的破坏情况

1—排出区；2—强烈压碎区；3—松动区；4—震动区

随着与爆炸中心距离的增大，爆轰产物的能量将传给更多的介质，爆轰波在介质中形成的压缩应力和单位面积上作用的能量密度将迅速下降。当压缩应力值小于土石的动态抗压强度极限时，土石将不再被压坏和压碎，但其应力值仍然足以引起土石质点的径向位移、径向扩展和切向拉伸应变。当切向拉伸应力值大于土石的动态抗拉强度极限时，将产生从爆炸中心向外辐射的径向裂缝。

大量研究表明，土石的抗拉强度远小于抗压强度，因此，压碎区外将出现拉伸应力的破坏区，并且破坏范围要比前者大。径向裂缝形成后，由于裂缝端部应力集中，使得裂缝进一步延伸到较远处。当切向拉伸应力衰减到低于土石动态抗拉强度时，裂纹将停止发展。另外，爆轰产物在膨胀过程中，也会逸散到周围介质的径向裂纹中，使裂纹扩展。与此同时，膨胀过程中爆轰产物的压力迅速下降，会使原来受压缩土石中的弹性变形释放出来，从而在径向裂缝之间又形成了许多环形裂缝。这种主要由拉伸应力作用而引起的径向裂缝和环形裂缝彼此交错的破坏区称为松动区或破裂区。

松动区以外，由于爆轰波已很弱，不能再引起土石结构的破坏，只能使其质点产生震动，而且离爆炸中心越远，震动幅度越小，直到爆轰波衰减成声波。习惯上称这一区域为震动区。

(二)装药在有限土石介质中的爆炸

装药有限土石介质中的爆炸是指装药靠近一个或多个自由表面时发生的爆炸。由于爆炸冲击波在自由表面反射，炸药爆炸除在其周围的土石中产生压碎区、松动区和震动区外，还将在自由表面引起土石的破裂、鼓包和抛掷。

按装药埋设深度，装药在有限土石介质中爆炸时，可分为松动爆破和抛掷爆破两种。

1.松动爆破

松动爆破是指装药在地下较深处爆炸，爆炸只引起周围土石的松动，而不发生土石向外抛掷的情况。

装药爆炸后，爆轰波由中心向四周传播。爆轰波通过时，介质的质点产生向外的径向运动。无自由表面时，这种运动因受外层介质阻挡而停止；若存在地面或其他自由表面，位于地面或自由表面处的土石不再受到外层介质的阻碍，而产生向外的径向运动。与此同时，爆轰波从自由界面反射为稀疏波，并以当地的声速向土石深处传播，如图 6－21 所示。这种破坏从自由表面开始向介质内部逐层扩展，且基本按几何光学或声光规律进行。自由表面的存在，使装药的破坏作用增大，因而在工程爆破中常常利用增加自由表面的方法来提高炸药的爆破效率。

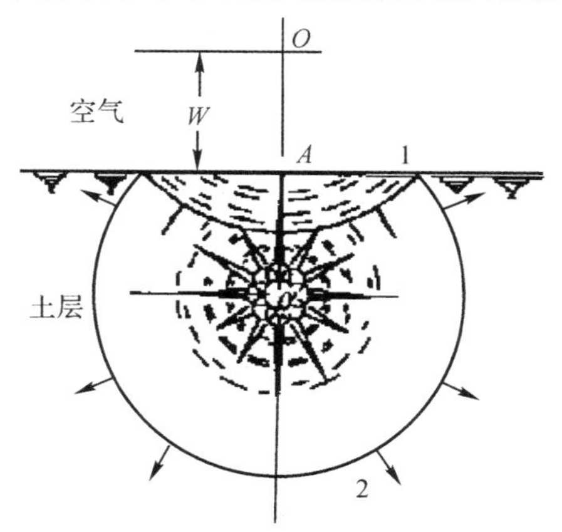

图 6－21　松动爆破时波的传播

1—反射波阵面；2—爆轰波阵面

2.抛掷爆破

装药离地面较近或装药量较大时，爆炸能量超过装药上方土石介质的障碍，造成土石抛掷，在爆炸中心与地面之间形成抛掷漏斗坑的爆破现象，称为抛掷爆破，如图 6-22 所示。称装药中心与自由表面间的垂直距离为最小抵抗线，用 W 表示；用 r 表示漏斗坑口部的半径，称 $n=r/W$ 为抛掷系数。

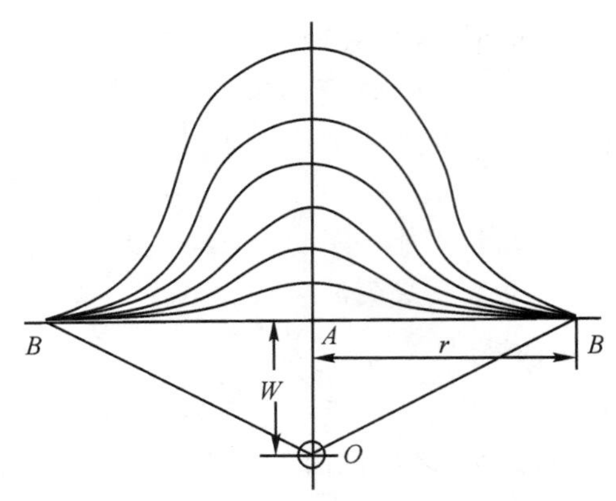

图 6-22　抛掷爆破时鼓包运动阶段情况

抛掷爆破可分为鼓包运动、鼓包破裂飞散和抛掷堆积三个阶段。鼓包运动阶段，爆轰产物膨胀压缩土石，使最小抵抗线处的表面介质产生突起，并不断向周围扩展。突起上升的高度和扩展范围随着时间推移而增大，范围扩展到一定的程度后便会停止，但高度却会继续增大。在该阶段内，爆轰产物巨大的压力作用使抛掷漏斗坑内的土石发生破碎，但表面处的介质仍以整体的方式向上运动，其外形类似于鼓包或钟形。当鼓包高度达到最小抵抗线的 1～2 倍时，鼓包顶部破裂，爆轰产物随土石碎块一起向外飞散，称该阶段为鼓包破裂飞散阶段。之后，在重力和空气阻力的共同作用下，飞散的土石碎块落到地面形成堆积，称该阶段为抛掷堆积阶段。此外，对抛掷爆破各阶段的分析表明，单药包抛掷爆破时，在最小抵抗线方向上土石介质的运动速度最大，偏离最小抵抗线越远，速度越小，而漏斗坑边缘处的速度最小。

根据抛掷指数 n 的大小，抛掷爆破可分为四种情况：$n>1$ 时，漏斗的坑顶角大于 90°，称之为加强抛掷爆破；$n=1$ 时，漏斗的坑顶角等于 90°，称之为标准抛掷爆破；当 $0.75\leqslant n<1$ 时，漏斗的坑顶角小于 90°，称之为减弱抛掷爆破；$n<0.75$ 时，无土石抛掷，但有土石层的松动和隆起，且土石松动部分亦呈漏斗形，内层破碎较细，外层破碎较粗(见图 6-23)，称之为松动爆破或隐炸现象。

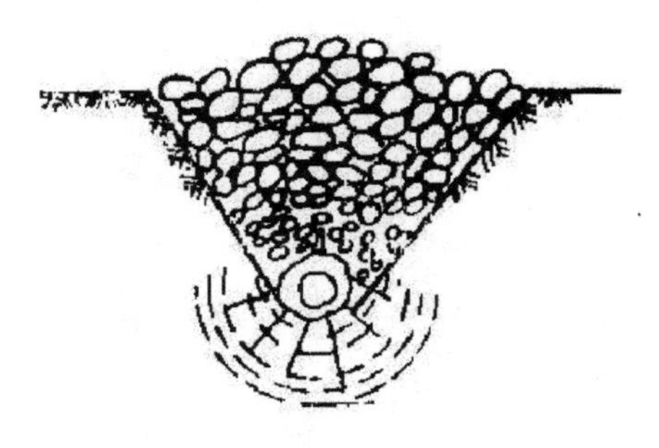

图 6-23　松动爆破时的土石堆积情况

通常情况下，工程爆破时，多采用抛掷爆破，而矿山爆破中，为便于搬运，不希望出现矿石抛掷，往往采用松动爆破。

二、土石中爆破药量计算

(一)无限土石介质中的爆炸

对于无限土石介质中装药的爆炸,可近似认为介质的变形和破坏情况与炸药的作用力有关,而与重力无关。研究表明,土中爆炸产生的球形冲击波和压缩波在传播过程中遵从爆炸相似规律。装药质量为 m 时,离爆炸中心 r 处爆轰波阵面的最大压力 p_m 为

$$p_m = f\left(\frac{\sqrt[3]{m}}{r}\right) \tag{6-42}$$

当爆轰波的最大压力超过介质的抗压强度极限时,介质会被压碎。而对于某种土石介质来说,其抗压强度是定值,则有

$$\frac{\sqrt[3]{m}}{r} = \text{常数}$$

对于压碎区:

$$r_y = k_y \sqrt[3]{m} \tag{6-43}$$

对于松动区:

$$r_p = k_p \sqrt[3]{m} \tag{6-44}$$

式中:r_y、r_p——压碎区和松动区的半径,m;

k_y、k_p——与土石性质及炸药性质有关的压碎系数和松动系数。

对于硝铵炸药,各种土石的 k_y、k_p 值见表 6-14,而其他炸药,其装药量 m 值需用硝铵炸药的当量值代入。

表 6-14 各种土石的 k_y、k_p 值

介 质	$\rho/(\text{kg}\cdot\text{cm}^{-3})$	q_0/kg	$k_p/(\text{m}\cdot\text{kg}^{-\frac{1}{3}})$	$k_y/(\text{m}\cdot\text{kg}^{-\frac{1}{3}})$
普通土壤(植物土)	1 504	0.447	1.07	0.50
砂质黏土	1 779	0.565	0.99	0.46
坚实的蓝色黏土	1 808	0.560	0.99	0.46
新积松土	1 359	0.200	1.40	0.63
流砂	1 620	0.590	0.97	0.45
含砂质黏土及多石的土壤	1 981	0.610	0.96	0.45
很坚硬的黏土	1 923	0.790	0.88	0.41
无裂缝的石灰岩或砂岩	2 285	0.710	0.90	0.22
无缝隙的花岗岩或片麻岩	2 704	0.800	0.87	0.215
劣质石砌体	—	0.420	1.09	0.27
中等质量石砌体	1 692	0.490	1.04	0.25
优质石砌体	2 450	0.710	0.90	0.22
含砾石配比为 1∶3∶7 的混凝土	—	—	0.77	0.19
优质水泥、花岗石制的混凝土	2 024	1.180	0.77	0.19
含砾石配比为 1∶2∶5 的钢筋混凝土	—	—	0.65	0.16
沥青混凝土	—	—	0.45	0.11
含水泥沙浆砌的砖体	—	—	0.97	0.24
钢筋混凝土	2 400	—	0.39	—

(二)有限土石介质中的爆炸

1.松动爆破

装药在平坦地形条件下爆炸时,由内、外松动破碎区组成的松动爆破体积可近似用下式计算,即

$$V_s = 12r_p^3 \tag{6-45}$$

或

$$V_s = 12k_p^3 m \tag{6-46}$$

式中:V_s为松动爆破的体积(m^3)。

松动爆破用药量的估算式为

$$m = k_s W^3 \tag{6-47}$$

式中:W——最小阻力线,m;

k_s——与地形、土石性质和炸药性质有关的松动爆破系数(平坦地形取 $k_s = k_0/2$,斜坡地形取 $k_s = k_0/3$,其中 k_0 值见表 6-15)。

表 6-15　土石的 k_0 值

土石种类	$k_0/(kg \cdot m^{-3})$	土石种类	$k_0/(kg \cdot m^{-3})$
黏土	1.0～1.1	石灰岩、流纹岩	1.4～1.5
黄土	1.1～1.2	石英砂岩	1.5～1.7
坚实黏土	1.1～1.2	辉长石	1.6～1.7
泥岩	1.2～1.3	变质砾岩	1.6～1.8
风化石灰岩	1.2～1.3	花岗岩	1.7～1.8
坚硬砂岩	1.3～1.4	辉绿岩	1.8～1.9
石英斑岩	1.3～1.4		

装药在斜坡地形发生爆炸时,由于爆破松动的土石可在重力作用下顺着山坡滚滑,因而松动爆破也可形成爆破漏斗。

2.抛掷爆破

抛掷爆破的漏斗坑体积可按圆锥体进行近似计算,有

$$V = \frac{1}{3}\pi r^2 W \tag{6-48}$$

对于标准抛掷爆破,漏斗坑的半径 r 等于最小抵抗线 W,于是有

$$V = \frac{1}{3}\pi W^3 \tag{6-49}$$

研究表明,抛掷漏斗坑的尺寸与装药量、炸药性能、埋地深度以及土石特性等因素有关。一般情况下,装药量增加时,抛掷漏斗体积增大;埋地深度变化时,漏斗坑尺寸也会变化。在某种介质中,若不考虑重力的影响,则装药量与抛掷漏斗体积的关系式为

$$M = k_0 \omega^3 f(n) \tag{6-50}$$

式中:n——抛掷爆破指数;

k_0——标准抛掷爆破系数,kg/m^3,是指当形成标准抛掷爆破漏斗时,爆破单位体积土石

的用药量，k_0值可通过表 6－15 查得，若装药为非 2 号岩石炸药，则应进行换算；

$f(n)$——爆破作用指数方程，$f(n)=0.4+0.6n^3$。

第六节 炸药在水中的爆炸作用

鱼雷、水雷等弹药是在水介质中发生爆炸的，因此研究炸药在水中的爆炸作用，对评估其毁伤效果具有很大的理论研究和工程实践价值。

一、基本现象

炸药在水中爆炸时，高温、高压的爆轰产物急剧膨胀压缩周围的水，形成水冲击波。由于水的密度比空气大得多，加之压缩性差（压缩系数仅为空气的 1/20 000～1/3 000），所以等量的炸药爆炸后，在离炸点附近的相同距离上，水冲击波的压力比空气冲击波的压力大得多。空气冲击波初始压力约为 60～130 MPa，而水冲击波则超过 10^4 MPa。然而，由于水的阻力较大，使得爆轰产物在水中的膨胀比在空气中要缓慢得多。此外，在爆轰产物与水的界面处还产生反射膨胀波，并以相反的方向往爆轰产物中心运动。与空气冲击波类似，随着水中冲击波的传播，其波阵面的压力和速度迅速下降，且波形不断拉宽，正压区作用时间也逐渐增加。

冲击波离开后，爆轰气体产物以及汽化水在水中以气泡的形式继续膨胀，推动四周水向外运动，气泡的压力随着膨胀不断降低，当降低到周围的静压力时，气泡的膨胀并不停止，而会因水流的惯性运动，产生过度膨胀，直到达到最大半径。此时，因气泡内的压力低于周围介质的平衡压力（即大气压力与水的静压力之和），周围的水开始反向向中心聚合，压缩气泡使压力逐渐增加。同样在聚合水流的惯性力下，气泡被过度压缩，其内部的压力又高于周围的平衡压力，直到气泡内气体的压力高到能阻止气泡被压缩为止，至此完成了气泡脉动的第一次循环。这种脉动循环将会发生多次，由于水的密度大、惯性大，这种气泡脉动次数比在空气中爆炸多得多，甚至可达 10 次以上。

需要指出，脉动循环中气泡会因气体产物的浮力作用逐渐上升。气泡膨胀时，上升缓慢，而当气泡受压缩时，因阻力小，上升较快。一般情况下，爆轰产物所形成的气泡均接近于球形。

气泡脉动时，水中将形成膨胀波和压缩波。通常，气泡第一次脉动时所形成的压缩波（又称二次压缩波）才具有实际意义。研究表明，通常由气泡形成的压缩波峰值压力不超过冲击波压力的 10%～20%，但其作用时间则远超过冲击波，其作用冲量可与冲击波相比拟，故其破坏作用不容忽视，但二次及二次以后的气泡脉动通常不予考虑。

由于装药总是在有自由表面的水介质中爆炸，故水中冲击波在达到自由表面后将发生反射，并产生膨胀波。在膨胀波的作用下，表面处的水质点向上飞溅而形成飞溅鼓包。此后，爆轰产物形成的气泡到达水面，又在水面出现爆炸飞溅水柱。气泡在开始收缩前到达水面时，由于上浮速度小，气泡几乎只作径向飞散，因此水柱径向喷射出现于水面；气泡在达到最大压缩瞬间到达水面时，由于上升速度很快，气泡上方所有的水几乎都垂直向上喷射，从而形成一个高而窄的水柱。水柱的高度和气泡上升的速度取决于装药在水中的深度。

应该指出，若装药在足够深的水中爆炸时，气泡在到达自由表面以前就被分散和溶解，水的自由表面上不会出现水柱；如果炸药位置更深，则在自由表面处观察不到任何爆炸迹象。若炸点距离水底较近，则会因水底面对冲击的反射，导致水中冲击波压力增大。若水底是绝对刚体，则相当于2倍装药量的爆炸作用；若水底是砂质黏土，则由于它吸收部分能量，冲击波的压力增加约10%，冲量增加约23%。

二、破坏作用

上述讨论表明，炸药在水中爆炸的破坏作用，由水冲击波和气泡脉动压力波共同作用引起。但由于一般猛炸药大约有一半以上的能量以冲击波形式向外传播，波阵面压力远大于气泡脉冲压力波的峰压力，故起主要破坏作用的是水冲击波。当然，对在水中接触爆炸的物体而言，起主要破坏作用的仍然是爆炸产物。

几种爆破弹在水中爆炸时，水冲击波的压力(p)与距离(R)的关系如图6-24所示。

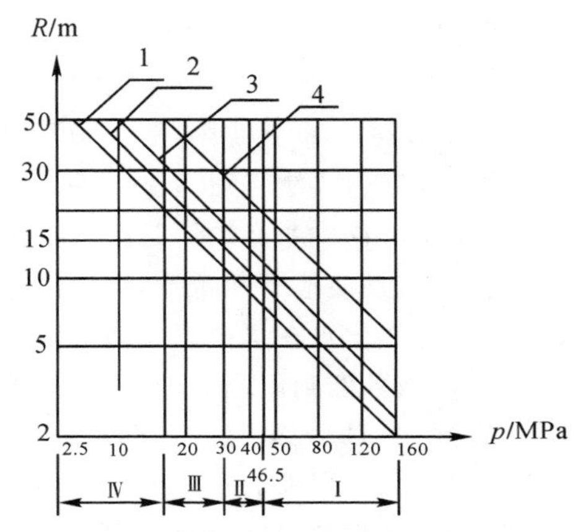

图6-24　爆破弹爆炸时水冲击波的压力与距离的关系示意图

曲线1—100 kg爆破弹，装药70 kg TNT；曲线2—250 kg爆破弹，装药120 kg TNT；

曲线3—500 kg爆破弹，装药240 kg TNT；曲线4—1 000 kg爆破弹，装药675 kg TNT

按照不同压力对目标的破坏程度，图6-24划分了4个压力区间。其中，Ⅰ区的压力大于46.5 MPa，可使潜艇沉没，无装甲的舰艇将受到严重破坏；Ⅱ区的压力为30～46.5 MPa，可使潜艇严重破坏；Ⅲ区的压力可使潜艇受到中等破坏；Ⅳ区的压力仅使潜艇受到轻微破坏。

含铝炸药的爆热大，在水中爆炸时形成气泡的能力强，所以，为加大气泡脉动压力波的破坏作用，水中兵器一般都使用含铝炸药。

炸药在水中爆炸时，水冲击波对人的杀伤极限距离比同样条件下在空气中爆炸时大4倍左右。表6-16给出了各种装药量在不同距离对人体的伤害情况。

表6-16　不同药量在水中爆炸对不同距离上人体的伤害情况

装药质量/kg	1	3	5	50	250	500
使人致死的极限距离/m	8	10	25	75	100	250
轻度脑震荡，胃、肠壁受伤的距离/m	8～20	10～50	25～100	75～150	100～200	250～350
微弱脑震荡，脑、腹腔不受伤的距离/m	20～100	50～300	100～350	—	—	—

第七节　炸药的殉爆

殉爆是指当炸药发生爆炸时，能够引起一定距离内被惰性介质隔离的另一炸药发生爆炸的现象，是一种常见的爆炸现象。研究殉爆现象对弹药设计、生产使用、储存管理和技术处理等工作具有重要意义。

一、殉爆的基本概念

图 6－25 所示为殉爆的示意图。装药 A 为主发装药，装药 B 为被发装药。主发装药与被发装药之间是空气、水、土壤、金属或非金属材料等惰性介质。主发装药与被发装药之间发生殉爆的概率为 100％的最大距离，称为殉爆距离。主发装药与被发装药之间发生殉爆的概率为 0％的最小距离，称为殉爆安全距离。

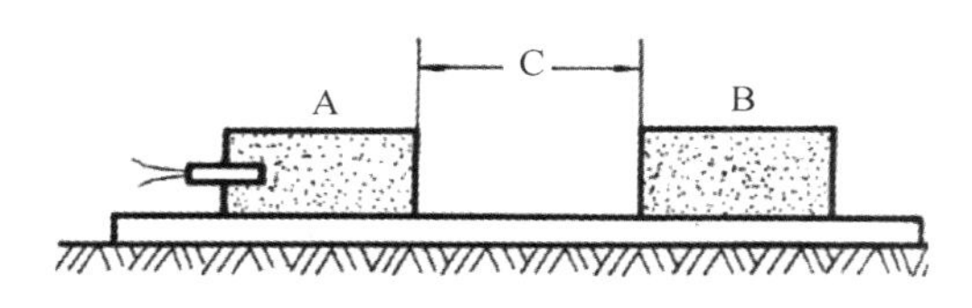

图 6－25　炸药殉爆示意图

二、殉爆的原因

被发装药被殉爆的能量来源有三个，分别是爆轰产物、爆轰抛射物和爆轰冲击波。当两装药间的介质密度较小（如空气等）、距离较近时，主发装药的爆轰产物能直接冲击被发装药，引起被发装药爆轰。有外壳或药型罩时，主发装药爆轰时产生的外壳破片、形成的金属射流等，会引起被发装药爆轰。两装药间距离较大时，主发装药爆轰时在周围介质中产生的冲击波，也可引起被发装药爆炸。

通常，殉爆的发生是以上两种或三种因素共同作用的结果。如介质是空气，且两装药相距较近，主发装药又有外壳时，就可能是三种因素都起作用。若两装药之间被惰性介质隔开，且距离较大，则主要是第三种因素起作用。

三、殉爆的影响因素

1.主发装药

殉爆距离主要取决于主发装药的起爆能力。主发装药药量越大，爆热、爆速越大，起爆能力越强，引起殉爆的可能性越大。表 6－17 给出了主发装药和被发装药皆为梯恩梯、介质为空气时，主发装药量对殉爆距离的影响。

表 6－17 不同装药量的殉爆距离

主发装药质量/kg	10	30	80	120	160
被发装药质量/kg	5	5	20	20	20
殉爆距离/m	0.4	1.0	1.2	3.0	3.5

主发装药有外壳时，爆轰产物侧向飞散减少，有利于爆轰产物定向传播，使殉爆距离增大。

2.被发装药

被发装药的爆轰感度、冲击波感度和机械感度同样会对殉爆距离产生影响。被发装药的感度越大，殉爆距离越大。因此，影响被发装药爆轰、冲击波和机械感度的所有因素（如装药密度、装药结构、粒度大小、化学性质等）都影响殉爆距离。按照对感度影响因素的分析结果，非均质装药的殉爆距离大于均质装药；压装药柱的殉爆距离大于铸装药柱；采用相同装药工艺时，被发装药密度越高，殉爆距离越小。另外，根据爆轰相关理论，当被发装药的直径小于临界直径时，殉爆不会发生。

3.惰性介质

惰性介质对殉爆距离的影响，主要体现为介质的可压缩性对冲击波衰减的影响。通常情况下，介质的可压缩性越小，密度越大，冲击波越容易被衰减，殉爆距离越小。表 6－18 给出了不同介质对殉爆距离的影响。

表 6－18 介质对殉爆距离的影响

两装药之间的介质	空气	水	黏土	钢	砂
殉爆距离/cm	28	4.0	2.5	1.5	1.2

注：主发装药为苦味酸 20 g，$\rho_0=1.25\ g/cm^3$，纸外壳；被发装药为苦味酸，$\rho_0=1.0\ g/cm^3$。

表 6－18 中的砂、土等介质吸收冲击波能量的能力强，殉爆距离小，且可就地取材，故通常在炸药、弹药仓库及某些炸药、弹药生产处理工房间用土石构建围墙，以保证库房、工房之间距离较小时的安全。

4.两装药间的连接方式

当两装药间存在连接管道时，管道将限制主发装药爆轰产物的侧向飞散，减小爆轰产物能量损失，使殉爆距离增大，通常称之为“管道效应”。因此，在有爆炸危险的各工序、各工房、各实验室之间，必须单独设置通风管道和下水道。条件允许时，应设置明下水道。

四、安全距离

为确保弹药（元件）及火炸药在生产和勤务处理过程中不发生殉爆，具有爆炸危险性的建筑物必须有一定的安全距离。实际上，要考虑冲击波的安全距离、殉爆安全距离。前者是指防止空气冲击波对人员和建筑物有损伤和破坏的安全距离，后者是指防止炸药相互殉爆的安全距离。

1.冲击波安全距离

目前，各国广泛使用的是大量实验研究得出的经验公式，其形式主要是 $R=K\sqrt{\omega}$ 或 $R=K\sqrt[3]{\omega}$。我国则是在对实验资料初步分析的基础上，采用按建筑物危险等级确定冲击波安全距离的方法。表 6－19 给出了建筑物危险等级的确定依据。

表 6－19 建筑物的危险等级划分表

危险类别	危险等级	说明
爆炸危险性	A_1	工房内危险品发生爆炸时，工房遭到严重破坏，并对外界建筑物有严重破坏能力，按危险品的威力、敏感程度分为 A_1 级、A_2 级
	A_2	
	B	工房内危险品如发生爆炸，造成局部破坏，对外界建筑物破坏较小
起火危险性	C	工房内危险品有发生燃烧时，工房遭到严重破坏，并对外界建筑物有严重破坏能力
火灾危险性	D	工房内危险品如发生燃烧，造成局部破坏，对外界建筑物破坏较小

A 级爆炸性危险建筑物到其他建筑物的最小安全距离用以下经验公式计算，即

$$R = K_{安}\sqrt{\omega} \tag{6-51}$$

式中：R——冲击波的最小安全距离，m；

ω——炸药的质量，kg TNT 当量；

$K_{安}$——安全系数。

A 级建筑物的安全系数值见表 6－20。

表 6－20 A 级建筑物的安全系数值

建筑物等级	双方无围墙	单方有土围墙	双方有围墙
A_1	4.5	1.7	0.85
A_2	2.8	1.2	0.60

如按式(6－51)计算的最小安全距离小于 35 m，则应取 35 m。B 级、C 级、D 级建筑物的最小安全距离大致在 35～70 m 范围内。对于大口径弹药最后加工的工序、火箭弹的装配工房，最小安全距离应取 70 m。

2.殉爆安全距离

殉爆安全距离按下式计算，即

$$R = K_{殉}\sqrt{\omega} \tag{6-52}$$

式中：R——殉爆安全距离，m；

ω——炸药的质量，kg TNT 当量；

$K_{殉}$——殉爆安全系数。

危险性库房的 $K_{殉}$ 值见表 6－21。

表 6－21 危险性库房的 $K_{殉}$ 值

级 别	被 A_1	被 A_2	被 B、C、D 级	
			有土围	无土围
主 A_1	0.4	0.4	0.4	0.8
主 A_2	0.3	0.3	0.3	0.6

注：“主”指主发装药，“被”指被发装药。

C 级库房之间，C 级到其他等级库房之间，不论有无土围均按下式计算，即

$$R = K_{殉}\sqrt[3]{\omega} \tag{6-53}$$

式中：$K_{殉}$ 为殉爆系数，通常取 2.7。

D 级库房之间的距离一般采用 25 m，不必另行计算。

实际应用时，在上述安全距离计算方法的基础上，还要考虑地形条件、交通情况和建筑物结构等因素。比如，在山区建设库房、工房，必须考虑冲击波沿山谷传递的“管道效应”，以及山体对冲击波的反射作用等引起的“沟谷效应”。“管道效应”和“沟谷效应”都会使殉爆安全距离增大，因此，在库房、工房选址中，必须结合实际情况对安全距离计算结果进行修正。条件允许的情况下，尽可能地增加库房、工房之间的距离。

第七章　炸药的安定性

作为重要的战略物质，火炸药及其制品的储存时间往往大于其他物资，和平时期会达到20～30年，甚至更长时间。由于炸药中含有不稳定基团，在储存环境的长期作用下，其物理、化学和爆炸性质会发生变化。这些变化不仅影响火炸药及其制品的正常使用，还有可能引起燃烧和爆炸事故。

一定条件下，炸药保持其物理、化学和爆炸性质不发生明显变化的能力，被称为炸药的安定性。研究炸药的安定性，对于炸药的制造、使用，特别是储存意义重大。

炸药的安定性一般分为物理安定性和化学安定性。物理安定性是指炸药在一定的条件下，保持其物理性质不发生明显变化的能力。物理安定性主要包括吸湿性、挥发性、耐水性、结块性、老化性、强度等。如果一些炸药特别是混合炸药的物理安定性不好，储存中可能出现吸湿、结块、挥发、渗油、晶析、老化、组分分离、敏化剂或钝感剂损失等现象，炸药制品的物理状态发生变化，可能导致爆炸能力丧失，甚至影响使用安全。化学安定性是指炸药在一定的条件下，保持其化学性质不发生明显变化的能力。炸药在储存环境中化学变化的主要形式是热分解，所以化学安定性主要指热安定性，即炸药分解的性质和速度。

需要强调，炸药的物理安定性和化学安定性之间相互影响，存在一定联系。比如，炸药装药结构的改变、含水量的增加，以及其他物理性能的变化，对炸药的分解速度可能产生巨大影响。随着炸药分解的进行，又将引起炸药强度降低、组分分离、老化等。

第一节　物理安定性

一、炸药的吸湿

炸药的吸湿性，是指在一定条件下炸药从周围空气中吸收水分的能力，用吸入水分的百分率表示。具有吸湿性而本身不溶于水的物质称为吸湿性物质，或非潮解性物质。比如炸药中的木粉、木炭、硝化棉、梯恩梯、硝化甘油等。这类物质在任何外界条件（气温、空气相对湿度）下都具有一定的吸湿能力，而且在任一固定条件下都有一个最大吸湿量，称之为平衡含水率。

由于物质在吸湿的同时，还伴随着水分的蒸发，当吸湿与蒸发的速度相等，形成动态平衡时，含水量达到平衡含水率。此后，不管多久时间，只要温度不发生变化，含水量都不会增加。同一外界条件下，物质的平衡含水率越高，吸湿性就越大。

非潮解性物质的吸湿性与其自身性质以及外界的温度、气压、绝对和相对湿度等环境条件有关。

(一)吸湿形式

非潮解性物质吸湿有表面吸附、表面水汽凝结、毛细作用和化学吸附四种形式。

表面吸附,又称范德华吸附,是由吸附质(液体或气体物质)和吸附剂(主要指固体物质)分子间的范德华力引起的。由于范德华力存在于任何两分子间,故物理吸附可以发生在任何固体表面,这说明任何物质的表面都具有吸附水分子的能力。吸附能力大小与吸附剂的比表面积、表面温度、环境的绝对湿度和气压等有关。表面积越大、固体表面温度越低、绝对湿度越大、气压越大,物质对水分产生物理吸附的能力就越强。需要指出,由于分子间的范德华力很小,所以在外界环境变化,特别是气压减小、温度升高或绝对湿度减小时,还会产生逆向的"脱附"现象。

具有一定相对湿度的空气,当气温下降到露点温度时,空气中的水汽将会凝成水珠,并附着于物质表面造成物质吸水,称这种现象为表面水汽凝结。对一些多孔结构的物质来说,通过表面吸附进入孔隙内的水分不易排出。外界环境湿度降低时,物质内部的湿度仍然较高,而当气温下降时,容易在孔隙中产生凝结而加重吸湿。

毛细作用,又称毛细管作用,是指液体在细管状物体内侧,由于内聚力和附着力的差异,克服地球引力而上升的现象。当物质表面吸附水分之后,会通过其孔隙产生毛细作用,使表面吸附的水分沿着孔隙向里渗透,加重吸湿。毛细作用在多孔性的物质中表现明显。

化学吸附,又称活化吸附,是指吸附质分子与吸附剂表面原子(或分子)发生电子转移、交换或共有,形成吸附化学键的现象。产生化学吸附时,分子间的化学键亲和力要远远大于范德华力,因此,化学吸附往往是不可逆的。物质对水分的化学吸附进程和结果与温度、吸附剂分子含有的基团性质等有关。温度越高,物质对水分的化学吸附速率越快,吸湿性越强;有些物质(如硝化棉、木粉、木炭等)的吸湿,表现为物质分子中含有的亲水性羟基,羟基与空气中的水分子形成氢键结合而吸湿,其形式为:

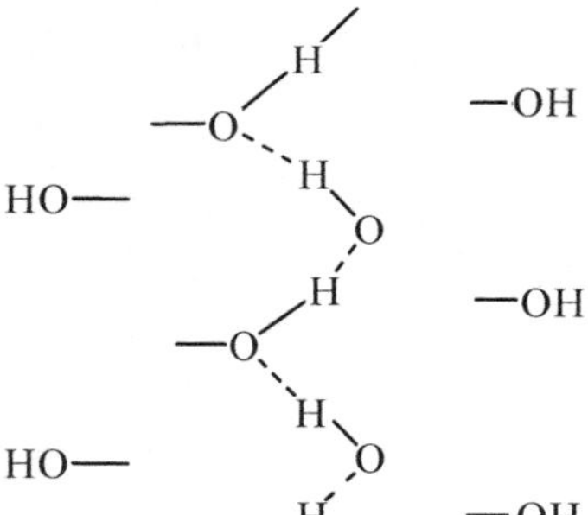

纤维素中的氢键

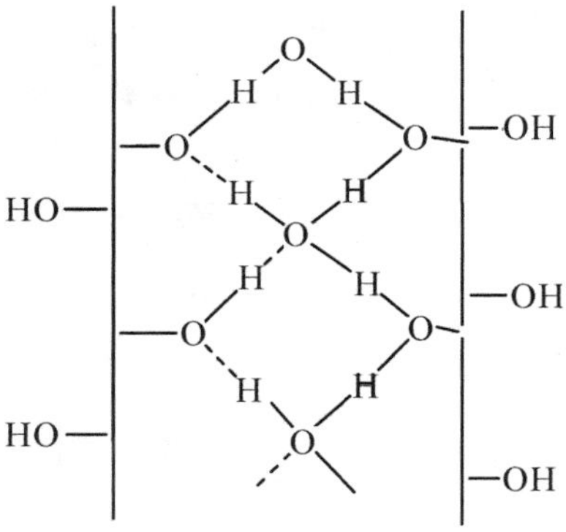

水进入纤维素后的氢键

需要指出,一种物质的吸湿,往往不是某一种形式,而是几种形式不同程度同时作用的结果。多数吸湿性物质的吸湿,基本属于前三种形式。

(二)影响吸湿的因素及规律

1.物质的性质

物质不同,吸湿性也不同。几种常用炸药在相对湿度为65%时的吸湿性见表7-1。

表 7－1　几种常用炸药在相对湿度为 65％时的吸湿性

炸　药	吸湿性/(％)	炸药	吸湿性/(％)
硝化甘油	0.17	硝基胍	不吸湿
硝化二乙二醇	0.19	特屈儿	0.015
二乙醇-N-硝胺	不吸湿	梯恩梯	0.01
二硝酸酯(吉纳)	不吸湿		

2.物质的颗粒度及孔隙

物质颗粒越小，比表面积越大，孔隙越多，毛细管越多，吸湿性越强。不同尺寸黑药的吸湿数据见表 7－2。

表 7－2　不同尺寸黑药的吸湿性

黑火药药粒尺寸/mm	在 20℃，相对湿度 90％下的吸湿性/(％)
5～10	0.6～1.0
2.8～6.0	0.8～1.0
0.5～0.9	1.2～1.4

3.相对湿度

温度一定时，空气相对湿度升高，空气中的水蒸气压增大，导致物质在单位时间内吸入的水分增多，而且吸湿与蒸发达到动态平衡时的平衡含水率也增多。不同粒度黑药在不同相对湿度下的平衡含水率见表 7－3。

表 7－3　不同粒度黑药在不同相对湿度下的平衡含水率

黑药粒度	不同相对湿度(％)下的平衡含水率/(％)									
	60	65	70	75	80	85	88	89	90	91
HY－2	0.64	0.70	0.83	0.88	0.96	1.05				
HY－3	0.89	0.94	1.06	1.10	1.17	1.25				
HY－4	0.91	1.02	1.05	1.11	1.18	1.27	1.07	1.14	1.25	1.37
HY－5	0.94	1.03	1.07	1.13	1.20	1.30	1.35	1.45	1.48	1.71

注：HY－×中的“×”表示黑药的类，“×”数越大，粒度越小，详见本书“黑火药”一章。

4.温度

在空气绝对湿度一定时，气温升高，分子的平均动能变大，且因吸附和毛细作用皆为放热过程，故表面吸附和毛细作用减弱。

在空气相对湿度一定时，气温升高，空气中的绝对湿度增大，也会加大吸湿。此时，存在因空气中水分增多加重吸湿和气温升高减小吸湿两个趋势，但吸湿的总趋势要看哪个因素占主导。例如，纤维素在相对湿度 85％以下，温度升高吸湿性减小；当相对湿度大于 85％，温度由 60℃升至 110℃时，吸湿性反而不断增大，这是由硝化棉和水分子相互联结的键中游离出了新的羟基引起的。

二、炸药的潮解

潮解性，是指物质在一定温度和相对湿度下，不断从空气中吸收水分并发生溶解的性质。具有潮解性的物质称为潮解性物质。潮解性物质一般是易溶于水的结晶物质。

常用单体炸药都是非潮解性物质，而混合炸药和火药中的部分物质，如硝酸盐[KNO_3，$NaNO_3$，NH_4NO_3、$Sr(NO_3)_2$ 等]、氯酸盐（$KClO_3$ 等）、氯化物（NH_4Cl、$NaCl$ 等）及尿素[$CO(NH_2)_2$]等都是潮解性物质。

与炸药的吸湿相比，潮解的危害更大。炸药吸湿后，有些经烘干后仍可使用。炸药中的潮解性物质一旦潮解，便不会终止，直至全部变成水溶液，导致炸药无法使用。即使烘干，也会破坏炸药结构的均匀性，使其无法使用，甚至使感度变大，影响安全。

（一）吸湿点

物质的潮解性常用吸湿点（或临界相对湿度）表示。吸湿点是指在一定温度下，某物质饱和溶液的饱和蒸气压与同温度下水的饱和蒸气压比值的百分数，即

$$K_t = \frac{p_1}{p_2} \times 100\% \tag{7-1}$$

式中：K_t——在 t℃时某物质的吸湿点，%；

p_1——在 t℃时某物质饱和溶液的饱和蒸气压，MPa；

p_2——在 t℃时水的饱和蒸气压，MPa。

温度不变时，潮解性物质的吸湿点是常数。当空气相对湿度大于吸湿点时，会发生潮解；小于吸湿点时，物质内的水分会蒸发出来，造成干燥；等于潮解性物质的吸湿点时，不潮解也不干燥。因此，吸湿点在数值上等于物质不吸湿也不干燥的空气相对湿度。吸湿点越低的潮解性物质，越易潮解。

（二）影响潮解的因素及规律

1.温度

表 7－4 给出了温度与混合炸药中常用三种盐类物质的吸湿点的关系。可以看到，温度升高时，水和盐的饱和溶液的饱和蒸气压都在上升。但因温度升高，盐类物质的溶解度增大，溶液中的溶质含量增多，使水分的蒸发变得困难，所以水的饱和蒸汽压上升较快，导致吸湿点下降，使物质更易潮解，潮解速度更快。

表 7－4　三种硝酸盐的吸湿点与温度的关系

温度/℃	不同温度时，水和盐的饱和溶液的饱和蒸气压/(10^{-4} MPa)				吸湿点/(%)		
	水	硝酸钾	硝酸钠	硝酸铵	硝酸钾	硝酸钠	硝酸铵
5	8.717 82	8.277 93	6.531 7	—	94.8	74.9	—
10	12.276 93	11.597 1	9.197 7	9.171 04	94.4	74.9	74.7
15	17.049 07	15.862 7	12.663 5	11.930 35	93.0	74.3	70.0
20	23.367 49	21.328	17.062 4	15.649 42	91.3	73.0	67.0
25	31.672 08	28.659 5	22.927 6	19.915 02	90.5	72.3	62.8
30	42.442 72	37.723 9	30.125 8	25.300 34	88.9	71.0	59.5

续　表

温度/℃	不同温度时，水和盐的饱和溶液的饱和蒸气压/(10^{-4} MPa)				吸湿点/(%)		
	水	硝酸钾	硝酸钠	硝酸铵	硝酸钾	硝酸钠	硝酸铵
35	56.212 61	—	39.590 1	—	—	70.4	—
40	73.741 56	63.984	50.787 3	38.803 63	87.8	68.9	52.5

2.低吸湿点杂质

含低吸湿点的杂质，将使物质的吸湿点显著下降，使物质易于发生潮解。杂质的吸湿点越低，含量越大，混合物的吸湿点就越低。表 7-5 给出了硝酸铵含有四种盐类物质时的吸湿点数据。

表 7-5　30℃时硝酸铵和某些盐的混合物的吸湿点

混合物盐的组成	$NH_4NO_3+CO(NH_2)_2$	$NH_4NO_3+NaNO_3$	$NH_4NO_3+NH_4Cl$	$NH_4NO_3+KNO_3$
吸湿点/(%)	18.1	46.3	51.4	59.3

3.相对湿度

在温度一定时，空气相对湿度越大，潮解越快。

总之，按照影响程度的大小排序，影响潮解的因素分别是物质的特性、空气相对湿度及温度，而与物质的物理状态无关。

必须指出，在讨论一种具体炸药的吸湿性时，必须首先分清是吸湿性物质，还是潮解性物质，亦或两种物质都有，再根据不同的吸湿规律分别考虑、综合分析。

第二节　化学安定性

一、炸药的热分解

由于分子的热运动，任何温度下炸药分子都会发生分解。炸药的热分解是指，在炸药的爆发点以下，由于热作用，炸药分子发生分解的现象和过程。炸药的热分解是一个自动发生的不可逆过程。

(一)炸药热分解过程

炸药的分解过程往往伴随着温度、质量、气体量和体系内压力的变化。由于常温下炸药热分解速度非常缓慢，一般的仪器都很难检测到，所以通常采用升高温度的办法，在一定的实验条件下，得到分解过程中炸药自身的温度 $T(\tau)$、反应器内炸药热分解气体产物压力 $P(\tau)$、炸药自身质量 $W(\tau)$ 等随时间 τ 变化的关系(对应的曲线称为形式动力学曲线)，来研究炸药的热分解规律。虽然这种较高温度下炸药的热分解与储存条件下有所不同，但可以在一定程度上直观说明炸药的热分解过程。

不同相态、不同特性炸药的形式动力学曲线是不同的，图 7-1 所示为典型固相炸药热分解的形式动力学曲线。图中，纵坐标表示炸药分解的百分数，横坐标表示时间，曲线上各点的斜率 $dx/d\tau$ 表示对应温度下的热分解速度。图 7-1 所示曲线中有三个拐点，将热分解过程分为四个阶段。

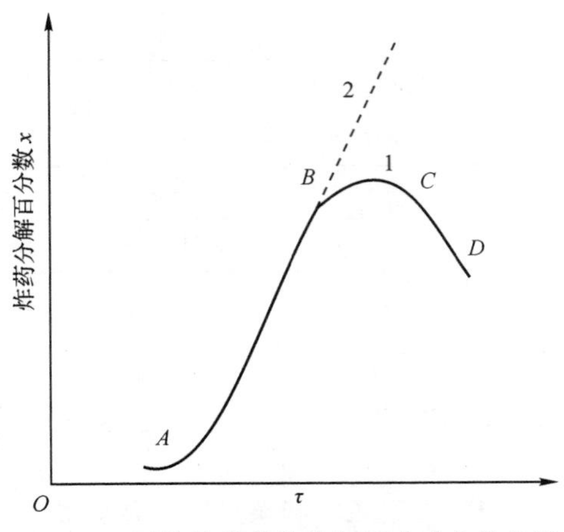

图 7-1　固体炸药的热分解形式动力学曲线

1—热分解曲线；2—至燃烧或爆炸

1.感应期(延滞期)

感应期又称延滞期，对应曲线上的 OA 段，是炸药受热时，表面分子活化并开始分解的阶段。感应期内，炸药无明显变化，分解速度很低，甚至趋近于零，放热量和气体产物很少。感应期的长短取决于炸药的性质和加热温度，若炸药的性质不稳定，温度较高时，感应期将缩短。在一定条件下，感应期与炸药及其制品的安全储存期存在对应关系。

2.加速期

加速期对应曲线上的 AB 段。感应期结束后，分解速度明显加快，炸药进入热分解加速期，经一段时间后在某一时刻(B 点)分解速度达到极大值，之后分解将转入下一阶段。该阶段中，如果存在散热不良、环境温度过高等情况，炸药的分解速度可能急剧增大，发展到爆燃或爆炸。

3.等速期

等速期对应曲线上的 BC 段。该阶段内炸药以较大的速度进行等速分解。药量较少时，也可能没有等速期，而是直接由加速期转入降速期。

4.降速期

降速期对应曲线上的 CD 段。经过等速期后，炸药已接近完全分解，此时炸药已严重变质，分解反应的热效应也会减小，分解速度逐渐下降，直到分解结束。

上述阶段划分虽未涉及炸药热分解的微观机理，但仍为宏观上了解炸药热分解过程的特点、研究热分解感应期与各种因素(如温度、气体产物成分、压力、各种附加剂、炸药纯度等)的关系提供了重要线索和依据。

(二)炸药热分解机理

炸药热分解的机理是从微观上来描述炸药热分解过程的，对研究影响热分解的因素及影响规律非常重要。

在一定的温度下，炸药分子处于相对稳定状态，仅有极少量分子因具有活化能而分解。温度较低时，活化分子数较少，分解速度较慢；温度升高，活化分子增多，分解速度也随之增大。

炸药分子的分解是分阶段进行的，并不会立即形成最终分解产物。炸药分子受热后，首先在分子的最薄弱处断裂。如黑索今分解时，首先在 N—N 键处断裂，脱掉一个二氧化氮，同时形成分子碎片：

CH$_2$　NO$_2$
O_2N—N　N
H_2C　CH$_2$
N
NO$_2$
→
CH$_2$
O_2N—N　N•
H_2C　CH$_2$　+ NO$_2$
N
NO

上述反应发生在炸药热分解的初始阶段，称之为热分解的初始反应或热分解的第一反应。该反应是一个吸热过程。初始反应形成的分子碎片很不稳定，会很快再次分解：

CH$_2$
O_2N—N　N•
H_2C　CH$_2$
N
NO$_2$
→
CH$_2$
O_2N—N　NH
H_2C　CHO
N
N=O
↓
CH$_2$
N_2O+HCOH · NH · CHO ←— O_2N—N　NH
CHO　+N_2+CH_2O
↓ 再分解
产物

以上示意地给出了分子碎片可能发生的分解过程。与此同时，由于初始反应形成的二氧化氮反应活性强，可能与上述各分解过程产生的中间产物发生化学反应，进一步形成最终分解产物（如 H_2O、CO_2、CO 和 NO 等），将这些反应统称为热分解的第二反应。第二反应是剧烈的放热过程，放出的热量远大于初始反应吸收的热量，所以炸药的热分解总体上是放热反应。

1.热分解的第一反应

由于蒸气态炸药的活化能与 C—N、N—N、O—N 键能在数值上相近，故通常认为蒸气态炸药的热分解始于 C—N、N—N、O—N 等键的断裂。如硝基甲烷热分解的活化能为 230.96 kJ/mol，而 C—N 键的离解能为 242.6 kJ/mol，N—N 键的离解能为 230.6 kJ/mol。硝酸酯类炸药也有类似的情况，使用质谱及同位素（N^{15}）对分解产物进行分析的结果也表明，蒸气态炸药分解第一反应是 C—N、N—N、O—N 键断裂生成 NO_2 的反应。表 7－6 给出了 C—N、N—N、O—N 键的离解能。

表 7－6　炸药薄弱键的离解能

化学键名称	C—N	N—N	O—N
离解能/（kJ · mol^{-1}）	242.6	230.12	210.00

对凝聚相炸药而言，情况比较复杂。实验测得的凝聚态炸药活化能数值较低(见表7-7)，与C—N、N—N、O—N键能相差较大，故不能用气态炸药的第一反应机理来解释凝聚态炸药。相关研究表明，炸药分子间键的破坏可能是凝聚态炸药热分解的主要原因。比如，对黑索今晶体的分解机理研究表明，黑索今分子间的O—C键对生成反应核心起主导作用，可见决定固相炸药热分解的重要因素是分子间相互作用的位能。黑索今分子间的位能值为112.9 kJ/mol，奥克托今分子间的位能值为146.44 kJ/mol。另有研究表明，分子热分解不一定开始于键的断裂，而可能是分子的内部氧化。

表7-7 常用炸药的活化能值

炸 药	奥克托今	太安	黑索今	特屈儿	梯恩梯	硝酸异丙酯
活化能 $E/(\mathrm{kJ\cdot mol^{-1}})$	152.7	152.3	213.4	160.7	223.8	180±13

无论炸药的初始反应由何种原因引起，实验结果都表明，大多数炸药的初始反应速度常数只受温度影响，它与温度的关系可用阿伦尼乌斯公式表示：

$$K = A\mathrm{e}^{-\frac{E}{RT}} \tag{7-2}$$

式中：K——某温度下，炸药的初始反应速度常数；

A——指前因子；

E——活化能，kJ/mol；

R——气体常数，8.314 3 J/(mol·K)；

T——温度，K。

炸药的活化能是炸药热分解动力学的重要参量，一般在125～230 kJ/mol之间。与某些非炸药相比，炸药的活化能值较大。由于活化能表示了物质热反应的难易程度，数值越大，说明分解时需要的外界能量越大，所以在常温下炸药比其他非炸药物质更稳定。

对式(7-2)微分，得

$$\frac{\mathrm{d}\ln K}{\mathrm{d}T} = \frac{E}{RT^2} \tag{7-3}$$

式(7-3)表明，活化能还代表了一定温度下，反应速度的增长率与温度增长率的比值，即反应速度的温度系数。活化能越大，反应初始速率随温度的变化量越大。这说明，炸药在低温时热分解的速度可能不大，但当温度升高时，分解反应速度却迅速增大，这是炸药热分解的一个显著特点。因此，在使用和储存炸药时必须严格控制炸药的温度。

2.炸药热分解的第二反应

第二反应的过程比较复杂，可能涉及热自动加速分解、自动催化加速分解等形式的剧烈放热反应，并有可能引发炸药的自燃或者自爆。

(1)热自动加速分解。热自动加速分解是由反应本身放出的热使反应物温度升高引起的。如果缓慢反应放出的热量来不及散失，便会加热炸药，使其温度升高、反应加速。如此循环往复，系统热量积累越多，分解速度越快，将可能导致爆炸。

(2)自动催化加速分解。炸药中的催化剂虽不参加反应，但却能够改变反应速度。如果催化剂是炸药分解的最终产物或中间产物，则称这种反应为自催化反应。如黑索今分解产生的甲醛、硝化棉分解产生的二氧化氮，特屈儿分解产生的苦味酸(三硝基酚)，都是自动催化剂，都将引起自动催化加速反应。比如，硝化甘油的分解过程：

$$RCH_2ONO_2 \longrightarrow RCH_2O + NO_2 - Q_1$$

$$(RCH_2O)_x \longrightarrow x_1RCH_2O + x_2R + x_3CH_2O - Q_2$$

$$2NO_2 + CH_2O \longrightarrow 2NO + H_2O + CO_2 + Q_3$$

$$NO_2 + RCH_2ONO_2 \longrightarrow NO + H_2O + CO_2 + RCH_2 + Q_4$$

自动催化反应将使炸药分解速度加快，引起热自动加速反应，形成恶性循环，可能引发爆炸。

(3)水解加速反应。湿度较大的情况下，很多炸药还会发生水解反应，即

$$醇 + 酸 \underset{水解}{\overset{酯化}{\rightleftharpoons}} 酯 + 水$$

生产中，通过醇和酸的作用得到了酯类炸药，但是在一定的条件下酯和水可以通过水解反应生成另外一种醇和酸，生成的酸将和酯类炸药发生反应，使得酯类炸药发生分解，放出热量，并有可能引发热爆炸。

(4)链锁自动加速分解。能使活化质点再生的反应称为链锁反应，若反应一旦开始，便可自动进行下去，如：

$$Br_2 \longrightarrow Br + Br$$

$$Br + H_2 \longrightarrow HBr + H$$

$$H + Br_2 \longrightarrow HBr + Br$$

……

一个活化质点作用时生成两个或多个活化质点，则反应速度可以很快增加，这种情况称为链锁的分支。相反，当活化质点互相碰撞或与容器碰撞而消失时，称为链锁的中断。中断使反应速度降低，甚至使反应中止。

当链锁反应使炸药分解速度加快时，放热量增大，当生成热量不能及时散失时，造成热加速分解，从而构成链锁——热加速分解的循环，使分解速度上升极快，最终也将导致爆炸。

总之，上述炸药热分解的第二反应都是剧烈的放热反应，这些反应都可促使炸药加速分解，并可能引发爆炸。在一定条件下，炸药的第二反应可能是其中的一种形式，或者几种形式同时出现。因此，对于一般炸药，其化学安定性并不决定于炸药的初始分解速度，而是决定于其自动加速分解反应的发生和发展。由于自动加速反应的速度与外界条件有关，所以在一定范围内或一定条件下，可通过人为控制外界条件，延缓自动加速的发生，抑制自动加速的发展，提高炸药的安定性。

(三)影响热分解的因素

影响热分解的因素首先是炸药自身的化学结构。对同种炸药，晶型、相态等物理化学性质变化，温度、密度、附加物等实验条件，外界环境的变化，都会对热分解规律和分解产物组分产生影响。

1.化学结构

炸药分子中不稳定基团的性质是影响炸药热分解的主要因素。一般说来，含碳硝基（C—NO_2）的硝基化合炸药的安定性较好，含氮硝基（N—NO_2）的硝胺化合炸药次之，含氧硝基（O—NO_2）的硝酸酯化合炸药较差。另外，不稳定基的数目和排列形式也影响炸药的安定性。不稳定基的数目越多，热安定性越差，不稳定基对称排列比非对称排列的安定性好。

2.温度

上述分析表明,温度对炸药热分解的影响主要体现在初始反应阶段。研究表明,温度每升高10℃,许多炸药的分解速度大约增加4倍。一旦炸药分解进入第二反应阶段,温度对反应速度的影响很小,甚至可以忽略不计。因此,为降低炸药分解速度,避免分解进入第二反应阶段,最有效的办法是在分解的初始阶段尽量降低环境温度。

3.晶型与相态变化

炸药晶型转变、相态变化等都会影响热分解的过程。比如,高氯酸铵在240℃时晶型发生转变,由斜方型转变为立方型,分解速度反而下降。又如,温度升高至熔点成为液态时,特屈儿的分解速度比固态高50~100倍。相态对分解速度的影响具有普遍性,在对黑索今、太安等的实验中也观察到类似现象。因此,研究热分解、比较安定性时,选择的温度要使被比较的炸药处于相同相态,否则难以得到正确结论。

4.附加物

水对某些炸药的热分解有很大影响。比如,在硝化甘油中加入少量水时,会因为水解使反应速度大幅增加。又如,溶塑火药组分中存在的少量的安定剂或中定剂,因可吸收火药分解产生的二氧化氮,可起到阻止自催化反应发生的作用。

5.炸药的纯度

炸药的纯度越高,其热安定性越好。以奥克托今为例,经过有机溶剂重结晶的奥克托今在固态分解的热分解速度比未经重结晶的工业品慢得多。在234℃时,工业品奥克托今的半分解期为100 min,经二甲基甲酰胺重结晶的奥克托今的半分解期为113 min,经丙酮重结晶的半分解期为127 min,而经过环戊酮精制过的奥克托今半分解期则为153 min。

根据结晶学原理,晶体中的杂质多聚集在晶体表面上,而固体物质的热分解总是开始于晶体表面,因此晶体表面上的杂质往往起反应核心的作用。因此,晶体表面杂质越多,反应核心的数目越多,热分解速度越大。不同溶剂对杂质的溶解能力不同,对炸药热分解的影响也不同。另外,经过重结晶容易生成单一的稳定晶型,如经重结晶的奥克托今是单一的稳定晶型,这也有利于降低热分解速度。

二、炸药的热安定性

(一)炸药热安定性理论及分析

从炸药储存使用的实际需求看,炸药热安定性研究的问题包括:分解延滞期的规律(含分解速度和持续时间,即炸药的安全储存期)、由延滞期发展到自行加速期的可能性、自行加速期炸药分解的特点以及控制自行加速反应的条件和措施。

长期以来,人们针对炸药的热安定性特别是热分解速度开展了大量研究。有人基于炸药初始反应速率服从阿伦尼乌斯定律,在通过实验获得活化能、指前因子等炸药分解动力学参数的基础上,计算得到一定温度下炸药分解50%所需的时间(即半分解期)。以硝化甘油为例,在60℃下计算得到的半分解期为35年,这个结果不符合实际情况。由于实际上不允许炸药分解到这种程度,也不可能在分解到50%时仍处于初始反应阶段。计算过程中只考虑了单分子反应等原因,所以半分解期只能作为比较不同炸药的热安定性的参数,用于炸药设计实践。

对速度更快的二次反应来说，基于反应过程更复杂、影响因素更多、温度对二次反应的影响较小等原因，关于反应速度的定量研究只能在尽可能接近实际储存温度的条件下，通过实验测定的总反应速度来分析、推断和评价。

实验研究炸药热安定性的方法包括量气法、量热法和失重法。其中，最常用的是真空安定性实验法（量气法的一种）。其基本原理是：在恒温真空条件下加热炸药，用加热一定时间后分解放出的气体量（标准状态下的体积）来表示炸药的热安定性。

通过实验研究评价炸药的热安定性，通常有两种方法。第一种方法是测定不同炸药在某一时间点上的分解量，或达到同一分解量时的时间，来比较不同炸药的热安定性。但由于不同炸药的分解历程不同，采用这种方法通常会出现选取不同分解量或不同时间点时，对两种炸药安定性的评价结论完全相反的情况。另外，由于只测量初始分解，经常不能判断这种分解是炸药自身产生的，还是其中一些不安定的杂质产生的，无法确定这种分解与长时间分解的关系，更不能确定达到怎样的分解程度会进入加速分解期。第二种方法是绘制出从炸药开始分解到分解程度很大时的反应时间曲线，这种方法在理论上是可靠的。但这种评价方法仅考虑了一种炸药的热分解，对于单质炸药来说是可行的。对于由多种组分构成的混合炸药的热分解而言，除了单质炸药的分解外，还存在不同炸药分子间的相互作用、炸药分子或其分解产物与混合炸药添加剂之间发生的其他形式的反应、组分间形成低共熔物引起的反应等情况，这些情况会使混合炸药的热分解速度远大于单质炸药，因此该方法也存在一定的局限性。

（二）炸药的安全储存期

由于涉及炸药的可靠作用和安全问题，炸药的安全储存期或有效寿命是炸药（弹药）储存管理人员关心的最直接、最现实的热安定性参数。

为了估算炸药的安全储存期或有效寿命，应尽可能地在接近储存条件下求得炸药热分解的动力学参数。若实验温度过低，则测试周期太长，故通常的实验是在稍高于储存温度下进行的，称这种实验为加速储存实验。开展加速储存实验时，不仅要测出炸药分解的动力学参数，而且要确定储存期或有效寿命的终点。安全储存期的终点是指炸药刚刚进入加速分解时所对应的分解深度（一般用炸药分解的百分数表示）。有效寿命的终点是指炸药因分解使其物理或化学性质发生了变化，导致某项（或某些）性能不符合技术条件规定的指标时，所对应的炸药分解深度。安全储存期与有效寿命有时是一致的，有时并不一致。不同的终点对应的分解深度是不同的，对具体的炸药应具体研究确定。但通常对不同炸药进行比较时，常常选取某一个分解深度来表示它们共同的“终点”，如5%、1%或0.1%等。

由炸药的热分解所确定的安全储存期或有效寿命，一般由下式估算，则有

$$\ln\tau = B + \frac{E}{RT} \tag{7-4}$$

式中：E——炸药热分解的活化能，J/mol；

T——储存的温度，K；

R——通用的气体常数，$R=8.314\ 3$ J/(K·mol)；

B——常数，取决于炸药分解动力学常数的指前因子和终点的分解深度；

τ——热分解延滞时间，s。

有人根据上述原理，取分解深度5%作为终点，对梯恩梯、黑索今、太安和硝化纤维素作了研究，得到的有效寿命与储存温度的关系，见表7-8。

表7-8 一些炸药达5%分解量时的热分解延滞期

炸药	热分解延滞期 τ/d		
	25℃	60℃	127℃
梯恩梯	1.15×10^{10}	5.8×10^{7}	1.03×10^{4}
硝化棉	1.15×10^{4}	90	0.002
太安	1.15×10^{7}	1.15×10^{4}	0.9
黑索今	1.15×10^{9}	2.4×10^{6}	23

应该指出，按式(7-4)进行估算必须满足一定的前提条件，即只有在一定温度范围内，热分解机理保持不变，分解速度与温度的关系才一直符合式(7-4)中的线性关系，只有如此计算才是正确的。研究结果表明，许多炸药在晶型转换、熔体凝固或固体熔融等相变前后，分解反应速度变化明显，与温度的线性关系遭到破坏。如高氯酸铵，在240℃下发生晶型转变时，低于240℃时的反应速度受温度影响比高于240℃时要大；而太安在熔化后，反应速度比固态时要大很多。另外，相态不同，炸药分解的活化能也不同，在接近炸药相变温度范围内时，由于炸药出现增进熔融的现象，活化能有增大的趋势。一般情况下，应尽可能取接近计算温度范围内的活化能值。研究表明，温度较低时，炸药的活化能值比温度较高时的低。因此，一般取60～100℃范围内的活化能值进行室温条件下热安定性参数的估算。

按式(7-4)估算炸药的热安定性时，关键在于测定和估算炸药热分解的延滞期，而延滞期以热分解曲线中两种不同分解速度变化的交界点作为其终点的标志。实际测定中，或由于分解速度的变化规律不明显，或由于分解速度过小，导致测定时间过长。因此，可以取达到某一分解量(如热分解量达1%)时对应的时间来表示热分解延滞期。

关于炸药安全储存期或有效寿命的研究，最可靠的方法是进行长期保管实验和模拟储存实验。这两种实验是将炸药样品直接存放于有代表性的仓库中，或模拟仓库条件，人为地创造满足要求的环境条件，进行长期储存实验，定期取样，进行理化性能和爆炸性能的测试，得到确定的安全储存期和有效寿命。该种方法可靠，但实验周期太长。

需要强调，一些炸药特别是一些混合炸药的有效寿命，不是由它的热安定性决定的，而是由物理安定性或其他化学安定性决定的，如硝铵炸药的吸湿结块、黑药中木炭的吸湿和硝酸钾的潮解、发射药柱的断裂等。因此，应按实际情况，分别进行有效寿命期的分析和实验。

多年来，由于炸药的多样性、炸药热分解的复杂性等，炸药热安定性的理论和方法并没有太大突破。但量子计算技术、计算机技术和检测技术的发展，使人们能够结合热分解动力学等传统理论，通过理论计算和实验验证对炸药的热安定性机理进行深入研究，虽然很多研究成果并没有得到公认，但相关结论可为炸药热安定性评价提供指导。比较典型的是曾秀琳关于硝酸酯热安定性的理论和实验研究。

曾秀琳通过量子计算和差示扫描量热法、加速量热法等手段，研究了硝酸异丙酯、硝酸异辛酯等在发射药、推进剂中广泛应用的5种硝酸酯的热安定性，并在参照国外学者研究和相关行业标准的基础上，提出了用起始反应温度和物质的反应热来综合评估物质在某一温度下热不稳定性风险度的方法。

第三节　炸药的相容性

混合炸药在长期储存过程中，各组分之间可能会因为混合而导致其物理、化学和爆炸性能发生变化。炸药通常需要装填在炮弹、水雷、导弹等战斗部中，炸药与战斗部壳体材料之间可能会发生反应，导致各自性质发生变化。这些都属于相容性研究的范畴。

一、相容性的基本概念

炸药与材料的相容性是指，炸药与材料（含其他炸药）混合或接触后，保持各自的物理性质、化学性质和爆炸性质不发生明显变化的能力。通常把混合炸药中各组分间的相容性称为内相容性或组分相容性，炸药与接触材料之间的相容性称为外相容性或接触相容性。

炸药与材料不相容时，主要表现为炸药的安定性下降、爆发点下降、起爆感度变化、接触材料性能变化等。

相容性又可分为物理相容性和化学相容性。炸药与材料混合或接触后，体系的物理性质（如相变、力学性质等）变化属于物理相容性的研究范畴，体系的化学性质变化则属于化学相容性研究的范畴。实际上，这两种现象相互联系：物理性质变化往往可能促进化学性质的变化；反之，化学性质变化也能加快物理变化的进程。

由物理变化引起的不相容的例子有很多。比如，梯恩梯、黑索今的热安定性都比较好，但一经混合便会形成低共熔物。这种低共熔物会在远低于梯恩梯或黑索今熔点的情况下开始分解，且分解速度比梯恩梯、黑索今的分解速度都快。又如，若混合炸药中高分子材料的增塑剂与其他组分互溶，会使增塑剂从高分子材料中分离出来，引起高分子材料物理性质改变，表现为高分子材料老化加快。

由化学变化引起的不相容例子也有很多。比如，梯恩梯与奥克托今的混合物热分解时，奥克托今的分解产物可催化梯恩梯的分解。许多金属能催化炸药的分解，如锌可催化硝酸铵分解。

二、相容性的表示方法

从外在表现来看，不相容主要表现为伴随着产生气体、放热、失重等现象的热分解。因此，相容性通常用测量热分解的方法进行研究。凡是能用于测量热分解的方法都可用于测量化学相容性。不同的测量方法对应不同的分解速度表示方法，也对应不同的相容性判断参量和标准，但原则上可表示为

$$W = W_{混} - (W_{炸} + W_{材}) \tag{7-5}$$

式中：$W_{混}$——混合物的热分解速度；

$W_{炸}$、$W_{材}$——炸药、其他组分单独热分解时的分解速度。

以真空安定性实验法为例。用该法评价炸药与材料的相容性时，常用考核标准是分解气体的增量。在同一恒温浴内同时放置三个试样管，其中两个管内分别装炸药、材料各 2.5 g，另一个管内装质量比为 1∶1 的上述炸药与材料的混合样 5 g，在 100℃下加热 48 h 后，分别测试三个试样管内分解的气体量，再计算分解气体的增量，即

$$\Delta V = V_3 - (V_1 + V_2) \tag{7-6}$$

式中：ΔV——炸药与材料混合物分解气体增量，mL；

V_1——2.5 g 炸药分解的气体量，mL；

V_2——2.5 g 材料分解的气体量，mL；

V_3——5 g 混合物分解的气体量，mL。

评价标准如下：

(1)$\Delta V = 0.00 \sim 3.00$ mL，相容，反应轻微，可长期储存；

(2)$\Delta V = 3.00 \sim 5.00$ mL，中等反应，不可推荐使用；

(3)$\Delta V > 5.00$ mL，不相容，反应严重，不能长期储存。

用于测量炸药相容性的其他方法包括布氏计实验、100℃加热实验和差热分析等，相关实验方法、相容性表示方法和判定标准请参照相关标准和著作。

需要指出，研究炸药相容性的方法很多，但尚没有一种公认的可靠方法。通常的做法是同时采用多种方法进行测定，最后综合多种方法的测试结果对相容性作出判断。

第八章　猛　炸　药

猛炸药是一种以爆轰为基本能量输出形式，能够产生猛烈爆炸和破坏作用的火炸药。猛炸药在弹药装备中的用量很大，主要用于装填弹体、爆破器材等，也可用于雷管、传（导）爆管、导爆索等火工品。由于感度相对较低，需要由其他炸药或火工品起爆，故猛炸药又被称为次发炸药或第二炸药。

具备猛烈爆炸作用的炸药有很多，但一种猛炸药能否用于弹药装备，除了满足弹药对威力、猛度、感度等基本战术技术要求外，还应综合考虑物理化学性质、安定性、相容性、工艺性、环境适应性和装药机械力学性能等其他性能。近年来，随着人们对弹药战场防护重要性的认识逐步深入，对猛炸药又提出了低易损性、耐热性、钝感性以及低感高能等要求。

第一节　单质炸药

单质炸药是单一的化合物炸药，又称爆炸化合物或单体炸药，是一种相对稳定的化学体系。单质炸药分子中含有爆炸性基团，其中最常见的有 $C—NO_2$，$N—NO_2$ 及 $O—NO_2$ 三种。对应称含有上述三种爆炸性基团的炸药为硝基类化合炸药、硝胺类化合炸药及硝酸酯类化合炸药。

一、硝基类化合炸药

目前，用作炸药的硝基化合物主要是芳香族多硝基化合物，是硝基直接与芳环相连，即芳环母体中的氢被硝基取代后生成的一类化合物。根据芳香母体的结构，该类化合物可分为碳环（单环、多环及稠环）与杂环两类，最常用的是单碳环多硝基化合物，其典型的代表是梯恩梯，以及近年来受到高度关注的三氨基三硝基苯、二氨基三硝基苯、六硝基芪、塔柯特等耐热硝基类化合炸药。硝基类化合炸药的爆炸能量和机械感度均低于硝酸酯类和硝胺类炸药，安定性优异，制造工艺成熟，大多原料来源充足、价格较低，因此应用广泛。

（一）概述

按照分子中氢被硝基取代的个数，芳香族硝基化合物可分为一硝基、二硝基及多硝基化合物等。其中，一硝基化合物因能量较低，不能用作炸药。

1.热安定性

芳香族硝基类化合物的热安定性优于硝胺类及硝酸酯类，室温下储存很稳定，只有在高温（高于 150℃）下才发生分解，且热分解延滞期很长。多种芳香族硝基化合物在高温下的热分解动力学参量见表 8－1。

表 8－1　几种芳香族硝基化合物热分解的活化能(E)及指前因子(A)

化合物	$E/(kJ \cdot mol^{-1})$	$\lg A/s^{-1}$	T/℃
TNT	113.0	11.4	
苦味酸	161.5	11.6	183～270
1,3,5－三硝基苯	217.1	13.6	270～355
间二硝基苯	220.1	12.7	345～410
硝基苯	223.4	12.65	395～445

2.爆炸性质

芳香族多硝基类化合物为负氧平衡炸药，大多密度较低，故能量水平低于硝胺类及硝酸酯类。最大爆速受芳香环上取代基的影响，很多取代基都能提高其爆速，尤以含氟基团为甚。撞击感度较低，但随着硝基数的增多而增大。另外，对于分子式相同的芳香族硝基类化合物，以硝基互处于间位的机械感度最低。

3.毒性和生理作用

芳香族多硝基类化合物有毒，其主要致毒作用是形成高铁血红蛋白和变形珠蛋白小体，前者会降低血液的输氧能力，后者则会引起血液中细胞破碎。另外，芳香族硝基类化合物对肝脏损伤较大(可引发中毒性肝炎)，对神经系统、心血管系统，及眼、肾、皮肤也具有危害性。

芳香族多硝基类化合物的毒性与苯环上的取代基有关。在硝基苯中引入 NO_2、NH_2 和 Cl，使其毒性增强；引入 OH、CO_2H 等水溶性基团，可明显地降低其毒性。此外，取代基的相对位置对毒性也有影响，如在多硝基类苯衍生物中，硝基互为邻、对位时的毒性比硝基互为间位时大。

(二)梯恩梯

梯恩梯化学名称为 2,4,6－三硝基甲苯，代号 TNT，或称为 α－TNT，分子式为 $C_7H_5N_3O_6$，氧平衡为－74%，相对分子质量为 227.13，结构式为

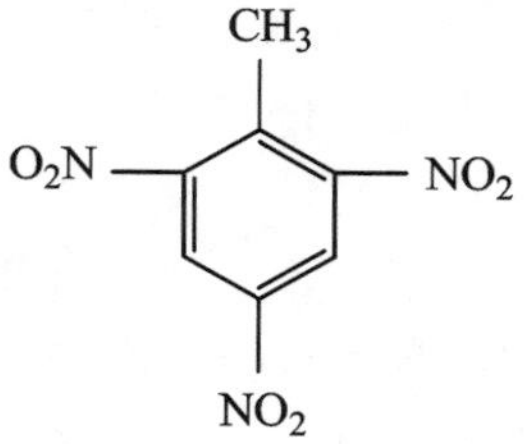

1.制造工艺

TNT 由德国化学家威尔布兰德(Wilbrand)于 1863 年首先制得，1891 年在德国开始进行工业化生产。第二次世界大战结束前，TNT 一直是综合性能最好的炸药，被誉为“炸药之王”。

TNT 由甲苯经硝硫混酸三段硝化制得，其简单化学反应式为

$$C_6H_5CH_3 + HNO_3 \xrightarrow{H_2SO_4} C_6H_4CH_3NO_2 + H_2O$$

$$C_6H_4CH_3NO_2 + HNO_3 \xrightarrow{H_2SO_4} C_6H_3CH_3(NO_2)_2 + H_2O$$

$$C_6H_3CH_3(NO_2)_2 + HNO_3 \xrightarrow{H_2SO_4} C_6H_3CH_3(NO_2)_3 + H_2O$$

上述硝化得到的是以 α-TNT 为主，包含其他 5 种同分异构体，以及少量邻位 DNT、不对称(邻位、对位)三硝基甲苯和四硝基甲烷等杂质的混合物。由于亚硫酸钠能与杂质生成易溶于水的钠盐，故常用亚硫酸钠进行精制，再用水洗涤除去杂质后，得到较纯净的 α-TNT。

2.物理性质

纯 TNT 为浅黄色针状结晶，工业品为鳞片状，有两种晶型，分别属于单斜晶系和长方晶系，晶体密度为 1.654 g/cm^3，表观密度为 0.9 g/cm^3，熔融装药密度为 1.47 g/cm^3。TNT 的可压缩性较好，便于进行压装装药，压药密度随压力增大而增大，装药密度与装药压力的关系见表 8-2。但当压药密度高于 1.59 g/cm^{3}时，药柱会出现横断裂纹，故压药密度要控制在 1.59 g/cm^{3}以下。

表 8-2　TNT 装药密度与装药压力的关系

装药压力/MPa	27.5	68.5	137.5	200	275	343	413
装药密度/(g·cm^{-3})	1.320	1.456	1.558	1.584	1.599	1.602	1.610

TNT 难溶于水，微溶于乙醇、四氯化碳及二硫化碳，极易溶于吡啶、丙酮、甲苯、苯及氯仿，在硝酸、硫酸及硝硫混酸中也有一定溶解度。

纯 TNT 熔点为 80.6～80.85℃，军品 TNT 熔点为 80.2～80.4℃，300 Pa 下的沸点为 190℃，80℃及 100℃下的蒸气压分别为 5.6 Pa 及 14.0 Pa，－100～＋78℃范围内的线膨胀系数约为 $6.0\times10^{-5}K^{-1}$(铸装药)。TNT 实际上不吸湿，在高温饱和湿度的空气中，其最小吸湿量为 0.03%～0.05%，因此可用高温水或水蒸气加热熔化进行铸装和倒空弹丸装药。TNT 在铸装工艺条件下的装药密度约为 1.58 g/cm^3。如果在加压下凝固，可得到更高的密度，加压 0.5 MPa时，密度可达 1.62 g/cm^3。

TNT 能与很多其他硝基类、硝胺类及硝酸酯类化合物混溶，并形成二元低共熔物，其中很多具有实用价值。比如，TNT 与黑索今混合，采用铸装工艺可制成梯黑混合炸药。

3.化学性质

TNT 是一种弱中性碱，与金属不反应，与重金属氧化物无明显的反应。温度较低时，TNT 能溶于酸，但不发生化学反应，但在高温下则不同。例如，在高于 110℃且浓度较高的硝酸溶液中，TNT 分子上的甲基可被氧化为羟基，浓硫酸与 TNT 于 145℃共热 6 h 就开始分解。在有活泼性高于氢的金属(如铝、铁)存在时，将 TNT 与稀酸共热，除发生硝基的还原反应外，还伴随其他反应。例如，将 TNT 和铁屑各 20 g、发烟硝酸 10 mL 和水 100 mL 在 90～95℃共热 2 h 后，得到 2～3 g 棕色物质，后者加热时可能发生爆燃，遇发烟硝酸或 49/49(质量比)的硝硫混酸就可能发火。因此，含酸 TNT 与金属设备接触，有可能产生敏感的产物。

TNT 与碱的反应产物大多对外界刺激(如热、机械作用)很敏感。例如，在 160℃的 TNT 中加入氢氧化钾会立即发生爆炸。在 100℃的 TNT 中加入氢氧化钾，会形成表面膜，但如加入酒精，使膜溶解，混合物会立即发火。将 TNT 与氢氧化钾的粉状混合物加热至 80℃也能发火，但缓慢加热至 200℃也可能不爆炸，而是逐渐分解。因此，要严防 TNT 与碱(特别是强碱)接触。

TNT 受日光照射后颜色变深，性质变化。凝固点为 80.0℃的 TNT 受日光照射 2 周或 3

个月后，凝固点分别降至79.5℃和74℃。但将TNT置于真空中暴晒，则其颜色和凝固点不易改变。

4.热安定性

TNT的热安定性非常好。温度低于100℃时，可长时间不变化，100℃时第一个及第二个48 h各失重0.1%～0.2%，150℃时加热4 h基本不发生分解，160℃下加热时开始明显放出气体产物，200℃加热16 h，仅分解10%～25%，210℃加热14～16 h(或更短的时间)可发生自燃。表8-3列出了TNT真空热安定性的实验结果。

表8-3　TNT的真空热安定性

T/℃	100	120	135	150
放出气体量(5 g,40 h)/mL	0.10	0.23	0.44	0.65

5.爆炸性质

少量的TNT在裸露的空气中点燃时，可平稳燃烧不爆炸。超过一定量或在密闭容器中燃烧时，TNT可能由燃烧转为爆轰。压装TNT起爆感度较大，可被8号工程雷管顺利起爆。铸装TNT爆轰感度较小，不易被8号雷管起爆，使用时需要增加传爆药，以利于爆轰。

TNT主要爆炸性能参数如下：

发火点：295℃(5 min)，475℃(5 s)；

撞击感度：4%～8%(10 kg落锤，25 cm落高，药量0.05 g)；

摩擦感度：4%～6%(摆角90°，压强3.93 MPa)；

起爆感度：叠氮化铅为0.27 g；

威力：285 cm^3(铅铸扩孔值)，139 kg·m/g(做功能力摆值)；

猛度：16 mm(铅柱压缩值)，3.9 mm(铜柱压缩值)；

比容：740 L/kg；

爆热：3 977～4 228 kJ/kg(计算值)；

爆速：6 920 m/s(ρ=1.64 g/cm^3)；

爆温：3500 K(ρ=1.61 g/cm^3)；

爆压：19.1 GPa(ρ=1.63 g/cm^3)。

6.毒性和生理作用

TNT可通过呼吸系统、消化系统及皮肤进入人体，引起肝、血液和眼中毒，导致皮肤炎、胃炎、发绀、中毒性黄疸、再生障碍性贫血等病症，其中中毒性肝炎及再生障碍性贫血可造成死亡。因此，长期接触TNT的人员应定期进行医学检查，车间空气中TNT的浓度应小于1 mg/m^3。

7.用途

由于TNT具有一系列突出的优点，如安定性、相容性和安全性好，有一定的能量水平，且生产工艺成熟，原料来源丰富，价格低廉等，所以从1902年开始被用于装填弹药，到第一次世界大战前期替代苦味酸作为标准炸药，第二次世界大战期间作为主要军用炸药。时至今日，虽然其能量水平小于黑索今、奥克托今等炸药，但仍然被广泛使用。目前，TNT可单独用于弹体装药，但大多数情况下都与其他物质组成混合炸药使用，比如，各种榴弹、常规导弹、鱼雷、水雷弹体中装填的梯黑炸药、梯铝炸药等。

(三)二硝基甲苯

二硝基甲苯分子式为 $C_6H_3CH_3(NO_2)_2$，代号 DNT，是由甲苯经硝酸与硫酸混酸二段硝化得到的含有油状杂质的黄色结晶物质，化学结构式为

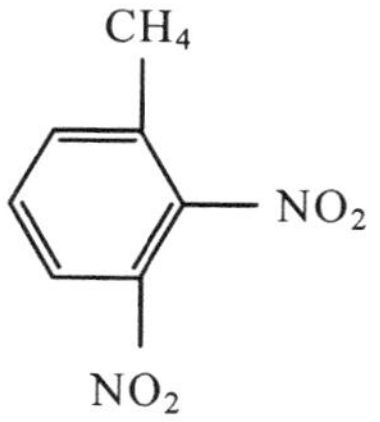

CH_4

NO_2

NO_2

DNT 的成分比较复杂，有 6 种异构物，但作为炸药以 2,4 - DNT 为主。其凝固点的高低取决于其中所含的杂质成分，一般在 48～56℃之间，纯 2,4 - DNT 的熔点为 70.5℃，密度为 1.32 g/cm^3。在水中的溶解度极小，在有机溶剂中的溶解度比 TNT 大。

DNT 的主要爆炸性能参数如下：

爆速：6 100 m/s；

发火点：300℃；

威力：64%TNT 当量。

DNT 现主要作为双基发射药、双基推进剂中的含能增塑剂。

(四)二硝基萘

二硝基萘分子式为 $C_{10}H_6(NO_2)_2$，代号 DNN，为淡黄色(或茶色)结晶体，熔点为173.5℃，结构式为

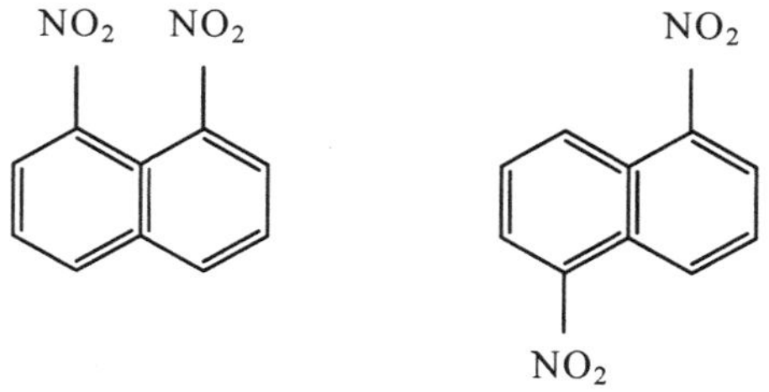

NO_2　NO_2　　　NO_2

NO_2

DNN 的吸湿性较小，在 20℃、相对湿度为 80%条件下，吸湿 0.3%。热安定性很好，不与金属反应。

DNN 几乎没有爆炸性，起爆困难，威力较小，爆速为 1 150 m/s($\rho=1.0$ g/cm^3)。之前，DNN 与 TNT 混合用于木柄手榴弹的弹体装药，目前 DNN 主要用于与 TNT 混合制成梯萘炸药，用作部分口径迫击炮杀伤榴弹弹体装药。

(五)三氨基三硝基苯

三氨基三硝基苯学名 1,3,5 -三氨基- 2,4,6 -三硝基苯，也称三硝基间苯三胺，代号 TATB，分子式为 $C_6H_6N_6O_6$，相对分子质量为 258.15，氧平衡为－55.78%。通过引入氨基，提高了硝基化合物的耐热性，结构式为

NH_2

O_2N　NO_2

H_2N　NH_2

NO_2

1.性质

TATB是黄色粉状结晶，在阳光或紫外线照射下呈绿色。不吸湿，室温下不挥发，高温时升华，除能溶于浓硫酸外，几乎不溶于所有有机溶剂，高温下略溶于二甲苯甲酰胺和二甲基亚砜。晶体密度为1.937 g/cm^3，熔点大于330℃(分解)。250℃、2 h失重0.8%，100℃第一个及第二个48 h均不失重，100 h后不发生爆炸。

TATB是一种非常安定、非常钝感的耐热炸药，爆轰感度也很低，且临界直径较大，在Susan试验、滑道试验中，以及高温(285℃)缓慢加热、子弹射击及燃料火焰等能量作用下，TATB均不发生爆炸。

TATB的主要爆炸性能参数如下：

发火点：340℃(5 s)；

撞击感度：0%；

摩擦感度：0%；

做功能力：89.5%TNT当量；

爆热：5 000 kJ/kg(计算值)；

爆速：7 600 m/s(ρ=1.857 g/cm^3)；

爆压：29.1 GPa(ρ=1.89 g/cm^3)。

2.用途

TATB是最早的耐热、钝感炸药之一，虽然能量较低，但由于其对高温、撞击、冲击都十分钝感，同时，临界直径比TNT小，能较易维持稳定爆轰，不易由爆燃转化为爆轰，因此在核武器、高速导弹战斗部以及深井爆破等民用领域得到应用。目前，将其作为钝感成分制成混合炸药，在直列式爆炸序列、传爆药、钝感弹药中具有广泛的应用前景。

(六)六硝基芪

六硝基芪学名2,2′,4,4′,6,6′-六硝基均二苯基乙烯，也称六硝基联苄，代号HNS，分子式为$C_{14}H_6N_6O_{12}$，相对分子质量为450.23，氧平衡为−67.52%。通过在炸药分子中引入共轭结构，提高了炸药的耐热性，降低了炸药的感度，其结构式为

NO_2　NO_2

O_2N　CH ═ CH　NO_2

NO_2　NO_2

1.性质

HNS是黄色晶体，有两种晶型，通常应用的是用溶剂重结晶的HNS-Ⅱ型。30℃、相对

湿度90%条件下，吸湿量为0.004%，不溶于水、氯仿、四氢呋喃及异丙醇，微溶于热丙酮和冰醋酸，溶于二甲基甲酰胺、硝基甲烷、硝基苯及浓硫酸等。晶体密度为1.74 g/cm^3，表观密度为0.45～1.0 g/cm^3，熔点为316～317℃，260℃真空安定性试验第一个20 min放气量为0.3 g/(g·h)，DTA曲线起始放热峰为325℃。

HNS的主要爆炸性能参数如下：

爆发点：350℃(5 s)；

撞击感度：40%；

摩擦感度：36%；

做功能力：301 cm^3(铅铸扩孔值，$\rho=1.7\ g/cm^3$)；

爆热：5 200 kJ/kg(计算值)；

爆速：7 100 m/s($\rho=1.7\ g/cm^3$)；

爆压：26.2 GPa($\rho=1.7\ g/cm^3$)；

爆容：590 L/kg($\rho=1.7\ g/cm^3$)。

2.用途

HNS是一种性能优越的耐热、低感炸药，主要用作柔性导爆索装药、挠性线型空心装药、耐高温石油射孔弹等，也可用于火箭、导弹的分级分离设备和宇航中的耐高温炸药。另外，HNS还可作为改进铸装TNT结晶的添加剂。在B炸药中加入适量HNS，可改善药柱强度，并减小弹底空隙。

二、硝胺类化合炸药

(一)概述

20世纪后期至今，无论是科学研究还是实际应用，硝胺类化合炸药都是炸药中的焦点。硝胺类化合炸药的主要代表是黑索今和奥克托今，还有特屈儿、硝基胍、吉纳等，它们或广泛用于弹体装药，或作为发射药和火箭推进剂的含能组分。

硝胺可视为胺分子中氨基氮上的硝基取代物，其通式为

$$\begin{matrix} R \\ & \diagdown \\ & & N-NO_2 \\ & \diagup \\ R' \end{matrix}$$

其中，R及R′为烃基、酰基或氢。

硝胺类化合炸药具有较高的爆炸气态产物生成量(如黑索今为34 mol/kg，太安为32 mol/kg，TNT为25 mol/kg)以及较高的做功能力、能量水平，其感度高于硝基类化合炸药，低于硝酸酯类化合炸药，但安全性仍能满足军用要求。硝胺类化合炸药一般呈中性或弱酸性，可被浓硫酸分解。

(二)黑索今

黑索今(Hexogen)学名1,3,5-三硝基-1,3,5-三氮杂环己烷，也称环三亚甲基三硝胺，代号RDX，分子式为$C_3H_6N_6O_6$，相对分子质量为222.12，氧平衡为-21.16%，结构式为

$$
\begin{array}{ccccc}
 & & CH_2 & & \\
 & / & & \backslash & \\
O_2N{-}N & & & & N{-}NO_2 \\
| & & & & | \\
H_2C & & & & CH_2 \\
 & \backslash & & / & \\
 & & N & & \\
 & & | & & \\
 & & NO_2 & &
\end{array}
$$

1.制造工艺

RDX由德国科学家亨宁(Henning)于1899年首先合成，因威力较大，被称为“旋风炸药”。制造RDX的方法包括直接硝解法、K法、E法、醋酐法、W法、R盐氧化法等，工业上常采用直接硝解法和醋酐法。

(1)直接硝解法。直接硝解法，简称直接法或硝酸法，是用浓硝酸硝解乌洛托品制造RDX的方法，是最早采用且现在仍在广泛使用的生产工艺，其化学原理可用反应式近似表示为

$$(CH_2)_6N_4+HNO_3 \longrightarrow (CH_2NNO_2)_3+6H_2O+3CO_2+2N_2$$

直接硝解法制造RDX的原料是空气、水和煤，无其他任何天然有机原料，其合成步骤为

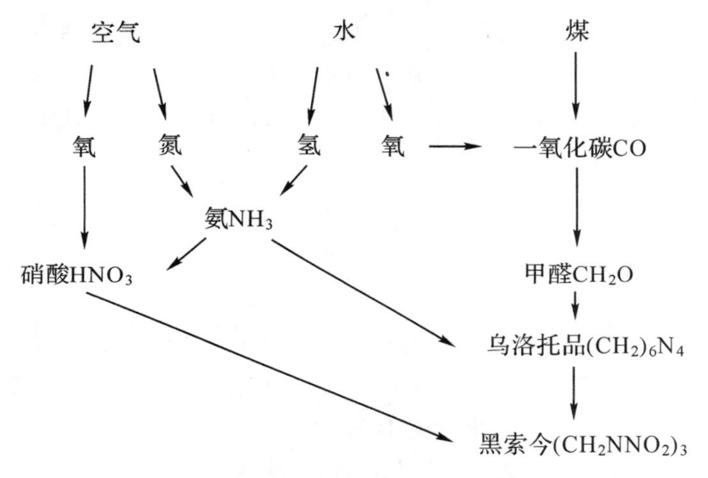

直接硝解法工艺简单，反应平稳，生产安全，原材料品种少，产品质量好，但制得率低，原材料利用不理想，浓硝酸用量及废酸处理量大(每吨RDX的废酸量约15 t)。

(2)醋酐法。醋酐法原理可用反应式近似表示为

$$(CH_2)_6N_4+2NH_4NO_3+6(CH_3CO)_2O+4HNO_3 \longrightarrow 2(CH_2NNO_2)_3+12CH_3COOH$$

醋酐法制造RDX有很多优点：第一，理论计算的得率可达到80%，在制造RDX方法中亚甲基利用率最高；第二，反应平稳，生产安全；第三，可较大幅度减少醋酐、醋酸等高成本原料的利用。醋酐法技术成熟，在安全和环保方面优于直接法，现被世界各国广泛采用。

2.物理性质

RDX是无色、无味的白色粉状晶体，属斜方晶系。结晶密度为1.816 g/cm^3，堆积密度为0.8～0.9 g/cm^3，压药密度为1.52 g/cm^3(35 MPa)、1.60 g/cm^3(70 MPa)及1.70 g/cm^3(200 MPa)，可压缩性较差，难以压制成型，通常加入少量钝化剂(如石蜡、蜂蜡)以降低感度，改善可压性。

纯品 RDX 熔点为 204～205℃，军品 RDX 熔点随制造方法而异，直接法生产的 RDX 熔点为 202～204℃；醋酐法制造的 RDX 中含有少量奥克托今，熔点在 192～193℃。

RDX 实际上不吸湿(25℃及饱和湿度时的吸湿量为 0.02%)，室温下不挥发，不溶于水及四氯化碳等，可在水中存放或在水中使用，微溶于乙醇、乙醚、苯、甲苯、氯仿、二硫化碳和乙酸乙酯等，易溶于丙酮、二甲基甲酰胺、环己酮及浓硝酸。

3.化学性质

浓硫酸能溶解 RDX 并使其分解，如硫酸中不含水，则 RDX 分解缓慢。硫酸中的水能加速 RDX 分解，特别是当酸中含水量在 1%～15%时，加速作用更为显著。低温时，RDX 溶于浓硝酸中但不分解，加水稀释溶液，RDX 又重新析出。冷或热的浓盐酸对 RDX 的作用很小。

碱可使 RDX 有不同程度的分解。RDX 和等量的 $Ca(OH)_2$ 在 60℃共热 4 h 后可被完全分解，与 0.1 mol/L 的 NaOH 水溶液在 60℃共热 5 h 缓慢分解，与 1 mol/L 的 NaOH 水溶液共热时则可快速分解。RDX 在碱性溶液中的分解产物有氮气、氨气、硝酸盐(或酯)、甲醛、乌洛托品和甲酸等有机酸。

RDX 在常压下煮洗不发生分解，但在高压(温度高于 150℃)下煮洗，则会水解生成甲醛、氨气和硝酸。

紫外光照射能促使 RDX 降解，降解的主要中间产物是 1 -亚硝基- 3,5 -二硝基- 1,3,5 -三氮杂环己烷。

4.安定性

纯 RDX 的热安定性很好，优于特屈儿和太安，在 50℃下长期储存不分解，65～85℃储存 1 年无变化，100℃加热 100 h 不爆炸。RDX 热安定性的数据见表 8 - 4。

表 8 - 4　RDX 的热安定性

项目	条件	数值
100℃热失重/(%)	第一个 48 h	0.03
	第二个 48 h	0
真空安定性试验(5 g 样品加热 40 h 释放出的气体量)/mL	100℃	0.7
	120℃	0.9
	150℃	2.5

RDX 与铁或铜等重金属氧化物混合时，形成易受热分解的不稳定产物，该产物甚至在 100℃时会因剧烈分解而着火。

5.爆炸性质

RDX 机械感度较高，大量装药时须在颗粒表面包覆一层塑性薄膜作钝化处理。由于钝化剂中含有染料，故一般可通过颜色判断是否经钝化处理。在空旷处点燃时，RDX 燃烧猛烈并有光亮火焰，药量大或密闭条件下点燃时，容易转为爆轰。

RDX 的主要爆炸性能参数如下：

发火点：215～230℃(5 min)，260℃(5 s)；

撞击感度：80%±8%；

摩擦感度：76%±8%；

起爆感度：叠氮化铅为 0.05 g；

做功能力：475 cm^3(铅铸扩孔值)，217.13 kg·m/g(做功能力摆)；

猛度：24 mm（铅柱压缩量）（25 g 药量，$\rho=1.0\ g/cm^3$）；

比容：900 L/kg；

爆热：6 320 kJ/kg（$\rho=1.70\ g/cm^3$）；

爆温：3 700 K（$\rho=1.8\ g/cm^3$）；

爆压：33.8 GPa（$\rho=1.767\ g/cm^3$）；

爆速：8 820 m/s（$\rho=1.81\ g/cm^3$）。

6.毒性和生理作用

RDX 有一定毒性，长期吸入微量 RDX 粉尘，可造成头痛、消化障碍、尿频等慢性中毒，妇女可能发生闭经现象。大多数患者会贫血，红细胞、血红蛋白及网状红细胞的数目大为降低，淋巴球及单核球数目增多。如短期由呼吸道或消化道吸入大量 RDX，则可发生急性中毒，出现头痛、晕眩、恶心、干渴等症状，可延续几分钟至十几小时。RDX 在空气中的允许浓度应低于 1.5 mg/m^3。

7.用途

因机械感度和熔点均较高，故纯 RDX 只用于制造雷管、传爆药柱及导爆索，或作为高能固体推进剂的主要能量成分。钝化 RDX 及由 RDX 组成的混合炸药大量用于装填炮弹、导弹战斗部、鱼雷、水雷等。

（三）奥克托今

奥克托今（Octogen），学名 1，3，5，7－四硝基－1，3，5，7－四氮杂环辛烷，也称环四亚甲基四硝胺，代号 HMX，分子式为 $C_4H_8N_8O_8$，相对分子质量为 296.16，氧平衡为－21.61%，是当前已使用的能量水平最高、综合性能最好的单质猛炸药，结构式为

```
                NO2
                 |
        H2C──────N──────CH2
         |               |
O2N──────N               N──────NO2
         |               |
        H2C──────N──────CH2
                 |
                NO2
```

1.制造工艺

HMX 合成方法主要有两类：一是硝解（或酰解）乌洛托品，令碳氮键解离，生成六元或八元氮杂环的硝胺基化合物，现在工业上生产 HMX 用的是醋酐法或 Bachmann 法；二是用小分子硝胺或甲醛缩合成四氮杂八元环化合物或其前体四氮杂双环壬烷。

利用醋酐法会得到 HMX 与 RDX 的混合物，但如控制反应条件，可得到含适量 RDX 的 HMX，或含少量 HMX 的 RDX。

醋酐法是各国广泛使用的生产方法，但因原材料消耗量大（乌洛托品中亚甲基的利用率不超过 40%），生产较难控制，粗品还需提纯及转晶，因此 HMX 的生产成本一直居高不下。

2.物理性质

HMX 为白色结晶，在室温至熔点的温度区间内，存在 α、β、γ 及 δ 四种晶型。四种晶型在

一定温度下可互相转化，且有不同的稳定温度范围，物理常数也不同。β型晶型最稳定，密度最大，机械感度最低，故作为炸药使用时都是该种晶型。

纯 HMX 的熔点为 280～281℃，军品应大于 277℃，熔化时分解。

HMX 不吸湿（30℃、95%相对湿度下的吸湿量为 0），几乎不溶于水、二硫化碳、甲醇及异丙醇等，难溶于苯、氯仿、四氯化碳、二氯乙烷、二噁烷及醋酸等，略溶于乙腈、丙酮及环己烷（室温下溶解度约 2%），易溶于二甲基亚砜。

3.化学性质

HMX 化学性质比较稳定，对酸、碱的耐受能力好于 RDX。在酸性水溶液中（如 2%的硝酸或硫酸）煮沸 6 h 不发生分解，75℃条件下在 70%硝酸中加热 1 h 的损失量不大于 1%。HMX 在浓硫酸中会分解，但其分解速度较 RDX 低，在含水硫酸中会发生水解。HMX 较易进行碱性水解，在 1%碱溶液中长时间煮沸可完全分解。氯化亚铬可使 HMX 的硝基还原，利用该反应可对 HMX 进行定量分析。

4.热安定性

HMX 的热安定性比 RDX 好，真空热安定性试验中，在 100℃、120℃及 150℃三个温度下，对 5 g HMX 加热 40 h，释放的气体量分别为 0.37 mL、0.45 mL 及 0.62 mL，100℃下第一个 48 h 失重 0.05%。

5.爆炸性质

HMX 的主要爆炸性能参数如下：

发火点：291℃（5 min），300℃（5 s）；

撞击感度：100%；

摩擦感度：100%；

做功能力：486 cm^3（铅铸扩孔值），150%TNT 当量（弹道臼炮法）；

猛度：25 mm（铅柱压缩量）；

比容：927 L/kg；

爆热：6 190 kJ/kg（ρ=1.80 g/cm^3）；

爆温：3 800 K（ρ=1.763 g/cm^3）；

爆压：39.3 GPa（ρ=1.90 g/cm^3）；

爆速：9 010 m/s（ρ=1.88 g/cm^3）。

6.毒性和生理作用

由于溶解度比 RDX 小，故 HMX 较难被人或其他哺乳动物吸收，毒性比 RDX 低，且能较快从生物体内排出或代谢。长期大量接触 HMX 仍有中毒可能，且由于环硝胺经紫外线照射可能光解形成亚硝胺，其潜在毒性不应忽视。美国国家工业卫生会议规定空气中 HMX 的最大容许量为 1.5 mg/m^3。

7.用途

HMX 的密度、爆速、爆压和热安定性均优于 RDX，但感度较大，故常以其为基组成混合炸药，用于导弹、核武器、反坦克弹药的战斗部装药，以及导爆索芯药和传爆药等，或作为高性能固体推进剂和枪炮发射药的组分，或作为耐热炸药用于深井钻探、高温爆破工程（破碎灼热钢锭、高炉卸料和修理等)。因生产成本太高,HMX 的使用受到一定限制,但可以预见,随着生产成本下降,HMX 必将得到广泛应用。

(四)CL-20

CL-20 学名为 2,4,6,8,10,12-六硝基-2,4,6,8,10,12-六氮杂四环十二烷,又叫六硝基六氮杂异伍兹烷,代号 HNIW,是一个由两个五元环及一个六元环组成的笼形硝胺,六个桥氮原子上各带有一个硝基,分子式为 $C_6H_6N_{12}O_{12}$,相对分子质量为 438.28,氧平衡为-10.95%(HMX 为-21.60%),结构式为

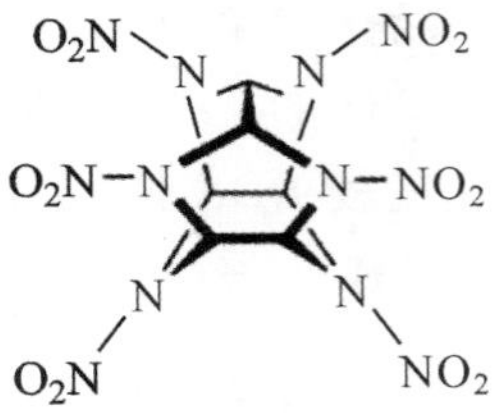

HNIW 是白色结晶,易溶于丙酮、乙酸乙酯,不溶于脂肪烃、氯代烃及水。HNIW 是多晶型物,常温常压下已发现有四种晶型(α、β、γ、ε),其中 ε-HNIW 晶型的结晶密度为 2.04～2.05 g/cm^3,爆速为 9 500～9 600 m/s,爆压为 42～43 GPa,能量输出比 HMX 高 14%,撞击感度、摩擦感度、静电火花感度与太安、HMX 相仿。

西方发达国家已经将 HNIW 应用在多种高能混合炸药中,比如以 Estance 或 EVA、GAP 或 HTPB 为黏结剂的 PBX,以 HNIW 为基的注塑炸药、压装炸药。另外,HNIW 用作固体推进剂的含能组分时,可大幅度提高推进剂的比冲和燃速,并改善其燃烧性能。目前,各国正在竞相研究含 HNIW 的高性能、低特征信号及低污染的新型推进剂。

(五)特屈儿

特屈儿学名为 2,4,6-三硝基-N-硝基-N-甲基苯胺,或 2,4,6-三硝基苯甲硝胺,代号 CE,其分子中同时含有硝基及硝胺基,分子式为 $C_7H_5N_5O_8$,相对分子质量为 287.15,氧平衡为-47.36%,结构式为

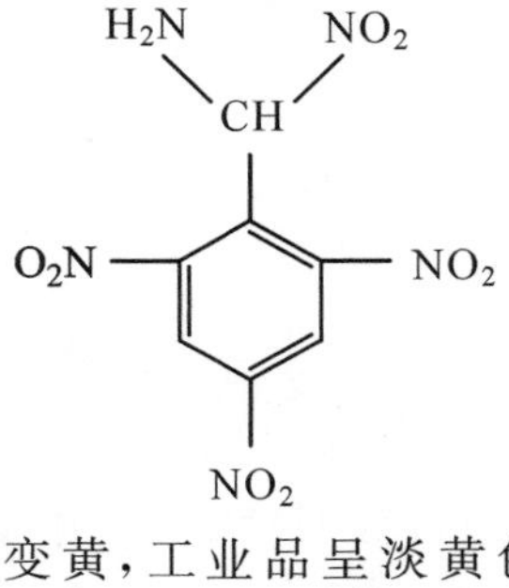

CE 为无色结晶,光照时迅速变黄,工业品呈淡黄色。30℃、相对湿度 90%时,吸湿 0.04%。室温下不挥发,几乎不溶于水,难溶于四氯化碳及二硫化碳,微溶于乙醚、乙醇及氯仿,溶于苯、甲苯、二甲苯及二氯乙烷,易溶于丙酮及乙酸乙酯。其密度为 1.74 g/cm^3,熔点为 129.5℃(分解)。100℃第一个 48 h 失重 0.1%。CE 与碱的水溶液作用生成极敏感的苦味酸盐,稀的无机酸不易与 CE 反应,但浓硫酸可使 CE 脱除硝基并释放出硝酸。硫化钠能使 CE 完全分解而丧失爆炸性能。CE 毒性较大,能引起皮炎,使人的皮肤和眼珠发黄。呼吸 CE 粉尘,可导致上呼吸道感染,甚至脓肿。

CE 的主要爆炸性能参数如下：

发火点：257℃(5 s)；

撞击感度：48%；

摩擦感度：12%；

做功能力：410 cm^3(铅铸扩孔值)；

猛度：19～20 mm(铅柱压缩量)；

比容：740 L/kg；

爆热：4 870 kJ/kg(ρ=1.6 9g/cm^3)；

爆温：3 100 K(ρ=1.63 g/cm^3)；

爆速：7 850 m/s(ρ=1.71 g/cm^3)；

爆压：24.3 GPa(ρ=1.71 g/cm^3)。

CE 的威力、猛度高于 TNT，尤其有较好的起爆感度。因其感度较大，不能单独用作弹体装药使用，主要用作传爆药和雷管中的副药，以及许多炸药试验仪器标定用标准药。由于原料不足、价格昂贵，国内 CE 生产量较少。

除上述炸药外，还有硝基胍、吉纳等用作发射药或推进剂含能成分的硝胺类炸药。相关内容将在“发射药”一章详细叙述。

三、硝酸酯类化合炸药

(一)概述

1833 年制得的硝化淀粉是近代有机爆炸物的先驱，1845 年制备出的硝化棉和 1859 年进入实际应用的硝化甘油，在火炸药发展史上具有突出地位，至今仍是重要的火药组分。1891 年合成的太安是一种多功能炸药，但现已很少用作军用炸药。目前，硝酸酯类化合炸药是发射药及推进剂的基本原料。

与前两类炸药相比，硝酸酯类化合炸药的热安定性及水解安定性均较差，机械感度也较高，但氧平衡较佳，燃烧及爆炸性能良好。目前，有重要实用价值的硝酸酯类化合炸药是太安、硝化甘油及其同系物、硝化棉以及用作含能增塑剂的硝酸酯类化合物。

(二)太安

太安学名季戊四醇四硝酸酯，别名硝化季戊四醇，代号 PETN，分子式为 $C_5H_8N_4O_{12}$，相对分子质量为 316.15，氧平衡为−10.12%，结构式为

```
O2NOH2C     CH2ONO2
       \   /
         C
       /   \
O2NOH2C     CH2ONO2
```

1.物理性质

PETN 为白色结晶，有正方晶系和斜方晶系两种晶型，最常用的是正方晶系的稳定晶型。结晶密度为 1.778 g/cm^3，最大压药密度可达 1.74 g/cm^3(压药压力 280 MPa)。纯 PETN 的熔点为 142.9℃，不吸湿，不挥发，100℃下蒸气压为 0.12 Pa，由蒸气压外推所得沸点为 200℃(常压)或 180℃(60 kPa)。

PETN几乎不溶于水，50℃、100℃时，100 g水能分别溶解0.01 g和0.035 g PETN。PETN在乙醇、乙醚、苯等中的溶解度不大，但易溶于丙酮、乙酸乙酯、二甲基甲酰胺，可溶于液态或熔融芳香族硝基化合物及硝酸酯类化合物中，形成低共熔物。与其他硝酸酯类化合物不同，PETN不能与纤维素硝酸酯形成胶体溶液。

2.化学性质

PETN是中性物质，不与金属反应。在高温水中会发生水解，温度越高水解速度越快，尤其在有酸、碱存在的条件下，水解速度更快。PETN分子中的4个CH_2ONO_2均匀分布于中心碳原子周围且结构对称，故其化学安定性较其他硝酸酯类化合物好，是现有最稳定和反应活性最低的硝酸酯类化合炸药。

3.热安定性

PETN具有很好的热安定性，精制后的产品在常温下放置时是安全的。在80℃下可耐热数小时而无可察觉的分解；超过熔点(141℃)时，分解速度明显增加，并放出氮氧化物；175℃时，分解冒出黄烟；190℃时，激烈分解；202～205℃时，发生猛烈爆炸。对PETN进行真空热安定性试验，100℃、48 h时的放气量为0.2～0.5 mL/g。

4.爆炸性质

PETN感度较高，用作弹体主装药时，须经钝化处理，经石蜡钝化后为淡黄色。PETN容易被点燃，少量PETN在裸露条件下点燃后能平稳燃烧，但药量较多(超过1 kg)时较易由燃烧转为爆轰，密闭条件下点燃PETN会发生爆炸。

PETN的主要爆炸性能参数如下：

发火点：225℃(5 s)；

撞击感度：100%；

摩擦感度：95%；

起爆感度：叠氮化铅0.03 g；

做功能力：500 cm^3(铅铸扩孔值)或173%TNT当量；

猛度：14 ～16 mm(铅柱压缩值)或129%TNT当量；

比容：758 L/kg；

爆速：8 600 m/s(ρ=1.77 g/cm^3)；

爆压：34 GPa(ρ=1.76 g/cm^3)；

爆热：6 238 kJ/kg(ρ=1.74 g/cm^3)。

5.毒性和生理作用

PETN对人体的作用与其他硝酸酯类化合炸药类似，但其毒性比硝化甘油低。由于PETN在常温下的蒸气压极低，在水中的溶解度也极小，故不会因吸入PETN蒸气而中毒。吸入少量PETN粉尘，也不致危及人体安全。长期以来，PETN被广泛用作血管舒张药，只有少数病例在长期使用后出现皮肤过敏，PETN对生物体的唯一剧烈作用是血管扩张及其后遗症。

6.用途

PETN是目前为止最安定的硝酸酯类化合炸药，其做功能力和猛度均略大于RDX，特别是在水中爆炸时，其释放的能量很高。

由于感度较高，PETN在军事领域的应用被RDX取代。目前，PETN的军事用途仅限于制造雷管、导爆索及传爆药，或作为原料用于制造薄片炸药（用于金属成型、包覆及硬化）、低密度炸药、泡沫炸药、低爆压炸药、可模塑炸药、挠性炸药、浆状炸药、浇铸复合炸药等特种炸药。另外，PETN还可与TNT、CE、DNT、硝酸铵及铝粉等制成各种混合炸药，或用于以火花引爆的无起爆药雷管。

（三）硝化甘油

硝化甘油学名为1，2，3-丙三醇三硝酸酯，代号为NG，分子式为$C_3H_5N_3O_9$，相对分子质量为227.10，氧平衡为3.52%，化学结构式为

$$\begin{array}{l} CH_2ONO_2 \\ | \\ CH_2ONO_2 \\ | \\ CH_2ONO_2 \end{array}$$

1.物理性质

纯NG为无色透明的油状液体，工业品略带黄色，不吸湿。15℃及25℃时的密度分别为1.60 g/cm^3及1.59 g/cm^3。固体NG的密度为1.735 g/cm^3。NG在6.7 kPa下的沸点为180℃。NG由液态转变为固态时，可形成两种晶型（Ⅰ和Ⅱ）。Ⅰ型为不稳定晶型，属斜方晶系；Ⅱ型为稳定晶型，属三斜晶系。NG能与甲醇、丙酮、乙醚、乙酸乙酯、苯、甲苯、二甲苯、酚、氯仿等有机物以任何比例互溶，但有些氯代烃对NG的溶解有限，如100份三氯乙烯只能溶解20份NG，100 mL四氯化碳只能溶解2 mL NG。

2.化学性质

NG在浓硫酸中可进行酯交换反应生成混合酯及硫酸酯。溶解在硝酸中的NG极不稳定，短时间内会因氧化而急剧分解。冷的浓盐酸不能溶解NG，加热时能使NG分解产生亚硝酰氯。

NG几乎不溶于冷的氢氧化钠、氢氧化钾、氢氧化铵等的水溶液。NG在氢氧化钾或氢氧化钠水（或酒精）溶液中加热时，会发生水解、氧化还原和其他化学反应，生成有机酸盐、无机硝酸盐、亚硝酸盐，以及草酸和氨等。

NG在碱的水溶液中一般不能生成皂化产物甘油，但在苯硫醇存在时，氢氧化钠可皂化NG为甘油，而苯硫醇则转化为二苯硫醚。

在锡和盐酸作用下，NG可被还原为氨并释出甘油。在氯化亚铁和盐酸作用下，NG也可被还原并生成一氧化氮。

3.热安定性

纯NG在常温下相当安定，存放数十年仍能作为炸药使用。NG的不安定性主要由其中的杂质（特别是酸、水）引起。高温条件下，如有少量水分和氮氧化物，则可使其加速分解。不含水的NG在100℃下加热40 h才开始有自催化分解现象；当水质量分数为0.01%时，自催化分解诱导时间缩短到30 h；当水质量分数为1.5%时，延滞期缩短到2 h。NG在135℃下被加热时分解明显，165～180℃时分解猛烈，可导致发火爆炸。

4.爆炸性质

NG的爆速与其物理状态、起爆强度关系紧密。在弱起爆能力下，液态NG爆速为1 000～2 000 m/s。大直径固态NG装药用强起爆力起爆时，爆速可达9 000 m/s。NG的撞击感度极高，且感度大小与物理状态有关。液态下的撞击感度小于固态，液态与固态NG混合物的撞击感度高于纯液态，冻结NG开始熔化时的撞击感度更高。

NG的主要爆炸性能参数如下：

发火点：200～205℃(5 min)，220℃(5 s)；

撞击感度：100%；

摩擦感度：100%；

做功能力：520 cm^3(铅铸扩孔值)；

威力：140%TNT当量；

猛度：13.04 mm(铜柱压缩量)；

比容：715 L/kg；

爆热：6 196 kJ/kg；

爆温：4 400 K；

爆速：7 700 m/s(ρ=1.60 g/cm^3)。

5.生理和毒性作用

NG的生理效应在于扩张血管和降低血压，中毒的主要症状为严重头痛。NG并不产生慢性中毒症状。当偶然NG中毒时，观察到的症状有头痛、呕吐、皮肤发青、视觉错乱、四肢浮肿及瘫痪等，但并不致命。

6.用途

NG可用于制造猛炸药和火药。由于其机械感度过高，故常作为粉状NG炸药、爆胶及胶质炸药的重要组分，用于工程爆破。NG在军事领域的主要应用是作为能量成分和溶剂，用于双基、三基发射药以及各类近、中、远程导弹中的固体推进剂中。

除了上述炸药外，还存在硝化棉(NC)、硝化二乙二醇(DNDG)、硝化三乙二醇(TEGDN)、1,2,4-丁三醇三硝酸酯(BTTN)、三羟甲基乙烷三硝酸酯(TMETN)和硝酸异丁基甘油三硝酸酯(NIBTN)等用于发射药或推进剂的硝酸酯类化合炸药。相关内容将在"发射药"和"固体推进剂"章节中陆续涉及。

四、高能量密度化合物

1.概述

所谓高能量密度化合物(High Energy Density Compond，HEDC)是指体积能量密度高于HMX10%以上的含能化合物，是高能量密度材料(High Energy Density Material，HEDM)的主要含能组分。一般认为，HEDC密度应大于1.9 g/cm^3，爆速应大于9 200 m/s，爆压应大于40 GPa。

HEDM一般是由氧化剂、可燃剂、黏结剂及其他添加剂构成的复合系统，它的应用可显著提高弹药的能量指标，降低弹药的使用危险性和易损性，增强使用可靠性，延长使用寿命，并减弱目标特征。

从 HMX 投入使用一直到 1987 年，各国科学家一直都在寻求合成性能全面超过 HMX 的高能量密度化合物，但由于安定性差、感度高等原因，始终未能如愿。比如：六硝基苯，密度为 2.01 g/cm^3，爆速为 9 300 m/s(ρ=1.957 g/cm^3)，爆压为 40 GPa，但是安定性很差；四硝基甘脲，密度为 2.01 g/cm^3，爆速为 9 300 m/s(ρ=1.95 g/cm^3)，但由于水会使其安定性变差，因此应用受到限制。

1987 年，美国首先合成的 HNIW(即 CL－20)，被称为第一种高能量密度化合物，是炸药合成史上的一个突破。据实测，HNIW 的性能在很多方面优于 HMX：密度比 HMX 高 8%，爆速高 6%，爆压高 8%，能量密度高 10%以上。此外，很多可作为 HEDM 添加剂的化合物，也是当今 HEDC 领域研究的热点，并已取得进展。

现代战争对弹药威力提出了更高要求，如能在推进系统和常规及尖端武器战斗部中使用以 HEDC 为基的炸药，将有助于这一问题的解决。HEDM 的进一步发展，则有可能使战术及战略导弹用推进剂、低易损性发射药、破坏潜艇的水下炸药、高穿透力的锥形装药、钝感核武器等的效能逐步优化。

经过多年努力，各种独具特色的 HEDC 在生产工艺、应用等方面都取得了实质性进展。

2.研究及应用进展

在 1987 年至今的数十年中，HEDC 的研究和应用取得了以下进展：

(1)获得了实用的 HEDC。采用在多环笼型分子、呋咱环分子等化合物中引入硝基，通过缩合得到高密度化合物，来提高爆速和爆压，比如，之前提到的生产工艺和应用都非常成熟的 CL－20 炸药，又比如，多硝基立方烷、多硝基金刚烷、含有硝基的呋咱和氧化呋咱化合物等。

(2)获得了一些具有独特性能的炸药。比如，1,3,3－三硝基杂氮环丁烷(TNAZ)，虽然该炸药能量水平较 HMX 低(爆热为 5 600 kJ/kg，爆容为 700 L/kg，ρ=1.83 g/cm^{3}时的爆速为 8.83 km/s，爆压为 37 GPa)，但由于其熔点低(101～103℃)，感度较低(5 kg 落锤的特性落高 28～29 cm；落锤为 10 kg、落高为 25 cm、药量为 50 mg 时的爆炸概率为 44%，压力为 3.92 MPa、摆角为 90°、药量为 20 mg 时的摩擦感度为 42%)，热安定性较好(优于 RDX，逊于 HMX，DSC 的放热峰为 250℃)，因此，可以代替 TNT 用于取得更高能量的熔铸混合炸药。另外，鉴于其在较高温度下压装时能够获得高于 99%的理论最大密度，美国已将其用于破甲弹战斗部装药和低感、耐热和高能混合炸药。

(3)获得了一些高能新型氧化剂。比如，二硝酰胺铵(ADN)是一个高密度，不含氯和碳，氮含量高，感度适中(摩擦感度与静电感度与高氯酸铵相似，撞击感度高于高氯酸铵，但低于 RDX)，热安定性较好(120℃开始分解)，与 NC、RDX、HTPB、NG、AP 等成分相容性较好的新型高能氧化剂。从密度、氧平衡和标准生成焓这三个对推进剂能量最有贡献的因素考虑，ADN 是一种能够替代高氯酸铵或硝酸铵，大幅度提高推进剂能量，降低特征信号和减小环境污染的氧化剂。目前，俄罗斯已将其用于推进剂。

(4)获得了一些低感高能化合物。低感、高能是钝感弹药(LOVA)对炸药的特殊要求。近年来，通过研究已经有许多炸药具备低感和高能的特性，并在特定领域取得广泛应用。比如 DADNE(俗称 FOX－7)，因分子内和分子间含较多氢键，故感度很低，且能量水平与 RDX 相近，可替代 RDX 用于钝感弹药，用作 LOVA 发射药的燃速改良剂，也可用于取代 B 炸药的 FOX－7 基 PBX 炸药；再比如，GUDN(俗称 FOX－12)，因其具有含氮量高、基本不吸湿、安定性好、感度低等鲜明特征，可用于替代 RDX 作为弹体装药，还可以用于 LOVA 和低特征信号推进剂；再比如，NTO(3-硝基-1,2,4三唑-5-酮)，其爆速和C-J爆压与RDX相当，但感度远低于RDX和HMX，且比TNT和RDX更稳定，因此NTO或NTO/RDX(HMX)混合物已用于制造不敏感弹药(IM)。

第二节　混合炸药

随着目标防护能力的增强和战场环境的日益复杂，单质炸药已经不能满足高能量输出、低感度(低易损)、低信号特征等要求。因此，从第一次世界大战开始，混合炸药在弹药中得到广泛应用。

混合炸药是由两种或两种以上物质组成的能发生爆炸变化的混合物，也称爆炸混合物。混合炸药可由两种或两种以上炸药构成，也可由炸药和黏结剂、增塑剂、钝感剂、防潮剂、交联剂、乳化剂、发泡剂、表面活性剂、抗静电剂等添加剂构成，还可由木粉、金属粉、碳氢化合物等可燃剂，硝酸盐、氯酸盐、高氯酸盐、单质氧、富氧硝基化合物等氧化剂，以及添加剂构成。

采用混合炸药可以增加炸药品种，扩大原材料来源和应用范围，且通过配方设计可实现各项性能的合理平衡，制得具有良好综合性能且适应各种使用要求和成型工艺的炸药。

第一次世界大战期间，在军事上主要采用以TNT为基的混合炸药；第二次世界大战期间，以RDX为基的混合炸药得到了广泛使用；20世纪50年代以后，以HMX为基的混合炸药的发展，促进了武器系统性能的提高；20世纪70年代，又出现了低易损性炸药、耐热炸药及分子间炸药。在设计混合炸药时，应着重考虑其爆炸性能、安全性、感度、机械强度及加工成型性能。

军用混合炸药的分类方法有很多。按照特性，《军用混合炸药命名规则》将混合炸药分为八类，分别是熔性炸药、钝化炸药、高聚物黏结炸药[粒状高聚物黏结炸药、塑性(黏性)炸药、挠性(弹性)炸药、热固性炸药]、液体炸药和燃料空气炸药等。

一、熔性炸药

含有加热时可安全熔化的低熔点单质炸药的混合炸药称为熔性炸药，也称熔铸炸药。在混合炸药命名中对应的特定汉字为“熔”，代号R。由于熔性炸药以熔融态进行铸装装药，适应各种形状药室，密度较高且综合性能较好，故得到广泛应用。

(一)组分

(1)易熔炸药。熔性炸药组分中至少应有一种易熔炸药，炸药的蒸气应无毒或毒性较低，且在稍高于易熔炸药熔点下能保持较长时间无明显分解。常见的易熔炸药包括苦味酸、TNT和TNAZ。由于苦味酸会腐蚀弹体，且生成敏感的苦味酸盐，现已不再使用。TNT和TNAZ则分别是目前广泛应用和未来具有良好应用前景的易熔炸药。

(2)高能组分。高能组分是在易熔炸药熔点下仍为固态或大部分为固态的炸药或其他成分，用以提高爆炸能量。常用高能成分包括RDX、HMX、PETN、CE等炸药，以及铝、镁等金属粉。

(3)钝感剂。钝感剂用以降低机械感度，常用钝感剂为石蜡。

(4)附加剂。附加剂用以改善流动性、均匀性及化学安定性。

(二)典型熔性炸药

目前,大多数熔性炸药都是以 TNT 为基的,是 TNT 与其他炸药、金属粉、少量钝感剂、附加剂等组成的二元或三元混合物炸药。典型的代表是 TNT 与 RDX 以各种比例组成的混合炸药,我国称其为黑梯炸药,英国、美国则称其为 B 炸药和赛克洛托儿炸药。黑梯炸药既保持了 RDX 高能量的特点,又保持有 TNT 可用蒸气熔化浇铸的良好成型性,且感度适宜等,因此军事应用非常广泛。从用量上看,黑梯炸药占军用混合炸药的 90%以上,主要装填榴弹、破甲弹、航弹、地雷、部分导弹战斗部及航空炸弹、水中兵器。常用黑梯炸药的组成、性质及用途见表 8-5。

表 8-5　黑梯炸药组成、性质及用途

组　成 (RDX/TNT)	铸装密度 g·cm^{-3}	爆速 m·s^{-1}	爆热 kJ·kg^{-1}	比容 L	威力 %TNT 当量	用　途
75/25	1.71	8 035(ρ=1.70)	5 121	862	—	杀伤弹、榴弹、聚能装药
70/30	1.71	8 060(ρ=1.73)	5 070	854	135	聚能装药、破甲弹、特殊杀伤弹、榴弹
65/35	1.71	7 975(ρ=1.72)	5 037	845	134	
60/40	1.68	7 900(ρ=1.72)	4 995	845	133	

黑梯炸药的威力主要取决于 RDX 的含量,但随着 RDX 含量的提高,特别是高于 80%时,用常规方法浇铸,存在难以成型、药柱强度差等问题。采用压力浇铸法可以将 RDX 的含量提高到 70%~90%,装药密度 1.75~1.78 g/cm^3,为理论密度的 99%。TNT 与 RDX 都是热安定性良好的单质炸药,虽然混合后热安定性稍有下降,但仍能满足长期储存要求。黑梯炸药综合性能较好,但存在高温时“渗油”、装药质量控制难、机械强度较差等缺点。出现“渗油”时,可能导致发生拒爆以及早炸、膛炸等严重事故。

除黑梯炸药外,以 TNT 为基的熔性炸药还包括 TNT 与硝酸铵组成的阿马托(Amatol)炸药、TNT 与 HMX 组成的奥梯炸药(奥克托儿,Octol)、TNT 与 CE 组成的特梯炸药(特屈托儿,Tetrytol)、TNT 与 PETN 组成的太梯炸药(膨托莱特,Pentolite)等。由于阿马托的安定性差、HMX 的价格昂贵、CE 毒性大、膨托莱特的综合性能低等原因,这几种炸药的应用都受到了限制。

如前所述,由于 TNAZ 能量水平高于 RDX,熔点仅为 101℃,熔融态时热安定性好,因此可用于替代黑梯炸药中的 TNT,得到爆速和爆压大于黑梯炸药 30%~40%的熔铸炸药。另外,按照 HMX∶TNAZ=60∶40 的比例(质量比)制成熔铸装药,密度可达 1.85 g/cm^3,爆速可达 9 000 m/s。

为进一步提高熔性炸药的能量水平,改善装填熔性炸药的弹药的战场生存能力和生产、运输、储存、使用的安全性,解决装药质量和机械强度差等问题,通常采用颗粒级配提高固相炸药含量以提高能量水平,选用二硝基甘脲、硝基胍等性能全面的高能炸药以降低易损性,加入性能良好的添加剂(如磷酸钙、硝化棉、醋酸纤维素、邻硝基甲苯、对硝基甲苯、HNS 等)以改善可能出现的内孔、底隙、裂纹等疵病,采用包覆技术以提高装药的安全性,采用压力铸装等新工艺以克服普通铸装工艺给药柱带来的疵病。

二、钝化炸药

钝化炸药是由单质炸药和钝感剂组成的低感度炸药。在混合炸药命名中对应的特定汉字为“钝”，代号 D。

钝化炸药中的单质炸药是 RDX、HMX、PETN 等高感度、高能量水平炸药。钝感剂则包括蜡类(蜂蜡、石蜡)、高聚物及硝基化合物等。其中，蜡类钝感剂因性能稳定、价格低廉、热容大、热导率小等特点，应用最为广泛。为便于压制成型，有的钝化炸药中还加入了硬脂酸等增塑剂。为表示与未钝化炸药的区别，有的钝化炸药中还加入了少量苏丹红等染色剂。

与未钝化的单质炸药相比，钝化炸药的撞击和摩擦感度明显下降，成型性能改善，且对爆炸能量影响较小。例如，RDX 的撞击感度为 80%，摩擦感度为 76%，而用 5%石蜡钝感后的 RDX，两项感度指标分别下降至 32%及 28%，极大地提高炸药的安全性能。

通常按钝化炸药中的单质炸药进行分类和命名，比如钝化 RDX、钝化 HMX、钝化 PETN 等。其中，钝化 RDX(美国称为 A 炸药)应用最广泛。目前，钝化炸药多用于装填对空武器、水中兵器和破甲弹，也用作传爆药和制造含铝炸药。典型钝化炸药的组成、性能与应用见表8-6。

表 8-6 典型钝化炸药组成、性能及应用

炸药名称	组分/%		5 s 发火点/℃	撞击感度/摩擦感度/%	爆热/(kJ·kg^{-1})	爆速/(m·s^{-1})	威力/猛度/(%TNT 当量)	应用
钝化 RDX (DH-1)	HMX	95	273	32/28	4 502	8 150(ρ=1.62 g/cm^3) 8 271(ρ=1.64 g/cm^3) 8 498(ρ=1.67 g/cm^3)	127/143	传爆药、小口径炮弹装药
	钝感剂(60%地蜡+38.8%硬酯酸+1.2%苏丹红)	5						
钝黑铝-1 (DHL-1)	钝化 RDX	80	287±5	40/68	6 437	7 200~8 090 (ρ=1.70~1.77 g/cm^3)	148/109	中小口径高射榴弹、各种穿甲弹弹丸的制式装药
	Al	20						
钝黑铝-2 (DHL-2)	HMX	65	287±5	16/28	7 040	7 879 (ρ=1.90 g/cm^3)	142/118	装填小口径高射榴弹及航炮炮弹
	Al	32						
	混合蜡	1.5						
	石墨	1.5						

续　表

炸药名称	组分/%		5 s发火点/℃	撞击感度/摩擦感度/%	爆热/$kJ \cdot kg^{-1}$	爆速/$m \cdot s^{-1}$	威力/猛度/%TNT当量	应用
钝化黑梯50/50	TNT	50	220	40/0	—	7 509 (ρ=1.67 g/cm^3)	120/112	破甲弹装药
	HMX	50						
	石墨	0.5						
钝黑梯铝-5	TNT	60	246	10/2	—	7 023±27 (ρ=1.74 g/cm^3)	146/104	鱼雷、水雷等水中兵器装药
	HMX	24						
	Al	11						
	卤蜡	5						

三、高聚物黏结炸药

(一)概述

高聚物黏结炸药(Polymer Bonded Explosive,PBX)是以高聚物为黏结剂的混合炸药,也称塑料黏结炸药。

PBX是以粉状高能单质炸药为主体,加入黏结剂、增塑剂和钝感剂等组成。早期的PBX中,常用的单质炸药是硝胺类化合炸药(RDX和HMX)、硝酸酯类化合炸药(PETN)、芳香族硝基化合物(HNS、TATB)等,近期使用的单质炸药还包括NTO、CL-20等,但更多的还是使用TATB。黏结剂有天然高聚物和合成高聚物,如聚酯、醇醛缩合物、聚酰胺、含氟高聚物、聚氨酯、聚异丁烯、有机硅高聚物、端羧和端羟基聚丁二烯、天然橡胶等;增塑剂有硝酸酯、低熔点芳香族硝基化合物、脂肪族硝基化合物、酯类、烃类、醇类等;钝感剂有蜡类、酯类、烃类、脂肪酸类及无机钝感剂等。

PBX种类繁杂,其中的黏结剂和增塑剂的种类、含量不同,将使PBX呈现不同的物理状态。按照物理状态,PBX可分为粒状高聚物黏结炸药(又称造型粉)、塑性(黏性)炸药、热固性(又称浇铸高聚物黏结)炸药、挠性(弹性)炸药等。按装药工艺可分为压装、铸装、塑态捣装等。

PBX具有较高的能量密度、较低的机械感度,以及良好的安定性、力学性能和成型性能,处理安全可靠,并能按使用要求制成具有特种功能的炸药,因此,军事上用于反坦克导弹、水雷、鱼雷、航空炸弹和核战斗部起爆装置,工业上用于石油射孔弹、爆炸成型等。

(二)粒状高聚物黏结炸药

粒状高聚物黏结炸药,俗称造型粉,是以黏结剂和钝感剂均匀包覆炸药颗粒形成的光滑、坚实的球状混合炸药,在命名中对应的特定汉字为"聚",代号J。

造型粉一般由单质炸药、活性增塑剂、黏结剂、钝感剂等组成。其中,单质炸药多为RDX和HMX,基于低易损性和高能量水平的考虑,目前也有将TATB、NTO、HNS和CL-20作为单质炸药的。活性增塑剂用于增加高分子黏结剂的可塑性、黏结性,降低高分子的软化点,改善造型粉的压药和机械性能,还可提高造型粉的能量水平。常用的活性增塑剂包括4号炸药、DINA、TNT、DNT等增塑性较好的有机化合物。黏结剂大多是聚丙烯酸酯、聚乙烯酯、聚醚、聚酰胺、聚氨酯、有机硅及含氟高分子化合物等高聚物，用于保证单质炸药粒子间的黏结以改善压药性能，以及减小药粒摩擦、增强流散性以提高压药强度。钝感剂多采用具有较强的包覆能力和一定润滑能力的地蜡、石蜡、硬脂酸、石墨、胶体石墨等，以有效降低机械感度。

与原炸药相比，造型粉成型综合性能良好，机械感度、静电感度和火焰感度降低，流散性增高，压装药柱的密度、强度、机械性能和爆炸性能均有所改善。目前，造型粉应用广泛，但主要用于破甲弹战斗部装药。

部分造型粉压装炸药的组成和性能见表 8－7。典型造型粉炸药的组成、性能和应用情况见表 8－8。

表 8－7　部分造型粉压装炸药的组成与性能

炸药代号	组成/(%)	密度/$(g\cdot cm^{-3})$	爆速/$(m\cdot s^{-1})$	爆压/GPa
PBX－9007	90RDX/9.1PS/0.5DOP/0.4 松香	1.64	8 090	26.5(ρ=1.60 g/cm³)
PBX－9010	90RDX/10Kel－F3700	1.78	8 370	32.8(ρ=1.783 g/cm³)
PBX－9407	94RDX/6Exon 461	1.60	7 910	28.7(ρ=1.60 g/cm³)
PBX－9404	94HMX/3NC/3TEF	1.84	8 800	37.5
PBX－9501	95HMX/2.5Estane/1.5BDNPA/1BDNPF	1.84	8 830	28.0(ρ=1.66 g/cm³)
PBX－9502	95TATB/5Kel－F800	1.90	7 710	27.8(ρ=1.895 g/cm³)
PBX－9503	15HMX/80TATB/5Kel－F800	1.90	7 720	28.0(ρ=1.895 g/cm³)
LX－14	95.5HMX/4.5Estane5702F	1.833	8 840	37.0
LX－15	95HNS/5Kel－F800	1.594	6 840	23.0(ρ=1.75 g/cm³)
LX－16	95HNS/5Kel－F800	1.594	7 950	23.0(ρ=1.75 g/cm³)
LX－17	92.5TATB/7.5Kel－F800	1.908	7 630	25.9(ρ=1.90 g/cm³)
JOB－9003	87HMX/7TATB/4.2 黏结剂/1.8 钝感剂	1.849	8 710	35.2
JO－9185	95HMX/4 黏结剂/1.0 钝感剂	1.856	8 840	36.4
JO－9159	95HMX/4.3 黏结剂/0.7 钝感剂	1.860	8 860	36.8
JH－9106	97.5RDX/2 黏结剂/0.5 钝感剂	1.740	8 850	32.1

注：PS—聚苯乙烯；DOP—邻苯二甲酸二辛酯；Kel—聚氯三氟乙烯；Exon—氯乙烯树脂；TEF—三(-氯乙基)磷酸酯；Estane—聚氨基甲酸乙酯弹性纤维；BDNPA—聚氨酯弹性体；BDNPF—双(2,2-二硝基丙基)缩甲醛。

表 8－8　典型造型粉炸药的组成、性能和应用

炸药名称	聚黑－1(8321，黑－94)	聚黑－2(8701，黑－95)
代号	JH－1	JH－2
组成/(%)	90RDX/3 4 号炸药/ 2 聚醋酸乙烯酯/1 硬脂酸	95RDX/3DNT/ 2 聚醋酸乙烯酯/0.5 硬酯酸

续　表

炸药名称		聚黑-1(8321,黑-94)	聚黑-2(8701,黑-95)
性能	5 s 发火点/℃	281	300
	撞击感度/(%)	29	22
	摩擦感度/(%)	32	28
	枪击感度	不燃不爆	不燃不爆
	威力(TNT 当量)/(%)	134	153
	猛度(TNT 当量)/(%)	148	134
	爆速/($m \cdot s^{-1}$)	8 530(ρ=175 g/cm^3)	8 425(ρ=1.72 g/cm^3)
装药方式		压装	压装
用途		曾用于破甲弹聚能装药,已被聚黑-2 取代	破甲弹聚能装药

(三)塑性(黏性)炸药

塑性炸药由单质猛炸药(多为 RDX、HMX、PETN)及增塑剂和黏结剂组成,在命名中对应的特定汉字为“塑”,代号:S。

塑性炸药中,单质炸药含量一般在 60%～92%之间,含量过高会使其塑性减弱或失去塑性。黏结剂主要包括油类和高聚物(多为聚异丁烯),使用油类黏结剂时,存在高温渗油、低温变脆等情况,使用高聚物时的高低温性能较好。增塑剂多为酯类(如癸二酸二辛脂、磷酸二苯异辛酯、邻苯二甲酸二辛酯)、润滑油和马达油。一般情况下,黏结剂与增塑剂的比例为 1/2.3～1/2.5,增塑剂过多会降低黏性。

塑性炸药呈面团状,在－50～70℃下具有塑性和柔软性,易于捏成所需的形状,适于装填复杂弹形的弹体。塑性炸药的机械感度低、爆炸性能良好,便于携带和伪装,可通过调整组分得到所需的塑性和爆炸性能。我国的塑黑炸药和塑奥炸药、美国的 C 炸药均属于塑性炸药,现多用于碎甲弹、破甲弹、漂雷等。典型塑性炸药的组成与性能见表 8-9。

表 8-9　典型塑性炸药的组成与性能

炸药代号(名称)	组成/(%)	密度/($g \cdot cm^{-3}$)	爆速/($m \cdot s^{-1}$)	爆压/GPa	特　性
C 炸药	88.3RDX/11.7 非爆炸性增塑剂	1.49	7 260	20.7 (ρ=1.60 g/cm^3)	0℃以下显脆性,0～40℃可塑,40℃以上渗油
C-2	78.7RDX/5.0TNT/12.0DNT/2.7MNT/0.6NC/1.0 溶剂	1.57	7 660	23.5 (ρ=1.57 g/cm^3)	－30～40℃有塑性,52℃以上发硬
C-3	77.0RDX/3.0CE/4.0TNT/10.0DNT/5.0MNT/1.0NC	1.60	7 630	24.7 (ρ=1.60 g/cm^3)	－29～0℃发硬,0～48℃可塑,40～77℃渗油

续 表

炸药代号（名称）	组成/(%)	密度/($g \cdot cm^{-3}$)	爆速/($m \cdot s^{-1}$)	爆压/GPa	特 性
C—4	91.0RDX/9.0 非爆炸性增塑剂	1.59	8 040	25.7 (ρ=1.59 g/cm^3)	−57～77℃有良好塑性
SH-1（塑黑-1，塑-1）	92RDX/1.6 聚醋酸乙烯酯/2.7 环氧树酯/3.7 磷酸二苯异辛酯	1.65	8 470	26.2 (ρ=1.64 g/cm^3)	−10～60℃有塑性，不变硬，不渗油
SH-4（塑黑-4，塑-4）	91.5RDX/2.1 聚异丁烯/4.8 癸二酸二辛酯/1.6 45 #变压器油	1.66	8 200	26.7 (ρ=1.66 g/cm^3)	−40～50℃不变硬，不渗油，保持良好塑性

注：(1) SH-1，发火点：300℃(5s)；撞击感度：2%；摩擦感度：18%；威力：123%TNT 当量；猛度：106%TNT 当量；枪击感度：不燃不爆；装药方式：压装。主要用于反坦克碎甲弹装药、特种爆破装药。

(2) SH-4，撞击感度：40%；摩擦感度：40%；起爆感度：−50℃、8h，能用 8 号雷管直接起爆；枪击感度：不燃不爆；威力：123%TNT 当量；猛度：119%TNT 当量；装药方式：压装。主要用于反坦克碎甲弹装药、特种爆破装药、手榴弹装药。

(四)挠性(弹性)炸药

具有曲挠性或自持性的混合炸药称为挠性炸药，有时也称橡皮炸药，在命名中对应的特定汉字为“挠”，代号 N。挠性炸药的外观像皮革、橡皮或软质塑料制品，容易制成绳索、板片、薄膜、条带或管形、棒形和锥孔等形状，具有良好的物理机械性能，有一定的弹性、韧性和挠性，可折叠和弯曲，耐水性能好，现用于制造导爆索、爆炸加工、地质勘探和深井采油等，其中一些耐热性的挠性炸药已用于宇航设备的特殊爆炸装置中。为适应不同的应用需求，通常通过调节组分来改变挠性(弹性)炸药的爆炸性能和机械性能。

挠性炸药一般由单质炸药、黏结剂、增塑剂和附加物等组成。组分中，单质炸药多采用 RDX 和 HMX，含量在 80%左右。如用作导爆索，则采用 PETN；如用在耐热性场合，则采用 HNS。黏结剂的性能直接影响挠性炸药的物理及爆炸性能，含量一般为 10%～20%左右。常用的黏结剂有橡胶(天然橡胶、丁腈橡胶、丁苯橡胶、丁基橡胶、硅橡胶、氟橡胶等)、聚异丁烯、树脂、聚四氟乙烯等。因橡胶性能较为全面，用其制成的产品强度较高，挠曲性、低温性能和工艺性能皆很好，且与 RDX 有较好的相容性，因此最为常用。与塑性炸药相比，增塑剂的含量很低，一般占黏结剂的 20%左右。常用的增塑剂有己二酸二辛酯、乙酰柠檬酸三丁酯、三丁基乙酰柠檬酸酯、磷酸酯和羧酸酯(如 2-醋酸基-1,2,3-丙烷三羧酸三丁酯)、含氟化合物(如 4-氟-4,4 二硝基丁酸)等。其中，2-醋酸基-1,2,3-丙烷三羧酸三丁酯增塑剂对挠性炸药的安全性及长期储存有利。

挠性(弹性)炸药中附加物的加入大多与橡胶作为黏合剂有关。为降低塑性、提高弹性，需加入硫化剂使橡胶由线性结构变为立体结构。为防止橡胶因氧化等作用而老化、变黏、变脆，需加入能够与橡胶反应生成稳定化合物，或者能在橡胶表面形成防护膜(防止氧气渗入)的防老剂。为提高橡胶的塑性及耐寒性，需加入软化剂；为增加橡胶的防水性，需加入防水剂；为改善天然橡胶的耐油性，需加入耐油剂。附加物中，硫化剂和防老剂最为常用。

考虑配方氧平衡的需要，有时还需要加入一定量的氯酸钾、硝酸钾、硝酸铵、氧化钛等氧化剂；为了增强挠性炸药的安定性，有时还需加入一定量的二苯胺等安定剂。

目前，常用的挠性(弹性)炸药包括耐热挠性炸药、抗水挠性炸药、橡皮炸药和弹性炸药等类型。

1.耐热挠性炸药

(1)塔柯特(TACOT)耐热挠性炸药。塔柯特耐热挠性炸药由塔柯特(四硝基二苯并-1,3a,4,6a-四氮杂戊搭烯，工作温度可达275℃)90%、聚四氟乙烯10%和弹性黏结剂制成。该炸药耐高温性好，在316℃下耐热9 h，对撞击较钝感，有较好的抗静电能力，爆速约为7 000 m/s。它可用于导弹、火箭、超声速飞机的控制器，可作抛射装置的装药，还可以制成小直径的柔性导爆索。

(2)六硝基芪耐热挠性炸药。六硝基芪耐热挠性炸药由六硝基芪与聚四氟乙烯黏结剂制成。该炸药具有良好的耐高温(316℃)和耐低温(−160℃)的性能，六硝基芪的熔点是318℃，密度为1.70 g/cm^3时的爆速为7 000 m/s。

2.抗水挠性炸药

台塔西特(Detasheet)是一种典型的抗水挠性炸药，由PETN、弹性黏结剂和增塑剂制成，在−40～70℃下保持挠性，可用刀片切割，对撞击钝感，爆速7 000～8 000 m/s，可制成片状、带状和管状等。它能在7 600 m深水下起爆和传爆，广泛用于水下爆破及其他军事爆破工程中。

3.橡皮炸药

橡皮炸药弹性大、挠曲性强，可制成各种形状：制成直径50 mm、长700 mm的粗绳状，用尼龙绳穿起来，用于扫雷及开路；也可制成定向的聚能药条，用于空间飞行装置的分离；制成片状用于杀伤、爆破、水下声源及爆炸成型等；或装入信封或装订成册、成卷，便于伪装携带，供特工使用。

典型的橡皮炸药组分为RDX84%、天然橡胶14.9%、硫磺0.3%、氧化锌0.4%、乙基苯基二硫代氨基甲酸锌0.3%、苯基环己基对苯二胺0.1%。其撞击感度为12%，摩擦感度为60%，枪击感度为不燃不爆，威力为116%TNT当量，猛度为106%TNT当量，爆速为7 637 m/s($\rho=1.50\ g/cm^3$)。橡皮炸药装药时经挤压成所需形状，再经硫化成型。

4.弹性炸药

弹性炸药含有高达8%～9%高弹态橡胶类的线型高分子材料(如聚异丁烯、丁基橡胶、丁腈橡胶等)，有较好的回弹性，机械感度较低，主要用于金属切割的爆炸索装药、特种爆破装药。

典型的弹性炸药组分为RDX88%、聚异丁烯6%(相对分子质量为10 000)、聚异丁烯2%(分子量为130 000)、凡士林4%，冲击感度为16%，摩擦感度为84%。其起爆感度：搓捏成直径3 mm的药条，能用8号工程雷管直接起爆。弹性炸药威力为112%TNT当量，猛度为111%TNT当量，爆速为8 044 m/s($\rho=1.58\ g/cm^3$)，采用捣装方式装药。

(五)热固性炸药

以热固性高聚物黏结的混合炸药，又称浇铸高聚物黏结炸药，或高强度炸药，在命名中对应的特定汉字为“固”，代号G。

热固性炸药由单体炸药(多为RDX、HMX和PETN)、黏结剂、固化剂(或交联剂)、催化剂、引发剂等组成。常用的黏结剂是不饱和聚酯、聚氨酯、环氧树脂、丙烯酸酯、聚硅酮、端羧或端羟基聚丁二烯等，其他添加剂根据黏结剂和工艺要求选用。

热固性炸药适于浇铸大型药柱，采用浇铸或压缩浇铸后加热固化成型，成型后的机械强度远高于一般熔性炸药，且具有优异的高温和低温性能。此类炸药装填到弹体后，与弹壁结合牢固，可提高弹药的发射安全性，适用于导弹战斗部、大口径爆破弹和核战斗部的起爆装置。典型热固性炸药的组成与性能见表 8-10。

表 8-10 典型热固性炸药的组成与性能

炸药代号	组成/(%)	密度/($g\cdot cm^{-3}$)	爆速/($m\cdot s^{-1}$)	特 性
PBXN-101	82.0RDX/18.0 不饱和聚酯	1.69	7 980	1 g 试样，120℃，48 h 放气量 0.17 cm^3
PBXN-102	59.0HMX/23.0Al/18.0 不饱和聚酯	1.80	7 510	1 g 试样，120℃，48 h 放气量 0.15 cm^3
LX-08	63.7PETN/34.3 硅酮树脂/2.0 胶体二氧化硅	1.42	6 560	压缩固化成型，装药密度可达理论密度的 99%
RGH-1	82.0RDX/18.0 黏结剂/0.3 增塑剂(外加)/3.0 苯乙烯(外加)	1.647	7 990	120℃，48 h 放气量 0.185 cm^3/g
PETN-硝基聚氨酯	30.0PETN/70.0 硝基聚氨酯	1.345	4 000	低爆压炸药，安定性较好

四、液体炸药

液体炸药是在规定环境温度下呈液态的炸药，在命名中对应的特定汉字为“液”，代号 Y。

单质液体炸药有 NG、硝化乙二醇、硝化二乙二醇等，三硝基甲烷和四硝基甲烷也可认为是较弱的液态单质炸药(二者的凝固点分别为 25℃及 14℃)。液态硝酸酯类化合炸药的机械感度都很高，含有气泡时机械感度更高，故不能单独使用。常用硝化棉将其胶化成凝胶体，使落锤试验中引起爆炸所需最小能量提高近 10 倍。

混合液体炸药是接近零氧平衡的液态氧化剂及可燃剂(或可溶性固体)的混合物。可用的氧化剂包括发烟硝酸、硝酸酯、四氧化二氮、过氧化氢、四硝基甲烷等。可燃剂包括苯、甲苯、汽油、碳硼烷、硝基苯、二硝基氯苯、硝基甲烷等。比如，由 75%四硝基甲烷与 25%硝基苯组成的液体炸药，爆速 7 510 m/s(密度 1.47 g/cm^3)，爆热 7 040 kJ/kg，做功能力 154%TNT 当量，猛度 163%TNT 当量，撞击感度 8%～16%，能用 8 号工程雷管起爆。

尽管许多液体炸药的爆炸能量很高、临界直径小、装填工艺简单，但其感度大、安定性差、易腐蚀，使用受到很大限制。液态炸药由于具有良好的流动性，可直接注入弹体、塑料筒和炮眼内，故可用于扫雷、开道、挖掘掩体和战壕，也可用于装填航弹和反坦克地雷。

五、燃料空气炸药

燃料空气炸药(Fuel Air Explosive，FAE)是由固态、液态、气态或混合态燃料(可燃剂)与空气(氧化剂)组成的爆炸性混合物，在混合炸药中对应的特定汉字为“气”，代号 Q。FAE 于 20 世纪 60 年代研制，所用燃料的点火能量低，与空气相混合时易达到爆炸浓度，可爆炸的浓度范围宽，热值高。

(一)燃料-空气炸药的燃料

燃料-空气炸药使用的主要是液体燃料，按理化性能可分为以下几种：

(1)不需要氧就可自行分解的环氧乙烷、环氧丙烷等；

(2)没有氧或空气仍能继续燃烧的硝酸丙酯；

(3)含有大量氧和遇可燃物质时能发生剧烈反应的过氧化乙酰；

(4)常温下接触潮湿空气立即爆炸的二硼烷；

(5)接触富氧物质就能激烈反应引起自燃的无水偏二甲肼。

燃料的共同特点是：沸点低、易挥发；密度大于空气，易沉降；无色而不易察觉；可任意流动，容易与空气混合组成易燃易爆的混合体系。

(二)爆炸特性

(1)燃料空气炸药形成的可爆云雾密度大于空气，能向低处流动，引爆时能摧毁一般炸药不能摧毁的防护性目标(如堑壕、掩体等)。

(2)可爆云雾覆盖面积大、笼罩性强，能对大面积目标实施杀伤破坏作用，可用于扫除雷区和开辟道路。

(3)爆炸时形成的冲击波对目标的作用时间长，作用面积大，具有剧烈的杀伤和破坏能力。

(4)除冲击波的作用外，可爆云雾爆炸时，需消耗空气中大量的氧气，造成爆炸区域缺氧，又因反应可产生大量一氧化碳、二氧化碳，故可造成有生力量窒息甚至死亡。

(三)作用过程和用途

FAE可充分利用大气中的氧，大大提高单位质量装药的能量，如环氧乙烷-氧爆轰时所放出的能量比等质量的TNT高4～5倍。使用FAE时，将燃料装入弹体中，送至目标上空引爆，燃料被抛散至空气中形成气化云雾，经二次点火使云雾发生区域爆轰，产生高温(2 500℃左右)火球和超压爆轰波，同时在炸药作用范围内形成缺氧区(空气中氧含量减少8%～12%)，可使较大面积内的设施及建筑物遭受破坏，并造成人员伤亡。

从作用过程上看，FAE具有战术核武器的性能，但没有残存的核辐射危害。因FAE易于流动，可进入建筑物的孔隙中，因此，军事领域可用于对仓库、碉堡等不完全密闭建筑进行破坏，也可用于摧毁轻型车辆、坦克、战壕、仓库、反坦克地雷等软目标，还可用于准备和清理直升机着陆所需场地。另外，FAE在民用领域还可用于清理矿山。

目前，FAE主要用于装填集束炸弹、航空炸弹、反舰导弹、水中兵器、火箭弹和扫雷武器。

六、含铝炸药

含铝炸药是由炸药和铝粉组成的混合炸药，又称铝化炸药，或高威力混合炸药。含铝炸药中含有单质炸药(RDX、PETN、TNT等)、铝粉以及钝感剂、黏结剂等附加成分。

按照《军用混合炸药命名规则》(GJB 169—1986)，含铝炸药并非其中的一种混合炸药，但除液态炸药、FAE外，其他六类炸药中都可通过加入铝粉，利用铝粉在爆炸过程中与爆炸产物(H_2O、N_2、CO_2)的剧烈的二次放热反应，使爆热和做功能力大幅提高，爆炸作用时间延长、范围增大，破片温度升高，并有利于水中气泡的扩张和增压，可用于水雷、鱼雷、深水炸弹、对空武器弹药、反坦克穿甲弹和爆破弹，也可在地面爆破、土石爆破及地质勘探中使用，因此，这里对含铝炸药单独进行讨论。

铝粉的加入不仅增加了爆热和做功能力，也会使炸药的爆速、爆压和猛度降低，机械感度增高，故一般情况下，铝粉在含铝炸药中的含量控制在10%～35%左右。

含铝炸药种类繁多，从装药工艺上可分为铸装及压装两大类：前者的典型配方有80TNT/20铝粉混合物（梯铝）、67TNT/22硝酸铵/11铝粉混合物（阿莫纳儿）、60TNT/24RDX/16铝粉混合物（梯黑铝）等；后者的典型配方有80钝化RDX/20铝粉混合物（钝黑铝）、51HMX/9氟橡胶/40铝粉混合物、69RDX/29铝粉/2乙基纤维素混合物等。

常用含铝炸药的组成、性能及应用情况见表8-11。

表8-11 常用含铝炸药的组成与性能

炸药名称		梯黑铝炸药	A-23含铝炸药	聚黑铝-2号炸药(JHL-2)
组成(%)		60TNT/24RDX/ 13粒状铝粉/3片状铝粉	65RDX/32铝粉/ 1.5混制蜡/1.5石墨	65.7RDX/29.8铝粉/ 1.5顺丁橡胶/2.0地蜡/1.0石墨
性能	5 s发火点/℃	270	287	—
	撞击感度/(%)	26	16	0
	摩擦感度/(%)	22	28	0
	枪击感度	不燃不爆	100%燃烧	—
	爆热/($kJ \cdot kg^{-1}$)	5 169	7 049	7 510
	威力	147%TNT当量	142%TNT当量	—
	猛度	18.6 mm(铅柱压缩值)	118%TNT当量	—
	爆速/($m \cdot s^{-1}$)	7 119(ρ=1.77 g/cm^3)	7 879(ρ=1.904 g/cm^3)	7 879
	爆压/MPa	—	—	2.84×10^4
装药方式		铸装	压装	压装
用途		装填鱼雷、水雷等水中兵器	装填小口径高射炮和航空炮弹	高炮榴、舰炮弹药装药

七、低易损性炸药

低易损性炸药是指对外部作用不敏感、安全性高的炸药。低易损性炸药对撞击、摩擦的感度低，不易烤燃，不易殉爆，也不易由燃烧转爆轰，在生产、运输、储存，特别是作战条件下都比较安全。具体来说，低易损炸药在能量方面不低于B炸药或高聚物黏结炸药PBX-9404，但安全性高于此两类炸药。

鉴于多年来战场上和勤务处理中弹药意外爆炸事故的教训，为提高武器系统在战场上的生存能力和改善弹药储存、运输及勤务处理的安全性能，自20世纪70年代开始，很多国家开始研究和发展低易损性炸药。从方法上看，采用不敏感的单质炸药、在分子中引入不同官能团提高原有单质炸药的安全水平、采用分子间炸药和某些可降低炸药感度的弹性高聚物黏结剂等方法，均有助于降低炸药的易损性。TATB、HNS等均为安全钝感的单质炸药，可作为主体炸药配制低易损性炸药。三种典型低易损性炸药的组成及性能见表8-12。部分低易损性炸药参见本节“高聚物黏结炸药”部分。

表 8－12　三种典型低易损性炸药的组成及性能

炸药种类		LX－17	PBX－9502	PBX－9503
各组成质量分数/(%)	TATB	92.5	95	80
	HMX			15
	三氟氯乙烯与偏二氟乙烯共聚物	7.5	5	5
性能	颜色	黄	黄	黄
	理论最大密度/($g \cdot cm^{-3}$)	1.944	1.942	1.936
	装药密度/($g \cdot cm^{-3}$)	1.89～1.94	1.90	1.88
	计算爆热(气态水)/($kJ \cdot kg^{-1}$)	4 270	4 390	4 640
	爆速/($m \cdot s^{-1}$)	7 630 (ρ＝1.908 g/cm^3)	7 710 (ρ＝1.90 g/cm^3)	7 720 (ρ＝1.90 g/cm^3)
	撞击感度 h_{50}(12 型仪，2.5 kg 落锤)/cm	＞177	＞320	174(12B 型仪)
	真空安定性(120℃，48 h)/($cm^3 \cdot g^{-1}$)	≤0.02		
	热导率/[$W \cdot (m \cdot K)^{-1}$]	0.798	0.552	

截至目前，已研制和应用的低易损性炸药有很多种，包括塑料黏结炸药、挤注炸药、分子间炸药等。

(一)以低易损性单质炸药为基的混合炸药

可用于制造低易损性炸药有 TATB、二氨基三硝基苯(DATB)、硝基胍(NQ)及二硝基甘脲(DINGU)等，其撞击感度及使用温度极限见表 8－13。

表 8－13　三种不敏感单质炸药的主要性能

炸药	晶体密度/($g \cdot cm^{-3}$)	冲击波感度[①](塑料片数)	撞击感度[②]/cm	使用温度极限/℃	爆速/($m \cdot s^{-1}$)
DATB	1.84	132	＞320	217	7 720
TATB	1.94	59	＞320	288	7 760
NQ	1.64	93	＞320	232	8 590

注：①主发药柱与被发药柱之间放入数个 0.254 mm 的塑料片，被发药柱 50％爆炸概率时的塑料片数。

②2.5 kg 落锤下落在一小型试样上，使之 50％爆炸的落高。

TATB 是一种安全炸药，但少量 TATB 不能使 HMX 钝感，只有二者含量相近时才能保证安全，且能量适当。美国曾把发展具有 HMX 能量和 TATB 感度的混合炸药作为 20 世纪 80 年代高能钝感炸药的发展方向之一。

硝基胍的安全性能不亚于 TATB，能量比 TATB 高，且价格低廉，有希望成为 TATB 的代用品。国外已进行过 HMX＋硝基胍＋黏结剂类混合炸药的配方及性能研究。但硝基胍不易装填，须改善装填工艺。

二硝基甘脲的感度接近于 TATB，燃速很快，但不易转为爆轰，能量较高，接近 RDX，且价格低廉，故可用作 TATB 的代用品。目前正在研究的配方有二硝基甘脲＋TNT、二硝基甘脲＋HMX＋黏结剂、二硝基甘脲＋TNT＋RDX＋黏结剂或阻燃剂等。

(二)阻燃炸药

阻燃炸药,又称耐火炸药,由美国与日本在近些年率先研制。其主要方法是,在主体炸药中加入合适的阻燃剂或其他火焰抑制剂,可使炸药耐燃或防止炸药突然分解,阻止热起爆。美国采用了19种黏结剂和多种阻燃剂及火焰抑制剂研制了48种耐火炸药,降低了热丝试验和烤燃试验的发火率。

(三)分子间炸药

分子间炸药是由超细的氧化剂组分和可燃剂组分均匀混合而成的炸药,其爆轰反应在可燃剂与氧化剂两种颗粒(或两相)间进行。与单质炸药(氧化基团与可燃剂基团含在同一分子中)相比,反应速度较低,反应区较宽。通过各种制备方法,可形成低共熔物分子间炸药或共晶的固体分子间炸药,也可形成液-液或液-气混合的分子间炸药。乳化炸药、燃料空气炸药、乙二胺二硝酸盐-硝酸铵-硝酸钾(EAK)系统均属于分子间炸药。

分子间炸药具有诸多优点:一是分子间炸药原材料来源丰富,使用、储存安全,容易制造;二是可根据需要制备接近零氧平衡的配方,也可根据需要在能量水平、安全性及成本三者之间实现平衡,使混合炸药具有较好的综合性能;三是若能设法控制分子间炸药爆轰时的最初反应区和紧随其后的反应速度,便可充分发挥和利用分子间炸药的能量,特别适用于杀伤弹、聚能装药和核武器装药。基于上述优点,分子间炸药具有广阔的应用前景。

当前,研究较多的是以EAK为基本组分的分子间炸药,该炸药在遭受意外点火时很难转变为爆轰。另外,很多铵盐能与硝酸铵形成低共熔混合物,如在此类低共熔物中再加入HMX、RDX、硝基胍及Al等组分,可制造出很多适应各种战斗部能量和性能要求的二元、三元和四元的分子间炸药。目前,该类炸药在美国已用于航弹、炮弹、地雷及鱼雷装药。

八、混合炸药的发展趋势

(一)发展硝胺类混合炸药

第二次世界大战后,以RDX为基的炸药逐渐取代了以TNT为基的炸药在高能武器战斗部中的应用,随着时间的推移,高能战斗部中越来越多地采用HMX为基的炸药。20世纪80年代以来,美国改陶、陶Ⅱ反坦克导弹和蝮蛇反坦克火箭筒等战斗部采用了HMX质量分数为95%、爆速为8 840 m/s($\rho=1.833\ g/cm^3$)的LX-14塑料黏结炸药。由于HMX的成本比RDX高10倍,所以其应用范围目前还较小。

(二)研制不敏感炸药

20世纪60年代以来,世界各地发生的火炮膛炸、弹药殉爆和燃烧转爆轰等事故,使不敏感弹药技术成为对武器提出的新需求。反映到炸药领域,不敏感弹药技术就是以提高武器系统的安全可靠性和生存能力为主要目的的技术。目前,以TATB为基的混合炸药是用于尖端武器和常规武器较好的不敏感炸药,美国已将其用于航弹,还准备用于坦克炮弹、榴弹、反坦克导弹及鱼雷中,美国海军也准备在舰-舰武器上换装不敏感炸药,法国、英国也将在新设计的核战斗部和常规武器的导弹战斗部采用不敏感炸药。

(三)研究非理想炸药爆轰理论

非理想炸药爆轰产生的大部分能量不在C-J面上释放,故按照理想炸药爆轰理论设计的武器就不能充分发挥和利用这类炸药的能量。如果能提出适合非理想炸药的新理论，并设法控制和改变非理想炸药的能量释放速率，便可充分利用非理想炸药的能量，大幅提高武器的威力。特别是在现代武器必须使用高能钝感炸药的情况下，对非理想炸药的应用研究尤为重要，因此开展非理想炸药的爆轰理论研究，在提高炸药能量利用率和安全性方面，具有深远的理论和现实意义。

(四)发挥含能材料化学潜能

由于高能量密度化合物发展缓慢、能量受限，故发挥含能材料的化学潜能比开展新型高能量密度化合物的研究更为重要，高氮类和全氮类化合物就是其中的典型代表。全氮类物质分子中蕴含巨大的能量，在新一代超高能含能材料领域具有潜在的应用价值。

(五)采用新型可燃剂

从热力学角度看，采用新型可燃剂就是将锂(Li)、铍(Be)、钛(Ti)、镁(Mg)等金属以及硼(B)等非金属元素引入混合炸药，大幅提高火炸药的做功能力。其中，镁具有相对较低的熔点，在极端环境中仍能保持较好的燃烧效率，促进铝化合物的充分燃烧。另外镁含量较高时，还能提高补燃效率。硼粉是新型可燃剂研究方面的一个热点。与镁粉相比，硼粉具有更高的质量和体积热值。目前最新研究已使硼粉的燃烧效率超过了 90%，自从含硼炸药研究的重点集中在 PBX 系列炸药上以来，硼燃烧等理论取得了显著进展。

与单质金属可燃剂相比，合金可燃剂具有更高的体积能量密度和化学稳定性，能够同时将单质金属各自的优良性能发挥出来。20 世纪 60 年代开始，相关学者提出了以合金作为可燃剂的想法，并开展相关理论研究。目前，国内外都在研究金属合金化炸药，即在炸药中加入两种或两种以上的金属，以大幅提高爆炸威力。能够应用于合金化炸药的金属有钛、铝、锰、锆、镍、镁等数十种。

由于氢具有很高的比能量密度，所以储氢可燃剂也备受关注。美国制备出的 $\alpha-AlH_3$ 可稳定储存 20 年以上，适用于各种战术、战略导弹。俄罗斯是世界上最大的 AlH_3 生产基地，其制备的 $\alpha-AlH_3$ 纯度和质量都很高。我国也从 2000 年起陆续重启 AlH_3 合成及其在推进剂中应用的研究项目。但因 AlH_3 与其他材料的相容性较差，限制了其大规模应用。

第三节　炸药装药方法

炸药装药主要研究如何将炸药装入弹体中，并使炸药能满足长期储存和作战使用的要求。装入弹体中的炸药一般称为爆炸装药，是以炸药为原料，根据弹药的战术技术要求，经过加工的具有一定强度、一定密度、一定形状的药件。爆炸装药(简称装药)可以直接在弹体药室中制成，也可以预先制成后再固定于弹体药室中，前者称直接装药，后者称间接装药。

由于炸药装药技术关系到爆炸装药的密度、机械性能，涉及起爆可靠性、炸药能量输出大小等弹药战术技术性能的发挥，特别是可能影响弹药作用过程中的安全性。比如，装药密度过大，则爆炸装药不能被可靠起爆。再如，装药机械性能差，产生气泡、裂纹等疵病，在发射高过载的作用下，可能造成膛炸、早炸等严重事故。本节将对现军用炸药装药技术进行简要介绍。

一、铸装法

炸药铸装，即将炸药熔化，经预结晶处理再将其注入弹腔或模具中，然后经护理、凝固、冷却制得装药的一种工艺方法。

采用铸装技术的炸药应具有熔点较低(小于130℃),在高于熔点20～25℃数小时后不分解,炸药蒸气无毒或毒性较小等特点,主要包括TNT、TANZ等单质炸药,或以其为基的混合炸药。该技术一般用于大型弹药和弹腔形状较为复杂的弹种装药,如鱼雷、水雷、深水炸弹、航空炸弹、地雷、大口径火箭战斗部、破甲弹等。

采用铸装技术,爆炸装药易产生裂纹,引入气孔、底隙(装药与弹腔底部之间的间隙)等疵病,使用时易发生膛炸和早炸。

目前,传统铸装技术已经实现自动化。为提高装药密度及高能固态装药含量,出现了离心铸装、压力铸装和真空振动铸装等铸装新技术。

二、压装法

压装法是指将散粒体炸药装入模具或弹腔中,用冲头施加一定的压力,将散粒体炸药压制成具有一定形状、密度和机械强度的药件或装药的方法。图8-1为压制圆柱形药件示意图。

压装法适用于药室无曲率或曲率较小的中小口径榴弹、普通穿甲弹、破甲弹,以及大型航弹、鱼雷、水雷、核武器的传爆系列,工兵用各种药块,各种引信传爆管内的装药。

压装过程是机械挤压过程,该方法适用于机械感度低且具有较好成型性的TNT、钝化RDX、8701、8702等炸药的装药。

采用压装法,可能会产生压力卸载后因药柱弹性变形所产生的药柱膨胀、药柱裂纹与断裂、装药表面起泡和装药密度不合格等问题。

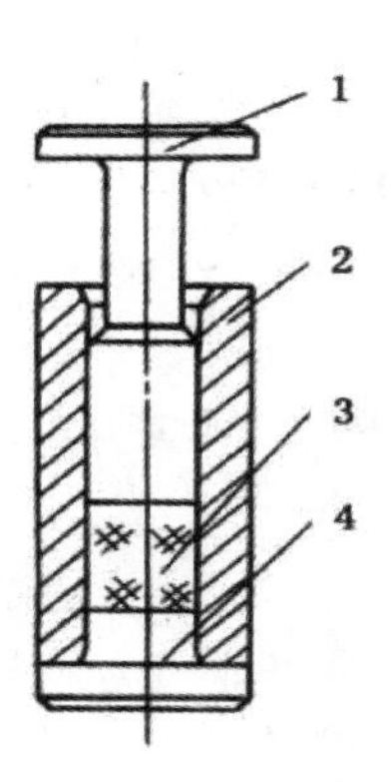

图8-1　压制圆柱形药件示意图

1—冲头;2—模套;3—药件;4—底座

三、螺旋压装法

螺旋压装法是通过螺杆旋转将散粒体炸药由装药漏斗输入弹腔内。炸药在螺杆端部挤压作用下被压实,并产生反作用力。当反作用力超过机器的压力时(由反压开关控制),弹体被迫向后移动,直至螺杆退出弹体药室,如图8-2所示。

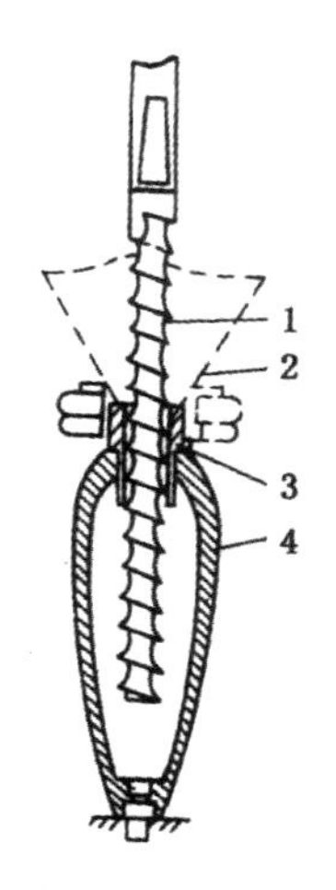

图 8－2　螺旋压装示意图

1—螺杆；2—漏斗；3—保护套；4—弹体

螺旋压装法效率高于压装法，适用于 TNT、铵梯、梯萘等机械感度较低的炸药，可用于装填 82～160 mm 迫弹、85～155 mm 榴弹等。

采用螺旋压装法可能会出现装药密度不合格、裂纹、曲率较大、弹体中的药柱松动、药柱长大和缩孔等缺陷。

四、塑态装药法

塑态装药法分为冷塑态装药法和热塑态装药法。

热塑态装药是指将两种以上炸药混合配制成遇热呈塑态、常温呈固态的混合炸药。在热塑状态下，用螺旋注塑器等专用设备将炸药装入弹腔，并将其用成型冲拧入弹口(底)螺纹，而后固化成型。热塑态装药法具有装药效率高、作业面积小、可装填复杂药室的弹体等优点，同时在装填高质量分数(80%)、高密度、高能炸药时，具有装药密度大、装药均匀等特点，有利于提高弹药威力。但由于热塑态装药凝固收缩时易产生底隙，且与弹壁结合不牢，可能引起发射不安全的隐患，故该方法主要适用于迫击炮弹、火箭弹、水雷、鱼雷等低发射过载弹药。

冷塑态装药是指将液态高聚物或可聚合的单体与炸药混合，注入弹腔内固化，形成符合战术技术要求的装药。该装药技术适用于塑化炸药，能克服铸装药脆性大，易产生缩孔、裂纹、底隙、气孔等疵病的问题，并具有装药强度高、与弹壁结合牢等优点，有效提高了弹药的发射安全性。

第九章　起　爆　药

第一节　概　　述

起爆药是一种感度较大，可在较小外界能量作用下发生燃烧或爆轰的火炸药。起爆药一般用于装填火帽、雷管等火工品，并通过燃烧或爆炸引燃或引爆其他火炸药及其制品。虽然起爆药在弹药中的用量很少，但对弹药的可靠作用和安全管理意义重大。

一、对起爆药的基本要求

1.感度适宜

起爆药既要能够在较小的外能作用下可靠燃烧或爆轰，又要能够保证在制造、压装、运输及火工品作用过程中的安全。

2.起爆能力足够

起爆能力是指起爆药爆轰后能引起其他猛炸药达到稳定爆轰的能力。起爆药的起爆能力越强，引起后续火炸药的燃烧、爆轰越可靠，所需起爆药量越小，这符合火工品小型化和提高火工品使用、运输安全等需求。

3.安定性好

起爆药在受到热、光辐射，水分和空气中的二氧化碳等外界环境影响后，不应导致其物理、化学和爆炸性质发生明显变化，且与金属、塑料等火工品壳体材料间必须具有良好的相容性。

4.流散性和压药性好

起爆药的流散性是指其颗粒流动、分散和装填的能力，压药性是指药粒的耐压性。起爆药是通过压装入壳体装配成火工品的。良好的流散性和压药性，能够保证在有限容积内压入足够量的起爆药，提高火工品的起爆能力。如果压药性差，不仅可能导致压药不安全，还有可能出现“压死”现象，导致起爆药只能发火和燃烧，而不能爆炸。通常情况下，会要求起爆药的纯度高、颗粒均匀、表面光滑等，这些都是良好流散性和压药性的重要保证。

此外，对起爆药的要求还包括原材料资源广泛易得，生产工艺简便易行，操作安全性、重现性好，“三废”尽可能少，等等。

二、起爆药的通性

1.感度大

起爆药的感度比猛炸药大得多，在很小的外能作用下就能发火或爆炸。

各种起爆药对不同形式的初始冲能具有一定的选择性。如氮化铅比史蒂酚酸铅对机械作用更敏感，而对热作用较钝感。

各种感度之间没有当量关系，因此对起爆药要做全面的感度实验。

2.多为吸热化合物

起爆药的生成热多为负值，这说明在合成过程中，起爆药吸收了一部分热量。吸收的能量越多，其自身所含内能越高，爆炸过程中放出的能量越多。某些起爆药具有正的生成热（如过氧化三环丙酮，$C_9H_{18}O_6$），某些猛炸药具有负的生成热（如特屈儿、黑索今等）。生成热为负的猛炸药，并不具有起爆药的特性，生成热为正的起爆药也并不因此而失去起爆药的特性。因此，起爆药的特性并不是由其某一个性质决定的，而是由诸多因素共同决定的。常用起爆药和部分猛炸药的生成热见表 9－1。

表 9－1　常用起爆药和猛炸药的生成热

类　别	炸药名称	生成热/($kJ \cdot mol^{-1}$)
起爆药	雷汞	－262.5
	氮化铅	－461.7
	史蒂酚酸铅	－832.5
	二硝基重氮酚	－115.8
猛炸药	梯恩梯	＋56.43
	黑索今	－89.03
	太安	＋509.96
	特屈儿	－19.59

3.爆炸变化加速度大

接受外界能量后，起爆药要经历一个从爆燃到稳定爆轰的过程。通常称炸药从接受外能开始反应，达到最大稳定爆速所需的时间为爆轰成长期。爆轰成长期越短，说明炸药爆炸变化加速度越大。与猛炸药相比，起爆药的爆轰成长期短，爆炸变化加速度大，但实际爆速却比猛炸药小，如图 9－1 所示。

起爆药的爆炸变化加速度大，主要是起爆药的晶体密度和表观密度大，爆炸后在单位体积、单位时间内放出的能量多，形成的压力大，因此爆轰波传播的速度也就增加得快。此外，起爆药感度大，起爆时所需外界的能量小，可以“一触即发”，并很快过渡到稳定爆速阶段。对于不同起爆药来说，其爆炸变化加速度的大小也不相同，叠氮化铅的爆燃转爆轰较其他起爆药更快，以灼热金属丝引燃叠氮化铅时，其爆燃时间小于 10^{-7}s，如图 9－2 所示。

点火后的变化现象能够说明采用猛炸药或起爆药以及采用不同起爆药对爆炸变化加速度的影响。在空旷处点燃少量猛炸药，只能缓慢燃烧；点燃同样数量的雷汞，可以听到噼啪的爆燃声；当点燃同样数量的氮化铅时，可立即听到清脆的爆炸声，并能将纸板或玻璃板击穿。

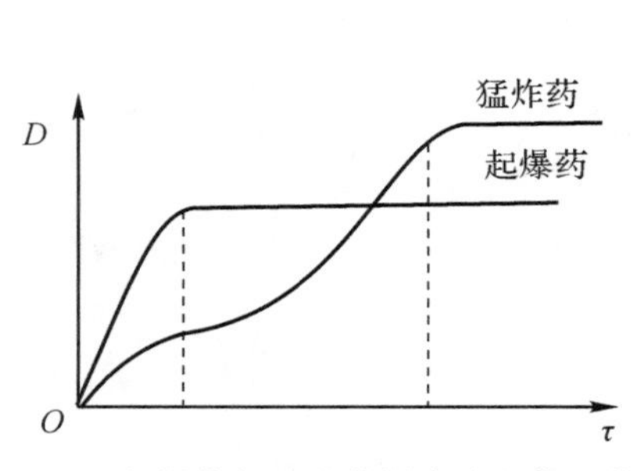

图 9-1 起爆药与猛炸药爆轰成长期比较图

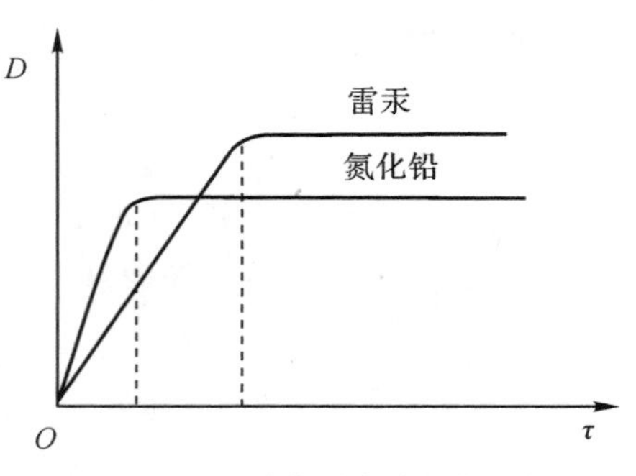

图 9-2 起爆药爆轰成长期比较

4.起爆能力强

起爆药的起爆能力通常用极限起爆药量来衡量。起爆同种猛炸药的极限起爆药量越小，起爆药的起爆能力越强。

起爆药的起爆能力越强，炸药达到稳定爆轰所需的时间越短，消耗在爆速增长的药量越少，越有利于发挥炸药的爆炸效能。影响起爆药起爆能力的因素有很多，包括密度、爆速、爆温、外壳、药量、结晶颗粒形状与大小等，但主要因素有三个。一是爆炸加速度。爆炸加速度越大，起爆能力越强，比如图 9-2 中的叠氮化铅。二是起爆药的猛度。猛度越大，冲击猛炸药的爆轰波越强，起爆能力越强。三是结晶密度和表观密度。一定条件下，这两个密度越大，起爆能力越强。

三、起爆药的分类

按组分，起爆药可分为单质起爆药和混合起爆药两类。

(一)单质起爆药

单质起爆药是指单一成分的起爆药。按照分子内部含有的特征爆炸基团或敏感含能基团的类别及化学结构，单质起爆药可分为以下几种：

(1)叠氮化物，如氮化铅[$Pb(N_3)_2$]、氮化银[AgN_3]、三叠氮三聚氰[$C_3N_3(N_3)_3$]、三硝基三叠氮苯[$C_6(NO_2)_3(N_3)_3$]等。

(2)重氮化合物，如硝基重氮苯[$C_6H_5N=N \cdot N_2$]、二硝基重氮酚[$C_6H_2(NO_2)_2ON_2$]、硝基重氮苯高氯酸盐[$C_6H_4(NO_2)_2—N \equiv N^+ \cdot ClO_4$]等。

(3)长链或环状多氮化物，这类化合物的基团特征是含不饱和四氮或四唑的直链或环状结构，如特屈拉辛[$C_2H_6N_{10} \cdot H_2O$]等。

(4)含有雷酸[$\overleftarrow{C=}N—O$]基、氰胺[$N \equiv C—N$]基的重金属盐和硝基酚类重金属盐，如雷汞[$Hg(ONC)_2$]、硝基氰胺银、三硝基间苯二酚铅[$(C_6H(NO_2)_3O_2Pb \cdot H_2O$]等。

(5)乙炔[$—C \equiv C—$]的金属衍生物，如乙炔银[Ag_2C_2]、乙炔铜[Cu_2C_2]等。

除上述五类外，单质起爆药还包括含 O—O 基的过金属氧化物(如过氧化丙酮、六次甲基二胺过氧化物)、含 O—X 基(X 为卤素)的重金属氯酸盐或过氯酸盐(如 $MClO_3$、$MClO_4$，M 为金属)，含 N—X 基(X 为卤素)的起爆药[如氯化氮($N \equiv Cl_3$)、碘化氮($N \equiv I_3$)]等。

(二)混合起爆药

混合起爆药由几种成分通过干混、湿混、共沉淀、包覆等方法制成。混合起爆药中,有的由两种以上单质起爆药或单质起爆药与非爆炸性物质组成,有的由非爆炸性物质组成。根据组成成分不同,又可分为以下两种类型:

(1)成分中含有一种或几种起爆药的混合起爆药,该类混合起爆药通常用作击发药、针刺药、拉火药等。

(2)由非爆炸性物质成分组成的混合药,通常是由还原剂、氧化剂和添加剂组成的引燃药、点火药、延期药等。

为满足起爆药在高能、安全、钝感等性能方面的特殊要求,近代发展起来了一种由两种或两种以上的单质起爆药,通过共沉淀或络合的方法制成,以复盐形式组成的复盐起爆药。其特点是既具有原单质起爆药的性能,又具有良好的综合性能,例如 5,5′-重氮氨基四唑与史蒂酚酸的双铅复盐起爆药(LDDS)[$C_6H(NO_2)_3O_2Pb \cdot (CN_4)_2N_3HPb$]、硝基氨基四唑和史蒂酚酸的双铅复盐[$C_6H(NO_2)_3O_2Pb \cdot C_2N_{10}O_4Pb$]等。

同复盐起爆药性能相类似的,还有以钝感为主要特征的配位化合物起爆药。与猛炸药相似,配位化合物起爆药对机械撞击钝感,用明火、火花不能点燃,但压入壳体内时,能用桥丝、火焰起爆,并能迅速转换为爆轰。

第二节 常用单质起爆药

一、叠氮化铅

叠氮化铅(简称"氮化铅",LA)的分子式为 $Pb(N_3)_2$,相对分子质量为 291.26,有环形和链状两种结构:

```
N ＼           ／ N
‖   N—pb—N    ‖
N ／           ＼ N
```

环状结构

N═N═N—pb—N═N═N

链状结构

氮化铅可由氮化钠和硝酸铅(或醋酸铅、三水乙酸铅)的水溶液,在一定条件下制得。因生产条件差异,制得的氮化铅有稳定的 α 型(斜方晶体、短柱状)和不稳定的 β 型(单斜晶体、长针状)两种结晶形状。β 型在生产过程中易发生自爆且无使用价值,故反应过程中加入糊精水溶液或羧甲基纤维素钠盐等晶型控制剂,以得到感度较小的 α 型氮化铅。用上述两种晶型控制剂,可分别制得糊精氮化铅(DLA)和羧甲基纤维素氮化铅(CLA)。和 DLA 相比,CLA 的结晶颗粒近似球形,流散性更好,起爆能力更强。

(一)物理性质

纯氮化铅为白色结晶粉末,工业品有时显微红色。糊精氮化铅为土黄色结晶粉末。

氮化铅的结晶密度在起爆药中最大,可达 4.83 g/cm³ 左右,假密度为 0.8 g/cm³。装药密度随压力的增高而增大,耐压性能良好,很少发生"压死"现象。当压力为 80 MPa 时,装药密度可达 3.1 g/cm^3。

氮化铅的吸湿性很小，糊精氮化铅的吸湿性稍大。相对湿度为75%时，其吸湿量分别为0.009%和0.23%，相对湿度为90%时，吸湿量分别为0.012%和0.25%。含水分的氮化铅（水分含量高达30%时），爆轰感度并不降低，对爆炸无明显影响，故用氮化铅制成的雷管适用于水下爆破作业。

氮化铅不溶于水，微溶于热水。18℃下，氮化铅在100 cm^3 水中溶解0.023 g，70℃时溶解0.09 g。氮化铅在沸水中有部分水解，生成不溶于水的氢氧化铅。当缓慢冷却时，氮化铅可从热水中析出，成为极为敏感的针状结晶，很可能发生自爆。

氮化铅能溶于硝酸钠和醋酸钠等水溶液；易溶于乙胺，10 g 乙胺可溶解氮化铅14.6 g；氮化铅难溶于乙醇、丙酮、苯和乙醚等有机溶剂。

（二）化学性质及安定性

浓硝酸能使干氮化铅爆炸，浓硫酸能使湿氮化铅爆炸。含有亚硝酸钠（8%）的稀硝酸溶液（如15%），能使氮化铅完全分解，分解产物能溶于溶液中，可用此法销毁氮化铅废药和残渣。碱溶液能分解氮化铅，生成碱性氮化铅。当结晶表面生成碱性氮化物后，将阻止碱与内层氮化铅的进一步反应，故氮化铅与碱的反应是很缓慢的。

氮化铅在潮湿并有二氧化碳气体存在的环境中，表面部分将逐渐分解生成氮氢酸。氮氢酸很容易与铜作用生成氮化铜或氮化亚铜。这两种产物都很敏感，容易引起爆炸事故。氮化铅与铁有作用，但与铅和铝不发生作用。因此，装填氮化铅的火工品壳体不能为铜质材料，而一般为铝质材料。

氮化铅的热安定性较好，50℃下储存3～5年几乎不发生变化，170℃以上加热时才有明显的分解现象。200℃以上加热时，分解加快，最后变为无爆炸性的粉末。高于350℃加热时，即使在真空条件下也能发生爆炸。糊精氮化铅的热安定性比纯氮化铅要差一些，但在常温下仍较安定。

氮化铅受日光照射时，被照射面很快变为灰黄色，但只限于表层，不会深入内部，对爆炸性质几乎无影响，如果在日光照射过程中不断搅拌，这种变化就将深入内部，使其严重分解。

（三）爆炸性质

叠氮化铅的爆炸反应式为

$$Pb(N_3)_2 \longrightarrow Pb + 3N_2 + 442.02\ kJ$$

叠氮化铅的爆炸性能参数如下：

爆热：1 517.88 kJ/kg；

爆温：4 333℃；

爆炸分解气体生成物体积：308 L/kg；

5 min 发火点：305～315℃；

爆速：与装药密度有关，当密度为1.06 g/cm^3、1.18 g/cm^3、2.56 g/cm^3、3.51 g/cm^3、3.96 g/cm^3和4.05 g/cm^3时，对应的爆速分别为2 664 m/s、3 322 m/s、4 478 m/s、4 745 m/s、5 123 m/s和5 276 m/s；

起爆能力：爆轰成长期短，能迅速转变为爆轰，故起爆能力很强，比雷汞大5～10倍，详见表9-2。

表 9-2 几种起爆药的起爆力比较

起爆药	极限起爆药量/g		
	特屈儿	苦味酸	梯恩梯
氮化铅	0.025	0.025	0.09
雷汞	0.29	0.3	0.36
二硝基重氮酚	0.075	0.115	0.163

注:猛炸药为 1 g。

氮化铅的各种感度、热化学性质和做功能力等性质详见表 9-3。

(四)用途

表 9-3 中数据表明,氮化铅的起爆能力很强,但对撞击、摩擦、针刺等机械作用以及火焰都比较钝感,故氮化铅通常有两个用途:一是与对火焰、机械作用更敏感的药剂组成引火药、击发药、针刺药等混合起爆药,或装填在对火焰、机械作用更敏感的药剂之后,用于装填火焰雷管等火工品;二是用于装填大威力、高初速弹丸引信雷管,这样既可实现雷管小型化,提高发射安全性,又可以保证勤务处理时的安全。

表 9-3 常用起爆药的性能比较

性能	雷汞(MF)	氮化铅(LA)	史蒂酚酸铅(THPC)	特屈拉辛(四氮稀,Tetrazene)	二硝基重氮粉(DDNP)
	$Hg(ONC)_2$	$Pb(N_3)_2$	$C_6H(NO_2)_3O_2Pb\cdot H_2O$	$C_2H_6N_{10}\cdot H_2O$	$C_6H_2(NO_2)_2N_2O$
外观	灰色或白色结晶	白色粉状结晶	深黄色结晶	白色或淡黄色结晶	鲜黄到褐色结晶
密度/$(g\cdot cm^{-3})$	4.39~4.42	4.8	3.08~3.10	1.64	1.71
相对湿度为 65%时的吸湿性/(%)	0.02	0.2	0.04	0.03	0.1
生成热/(kJ/mol)	-262.5	-461.7	-832.5		-115.8
与酸碱作用	遇浓硫酸爆炸,强碱使其分解	易被醋酸和无机酸分解	遇酸分解	浓酸浓碱均能使其分解	热硫酸和碱能使其分解
与金属作用	潮湿情况下,与铜作用生成感度大的雷酸铜。与铝作用生成 Al_2O_3	与铝不作用,能与铜作用生成感度大的 $Cu(N_3)_2$	不作用	不作用	在水存在下,能与铜、铝、锌作用
热安定性/(减量%)[①]	0.18	0.17	安定	0.08	0.3

续 表

性能			雷汞(MF)	氮化铅(LA)	史蒂酚酸铅(THPC)	特屈拉辛(四氮稀,Tetrazene)	二硝基重氮粉(DDNP)
			$Hg(ONC)_2$	$Pb(N_3)_2$	$C_6H(NO_2)_3O_2Pb \cdot H_2O$	$C_2H_6N_{10} \cdot H_2O$	$C_6H_2(NO_2)_2N_2O$
感度	5 min 发火点/℃		170～180	305～312	265	135～140	170～173
	撞击感度/cm②	上限	9.5	33	36	6	大于 40
		下限	3.5	10	11.5	3	17.5
	摩擦感度/(%)③		100	76	70	70	25
	火焰感度/cm④		20	做不出结果	54	15	17
热化学性质	比容/($L \cdot kg^{-1}$)		311	308	470	400～450	600～700
	爆热/($kJ \cdot kg^{-1}$)		1 735	1 522	2 776	2 299	5 852
	爆温/K		4 450	4 300	2 100		4 950
作功能力	爆速/($m \cdot s^{-1}$)		5 400 ($\rho_0=4.0$)	5 276 ($\rho_0=4.05$)	4 900($\rho_0=2.6$)		5 400($\rho_0=1.3$)
	威力/cm^3		28.1～28.6	26.6～32.6	29～29.1		23
	猛度/g		48.4⑤	36⑤	10.5⑥	13.1⑥	90.6⑤
	对 TNT 起爆能力/g		0.36	0.09	不能单独装药	不能单独装药	0.163
用途			作击发药成分,爆破雷管第一装药	作各式雷管(主要是炮弹雷管)第二层装药	火焰雷管的第一层装药	针刺雷管的第一层装药	民用爆破雷管的第一层装药

注:①75℃下加热 48 h;②锤重 400 g,药量 0.02 g,压药压力 40 MPa;③锤重 400 g,药量 0.02 g,压药压力 40 MPa;④0.6 MPa,药量 0.01 g,摆角 80℃;⑤lg 试样,压力 24 MPa 进行砂粒法试验,炸碎的砂量;⑥0.4 g 试样进行砂粒试验,炸碎的砂量。

二、雷汞

雷汞是最早发现和使用的起爆药,学名叫雷酸汞(MF),分子式为 $Hg(ONC)_2$,相对分子质量为 284.65,结构式为

$$Hg\begin{cases} O—N\equiv C \\ O—N\equiv C \end{cases}$$

(一)物理性质

雷汞为白色或灰色针状细结晶,结晶密度为 4.09～4.42 g/cm^3,假密度为 1.6 g/cm^3。装药密度随压药压力的增大而增大,当压力为 25 MPa 时,密度为 2.4～2.6 g/cm^3。虽然压力升到 150 MPa 时,密度可升至 4.1 g/cm^3,但因雷汞的爆炸性质受压药压力的影响较大,在压力超过 200 MPa 时,会出现“压死”现象。

雷汞的吸湿性很小，见表 9-4。含杂质时，其吸湿性增加。如含 8%阿拉伯树胶时，雷汞在相对湿度为 50%的条件下储存，能够吸湿 0.51%，在相对湿度为 100%的条件下可吸湿 3.6%。雷汞含水 10%时，点燃后就只能燃烧而不爆炸，含水 30%时可失去燃烧性。

表 9-4　雷汞的吸湿性

相对湿度/(%)	贮存时间/d	吸水量/(%)
50	60	0.02
80	80	0.02
100	80	0.16

雷汞在水中的溶解度很小，100 cm^3 水中的溶解度：12℃时为 0.07 g，100℃时为 0.3 g。微溶于酒精，易溶于氨水或用氨水饱和的丙酮中，在 30～35℃时，浓氨水能溶解千倍量的雷汞。浓氨水与酒精和水的混合液，是雷汞的良好溶剂，当三者的体积比为 2∶1∶1 时，雷汞的溶解度最大。

(二)化学性质及安定性

雷汞与碳酸不起作用。浓盐酸可使其分解，可用此法销毁雷汞。浓硝酸也能使雷汞分解，当雷汞遇到浓硫酸时将剧烈分解，并可引起爆炸。

弱碱与雷汞作用缓慢，而强碱可使雷汞分解，因此，也可利用苛性碱销毁少量雷汞。

雷汞与铝、镁等金属较易作用，生成结构疏松无爆炸性的铝、镁氧化物，尤其在有水分存在时，作用更为剧烈。雷汞与镍不起作用，但因镍价格高，且硬度大，不便加工，一般采用铜壳或镀镍的铜壳作为盛装雷汞的管壳。

雷汞对热的安定性尚好，比氮化铅、史蒂酚酸铅和二硝基重氮酚稍差，与特屈拉辛相近。它在常温下是安定的，在 50℃加热 2 h 后开始分解，75℃加热 48 h 失重 0.81%，100℃加热 48 h以内，可使其爆炸。当温度为 172℃时，即使在真空条件下也能很快爆炸。

(三)爆炸性质

雷汞的爆炸反应式为

$$Hg(ONC)_2 \longrightarrow Hg + 2CO + N_2 + 483.72\ kJ$$

雷汞的性能示性数见表 9-3。

雷汞具有一定的起爆力，但比氮化铅和二硝基重氮酚小。起爆力随压药压力的升高稍有降低，但是，压药压力不能太小，否则不能保证爆轰波正常传播。

雷汞对冲击、摩擦、火焰及电火花等都比较敏感。一般来说，雷汞的针刺感度随压药压力增加而增大。压力为 70～75 MPa 时，针刺感度最合适。在压力超过 50 MPa 后，火焰感度下降，出现“压死”现象。

雷汞的爆炸参数如下：

发火点：175～180℃(5 min)，210℃(5 s)；

爆热：1 542.9 kJ/kg；

比容：311 L/kg；

爆速：5 050 m/s(ρ_0=4.0 g/cm^3)；

爆压：868 MPa(ρ_0=1.0 g/cm^3)。

(四)用途

雷汞的综合性能较好。从历史上看,雷汞在起爆药中的地位可与 TNT 在猛炸药中的地位匹敌,近百年来一直是雷管的主装药和火帽击发药(与氯酸钾和硫化锑相混)的重要成分。但因汞有毒,且含雷汞的击发药用作药筒底火火帽装药时,对枪炮膛壁和药筒有较大的腐蚀作用,故已被无腐蚀性击发药取代。

三、史蒂酚酸铅

史蒂酚酸铅(LS)的学名为 2,4,6 -三硝基间苯二酚铅(LTNR),代号 THPC,分子式为 $C_6H(NO_2)_3O_2Pb \cdot H_2O$,相对分子质量为 468.29,结构式为

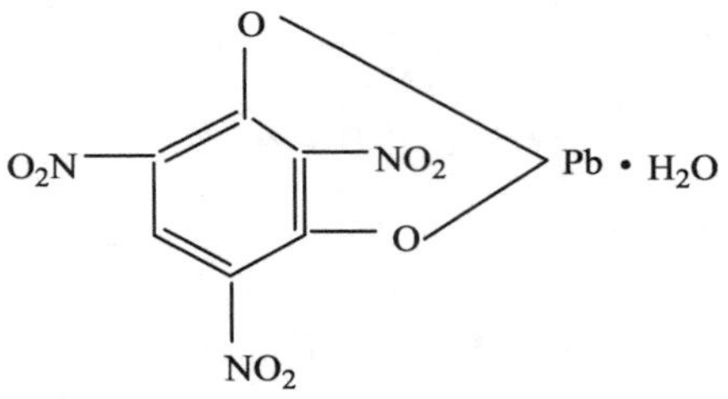

O

O_2N NO_2 $Pb \cdot H_2O$

O

NO_2

纯史蒂酚酸铅的静电感度是起爆药中最大的,故通常用沥青或羧甲基纤维素进行钝化处理。一般情况下,沥青含量在 2.7%~4.5%之间。

(一)理化性质

史蒂酚酸铅为黄色结晶,经沥青钝化后呈黄褐色到灰黑色的细粒状。结晶密度为 3.08~3.10 g/cm^3,假密度为 1.0~1.6 g/cm^3。耐压性能好,在压药压力为 300~500 MPa 时,装药密度可达 2.6~2.7 g/cm^3。

史蒂酚酸铅微溶于水、酒精、乙醚和汽油。在水中的溶解度随温度的升高而增大,15℃时 100 cm^3 水中能溶 0.04 g,17℃时能溶解 0.07 g;难溶于氯仿、苯和甲醇;在醋酸中溶解良好,在醋酸铵中较易溶解。

史蒂酚酸铅的吸湿性很小,在相对湿度 100%的条件下储存 40 d,只吸水 0.4%~0.5%。

史蒂酚酸铅遇强酸会分解,被还原为三硝基间苯二酚和相应的铅盐。碱也能使其分解,生成三硝基间苯二酚的钠盐和氢氧化铅。

史蒂酚酸铅不与任何金属发生作用,有利于装填使用。

史蒂酚酸铅的热安定性很好,100℃时可失去结晶水,在 115~120℃加热 220 h 失重约 3.89%,除去结晶水 3.84%外,实际上只分解 0.05%。在 220℃以上时才有明显的分解现象,因而具有良好的长期储存性能。

在日光的直接照射下,史蒂酚酸铅颜色变暗。

(二)爆炸性质

史蒂芬酸铅的爆炸性质见表 9 - 3。

史蒂酚酸铅起爆力很小,故不能单独用作起爆药剂。史蒂酚酸铅的冲击感度、摩擦感度都比氮化铅和雷汞小,但对火焰很敏感,这是史蒂酚酸铅的突出优点。

(三)用途

由于火焰感度很高,故史蒂酚酸铅常被用作火焰雷管的第一层装药,或作为电发火的火工

品中电点火头的成分，以及无腐蚀性击发药和刺发药的成分。

四、特屈拉辛

特屈拉辛(Tetrazene)又名四氮烯，学名为四氮杂茂基脒基特屈拉辛水，分子式为 $C_2H_8ON_{10}$，含氮量极高，相对分子质量为 188.16，结构式为

$$
\begin{array}{l}
\text{N}-\text{N} \\
\| \quad\quad \backslash\backslash \\
\quad\quad\quad \text{C}-\text{N}=\text{N}-\text{NH}-\text{NH}-\underset{}{\overset{\text{NH}}{\overset{\|}{\text{C}}}}-\text{NH}_2\cdot\text{H}_2\text{O} \\
\| \quad\quad / \\
\text{N}-\text{NH}
\end{array}
$$

特屈拉辛由氨基胍硝酸盐重氮化制得。

(一)理化性质

特屈拉辛为白色或淡黄色针状结晶。用硝酸重结晶后的特屈拉辛密度为1.64 g/cm^3，耐压性差，压力为 200 MPa 时，装药很难由燃烧转为爆轰。当压力达到 500 MPa 时，会出现“压死”现象。

特屈拉辛吸湿性很小，30℃和相对湿度 90%时，吸收水分 0.77%。它微溶于水，室温下 100 cm^3 水中溶解 0.02 g，不溶于乙醇、乙醚、丙酮、苯、四氯化碳等有机溶剂。

特屈拉辛是弱碱性物质，能溶于稀酸，加水后又能重新析出，可用此方法精制不纯品。碱能使特屈拉辛分解。

特屈拉辛在 60℃以下化学安定性良好。在 50℃时无变化，75℃时经过十昼夜后失重 20%，100℃第一个 48 h 失重 23.2%，第二个 48 h 失重 3.4%，100 h 内不爆炸，若时间较长，将会失去爆炸性能。

特屈拉辛的最大缺点之一是能被 50℃以上的水水解，因此在热水中将失去爆炸性质。

(二)特屈拉辛的爆炸性质

特屈拉辛的爆炸性能见表 9-3。

特屈拉辛的起爆力也很小，1 g 特屈拉辛尚不能起爆特屈儿，故不能单独作为起爆药剂。

特屈拉辛的撞击感度较大，不仅高于氮化铅，而且高于雷汞，对针刺更为敏感，但火焰感度以及摩擦感度均低于雷汞。

(三)用途

特屈拉辛机械感度较高，一般不单独使用，目前主要作击发剂及刺发剂的成分，用于制造无雷汞或无腐蚀性击发药，或用于提高击发药的针刺感度和点火性能，在引信针刺雷管中使用非常广泛。

五、二硝基重氮酚

二硝基重氮酚(DDNP)分子式为 $C_6H_2(NO_2)_2N_2O$，相对分子质量为 210.11，由亚硝酸钠、盐酸和氨基苦味酸钠进行重氮化反应制得。其结构式为

(chemical structure: 4,6-dinitrobenzofurazan-type diazo oxide structure with O_2N and NO_2 substituents)

(一)理化性质

二硝基重氮酚为黄色针状结晶,工业品为棕紫色球形聚晶。在丙酮中重结晶的二硝基重氮酚的密度为1.71 g/cm^3,假密度为0.5～0.65 g/cm^3,耐压性能不够好,当压力为65 MPa时,装药可能出现半爆现象,熔点为157℃。

较纯的二硝基重氮酚有较大的吸湿性,但其工业品因在聚晶的表面形成了一层"抗水层",故吸湿性很小。实验表明,干燥的二硝基重氮酚在常温和相对湿度65%时的吸水量为0.17%,且假密度越小,吸湿性越大。

二硝基重氮酚微溶于水,并能不同程度地溶解于大部分有机溶剂中,见表9-5。

表9-5 二硝基重氮酚在100 cm^{3}有机溶剂中的溶解度(30℃)

溶 剂	水	甲 醇	乙 醇	甲 酸	丙 铜
溶解的质量/g	0.093	0.892	0.183	0.33	5.34

干燥的二硝基重氮酚与铁、铜、铝、锡、铅、锌、镁等金属均不作用,但在有水存在的条件下与铜、锌、铝、锡有一定作用。

二硝基重氮酚呈弱碱性,在酸性介质中比较稳定,但热浓硫酸可使其分解。碱也能使二硝基重氮酚分解,生成气体产物,并产生热量,使其颜色发生改变,同时破坏其爆炸性质。

二硝基重氮酚的热安定性较好。60℃长期加热无分解现象,75℃加热960 h失重0.5%,100℃第一及第二个48 h失重分别为2.1%和2.2%,100 h内不爆炸。

日光直接照射对二硝基重氮酚的颜色、纯度和起爆力都有严重影响。

(二)爆炸性质

二硝基重氮酚的爆炸性能见表9-3。

二硝基重氮酚的撞击感度和摩擦感度均低于雷汞及纯氮化铅,而接近糊精氮化铅,火焰感度高于糊精氮化铅,而与雷汞相近。其做功能力与TNT相近,起爆能力为雷汞的两倍,但比氮化铅稍低。

(三)用途

二硝基重氮酚是目前产量最大的单质起爆药之一,20世纪40年代后在工业雷管中取代了雷汞,可用于装填电雷管、毫秒延期雷管,也可以作击发药的成分。

第三节 混合起爆药

按照用途,混合起爆药可分为很多种,本节重点讨论击发药、针刺药和摩擦药。

一、击发药

击发药是指受机械撞击作用激发而发生爆燃的混合药,主要用于引信和底火中的火帽装药，故要求其对撞击敏感，且有可靠的点火能力。击发药一般由单质起爆药、氧化剂、可燃剂组成，有时还加入一定量的敏化剂、钝化剂、表面活性剂、黏合剂、导电物质或猛炸药等。

受机械撞击作用后，击发药产生热点使起爆药分解，随后引起可燃剂与氧化剂的燃烧反应，形成火焰，用以点燃发射药、点火药、延期药或雷管。

击发药中常用的单质起爆药有雷汞、氮化铅、特屈拉辛、史蒂芬酸铅等，常用的氧化剂有氯酸钾、硝酸钡、硝酸钾、四氧化三铅等，可燃剂主要是无机可燃剂，且多为金属化合物。

按照发展历史，可将击发药分为腐蚀性击发药、无腐蚀性击发药、伊雷击发药和特种击发药四类。

1.腐蚀性击发药

腐蚀性击发药是最早期的击发药，由雷汞、氯酸钾和三硫化二锑组成。典型的通用配方是32∶45∶23或11∶52.5∶36.5，以及按35∶35∶30比例构成的用于引信火帽的配方等。由于其对内膛有腐蚀作用，所以被无腐蚀性击发药替代。

2.无腐蚀性击发药

无腐蚀性击发药不含雷汞，以史蒂芬酸铅和特屈拉辛混合物作为引燃剂；不含氯酸钾，以硝酸钡、硝酸铅、四氧化三铅等为氧化剂；以锆、铝等可燃剂部分或全部代替三硫化二锑，同时还加入了少量（5%左右）猛炸药（TNT或PETN）。该类击发药的典型配方见表9-6。

表9-6 无腐蚀性击发药典型配方

序号		1	2	3	4	5	6	7	8	9	10	11	12	13	14
成分/(%)	史蒂芬酸铅	40	40	35	37	37	38	53	39	60	39	38	38	38	50
	特屈拉辛	3	1	3.1	4	3	2	5	2	5	2	3	3	3	5
	硝酸钡	42	42	31.0	32	30	39	22	41	25	44			46	20
	硝酸钾											44			
	四氧化三铅												44		
	二氧化铅	5		10.3		5	5							5	
	太安				5	5									
	硅化钙	10					11				14			8	
	硫化锑		11	10.3	15	15	5	10	11	10		15	15		25
	硝化棉		6						7						
	铝粉				7			10							
	锆粉			10.3		5									

除表9-6中的无腐蚀性击发药外，近年来人们也在不断探索用新的起爆药来替代史蒂芬酸铅和特屈拉辛，比如，碱式史蒂芬酸铅·史蒂芬酸铅·次磷酸铅的三聚合，或史蒂芬酸钾·史蒂芬酸铅·次磷酸铅的三聚合制成的用于边缘发火的三聚盐击发药；用于替代史蒂芬酸铅，与特屈拉辛、硝酸混合使用，流散性好、静电感度低于史蒂芬酸铅的碱式苦味酸铅包结化合物；性能与史蒂芬酸铅相似，但威力更高、安定性更好的，与特屈拉辛、硝酸钡混合组成的耐低温击发药；采用共沉淀技术制成，具备良好综合性能的氮化铅和史蒂芬酸铅共沉淀（D·S共沉淀）

起爆药、碱式苦味酸铅和氮化铅共沉淀(K·D共沉淀)起爆药、史蒂芬酸铅和特屈拉辛共沉淀(S·S共沉淀)起爆药;受到一定的撞击和摩擦时,会产生大量的微粒火花,引起氧化剂和可燃剂反应的引火合金材料(Pyrophoricalloy,又称混合金属)。

3.伊雷击发药

伊雷击发药采用壳内击发药制备技术,即把起爆所需的两种或多种原材料,或混合药所需其他组分一起压入壳体,再加入反应液,在适当温度下使其反应生成起爆药,以达到混合起爆药的配方设计要求。采用该技术制造击发药时,过程安全、可靠且效率高,制成的击发药与用干混法制得的同类产品相当。

4.特种击发药

特种击发药是指为满足产品的特殊要求而设计的具有一种或几种特殊性能的击发药。这些特殊要求包括:耐高温,可用电和撞击两类外能激发,等等。

(1)耐高温击发药。爆发点较高的起爆药可作为耐热击发药用。比如,氮化铅爆发点为315~360℃,250℃开始有较强的分解,故可作为200℃以内的耐热击发药使用。四唑类以及四唑类双铅复盐也具有耐热性能,如5-硝基四唑汞(爆发点为232~235℃)可作一般的耐热击发药组分,硝基氨基四唑铅·史蒂芬酸铅复盐(爆发点为325℃)和5,5′-重氮氨基四唑·斯蒂芬酸铅复盐(爆发点为290℃)等均可作为耐高温击发药组分。

另外,耐高温的猛炸药TACOT和HNS亦可与氯酸钾或高氯酸钾等配合作为耐高温击发药。耐高温击发药的典型配方见表9-7。

表9-7 耐高温击发药

配方序号		1	2	3	4	5	6	7	8
成分/(%)	5-硝基四唑汞	40~95	40						
	硝氨基四唑铅与史蒂芬酸铅复盐			40	10				
	TACOT								
	HNS								10
	氯酸钾	2.5~40			53	53			
	高氯酸钾						74~44	53	53
	硫化锑	2.5~40	25	5	25	30		30	25
	硝酸钡		28	35					
	硅化钙			10	12	17		17	12
	过氧化铅		4	5					
	氧化铜			5					
	铝粉		3						
	钛粉(或锆)						26~66		

注:配方3~配方8均能耐200℃高温的考验。

(2)电点火击发药及导电击发药。火帽一般靠机械能激发,但随着弹丸射速的增加,以及对发火可靠性要求的提高,高射炮弹等高射速弹药装配用电能激发的电火帽,故其所用击发药必须具有电点火能力、导电能力，并有发火时间短的特点。为此，常在配方中加入金属粉、石墨、氯酸钾等。表9-8列出了几组电点火击发药及导电击发药配方。

表9-8　电点火及导电击发药配方

配方序号		1	2	3	4	5	6	7
成分/(%)	氯酸钾	44.5	6					
	硫氰酸铅	35.5						
	木炭	20.0	15					
	石墨					2(外加)	3	5
	二硝基重氮酚		20					
	硝化淀粉		5					
	锆粉			7.5细，32.5粗	6～9细，30～35粗	15细		
	氢化锆					30		
	二氧化铅			25	18～22	20	7	
	硝酸钡			35	15～25	15		
	PETN				15～23	20		55
	多硝基间苯二酚					1(外加)		
	史蒂芬酸铅						90	
	氮化铅							40

二、针刺药

针刺药是受针刺作用激发而发生爆燃的混合药，主要用于针刺火帽和针刺雷管中。针刺药应具有适当的针刺感度和猛度、足够的点火能力、良好的安全性和相容性。

针刺药主要成分是起爆药、氧化剂和可燃剂，有时还加入敏化剂或钝感剂。常用起爆药有氮化铅、史蒂芬酸铅、D·S共沉淀起爆药等；可燃剂为硫化锑、硫氰化铅、硅粉、硅铁铁、镁粉、铝粉等；敏化剂通常为特屈拉辛、碱式偶氮四唑或硬质杂质。

按发展历史，针刺药可分为含雷汞和不含雷汞两类，目前含雷汞针刺药已不再使用。典型针刺药的配方见表9-9。

表9-9　典型的针刺药配方

型　号	氮化铅/(%)	史蒂芬酸铅/(%)	特屈拉辛/(%)	氯酸钾/(%)	硫化锑/(%)	硫氰酸铅/(%)	金刚砂/(%)
PA-100	5.0±1.0			53.0±2.0	17.0±1.0	25.0±1.0	
AN#6	28.3±2.0			33.4±2.0 硝酸钡	33.3±2.0		5.0±0.5
NOL-130	20.0±2.0	40.0±2.0(碱式)	5.0±0.5	20.0±2.0 硝酸钡	15.0±1.5		
2#针刺药		50.0	5.0	20.0	25.0		

三、摩擦药

摩擦药又称拉火药，是由摩擦激发而发火的混合药剂，主要用于摩擦火帽或拉火管，因此应具有适当的摩擦感度、足够的点火能力和良好的安定性，且制造和使用安全。与其他混合药剂相似，摩擦药由起爆药、氧化剂、可燃剂和黏合剂组成。常用的摩擦药配方见表 9－10。

表 9－10　摩擦药配方

型　号	雷汞/(%)	硫氰酸铅/(%)	二氧化铅/(%)	氯酸钾/(%)	硫化锑/(%)	木炭/(%)	虫胶/(%)
HM－1	8		42	30	20		1.5～3(外加)
HM－2		15		40	25	20	4(外加)
HM－3	10			35	45	10	3(外加)

第十章　黑　火　药

黑火药，简称黑药，是我国的四大发明之一，其发明、使用和传播对促进人类文明发展和社会进步起到了重要作用。黑药在战场上的使用，则直接拉开了冷兵器时代过渡到热兵器时代的序幕，故被称为现代火炸药的鼻祖。在19世纪现代火炸药发明以前的一千多年内，黑药既是点火药、发射装药，又是烟火药和爆炸装药，在军事上一直占有统治地位。直至20世纪初，黑药才被现代火炸药替代。由于黑药具有独特的燃烧性质，到目前为止在弹药元件中仍有广泛应用。

一、黑药的组成和种类

(一)黑药的组成

黑药是以硝酸钾为氧化剂、木炭为可燃物、硫磺为黏合剂，按照一定比例，经粉碎、均匀混合、压实、造粒、磨光、筛选等工序制成的混合物。军用黑药的配比为：硝酸钾75%±1.0%，木炭15%±1.0%，硫磺10%±1.0%，水分不超过1.0%。

1.硝酸钾

硝酸钾含氧丰富，吸湿性较小，感度较低。硝酸钾在加热到350℃时，发生分解，即

$$4KNO_3 = 2K_2O + 2N_2 + 5O_2$$

硝酸钾分解放出的氧，可使可燃物(木炭及硫)燃烧，生成气体产物并放出热量。

2.木炭

制造黑药用的木炭($C_{10}H_{10}O_2$)，一般是用柳、杨和白杨等木材烧制而成的黑褐炭。

碳与氧作用，生成气体并放出热量，即

$$C + O_2 = CO_2 + 395.05\ kJ$$

$$2C + O_2 = 2CO + 227.14\ kJ$$

3.硫磺

硫磺在黑药中主要用作黏合剂。硫磺可作为可燃物，其氧化反应式为

$$S + O_2 = SO_2 + 297.5\ kJ$$

当黑药被点燃时，硫磺(沸点445℃)很容易形成蒸气。硫磺蒸气在较低温度(150℃)下能与木炭、硝酸钾作用，生成对燃烧反应有催化作用的硫化钾(K_2S)和三硫化二钾(K_2S_3)。因此，硫磺的存在降低了黑药的燃点，使其易于被点燃。

(二)黑药的种类及代号

按颗粒大小，黑药可分为九类。九类黑药的颗粒大小以筛网孔的基本尺寸表示，见

表10－1。

表 10－1 黑药分类

类 号	代 号	筛网孔基本尺寸/mm	
		上筛	下筛
1	HY－1	10.0	5.00
2	HY－2	5.60	2.80
3	HY－3	4.00	2.00
4	HY－4	2.24	1.00
5	HY－5	1.18	0.630
6	HY－6	0.850	0.400
7	HY－7	0.500	0.280
8	HY－8	0.250	
9	HY－9	0.250	

注：9 类为军用导火索用黑药粉。

黑药代号由黑药汉语拼音的第一个大写字母和代表类别的阿拉伯数字组成。如，1 类黑药的代号为 HY－1。

二、黑药的性质

(一)理化性质

1.外观

1 类至 7 类黑药为粒状药。不涂石墨时呈灰黑色，且有光泽，无目视可见杂质和药粉滚成的颗粒；用手指拨动与轻轻挤压时，无散不开的药粒结块；药粒表面不应有析出的硝酸钾白霜或硫磺斑点。涂石墨的 1 类至 7 类药粒应呈钢灰色，且有光泽，无目视可见杂质。

8 类和 9 类黑药是均匀的灰黑色粉状药，无目视可见杂质，用手指拨动与轻轻挤压时，无散不开的药粒结块。

2.密度

黑药的密度大小与成分配比、药粉细度、加压时间、压力大小等多种因素有关。粒状黑药的密度在 1.65～1.93 g/cm^3之间。

药粒密度大小对其燃烧性能和吸湿性有一定影响，密度越大，吸湿性越小，燃速越慢。

3.坚实性

粒状黑药必须有一定的坚实性，以保证在运输、使用及勤务处理过程中能耐受较大震动而不粉碎，以及燃速稳定。

坚实性好的粒状黑药应符合以下要求：用手指捻而不碎，也不会染黑手指或在手指上沾上药粉；药粒从 1 m 高处落在固体表面上，不会有药粉掉下；大量药粒从白纸上滑下，不会在纸上留下药粉。

4.均匀性

均匀性好的黑药，取少量堆在白纸上燃烧时，可迅速燃尽（产生垂直烟柱），不会将纸点着，也不会留下明显的残渣，但可能留下少量的黑色斑点（剩余的炭）和黄色斑点（剩余的硫）。如混合不均匀，会造成黑药燃烧不完全，除了会留下黑色斑点和黄色斑点外，还会留下较多分布不匀的固体残渣。当黑药吸湿，水分含量较多时，由于水分可局部或部分溶解析出硫酸钾，会造成黑药成分不均匀。这种黑药燃烧时，除了上述特征更明显外，常能将纸烧黄或烧破，这是燃速减慢所致。

（二）安定性

1.化学安定性

黑药的化学安定性很好。硝酸钾在350℃以上时才开始分解，木炭和硫磺则更安定，故黑药在长期储存中不会发生明显的分解现象。

2.物理安定性

黑药的物理安定性较差，储存条件下容易吸湿受潮而变质。军用黑药规定含水量为0.7%～1.0%。当黑药的含水量超过1%时，才称之为吸湿。

黑药的吸湿性主要取决于成分性质和空气相对湿度。此外，颗粒大小、药粒密度及表面状况等也会对吸湿性产生影响。

木炭结构疏松，有很多细微孔隙，加之颗粒小，所以表面积较大。当与空气接触时，木炭会因表面吸附和毛细作用而吸收空气中的水汽。木炭吸湿能力较强。实验表明：含碳量70%～75%的木炭，其最大吸湿量为7.5%。通常用于制造军用黑药的木炭，其吸湿量为5%。

硝酸钾属潮解性物质，纯硝酸钾的吸湿点较高，但受温度影响，见表10－2。

表10－2　硝酸钾在不同温度下的吸湿点

温度/K	273	278	283	288	293	298	303	313
吸湿点/(%)	96.1	94.8	94.4	93	91.3	90.5	88.9	87.8

当含有氯化物、硝酸钠、钙盐、镁盐等吸湿点较低的杂质时，硝酸钾的吸湿点降低，故制造军用黑药时，硝酸钾的纯度不得低于99.8%。

黑药的吸湿，要比单纯的木炭或硝酸钾复杂。如粒状黑药表面的粗糙度、药粒密度、药粒尺寸都会影响吸湿性。表面粗糙的药粒本身有很多毛细管，表面吸附作用越强，吸湿性越大；药粒密度越大，内部孔隙就越少，毛细作用则越弱，吸湿性也就越小；药粒尺寸越大，比表面积越小，表面吸附作用越小。

黑药的吸湿还与外界条件有关：相对湿度越大，黑药越易吸湿；在潮湿环境中储存时间越长，吸收水量就越多；当空气相对湿度超过硝酸钾的吸湿点时，则会吸湿不止，直至完全变成硝酸钾水溶液。

粒状黑药受潮后，外表失去光泽，变成深黑色。严重受潮后又经干燥的黑药，药粒表面出现白色斑点或全部变白，同时药粒间互相黏结而产生结块现象。受潮后，粒状黑药的坚实性变差：用手指捻搓药粒时，药粒易粉碎，并能将手指染黑。在白纸上来回晃动时，能留下药粉。

黑药吸湿受潮对其使用性能也将产生影响，影响程度与吸湿量大小有关。吸湿量较小时，硝酸钾尚未潮解，药粒成分的均匀性未被破坏，经干燥除去吸入的水分后，仍可恢复原有的性质，不影响使用效果；若黑药严重受潮，硝酸钾已部分变成溶液，干燥后，硝酸钾会发生重新结晶，黑药均匀性被破坏，将严重影响使用效果。当黑药吸湿量越过2%时，会导致点火困难，且燃速大大下降。若吸湿量达15%时，黑药将失去燃烧爆炸性质，甚至不能被点燃。

(三)爆炸性质

1.感度

黑药的火焰感度很大，很容易用火焰引燃，甚至铁与铁、铁与石块因撞击或摩擦产生火星也能引起黑药发火。黑药的5 min爆发点在300℃左右。

黑药的机械感度较大，受较强冲击和摩擦时，即可发火或爆炸。黑药撞击感度的爆炸百分数为50%，与CE相似，略大于TNT。将药粒铺在铁与铁、铁与黄铜或黄铜与大理石间摩擦，都能使其发火，甚至在两木板面之间摩擦时，也能使黑药发火燃烧；受枪弹贯穿，很易发生燃烧或爆炸。另外，黑药也有较大的静电感度，密闭条件下的静电感度为12.1 J。为降低静电感度，通常采用滚光工艺，将石墨包覆在药粒表面。

2.燃烧性质

黑药的主要作用形式是燃烧。除易被点燃外，黑药燃烧还具有火焰力强、传火和燃烧速度快、大密度时能有规律地逐层燃烧等特性。

(1)火焰力强。

黑药的卡斯特燃烧反应方程式为

$74KNO_3+30S+16C_6H_2O$ ══ $56CO_2+14CO+3CH_4+2H_2S+$

75%　10.3%　14.7%　　　$4H_2+35N_2+19K_2CO_3+7K_2SO_4+8K_2S_2O_3$(气态产物)+

$2K_2S+2KCNS+(NH_4)_2CO_3+C+S$(固态产物)

燃烧产物中，气体产物约占57%，说明燃烧过程有较长的火焰，固体产物约占43%，具有较高的热容量。大量的高温固体夹杂在火焰之中使火焰的点火能力大大加强，所以黑药燃烧时有较强的火焰力，能确实点燃发射药、烟火药或雷管。

(2)传火和燃烧速度快。

黑药在常压力下被点燃后，火焰能在药粒表面迅速传播，其传火速度为1～3 m/s。粒状黑药的燃烧速度比均质火药大得多。密度为1.8 g/cm³的黑药，其燃速为7～10 mm/s，9类黑药的燃速为8.3～9.5 mm/s，所以当需要用火点燃黑药时，严禁直接点火，而应该用燃速稳定的药剂间接点火，尤其在点燃较大数量黑药时更应特别注意。

(3)密度大的黑药能有规律地逐层燃烧。

密度小的黑药燃烧时，药粒内部存孔隙较多，燃烧时火焰较易深入孔内，使孔内黑药同时燃烧。孔内黑药燃烧时，由于气体产物不易排出，内部压力迅速增大，以至使药粒或装药破碎，燃烧面积增大，燃速增快，且燃烧无规律。

若在密闭条件下将密度较小的黑药点燃，则其传火和燃烧速度会更快。因为在密闭条件下，黑药点燃后，能迅速形成较大的压力。压力愈大，包围在未燃药粒四周的高温生成物愈多，药温升高越快，高温、高压气体越容易钻入药粒的细微孔隙中，故传火速度和燃烧速度也就愈快。这是黑药用作点火药的重要原因。

随着密度增大，黑药燃速会减慢。当密度等于或大于1.8 g/cm³时，黑药常压下的燃速几乎可保持不变。压力增大时，燃速增大(见表10-3)，但仍能保持有规律的逐层燃烧。因此，黑药用作延期药、引信时间药剂时，为使其能有规律地燃烧和确保燃速稳定，通常将其密度控制在 1.8 g/cm³ 以上，一般情况下取 1.87～1.90 g/cm³ 为宜。

表 10－3　黑药燃速与压力的关系

压力/(10^2 MPa)	1	500	1 000	1 500	2 000	2 500
燃速/(mm·s^{-1})	8	64	80	92	101	109

注：实验黑药的密度为 1.9 g/cm³。

3.能量性质

由卡斯特爆炸反应方程式计算得出黑药爆容为 280 L/kg，爆热为 2 780 kJ/kg，小于猛炸药的能量。

三、黑药的用途

黑药独特的燃烧性质，是其在现代弹药中仍然被广泛使用的根本原因。凡是需要传递火焰和扩大火焰的部位，一般均采用黑药。

（一）点火药

点火药通常装在炮弹的底火中，或制成药包放在发射装药的底部，或制成点火药管放在发射装药的中央轴向部位。点火药是加强火帽点燃能力，保证全部发射装药实现迅速、同时燃烧的关键药剂。

（二）抛射药

黑药在某些照明弹和宣传弹等特种弹或抛射装置中，被用作抛射药。黑药燃烧产生的压力，通过推动推板，将照明炬和宣传品等从弹体内抛出。

（三）引信药剂

黑药制成的引信药剂主要包括时间药剂、延期药和扩焰药。

利用一定密度下有规律燃烧的特点，可以将黑药压制成具有一定形状、尺寸、密度和燃速的黑药制品，用于在一定时间后点燃后续装药或火工品。比如，引信中用于在弹丸发射一定时间后点燃扩焰药的时间药剂，以及处于引信火帽和雷管之间，在火帽发火一定时间后延期引爆雷管的黑火药柱等。

引信中，黑药通常还被用作扩大火焰的扩焰药，装在时间药剂或延期药的下方，保证确实点燃抛射药或点爆雷管。

由于黑药易吸湿受潮，影响作用效果，燃烧残渣含有腐蚀武器系统的可溶性硫酸盐和污染环境的硫化物，机械和静电感度大，影响安全，目前采用无硫配方的二元结构黑药，用硝基苯酚和硝化棉的混合物替代木炭的无木炭黑药，及用有机物包覆的新型防潮黑药，已取得重大研究进展，部分已投入军事应用。实验结果表明，上述配方、工艺有效解决了制式黑药面临的问题，且对燃速、火焰感度等关键性能影响很小，同时机械感度、静电感度都有所降低，对生产和储运安全性十分有利。

第十一章　烟　火　药

第一节　概　　述

军事上，烟火药主要装填于特种弹弹体内，以燃烧产生的声、光、烟幕、热等烟火效应，完成照明、燃烧、指示、遮蔽干扰等特殊战场功能，故又称特种弹装填剂。

一、烟火药的分类

按照燃烧产生的烟火效应，可对烟火药进行分类，如图 11－1 所示。

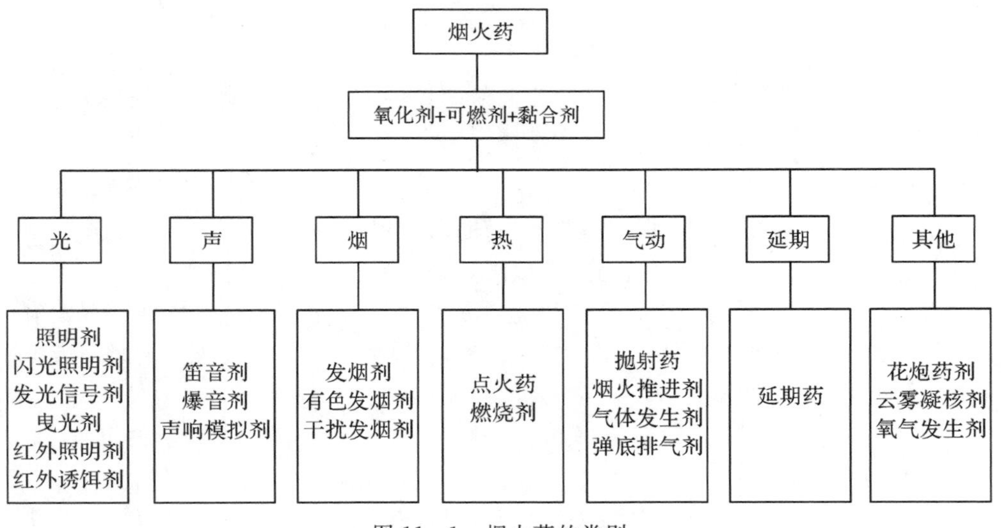

图 11－1　烟火药的类别

烟火药通常有以下军事用途：

（1）照明剂，用于制造照明弹（如枪弹、航弹）及其他照明器材（如手持照明火炬），供夜间照明用。

（2）发光信号剂，用于制造各种信号弹，供远距离信息传递和联络。

（3）有色发烟剂，用于制造昼用信号弹，供白天远距离信息传递和联络。

（4）曳光剂，用于制造各种曳光弹，用于射手校正射击方向和弹道跟踪。

（5）红外照明剂，用于制造红外隐身照明弹，供红外夜视仪和微光夜视仪大幅度提高视距。

(6)红外诱饵剂,用于制造红外诱饵掷榴弹、火箭弹等红外诱饵弹,对红外制导导弹及红外探测和观瞄实施干扰。

(7)发烟剂,用于制造烟幕弹、发烟罐等烟幕器材,通过燃烧产生烟幕,干扰精确制导武器及高精度光电侦察装备。

(8)爆音剂及笛音剂,分别用于制造教练弹和啸声模仿训练器材,供训练时模仿枪炮声和各种弹药的爆炸音响。

(9)点火药,亦称点火剂,是点火器材的基本装药,用以点燃烟火药剂、发射药或起爆药剂等。

(10)燃烧剂,用于制造各种燃烧弹及火焰喷射器等燃烧器材。

(11)抛射药,用于子母结构战斗部中子弹的抛射、弹射,也用于近程短管掷榴发射器抛射干扰弹。

(12)底排剂,用于榴弹底部燃烧排气增程,在不改变火炮结构系统、发射装药、弹形系数等条件下,可使弹丸射程提高30%。

(13)延期药,用于各种需要有延期点火的烟火器材或装置,作延期传递点火用。

除上述用途外,烟火药在汽车、烟花制品、人工降雨、野外生存等民用领域也有广泛应用。

为方便表述,通常根据烟火药燃烧产生的效应,将其分为产生光效应、燃烧效应、烟幕效应和其他效应的烟火药等几种大的类型。

二、对烟火药的通用要求

(1)以最少的烟火药消耗量,产生最大的烟火特种效应;

(2)能按照特种弹的战术技术要求,以一定速度均匀燃烧;

(3)机械感度、热感度、静电感度小,爆炸性质弱,确保制造和使用安全;

(4)火焰感度适宜,确保作用可靠以及制造使用安全;

(5)理化性能良好,内外相容性好,便于长期储存;

(6)制成的烟火制品具有足够的机械强度;

(7)组分和燃烧产物无毒,环境友好;

(8)材料来源广泛,工艺简单,成本低廉,经济性好。

第二节　烟火药的组成

通常情况下,可按照组分多少以及作用过程中是否发生化学反应,将烟火药归纳为烟火装填剂、单一装填剂和惰性装填剂。如不作特殊说明,本章所述的烟火药指的都是具有多种组分的烟火装填剂。

烟火药一般由氧化剂、可燃剂及黏合剂组成。为产生特种效应,有时要加入一些附加成分。例如,在信号剂中加入金属盐为火焰着色,在照明剂中加入增强发光强度的氟化物、钡盐等。

一、氧化剂

1.物理化学性质

(1)熔点。氧化剂的熔点和分解温度密切相关。大多数氧化剂在其熔点或稍高于熔点的温度下，都能剧烈分解。因此，根据氧化剂的熔点高低，可以判断烟火药被点燃的难易程度及燃烧反应速度。氧化剂的熔点或分解温度必须适应烟火药的燃烧温度。例如，照明剂和燃烧剂都在很高的温度下燃烧，故采用熔点较高的氧化剂。

(2)热分解反应。氧化剂的热分解反应产物与烟火药的特种效应直接相关，如硝酸钡和硝酸锶在烟火药燃烧时能分解生成氧化钡和氧化锶，分别发射出绿色和红色火焰光谱，故适合作绿光和红光信号剂的氧化剂。

(3)含氧量。选择氧化剂时，应考虑其有效含氧量的多少。烟火剂中，通常选有效含氧量多的氧化剂。

(4)分解热效应。氧化剂分解时的热效应与其放出氧的难易程度密切相关。例如，氯酸盐分解是放热的，而硝酸盐分解是吸热的，故氯酸盐放出氧比硝酸盐容易得多。另外，分解时放热量越大的氧化剂，通常机械感度较大，危险程度较高。

(5)吸湿性。氧化剂的吸湿性会影响烟火药的安定性。有些盐类的多数性质符合氧化剂的要求，但因吸湿性大不能使用。如，易溶解的镁盐、钙盐和铵盐非常容易吸湿，配制成的烟火药不能长期储存，使用受限。

2.对氧化剂的基本要求

(1)氧化剂应为固体物质，熔点不低于 60～70℃；

(2)有效氧含量不少于 30%，且当烟火药燃烧时容易释放出来；

(3)在 −60～60℃ 内应保持稳定；

(4)不吸湿，遇水不分解；

(5)机械感度和摩擦感度低，不具有显著的爆炸性质；

(6)对人体无毒，原料丰富。

3.常用氧化剂

烟火药中的氧化剂一般为含氧的无机盐、氧化物和过氧化物，主要包括以下几种：

(1)硝酸盐，如 $Ba(NO_3)_2$、$Sr(NO_3)_2$、KNO_3、$NaNO_3$ 等；

(2)氯酸盐，如 $KClO_3$、$Ba(ClO_3)_2 \cdot H_2O$ 等；

(3)高氯酸盐，如 $KClO_4$、NH_4ClO_4 等；

(4)硫酸盐，如 $BaSO_4$、$SrBaSO_4$、Na_2SO_4、$CaSO_4$ 等；

(5)铬酸盐，如 K_2CrO_4、$K_2Cr_2O_7$、$PbCrO_4$ 等；

(6)氧化物，如 FeO_3、Fe_3O_4、MnO_2、Cr_2O_3、SiO_2、Pb_3O_4、PbO_2 等；

(7)过氧化物，如 BaO_2、SrO_2。

二、可燃剂

这里所说的可燃剂，在烟火药中不起黏合、钝化等其他作用。

1.物理化学性质

(1)可燃物的燃烧热。燃烧热与烟火效应密切相关。对照明剂、曳光剂、燃烧剂而言，其发光效应及燃烧能力主要借助高的燃烧温度来实现，故须尽量选用燃烧热效应大的可燃物。对发烟剂而言，烟幕是靠某些发烟物质蒸发、升华或分解得到的，燃烧温度不能过高，否则烟幕效应将遭到破坏，故常采用中等燃烧热的可燃物。铍、铝、硼、锂、氢、镁、钙、矽、钛、磷、碳和锆等可燃元素中，锆、铝、钙、镁在燃烧时都能产生很高的温度，故常用于燃烧剂、照明剂中，而氢、碳、锂、乳糖、淀粉、有机染料和磷燃烧时，燃烧温度较低，故常用于发烟信号剂中。

(2)燃烧生成物。燃烧生成物的相态、特性等对烟火效应有重要影响。例如，照明剂燃烧时必须产生一定量的液体和固体等凝聚相颗粒，才能具有良好的发光效应。对发烟剂来说，生成较多的气体物质，才能促使发烟物质颗粒散布在大气中，形成均匀稳定的烟云，故常选用有机可燃剂。对燃烧剂来说，灼热的液体黏附在被燃目标上会提高燃烧能力，故生成液态产物更有意义。再如，铝、镁在燃烧时产生的氧化铝和氧化镁是固态或液态颗粒，火焰温度较高，且光谱在黄、绿波段上辐射强度最大，因此用镁或铝配制成的烟火药具有良好的可见光效应。

(3)燃烧需氧量。燃烧需氧量越少，可使烟火药中可燃物含量提高，更有利于增强烟火效应。

(4)粒度。烟火药燃烧的稳定程度取决于原料的粉碎程度和混合均匀性，粒度越小，越有利于反应迅速、完全进行。

2.对可燃剂的基本要求

(1)具有足够的热效应，保证最佳烟火效应；

(2)具有极易借氧化剂或空气中的氧进行燃烧的性能，且燃烧时需氧量少；

(3)在－40～60℃范围内和一定空气湿度下，化学安定性良好，且不吸湿；

(4)燃烧时产生理想的燃烧生成物，以确保良好的烟火效应；

(5)易粉碎加工，对人体无毒性，原料来源丰富。

3.常用可燃剂

(1)无机可燃物。金属无机可燃物包括镁、铝、锌、锆及铝镁合金、镁钡铝合金等，非金属无机可燃物包括磷、硫、碳(木炭、炭黑、石墨)等，硫化物无机可燃物包括 P_4S_3、Sb_2S_3、FeS_2 等。

(2)有机可燃物。油类有机可燃物包括汽油、煤油、苯、松节油等，碳水化合物有机可燃物包括淀粉、乳糖、甜菜糖等。

三、黏合剂

烟火制品应当具有足够的机械强度，确保在弹药发射和燃烧时都不产生碎裂、剥落，并进一步影响其燃烧的规律性，因此在烟火药中须加入5%～10%的黏合剂。当然，黏合剂有时还能起到钝感(降低燃速和机械感度)和改善安定性(在药粒表面形成保护薄膜)的作用。

1.对黏合剂的基本要求

(1)不应溶于水，但易溶于普通有机溶剂，若将其配制成溶液加入烟火药，能显著降低机械感度；

(2)配制成的黏合剂溶液应具有较大的黏性；

(3)黏合剂干燥后，能在药粒表面形成具有抗腐能力的薄膜，以提高理化安定性和降低机械感度。

2.黏合剂的分类

(1)人造树脂,如依其岛儿(线性酚醛树脂)、环氧树脂、聚氯乙烯等;

(2)天然树脂,如虫胶、松香、松脂酸盐等;

(3)油类,如干性油、桐油、芝麻油等;

(4)脂类,如硬脂、蜂蜡等;

(5)碳氢化合物,如石蜡、沥青、地蜡等;

(6)胶类,如糊精、阿拉伯胶等。

第三节　产生光效应的烟火药

产生光效应的烟火药包括可见光照明剂、红外照明剂、信号剂、曳光剂、闪光剂和红外诱饵剂等,这些烟火药燃烧后产生的光谱大多位于可见光和红外光波段。可见光和红外辐射的强度(I),分别以坎德拉(Candela,记作 cd)和单位立体角内的辐射功率($W \cdot sr^{-1}$)表示。

一、可见光照明剂

可见光照明剂在军事上主要用于装填各种口径的照明弹。

(一)对照明剂的特殊要求

1.单位质量照明剂应产生最大的光能

为保证清晰地观察各类目标,单位质量的照明剂燃烧时应产生最大的光能。通常用比光能来衡量单位质量照明剂所发出的总光能大小,则有

$$L_0 = It/m$$

式中:I——发光强度,cd;

t——燃烧时间,s;

m——可见照明剂质量,g。

一般来说,比光能大于 2×10^5 cd·s/g 的照明剂才能作为有效照明剂使用。

2.辐射光谱应适应人眼观察目标

人眼所能接受的光能与光谱成分有关。可见光波长为 380~750 nm,人眼对各种波长光的灵敏度不同。实践表明,无论是白天还是黄昏,人眼对黄绿光最敏感。为便于人眼正确辨别目标颜色,照明剂的火焰光谱应具有可见光部分的光能,而且黄绿部分的光能应最大,最理想的火焰光谱是接近太阳光的辐射光谱,且强度越大越好。

3.照明剂制品应具有适当的燃速

为保证观察者具有足够时间识别目标和方向,照明剂的燃烧应持续一定时间。经验证明,辨明地形所需照明时间应不少于 5 s,清楚了解地面各种目标的位置情况所需照明时间应不少于 10 s,而实际战术对照明时间要求更长。因此,对于大型照明剂制品,其压装药剂的燃速应不小于 2 mm/s,而小型照明剂制品的燃速应为 4~10 mm/s。

(二)影响照明剂燃烧光效应的因素

1.燃烧温度与光谱特性

照明剂在燃烧时产生高温(2 500～3 000℃)火焰,火焰中含有氧化剂和可燃物作用生成的液体、固体热微粒和气态产物。

照明剂火焰中的液体、固体微粒辐射属于热辐射。根据史蒂芬-玻尔兹曼定律和维恩定律,辐射能量与温度的四次方成正比,温度升高时,最大辐射能波长将向短波长方向移动。火焰温度低于 2 000℃的照明剂,因辐射能量较低,不能使用。若温度过高(如 8 000 K),最大辐射能波长为 380 nm(紫外波段),在可见光波长上输出的光能相对较少。因此,实际使用的照明剂火焰温度在 3 000 K 左右,其辐射光谱分布接近黄光部分。

除燃烧温度外,辐射能力还取决于火焰中存在的固体和液体微粒大小,微粒愈小,辐射能力越强。为增加发光强度,常加入某些能增加光谱可见光部分辐射的附加物。如在照明剂中加入钠的化合物(黄色)和钡的化合物(绿色),以增加光谱黄绿部分的辐射。

2.火焰中的气、固、液含量

气相产物是产生火焰的必要条件,但气相产物过多,会加快火焰冷却,降低发光强度。固态和液态产物越多,发光强度越大。另外,火焰中固体微粒越小,越有利于提高发光强度。一般说来,照明剂的燃烧气体生成物约占药剂质量的 15%～25%时为佳。

3.燃烧速度

一般情况下,照明剂的发光强度随燃速增大而增强,但通常二者不存在比例关系。加入不同的钝化剂时,对照明剂燃速和发光强度的影响也不同。例如,其他条件完全相同时,含依其岛儿的照明剂,其燃烧速度和发光强度比含有干性油的照明剂都大。

4.附加物

在烟火药中加入金属氟化物,会使烟火药燃速增大,发光强度增强。若加入树脂,则会因燃烧时增加了火焰的气相比例、减小了烟火药的氧平衡,使燃速减小,发光强度减弱。比如,在硝酸钡与镁的混合物中加入 2%的依其岛儿时,不但燃速降低,而且发光强度也减小约 10%～15%。

(三)典型照明剂的组分及特性

目前广泛使用的照明剂为钠镁照明剂和钡镁照明剂,其氧化剂为硝酸钡、硝酸钠,可燃剂为铝粉、镁粉或两者的混合物,黏合剂为干性油、依其岛儿等。

为改善药粒的流散性、降低感度,有的照明剂中还加入一定量的石墨。为提高发光效应,有的照明剂中还加入少量的硫、钠盐、氟化物等火焰附加物。在含铝的照明剂中加入硫,可以增加其发光效应,这是由于硫在燃烧时起着氧化剂的作用,并形成燃烧中间生成物——硫化铝,从而使铝的微粒全部燃尽而减少了火花现象。同时硫和铝作用还能放出大量热量,也有利于增加发光强度。但硫的含量一般不超过 13%,否则将使发光强度降低。由于硫与镁的相容性差,所以硫不能加入到含镁照明剂中。为提高发光强度,还可加入一些氟化钠、冰晶石等火焰附加物。经验证明,加入这些物质,照明剂的发光强度可提高 10%～20%。

表 11-1 给出了四种典型照明剂的发光示性数。实际使用时,可根据战术要求改变各成分比例,并加入附加物。

表 11－1　典型照明剂的发光示性数

发光示性数	66%$Ba(NO_3)_2$＋24%Mg＋10%依其岛儿	66%$Ba(NO_3)_2$＋24%Al＋10%依其岛儿	66%$Ba(NO_3)_2$＋24%(Al＋Mg)＋10%依其岛儿	65%$Ba(NO_3)_2$＋25%Al＋10%依其岛儿
发光强度/cd	6 000	22 000	40 000	80 000
燃烧速度/($mm \cdot s^{-1}$)	5.3	3.6	4.5	5.7
比光能/($cd \cdot s \cdot g^{-1}$)	12 000	6 000	10 000	13 500

注：实验条件是照明星体质量为 40 g，直径为 23.5 mm。

含硝酸钡的照明剂燃烧时辐射白光，接近太阳光(或日光灯)的光色，称为白光药剂。含硝酸钠的照明剂，燃烧时辐射黄光，接近普通电灯泡的光色，称为黄光药剂。黄光药剂的发光强度要比白光药剂大 0.5～1 倍，静止状态下的燃烧时间也比白光药剂长 0.5 倍左右。但黄光药剂的燃烧稳定性比白光药剂要差。这是因为黄光药剂的燃烧速度受弹丸旋转的影响要大，如将两种药剂在同一条件下实验，黄光药剂在旋转条件下的燃烧持续时间比在静止状态下缩短 40%～60%，而白光药剂仅缩短 10%。由于白光药剂的燃烧稳定性较好，且吸湿性较小，所以一般大量采用白光药剂。

各种照明炮弹的发光强度一般为 2.5×10^5～6×10^5 cd。如某型有伞照明弹的发光强度为 5×10^5 cd，照明半径为 50m(400～500 m 高空)，持续时间为 50s。一般情况下，航弹照明弹的照明时间为 2～5 min，照明炮弹一般为 25～50 s。

二、红外照明剂

红外照明剂是一种在近红外区(0.76～1.5 μm)辐射强度大而在可见光区发光强度小的光效应烟火药剂，用于制造各类红外照明弹和红外照明器材，使主动红外夜视仪和微光夜视仪的视距提高、视野扩大。

(一)对红外照明剂的特殊要求

(1)在近红外区产生强红外辐射。基于主动红外夜视仪和微光夜视仪的工作波段，红外照明剂燃烧温度小于可见光照明剂，产生的光在 0.7～1.3 μm 波段具有高强度辐射。一般要求其红外辐射强度为数千瓦每球面度($W \cdot sr^{-1}$)。

(2)可见光输出应极低。为达到隐身目的，要求红外照明剂仅发出红外光，不产生或仅产生微弱的可见光，通常要求可见光的发光强度小于 3 000 cd。

(3)具有适当燃速。为满足每隔几分钟发射一枚红外照明弹、为夜视仪提供长时间红外照明的战术要求，燃速应控制在 1.4～6.4 m/s 范围内。

(二)红外照明剂的组成

红外照明剂的氧化剂包括 KNO_3、$KClO_4$、$CsNO_3$ 等。实验表明，KNO_3 作氧化剂时仅产生很低的可见光输出，具有较好的隐身指数(可见光强度与红外光强度的比值)，但燃速过慢，需用助燃剂加速。$KClO_4$ 能明显加快红外照明剂的燃速，但易产生可见光。$CsNO_3$ 能扩展红外输出光谱，显著提高红外辐射强度，还能加快燃速。因此，可同时采用 $CsNO_3$ 和 KNO_3 作氧化剂。

因燃烧温度不能太高，故红外照明剂的可燃剂应避免选用Mg、Al等能产生强烈可见光输出的金属粉。Si和六次甲基四胺燃烧时，可见光输出低，隐身指数较好；硼化钛、硼化锆等在1 700～2 000℃时在近红外区具有辐射峰值，故常选用Si、六次甲基四胺、B、Ti、Zr作为红外照明剂的可燃剂。

红外照明剂的黏合剂一般选用短碳链的聚酯，以减少燃烧过程中生成的烟炱。常用的黏合剂是由聚酯树脂、环氧树脂和亚油酸铁（催化剂）组成的混合黏合剂。

为加快红外照明剂的燃速，可加入助燃剂。在药剂中加入少量的B、Mg等时，可使其燃速加快，但因Mg会使可见光输出增大，故一般不采用。实验发现：在药剂中加入2％～3％的硼时，燃速提高50％左右，而可见光仅略微增大；加入1％的氧化铁时，对药剂燃速没有影响；选用硼和氧化铁共同作助燃组分时，燃速明显加快；加入2％的硼和1％的氧化铁时，药剂燃速增加110％，红外辐射强度增加150％，而可见光输出增加得很少。

典型的红外照明剂配方是70％KNO_3、10％硅粉、16％六次甲基四胺和4％黏合剂（亚乙烯氟和六氟代丙烯共聚物的氟碳树脂）。

三、闪光剂

闪光剂是一种在极短时间内（不超过零点几秒）产生数百万至数十亿坎（cd）的光效应药剂。军事上，闪光剂早期用于为夜间航空照相提供光源，现用于制造强光致盲干扰弹、防暴弹药，对高技术光电观瞄探测器材、光电制导武器实施非致命杀伤破坏和迷盲性（含人员）干扰。

早期闪光剂由$Ba(NO_3)_2$、Al粉或$KClO_4$、铝镁合金粉组成，后来出现了质量配比为30∶40∶30的通用型配方。为提高生产和储存运输的安全性，最新的闪光剂只包括金属粉，作用时金属粉借助中心爆管爆炸而发光。

动态实弹干扰效果表明，装填于某迫弹，组分为$KClO_4$＋Al＋含能添加剂的600 g闪光剂，距闪光弹爆炸中心350 m处，可使二类组件军用热像仪迷盲约20～28 s，二代微光镜被毁坏。

四、信号剂与曳光剂

信号剂有发光和发烟两种，燃烧时产生有色光或有色烟。最常用的发光信号剂是红、黄（或白光）、绿三种火焰颜色，用于装填发光信号弹及器材。最新的红光脉冲信号剂，燃烧时不定速燃烧，也不渐增燃烧，而是周期性地脉冲燃烧。改变药剂组成时，脉冲频率可在0.1～1 000 Hz范围内变化，特别适用于编码序列。

发光信号剂与照明剂都需要有高的发光强度，但信号剂燃烧必须产生有色火焰，且与发光强度相比，颜色是信号剂的主要指标。

曳光剂的组成与发光信号剂相似，用在弹尾部曳光管中，燃烧时产生的色光用于指示弹道、修正射击，穿甲燃烧曳光剂还起火种作用，某些导弹则利用曳光装置或曳光管产生的红外辐射进行制导和跟踪测试。

（一）对信号剂与曳光剂的特殊要求

1.对发光信号剂的特殊要求

（1）燃烧火焰应有鲜明的特有颜色。为避免和其他颜色信号相混淆，发光信号剂燃烧时的火焰要有鲜明的特有色彩，比色纯度要大。所用信号剂火焰的辐射要求为：红光波长不小于620 nm，黄光波长为570～590 nm，绿光的波长在555 nm附近，比色纯度须不小于70%～75%，这样才能保证在5～7 km以上的距离处清晰地识别信号。

(2)燃烧时需有一定的发光强度。人眼对于远距离的感光，取决于光对人眼的照度、背景亮度、大气透过率和光的颜色。例如，夜间在10 km处观察绿光信号(大气透射系数为0.8)，只有其发光强度大于1 220 cd时才能识别。相同条件下，观察红光和黄光信号，其发光强度必须分别达到747 cd和1 780 cd方可识别。如果处于满月、雪地或有雾天气，其发光强度必须大于上述数值才能明显地识别信号，故一般要求发光信号星体的发光强度不少于数千坎(cd)。

(3)有足够的燃烧持续时间。为使信号在夜间易识别，作用最短时间为5～6 s，因此通常要求信号剂星体的燃速为2～5 mm/s。

2.对曳光剂的特殊要求

(1)压装后曳光剂的机械强度要大。曳光剂压成曳光管后，主要用在高膛压和高转速弹丸上，因此压装药柱必须能承受较大的后坐和离心过载而不断裂。

(2)易点燃，不易熄灭。曳光管位于弹丸尾部，尺寸较小，易受涡流影响，故要求压装药柱容易被点燃，被点燃后不能熄灭。为此，通常在曳光剂中加入镁等易燃成分，并选用点火能力强的点火药。

(3)药剂燃尽后应有较多固体熔渣。这用于保证与无曳光弹丸的弹道一致性。一般曳光剂固体残渣量约占总药量的60%～80%，但因部分残渣会随气态产物进入大气，故实际剩余熔渣一般占35%～45%。

(二)信号剂和曳光剂的组成和应用

与照明剂不同，发光信号剂和曳光剂中增加了硝酸锶、硝酸钡和镁粉等火焰着色剂，分别用于产生红色、绿色和白色光。

发烟信号剂形成有色烟雾的机理是：在烟火药中加入有机染料，燃烧时有机染料升华为蒸气，被气体产物带入大气受冷凝结形成有色烟云。

表11-2和表11-3分别给出了常用发光信号剂、曳光剂和常用发烟信号剂的组成。

表11-2 常用发光信号剂与曳光剂的组成

光色		氧化剂含量/(%)		可燃物含量/(%)		黏合剂含量/(%)				其他成分含量/(%)	
		硝酸钡	硝酸锶	镁粉	镁铝合金粉	酚醛树脂	虫胶	聚氯乙烯	依其岛儿	六代氯苯	石墨
信号剂	红光		54	24		6	7	13		16	2
	绿光	68		10							
	白光	60		32			8				
曳光剂	红光		60	23	6				11		
	红光		45	47					8		
	白光	49		36			15				

表 11-3　常用发烟信号剂的组成

成　分	不同颜色烟的成分含量/(%)			
	红色	绿色	黄色	蓝色
氯酸钾	35	42	40	41
罗丹明红	20			
金丝雀黄		15	26	
日落兰红(油溶橙)	20			
黄金偶氮染料			14	
次甲兰		22		15
甜菜糖	17	15		38
依其岛儿		6	6	6
淀粉	8		14	

五、红外诱饵剂

红外诱饵剂燃烧后能在红外光区产生强烈辐射，可用于制造各类红外诱饵弹药(或器材)，用来模拟飞机、舰艇、装甲车辆等目标的红外辐射特性，对各种红外侦察、红外观瞄器材和红外寻的导弹，起引诱、迷惑和扰乱作用。

(一)对红外诱饵剂的特殊要求

(1)红外光谱分布必须与被保护目标相一致。目标不同，红外光谱分布不同。只有红外诱饵剂谱能量分布与被保护目标相一致，方能达到以假乱真的引诱目的。测试表明，坦克装甲车辆、舰船的红外辐射光谱主要集中在 3～5 μm 和 8～14 μm 谱段，喷气式战斗机在 1.8～2.5 μm 和 3～5 μm 谱段有较强的辐射，三点式制导反坦克导弹弹尾曳光管燃烧时产生的辐射光谱能量分布集中在 0.94～1.35 μm、1.8～2.7 μm 和 3～5 μm，地面点目标的红外辐射光谱分布主要在 10 μm 左右。

(2)发出的红外能量应远高于目标能量。若红外制导导弹的视场角内同时出现两个特征一致的红外源(目标源和红外诱饵源)，则导弹将跟踪这两个源的会聚中心(质量中心)，称之为“质心效应”。显然，红外诱饵源越强，质心越偏向诱饵源，越远离目标源，故红外诱饵剂发出的红外能量比目标高得愈多愈好。

(3)快速形成红外辐射，且持续时间长。为隐身起见，现代导弹常作超低空飞行和近距离开机，所以红外诱饵必须作快速反应。红外诱饵剂从点燃到形成有效红外辐射强度的时间应在十分之几秒至一两秒之间。为使目标能完全摆脱导弹的视场，并保证导弹命中诱饵时具有安全的脱靶距离，红外诱饵燃烧持续时间应足够长，至少能保证目标处于安全距离之外。

(二)典型的红外诱饵剂

现有红外诱饵剂多用于对点源红外制导导弹的引诱干扰，典型配方如下：

(1)照明剂型。美国早期的红外诱饵剂，其配方为 47.6%镁粉、47.6%硝酸钠、4.8%不饱和聚酯。

(2)Mg-PTEF 型。将 Mg 粉和聚四氟乙烯按质量比 1∶1 混合，再加入少量硝酸钡和虫胶，压制成直径为258 mm的药柱，燃烧22 s，在1.8～5.4 μm波段内，峰值输出功率达12 675 W/sr。

(3)凝固汽油型。将该药剂抛撒至飞机附近的空中点燃，可模拟喷气机尾部羽烟的红外辐射。

(4)稠化三乙基铝型。这是一种自然液体，抛撒雾化后遇空气即自燃，构成一个接近目标大小和红外辐射特征的暖空气云团假目标。

(5)黄磷型。装填黄磷的诱饵弹爆炸开后，黄磷遇空气自燃，形成“菊花瓣”的焰光和烟雾云团，可模拟假目标的红外辐射特征。

(6)气溶胶型。将P_5O_2、BaO_2和MgN_2按3.12∶10∶6的质量比混合并装入密封容器中，当投入水中后与水反应生成氨气，产生波段为0.73～10.5 μm的强烈红外辐射。如果加装浮筒，则可模拟浮在海面上舰艇的红外辐射。

上述红外诱饵剂能有效地对抗点源红外制导导弹。为适应导弹制导体制的发展趋势，红外诱饵剂必须能够模拟红外成像。与点源诱饵不同，红外成像诱饵需要在光谱特性、运动特性和形体特征上与目标相似。在要求红外成像诱饵剂在光谱特性上与目标匹配的同时，还可由烟火的气动效应来实现目标运动特性的模拟。

第四节　产生热效应的烟火药

一、燃烧剂

燃烧剂是利用燃烧反应输出的热能对目标起纵火作用的烟火药剂，用于装填各种燃烧弹及燃烧器材。燃烧剂在燃烧时所产生的热，可烧毁易燃目标、破坏建筑物和兵器、杀伤有生力量。

按点燃过程，燃烧剂可分为基本燃烧剂和辅助燃烧剂。基本燃烧剂直接作用于可燃目标，辅助燃烧剂用于点燃基本燃烧剂。按燃烧性质，燃烧剂可分为集中性燃烧剂和分散性燃烧剂。前者是一种只燃烧而不爆炸分散的药剂，燃烧时间长、温度高，作用面积小。后者则相反，需要在炸药爆炸作用下分散，常用于点燃易燃目标。燃烧剂按是否含有氧化剂，可分为含氧化剂燃烧剂和不含氧化剂燃烧剂两类。前者可在绝氧条件下燃烧，后者装填率较高。

(一)对燃烧剂的特殊要求

(1)高温、大火焰及适量的热溶渣。燃烧剂的燃烧温度、火焰长度及灼热熔渣的量是决定燃烧器材燃烧性能的主要因素。实践证明，点燃易燃物质(如干草、木质建筑物)时，燃烧温度不低于800～1 000℃，而点燃较难引燃的物质(如湿的树木、石油等)时，燃烧温度应高于2 000℃。为扩大对易燃目标的纵火面积，要求燃烧剂燃烧时能产生尽量大的火焰。对于坦克、火炮等难引燃的金属目标，要求燃烧剂燃烧时产生大量液态的灼热熔渣，以便黏附于目标上进行长时间加热，将其烧熔。

(2)具有一定的燃速。燃烧速度大小取决于被点燃物质的可燃性和燃烧剂制品的燃烧能力。实践证明，为引燃城市建筑物，燃烧时间应大于10～20 s，所以燃烧剂的燃速要适当。由于燃烧剂的种类不同，用途和制品结构不一，实际使用时可选用具有不同燃速的燃烧剂。如装在枪弹弹头部的燃烧剂燃烧速度极快，作用时间几乎是瞬时的；压制高热燃烧剂的燃速以每秒几毫米计，液体燃料的制品燃速更小。

(3)易点燃而难熄灭。燃烧剂的点燃难易程度和点燃后是否容易熄灭决定了燃烧器材的作用确实性。对难点燃的燃烧剂制品必须采取点火能力强的点火剂或点火系统。另外,一般含凝聚氧化剂的燃烧剂比借助空气中的氧而燃烧的物质(磷、镁铝合金、有机燃料等)点燃后较难熄灭。

(二)常用燃烧剂的组成

1.高热剂和高热燃烧剂

高热剂是金属氧化物和其他金属所组成的燃烧剂,如铁铝高热剂。其燃烧反应方程式为

$$3Fe_3O_4+8Al = 9Fe+4Al_2O_3$$

$$Fe_2O_3+2Al = 2Fe+Al_2O_3$$

这种高热剂在燃烧时放出大量热量(3 474 kJ/kg),并产生 2 500℃的高温,可形成大量流动性好的液态灼热铁熔渣。另外,铁铝高热剂不具有爆炸性,对热、机械作用很钝感。点燃后难以扑灭,甚至在水中也能燃烧。

铁铝高热剂的缺点是:不易点燃(发火点为 1 300℃),燃烧时不生成气体物质,故很少单独用于装填燃烧器材。实际应用中,通常将其作为一种成分,外加可增大火焰感度、降低点火温度的附加物,组成铁铝高热燃烧剂。该类燃烧剂被广泛应用于炮弹、航弹的燃烧弹和其他燃烧器材。

铁铝高热燃烧剂的典型配方为:40%～80%铁铝高热剂、60%～20%用于增大火焰的附加物[$Ba(NO_3)_2$+金属可燃物]和 5%以下的黏合剂。其中,硝酸盐能提高热效应,燃烧时能产生一定大小的火焰,并降低高热剂的发火点,但也会使药剂的机械感度有所增高。沥青、松香、干性油、依其岛儿等有机黏合剂能有效提高制品的机械强度,在燃烧时生成气体(CO_2、CO、H_2O 等)增大火焰,且能减缓高热剂的燃烧过程,降低其机械感度。

2.含氧盐和金属可燃物的燃烧剂

这类燃烧剂的典型配方有三种:50%铝镁合金,50%$Ba(NO_3)$;65%硝酸钾,26%铝,9%木炭;66%过氯酸钾,34%铝。

这些燃烧剂的共同特点是:燃烧温度大于 2 500℃;燃烧产物中热熔渣极少,燃烧作用完全靠火焰的直接作用,故常用于装填小口径燃烧炮弹或枪弹。作用过程中,燃烧剂靠机械冲击(撞击装甲)或利用制品中炸药的爆炸点燃。利用炸药的爆炸冲量点燃时,其燃速很大,约为每秒数十米到数千米。

3.自燃型燃烧剂

黄磷及其在二硫化碳中的溶液、碱金属和三乙基铝是自燃型燃烧剂中常用的自燃性物质。

黄磷为黄白色腊状物,密度为 1.83 g/cm^3,熔点为 44℃,沸点为 290℃。黄磷易挥发,在空气中能自行着火并形成大量且稳定的白烟(P_2O_5),故黄磷不仅是燃烧剂还是发烟剂。黄磷易溶于苯、松节油、二硫化碳等溶剂。用黄磷溶液装填的炮用燃烧弹,在中心炸药管爆炸后,黄磷溶液均匀散落在物体表面,遇氧燃烧。为提高燃烧能力,可在黄磷中添加铝粉或铝块。黄磷燃烧弹的优点是:在空气中有自燃能力,能对有生力量剧烈烧伤,对目标的黏附性强,能产生白色浓密烟幕。其缺点是:燃烧温度较低(700～1 000℃),燃烧时火焰小,在生产和储存管理中危险性大,有毒性。

用于燃烧剂的碱金属包括钠及钠合金、钾及钾合金、亚磷化钠、钙及钙合金、碳酸钙等，其中钠金属较为常用。钠金属为银白色，密度为0.97 g/cm^3，熔点为98℃，沸点为977℃。钠在潮湿空气会自行着火，可在水中燃烧，对织物和皮肤有强烈的烧灼作用。其缺点是：在干燥空气中不易燃烧，燃烧温度低（小于1 000℃），装填工艺复杂。钠金属很少单独使用，通常与磷、液体有机燃料、高热燃烧剂、凝固燃料等一起使用。

三乙基铝是一种无色、易流动的液体，密度为0.832 4 g/cm^3，熔点为－52.5℃，沸点为194℃，遇空气即自燃，燃烧温度可到1 200～1 300℃，具有长储性能好、自燃性好、燃温较高等特点，其燃烧性能与金属燃烧剂相当。使用中，通常加入稠化剂制成稠化三乙基铝，用于单兵火箭燃烧弹；与石油基燃烧剂混合，用于炮用燃烧弹，该燃烧剂在空气中、水面上或碰击目标时即行发火。

4.含猛炸药的混合燃烧剂

猛炸药与金属可燃剂混合制成的燃烧剂，具有良好的燃烧性能。其中的金属可燃剂可借助猛炸药中的氧而燃烧。其特点是既具有杀伤功能，又能够产生剧烈的燃烧作用，常用于装填小口径炮弹、高炮杀伤燃烧弹及杀伤曳光燃烧弹。

常见配方为：40％$Ba(NO_3)_2$，40％镁铝合金粉，18％TNT，2％树脂胶；40％$Ba(NO_3)_2$，30％细铝粉，15％粗铝粉，12％TNT，2％石蜡；80％钝化RDX，20％细化铝粉。

5.燃烧合金燃烧剂

燃烧合金燃烧剂能在外界爆炸或燃烧作用下被激活而自燃，具有燃烧稳定、热量大、火种数多和效果好等特点，包括镁合金、锆合金、稀土合金、钛合金、钨锆合金、锆锡合金等，其中锆合金在燃烧弹种应用最为广泛。锆合金的应用能够使燃烧弹具备杀爆破燃、穿燃、破燃等多种功能。

锆合金作燃烧剂多与炸药混装。炸药爆炸时，能激活锆合金使其燃烧。锆合金燃烧时与氧发生强烈的氧化反应，很快形成一层很薄的氧化膜（层）。由于锆燃烧颗粒随爆轰波运动时与空气摩擦，故形成的氧化膜（层）能及时脱落，从而保持连续燃烧能力。

锆合金易于加工制造，具有耐酸、耐碱和抗腐蚀能力，且与A炸药、B炸药，以及RDX、TNT、CE等炸药相容。

锆合金通常以变形锆和海绵锆的形式用于弹药。变形锆是从挤压或振动工艺生产的无缝锆管上，通过机械加工制取的。海绵锆是在液压机上压实，然后机加成所需颗粒。由于海绵锆的燃烧半径和燃烧时间优于变形锆，因此应用较为广泛。弹药装配时，将海绵锆压制成环状（锆环），放置在弹体和炸药之间（典型排列是放置在破片层和炸药层之间，以多层为佳），弹药爆炸后，一方面产生大量破片，另一方面形成大量燃烧的锆颗粒飞散，其中一些燃烧颗粒夹裹着战斗部破片抛向远处，触及到油类或其他易燃目标，立即形成大火。

锆合金颗粒与高能炸药混合装填时，颗粒锆的加入量是炸药量的5％～30％。这种结构的装药在弹丸爆炸时还具有闪光照明作用。

二、点火药

点火药，也称引燃药，用于点燃照明剂、发烟剂等主装烟火药剂、推进剂、延期药等其他药剂和火工品。其作用是将需要点燃的药剂局部加热到发火点，并促使其稳定可靠地燃烧。

点火药点燃主装药的难易，与主装烟火药的发火点密切相关。发火点不超过500～600℃的主装烟火药易于被点火药引燃，高于1 000℃时则难以引燃。对于高热剂和压药密度较高的主装烟火药，则必须使用高能点火药，并配合使用传火药方可引燃。

目前常用点火药有黑药、硅系点火药、硼-硝酸钾点火药、锆系耐水点火药、镁-聚四氟乙烯点火药、镁-二氧化碲钝感点火药等。

(一)对点火药的特殊要求

1.发火点低

为可靠、有效地点燃主装药，点火药应易于点燃。一般要求其发火点不超过500℃。

2.燃烧温度高

为确保可靠点燃主装药，通常要求点火药燃烧产物温度高于主装药发火点数百摄氏度。

3.点火能力强

点火能力不仅取决于燃烧产物的热量大小，还取决于气相产物含量及凝聚相产物温度高低。气相产物越多，火焰覆盖面越广；凝聚相产物热容越大，温度越高，单位时间内传给主装药的热量越多，越易引燃主装药。实验证明，点火药燃烧速度越小，将热量传给主装药的时间越长，点火能力越强。

在隐身要求高的场合，点火药燃烧时不应产生烟和焰。在某些特殊用途的场合，还要求点火药耐高温、抗静电，且其产物无腐蚀作用。

(二)典型点火药的组成

点火药中常用的氧化剂为KNO_3、BaO_2、$Ba(NO_3)_2$、聚四氟乙烯等，可燃剂为Mg、S、C、虫胶、酚醛树脂等易燃物质。高能点火药的可燃剂则为易燃金属粉，如Mg、Zr、Sb、稀土合金等。选用何种成分要以主装药的性能和使用要求为基本依据。

含氯酸盐(如$KClO_3$)的发光信号剂或有色发烟剂较易点燃，使用黑火药或由类似黑火药配方配制的点火药即可。对于照明剂，则要采用点火能力稍强的点火药。

曳光剂制品用点火药，一般选用BaO_2作氧化剂。BaO_2的分解温度虽比KNO_3高，但鉴于其分解时所需热量小，生成固体熔渣量大，且由其配制的点火药火焰温度高，因此点火能力强。

铁铝高热燃烧剂是最难点燃的一种烟火药剂，通常采用由25%照明剂、25%铁铝高热燃烧剂、50%点火药(82%KNO_3、3%Mg、15%酚醛树脂)混合制成的点火能力极强的点火药。通常情况下，若用强点火药不能点燃某一主装烟火药剂时，还须使用传火药(或称过渡药)。传火药用点火药和主装烟火药剂按一定比例混合制得。对于点燃十分困难的主装烟火药剂，有时须同时使用数种传火药。

B-KNO_3点火药是一种能代替黑火药的性能良好的点火药，配方为(23.6±2.0)%硼(无定形)、(70.7±2.0)%硝酸钾和(5.7±0.5)%聚酯树脂黏合剂。其中的聚酯树脂黏合剂由98%聚酯树脂、1.5%甲基乙基丙酮过氧化物的酞酸二甲酯溶液和0.5%环烷酸钴混制而成。

镁-聚四氟乙烯点火药是一种高能点火药，用于固体火箭推进剂点火。现用配方为：50%(或70%)镁粉、50%(或30%)聚四氟乙烯，或51%镁粉(小于25 μm)、34%聚四氟乙烯(粉末)、15%聚合物。

第五节　产生烟雾效应的烟火药

烟雾由分散介质和分散相构成。通常，大气为分散介质，当分散相为固态微粒时称之为烟，分散相为液态微粒时称之为雾。将能产生烟雾的物质统称为发烟剂。

一、发烟剂及其类别

发烟剂是一种单组分或多组分的烟火药剂，可以是固态（如赤磷发烟剂、HCl 发烟剂等），也可以是液态（如 $TiCl_4$ 发烟剂、氯磺酸发烟剂等），可以是无机物质，也可以是有机物质。军事上，烟幕剂主要装填在烟幕弹、干扰弹中，用于形成烟幕，起遮蔽、隐身，或眩惑、干扰光电观瞄器材和制导武器的作用。

传统常规发烟剂只能遮蔽可见光（0.38～0.76 μm）。目前，单独遮蔽近红外（1～3 μm）、中红外（3～5 μm）、远红外（8～14 μm）、毫米波（1～10 mm）波段的发烟剂，以及通过混合装填并加入金属箔条来干扰、遮蔽“全波段”（含 2～8 cm 厘米波）的发烟（干扰）剂已投入使用。

（一）对发烟剂的要求

（1）发烟能力强，掩蔽性好。发烟剂燃烧时放出烟雾的能力称为发烟能力。通常由所得分散相的质量和所使用发烟剂的质量之比来表示。发烟剂的发烟能力越强，燃烧时分散相的质量越大，掩蔽能力也越好。

（2）发烟时间长，稳定性好。发烟剂的烟雾持续时间和稳定性，与烟雾内部的不断发生的一系列过程有关。烟雾的蒸发、沉降以及凝胶等作用，可导致烟雾浓度变化而破坏烟雾效应。发烟剂的发烟持续时间或其稳定性与燃烧烟雾的微粒大小，是否带电及其表面吸附能力等有关。

（3）燃烧温度低，熔渣疏松多孔。燃烧温度过高，会产生强烈火焰，使发烟物质分解。因此，发烟剂通常为负氧平衡，以降低燃烧温度。对于燃烧剧烈的发烟剂应加入碳酸氢钠、碳酸钠、碳酸镁等消焰剂。为使烟雾布散于空气中，发烟剂在燃烧时应产生大量的气体生成物。为使发烟物质升华或蒸发产生的烟雾能顺利逸出，燃烧时固体熔渣产物应很少且具有疏松多孔性。

（4）伪装发烟剂的燃烧产物应无毒、无害。伪装烟雾经常是用于掩蔽进攻、强渡及特殊目标（如桥梁、车站、工厂等）的防空，这种情况下发烟剂产生的烟雾不应损害己方人员健康。

（二）发烟剂的分类

按功能与用途，可将发烟剂分为常规发烟剂、抗红外发烟剂和毫米波发烟剂等。按生烟机理可将其划分如下：

（1）凝胶型发烟剂：由发烟物质升华、蒸发形成过饱和蒸气后，再经冷却凝集成烟雾的发烟剂。此类发烟剂有氯化铵、雾油、有机酸、金属锌、含有机燃料的有色发烟剂和含氯物质（如六氯乙烷）等。

（2）吸湿型发烟剂：由发烟剂本身的蒸气与空气中的湿气作用而形成烟雾的发烟剂。此类发烟剂有硫酸酐、氯酸酐、四氯化硅及其他无机氯化酰。这类发烟剂多为易挥发的液体，有很强的吸湿性，与水的作用猛烈。

(3)吸氧燃烧型发烟剂：与空气中的氧燃烧而形成烟雾的发烟剂。此类发烟剂有黄磷(又称白磷)、红磷(赤磷)、二乙锌等。

(4)反应型发烟剂：两种或两种以上物质相互作用而形成烟雾的发烟剂，如盐酸和氨相互作用生成氯化铵烟雾等。

(5)喷/抛洒型发烟剂：由预先研细形成的微粒、薄片等，通过机械或爆炸方式释放而形成烟雾的发烟剂。此类发烟剂有固体粉尘、片状石墨、碳黑、二氧化钛等。

(6)混合型发烟剂：以一种材料为基础材料，加入另一种材料混合均匀，通过燃烧、喷洒/抛洒、爆炸分散等方式形成的烟雾。此类发烟剂有黄磷-毛毡混合剂、红磷-丁基橡胶混合剂、红磷-铜粉混合剂等。

二、常规发烟剂

常规发烟剂是指用于遮蔽可见光的发烟剂，包括吸湿型发烟剂、磷烟发烟剂和燃烧型混合发烟剂等。

(一)吸湿型发烟剂

1.硫酸酐与发烟硫酸

硫酸酐(SO_3)凝固点约为17℃，在20～45℃温度范围内为无色透明液体，极易挥发。液体硫酸酐分散到空气中后很快挥发成蒸气，并与空气中的水分作用生成硫酸蒸气，随后很快冷凝成硫酸液滴，继续吸水后生成硫酸水溶液微粒，形成较浓且稳定的白色烟雾，对可见光的遮蔽能力很强，仅次于黄磷，释放时损失量小，利用率高。

发烟硫酸($SO_3+H_2SO_4$)是由其溶液中的硫酸酐挥发而形成烟的。发烟硫酸黏度大，流动缓慢，不易分散，凝固点也较高，故不能运用喷洒方式释放。发烟硫酸中的硫酸不易挥发，SO_3在发烟时也不能全部形成烟幕，故发烟硫酸的遮蔽能力较小，但其优点是价格低廉。

2.氯磺酸与硫酸酐的混合物

氯磺酸($ClSO_3H$)与硫酸酐混合组成的发烟剂，又称FS发烟剂，可用机械喷洒法或气化法分散成烟。

含45%氯磺酸和55%硫酸酐的FS发烟剂是无色易流动的液体，凝固点为－83℃。它的成烟是由硫酸酐挥发成蒸气，再与水蒸气作用的结果。另外，FS中的硫磺酸挥发后的蒸气，在空气中与水分作用，也可生成硫酸和盐酸白雾。

由于氯磺酸沸点较高(152.7℃)，挥发较慢，且总有部分不易挥发，故FS发烟剂利用率较低，遮蔽能力比硫酸酐小，比氯磺酸大，所形成的白色烟幕较稳定，但对呼吸器官有刺激。

3.金属四氯化物

四氯化物都是较易挥发的液体，常用作发烟剂的是四氯化钛($TiCl_4$)，即FM发烟剂。

$TiCl_4$是无色或淡黄色的透明液体，熔点为－23℃，沸点为135.8℃。$TiCl_4$液体在空气中分散时与空气水作用，生成$Ti(OH)_4$蒸气而形成白烟。FM发烟剂的遮蔽能力随空气相对湿度的增加而增大。因$TiCl_4$凝固点较高，故通常加入10%的HCl，使其凝固点降低至－48℃，以利于低温喷洒。

(二)磷烟发烟剂

磷与空气中的氧发生反应，生成五氧化二磷，吸收空气中的水生成磷酸液滴而成为发烟剂。磷烟发烟剂是目前遮蔽可见光性能最佳的发烟剂。磷有几种同素异形体，即黄磷（白磷）、赤磷（红磷）、黑磷和紫磷，其中黄磷、赤磷被用作发烟剂。

1.黄磷（白磷）发烟剂

黄磷是无色或略带淡黄色的块状结晶体，熔点为44.3℃，沸点为280.1℃，化学性质活泼，遇空气自燃。黄磷燃烧时发出明亮的黄色火焰，氧充足时生成P_2O_5，不足时生成P_2O_3。

黄磷发烟弹中心管爆炸时，将黄磷炸成许多小块和细碎粒子，分散在炸点周围的空气中，夺取空气中的氧而发生自动燃烧反应，生成P_2O_5（磷酸酐）蒸气。生成的P_2O_5，一部分在空气中直接凝固成固体微粒，另一部分与大气中的水分作用，生成HPO_3或H_3PO_4等固态磷酸，吸水后变成溶液，形成了既含固体微粒又含液体微粒的白色烟雾。

黄磷成烟速度很快，烟云浓密且掩蔽力强，比四氯化锡的掩蔽能力高2.25倍，比三氧化硫高1.4～1.6倍。此外，黄磷燃烧温度较高（900℃左右），不仅可对人员产生烧伤，还可用于纵火。

黄磷发烟剂燃烧时生成的烟雾比较容易上升而脱离地面，故成烟稳定性较差。黄磷剧毒，口服0.1 g可致命，吸入其蒸气也会引起坏疽。装黄磷的弹药不易保管，容易发生冒烟甚至燃烧事故。因此，黄磷弹目前已被赤磷弹替代。

2.赤磷（红磷）发烟剂

赤磷由黄磷在密闭容器中加热至250～260℃制得，色泽与制备方法有关，为从发亮的深红色到紫色。赤磷是细粒结晶体，密度为2.3g/cm^3，无明显的熔点，在464℃时升华。易吸收空气中水分，不溶于二硫化碳，化学上比较稳定。燃点为240℃，无毒性，在空气中缓慢燃烧，成烟过程与黄磷相同，遮蔽能力次于黄磷，但其他性能优于黄磷，因此被广泛用于可见光发烟弹。

（三）燃烧型混合发烟剂

燃烧型混合发烟剂混合物有两种：一是混合物组分中含有受热即升华的发烟物质，如氯化铵、萘等，物质因燃烧产生的热而升华，冷凝而生烟；二是混合物在燃烧过程中产生成烟物质。

1.受热升华发烟剂

该类发烟剂至少由三种成分组成，某些成分具有双重功能。例如，由35％$KClO_3$、42％$C_{14}H_{10}$和23％NH_4Cl组成的受热升华发烟剂，$C_{14}H_{10}$燃烧时部分升华作为发烟物质，部分起可燃剂作用，NH_4Cl受$KClO_3$和$C_{14}H_{10}$燃烧热效应作用而升华，在空气中冷却后则产生白色烟雾，同时NH_4Cl又起钝感剂作用。

2.金属氯化物发烟剂

该发烟剂中含有有机氯化物和金属粉等，通过燃烧反应产生金属氯化物蒸气，在空气中冷凝后成烟。该类发烟剂主要指HC型发烟剂，多用于制造燃烧型发烟罐。

典型的HC发烟剂由锌粉、六氯乙烷（C_2Cl_6）、$CaCO_3$、NH_4Cl和$KClO_4$组成。锌粉和六氯乙烷燃烧时生成氯化锌和碳微粒，放热量大，反应温度高，燃烧速度快，为此加入NH_4Cl降低燃速和热量。为使烟的颜色呈白色，加入$KClO_4$以氧化反应中生成的碳。加入$CaCO_3$能够使得烟幕快速冷却，并起到中和发烟剂储存过程中生成酸的作用，防止发烟剂自燃。

三、抗红外发烟剂

抗红外发烟剂是指对红外辐射具有消光作用的发烟剂，该发烟剂主要用于遮蔽、干扰红外光电器材和采用红外体制的制导武器。按成烟方式，抗红外发烟剂可分为烟火燃烧型、爆炸分散型和机械喷洒型。

（一）烟火燃烧型抗红外发烟剂

这是一类通过混合组分燃烧（含加热升华）成烟的抗红外发烟剂。

1.改进型 HC 发烟剂

与 HC 发烟剂相比，改进型 HC 发烟剂内增加了聚叠氮缩水甘油醚（GAP）等红外活性物质。典型的配方为 54%六氯代苯、14%镁粉和 32%含能黏合剂 GAP。其中的 GAP 主要用于生成 C 微粒。实验证明，与不含碳而含 KCl 微粒的烟幕相比，高湿条件下含碳微粒烟幕的红外消光性能要提高 5 倍，而低湿条件下可提高 50 倍。控制烟云的微粒尺寸，能提高对特定波段（如 8～12 μm）红外光的散射能力。加入强红外吸收活性物质，能提高特定波长（10.6 μm）红外光或远红外光的消光能力。

2.赤磷基抗红外发烟剂

这是一种以赤磷为基础，添加某些红外活性物质的发烟剂。如美国的 XM819 型 81mm 发烟迫弹装填的赤磷基抗红外发烟剂，其配方为 77%赤磷粉（无定型）、9%硝酸钠、6%环氧树脂（用丙酮作溶剂）、8%镁粉和二氧化硅 1.25%（外加）。

3.钛粉基抗红外发烟剂

该发烟剂释放的微粒可辐射红外光，从而降低目标与周围环境之间的红外辐射对比度。当发烟剂设计为脉冲式装药时，对热敏感的探测器或热成像系统有较佳的干扰效果。典型的配方有两种：32%钛粉、16%活性碳粉、47%黑火药、4%禾木树脂和 1%硝酸钾，40%钛粉、15%活性碳粉、45%黑火药。

（二）爆炸分散性抗红外发烟剂

该类发烟剂借助炸药或火药的爆炸作用，使抗红外发烟剂撒布在大气中形成抗红外烟幕，特点是成烟速度快，撒布过程不发生化学反应。

1.鳞片金属粉

鳞片金属粉发烟剂在各类抗红外发烟器材中应用最广。美国公布的配方是：黄铜粉（片径 1.5～14 μm、片厚 0.07～0.25 μm）40 份（质量比），炸药（爆速大于 610 m/s）1 份（质量比）。制备时，将鳞片黄铜粉与适量的液态碳氢化合物（三氯乙烯、三氯乙烷和二氯甲烷等）搅拌成浆状混合物，倒入模具中，经挤压再切削成小药片，干燥后压入有中心扩爆管的弹体内。德国用于发烟榴弹和火箭弹的鳞片状金属粉型发烟剂，采用比表面积为 3 200～16 000 cm^2/g、片径为 0.45～1.9 μm 的铜粉。为防止装填和储存过程中鳞片状金属粉结块，还加入了磷酸铵、聚四氟乙烯或高分散性的硅酸等分散剂。

2.活性炭型抗红外发烟剂

活性炭具有吸收红外光的特性。比如，粒径为 1～9 μm 的活性炭，形成的气凝胶烟幕可有效遮蔽近中远红外线，在可见光波段性能遮蔽效果更好。该类发烟剂既可爆炸撒布，也可通过压缩空气进行喷撒;既可以单独使用,也可与其他发烟剂混合使用。

3.硫酸铝水溶液型抗红外发烟剂

该类发烟剂是一种在硫酸铝水溶液中加入乙二醇的抗红外发烟剂。乙二醇的加入能防止低温条件下硫酸铝水溶液凝固。该发烟剂形成的气凝胶对红外辐射具有吸收、散射、反射或衍射功能,适用于大口径红外遮蔽烟幕弹。

四、抗毫米波发烟剂

毫米波是指频率在 30～300 GHz 内的电磁波。毫米波具有分辨率高、波束窄、传输能力强,对云、雾和战场烟幕的穿透能力强等特点,且由于大气对 35 GHz(8 mm 波)和 94 GHz(3 mm 波)两个频率衰减较小,是毫米波雷达和制导武器工作的主要频段。

对于毫米波制导的武器来说,抗毫米波烟幕是效费比较高的常规对抗措施。常用的毫米波干扰材料为短切碳纤维、铝箔条。对新型毫米波干扰材料的研制主要是基于膨胀石墨、碳纤维等纤维类材料及新型碳材料,并采用表面改性(电镀、表面涂覆)、掺杂改性等方式提高其毫米波干扰性能和材料的分散特性。

第六节　产生其他烟火效应的烟火药

一、底排剂

底排剂全称为烟火底部排气剂,因其燃烧产生的气体能够有效减少弹丸飞行时弹底的涡流阻力,起到增程作用,故常用于底排增程弹的底排装置中。

(一)对底排剂的特殊要求

(1)产物相对分子质量较小。对于一定质量的底排剂,产物相对分子质量越小,则气体产物的体积越大,越有利于降低底阻。

(2)燃烧温度要高。温度越高,越有利于气体产物膨胀,也有利于液态产物气化,使产物相对分子质量变小,有利于提高减阻率。通常要求底排剂燃烧温度大于 2 700℃。

(3)排气速率要低。底部排气会产生两种相反的作用效果,即低动量、低燃速的添质带来的减阻增程,及高喷射率、高动量产生的增阻减程。一般要求,排气速率要控制在 2～3 mm/s 左右。

(4)尽可能产生二次燃烧。二次燃烧有利于进一步提高燃烧产物的热值,促使减阻率提高。为此,要求底排剂为负氧平衡,以促使过量可燃剂在排气高温状态下气化,并与大气中的氧产生二次燃烧。

(二)底排剂的组成

底排剂的氧化剂一般为硝酸锶、硝酸钡、硝酸钠或过氧化锶、高氯酸铵等。硝酸锶、过氧化锶、硝酸钠最为常用,而高氯酸铵因能产生大量气体,目前它与端羟基聚二丁烯(HTPB)浇注的底排剂已用于大口径底排弹上。可燃剂包括镁、铝、碳以及高分子化合物或树脂钙酸

(CaRes)。黏合剂可选用树脂钙酸，在用于高初速、高膛压的大口径底排弹上时，考虑发射时的强度，通常选用聚酯树脂类高分子聚合物(聚氨酯、环氧树脂、氯丁橡胶、端羧基聚丁二烯、HTPB等)。为降低燃速及产物的相对分子质量，通常还加入草酸铵等添加剂。

典型配方为：21%HTPB，74%高氯酸铵，0.5%碳墨，4.5%固化剂和添加剂(该配方已用于高马赫数下的155 mm榴弹底排弹)；26%～35%镁粉，44%～58%硝酸锶，6%～12% CaRes，1%～12%明胶。

二、模拟剂

模拟剂是通过药剂燃烧反应发出的光、声、烟、气动等烟火效应，模拟出制品效果或真实自然场景，用于制造各种教学、训练、演习等用途的烟火仿真器材(如教练弹、空包弹等)，军事上用于训练演习，民用领域用于教学演示、电影摄制、娱乐烟火制作等。

(一)对模拟剂的特殊要求

(1)模拟效果逼真。模拟剂所展现的火光、声响和烟云等烟火效应，应与实际一致或相似。如采用70%高氯酸钾和30%铝粉配制的模拟剂，在热冲击下能瞬时燃烧，并发出强烈声响和闪光，同时冒出蘑菇状烟云，可用于模拟爆破弹。

(2)不得产生杀伤效果。模拟往往是近人、近距离的展示，因此模拟剂燃烧时不能产生破片和强冲击波等杀伤元素。为此，通常用纸质或类似材料做模拟制品或器材的壳体，模拟剂装填量以不产生冲击波为限。

(二)模拟剂的组成

很多制式火药、炸药和烟火药可以直接用来制备模拟器材。用有色发烟剂制备的模拟弹，训练演习时能标示化学弹、燃烧弹或航弹的弹着点以及地雷区爆炸等情景。为延缓模拟剂的燃速，可在药剂中添加一定量的木屑。礼炮所用空包弹的模拟剂是黑火药。

1.闪光声响模拟剂

按照氧化剂不同可分为氯酸钾和高氯酸钾系列，典型的配方包括以下几种：

(1)42%$KClO_3$，32%细铝粉，26%Sb_2S_3；

(2)50%～70%$KClO_4$，20%～30%细铝粉，5%～25%Sb_2S_3；

(3)45%$KClO_4$，5%KNO_3，28%苦味酸钾，22%水杨酸。

2.啸声模拟剂

啸声模拟剂通过不连续快速燃烧过程，在某一瞬间产生大量气体，另一瞬间则停止燃烧不产生气体，形成一伸一缩的振动。振动引起制品内腔(纸管)空气振动，发生共鸣作用。

啸声剂由氧化剂和含有苯环结构的有机金属化合物组成。氧化剂一般选用$KClO_4$，带苯环结构的有机金属化合物通常选苦味酸钾、水杨酸钠、苯甲酸钾和苯二甲酸二氢钾等。典型配方包括以下几种：

(1)70%～80%$KClO_4$，20%～30%苯甲酸钾；

(2)65%～70%$KClO_4$，25%～30%苯甲酸钾；

(3)64%～70%$KClO_4$，28%～32%苯二甲酸氢钾，4%～8%酚醛树脂。

第七节　烟火药的性质

一、烟火药的物理性质

1.外观

烟火药多为机械混合物，其外观颜色与成分有关。例如：许多有机凝固燃料及由氯酸钾、草酸钠和虫胶等所组成的信号剂为黄色至白色；含酚醛树脂的点火药呈暗红色；许多含镁或铝的照明剂及含氧化铁的铁铝高热剂为灰至深灰色；有色发烟剂因成分中所用染料的颜色不同而呈红、玫瑰及蓝等颜色。因此，可通过颜色来估计成分种类、各成分的粉碎度和混合均匀度，也可通过颜色变化初步判断其安定性的变化情况。

2.制品密度

烟火药制品的密度由各组分的密度、压制压力和原材料的粒度决定。一般情况下，组分密度越大、压制压力越大、粒度越小，所得制品密度越大。

3.机械强度

机械强度对烟火制品，特别是炮射特种弹中烟火制品的烟火效应发挥至关重要。烟火药制品的机械强度在一定范围内随压装压力增高而增加，但超过制品的抗压极限时，反而会碎裂。储存中，烟火药会因严重受潮而机械强度下降，进而烟火效应变差。

4.吸湿性

大多烟火药含有易潮解的盐类物质，且采用压装工艺导致结构不密实，是导致吸湿的主要原因。烟火药在储存中会因潮解使盐类析出，干燥后又会产生结块。吸湿和结块都会降低烟火药的感度和机械强度，使燃速变小、烟火效应变差，吸湿严重的还会失去烟火效应。

二、烟火药的化学安定性

实践证明，烟火药的化学安定性变化，主要由吸湿导致药剂内部化学变化引起。对于含有金属可燃剂的烟火药，水分的存在为氧化还原创造了条件。水分越多，反应进行得越剧烈。

比如，镁燃烧剂的反应式为

$$Mg+2H_2O = Mg(OH)_2+H_2\uparrow+342\ kJ$$

由于该反应放热且释放 H_2，因此极易引起药剂自燃，甚至发生爆炸。如果 Mg 中含有 Cu、Pb 和 Fe 等杂质时，反应还会加速。

再如，含有 Mg、Al 的钡盐照明剂，受潮后将发生一系列反应速度很快的反应，即

$$Mg+2H_2O = Mg(OH)_2+H_2\uparrow$$

$$Ba(NO_3)_2+8H_2 = Ba(OH)_2+2NH_3+4H_2O$$

$$Ba(OH)_2+2Al+2H_2O = Ba(AlO_2)_2+3H_2\uparrow$$

上述三个反应式是紧密关联的，反应速度会不断加快，其中的 Mg、Al 不断被腐蚀，造成药剂失效，且 H_2浓度不断增加，增加燃爆危险。

对于含有铵盐的烟火剂，铵盐会显著促进 Mg 和 H_2O 的反应，即

$$Mg(OH)_2 \rightleftharpoons Mg^{2+} + 2OH^-$$

$$2NH_4NO_3 \longrightarrow 2NO_3^- + 2NH_4^+ \rightleftharpoons 2NH_4OH$$

当 OH^- 和 NH_4^+ 结合成电离度很小的 NH_4OH 时，上述反应将向右进行，$Mg(OH)_2$ 会全部溶解。同时，NH_4NO_3 水解会使溶液呈酸性，促使 Mg 加速氧化，故铵盐的存在会使硝酸盐和镁配制的烟火剂的化学安定性大大下降。

化学安定性的变化会对烟火效应产生很大影响，表 11－4 给出了钡镁照明剂中镁含量对烟火效应的影响。因此，防止烟火剂受潮，对保证其物理和化学安定性、烟火能力不发生变化十分重要。

表 11－4　活泼可燃物的变化对烟火效应的影响

成分	活泼镁的含量/(%)	发光强度/cd	燃烧时间/s
$64\%Ba(NO_3)_2$＋ 24%Mg＋ 12%依其岛儿	95	56 000	5.6
	88	35 000	6.4

三、烟火药的爆炸性质

烟火剂的爆炸性质对其制品被点燃的可靠性以及保证生产运输安全意义重大。

多数烟火药(含氯酸盐的除外)起爆感度都较低，难以完全起爆。

一般烟火剂对热冲量和机械冲量均较敏感，其机械感度更是远高于 TNT。以氯酸盐为氧化剂的药剂热感度很高，如含氯酸盐的发光信号剂的 5 min 发火点为 150～300℃，照明剂发火点为 350～480℃，而铝热燃烧剂的 5 min 发火点则大于 500℃。对机械作用而言，大多数烟火药特别是含氯酸盐的烟火剂冲击感度很高，爆炸百分数通常在 50%～100%，对摩擦也非常敏感。因硝酸盐、高氯酸盐为氧化剂分解时要分别吸收 2.84 kJ/mol 和 631 kJ/mol 的热量，故以硝酸盐、高氯酸盐为氧化剂的药剂和铝热燃烧剂的热感度相对较低。对氧化剂为高氯酸盐的烟火药来说，其感度一般情况下比以硝酸盐为氧化剂的烟火药高。因此，制造和处理此类药剂时，应特别注意安全。

虽然烟火药的爆炸性能较弱，但对含氧量较高的烟火药来说，一旦被引爆，其爆炸威力不容忽视。例如，高氯酸钾分解时固体残渣少，但气体生成量大，所以具有猛炸药的爆炸威力。一定条件下烟火药爆炸时，爆速在 1 000～3 000 m/s。因此，管理和处理烟火制品时，不应忽略它的爆炸威力。

第八节　烟火药的命名与标识

所有烟火药在定型时，都有由研制单位申请、上级主管部门批准的命名。装填在特种弹战斗部内、用量较多的烟火药，在战斗部和包装箱的相应位置都有体现烟火药的标识。

烟火药的命名包括名称和代号两种形式。其名称用阿拉伯数字和汉字表示，而代号则用汉语拼音字母和阿拉伯数字表示。

烟火药名称的组成模式为“序号＋主成分特定汉字＋功能类别”，如 2 号钠镁可见光照明剂；代号的组成模式为“功能特定字母＋主成分特定字母＋序号”。名称和代号中，序号按定型的先后次序从1开始确定;功能类别和功能特定字母由完成功能的类别和完成特定功能的种类确定,用特定汉字和特定字母表示,详见表11-5。主成分特定汉字和主成分特定字母主要由烟火药的主成分确定。对烟火装填剂来说,其主成分为发生反应的主要氧化剂和可燃剂,如果有两种或两种以上的氧化剂或可燃剂时,将在特种效应中起主要作用的作为主成分。对单一装填剂和惰性装填剂来说,其主成分为产生特种效应的主要材料。烟火药中主成分及对应的特定汉字、特定字母见表11-6。

表11-5 烟火药功能特定汉字及特定字母

烟火药类别	特定汉字	特定字母	烟火药种类	特定汉字	特定字母
照明剂	照	Z	可见光照明剂	照可	ZK
			红外照明剂	照红	ZH
信号剂	信	X	发光信号剂	信光	XG
			发烟信号剂	信烟	XY
曳光剂	光	G	可见光曳光剂	光可	GK
			红外曳光剂	光红	GH
烟幕剂	烟	Y	常规烟幕剂	烟常	YC
			抗红外烟幕剂	烟红	YH
			抗毫米波烟幕剂	烟米	YM
			多频谱烟幕剂	烟多	YD
燃烧剂	燃	R	烟火燃烧剂	燃烟	RY
			合金燃烧剂	燃金	RJ
			油基燃烧剂	燃油	RY
			自燃燃烧剂	燃自	RZ
			高热燃烧剂	燃高	RG
闪光剂	闪光	SG	闪光剂	闪光	SG
爆震剂	爆震	BZ	爆震剂	爆震	BZ
诱饵剂	饵	E	红外诱饵剂	饵	ER
			复合诱饵剂	饵	EF

表 11－6　常用氧化剂与可燃剂、惰性材料的特定汉字及特定字母

类别	名称	特定汉字	特定字母	类别	名称	特定汉字	特定字母
氧化剂	硝酸钠	钠	N	可燃剂	镁粉	镁	M
	硝酸钾	钾	J		铝粉	铝	L
	硝酸锶	锶	S		镁铝合金粉	金	J
	硝酸钡	钡	B		锌粉	锌	X
	硝酸铯	铯	Se		硅粉	硅	G
	硝酸铷	铷	R		钛粉	钛	Ta
	碳酸锶	锶碳	St		硼粉	硼	P
	硫酸钙	钙	G		硫磺	硫	Lu
	草酸铵	铵草	Ac		糖	糖	Tg
	氯酸钾	钾氯	Jl		赤磷	磷	Li
	高氯酸铵	铵高	Ag		碳粉	碳	Tn
	高氯酸钾	钾高	Jg		锆	锆	Ga
	三氧化二铁	铁三	Ts		六次甲基四胺	胺	A
	二氧化锰	锰二	Me		铁粉	铁	Ti
	四氧化三铅	铅四	Qs		铪粉	铪	H
	六氯乙烷	烷氯	Wl	惰性材料	铜粉	铜	To
	六氯代苯	苯氯	Bl		石墨	石	S
	聚四氟乙烯	氟	F		碳纤维	碳纤	Tx
					箔条	箔条	BT

第十二章 发 射 药

火药是发射药和推进剂的统称，是指具有规定形状、尺寸的固体含能材料，在一定激发能量作用下，能进行迅速而有规律地燃烧，生成大量高温、高压气体，用于完成弹药战斗部发射等预定任务的混合物。火药以燃烧为基本化学反应形式，火药的能量通过燃烧气体产物转换为抛射或推进功，使弹药具备了远距离打击能力。火药在弹药中的用量很大，主要装填在身管武器的药筒和火箭弹的发动机中。通常称用于身管武器弹药中的火药为发射药，称用于火箭发动机的火药为推进剂。鉴于章节篇幅限制以及推进剂在火箭、导弹上应用的特殊性，本章仅阐述发射药的相关内容，推进剂将在“固体推进剂”一章介绍。

第一节 概 述

一、对发射药的要求

作为身管武器系统的重要组成部分，发射药功能的发挥与弹药、武器密切相关。为确保武器系统完成规定功能并满足生产、储存、运输等需要，发射药应满足下述要求：

(1)能量足够，烧蚀性低。在药室容积有限的条件下，发射药燃烧产生的大量高温、高压气体，能赋予弹丸规定的炮口动能。另外，为减少燃气对身管的烧蚀，燃烧温度不能太高，产物应具有较小的腐蚀性。

(2)燃烧性能好。能够逐层有规律燃烧，且燃烧速度、燃速的压力系数和温度系数等参数能满足武器系统提出的要求，并提高发射药的利用率。武器系统不同，对发射药燃烧性能的要求也不同。如轻武器，由于身管短，要赋予枪弹一定的初速，发射药必须具有高渐增性的燃烧性能。再如，迫击炮和无坐力炮，因身管较短和膛压低等原因，发射药的燃速必须要高，且燃速压力系数要小。

(3)力学性能好。发射药必须具有一定的机械强度，以保证在储存、运输等诸多环境应力，特别在发射过程中燃气压力作用下，结构不发生破坏，燃烧性能不受影响。比如，在坦克炮等高膛压武器中使用时，要求药柱在高压下燃烧时不破碎，不产生不可控的爆燃，否则会造成胀膛甚至炸膛等事故。

(4)产物信号特征低，无毒无害。应尽量避免发射药燃烧产物产生烟、焰效应，以提高武器系统的战场生存能力。发射药的原料、燃烧产物应无毒无害，避免对相关人员身体造成损害。

(5)其他性能良好。安定性好，长期储存后能保持物理、化学性能等，特别是燃烧性能不发生明显变化。相容性好，组分间、发射药与药筒间不发生物理化学反应。热感度、机械感度低，火焰感度适中，保证生产、储运等环节的安全性和作用可靠性；工艺性能好，原料丰富，成本低廉。

二、发射药的分类

发射药的分类方法有三种：按配用武器，发射药可分为枪用和炮用发射药；按燃烧产物性质，发射药可分为有烟药和无烟药；按照组分，发射药可分为单基、双基、三基、混合硝酸酯和非硝化棉基发射药。

单基发射药是指仅以硝化棉为基本组分的发射药。生产过程中，将硝化棉用挥发性的醇(乙醇)醚(乙醚)混合溶剂溶解塑化，成型后除去大部分溶剂，但仍留下少量剩余溶剂，故又将单基发射药称为挥发性溶剂发射药。另外，以硝化棉为基本成分，加入固体炸药的改性组分的发射药，也属于单基发射药。

双基发射药是指以硝化棉、硝化甘油或类似的一种二元醇或多元醇硝酸酯为基本组分的发射药。双基发射药中采用炸药作溶剂，且在制造中无需去除，挥发性很小，又称为难挥发性溶剂发射药。

三基发射药是在双基发射药中加入硝基胍或类似的固体炸药为基本组分的发射药，如基本组分为硝化棉、硝化甘油与硝基胍，或者硝化棉、硝化甘油与黑索今等的发射药，都属三基发射药。因其溶剂不挥发，故又称不挥发性溶剂发射药。如在双基发射药的基本组分中，加入两种以上固体炸药时，以含量居多的为基本组分，其他为改性组分，这种发射药也属于三基发射药。

混合硝酸酯发射药是以硝化棉和两种或两种以上含类似硝化甘油的二元醇或多元醇硝酸酯为基本组分的发射药。

非硝化棉基发射药是指以硝化棉以外的高分子材料为基本组分的发射药。

2019 年之前，还有一种按照组分和特性进行分类的方法，即将发射药分为单基发射药、双基发射药、三基发射药、混合硝酸酯发射药、叠氮硝胺发射药和低易损发射药。其中，前四类发射药的组分与上面的表述相同，而叠氮硝胺发射药是指以硝化棉和一种或多种叠氮基硝胺类化合物为基本能量组分的发射药。低易损性发射药是指在勤务处理和战斗使用中对意外作用(碰撞、冲击波、火焰、高速破片)反应迟钝和产生较低破坏作用的发射药。

本章主要介绍目前应用最广泛的单基、双基和三基这三类采用溶塑工艺成型的发射药。

第二节　发射药的组成及作用

一、单基药的组成及作用

单基药一般为单孔或多孔粒状，有的还做成花边形状，主要用作轻武器弹药、榴弹炮弹、坦克炮弹、反坦克弹药、高射炮弹、航空弹药和舰炮弹药的发射药。单基药的主要成分为硝化棉、醇醚溶剂、二苯胺、水分、樟脑和石墨等，其一般组成见表 12-1。

表 12-1　单基药的一般组成

成分名称	含量/(%)	
	枪用单基药	炮用单基药
硝化棉	94～96 (含氮量 13%以上)	94～96 (含氮量 12.76%～12.97%)
醇醚溶剂	0.7～1.6	0.8～2.0
二苯胺	1.0～2.0	1.0～2.0
樟脑	0.9～1.8	—
石墨	0.2～0.4	—
水分	1.0～1.8	1.0～1.8

(一)硝化棉

硝化棉,学名纤维素硝酸酯,又称硝化纤维素,代号 NC,是棉纤维素经硝硫混酸硝化得到的硝酸酯类炸药。硝化棉是单基药中唯一的能量成分,也是含量最大的成分,单基药的诸多性质在很大程度上取决于硝化棉的性质。

1.硝化棉的硝化程度

棉纤维素是由若干个葡萄糖基组成的大分子链聚合物,其分子式一般写为$(C_6H_{10}O_5)_n$,其中 n 表示纤维素中葡萄糖基的聚合度,n 最高可达 15 000 左右。棉纤维素的结构式为

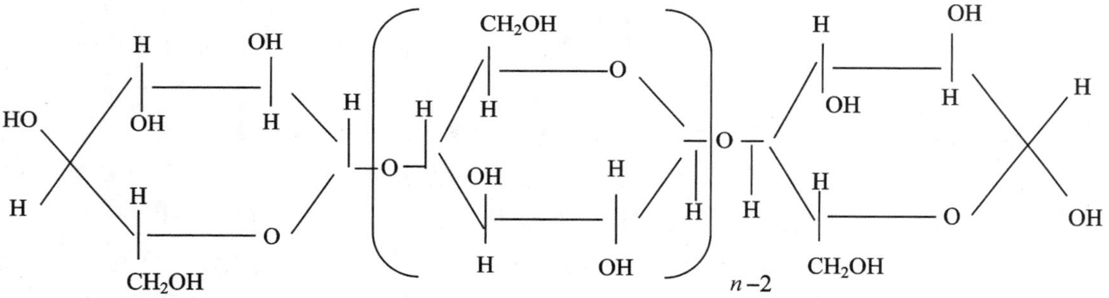

H　OH　HO　OH　H　H　O　H　CH₂OH　O　H　H　H　OH　O　H　H　H　OH　H　OH　H　H　CH₂OH　H　OH　O　OH　CH₂OH　$n-2$

棉纤维素大分子链上每一个葡萄糖基都有三个羟基(—OH),与酸反应时,羟基上的氢被硝基取代,生成酯类化合物,故该反应被称为硝化反应(也称酯化反应)。

硝化反应时,并非葡萄糖基上羟基中的所有氢都能被硝基取代,部分葡萄糖基的羟基上的氢只被取代两个或一个,即一个葡萄糖基上可能含有三个硝酸酯基,也可能只有两个或一个硝酸酯基。通常把硝化反应中羟基上的氢被取代的程度称为酯化程度或硝化程度。硝化程度与硝化棉的吸湿性、溶解度、安定性、感度、能量性质等密切相关。

不同葡萄糖基在硝化反应中的硝化程度不同,主要有两个原因:一是棉纤维素为大分子化合物,且分子大小也不相同,酯化反应时,表面和内部与酸接触的难易程度不同,表面易与酸作用,酯化较完全,内部与酸接触较难,酯化不够完全;二是葡萄糖基中三个羟基的位置和化学活泼性不同。因此,棉纤维素与硝酸作用生成的硝化纤维素,是硝化程度不同的大分子组成的混合物。

硝化棉的硝化程度可用下述三种方法表示：

(1)酯化度。酯化度是指纤维素大分子中每一个葡萄糖基上羟基中的氢，被硝基取代的数目，用 γ 表示。当硝基取代一个羟基上的氢时，$\gamma=1$；取代两个羟基上的氢时，$\gamma=2$；取代三个羟基上的氢时，$\gamma=3$。

(2)含氮量。含氮量是指硝化棉分子中含有氮原子的质量百分数，用符号“N%”表示。以一个葡萄糖基为基准，硝化棉的分子式为 $C_6H_7O_2(OH)_{3-\gamma}(ONO_2)_\gamma$，相对分子质量为 $162+45\gamma$，则含氮量与酯化度的关系为

$$N\%=\frac{14\gamma}{162+45\gamma}\times 100\%$$

$\gamma=1$、2、3 时，对应的含氮量分别为 6.76%、11.11%和 14.14%。其中，14.14%是硝化棉理论上的最高含氮量。

(3)硝化度。硝化度是指 1 g 硝化棉完全分解后，放出的氧化氮气体，在标准状况下所占的体积，用 NO(cm^3/g)表示。硝化度与含氮量的关系为

$$NO=16\times N\%$$

上述三种硝化程度表示方法中，酯化度只具有理论意义，而含氮量和硝化度是统计平均值，并不代表每一个大分子的硝化程度。也就是说：含氮量只表示一定质量的硝化棉中含有氮原子的平均质量百分数；硝化度只表示 1 g 硝化棉完全分解后，放出氧化氮气体体积的平均数。

硝化棉的硝化程度不同，用途也不同，详见表 12-2。

表 12-2　硝化棉的品号及用途

硝化棉品号	N/(%)	NO/($cm^3\cdot g^{-1}$)	用　途
1 号硝化棉(强棉)	13.0～13.5	207.5～215	配制混合硝化棉
火胶棉	12.5～12.7	199.3～202.5	制造单基药
2 号硝化棉(仲棉)	12.05～12.4	192～198	配制混合硝化棉
3 号硝化棉(弱棉)	11.8～12.1	188～193.5	制造双基药
混合棉(炮用药)	12.64～12.99	201.5～207.2	制造炮用单基药
混合棉(枪用药)	13.02～13.14	207.7～209.6	制造枪用单基药

2.硝化棉的主要性质

(1)外观结构。硝化棉外形与棉花类似，用于制造发射药的硝化棉因经过切断而呈粉状。虽经切断，但仍为结构疏松的毛细管状结构。由于硝化棉结构疏松不易达到高密度，燃烧没有规律性且燃速很快，在数量多或密闭状况下燃烧可能转为爆炸，所以，疏松状的硝化棉不能用作发射药。但它能够在某些溶剂中全部或部分溶解而塑化，经压制成型后便成为具有较高密度的致密结构，使燃速减小并能有规律地燃烧。

(2)溶解性。硝化棉可溶于许多溶剂，如丙酮、乙醇和乙醚的混合液、硝化甘油、硝化二乙二醇、乙酸乙酯和二硝基甲苯等。不同溶剂对硝化棉的溶解能力不同，同一个溶剂(如醇醚合剂)对不同含氮量的硝化棉的溶解能力也不相同。如 1 号硝化棉在 1∶2 的醇醚(体积比)溶剂中，最多只能被溶解 15%，其余 85%左右的硝化棉，即使再加更多的溶剂，也不会溶解。需要

强调，硝化棉的溶解度用硝化棉能够被溶解的百分比表示，而不用溶液的饱和浓度表示。

(3)吸湿性。硝化棉是非潮解性物质，但因结构疏松、多毛细孔，故具有较大的吸湿性。其吸湿性的大小主要决定于硝化棉本身的结构及空气的温湿度。硝化棉分子中含有羟基，羟基具有亲水性，能与水以氢键相结合。因此，硝化棉的吸湿主要由表面吸附、毛细管作用和与羟基的氢键结合（化学吸附）三种形式引起。实验证明，氢键结合形式具有决定性影响。含氮量越高，吸湿性越小。

(4)化学安定性。硝化棉的化学安定性较差，常温下就能缓慢分解。硝化棉的含氮量越高，含不稳定基硝酸酯基越多，安定性越差。不同含氮量的硝化棉的分解情况如图 12-1 所示。

外界温度越高，硝化棉分子吸收的热能越多，活化分子数目相应增多，分解加速。硝化棉在不同温度下的分解情况见表 12-3。

硝化棉热分解会放出氧化氮（NO 和 NO_2）气体。其中，一氧化氮能与空气中的氧迅速作用，生成具有强烈氧化作用的二氧化氮。如果不能及时将二氧化氮排出，硝化棉将发生自催化加速分解。随着分解的不断进行，氧化氮气体的浓度越来越大，自动催化作用也将加剧。

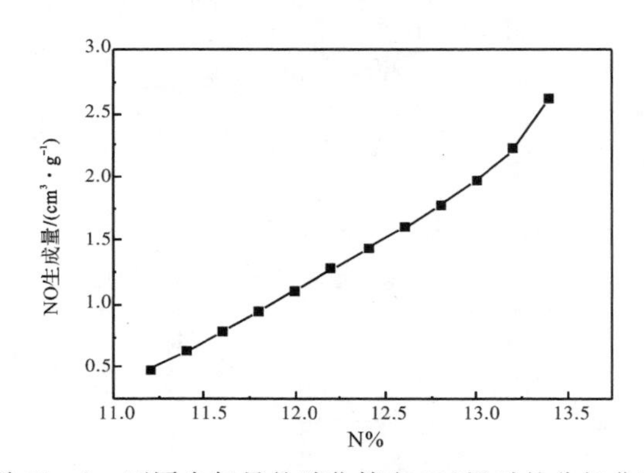

图 12-1 不同含氮量的硝化棉在 132℃时的分解曲线

表 12-3 1号硝化棉在不同温度下的分解情况

加热温度/℃	加热时间/d	质量损失/(%)	含氮量损失/(%)
125	150	49.7	64
135	150	61.8	83
140	40	66.5	91
150	20	70.2	98

(5)能量与爆炸性。硝化棉含氮量越高，爆热、爆温越高。含氮量越低，爆容越大。硝化棉含氮量与能量示性数的关系如图 12-2 所示。

酯化度不同的情况下，如以聚合度为 4 的葡萄糖基表示硝化棉，则其燃烧爆炸反应式为

$$C_{24}H_{29}O_9(ONO_2)_{11} \longrightarrow 15CO+9CO_2+9H_2O+5.5H_2+5.5N_2$$

$$C_{24}H_{30}O_{10}(ONO_2)_{10} \longrightarrow 16CO+8CO_2+8H_2O+7H_2+5N_2$$

$$C_{24}H_{31}O_{11}(ONO_2)_9 \longrightarrow 17CO+7CO_2+7H_2O+8.5H_2+4.5N_2$$

反应式表明，硝化棉含氮量增高，含氧量增多，氧化完全产物 CO_2 和 H_2O 增多，爆热、爆

温提高。但由于生成摩尔质量较大的气体CO_2、H_2O增多，摩尔质量较小的气体CO、H_2减少，故单位质量硝化棉爆炸或燃烧后生成的气体总的物质的量减少，爆容减小。

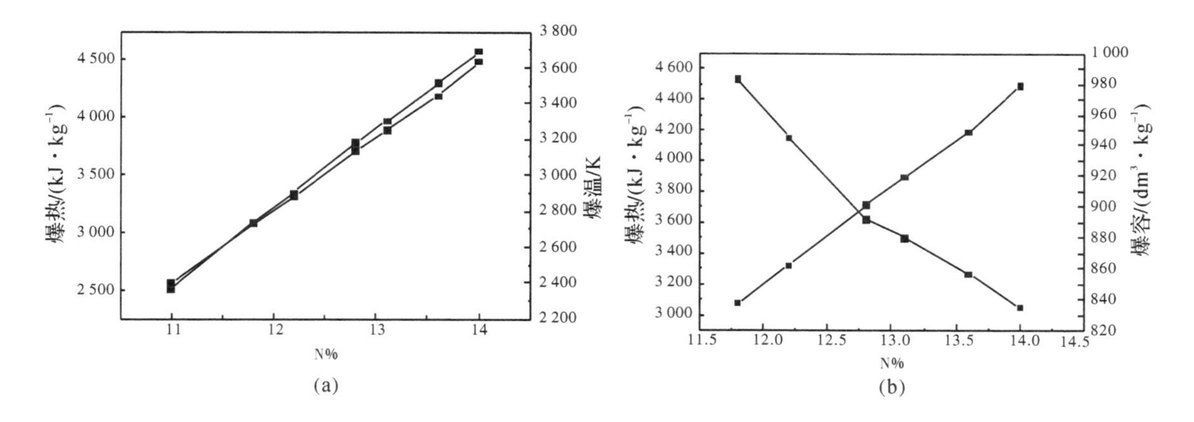

图12-2　硝化棉含氮量与能量示性数关系曲线

用强烈冲击和雷管起爆可以引爆硝化棉。硝化棉机械感度比梯恩梯大，用枪弹射击可发生爆炸。含氮量为13.1%、密度为1.3 g/cm^3的硝化棉的爆速为6 300 m/s，铅铸扩张值为375 cm^3。

(二)醇醚溶剂

醇醚溶剂是按照一定比例组成的乙醇和乙醚的混合溶液。醇醚溶剂在单基药制造中用于溶解硝化棉，使疏松状的硝化棉塑化成型，因此被称为溶剂或塑化剂。由于醇醚溶剂并非含能物质，故塑化成型后，还要将大部分醇醚溶剂去除，使单基药中仅保持0.7%～2.0%的醇醚溶剂含量，以保证药粒具有一定的结构致密性和机械强度。

需要强调：单基药中醇醚溶剂含量不能太少，否则药粒变脆；也不能过多，否则药粒易变形，且会因醇醚溶剂易挥发而损失掉。

制造单基药用的乙醇(C_2H_5OH)，浓度大于95%，不含有酸性杂质，乙醚($C_2H_5OC_2H_5$)的酸性杂质含量小于0.000 3 g/cm^3。

(三)二苯胺

二苯胺[$(C_6H_5)_2NH$]，学名N-苯基苯胺，代号DPA，分子式为$C_{12}H_{11}N$，外观为无色至白色晶体，有芳香气味和苦味，相对分子质量为169.22，熔点为52.8～54℃，沸点为302℃。二苯胺是可燃物质，闪点为152℃，自燃温度为633.9℃。二苯胺能很好地溶于醇、醚和苯等溶剂，但难溶于水。其毒性大，能刺激皮肤和黏膜，引起血液中毒(生成高铁血红蛋白)等症状。

二苯胺具有弱碱性，能和硝化棉分解产生的氧化氮和酸中和，生成较稳定的物质，制止氧化氮对发射药分解的催化作用，提高化学安定性，延长储存年限，因此是单基药中的安定剂。二苯胺在单基药中的含量在1.0%～2.0%左右。

二苯胺与氧化氮的作用过程如图12-3所示。

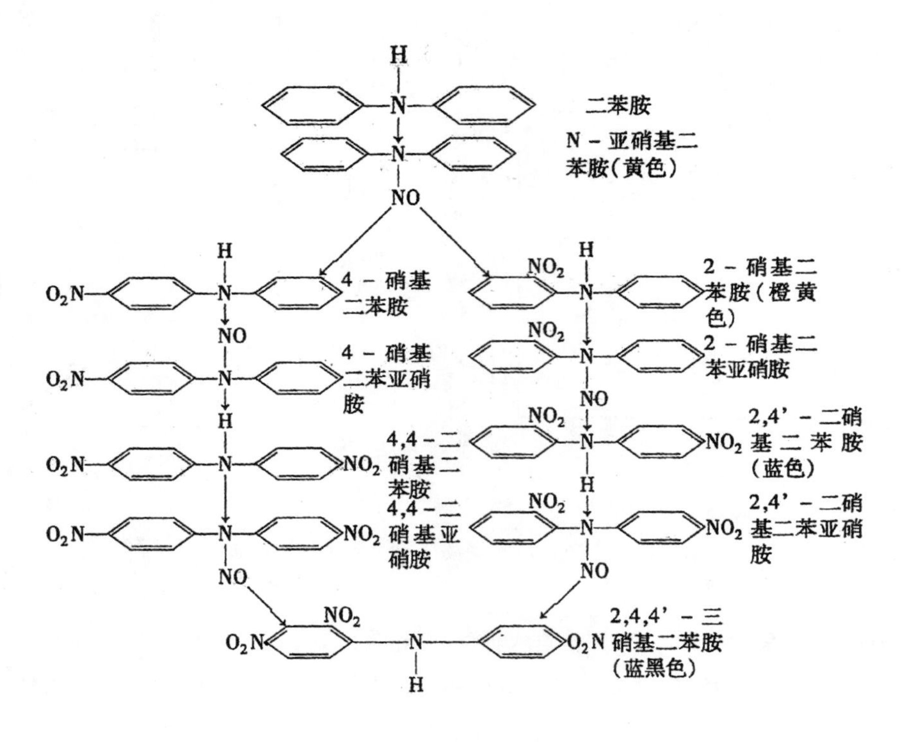

图 12－3　二苯胺与氧化氮的作用过程

反应过程表明，在生成稳定的三硝基二苯胺过程中，一个二苯胺分子能够中和三个氧化氮分子。因此，二苯胺的加入能够有效减小氧化氮的浓度，抑制自催化反应的发生。图 12－4 所示为三类单基药的热分解试验曲线，充分说明了二苯胺对提高单基药化学安定性的作用。

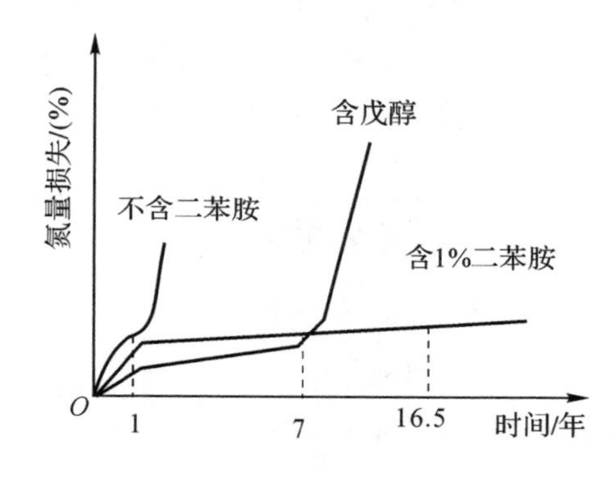

图 12－4　安定剂对单基药热分解影响

关于二苯胺的作用，需要强调：二苯胺虽然能有效抑制自催化反应的发生，但并不能阻止硝化棉的分解；单基药中的二苯胺消耗殆尽后，硝化棉仍然可以发生自催化反应，因此弹药储存中必须按照一定时间间隔要求，对单基药中的二苯胺含量进行测定，以确定单基药是否能够继续储存；不能通过提高二苯胺含量来进一步提高单基药的化学安定性，当二苯胺含量超过 2.0％后，会引起硝化棉发生皂化反应，反而会降低单基药的安定性。

用于单基药的二苯胺纯度为98%～99%，凝固点不低于52～52.6℃，不含酸和碱性杂质。

(四)水分

水分含量决定了单基药的燃速。为确保单基药储存过程中不因吸湿或挥发造成水分含量变化，影响单基药的燃速，单基药中通常要保留与其平衡含水率相等或相近的1.0%～1.8%的水分。

(五)樟脑

樟脑($C_{10}H_{16}O$)相对分子质量为152.23，常温下为大结晶体，有特殊气味，挥发性强，易升华，难溶于水，易溶于乙醇、乙醚等溶剂。

樟脑可用作枪用单基药的缓燃剂或钝感剂。樟脑是少氧而多碳、氢的物质，不易燃烧，加入到单基药中后，能够降低其燃速，改变其燃烧特性。为满足步枪弹、机枪弹对发射药燃烧性能的要求，采取一定的工艺方法，把樟脑加入药粒表层，使其含量由表及里不断减少，燃烧时的燃速由表及里不断增大，形成渐增性燃烧。

用于单基药的樟脑的凝固点为167～172℃，沸点为209℃，常温时能缓慢升华，不含酸性杂质。

(六)石墨

石墨可用作发射药的光泽剂。石墨是碳的同素异形体，光滑且具有良好的导电性能。把石墨加在药粒表面，使药粒变得光滑而具有良好的流散性，有利于提高装药量，并便于装药。另外，经石墨加光的药粒，制造过程中可防止药粒间摩擦产生静电集中，减少因静电放电发生自燃的可能性。

单基药中所用的石墨纯度在90%以上，不应含酸碱性杂质，水分含量要小于1%，密度为2.25 g/cm^3，熔点3 500℃。

(七)其他成分

有些枪、炮发射药中，还要加入某些可以改变其燃烧性能的特殊成分，以适应武器的要求。

1.增孔剂

增孔剂用于提高发射药燃速。硝化棉溶解塑化中，加入一定量、一定细度、易溶于水的无机盐类物质(如硝酸钾)，使其混合均匀，成型后浸入水中，将药粒中的硝酸钾浸出来，再经干燥后，即可在药粒内部形成多孔结构。这种结构的发射药在燃烧时，火焰可以钻入孔内，使燃速加快。一般手枪用药均采用该类型的多孔药。

2.消焰剂

药料塑化中，通常要加入一定量的硫酸钾(K_2SO_4)和松香($C_{20}H_{30}O_2$)等作为消焰剂。这些物质能使火药气体在高温下与空气接触时燃烧困难，因此可减少火炮射击时发射药燃气产生的炮口焰。

3.降温剂

常用降温剂为负氧严重的地腊(多碳氢的烷烃混合物)，用于降低发射药在膛内的燃烧温度，减小对膛壁的烧蚀。

为进一步提高能量，有的单基药采用硝化度为211.5～213.1 g/cm^3的1号硝化棉。同时为在改善其塑性的同时不损失其能量，还加入了一定量的含能增塑剂（二硝基甲苯）。

二、双基药的成分及作用

双基药具有能量可调范围大、燃速范围广、可制成较大尺寸药柱和成型性能好等特点，应用非常广泛。双基药可以做成球状和粒状，用于枪弹、榴弹发射器和弹射器弹药等，也可以做成带状、环状、片状，用于迫击炮弹，还可以做成单孔柱状，与粒状药一起用于迫榴炮弹、加榴炮弹、加农炮弹等。

双基药由硝化棉（多为3号硝化棉）、硝化甘油（或硝化二乙二醇等）、辅助溶剂（邻苯二甲酸二丁酯、醋酸乙酯等）、增塑剂（二硝基甲苯等）、安定剂（1号或2号中定剂等），及凡士林、硫酸钾、冰晶石等附加成分组成。双基药成分组成复杂，其组分及含量与使用要求有关。常用双基药的一般组成见表12-4～表12-7。

表12-4 双基发射药的一般组成 单位：%

名　称	代号	3号硝化棉	硝化甘油	1或2号中定剂	凡士林	氧化镁	石墨	水分
双-11	S-11	58.5±0.9	40.0±0.9	≥0.8	≤0.5	—	—	—
双-12	S-12	55.0±1.5	43.4±1.5	1.5±0.3	—	约0.05	约0.05	0.2～0.6
双-13	S-13	54.5±0.9	43.5±0.9	1.8±0.3	—	—	约0.15	≤0.7

表12-5 双乙发射药的一般组成 单位：%

名　称	代号	3号硝化棉	硝化二乙二醇	邻苯二甲酸二丁酯	1或2号中定剂	凡士林	水分
双乙-2	SY-2	62.0±1.0	31.3±1.0	2.0±0.7	3.0±0.5	1.0±0.4	≤0.7
双乙-3	SY-3	62.0±1.0	33.0±1.0	—	4.0±0.5	1.0±0.4	≤0.7
双乙-4	SY-4	62.0±1.0	34.8±1.0	—	2.2±0.5	1.0±0.4	≤0.7

表12-6 双芳发射药的一般组成 单位：%

名　称	代号	3号硝化棉	硝化甘油	二硝基甲苯	邻苯二甲酸二丁酯	1或2号中定剂	凡士林	水分
双芳-2	SF-2	56.0±1.0	25.0±0.7	9.0±1.0	6.0±0.7	3.0±0.5	1.0±0.4	≤0.7
双芳-3	SF-3	56.0±1.0	26.5±0.7	9.0±1.0	4.5±0.7	3.0±0.5	1.0±0.4	≤0.7
双芳-11	SF-11	57.0±1.0	29.3±0.7	6.4±1.0	3.5±0.7	3.0±0.5	0.6±0.4	≤0.7

表12-7 制式双醋发射药的一般组成 单位：%

名　称	双醋-11	双醋-12	双醋-13	双醋-14	双醋-15
代号	SC-11	SC-12	SC-13	SC-14	SC-15
3号棉	—	余量	—	81.0±1.5	—
1,3号混合棉	68.5±2.5	—	81.0±2.5	—	63.5±2.5
硝化甘油	29.5±2.5	28±4	15.0±1.5	17.0±1.5	34.0±2.5
1或2号中定剂	≥1.4	≥1.0	2.0±0.5	≥1.2	≥1.2
凡士林油	—	—	—	≤0.1	—

续表

名　称	双醋-11	双醋-12	双醋-13	双醋-14	双醋-15
醋酸乙酯	≤1.5	≤1.0	≤1.0	≤1.2	≤0.6
骨胶	—	—	—	≤0.2	—
石墨	≤0.6	≤0.5	≤0.3	≤0.3	≤0.6
水分	≤0.7	0.2～0.9	0.2～0.7	0.3～1.0	≤0.6

(一)硝化棉

双基药中使用的3号硝化棉，在硝化甘油中溶解度高，制成发射药的均匀性好。如果硝化棉含氮量高，制成品的均匀性便达不到要求。双基药中的硝化棉含量一般都在50%以上。随着火炮火箭技术的发展，要求有更高能量的发射药，而使用含氮量较高的硝化棉(1号棉与3号棉制成混合棉)是提高发射药能量的途径之一。

(二)硝化甘油与硝化二乙二醇

硝化甘油与硝化二乙二醇是双基药的能源之一，又是主要的溶剂。

1.硝化甘油

硝化甘油能够溶解低氮量的硝化棉，还可以溶解二硝基甲苯、三硝基甲苯和黑索今等，故在双基药中用作硝化棉的溶剂，使硝化棉塑化成型。

硝化甘油的凝固点为13.2℃，凝固时体积缩小率为8.3%。由于凝固点较高，制成的双基药在低温下储存，有冻结的可能性。双基药冻结后，药粒变脆，机械强度下降，影响燃烧性。

硝化甘油在常温下挥发性很小，温度升高，挥发性增强，在50℃以上挥发显著。这是长期储存中双基药“汗析”的原因之一。

硝化甘油的吸湿性很小。在常温和相对湿度100%的空气中存放24 h的硝化甘油，因吸湿而达到的平衡含水量只有0.2%。因此，用硝化甘油制成双基药的吸湿性，要比单基药小得多。

硝化甘油的化学安定性比硝化棉稍差，但仍具有一定的化学安定性。将相同质量、相同性质的硝化甘油和硝化棉置于二氧化碳的气流中，在不同温度下加热15 min，测得的热分解数据见表12-8。

表12-8　硝化甘油与硝化棉热分解比较

名　称	硝化甘油			硝化棉		
实验温度/℃	110	120	130	130	140	150
放出的氮量/mg	0.20	0.74	2.72	0.25	1.10	4.15
升高10℃时放出的氮量为未升温时的倍数		3.7	3.7		4.4	3.8

表12-8中数据表明，在130℃加热15 min后，硝化甘油放出的氮量要比硝化棉放出的氮量大10倍，即高温下硝化甘油比硝化棉更易分解。同时温度每升高10℃，热分解速度约为原来的4倍。另外，如硝化甘油中含有酸、碱及水等杂质时，其化学安定性迅速降低。

硝化甘油机械感度很高，但当硝化甘油中含有水、凡士林、锯末等惰性物质时，感度大大降低，在制成双基药以后，较难被机械作用所引爆。

硝化甘油用火不易被点燃。少量硝化甘油在空气中被点燃后，燃速也较小（约为2.3 mm/s），并伴有轻微的爆鸣声。药量多时，点燃后能很快转为爆炸。

硝化甘油的能量较大，爆热比梯恩梯、硝化棉都要高很多，但爆容比硝化棉要低，能量数据对比见表12－9。

表12－9　硝化甘油与硝化棉的能量数据比较

示性数	硝化甘油	硝化棉（N%为11.8%～12.1%）
爆速/($m\cdot s^{-1}$)	8 400	
爆热/($kJ\cdot kg^{-1}$)	6 312	3 072～3 319
爆温/K	4 873	3 013～3 173
爆容/($L^3\cdot kg^{-1}$)	715	983～945
火药力/($kJ\cdot kg^{-1}$)	1225	857.5～955.5

2.硝化二乙二醇

硝化二乙二醇学名一缩二乙二醇二硝酸酯，代号DNDG，相对分子质量为196.12，氧平衡为－40.79%，分子结构为

$$O\begin{cases} CH_2—CH_2ONO_2 \\ CH_2—CH_2ONO_2 \end{cases}$$

硝化二乙二醇在常温下为无色无味的透明液体，有毒性，密度为1.385 g/cm^3，有两种结晶形式，稳定型的凝固点为2℃，不稳定型的凝固点为－10.9℃，挥发性和在水中的溶解度较硝化甘油稍大，可溶于硝化甘油，基本不溶于酒精、四氯化碳、二硫化碳。

硝化二乙二醇对硝化棉的溶解能力比硝化甘油大得多，塑化质量较好，制成双基药的结构比较均匀。

硝化二乙二醇的安定性比硝化甘油好，吸湿性很小，热安定性比硝化甘油稍好，100℃第一个48 h失重4.0%。其水解更难一些，有酸性杂质存在时，水解也比较困难。

硝化二乙二醇的撞击感度较小，标准落锤试验的爆炸百分数为84%。爆热约为4 800 kJ/kg，爆速为6 800 m/s(ρ=1.380 g/cm^3)，做功能力为410 cm^3（铅铸扩孔值），铅柱压缩量为19～21 mm，威力、猛度都大于梯恩梯。爆温比硝化甘油低，爆容为1 000 L/kg，远大于硝化甘油，因此火药力与硝化甘油相近。

用硝化二乙二醇制成的双基药火药力与硝化甘油相近，但爆温较低，烧蚀性较小，炮口焰也小。硝化二乙二醇对硝化棉的溶解能力较硝化甘油大，因此硝化二乙二醇发射药中若少用或不用增塑剂，仍能保持较好的塑化质量。但由于这种发射药的燃烧速度比硝化甘油发射药小，因此只能用于长身管火炮（如加农炮）中，若用于身管较短的武器，则往往因发射药燃烧不尽，而使弹丸的初速偏差较大，精度不良。

除硝化甘油和硝化二乙二醇外，有的双基药还采用硝化三乙二醇（TEGDN，俗称太根，制成的发射药为太根发射药）、硝基异丁基甘油三硝酸酯（NIBTN）等含能硝酸酯炸药作为溶剂。

（三）二硝基甲苯（DNT）

二硝基甲苯在双基药中主要用作辅助溶剂，用于提高药料的塑化程度，以增加药粒结构的

均匀性。此外，加入二硝基甲苯能降低硝化甘油的感度，对安全生产有利，还能降低火药能量，使爆温有所降低。

双基药中使用的二硝基甲苯[$C_6H_3(NO_2)_2CH_3$]为工业品，其中含有少量三硝基甲苯。两者在双基药中结合较好，长期储存中不容易析出于药粒表面。但如使用更高纯度的二硝基甲苯，制成的药粒储存中则易产生析出现象。同时，工业二硝基甲苯的能量也比纯二硝基甲苯大，凝固点也比较低(46～50℃，纯二硝基甲苯的凝固点为 71℃)，有利于对硝化棉的塑化，从而提高塑化质量。

(四)苯二甲酸二丁酯(DBP)

苯二甲酸二丁酯[$C_6H_4(COOC_4H_9)_2$](邻苯二甲酸二丁酯)，为无色油状液体，有芳香气味，熔点为 121℃，沸点为 350℃，挥发性很小，且化学安定性好。

苯二甲酸二丁酯易溶于乙醇、乙醚、丙酮和苯等溶剂，对硝化棉、乙基纤维素、聚氯乙烯等都有很好的溶解能力，与硝化甘油的互溶性好。故其在双基药中主要用作增塑剂，进一步提高对硝化棉的塑化质量，更有利于压制成型，提高药粒机械强度。

苯二甲酸二丁酯的相对分子质量(278.34)较大，结构中含碳、氢元素较多，燃烧热为负值(－35 187～－35 184 kJ)，故还能起到降温剂的作用。

除苯二甲酸二丁酯外，有的双基药还采用醋酸乙酯(分子式为 $CH_3COOC_2H_5$，又称乙酸乙酯)作为增塑剂。

(五)中定剂

中定剂的作用与单基药中的二苯胺类似，通过吸收热解产生的氧化氮，抑制自动催化反应，提高发射药的化学安定性。中定剂在制造和保管过程中的变化过程，一般认为可分为两步。以双基药中最常用的二号中定剂为例，首先中定剂在有氧化氮和水分存在时发生水解：

$$C_6H_5(CH_3)N—CO—N(CH_3)C_6H_5 + H_2O \xrightarrow{H^+} 2C_6H_5NHCH_3$$

2号中定剂：二甲基二苯脲　　　　甲基苯胺

中定剂水解生成胺衍生物后，再与氧化氮和硝酸作用，其作用过程与二苯胺类似：

$$C_6H_5NHCH_3 \xrightarrow{NO} C_6H_5N(NO)CH_3 \xrightarrow{HNO_3} C_6H_5N(NO_2)CH_3$$

甲基亚硝基苯胺　　　　甲基硝基苯胺

$$\xrightarrow{NO} C_6H_5N(NO)CH_3 \xrightarrow{HNO_3} O_2N—C_6H_3(NO_2)—NHCH_3$$

甲基亚硝基硝基苯胺　　　　甲基二硝基苯胺

除二号中定剂外，还有一号和三号中定剂，其结构式为：

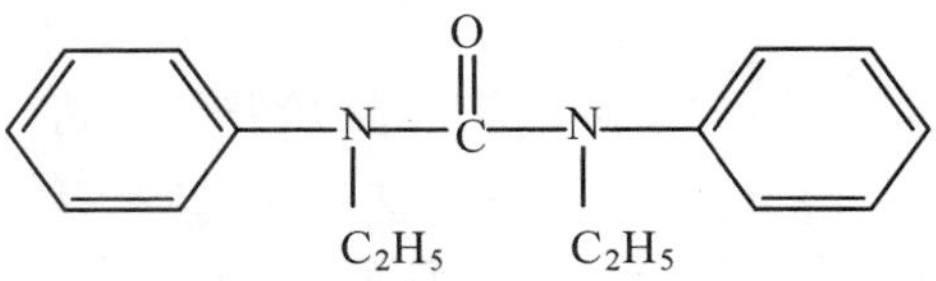

$$C_6H_5-N(C_2H_5)-C(=O)-N(C_2H_5)-C_6H_5$$

1号中定剂，二乙基二苯脲

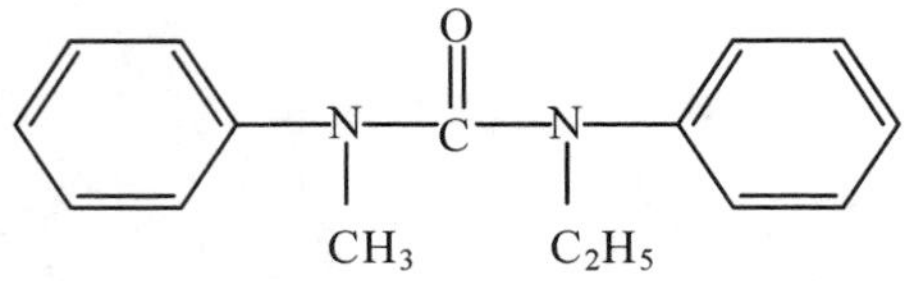

$$C_6H_5-N(CH_3)-C(=O)-N(C_2H_5)-C_6H_5$$

3号中定剂，甲乙基二苯脲

双基药中不用二苯胺作为安定剂，是因为二苯胺的碱性比中定剂强，而硝化甘油在碱性较强条件下皂化分解比硝化棉要快得多。

双基药中使用的二号中定剂，外观为微黄或白色粉末，含水量低于 0.1%，凝固点大于 119℃，易溶于乙醇、乙醚、丙酮等有机溶剂，在硝化甘油中也有一定的溶解度(18℃时 100 g 硝化甘油中可溶解 13 g，23℃时可溶解 19.4 g)。

(六)凡士林

凡士林用作润滑剂，可保证压药操作的安全。由于凡士林具有油性，起润滑作用，能减轻硝化甘油与模具的摩擦，防止压药时发生燃烧事故。

凡士林是多碳氢的烷烃混合物，燃烧困难，可降低发射药的燃烧温度，因此还具有降温剂的作用。

(七)其他组分

一般炮用双基药还含有 0.7%左右的水分，其作用与单基药中的水分相同。

除上述成分外，有的双基药中还采用硫酸钾、冰晶石(Na_3AlF_6)作为消焰剂，小口径枪炮用双基药中还采用碳酸钙、滑石粉(含水硅酸镁)作为降温剂。

三、三基药的成分及作用

三基药是在双基药的基础上加入一定数量的固体含能成分(如硝基胍或硝化二乙醇胺)制成，其中的硝化棉大多采用含氮量为 12.6%的皮罗棉(混合棉)。三基药具有能量较高，烧蚀性较低，动态力学性能与单基、双基发射药相近，燃速温度系数和燃速压力系数较小，安定性好，燃烧火焰特征不明显等特点，在坦克炮弹和反坦克炮弹、装甲车辆弹药以及部分加农榴弹炮弹上用作发射药。目前，应用最广泛的三基药是硝基胍三基药。

硝基胍属硝胺类炸药，别名橄苦岩，代号为 NQ，分子式为 $CH_4N_4O_2$，相对分子质量为 104.07，氧平衡为 −30.75%。结构式有硝胺和硝亚胺两种，一般认为在固体状态下是硝亚胺结构，而在溶液中则存在着两种互变异构体之间的平衡，即

$$H_2N-C(=NH)-NHNO_2 \qquad H_2N-C(=NNO_2)-NH_2$$

NQ 为白色针状结晶，有 α 及 β 两种晶型，α 型最为常用。两种晶型在水中的溶解度不同。NQ 不吸湿，室温下不挥发，微溶于水，溶于热水、碱液、硫酸及硝酸。在有机溶剂中溶解度不大，微溶于甲醇、乙醇、丙酮、乙酸乙酯、苯、甲苯、氯仿、四氯化碳及二硫化碳，溶于吡啶、二甲基亚砜和二甲基甲酰胺，密度为 1.715 g/cm^3，熔点为 232℃(分解)，100℃下第一个 48h 失重 0.11%。

NQ 的主要爆炸性能参数如下：

发火点：275℃（5 s）；

撞击感度：0%；

摩擦感度：0%；

起爆感度：叠氮化铅为 0.2 g。

做功能力：305 cm^3（铅铸扩孔值）；

猛度：23.7 mm（铅柱压缩值）；

比容：1 077 L/kg；

燃烧热：8 347.08 kJ/kg

爆热：3 400 kJ/kg（ρ=1.58 g/cm^3）；

爆温：2 400 K；

爆速：5 460 m/s（ρ=1.0 g/cm^3），7 930 m/s（ρ=1.62 g/cm^3）。

硝基胍分子多碳、氢而少氧，具有感度较低、爆热较低（大于 TNT）、爆容较高、爆温较低等特点。将其加入发射药后，在保持火药力不变的条件下，可有效降低燃烧温度，减小对炮膛的烧蚀，因此也常被称作为“冷火药”。

表 12－10 给出了典型三胍发射药的一般组成及性能。

表 12－10　三胍发射药的一般组成及性能

指标名称		类别					
		三胍－11	三胍－12	三胍－13	三胍－15	三胍－16	三胍－16A
组分质量分数/（%）	硝化棉	28.00±1.30	30.5±1.50	29.5±1.2	28.00±1.30	40.20±1.30	40.20±1.50
	硝化甘油	22.50±1.00	20.00±1.00	16.00±1.0	22.50±1.00	28.00±1.00	28.00±1.50
	硝基胍	47.70±1.00	47.70±1.50	47.00±1.0	47.00±1.00	30.00±1.00	28.80±1.50
	Ⅱ号中定剂	1.50±0.20	1.50±0.20	≥1.3	1.50±0.20	1.50±0.20	1.50±0.20
	二硝基甲苯	—	—	5.5±1.0	—	—	—
	冰晶石	0.30±0.10	0.30±0.10	—	—	0.30±0.10	0.30±0.20
	硫酸钾	—	—	—	1.00±0.30	—	—
	二氧化钛	—	—	0.5±0.2	—	—	1.20±0.50
附加物石墨质量分数/（%）		≤0.20	≤0.20	—	≤0.15	≤0.15	≤0.15
总挥发分质量分数/（%）		≤0.50	≤0.50	≤0.60	≤0.50	≤0.50	≤0.50
密度/（$g \cdot cm^{-3}$）		≥1.60	≥1.60	≥1.65	≥1.65	≥1.65	≥1.65
爆热/（$J \cdot g^{-1}$）		4 090±100	3 980±100	3 720±60	4 020±85	4 350±85	4 350±85

除添加硝基胍外，还可在双基药基础上加入吉纳（二乙醇－N－硝胺二硝基酯，代号 DINA）构成吉纳三基药，加入黑索今等硝胺炸药构成硝胺三基药。

第三节　发射药的性质

一、发射药的物理性质

(一)外观和形状

合格的单基药为结构致密的角质结构,颜色为淡黄、深黄或黄褐色,或带有着色剂的特定颜色,经石墨滚光的枪用单基药粒为银灰色,并带有金属光泽。药粒表面光滑,不应起毛,药型规整,无扭曲,无明显的胶化不良的硬豆、白点或者严重的鱼鳞斑。长期储存的发射药颜色会逐渐变深,变质的发射药会发脆、发黏,强度很差,用手即可捻碎。

合格的双基发射药外表光亮,呈半透明状,颜色一般呈淡黄色、棕黄色和暗褐色,加入石墨时呈黑色,弹性好,可弯曲。

发射药的形状有管状、带状、片状、环状、单孔及多孔粒状,以及球形、扁球形等。

(二)密度

1.真密度

发射药的真密度主要由其组分和含量决定,单基药一般为 1.56～1.64 g/cm^3,双基药一般为 1.52～1.62 g/cm^3。单基药中的剩余溶剂越少,密度越大。双基药中硝化甘油含量越多,密度越小。另外,结构越密实,发射药的密度也越大。

发射药的真密度越大,结构越致密,机械强度越大,这不仅能保证发射药有规律地燃烧,还能保证高压下燃烧时不易破裂。相反,密度越小,机械强度越小,不仅不能保证有规律燃烧,而且还易吸湿。但在不要求发射药有很好的燃烧规律性,又希望有较大燃速的情况下,发射药的密度要小一些,如多气孔发射药。

2.假密度

发射药的假密度主要取决于真密度,还与药粒形状、尺寸及表面状况等因素有关。真密度越大,药粒越小,药粒的孔数越少,孔径越小,则假密度越大。药粒表面用石墨加光后,假密度可增大。

炮用粒状药的假密度一般为 0.64～0.75 g/cm^3。枪用粒状药经石墨滚光后,其假密度约为 0.89 g/cm^3,一般在 0.80～0.95 g/cm^3。对管状药及带状药不测定假密度,而要测其在药室中的极限容量,即将发射药自由装满药筒时的最大质量。一般极限容量约为 0.8 g/cm^3。

发射药的假密度越大,发射药所占的体积越小,在药室容积一定的条件下,药室装药量越多、能量越大,射击时弹丸的初速及射程越大。这一点对步机枪等药室容积较小的弹药来说非常重要。

3.装填密度

装填密度是指单位药室容积中的装药量,其计算式为

$$\Delta = \frac{\omega}{W}$$

式中：Δ——装填密度，kg/L；

ω——发射药质量，kg；

W——武器药室容积，L。

装填密度越大，药室内装药量越大，剩余空间越小。

为满足各类武器所用弹药的弹道性质，需要采用不同的发射药和装填密度，见表12－11。

表12－11　各类武器使用发射装药的装填密度

武器名称	步兵武器	野战加农炮	大威力海空军炮	全装药榴弹炮	减装药榴弹炮	迫击炮	无坐力炮
装填密度/($kg \cdot L^{-1}$)	0.70～0.90	0.55～0.70	0.52～0.90	0.45～0.60	0.10～0.35	0.04～0.17	0.17～0.39

射击时，常采用调整射角的方法来对付不同距离的目标。但有些武器和弹药，还通过改变装填密度的方法改变装药量，使弹丸获得不同的初速和射程。

（三）导热性

发射药的导热性与发射药的稳定燃烧程度及燃速有关。单、双基药都是热和温度的不良导体，热导率小于钢的1/300。

（四）导电性

发射药是电的不良导体，药粒之间或药粒与其他绝缘物质摩擦或与空气高速摩擦时会产生静电，静电电压最大可达万伏左右。静电放电所产生的火花，有可能将发射药点燃，点燃药粉、碎药或溶剂蒸气的可能性更大，甚至引起爆炸。为消除静电，确保安全，除采取本书第三章提到的措施以及采用石墨进行表面处理外，生产过程中应尽量避免产生药粉，并尽量减小可燃蒸气浓度。

二、发射药的力学性质

发射药在制造、储运和发射过程中，会受到重力、高压气体压力等静载荷，点火时的冲击力、膛内气流的冲击力及运输勤务中的冲击和振动等动载荷，以及高温、低温、温度冲击等热应力等三种环境载荷的作用。称在这些环境载荷作用下，发射药产生形变和破坏的能力为发射药的力学性能。

对发射药的力学性能的要求主要体现在两个方面：一是发射时受气动力作用所表现的力学性能，用抗压强度和压缩率表示；二是低温（通常为－40℃）、高温（40℃或50℃）与常温下的力学性能，主要用于表示低温脆化（韧性不足）和高温发黏（强度不足）的特性。

不同武器系统对发射药的力学性能要求不同，如炮用发射药主要受膛内高压燃气的压力、点火冲击力、膛内气流的冲击、药粒与弹底和炮膛的冲击以及偶然力的冲击等作用，所以要求其在±40℃的使用温度范围内抗压强度高、韧性大，力学性能受温度影响小。

含硝化棉的发射药皆采用溶塑工艺，其力学性能主要取决于发射药的组分性能、含量以及外界压力和温度。

组分含量是影响发射药力学性能的内在因素。硝化棉和固态填料（硝基胍等）含量越大，发射药的抗压抗拉强度越大，韧性越差。硝化棉的聚合度越大，黏度越高，发射药的强度越大，但聚合度超过700时，对强度无太大影响。溶剂（含辅助溶剂）含量越大，韧性越好，但强度越小。

压力和温度是影响发射药力学性能的外在因素。溶塑发射药具有强度的基础是硝化棉，故发射药的强度在很大程度上取决于硝化棉。硝化棉是非晶态线型高聚物，在压力一定时，对应不同的温度条件，硝化棉有玻璃态、高弹态、黏流态三种力学状态。

非晶态线型高聚物的力学状态与温度的关系如图12-5所示。当温度继续低于T_x（脆折温度或脆折点）时，在很小的力的作用下，高聚物（硝化棉）大分子链便会发生断裂，此时高聚物处于脆性态。当温度处于T_x和T_g（玻璃化温度）之间时，由于温度较低，分子间作用力较大，高聚物（硝化棉）的分子链及链段的运动被"冻结"，不能离开原来的位置，此时表现为玻璃态。处于玻璃态时，高聚物很硬，但并不是很脆，外力作用只能引起主链键长和键角发生微小变化，故弹性模量大，外力除去后，形变也瞬时消失。玻璃态下，发射药的应力（σ）与应变（ε）的关系服从胡克定律，即$\sigma=E\cdot\varepsilon$。当温度继续升高时，热运动能量不断增加，达到T_g后，虽然整个高分子链不能移动，但分子中某些链节却能发生位移，分子的形状可以发生拉直或卷曲等较大的可逆变形，称这种状态为高弹态。若温度继续升高，高于T_f（软化温度）后，整个分子链都能移动，在外力作用下会产生塑性流动，称这种状态为黏流态。

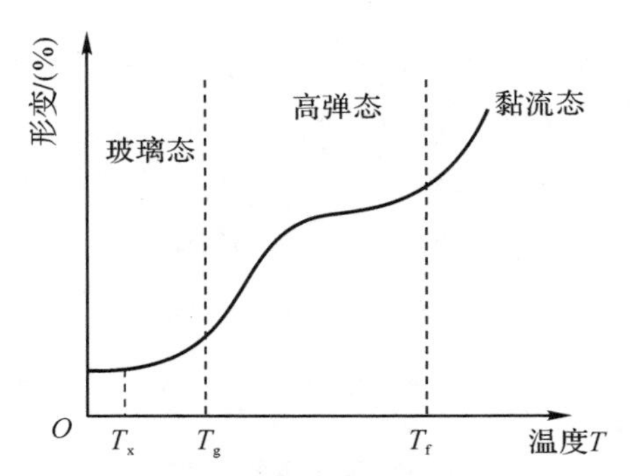

图12-5　非晶态线型高聚物的温度-形变曲线

同一温度下，外力作用速度（加载速度）不同，也会使其呈现不同的物理状态。如外力作用时间非常短，大分子来不及变形（甚至在玻璃化温度以上时也是如此），此时会出现脆裂，高聚物处于脆态。因此，脆折温度（或脆折点）是加载速率的函数，随速率的升高而升高。若加载速度很慢，应力作用时间很长，链段甚至大分子链能够发生塑性变形，则大分子呈高弹态或黏流态。

一般认为单基药在使用温度范围内处于强度高而又不太脆的强迫高弹态，符合炮用发射药要求。双基药、三基药因含有大量溶剂（增塑剂），硝化棉分子间作用力减弱，发射药的塑性和抗冲击强度有所提高，抗拉、抗压强度则有所降低。但在低温下，特别是达到低分子增塑剂的凝固点后，分子堆砌得更紧密，此时的双基药、三基药比单基药更脆。发射药脆裂的直接后果是膛内压力反常，会导致发射时胀膛甚至炸膛。

图12-6～图12-8分别为单基药、双基药、三基药的温度-强度变化曲线。

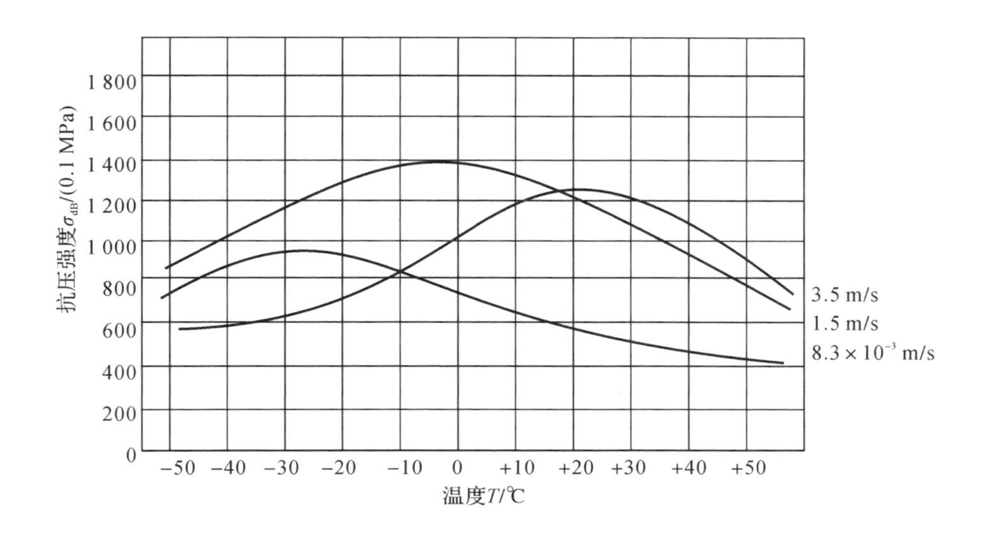

图 12－6　某单基药温度-强度变化曲线

图 12－6 表明，加载速率为 8.3×10^{-3} m/s 时，强度最大值在－40～－20℃之间，而当加载速率增加到 3.5 m/s 时，最大值在＋20℃出现，但－40℃时的抗压强度值不小于最大值的 50％，说明单基药没有明显的脆点。

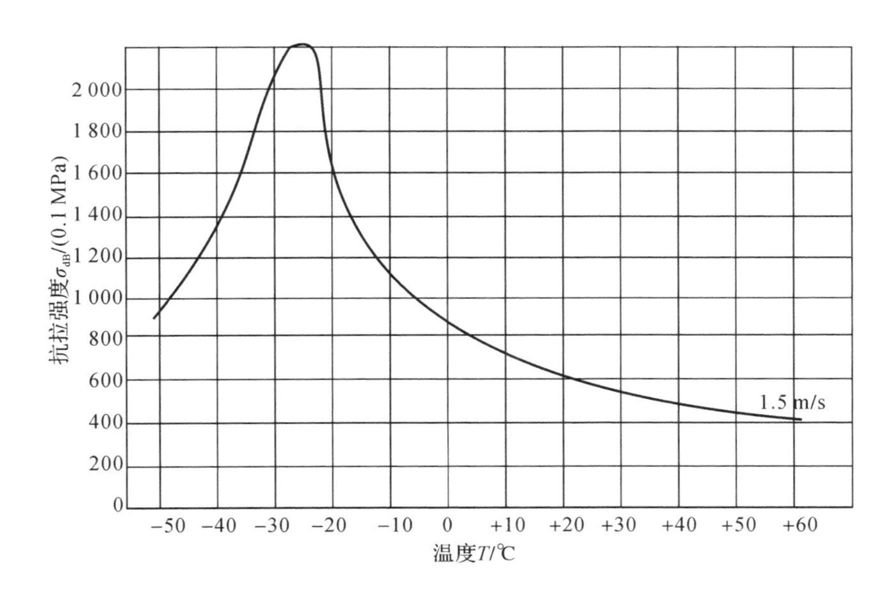

图 12－7　某炮用双基药温度随速率变化的脆点

图 12－7 表明，加载速率为 1.5 m/s 时，温度降低，双基药抗拉强度增大，在温度为－26℃时达到最大值，温度继续降低，抗拉强度急剧下降，－50℃时的抗拉强度值不大于最大值的 50％，说明存在脆点，脆点为－26℃。

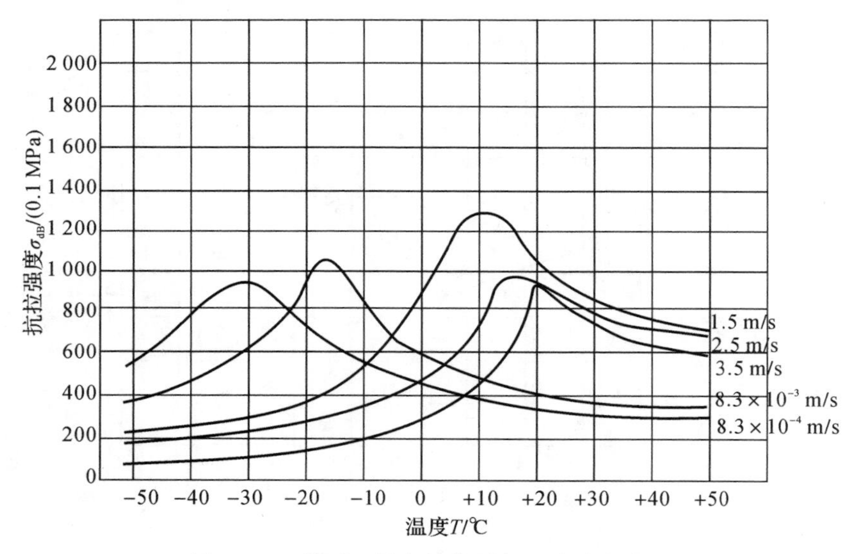

图 12-8 某型三胍发射药温度-强度变化曲线

图 12-8 表明，各种加载速率下，随着温度降低，强度增加达到最大值，而后强度大幅下降，在-40℃时，强度最低降至峰值的 12%，说明三胍发射药存在脆点。在 $8.3\times10^{-4}\sim3.5$ m/s 的试验速率范围内，脆点出现在-30～20℃之间。

上述结果表明，单基药几乎没有脆裂现象，双基药比单基药要脆一些，而三基药的脆性更大，且在脆变范围内强度下降特别显著。

此外，发射药的药粒尺寸及使用条件对强度均有一定的影响。因此，合理的长径比(长度要接近于直径)、较小的弧厚、较小的点火强度等，都能保证发射药在使用条件下的强度。

三、发射药的物理安定性

(一)吸湿

发射药的吸湿与其自身组分性质及储存的条件有关。硝化棉中含有较多的亲水性基团(如—OH)，发射药易因化学吸附而吸湿，故高氮量的硝化棉发射药吸湿性较小。硝化甘油有一定的憎水性，故双基药要比单基药吸湿性小。一般单基药的平衡含水率通常为 1.5%左右，双基药为 0.5%左右。若发射药中含有苯二甲酸二丁脂、樟脑和二硝基甲苯等其他憎水性成分，则发射药的吸湿性会降低。

发射药的吸湿性还与发射药的表面状态、结构致密度有关，结构疏松、多孔、表面粗糙的发射药易吸湿，而经石墨表面处理、结构致密的发射药不易吸湿。

发射药吸湿后，会因吸湿程度不同，出现点火困难、燃速降低、强度变差等现象。

(二)易挥发性溶剂挥发

含挥发性溶剂的发射药在储存过程中，表面溶剂会逐渐挥发，使发射药的挥发分含量发生变化，均匀性受到破坏，造成初速、膛压和发射药燃速的变化。发射药挥发分含量变化对最大膛压 P_m、弹丸初速 V_0 和发射药燃速系数 u_1 的影响可用公式表示为

$$\frac{\Delta P_{m}}{P_{m}}=-0.15\Delta H\%, \ \frac{\Delta V_{0}}{V_{0}}=-0.04\Delta H\%, \ \frac{\Delta u_{1}}{u_{1}}=-0.12\Delta H\%$$

式中：$\Delta H\%$——发射药中挥发分含量变化量；

ΔP_{m}——最大膛压变化量；

ΔV_{0}——弹丸初速变化量；

Δu_{1}——发射药燃烧系数变化量。

上述公式表明，溶剂挥发会使发射药燃速、最大膛压和弹丸初速有所增加，但由于溶剂挥发不均匀，初速、膛压有较大的跳动。

单基药会因醇醚溶剂挥发而影响其性能。双基药、三基药中的硝化甘油挥发性较小，但当温度高于50℃时，挥发较显著。为防止溶剂挥发，须将发射药严密包装，储存的温度不宜过高，湿度也不能太大。

(三)组分迁移

长期储存过程中，发射药中的组分会因各种原因发生迁移，导致发射药的均匀性变差，影响到其燃烧性能和弹道性质，甚至会造成感度变化而影响储存、运输和使用安全。一般情况下，组分迁移可分为三种情况——汗析、晶析和异质组分迁移。

汗析又称“渗油”，是指发射药中的硝化甘油、硝化二乙二醇等难挥发溶剂从药粒内部渗到药粒表面，使药粒表面出现溶剂液珠的现象。一般认为，汗析的原因有三个：一是在受到温度冲击(温度剧烈变化)时，硝化棉和溶剂膨胀系数不同；二是随着发射药老化，溶剂和硝化棉结合力减弱；三是因溶剂的部分挥发，引起药粒内溶剂的浓度梯度。可采用包覆的方法来防止汗析，但对包覆有阻燃层或绝热层的发射药来说，虽然溶剂不会出现在药柱表面，但也会出现向包覆层迁移的现象。因此，通常在发射药中加入二硝基甲苯，或选用低氮量硝化棉，以增加黏度，使溶剂和硝化棉结合更紧密，以减少溶剂迁移。

晶析又称“结霜”，是指发射药中的二硝基甲苯、中定剂等固体组分随溶剂迁移，渗到药粒表面并形成结晶的现象。

异质组分迁移的典型是樟脑。长期储存中，药粒表面的樟脑不断挥发，内部的樟脑继续向里渗透，造成樟脑的迁移和重新分布。为防止樟脑迁移及其他挥发分变化，通常用石墨对药粒进行加光处理。

四、发射药的化学安定性

发射药中含有硝化棉、硝化甘油、硝化二乙二醇等硝酸酯类炸药，长期储存中，特别是在温度较高、湿度较大、通风不良的环境中和安定剂消耗殆尽的情况下，会产生热自动加速分解、自催化热分解和水解等剧烈反应，不仅影响发射药的正常使用，还会造成自燃、自爆等事故。

发射药中的高分子物质，特别是硝化棉，随着时间的推移，或在光、热和氧的作用下，分子链发生氧化和解聚，聚合度降低，与其他物质的结合力减弱，致使发射药的机械强度显著降低、能量下降、化学安定性变坏、弹道性能变坏，射击时甚至会出现意外事故。

发射药安定性变差后，会有较为明显的变化。如含二苯胺的单基药，药粒颜色变深，先褐后绿，最后几乎变成黑色，有时还会出现黄色斑点。双基药的透明度变差，发射药装药中，氧化氮及酸性产物会使药包变黄，药包袋变脆，铜质药筒上出现铜绿；严重时打开包装箱可嗅到二氧化氮的刺激味，甚至会看到棕红色的二氧化氮气体，可使蓝色石蕊试纸迅速变红。

五、发射药的能量性质

发射药的能量性质包括爆热、爆容、爆温及火药力等，本章主要阐述火药力。

1 kg 发射药在定容绝热条件下燃烧，使燃烧产物的温度达到 T_V时压力与容积的乘积称为定容火药力，用 f_V表示，单位为 kJ/kg。

假设发射药燃气为理想气体，则

$$f_V = PV = nRT_V$$

式中：n——1 kg 发射药燃烧后生成的气体物质的量，mol/kg；

T_V——火药的定容燃烧温度，K；

V——比容，L/kg；

R——气体常数，$R = 8.314$ J/mol・K。

则

$$f = 371.154VT_V$$

因此，火药力与发射药燃烧温度和比容的乘积有关，只有提高发射药的燃烧温度或比容，才会有较高的火药力，即发射药燃烧时，既要放出大量热，又要生成大量气体，发射药才能有较大的做功能力。

常用单、双基药的能量示性数见表 12－12。

表 12－12　常用单基药、双基药的能量示性数

种类	发射药牌号	爆热/(kJ・kg^{-1})	爆容/(L・kg^{-1})	爆温/K	火药力/(kJ・kg^{-1})
单基药	3/1 樟	3 762	910	2 920	999.6
	4/1,5/1,4/7,7/7,7/14	3 699	920	2 860	980.0
	8/7,9/7	3 678	925	2 820	980.0
	12/7,14/7,15/7	3 595	935	2 800	960.4
	18/1,22/1	3 553	940	2 770	960.4
双基药	双带，双环，双片	4 891	845	3 520	1097.6
	双芳-2	2 968	1 020	2 440	922.9
	双芳-3	3 198	1 000	2 600	959.4

需要注意，表 12－12 中数据由实验测得，利用表中爆容与爆温计算得到的火药力，比表中所列的火药力数据要稍大一些。

六、发射药的爆炸性质

发射药的主要成分是炸药，但因其由多种成分组成，且具有溶塑结构，故与一般猛炸药相比，发射药的爆炸性质具有一定的特殊性。

(一)点燃性

单基药的爆发点约为 200℃，双基药的爆发点约为 180℃。单基药很难用火帽火焰直接点燃，经钝化和石墨处理的单基药更是如此。按照从难点火到易点火的顺序排列，常用发射药点火的难易程度为：经钝化和石墨处理的单基药、含大量附加物的炮用双基药、未经钝化和石墨加光的单基药、硝化甘油含量较多的迫击炮用双基药。

为保证发射药确实被点燃，除装药量较少的枪弹发射药可用火帽直接点燃外，一般炮弹的发射药都需采用火帽+点火药的组合来点燃。由于发射药具有致密的溶塑结构，故被点燃后，即使在膛内 300 MPa 左右的高压下，也能稳定燃烧而不爆炸。

（二）冲击和摩擦感度

发射药的撞击感度较大，其爆炸百分数为 45%～90%。单基药的撞击感度随成分中硝化棉含氮量的增加而增大。双基药的撞击感度随成分中硝化甘油含量增加而增大，且温度越高，撞击感度越大。温度过低时，因硝化甘油冻结，双基药的撞击感度更大。发射药的撞击感度与成分、温度的关系见表 12-13。

表 12-13　发射药的撞击感度与成分、温度关系

发射药名称	爆炸百分数/(%)		
	+50℃	+18℃	−50℃
枪用单基药(硝化棉含氮量为 13.2%)	88	68	56
炮用单基药(硝化棉含氮量为 12.97%)	92	68	64
硝化棉含氮量为 13.2%的单基药	100	80	75
硝化甘油含量较多的迫击炮用带状双基药	80	50	90
硝化甘油含量较少的炮用 19/1 管状双基药	65	45	70

注：立式落锤仪，锤重 10 kg，落高 25 cm，实验次数为 50 次，每次药量为 0.2 g。

发射药的摩擦感度较小，一般的摩擦不会引起发火或爆炸，但在强烈摩擦时，仍有发火而燃烧的可能。单基药曾因较重包装箱的棱角与撒落在地板上的药粒间的强烈摩擦，引起发火而造成燃烧事故。干燥的单基药温度升高后，对摩擦比较敏感。单基药比双基药的摩擦感度更大。

发射药易因摩擦带电，特别是单基药。在单基药生产的烘干环节中，热干燥空气的气流与发射药间的摩擦，容易产生静电。从干燥器中取出时，由于干燥的热单基药静电放电，而引起发射药燃烧的事故曾多次发生。因此在生产中规定，烘干的药粒必须冷却一定时间后才能取出。应该说明，单基药中含水量超过 1%，已经冷却的药粒不易带电。

发射药在枪弹贯穿时，一般不会爆炸或爆轰，但有可能引起发火而燃烧。当用速度大于 1 000 m/s的枪弹进行贯穿时，可引起含有 50%硝化甘油的双基药爆炸。速度大于 1 200 m/s 的枪弹贯穿单基药时，则可发生爆轰。

（三）起爆感度

发射药的起爆感度很低，单独用雷管不能被起爆，而必须用足够量的传爆药(50～100 g 特屈儿)，才有可能其爆炸或爆轰。发射药被起爆后，不易达到稳定爆轰，特别是药量比较多时，爆轰往往不能传播到底，而出现中途熄爆(半爆)的现象，或者出现爆速较低(1 000～1 800 m/s)的爆炸现象。

第四节　发射药标志识别

发射药的标志通常标注在药筒上和外包装箱上的特定位置，由命名/代号标记和药型尺寸标记两部分组成。

一、发射药的命名/代号

发射药的命名包括名称和代号。名称由特定汉字(字数不超过3个)和阿拉伯数字组成，代号则由汉语拼音字母和阿拉伯数字组成。

(一)发射药名称/代号的组成模式

组成模式：类别的特定汉字/代号+特征组分的特定汉字/代号+命名序号。例如，命名序号为11、含硝基胍的三基发射药为三胍-11，代号为AGu-11。

(二)发射药类别

五类发射药在命名/代号中对应的特定汉字和符号(汉语拼音字母)见表12-14。

表12-14　发射药类别特定汉字和符号

序　号	类　别	特定汉字	符　号
1	单基发射药	单	D
2	双基发射药	双	S
3	三基发射药	三	A
4	混合硝酸酯发射药	酯	Z
5	非硝化棉基发射药	高	G

(三)特征组分和特定溶剂

发射药名称中的特征组分是指在发射药的配方中，能引起能量及其他性能(燃烧、消焰等)明显变化的组分，用不多于三个特定的汉字表示，每一种成分用一个汉字表示。硝化棉和硝化甘油省略。含有多种特征组分时，先表示能量组分，后表示其他性能组分，也可不表示其他性能组分。含有多种能量组分时，取含量最大的能量组分。对其他性能的特征组分，表示在性能上影响最大的组分；当影响程度难以区分时，则表示含量最多的组分。

特征溶剂是指小粒药在制备工艺中所使用的憎水性溶剂，如醋酸乙酯。特征溶剂用名称中用一个特定汉字表示。

表12-15给出了发射药中的特征组分以及小粒药中的特征溶剂对应的汉字和符号(拼音字母)。

表12-15　特征组分和溶剂特定汉字和符号

特征组分和溶剂名称	特定汉字	符号
硝化棉	(略)	(略)
硝化甘油	(略)	(略)
硝化二乙二醇	乙	Y

续　表

特征组分和溶剂名称	特定汉字	符号
太根(硝化三乙二醇)	太	T
硝基异丁三醇三硝酸酯	异	Yi
硝化丁三醇	丁	D
三羟基甲基乙烷三硝酸酯	羟	I
二甲基丙烯酸乙二醇酯	丙	Bi
过氯乙烯树脂	烯	X
叠氮硝胺	叠	Di
吉纳(硝化二乙醇胺)	吉	J
硝基胍	胍	Gu
偶　唑	唑	U
黑索今	黑	H
奥克托今	奥	O
二硝基甲苯	芳	F
松香	松	So
中定剂	中	Zh
二苯胺	胺	A
硫酸钾	钾	Ja
硝酸钾	硝	Xi
氯酸钾	氯	Lu
硝酸钡	钡	B
樟脑	樟	Z
地蜡	蜡	La
苯二甲酸二丁酯	苯	Be
醋酸乙酯	醋	C
聚胺酯	聚	Ju
石墨	石	S
二氧化钛	钛	Ta
三氨基胍硝酸盐	氨	An
六硝基六氮杂异伍兹烷	烷	W

(四)命名序号

依据定型的先后次序，由阿拉伯数字 11 起始编号。在同一类别、特征组分相同以及其他组分基本相同时，命名序号后增加 A、B 等字母。

二、药型尺寸标记

发射药药形尺寸标记由药形类别、尺寸、辅助标记组成。当标记在药筒和包装箱上出现时，按照药形类别、尺寸、辅助标记的顺序，用汉字和阿拉伯数字或代号标识。当采用代号时，用汉语拼音字母(大写印刷体)和阿拉伯数字表示。

按照几何形状或工艺特征，发射药的药形类别分为粒状药、管状药、棒状药、片状药、小粒药和球状药。其中，粒状药是指长径比不大于6的单孔、多孔或无孔的柱状发射药，管状药是指长径比大于6的单孔柱状发射药，棒状药是指长径比大于6的无孔或多孔柱状发射药，片状药是指方形、带形、环形等薄片状发射药，小粒药是指尺寸相对较小的类圆片形、方片形等形状的发射药，球形药是指球形、球扁形等形状的发射药。药形类别标记用一个特定汉字表示，其代号用该汉字的汉语拼音的第一个字母表示，药形为粒状、管状和片状时，其药形类别省略。药形类别标记见表12-16。

表12-16　药形类别标记

药形类别	特定汉字	代号	药形类别	特定汉字	代号
粒状药	(略)	(略)	片状药	(略)	(略)
管状药	(略)	(略)	小粒药	粒	L
棒状药	棒	8	球形药	球	Q

发射药尺寸标记用阿拉伯数字表示。发射药的药形类别不同，尺寸标记的表示形式也不同，详见表12-17。

表12-17　发射药尺寸标记

药形类别		标记形式	标记单位
粒状药	有孔	燃烧层厚度/孔数	燃烧厚度以1/10 mm计
	无孔	直径	直径以1/10 mm计
管状药	单孔	燃烧层厚度/孔数-长度	燃烧厚度以1/10 mm计，长度以cm计
棒状药	无孔	直径-长度	直径以1/10 mm计，长度以cm计
	多孔	燃烧层厚度/孔数-长度	燃烧厚度以1/10 mm计，长度以cm计
片状药	方形	厚度-宽度×长度	厚度以1/100 mm计，宽度、长度以mm计
	带型	厚度-宽度×长度	厚度以1/100 mm计，宽度、长度以mm计
	环形	厚度-内径/外径	厚度以1/100 mm计，内径、外径以mm计
小粒药	类圆片形	厚度-直径	以1/100 mm计
	类方片形	厚度-宽度×长度	厚度以1/100 mm计，宽度、长度以mm计
球形药	球形	球径	以1/100 mm计
	扁形	厚度×直径	以1/100 mm计

辅助标记是用以进一步区分发射药药形或燃烧特征的标记。辅助标记用一个特定汉字表示，其代号用该汉字的汉语拼音第一个字母表示(见表12-18)。当使用两种或两种以上辅助标记时，其特性汉字的排列次序按表12-18的先后顺序排列。其中，多气孔发射药辅助标记

的最后还包括加入可溶性盐的百分数，多层发射药辅助标记的最后还包括燃烧层数。

表 12-18　发射药辅助标记

类型	特定汉字	代号	注释
花边	花	H	带花边的发射药
开槽	槽	C	轴向开槽的发射药
凸痕	凸	T	表面有各种凹凸压痕的片状药
多气药	多 X	DX	在工艺过程中加入可溶性盐使药体呈大量气孔的发射药，X 表示可 溶性盐的百分数
疏质	疏	S	药体呈现疏松结构的发射药
包覆	包	B	经过表面包覆的发射药
多层	层 Y	CY	由燃速不同的多个燃烧层组成的发射药，Y 表示燃烧层数
切口	口	K	横向切口的发射药

需要注意，以上涉及的发射药标识是 2019 年颁布的《发射药命名规则》(GJB 170A—2019)和《发射药药形尺寸标记规则》(GJB 555A—2019)描述的，如需之前生产的发射药标识进行识别，还需参考之前颁布的标准。

第五节　发射药装药

发射药装药是弹药中的发射药以及各辅助元件的总称。武器系统对发射药装药提出的要求有很多，主要集中在以下三点：

(1)满足武器的威力要求：能将发射药的潜能(化学能)充分转换为弹丸的炮口动能。

(2)满足武器的可靠性和安全性要求：发射药能被可靠点燃，燃烧性能满足不同武器系统提出的弹道稳定性要求，不发生胀膛和炸膛等事故，具有低易损性。

(3)满足武器的勤务处理要求：如提高武器的机动性、改善人员的操作环境、延长武器特别是身管寿命等。

一、发射药装药的组成及分类

(一)装药组成

发射装药由基本元件和辅助元件组成。其中，发射药是装药的基本元件，在装药中所占比例最大，而辅助元件则用于保证在尽可能短的时间内点燃全部装药，使其正常燃烧。

辅助元件由点火元件和辅助点火药组成。点火元件包括火帽、撞击底火、电底火等，用于直接或间接点燃发射药。在点火元件无法直接点燃发射药时，需要借助由黑火药和速燃硝化棉发射药等制成辅助点火药，扩大火焰能量，加强点火元件的点火能力。

有些情况下，辅助元件还包括护膛剂、消焰剂、紧塞具和厚纸装置等，分别起到减缓发射药燃气对炮膛的烧蚀、消除炮口焰和炮尾焰、消除身管内铜屑聚积、在膛内防止发射药燃气泄漏、密封和固定等作用。

(二)装药分类

按射击性质和所完成的任务，装药可分为战斗装药、实习装药和空包装药。战斗装药是指在战斗射击时使用的装药；实习装药是指在测试炮兵兵器和弹药原材料性能，以及实弹射击演习时使用的装药；空包装药是指用于部队演习(当不使用实弹时)和鸣放礼炮的装药。

按弹药的装填方式和结构特点，可分为定装式装药和分装式装药。

定装式装药主要用于枪弹、高射炮弹等中小口径弹药，其特点是药筒与弹丸连在一起，药筒内的装药质量固定不变，在相同条件下射击时初速是一定的。根据所达到的弹道效果，定装式装药又可分为全定和减定装药，两者的最大区别在于药筒内装填药量的大小。其中，前者可使弹丸获得最大规定初速，而后者则可使弹丸获得比最大初速小的规定初速。对火箭弹、无坐力炮弹和迫击炮弹等弹药来说，既配有全定装药，还配有减定装药。

分装式装药主要用于榴弹炮、加农榴弹炮、加农炮弹药和部分加农炮弹或迫击炮弹等中大口径弹药。分装式装药的装药(药筒)与弹丸在包装箱内分别放置，发射时按先弹丸、后装药的顺序装填，所以可根据战术要求，在射击前从装药中取出定量的附加药包，以获得不同的初速等级，使火炮有较大的射程范围和良好的火力机动性。按照装药结构特点，分装式装药又可分为药筒分装式装药和药包分装式装药。药筒分装式装药中，装药装在药筒内，射击时弹丸和药筒分别装填。运输保管中，药筒上加有密封盖，防止装药受潮。药包分装式装药结构中没有药筒，装药被扎成药捆或制成药包，射击前在完成弹丸装填后，将药包或药捆直接装入火炮的药室。运输保管中，装药放置在密封箱或密封盒里。为防止气体从炮尾流出，使用该类装药的火炮炮闩上有特制的闭气装置。

以弹药效果对装药进行分类主要用于弹道试验和武器的检查等场合。按照装药的弹道效果，装药可分为正装药、强装药和弱装药。在标准温度(+15℃)下，利用正装药射击时，所得最大膛压和初速应符合设计图纸的要求。战斗用装药都是正装药。产品检验中，为检验武器系统在极端条件下的性能，需采用强装药，即在正装药温度+50℃(大口径火炮正装药温度为+40℃)条件下所得到的最大膛压和初速作为强装药的弹道标准(强装药的弹道标准，应在装药图纸中专门规定)，通过提高发射时装药的温度、增加装药量、使用薄发射药或燃速较快的发射药，以及改用混合装药等方法，使武器弹道性能达到强装药的标准。与强装药相对应，在需要借助膛内发射药燃气压力实现自动或半自动炮的开闩、引信解脱保险等场合，需要武器的最大膛压不低于某一规定数值，特别是在低温条件下武器应保持一定的弹道性能。此时，将低于正装药温度以下40℃时的最大膛压和初速作为弱装药的指标，采用降低装药温度、减少装药量等方法来获得弱装药的弹道条件。

二、发射药的装药结构

装药结构是指发射药、点火药和装药的其他元件在药筒和药室中的位置。装药结构直接影响发射药的点燃传火过程和发射药燃烧的规律性，装药结构是否合理对保证弹道性能和其他元件的正常作用至关重要。基于不同的战术技术要求，装药结构多种多样。总的来说，装药结构可分为以下几种类型。

(一)枪弹的装药结构

枪弹的装药属于药筒定装式装药，是装药结构中最简单的一种。如图12-9所示，将同种牌号的粒状发射药散装在带有火帽的药筒内，作用时火帽直接点燃发射药。

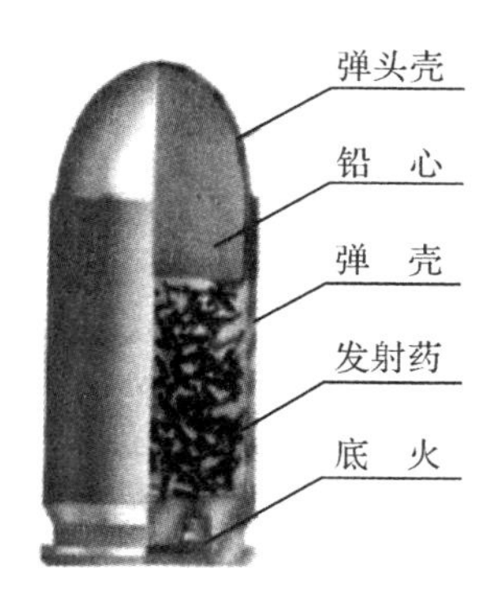

图 12－9　手枪弹装药结构图

枪弹装药可分为手枪弹装药和步枪弹装药两类。手枪和冲锋枪枪管短，发射药气体的最大压力也较低，为保证发射药短时间内燃尽，多采用燃层很薄而燃烧面很大(多孔性)的高热量发射药(如多－125 或多－45)，目前国内外普遍使用球形药和扁形药(异形球形药)，国外某些国家还采用双基片状药。

步枪弹和机枪弹装药中，为保证一定的最大压力和较大的装药量，提高弹丸初速，通常使用增面燃烧和燃速渐增的硝化棉粒状发射药，或经过钝化处理的片状和单孔粒状硝化棉发射药。我国的步枪枪弹多采用樟脑钝化的单孔硝化棉粒状药或球形药，大威力高射机枪装药则采用七孔硝化棉发射药。有的国家则使用二硝基甲苯或中定剂钝化的硝化棉发射药。对步枪弹而言，为提高装填密度，通常还采用假密度较大、流散性好的小粒药。

(二)线膛炮弹药的装药结构

线膛炮弹药的发射药装药包括药筒定装式、药筒分装式以及药包分装式等几种结构形式。

1.药筒定装式装药

现有中小口径加农炮、高射炮都采用药筒定装式装药。这类装药大部分使用单孔或多孔粒状药，少数使用管状药。粒状药一般散装在药筒内，管状药捆装后装入药筒内。为可靠点燃发射药，底火上部有少量点火药。

图 12－10 所示为用于某型高射炮榴弹的药筒定装式装药。发射药是 7/14 的粒状硝化棉发射药，散装在药筒内。装药用底火和 5 g 2 号黑火药点火。在药筒内侧和发射药之间装有钝感衬纸，发射药上方装有除铜剂，装药用厚纸盖和厚纸圈固定。

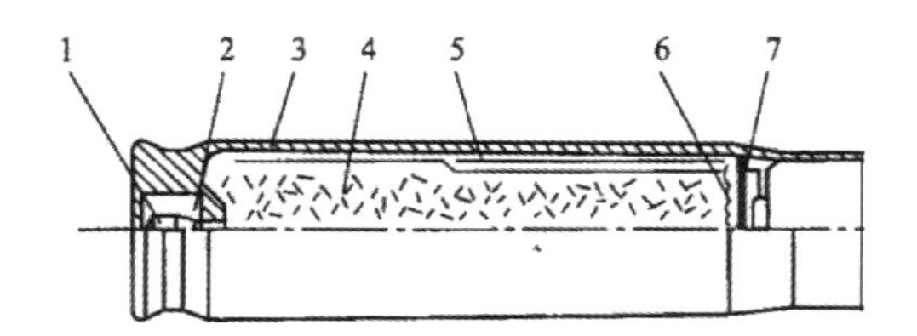

图 12－10　某型高射炮榴弹发射药装药结构

1—底火；2—点火药；3—药筒；4—7/14 发射药；5—钝感衬纸；6—除铜剂；7—紧塞具

采用多孔粒状药可提高装填密度，且同一种发射药可用在不同的装药中。但若药筒较长，上层药粒点火较困难。当粒状药的装药长度大于 50 mm 时，离点火药较远一端的药粒会因为粒状药传火途径的阻力大、点火距离长，发生难以全面同时点火、延迟点火等现象，点火可靠性差。为解决点火可靠性问题，常采用中心点火管、在装药不同部位放置点火药包或管状药束等结构。

图 12－11 所示为大口径高射炮榴弹的发射药装药结构，该结构采用双芳－3 18/1 管状药，用于改善传火条件。装填时，将管状药扎成两个药束，依次放入药筒中。药筒和药束间有钝感衬纸，装药上方有除铜剂和紧塞具。装药靠底火和黑火药制成的点火药包点燃。

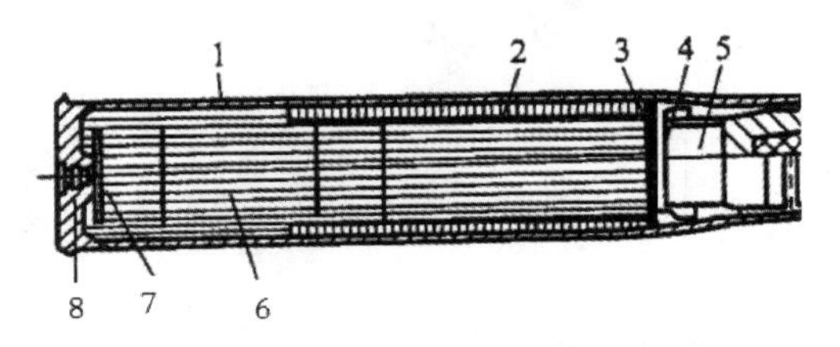

图 12－11　某型高射炮发射药装药结构

1—药筒；2—护膛剂；3—除铜剂；4—抑气盖；5—厚纸筒；6—发射药；7—点火药；8—底火

图 12－12 所示为某型加农炮弹的发射药装药结构，因药筒较长(558 mm)，故有附加的点火元件。该加农炮弹可采用全装药和减装药两种发射药装药结构。

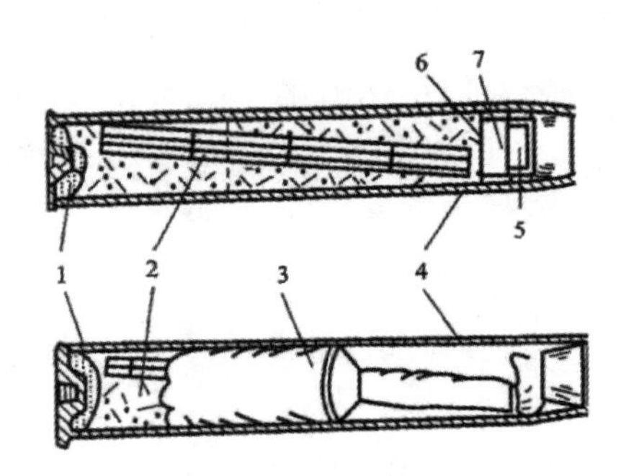

图 12－12　某型加农炮发射药装药结构

1—点火药；2—发射药；3—药包纸；4—药筒；5—厚纸盖；6—紧塞具；7—厚纸筒

全装药采用 14/7 和 18/1 两种发射药，质量比为 88∶12。装药时，先将 18/1 药束放入药袋内，装入 14/7 发射药后，再放除铜剂，药袋外包钝感衬纸后装入药筒内。装药结构中，底火和 1 号黑火药用于点火，18/1 管状药束起传火管作用。

减装药的装药量较少，装药高度达不到药筒长度的 2/3。太短的装药燃烧时易产生压力波，使膛压反常增高。当装药高度大于药筒长的 2/3 时，有助于避免反常压力波的形成，故减装药采用一束管状药，其长度与药筒长度相近。

2.药筒分装式装药

药筒分装式装药主要由混合装药组成可变装药。混合装药可采用单孔或多孔、单基或双基等不同类型的发射药。常用燃烧层厚度小的发射药制成基本药包，用于近程射击；用燃烧层厚度大的发射药制成附加药包，与基本药包一起用于远程射击。为方便战斗使用，附加药包大都采用等质量药包。

单独使用基本药包射击时，必须达到规定的最低初速和解脱引信保险的最小膛压，而全装药必须达到规定的最高初速且不超过允许的最高膛压。

因口径较大，点火都采用底火和辅助点火药包。装药结构不同，辅助点火药包放置位置也不同，可集中放在药筒底部，也可分散放在药筒的其他多个位置。

盛装变装药的药包布能阻碍药包之间的传火，因此，要求药包布有足够的强度，不妨碍火焰传播，射击后不留残渣。常用的药包布有人造丝、天然丝、亚麻、棉花、硝化纤维等药包布和赛璐珞等。

药包结构和位置直接影响到点火和弹道性能的稳定程度，也影响到阵地操作和射击勤务。

图 12－13 所示为某大口径榴弹炮的发射药装药结构。附加药包分上、下两组，共 8 个，内装 12/7 发射药。基本药包内装 4/1 发射药。盛装黑火药的两个点火药包分别放置在基本药包的上、下两侧。下点火药包药量 30 g，位于底火上方、基本药包下方；上点火药包点火药重 20 g，位于基本药包和附加药包之间。

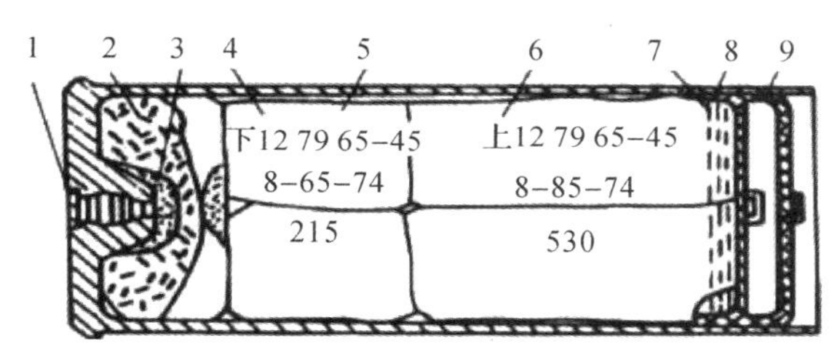

图 12－13　某大口径榴弹炮装药结构

1—底火；2—基本药包；3—点火药；4—下药包；5—药筒；6—上药包；
7—除铜剂；8—紧塞具；9—密封盖

图 12－14 所示为某型加农炮的减变装药结构，其中的发射药由粒状药和管状药组成。基本药包内装填 12/1 和 13/7 两种发射药，装药有两个瓶颈部，附加药包是两个等重 13/7 药包。装药时，将圆环形消焰药包放在底火凸出部周围后，再放基本药包。由于基本药包内有管状药，故装药能沿药室全长分布。药筒口部位置有两个等重附加药包，每个附加药包分成四等份，呈四边形分布在基本药包周围。

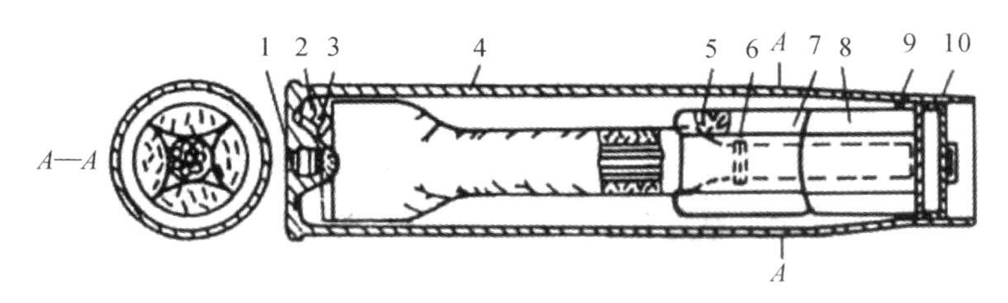

图 12－14　某型加农炮减变装药结构

1—底火；2—消焰剂；3—点火药；4—药筒；5—基本药包；6—除铜剂；7—等重附加药包；
8—钝感衬纸；9—紧塞具；10—密封盖

3.药包分装式装药

大口径的榴弹炮和加农炮多使用药包分装式装药结构，其结构与药筒分装式装药相似，区别在于采用药包盛装发射药。用绳子、带子、绳圈对药包进行捆绑，便构成药包分装式结构。这种装药平时保存在密封箱内，射击时直接放入火炮药室内。

药包分装式装药可采用一种或两种发射药。采用该种装药结构时，如一种组合装药就能满足几个等级初速的要求，则只选择一种组合装药，否则要选用两种组合装药。

图 12－15 所示为某大口径榴弹炮弹的发射药装药结构。该装药由两部分组成。第一部分为减变装药，包括 1 个基本药包和 4 个等重附加药包。基本药包和附加药包都采用 5/1 发射药，装在丝制的药包内。基本药包上缝有 85 g 黑火药点火药包。第二部分为全变装药，由基本药包和装有 17/7 单基药的 6 个丝质等重药包组成。基本药包上缝有点火药包，内装 200 g大粒黑火药。

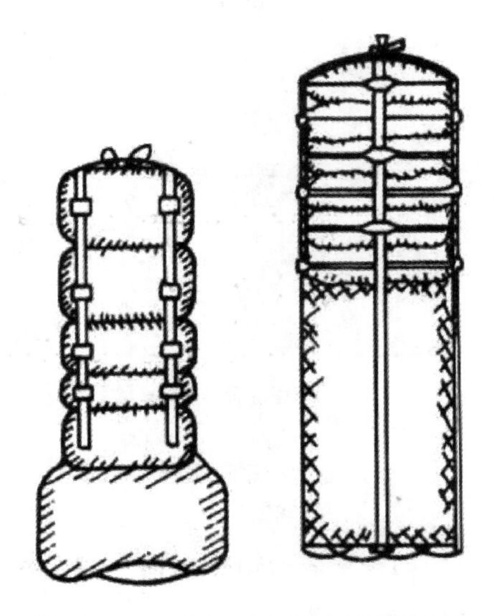

图 12－15　某大口径榴弹炮装药结构

4.模块装药

因布袋不适于机械装填，不适用于高射速武器等原因，近年来，一些弹药中采用硬质可燃容器取代布袋，用来装填不同质量的发射药及装药元件，构成模块装药。射击时，可根据不同的射程要求，采用不同模块的组合。

模块装药可分为全等式和不等式两种。全等式所用装药模块完全相同，改变模块数即可满足不同的初速和射程要求。目前，常用的模块装药采用不等式双模块装药结构，即用两种模块的多种组合来满足不同的初速要求。

图 12－16 所示为美国的 155 mm 榴弹炮 XM216 模块装药结构示意图。XM216 模块装药包括 A、B 两种模块，每个模块均由 M31A1E1 三基开槽杆状药和可燃壳体组成。模块 A 长 267 mm，装药量 3.42 kg，药柱弧厚 1.75 mm，底部配有点火件，点火药是 85 g 速燃药和 15 g 黑火药。模块 B 内装 M31A1E1 三基开槽杆状药 2.8 kg，可燃壳体内放有质量约 42.6 g 的铅箔除铜剂。使用时，一个 A 模块可作为 2 号装药，一个 A 模块和一个 B 模块组成 3 号装药，一

个 A 模块和两个 B 模块组成 4 号装药。

155mm 榴弹炮的 5 号装药仅有一个 XM217 模块。该模块长 768.3 mm，直径为 158.7 mm，内装 13.16 kg M31A1E1 三基开槽杆状药。

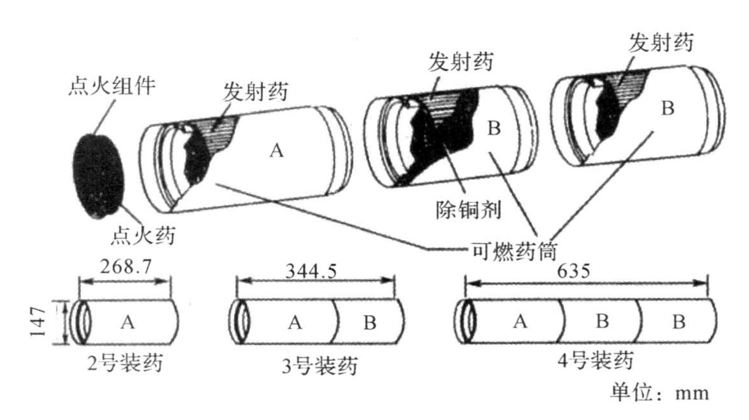

图 12-16　美国的 155 mm 榴弹炮 XM216 模块装药结构示意图(1)

还有一种形式的变装药包括 XM215 和 XM216 两种装药。XM216 装药的 A 模块长 127 mm，直径为 147 mm，内装 1.58 kg M31A1E1 发射药，如图 12-17 所示。由 2 个、3 个、4 个、5 个 A 模块可分别构成 2 号、3 号、4 号、5 号装药。XM215 模块装药用于小号装药(1 号)，由直径为 147.3 mm、长 152.4 mm 的壳体和内装 1.4 kg 单孔 M1 单基药组成，在装药底部有 85 g 速燃药和 14 g 黑火药的点火件。

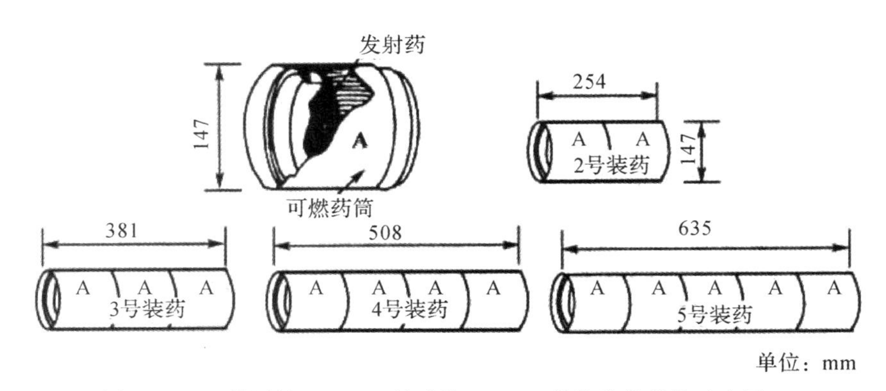

图 12-17　美国的 155 mm 榴弹炮 XM216 模块装药结构示意图(2)

由 XM215、XM216、XM217 组成的各号装药构成了 155 mm 榴弹炮的初速分级，可满足不同的射程要求。

(三)滑膛炮弹药的装药结构

1.迫击炮装药

迫击炮弹的发射药装药通常采用由基本装药(基本药管)和附加药包组成的药包分装式装药结构(见图 12-18)。平时，基本药管、附加药包分别包装存放，射击时，装上基本药管后，再根据射程要求装上适当数量的附加药包。

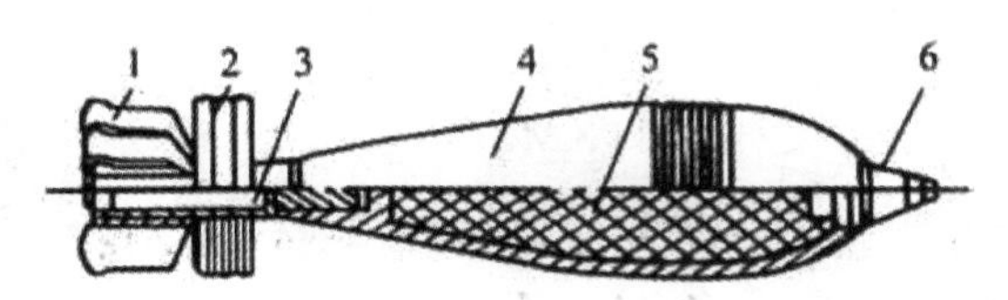

图 12－18　迫击炮装药结构

1—尾翼；2—附加药包；3—基本药管；4—弹体；5—炸药；6—引信

因迫击炮膛压低、弹丸行程短，故通常采用高燃速、薄弧厚的片状、带状、环状等双基药。

典型的迫击炮弹基本装药是由黑火药和双带发射药构成的基本药管。基本装药既是小号装药，又是辅助装药的点火具。辅助装药是内装双环发射药的细麻布药包，共有 3 个等重药包，可组成 4 种装药结构：0 号装药采用基本药管，1～3 号装药则分别采用基本药管加上 1～3 个辅助药包，如此便可得到不同的初速。

目前迫击炮弹已经采用类似模块化装药的结构，用可燃药盒替代布质药包，药盒内装有球形药或粒状双基药（常用的是双醋粒状药、球形药等多种小粒药）。其中，药盒壳体的成分是硝化棉、药盒布、增塑剂（如癸二酸二烯酯）和安定剂（如 2 号中定剂）等。

2.无坐力炮弹装药

有气体从炮尾流出是无坐力炮弹的弹道特征，反映在装药上：第一，无坐力炮大都是低压火炮，在低压下的发射药能正常燃烧，装药点火器的点火强度要高；第二，火药气体流出可能携带未燃完的药粒，装药结构应考虑如何减少未燃发射药的流失问题；第三，与初速相同的一般火炮相比，装药量大约要多出两倍；第四，装药结构应能建立一个稳定的喷口打开压力；第五，为适应低压的弹道特点，应该采用多孔或带状的高热量、高燃速发射药。

无坐力炮弹发射药装药有多孔药筒线膛无坐力炮装药和尾翼稳定滑膛无后坐炮装药两种。

（1）多孔药筒线膛无坐力炮弹发射药装药。多孔药筒线膛无坐力炮装药结构与线膛火炮的定装式装药类似，如图 12－19 所示。

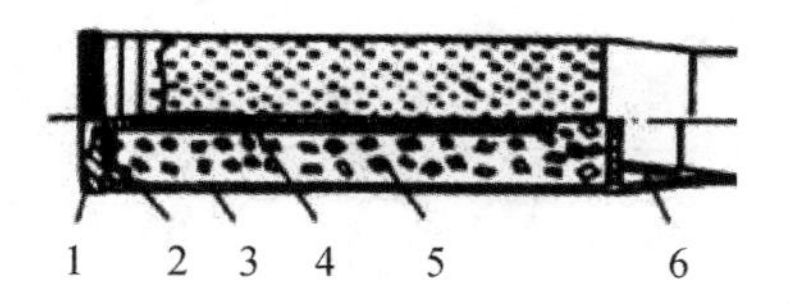

图 12－19　某型多孔药筒线膛无坐力炮装药结构

1—底火；2—内衬纸筒；3—药筒；4—传火管；5—发射药；6—纸筒

该装药由底火和装有 20 g 黑火药的传火管组成点火件，发射药为 9/14 高钾单基药，多孔的药筒内装有牛皮纸筒。射击时，传火管内的黑火药被底火点燃后，燃气从传火管小孔喷出点燃发射药，发射药燃气压力达到特定值后，部分发射药燃气冲破纸筒从小孔流入药筒外的药室，部分通过喷管流出。装药结构中，传火管用于增加点火强度，多孔药筒能防止未燃火药流失，而通过改变纸筒厚度和药筒孔径可以控制喷口打开压力，因此能获得稳定的弹道性能。

（2）尾翼稳定滑膛无后坐炮弹发射药装药。尾翼稳定滑膛无坐力炮弹发射药装药结构与迫击炮弹装药结构类似，如图 12－20 所示。其中，尾管内有点火器，点火药为大粒黑火药，放在纸管内构成点火管。尾管上有传火孔，尾管外绑有装填双带发射药的药包。尾翼上端有塑料挡药板，尾翅下端有塑料定位板。射击时，火药气体打碎定位板从喷口流出，此时的压力是打开喷口的压力。这种装药比多孔药筒线膛无坐力炮装药紧凑，火炮更轻，但发射药流失较大，弹道性能不易稳定。

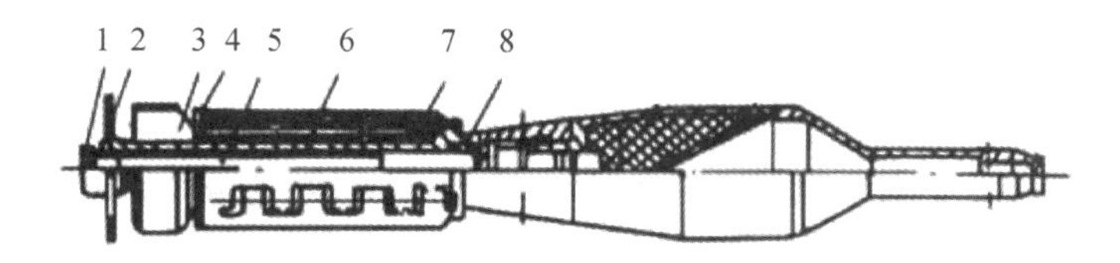

图 12-20　某型尾翼稳定滑膛无坐力炮装药结构

1—螺塞；2—定位板；3—尾翼；4—挡药板；5—点火管；6—药包；7—传火孔；8—尾管

3.高膛压滑膛炮弹装药

高膛压火炮能使穿甲弹获得高初速。现有的高膛压火炮的膛压可达 800 MPa，弹丸初速达到 1 800 m/s。

该类装药有三个特点：一是有较高的装填密度，常采用多孔粒状药和中心点火管点火；二是有尾翼的弹尾伸入到装药内占据部分装药空间，点火具长度有限制；三是常用可燃的药筒和元器件，有助于提高装药总能量和示压效率，简化抽筒操作，提高发射速度，改善坦克内乘员的操作环境。

由于坦克内空间有限，为便于输弹机操作，将药筒分为主、副两个药筒，副药筒和弹丸相连。图 12-21 和图 12-22 分别给出了某型坦克炮穿甲弹的主药筒和副药筒的装药结构。主药筒装粒状药，底部有消焰药包，传火用中心传火管。为增加传火效率，在主、副药筒间设有传火药包。副药筒距底火较远，影响粒状药的瞬时同时点火，故在副药筒中有用于传火的管状药。

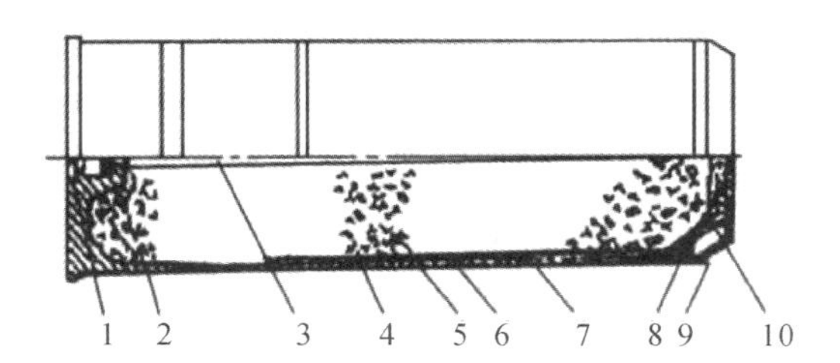

图 12-21　某型坦克炮主药筒装药结构

1—底火；2—消焰剂药包；3—可燃传火管；4、5—粒状药；6—可燃药筒；7—防烧蚀衬纸；8—上点火药包；9—密封盖；10—紧塞具

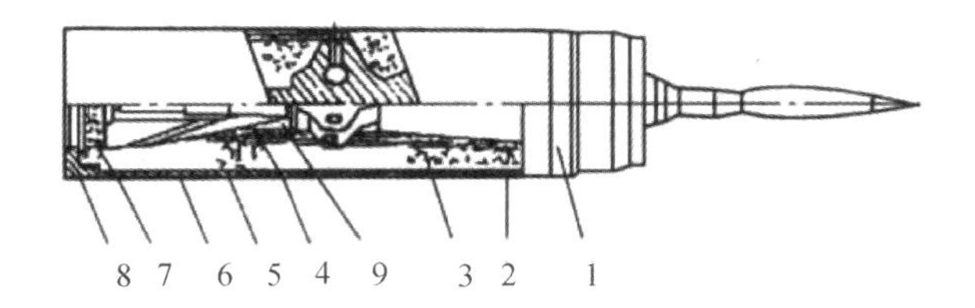

图 12-22　某型坦克炮副药筒装药结构

1—弹丸；2，3—粒状药；4—管状药；5—副药筒；6—防烧蚀衬纸；7—点火药包；8—底盖

(四)特种发射药装药

1.炮射导弹发射装药

炮射导弹是利用火炮发射的导弹。由于导弹的火箭发动机尾部几乎延伸到药筒底部，占据了大部分药室容积，故仅有狭长的环状空间可盛装发射药。

由于药筒内装填的发射药较少，炮射导弹的初速较小(200～400m/s)，膛压较低(40～60MPa)，因此要求能在这种装药结构下可靠点燃发射药，并使发射药在低压下尽快燃尽。

图12-23是典型的炮射导弹装药结构。发射时，点火药点燃发射药推动弹丸运动。为了增加传火效果，常使用管状药，有时在发射药中间加传火药袋。

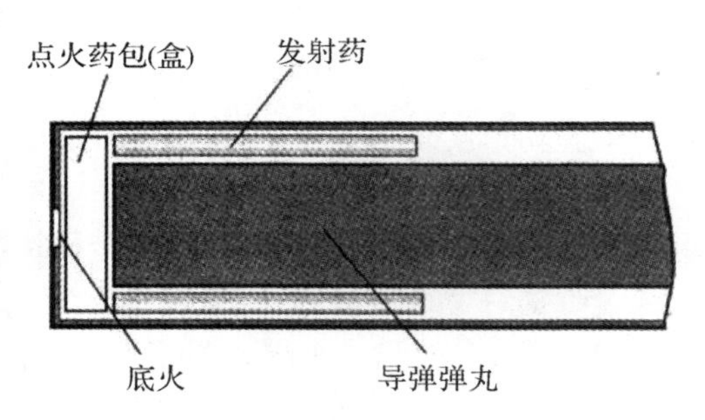

图12-23 典型的炮射导弹装药结构

2.双药室装药

双药室装药用于具有串联双药室的火炮，在膛压不高的情况下可提高弹丸的初速。如图12-24所示，双药室装药结构包括主药室装药和副药室装药两部分，其发射过程可分为三个阶段：第一阶段，点火具点燃主装药，达到启动压力后燃烧气体推动活塞、副药室和弹丸一起运动，弹丸推动卡瓣运动；第二阶段，当主药室压力达到一定值后点燃副药室火药，此时活塞、副药室和弹丸仍一起运动，弹丸仍推动卡瓣运动；第三阶段，当副药室压力大于主、副药室压力差时，弹丸与活塞分离，此时卡瓣带动弹丸运动。

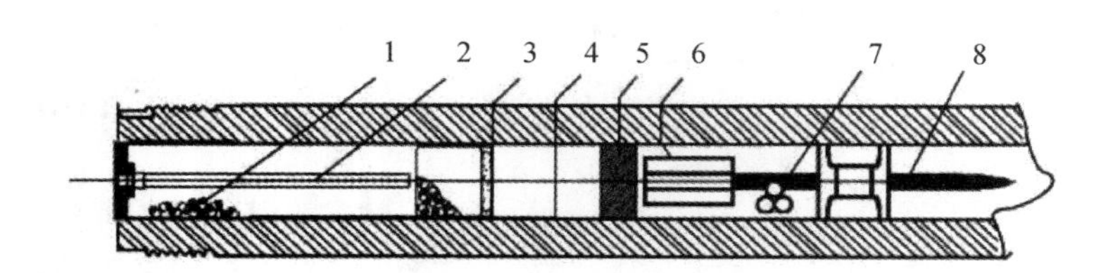

图12-24 串联双药室火炮装药结构

1—主药室发射药；2—主药室点火管；3—固定盖；4—药筒；
5—活塞；6—尾翼；7—副药室发射药；8—弹丸

3.高低压药室装药

一些小口径榴弹发射器的身管较短，为保证发射药在膛内燃尽，并降低枪口压力，必须使用如多-125等速燃发射药。速燃发射药的使用会增加膛压，并增大武器质量，但如采用如图12-25所示的高低压室装药结构有助于解决该问题。

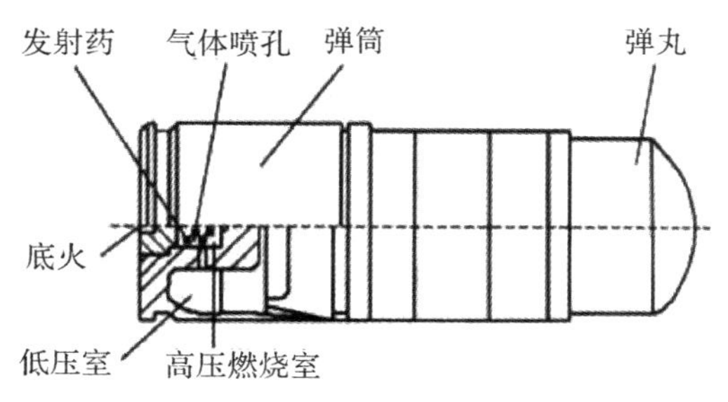

图 12-25　一种具有高低压室的发射装药结构

装药在高压室中燃烧产生的气体通过喷口到达低压室，由进入低压室的燃气推动弹丸运动。该结构可保证发射药在高压室燃完，充分利用了发射药的能量，同时降低了武器所承受的压力，减少了身管厚度和武器质量。

第十三章　固体推进剂

第一节　概　　述

火箭推进剂系统(又称火箭发动机)的出现,突破了身管武器因膛压条件限制不能进一步提高射程的瓶颈。典型的火箭发动机主要由推进剂、燃烧室、点火器件和喷管组成,如图13－1所示。

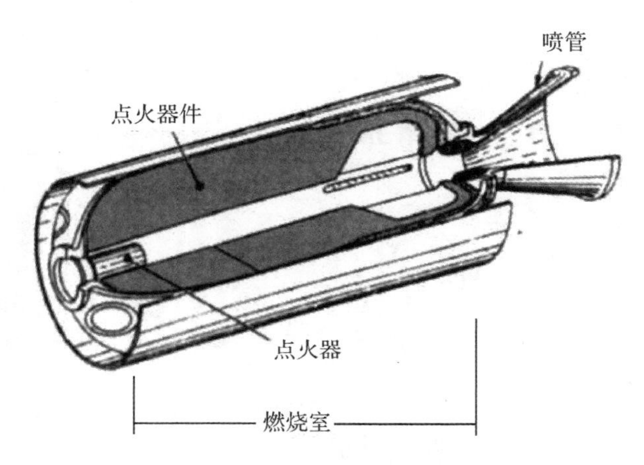

图13－1　固体火箭发动机结构示意图

火箭发动机的工作过程由点火过程、燃烧过程、燃气在喷管内的流动过程构成。推进剂在燃烧室内燃烧,由化学能转换为热能,生成高温高压燃气,燃气通过喷管膨胀加速,将热能转换为动能。高速向后喷出的燃气与空气作用产生反作用力(推力),构成了火箭导弹推进的动力。

推进剂是发动机工作的能源和工质源。按照各组分在常温、常压下呈现的物态,可将推进剂分为液体、固体和混合推进剂。其中,液体推进剂用于航空航天领域、弹道导弹和早期的导弹,混合推进剂的使用仅限于航空航天领域,固体推进剂在航空航天、战略战术导弹和各类火箭中广泛应用。据统计,目前85%的火箭弹、导弹上使用的皆为固体推进剂。本章仅讨论固体推进剂。

一、固体推进剂的分类

按照主要组分间是否存在相界面,将固体推进剂分为均质推进剂和异质推进剂。

按推进剂装药的特征组分，固体推进剂可分为双基系推进剂和复合推进剂两种。其中，双基系推进剂又可分为双基推进剂、改性双基推进剂和交联改性双基推进剂三类。

二、对固体推进剂的基本要求

火箭发动机对固体推进剂的基本要求如下：

(1)能量性能好，即比冲高、密度大。

(2)燃烧性能好，在发动机中燃烧时应有一定的规律性，燃烧稳定性好，受压强、初温影响小。

(3)储存性能好，物理化学安定性和相容好，经长期储存后性能无明显变化。

(4)力学性能好，药柱承受生产、储存、勤务处理和发射过程中的各种环境载荷作用后，装药结构完整性不受影响和破坏。

(5)安全性能好，对外界的意外能量刺激(机械作用、静电、热、冲击波等)钝感，无毒或低毒，生产、使用和销毁中产生的废气和污水不严重污染环境。

(6)工艺性能好，便于发动机生产和装配。

(7)羽流特性好，要求发动机尾端燃烧产物的辐射小，烟的羽流(火焰和浓烟)不明显，有利于提高战场生存能力。

(8)经济性能好，原材料来源广、成本低。

第二节　固体推进剂的组成及作用

一、双基推进剂

双基推进剂属于均质推进剂，是最早使用的固体推进剂，多用于早期的野战火箭弹、航空火箭弹、空-地导弹、舰-舰导弹等战术火箭和导弹的发动机主装药。其主要成分与双基发射药相似，有硝化棉、硝化甘油、中定剂、二硝基甲苯等。与双基发射药不同，为保证在固体发动机燃烧室较低的工作压强下稳定燃烧，并满足调节燃速大小、减小燃速受外界温度和压强影响等内弹道性能要求，以及力学性能要求，双基固体推进剂配方中加入了燃烧催化剂、燃烧稳定剂等特征成分和工艺附加物。

(一)燃烧催化剂与燃烧稳定剂

燃烧催化剂主要用于改变燃速，有增速催化剂和降速催化剂两类。增速催化剂种类繁多，常用的有铅、镁、铜、钛、镍、锰等金属氧化物，铅和铜的有机酸盐和无机酸盐。降速催化剂的种类较少，常用的是樟脑、多聚甲醛、草酸盐、磷酸盐和氧化镍。

燃烧稳定剂主要用于消除推进剂的不正常燃烧，增加燃烧稳定性。常用的燃烧稳定剂有氧化镁、氧化钴、钛酸钙、苯二甲酸铅和石墨等。

燃烧催化剂与燃烧稳定剂还可用于调节燃速与燃烧压强的关系，以及燃速的温度敏感性，对改进发动机内弹道性能起着重要作用，因此也叫弹道改良剂。弹道改良剂的含量通常仅占双基推进剂质量的1%～4%，但它是双基推进剂中重要的特征组分。

(二)工艺附加物

双基推进剂药柱多采用压伸成型工艺制成，有管状、柱状、星孔状和异形孔状等药体形状，其外圆直径为 15～350 mm，甚至更大。增加双基推进剂中硝化棉的含量是提高强度的重要途径，但同时会带来可塑性降低、加工困难、危险性增加等问题，故常加入凡士林、硬脂酸锌、石蜡和光泽剂石墨等工艺附加物，以减少生产中药料的内摩擦，并改善工艺性能。双基推进剂典型配方见表 13－1。

表 13－1　双基推进剂典型配方

组分名称	质量分数/(%)
NC(含氮量 12%)	50～60
主溶剂(NG、硝化二乙二醇、硝化三缩乙二醇等)	25～47
助溶剂(二硝基甲苯、苯二甲酸酯、甘油三醋酸酯等)	0～11
安定剂(中定剂、硝基二甲苯、二苯脲等)	1～9
弹道改良剂(石墨、各种金属氧化物、酸盐等)	1～4
其他附加物(凡士林、蜡、金属皂等)	0～2

由于能量较低(实测比冲为 1 962～2 300 N·s)，使用温度范围窄(－50～50℃)，药柱高温软化、低温变脆，燃烧临界压力高，只能采用压伸成型工艺，不易生产更大尺寸的药柱等原因，近些年生产的火箭弹和导弹已不再使用双基推进剂。

二、改性双基推进剂

改性双基推进剂属异质推进剂，是以硝化甘油增塑的硝化纤维素塑胶弹性体和(或)聚氨酯等高分子材料为黏合剂，加入氧化剂和金属燃料及其他添加剂组成的多相混合物，故又称复合改性双基推进剂(Compsite Modified Double Base Propellant，CMDB)。实测结果表明，加入氧化剂和金属燃料后，改性双基推进剂的能量有了一定的提高。比如，高氯酸铵改性双基推进剂的实际比冲为 2 502 N·s。

由于能量较高，改性双基推进剂已经取代双基推进剂，在单兵火箭弹、小口径战术火箭弹、导弹上广泛应用。改性双基推进剂由氧化剂、金属燃料和黏合剂构成。

(一)氧化剂

氧化剂在改性双基推进剂中具有多种作用：通过热分解提供推进剂中可燃元素所需的氧；作为黏合剂基体的固体填料，提高推进剂的弹性模量和机械强度；产生发动机工作所需的部分气体工质；通过控制其粒度大小及级配，调节推进剂的燃烧速度。

氧化剂应具备有效含氧量高、生成焓高、密度大、分解和燃烧时无凝聚相产物、气体生成量大、物理化学安定性好、与黏结剂等成分相容性好等特点。氧化剂的性能数据见表 13－2。

表 13－2　氧化剂性能

名称	分子式	密度/($kg \cdot m^{-3}$)	有效含氧量/(%)	气体生成量/($L \cdot kg^{-1}$)	标准生成焓/($kJ \cdot kg^{-1}$)
高氯酸钾	$KClO_4$	2 520	46.2	323	－3 130.66
硝酸铵	NH_4NO_3	1 730	20.0	980	－4 568.85
高氯酸铵	NH_4ClO_4	1 950	34.0	790	－2 473.40

续 表

名称	分子式	密度/(kg·m^{-3})	有效含氧量/(%)	气体生成量/(L·kg^{-1})	标准生成焓/(kJ·kg^{-1})
高氯酸锂	$LiClO_4$	2 430	60.2	437	−3 856.26
高氯酸硝酰	NO_2ClO_4	2 250	66.7	616	+255.68
黑索今	$C_3H_6N_6O_6$	1 818	−21.6	907	+318.00
奥克托今	$C_4H_8N_8O_8$	1 870	−21.6	908	+252.80

因能量、产气量、吸湿性、热稳定性差等综合原因，并非表 13－2 中所列氧化剂都适用于固体推进剂。目前，固体推进剂中广泛使用的氧化剂包括高氯酸铵、黑索今和奥克托今。

1.高氯酸铵(AP)

高氯酸铵在固体推进剂中具有相容性好、气体生成量大、生成焓高、吸湿性小、成本低、综合性能较好等优势，是常用的氧化剂之一。

高氯酸铵为白色结晶，易溶于水，20℃时溶解度为 17.25%，加热时分解，在真空中缓慢加热至 150℃开始分解，即

$$2NH_4ClO_4 \longrightarrow N_2 + 2O_2 + 4H_2O + Cl_2$$

高氯酸铵在温度高于 400℃时迅速分解，分解产物可与许多有机物质发生燃烧和爆炸反应，但其反应产物中的 HCl 为固体成分，且相对分子质量大，与 H_2O 结合会形成白烟，具有较强的腐蚀性。

2.高能炸药

黑索今和奥克托今都是固体推进剂中较为理想的氧化剂，且性能基本相似：均为高能硝铵类炸药，气体生成量大、无烟、不吸湿；生成焓高，在燃烧时产生大量的热，爆热分别为 6 025 kJ/kg和 6 092 kJ/kg；具有良好的热安定性和储存性能，且与其他组分的相容性好。固体推进剂中，高能炸药可部分取代高氯酸铵，但因其氧平衡是负值，若用高能炸药全部取代推进剂中的高氯酸铵，则会使能量降低。

上述两种氧化剂和双基黏合剂制成的改性双基推进剂具有高能、无烟等良好性能。目前，改性双基推进剂中应用较多的是黑索今。

(二)金属燃料

金属燃料主要用于提高推进剂的燃烧热，抑制发动机的不稳定燃烧，提高推进剂的密度。对其要求是：燃烧热大，密度高，与推进剂中其他组分的相容性好，耗氧量低。常用金属燃料的性能数据见表 13－3。

表 13－3 常用金属燃料性能

名 称	化学式	密度/(g·m^{-3})	燃烧热/(kJ·kg^{-1})	燃烧产物	耗氧量/(g·g^{-1})	金属燃料＋高氯酸铵的燃烧热/(kJ·kg^{-1})
锂	Li	0.53	42 988	Li_2O	1.16	10 802
铍	Be	1.85	64 058	BeO	1.77	13 565
硼	B	2.34	58 280	B_2O_3	2.22	9 797

续　表

名　称	化学式	密度/($g \cdot m^{-3}$)	燃烧热/($kJ \cdot kg^{-1}$)	燃烧产物	耗氧量/($g \cdot g^{-1}$)	金属燃料＋高氯酸铵的燃烧热/($kJ \cdot kg^{-1}$)
镁	Mg	1.74	25 205	MgO	0.66	11 095
铝	Al	2.70	30 480	Al_2O_3	0.88	9 509

燃烧热值是推进剂中金属燃料的重要指标，但并非所有高燃烧热值金属燃料都可用于推进剂。表13-3中的金属燃料中：铍的氧化物有剧毒，资源稀有，在推进剂中燃烧不完全；单质锂不稳定，密度小；硼的价格高，难以持续燃烧，某些关键技术还有待突破。因此，它们没有得到应用或应用范围较窄。

目前推进剂中使用较多的金属燃料是铝粉和镁粉。铝粉的燃烧热虽低，但其耗氧量小，密度高，故可采用提高铝粉含量的办法提高推进剂的能量。同时因铝粉具有原材料丰富、成本较低等优点，故应用最为广泛。

(三)黏合剂

改性双基推进剂中采用以硝化甘油增塑的硝化纤维素塑胶弹性体的单基黏合剂。该类黏合剂与增塑剂构成了黏合剂的固化系统(又称黏合剂系统)。该黏合剂系统的固化属物理过程，加热条件下，增塑剂经过扩散进入高聚物(黏合剂)分子间，将颗粒状或粉状的高聚物变成宏观上均匀、连续的固体，完成固化过程。该黏合剂系统常温变硬，温度升高到一定程度又会软化呈塑性，故称之为热塑性黏合剂。采用该类黏合剂，改性双基推进剂只能用挤压方式成型。

典型改性双基推进剂组分见表13-4。

表13-4　典型改性双基推进剂组分及其变化范围

组分的作用	含量/(%)	主要组分	组分的作用	含量/(%)	主要组分
黏合剂	12～40	硝化棉(12%N)、聚氨酯	高能添加剂	10～56	黑索今、奥克托今
溶剂与增塑剂	10～35	硝化甘油、三醋精	弹道改良剂	0～8	水杨酸铜与钡盐、炭黑、锡酸铅
氧化剂	5～40	高氯酸铵、硝酸铵	安定剂	0.5～3	硝基二苯胺、2-硝基二苯胺、间苯二酚
金属燃烧剂	5～30	铝粉、镁粉			

三、交联改性双基推进剂

与改性双基推进剂相比，交联改性双基推进剂(Cross-linked Compsite Modified Double Base Propellant，XLDB)的黏合剂为双基黏合剂，由硝化甘油增塑的硝化纤维素塑胶弹性体与交联剂共同组成。常用交联剂为二异氰酸酯(HMDI)和聚酯聚氨酯(如聚己二酸乙二酯，PGA)等高聚物。交联剂分子上的多个官能团，能与硝化棉分子上多余的羟基反应，使硝化棉分子间产生适当交联，形成交联的网状结构。这种双基黏合剂高温不软化，低温弹性好，有效提高推进剂的力学性能。力学性能的提高，可使得推进剂中加入更多的金属燃料和氧化剂，有效提高了推进剂的能量。该类推进剂可采用浇铸成型工艺，制成大尺寸的药柱。

表13-5给出了用于美国“三叉戟C4”导弹的几种典型交联改性双基推进剂的配方。

表 13-5　典型交联改性双基推进剂配方

单位:%

组　分	推进剂 1(VRP)	推进剂 2(VTG)	推进剂 3(VTQ)
双基黏合剂	30	30	23.0
AP	8	10	4
Al 粉	19	19.5	19
HMX	43	40.5	54.0
PGA/HDI 等	少量	少量	少量

四、复合推进剂

复合推进剂是以高聚物黏合剂为基体并填充有含能固体填料的复合材料,因具有更高的能量和良好综合性能,故在中大口径火箭弹、导弹中广泛应用。

复合推进剂的组分包括氧化剂、黏合剂、金属燃料或其他高能添加剂、固化剂和交联剂、增塑剂、燃速催化剂、键合剂、防老剂等。与改性双基推进剂相比,复合推进剂中的氧化剂和金属燃料基本相同,但质量占比较大。复合推进剂中,氧化剂和金属燃料的质量占比分别为60%～85%和 3%～20%。

(一)黏合剂

黏合剂是复合固体推进剂中最重要的组分之一,其作用是:提供推进剂燃烧所需的可燃元素(如 C、H 等);与增塑剂等液态组分一起,容装固体组分,使推进剂药浆具有较低的黏度和较好的流平性,以保证真空浇注等装药工艺;黏合剂预聚物固化交联后,形成连续的黏合剂相,作为推进剂的弹性基体,使推进剂具有一定的形状和力学性能;其分解产物与氧化剂分解产物反应,生成气态燃烧产物作为发动机的工质。

复合固体推进剂对黏合剂的基本要求是:标准生成焓高;气态分解产物的平均相对分子质量低,无凝聚相产物;玻璃化温度低,以保证复合固体推进剂低温储存时和燃烧前在黏弹态下工作;黏合剂预聚物黏度较低,流动性好;与推进剂其他组分的相容性好,物理、化学安定性好。

固体推进剂的发展是建立在黏合剂发展基础上的,故现有的复合推进剂都以黏合剂的种类进行分类。按照黏合剂的类型,可以将固体复合推进剂分为聚硫橡胶推进剂、端羧基聚丁二烯推进剂、端羟基聚丁二烯推进剂、聚醚推进剂、丁腈羧推进剂。

常用黏合剂及理化性能见表 13-6。

表 13-6　常用黏合剂及理化性能

化学名称	聚合物代号	生成焓/($kJ \cdot mol^{-1}$)	密度/($g \cdot cm^{-3}$)	玻璃化温度/℃
端羧基聚丁二烯	CTPB	−1100	0.91	−77.1
端羟基聚丁二烯	HTPB	−62	0.92	<−65
聚乙二醇	PEG	−1000	1.21	−41
聚 3-叠氮甲基-3-甲基氧丁环	poly AMMO	180	1.06	−35
(BAMO/四氢呋喃)共聚物	Poly(BAMO/THF)	189	1.18	−56

续 表

化学名称	聚合物代号	生成焓/ (kJ·mol^{-1})	密度/ (g·cm^{-3})	玻璃化温度/℃
聚 3,3-双(叠氮甲基)氧丁环	poly BAMO	413	1.30	−39
聚缩水甘油硝酸酯	PGN	−284.5	1.39	−35
聚硝基甲基氧丁环	PLN	−334.7	1.26	−25
聚缩水叠氮甘油醚	GAP	117.0	1.30	−50

端羟基聚丁二烯(HTPB)是性能优良的黏合剂,具有预聚物黏度低、固化后力学性能适中、抗老化能力强等优点,是目前复合固体推进剂中应用最为广泛的黏合剂,但能量较低限制了其在高能推进剂中的应用。20 世纪 70 年代,美国率先开发的以聚缩水叠氮甘油醚(GAP)为代表的叠氮黏合剂,标准生成焓为正值,具有能量高、密度大、力学性能良好(玻璃化温度低)、感度低、排气烟雾小等优点,是黏合剂高能化的趋势。

(二)交联剂和固化剂

复合固体推进剂中,交联剂用于交联黏合剂预聚物,防止推进剂药柱成型后发生塑性流动,并保持规定的力学性能。固化剂的作用是:利用固化剂的活性官能团和黏合剂预聚物的活性官能团反应,产生适度交联,或形成网状结构固化,或扩链后再与交联剂反应固化,使推进剂具有一定的形状和力学性能。

黏合剂的结构、化学性质和官能团不同,所需固化剂和交联剂也不同。有时一种物质可同时起固化剂和交联剂的作用。

从整体功能上看,固化剂、交联剂和黏合剂构成了复合固体推进剂的黏合剂系统,使其成为热固性黏合剂系统。固化过程中,黏合剂(液态预聚物)和固化剂、交联剂发生聚合反应,使原来线性的液体黏合剂预聚物进一步聚合成有适度交联网状结构的热固性高聚物。固化后,黏合剂由液态转变成有良好力学性能的推进剂弹性基体,升温不能使其变软,并与固体填料一起,呈现出一定的力学性能。

对固化剂和交联剂的要求包括:固化剂应该是官能度在 2 以上的化合物,交联剂应该是官能度在 3 以上的化合物;固化剂或交联剂与黏合剂预聚物反应时,不产生小分子气体副产物,反应热要小;固化或交联反应最好是常温固化,无后固化现象;固化反应速率适中,避免速率过大造成药浆未完全浇注进模具便失去流动性,以及速率过小造成固化时间长和生产周期长等问题。

常用的固化剂与交联剂见表 13-7。

表 13-7 常用固化剂与交联剂

黏合剂	固化剂、交联剂	化学分子式
聚硫橡胶	过氧化铅	PbO_2
	顺丁烯二酸酐	$C_4H_2O_3$
端羧基聚丁二烯	均苯三酸(2-乙基氮丙啶)	$C_6H_3(CONC_2H_3C_2H_5)_3$
	三(2-甲基氮丙啶-1)氧化磷	$(NCH_2CHCH_3)_3PO$
	三甲基醇丙烷三缩水甘油醚	$C_3H_5(CH_2OC_3H_5O)_3$

续　表

黏合剂	固化剂、交联剂	化学分子式
端羟基聚丁二烯	甲苯二异氰酸酯	$CH_3C_6H_3(NCO)_2$
	异佛尔酮二异氰酸酯	$(CH_3)_3C_7H_9(NCO)_2$
	己三醇	$C_6H_{14}O_6$
	三乙醇胺	$C_6H_{11}(OH)_3$
	三(2-甲基氮丙啶-1)氧化磷	$N(C_2H_4OH)_3$
聚醚丙三醇	甲苯二异氰酸酯	$C_9H_6N_2O_2$
聚缩水叠氮甘油醚	甲苯二异氰酸酯	$C_9H_6N_2O_2$

(三)增塑剂

复合固体推进剂中，增塑剂用于降低推进剂药浆的黏度，改善药浆的流动性，降低推进剂的玻璃化温度，改善推进剂的低温力学性能。

复合固体推进剂对增塑剂的要求是：不参与固化反应；与推进剂其他组分的相容性好；沸点高，凝固点低，挥发性小。

常用的增塑剂及性质见表13-8。

表13-8　常用增塑剂及主要性质

名　称	分子式	沸点/℃	熔点/℃	密度(25℃)/($kg \cdot m^{-3}$)	黏度/(Pa·s)
邻苯二甲酸二丁酯	$C_{16}H_{22}O_4$	205		1045	
邻苯二甲酸二辛酯	$C_{24}H_{38}O_4$	231	−55	986	
癸二酸二辛酯	$C_{26}H_{50}O_4$	248	−55	910～913	19.9×10^{-3}(20℃)
壬二酸异癸酯	$C_{29}H_{54}O_4$	150	−80	855～866	1.38×10^{-3}(100℃)
已二酸二辛酯	$C_{22}H_{42}O_4$	214	−70	919～924	13.7×10^{-3}(20℃)

(四)键合剂

为了改善固体推进剂中氧化剂和黏合剂界面之间的黏结强度，常在推进剂配方中加入万分之几到千分之几的键合剂。键合剂在推进剂中的含量很少，但作用很大。键合剂大多是一些小分子极性化合物，一端与无机氧化剂相连，并在其表面上发生聚合反应，形成高模量的抗撕裂层；另一端通过某些化学反应与黏合剂母体连为一体，从而增强界面层的黏结，提高推进剂的力学性能。

对键合剂的要求是：键合剂和氧化剂有较强的物理吸附或化学作用，应该是氧化剂的一种溶剂，但不溶于黏合剂，从而保证在工艺过程中能均匀地分布到氧化剂颗粒表面；必须能转变成高聚物，其官能团的数量应不小于2；必须能与黏合剂基体形成化学键。

常用的键合剂包括醇胺类、四亚乙基五胺类、硅烷、硼酸酯、钛酸酯、三聚异氰酸酯衍生物等。

除上述组分外，复合固体推进剂中还有调节燃速的燃速调节剂，防止黏合剂受空气氧化的防老剂(常用的是酚类、氮丙啶类和胺化合物)，调节固化速度的固化促进剂和抑制剂，降低药浆黏度的稀释剂(如苯乙烯)等附加成分。

典型复合固体推进剂配方见表13－9。

表13－9　典型复合固体推进剂配方

聚氨酯推进剂		聚二丁烯推进剂	
组分名称	质量分数/(%)	组分名称	质量分数/(%)
AP	65	AP	74
铝粉	17	铝粉	10
聚二醇	12.73	端羟基聚二丁烯	9.3
二异氰酸酯	2.24	壬酸异癸酯	5.23
三元醇	0.43	乙酰丙酮锆	0.05
附加剂及增塑剂	2.6	三(1－丙啶基)膦化氧	0.13
		三(N,1′,2′-亚丁基)苯均三酰胺	0.29
		氧化铁	1

第三节　固体推进剂的能量性能

一、固体推进剂能量性能的表征参数

表征固体推进剂能量特性的参数包括爆热、爆温、比容、燃气平均分子量、推力、总冲、比冲、特征速度、密度、密度比冲等。由于部分参数之前已作过介绍，这里不再赘述。本节主要介绍其他参数。

(一)推力

推力是由发动机燃烧室内的推进剂燃烧产生的高温、高压燃气在发动机喷管中膨胀加速，然后从喷管高速喷出所产生的反作用力。由发动机原理导出发动机在某一时刻的推力为

$$F=\dot{m}_b u_e+(p_e-p_a)A_e \tag{13-1}$$

式中：F——火箭推进剂所产生的推力，N；

$\dot{m}_b$——燃气通过喷管的质量流率，kg/s；

u_e——燃气通过喷管的出口截面处的速度，m/s；

p_e——喷管出口截面处的压强，Pa；

p_a——外界大气压强，Pa；

A_e——喷管出口截面积，m^2。

(二)总冲量

火箭发动机的总冲量(简称总冲)I是指发动机整个工作时间内推力对时间的积分，它与火箭的射程和发射载荷密切相关。实际上，总冲量是表征火箭发动机能量性能的参数，其大小不仅与推进剂有关，也与发动机装药设计和喷管结构有关。总冲的计算公式为

$$I=\int_0^{t_b}F\mathrm{d}t \tag{13-2}$$

式中：I——发动机的总冲量，N·s；

t_b——发动机的工作时间，s。

图 13-2 给出了火箭发动机燃烧室工作压强及发动机推力随时间的变化曲线。

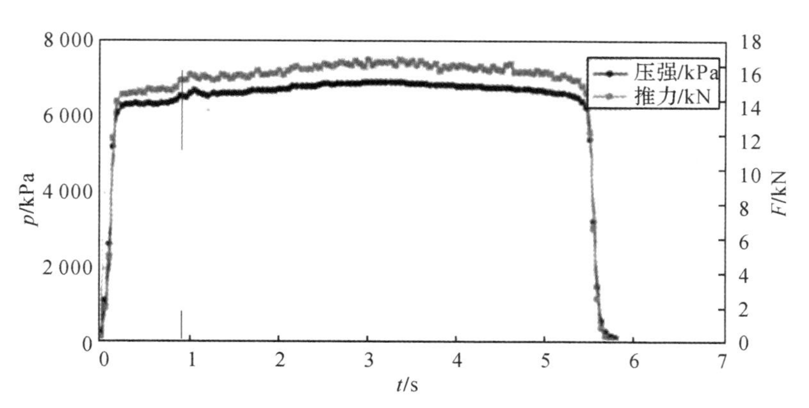

图 13-2 燃烧室工作压强及发动机推力随时间的变化曲线

（三）比冲

比冲 I_{sp} 是指单位质量推进剂产生的冲量。由定义，有

$$I_{sp}=\frac{I}{M_p}=\frac{\int_0^{t_b}F\,\mathrm{d}t}{\int_0^{t_b}\dot{m}_b\,\mathrm{d}t} \tag{13-3}$$

式中：M_p——推进剂装药质量，kg。

由式(13-3)可得到发动机的瞬时推力与比冲、推进剂消耗速率之间的关系，即

$$F=I_{sp}\cdot\dot{m}_b \tag{13-4}$$

式(13-4)表明，推进剂的能量性能和燃烧性能(质量流率)是影响固体火箭发动机推力的重要影响因素。

另外，火箭飞行获得飞行所具有的主动段最大末速 v_k 或动能 $Mv_k^2/2$(其中，M 为推进剂装药质量 M_p 与火箭结构质量 M_k 之和)或射程，来源于推力 F 所做的功。理想情况下，火箭的主动段最大末速为

$$v_k=I_{sp}\ln\left(\frac{M}{M_k}\right)=I_{sp}\ln\left(1+\frac{M_p}{M_k}\right) \tag{13-5}$$

式(13-5)表明，火箭主动段最大末速 v_k 的大小，不仅取决于推进剂的比冲 I_{sp}，还与推进剂装药质量 M_p、火箭的结构质量 M_k(燃料燃尽时火箭的质量)密切相关。

由于火箭的最大射程与火箭主动段最大末速 v_k 密切相关，因此，比冲是固体推进剂和固体火箭发动机工作者使用最多的能量特征参数，也是评定火箭发动机质量的重要指标。

（四）特征速度

特征速度 C^* 是发动机喷管喉部面积 A_t、燃烧室压强 p_c 的乘积与喷管中燃气的质量流量 $\dot{m}$ 之比，即

$$C^*=\frac{p_c\cdot A_t}{\dot{m}} \tag{13-6}$$

把通过喷管任一截面的流量 $\dot{m}$ 代入式(13-6),可得

$$C^* = \frac{\sqrt{R_c T_c}}{\Gamma} = \frac{\sqrt{\frac{R_o T_c}{\overline{M}_{gc}}}}{\Gamma} \tag{13-7}$$

式中:R_c——燃烧室中燃烧产物的平均气体常数,J/(mol·K);

T_c——燃烧室中燃烧产物的平衡燃烧温度,K;

R_0——气体常数,等于 8.314 J/(mol·K);

$\overline{M}_{gc}$——燃烧室内气态产物的平均分子量;

Γ——平均比热比 k(k 又称理想气体的绝热指数,$k=c_p/c_V$,c_p、c_V 分别表示比定容热容和比定压热容)的函数,$\Gamma=\sqrt{k}\left(\frac{2}{k+1}\right)^{\frac{k+1}{2(k-1)}}$。

式(13-7)表明,特征速度是反映推进剂在燃烧室中燃烧过程的特征参数,其大小取决于推进剂在燃烧室中的燃烧温度、燃气的气体常数(或平均分子量)及比热比,与喷管中气体的膨胀过程无关。

比冲 I_{sp} 与特征速度的关系为

$$I_{sp} = C_F \cdot C^* \tag{13-8}$$

式中:C_F——推力系数,表征燃气在喷管中进行膨胀过程的完善程度,主要取决于喷管的结构。

式(13-8)表明,C^* 和 I_{sp} 相比,用 C^* 来表征推进剂的能量性能更合理。

(五)密度

式(13-5)表明,推进剂的质量越大,比冲越高。在体积一定时,推进剂密度越高,发动机的比冲和总冲就越高。因此,把密度作为衡量推进剂能量性质的指标之一。

(六)密度比冲

密度比冲,又称体积比冲,是指固体推进剂比冲与密度的乘积,是衡量单位体积推进剂提供能量大小的特征参数。

二、固体推进剂能量的影响因素及提高途径

(一)比冲的影响因素

在一定的假设下,通过推导,比冲还可表示为

$$I_{sp} = \sqrt{2R_0 \frac{k}{k-1} \cdot \frac{T_c}{\overline{M}_{gc}}\left[1-\left(\frac{p_e}{p_c}\right)^{\frac{k-1}{k}}\right]} \tag{13-9}$$

式(13-9)表明,推进剂比冲既与推进剂本身特性(T_c、$\overline{M}_{gc}$ 和 k)有关,也与发动机工作参数(p_e 和 p_c)有关,是综合评价整个发动机能量特征的参数。

(二)提高能量的途径

上述分析表明,可通过调节推进剂配方、提高 T_c、降低 $\overline{M}_{gc}$ 来提高比冲,这种方法称为提高比冲的化学途径;也可从结构方面入手,通过减小 p_e/p_c 提高比冲,这种方法称为提高比冲

的工程途径。本节主要讨论化学途径。

1.提高燃烧室温度

燃烧室温度与推进剂的爆热有关，爆热越大，温度越高。为提高推进剂能量，通常选择生成焓高的组分。

选择生成焓高的组分通常包括：选择含氧量高、生成焓高（最好是正值）的氧化剂；选择燃烧热值高的金属或碳作为燃料；采用添加硝胺炸药（如 HMX 或 RDX）或含能增塑剂（如硝酸酯增塑剂）等方法，具体做法如下：

（1）将含有弱键的含能基团引入推进剂组分，这些基团有硝基（$—NO_2$）、硝胺基（$—NNO_2$）、亚硝基（—NO）、肼基（$—N_2H_3$）、羟胺基（—NHOH）、二氟氨基（$—NF_2$）、叠氮基（$—N_3$）、硝酸酯基（$—ONO_2$）、高氯酸基等（$—ClO_4$）等。

（2）选用高热值的轻金属和轻金属氧化物。Li、Be、B 和 Al 都有高的燃烧热，从能量角度看，作推进剂燃料是适合的。但实际应用要考虑燃烧完全性、是否会污染环境或对人体健康造成影响等。

（3）加入 RDX、HMX、CL-20 等硝胺基高能炸药，这些炸药具有正的高生成热，引入推进剂后可增加燃烧热。同时，由于其中不含 Cl 元素，可降低燃气平均相对分子质量，以及发动机羽烟中 HCl 和 H_2O 引起的白色烟雾。

（4）借鉴双基推进剂组分的特点，采用硝酸酯增塑剂，如 NG、BTTN（1，2，4 -丁三醇三硝酸酯）、TMETN（三甲基醇乙烷三硝酸酯）、BDNPA（双- 2，2 -二硝基丙基乙缩醛）和 BDNPF（双- 2，2 -二硝基丙基甲缩醛），取代惰性增塑剂，与 PEG（聚乙二醇）黏合剂配合使用，构成新一代高能推进剂——NEPE（硝酸酯增塑的聚醚聚氨酯推进剂）的基体。

总之，固体推进剂高能化的途径就是在满足组分相容性的前提下，尽可能使用高能组分。

常用高能推进剂的主要组分配方见表 13 - 10。

表 13 - 10　复合固体推进剂的配方比较

组　分	常用配方	高能配方
氧化剂	AP	AP、ADN
含能添加剂		RDX、HMX、CL-20
金属燃料	Al	Al、B
黏合剂	HTPB	GAP 等叠氮黏合剂
增塑剂	DIOS	NG、BTTN 等

注：DIOS 为癸二酸二异酸辛酯。

2.降低燃气的平均分子量

从化学组成看，降低燃气的平均分子量，就是要尽量选择相对原子质量小的元素构成推进剂组分。

当密度满足要求后，应尽量选择含氢元素多的组分，如选择饱和碳氢黏合剂和金属氢化物；其次是选择成气性好的化合物。许多含弱键基团的化合物和含 H、N、F 量大的化合物都具有该特点。

3.提高密度

在发动机直径和长度一定的前提下，提高推进剂的密度是提高能量水平的有效方法之一。

推进剂一般由多种组分混合而成，因此提高推进剂密度，就是要提高组分的密度。如在复合固体推进剂中采用金属燃料，一方面可以提高推进剂的燃烧热值，另一方面也可显著提高推进剂密度；再如，GAP 黏合剂的密度(1 300 kg/m^3)要大于 HTPB(930 kg/m^3)，用 GAP 取代 HTPB，不仅可以提高密度，还可显著提高推进剂能量。

当然，也可以通过选择黏度较低的黏合剂、提高固体含量的方法来提高密度。例如，HTPB 推进剂的固体含量可达 90%。

综合能量、密度两方面的要求，最好应选择高能量密度材料，如 AND、CL-20 和 GAP 等，作为推进剂的组分。

三、能量性能的测试方法

常用来测定推进剂能量性能的方法是静止试车台法。为比较不同推进剂的能量特性，一般采用标准的试验发动机(BSFϕ165 和 BSFϕ315)。

将装有一定质量待测推进剂的发动机固定在试车台上进行点火，发动机燃烧后所产生的推力作用于推力传感器，传感器输出的信号经放大和数模转换后，由示波器和计算给出推力-时间($F-t$)曲线和压强-时间($p-t$)曲线。推力在整个工作时间内积分可得到总冲；由式(13-3)可计算得到实测比冲的平均值；对 $p-t$ 曲线进行积分，可计算得到特征速度。

第四节　固体推进剂的燃烧性能

固体推进剂的燃烧性能直接影响火箭发动机的工作时间、飞行速度和工作稳定性等弹道性能。火箭发动机对推进剂的燃烧性能提出的要求主要包括两方面：①必须稳定燃烧，燃烧稳定既要求推进剂按照预定要求燃烧，不转变为爆轰，又要求燃烧过程受环境条件的影响越小越好；②必须燃烧充分，燃烧充分既要求正常燃烧，不发生无焰燃烧、中途熄火、喘动或振荡燃烧，又要求必须具有高的燃烧效率，使能量尽可能完全用于对发动机做功。

一、固体推进剂燃烧性能的表征参数

固体推进剂的燃烧过程是一个复杂的过程，其燃烧性能包括点火性能、稳态燃烧等多个方面，本书主要介绍其稳态燃烧性能，并重点关注以下参数。

(一)燃速压强指数

为保证火箭发动机工作稳定，一般情况下希望固体推进剂的燃速压强指数 v 越小越好。v 一般在 0～1 之间，也有小于 0 和大于 1 的情况。v 在 0～0.2 之间的固体推进剂，通常称为平台推进剂(燃速基本不随压强变化而变化)；v 小于 0 的固体推进剂，通常称为负压强指数推进剂($v<0$ 的现象也称麦沙效应)。

(二)燃速温度敏感系数

燃速温度敏感系数用于表征推进剂燃速对初温的敏感程度。一般有

$$r_{p,0}=r_{p,\mathrm{ref}}\cdot \mathrm{e}^{\sigma_p(T_0-T_{\mathrm{ref}})} \qquad (13-10)$$

式中：$r_{p,0}$ ——推进剂在初温 T_0 时的燃速；

$r_{p,ref}$ ——推进剂在参考温度 T_{ref} 下的燃速；

σ_p ——压强固定时推进剂的燃速温度敏感系数，%/℃。

推进剂的燃烧温度敏感系数越小越好，一般要求推进剂的 $\sigma_p < 1\%/℃$。

二、固体推进剂燃烧性能的影响因素及调节方法

(一)燃烧性能的影响因素

1.燃烧室压强

配方确定、初温一定时，固体推进剂的燃速仅取决于压强。对大多数固体推进剂而言，压强范围不同，燃速压强指数也有不同形式。

在低压和高压下，推进剂燃速-压强均呈线性关系：低压(0.1 MPa 左右)下，$A=0, v=1$，$u_n = B \cdot P$；高压(>20 MPa)下，$A \neq 0, v=1, u_n = A + B \cdot P$；中等压强(0.5～20 MPa)下，$A=0, u_n = B \cdot P^v$。

2.装药初温

一般情况下，燃速随初温升高而增大。在固体推进剂的组分一定时，初温对燃速的影响还与压强范围有关。压强低时，初温对燃速影响较大；随着压强升高，初温对燃速的影响逐渐减小。当压强超过某个数值后，初温对燃速的影响趋于稳定。

3.侵蚀燃烧

在发动机采用内孔装药结构时，高速燃气流将平行流过药柱的燃烧表面。离喷管越近，燃气流的速度越大，形成推进剂燃速沿发动机轴向逐渐增大的特殊现象。称推进剂燃烧表面在横向气流的冲刷作用下，推进剂线性燃速增加的现象为侵蚀燃烧。侵蚀燃烧的主要原因是流经燃烧表面的燃气流强化了火焰对燃烧表面的传热作用，结果是使初始等截面积的内孔变成变截面的锥状内孔。

侵蚀燃烧对推进剂的燃速的影响主要靠实验来确定，通常用侵蚀比 ε 来表示，即

$$\varepsilon = \frac{u_n}{u_{n,0}} \tag{13-11}$$

式中：u_n、$u_{n,0}$ 为有和无侵蚀燃烧作用时推进剂的燃速。

$$u_n = \varepsilon \cdot B \cdot P^v \tag{13-12}$$

气流速度与 ε 的关系可用经验公式表示：

$$\varepsilon = 1 + K_V (V - V_t) \tag{13-13}$$

式中：K_V ——侵蚀常数；

V ——平行于推进剂燃面的气流速度；

V_t ——临界速度。

式(13-13)表明：$V < V_t$ 时，出现侵蚀燃烧；$V > V_t$ 时，无侵蚀燃烧现象。一般情况下，K_V 值大约在 0.001～0.01 s/m 左右。

实验发现，复合固体推进剂存在以下侵蚀燃烧规律：

(1)初温降低，侵蚀燃烧现象增强。

(2)低燃速推进剂更易发生侵蚀燃烧。

(3)不含金属燃料时,能量低的推进剂易发生侵蚀燃烧。

(4)高压下,推进剂组分及氧化剂/燃料比对侵蚀燃烧影响很小。中等压强下,氧化剂/燃料比对侵蚀燃烧的影响可忽略不计。中等压强和低压下,推进剂组分变化对侵蚀燃烧影响比较明显。

(5)装药几何形状不同,侵蚀燃烧也不相同,如星型内孔燃烧药柱,星尖处和星谷处的侵蚀效应不同。

4.各组分特性

(1)氧化剂。氧化剂对燃速的影响主要体现在种类、含量、粒度和分解特性四个方面。

在含量和粒度一定时,高氯酸钾推进剂的燃速高于高氯酸铵推进剂,高氯酸铵推进剂的燃速高于硝酸铵推进剂。

为降低燃气平均相对分子质量,提高比冲,大多采用负氧平衡配方。对负氧平衡推进剂来说,氧化剂含量增加,燃速提高。

对于高氯酸铵推进剂,当高氯酸铵粒度减小时,会导致推进剂的燃速增大。

实验表明,降低高氯酸铵的热分解活化能和高温分解峰温,提高其高温分解反应速率,均有利于提高推进剂燃速。

(2)黏合剂。黏合剂类型不同,分解特性不同,相应的推进剂燃速也不同。黏合剂分解温度降低,推进剂燃速增加。例如,聚硫橡胶推进剂的燃速高于聚氨酯推进剂,聚氨酯推进剂的燃速高于聚丁二烯推进剂。另外,黏合剂熔化液的流动性越好,越容易流到氧化剂颗粒表面,从而抑制氧化剂的热分解反应,降低燃速。

(3)金属燃料。对于某些推进剂(如 PBAA 推进剂),加入铝粉会导致燃速下降,但对聚氯乙烯和改性双基推进剂,铝粉增加又会导致燃速升高。金属燃料粒度越小,燃速越高。

(4)燃速催化剂。在推进剂组分中,加入少量的燃速催化剂,在较大幅度调节燃速的同时,还可保证对其他性能无明显影响,因此在推进剂研制中被广泛采用。

复合固体推进剂中,常用的燃速催化剂主要是过渡金属氧化物(Fe_2O_3、CuO、Cr_2O_3及亚铬酸铜等)和过渡金属元素的有机化合物(如二茂铁及其衍生物等)。

亚铬酸铜催化剂对聚氨酯复合固体推进剂的燃烧具有较好的催化效果,对聚丁二烯推进剂的燃烧也有一定的催化效果。

二茂铁及其衍生物对聚丁二烯推进剂的燃速具有明显的催化效果,一般可使燃速提高50%以上。

复合固体推进剂中,常用的燃速抑制剂有某些金属的碳酸盐(如碳酸钙、碳酸钡等)、某些金属的氟化物(如 LiF、CaF_2等)及某些铵盐(如草酸铵等)。

(二)燃速调节方法

调节推进剂燃速的方法包括物理方法和化学方法。两者的主要区别是看是否改变推进剂燃烧过程中的化学反应机理。具体的调节方法包括以下几种:

(1)改变推进剂的组分(主要是氧化剂和黏合剂的种类);

(2)调节氧化剂用量、粒度及其级配,或采用多孔氧化剂;

(3)选择合适的燃速调节剂;

(4)嵌入金属丝或金属纤维。

嵌入金属丝或金属纤维可提高推进剂燃速，其原因有两个：一是利用金属材料良好的导热性，加速高温燃烧产物向推进剂凝聚相的热传递；二是金属材料本身是一种燃料，其燃烧热可使推进剂温度升高、燃面增大。

金属丝或金属纤维提高燃速的能力主要取决于其热导率和熔点。为尽可能提高燃速，希望两者越大越好。用于提高燃速的金属丝或金属纤维包括铜、银、铝、镁、铅、铂、钢等。但高导热金属仅有中等熔点，高熔点金属仅有中等的热导率，为充分利用这两类材料的优点，一般采用双金属纤维，一种为高熔点，一种有高热导率。另外，加入金属丝或金属纤维，还能改善推进剂的力学性能。

三、燃烧性能的测试方法

燃烧性能测试，主要用于测试推进剂的燃速，包括静态测试法和动态测试法两种。

静态测试法主要用于配方性能研究与调试。静态测试在燃速仪中进行，通过获取推进剂燃烧产生的光点、声音等信号反馈，经处理得到设定压强下推进剂的实际燃烧时间，从而得到推进剂的燃速及一定压强范围内的燃速压强指数。常用的燃速仪包括靶线法、声发射法、光电法、密闭爆发器法等。

动态测试法包括直接测速法和间接测速法两种。直接法包括终止燃烧法、预埋探头法和透明窗法，主要用于侵蚀燃烧研究和燃烧机理研究。间接法包括标准燃速发动机法和单发发动机测压强指数法，两者都是通过获取 $p-t$ 曲线，并进一步计算得到其他燃烧表征参数的。

第五节　固体推进剂的力学性能

固体推进剂力学性能的定义、表征方式、力学状态与发射药相同，但因大多数固体推进剂是颗粒增强的聚合物基复合材料，尺寸较大，故其载荷效应、力学特征以及力学状态的影响因素具有不同于发射药的特征。

一、固体推进剂的载荷效应

从材料角度看，大多数固体推进剂的构成分连续相和分散相两部分。其连续相是弹性基体，由固化后的黏合剂和增塑剂组成；氧化剂和金属燃料是主要的分散相，作为固体填料在推进剂中起增强作用。

从结构角度看，推进剂药柱通过衬层、绝热层与发动机壳体结合在一起，因此，推进剂又是发动机结构中的一个承力构件。

固体推进剂药柱在生产以及随导弹、火箭弹一起储存、运输和使用等全寿命过程中，将承受温度载荷、加速度载荷、增压载荷和动力载荷等各种复杂的载荷作用，使推进剂药柱内部产生应力和应变，如果超过其力学性能的允许范围，会造成药柱破裂、变形和药柱与壳体黏结面的脱粘，使发动机工作性能变差，甚至造成发动机壳体烧穿或爆炸。

载荷类型不同，对推进剂力学性能的影响机理不同，造成的后果也不同。

温度载荷对推进剂药柱力学性能的影响，主要体现为高温膨胀、低温收缩。温度载荷包括固化降温、储存运输期间的温度循环或冲击和环境加热等。固化降温是指浇注成型后药柱的温度下降，它会导致推进剂药柱的体积收缩。固化降温会使药柱内部产生热应力，同时会给绝热层和衬层施加拉伸应力。温度循环是指储存运输过程中环境温度呈周期性的循环。温度冲击一般出现在库内外温差较大时，将使药柱出现大幅的膨胀或收缩。在导弹或火箭弹飞行过程的气动加热使发动机壳体温度升高，发动机工作时推进剂燃烧所产生的高温环境也是推进剂药柱升温的原因。

加速度载荷的主要表现为储存时的重力载荷和导弹火箭弹飞行的加速度载荷。固体推进剂的蠕变特性，导致垂直储存时推进剂药柱发生轴向变形，水平储存时推进剂药柱发生径向变形。导弹、火箭弹飞行过程中的轴向加速度载荷使发动机头部即药柱的前端产生拉伸应力，严重时导致头部截面脱黏或药柱产生裂纹。

增压载荷是指发动机点火增压过程对药柱的作用。发动机点火过程中，在几十毫秒的时间内，燃烧室压强从常压升高到 10 MPa 左右，推进剂药柱承受冲击压缩载荷作用。

动力载荷包括振动载荷和冲击载荷等。在推进剂阻尼作用下，发动机运输过程中的振动能转变为热能，严重时可能使推进剂发生自燃。冲击载荷主要指起飞加速度、冲击、跌落等载荷，其作用时间很短，会使药柱来不及变形，而壳体的弹性变形瞬间完成，导致界面脱黏、药柱变形、推进剂燃烧和爆炸等。

二、固体推进剂的力学特征

实验表明，外力作用下高聚物材料的形变行为介于弹性固体和黏性材料之间，是典型的黏弹性材料，其应力 σ 和应变 ε 关系可表示为

$$\sigma(t,T)=E(t,T)\cdot\varepsilon(t,T) \tag{13-14}$$

式中：t——载荷的作用时间；

T——环境温度；

E——弹性模量。

大多数固体推进剂中高聚物含量较高，因此，以高聚物为基的固体推进剂同样属于黏弹性材料，其对载荷的力学响应是加载历史、加载速率及温度的函数。故固体推进剂受外力作用时，表现为不同类型的力学行为和应力松弛现象，即蠕变与应力松弛（静态力学性能）、力学损耗（动态力学性能）。

固体推进剂的黏弹力学行为可通过恒定应变速率试验、应力松弛试验、蠕变试验和动态试验等方式进行测量。实验表明，固体推进剂的黏弹力学行为有四种特征。

1.应力与应变的非线性

应变速率恒定时，其拉伸应力和应变的非线性变化如图 13-3 所示。

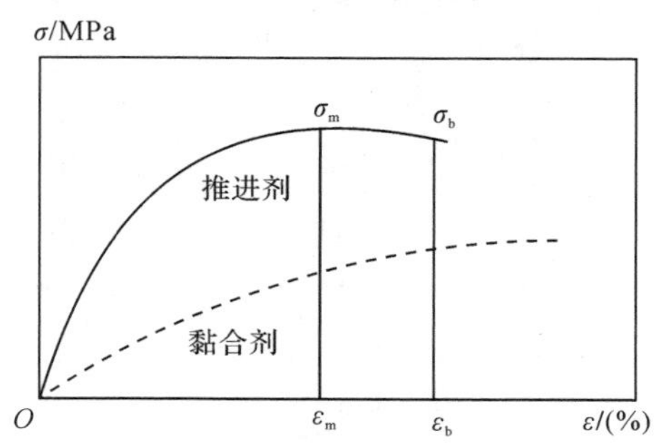

图 13-3　应力与应变的非线性关系

2.蠕变

应力恒定时，随时间延长，材料应变增加的蠕变现象如图 13－4(a)所示。

3.应力松弛

应变恒定时，随时间增长，材料应力衰减的应力松弛现象如图 13－4(b)所示。

4.应变滞后

循环应力作用下，应变落后于应力的滞后现象如图 13－5 所示。

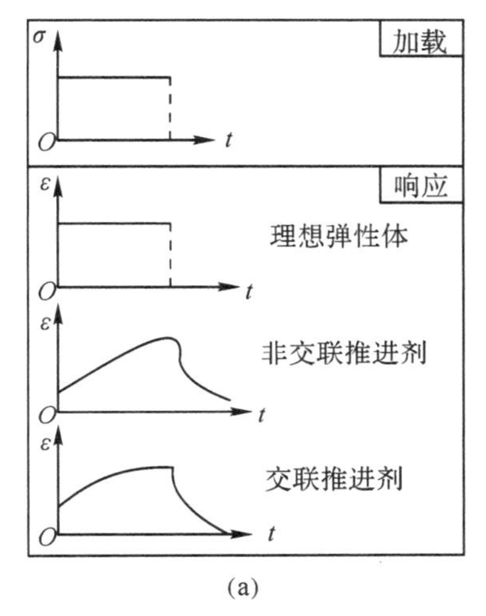

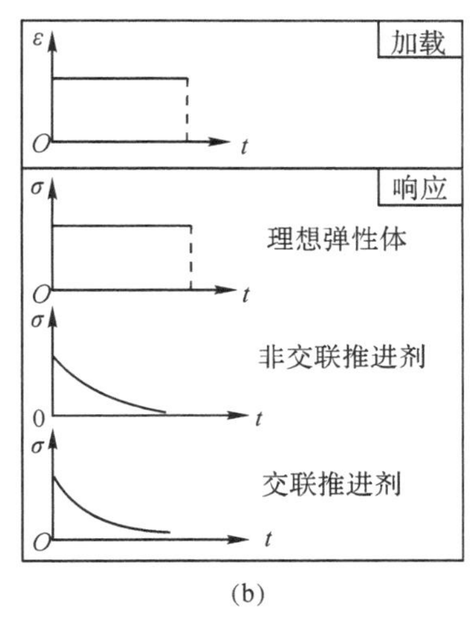

(a)　　　　　　　　(b)

图 13－4　固体推进剂对典型载荷的力学响应

(a)蠕变(定应力试验)；(b)应力松弛(定应变试验)

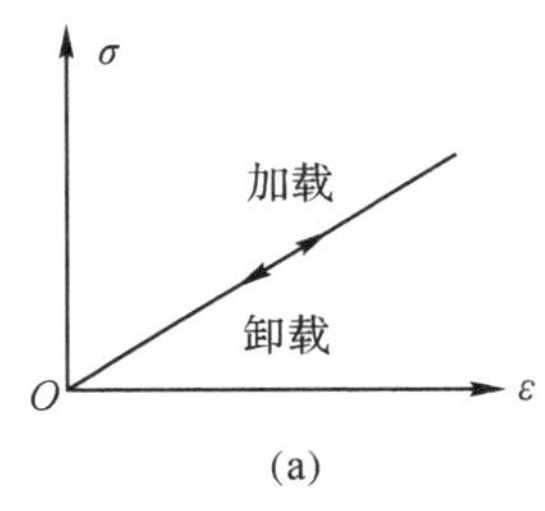

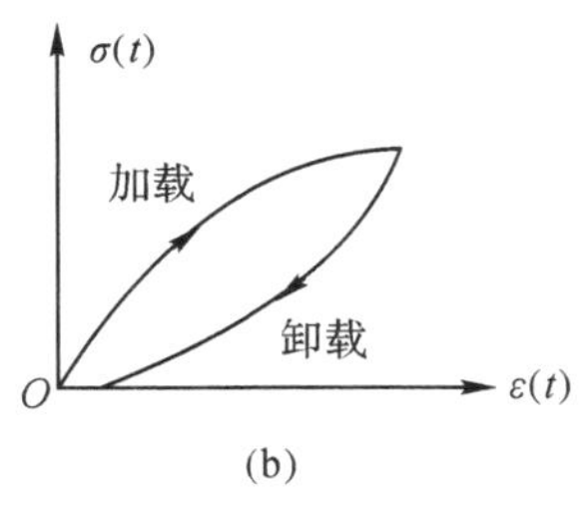

(a)　　　　　　　　(b)

图 13－5　固体推进剂对加载和卸载的响应

(a)理想弹性体；(b)固体推进剂

三、固体推进剂力学性能的时-温等效原理

固体推进剂力学性能的黏弹性特征，表现为外力作用下的蠕变、应力松弛或力学损耗等力学松弛现象。松弛过程的快慢用松弛时间来表征。实验表明，只有在外力作用时间足够长或作用时间较短但温度提高的情况下，才能观察到应力松弛的现象。这说明，温度和时间对固体推进剂力学性能的影响是等效的。图 13－6 给出了推进剂模量随时间、温度变化的三维曲线。在模量-时间-温度三维空间中，可以在时间恒定条件下把力学性能作为温度的函数来测量，也可以在恒定温度条件下，把力学性能作为时间的函数来测量，如应力松弛或蠕变试验。

图 13-6 表明，降低温度与缩短力的作用时间(提高冲击载荷的作用速率)，都可使推进剂的力学行为呈现高模量和高脆性，进入高模量玻璃态平台区；提高温度和延长力的作用时间，都会使推进剂呈现高弹特性和橡胶态。称升高温度和降低作用力速率等效，降低温度和提高作用力速率等效的现象为时-温等效原理。

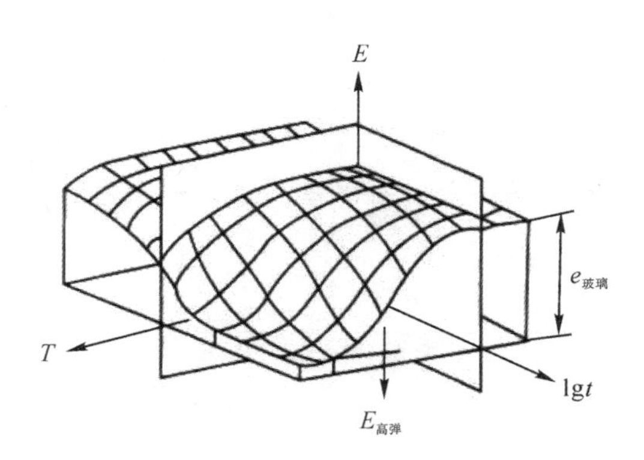

图 13-6 固体推进剂的模量-时间-温度曲线

时-温等效原理具有重要实用意义，可通过对不同温度或不同加载速率下测得的高聚物材料的力学性能进行比较或换算，得到无法直接用试验测量得到的结果。比如，低温下应力松弛速度极慢，要获得完整数据，即可利用该原理。在较高温度下获得应力松弛数据，借助转换因子 α_T 将其换算成所需低温数据。该原理对模拟推进剂所承受点火冲击这样的高速率作用和储存期间所承受的重力、温度循环变化的作用是非常重要的。

四、固体推进剂力学性能的影响因素

固体推进剂的力学性能，既受推进剂的组成和加工过程影响，又受温度和加载情况影响。温度、加载速度等影响前面已作过讨论，这里重点讨论组成和加工过程的影响。

1.双基推进剂力学性能的影响因素

(1)硝化棉/硝化甘油相对含量。双基推进剂的力学性能主要取决于硝化棉和硝化甘油的相对含量。硝化棉含量越高，抗拉强度越高，延伸率越低；反之，则延伸率高，抗拉强度低。增加硝化棉含量一般能提高双基推进剂的强度，但如果增加的硝化棉不能被溶剂很好地吸收、胀润和溶解，硝化棉不能很好地塑化，反而会使其强度降低，见表 13-11。

表 13-11 硝化棉含量、含氮量与抗拉强度的关系

硝化棉含量/(%)	含氮量/(%)	抗拉强度/MPa
49.2	12.6	5.7
50.9	12.6	6.4
50.9	13.0	4.9

(2)生产工艺。配方相同时，生产工艺不同，力学性能也不同。如采用压伸成型工艺的推进剂，沿分子链方向压伸时，轴向抗拉强度要大于径向的抗拉强度，见表 13-12。

表 13－12　双石－2 推进剂的强度

温度/℃	取样方向	抗压强度/MPa	抗拉强度/MPa
＋40	轴向	16.16	12.39
	径向	16.11	7.28
＋20	轴向	34.9	21.56
	径向	35.97	13.49
－50	轴向	93.87	62.91
	径向	120.25	41.16

(3)结构。由推进剂生产过程中吸收的均匀性、压延塑化程度以及压伸时的流变性或浇注时的固化质量等，所决定的推进剂结构的致密性、均匀性对其强度也有很大影响。结构越致密、均匀性越高，强度就越大。

双基推进剂力学性能存在的最大问题是高温强度低、低温延伸率低（见表 13－13），这一点直接影响了其在火箭弹、导弹中的应用。

表 13－13　双基推进剂力学性能与温度的关系

温度/℃	抗拉强度/MPa	延伸率/(%)
71	3.27	60
25	13.0	40
－50	31.6	1.5

2.改性(含交联)双基推进剂力学性能的影响因素

与双基推进剂不同，改性双基推进剂中添加了树脂黏合剂和交联剂（高聚物）、燃速调节剂、固体含能材料等组分。这些组分的加入，使其力学性能、燃烧性能和工艺性能有很大变化。

(1)树脂黏合剂。树脂黏合剂的加入，使改性双基推进剂中的硝化棉交联成具有一定弹性的网状弹性体结构，避免了双基推进剂固有的高温强度低、低温延伸率低以及不能采用浇注成型等问题。不同类型黏合剂对力学性能的影响见表 13－14。

表 13－14　黏合剂类型对力学性能的影响

序　号	推进剂组成/(%)							抗拉强度/MPa			延伸率/(%)		
	NC	NG	DEP	C－4076	N－4010	IPDI	L－167	－40℃	20℃	60℃	－40℃	20℃	60℃
1	45	45	10					36.3	2.4	0.69	11	110	180
2	45	45		10				40.2	5.9	2.16	7	130	170
3	45	45			8	2		36.3	6.9	1.76	6	120	130
4	45	45	8.3				1.7	36.3	3.4	0.98	18	110	190

在双基推进剂中加入上述弹性黏合剂之所以能改善其力学性能，是因为硝化棉网状结构中存在聚氨酯或聚酯软链段，使改性双基推进剂的玻璃化温度降低到－20℃以下，而双基推进剂的玻璃化温度在 20～40℃之间。

(2)硝化甘油/硝化棉。硝化甘油/硝化棉混合比对改性双基推进剂力学性能的影响见表

13－15。可以看出，随着硝化甘油/硝化棉比例的提高，抗拉强度明显减低，低温延伸率明显增加。

表 13－15　NG/NC 比值对力学性能的影响

序　号	推进剂组成/(%)				抗拉强度/MPa			延伸率/(%)		
	NC	NG	DEP	C－4076	－40℃	20℃	60℃	－40℃	20℃	60℃
1	45	45	5	5	30.4	4.9	2.4	6	150	240
2	35	55	5	5	25.5	2.1	0.78	13	240	250
3	25	65	5	5	14.7	0.78	0.29	100	270	230
4	25	65	10	0	17.6	0.098		40	290	200

(3)燃速调节剂。双基推进剂中加入燃速调节剂时，各组分含量的变化实质上是物理变化，对推进剂力学能性能影响不大。但在改性双基推进剂中加入燃速调节剂时，除发生物理变化外，还存在硝化棉中未酯化的羟基(—OH)和树脂黏合剂中异氰酸基(—NCO)之间的化学反应，且用于调节燃速的很多有机和无机金属盐就是羟基和异氰酸基反应的催化剂，故燃烧调节剂会对力学性能产生影响，详见表 13－16。

表 13－16　燃速调节剂对力学性能的影响

序　号	推进剂组成/(%)				抗拉强度/MPa			延伸率/(%)		
	NC	NG	预聚物	PbSa	－40℃	20℃	60℃	－40℃	20℃	60℃
1	30	70	3	无	3.6	0.66	0.17	29.8	116.8	62.9
2	30	70	3	3	3.3	0.54	0.06	29.7	33.8	44
3	30	70	6	无	2.9	0.79	0.25	41	116	95.1
4	30	70	6	3	3.0	0.40		42.2	23.3	

表 13－16 中的数据表明，加入水杨酸铅(PbSa)后，推进剂的常温和高温力学性能下降明显，但对低温力学性能无太大影响。

(4)固体含能填料的影响。RDX 或 HMX 等固体含能填料对改性双击推进剂力学性能的影响因素主要表现为粒度大小。例如，某改性双基推进剂中加入粒度为 10 μm 和 200 μm 的 RDX，结果表明：前者的低温延伸率为 24%，是后者的 4 倍；高温抗拉强度为 0.59 MPa，是后者的 2 倍。

3.复合固体推进剂力学性能的影响因素

复合固体推进剂的力学性能很大程度上取决于黏合剂的黏弹性质、分散相的体积分数以及它们之间的相互作用。

(1)黏合剂。复合固体推进剂所用黏合剂大多是低聚合度的线性预聚物，且成型时产生固化和适当交联，故其力学行为主要由黏合剂母体来体现。黏合剂主链结构的柔顺性、活性官能团的性质及其分布均会对推进剂的力学性能产生很大影响。主链越柔顺，玻璃化温度越低，延伸率越大。另外，活性基团分布情况对力学性能影响也很大。比如，聚丁二烯丙烯腈推进剂中，氰基在分子链中的分布不规则，基间间距不等且比较小，故其力学性能及再现性差。又比如，端羧基聚二丁烯(CTPB)和端羟基聚二丁烯(HTPB)中，由于羧基和羟基位于分子链的两端，且分布规则，间距较大，主链结构简单，其力学性能良好，该类推进剂在－57℃下仍有超过25%的延伸率。

黏合剂分子量越大，分子量分布越好，固体推进剂的尺寸稳定性越好，强度越大，越能够提高其抵御变形的能力。黏合剂固化后应能保持适度交联，即防止在一般情况下产生塑性变形，但也要防止交联过分，导致延伸率降低。适度交联一般要求交联密度水平较低，从而使制得的推进剂有合适的延伸率。

(2)增塑剂。增塑剂的加入，一方面可使高分子链间距离增大；另一方面由于低分子增塑剂上的极性基团与高分子链上的极性基团相互作用，减少了分子链极性基团之间的作用。这两种作用都有利于分子链和链段运动，使 T_g 和 T_f 降低。

在大多数复合固体推进剂黏合剂中加入少量增塑剂后，可显著降低 T_f，改善其加工性能，但对 T_g 影响不大，故往往需要采用交联的方法来提高其机械强度和抵抗变形的能力。

(3)固体填料。无机氧化物、金属粉末、RDX 和 HMX 等固体填料的引入，提高了复合推进剂的弹性模量和抗拉强度，但降低了延伸率，提高了玻璃化温度。

复合推进剂中固体填料的增强作用，是由于固体表面与若干高分子链结合形成了交联结构。当其中的一个分子链受到力的作用时，可通过交联点将应力分散并传递到其他分子链上。

复合推进剂的玻璃化温度随填料体积分数增加而线性上升，这是黏合剂的分子链被填料质点的表面吸附，使分子链运动受阻造成的。

固体填料对推进剂力学性能影响的重要原因是两者之间的相互作用。比如，在高氯酸铵-铝粉-高分子黏合剂系统中，黏合剂与固体填料间只存在简单的物理吸附作用。固体填料的体积分数越大，颗粒越小，其比表面积越大，对黏合剂的吸附作用越显著。因此，产生了弹性模量、玻璃化温度、屈服强度，甚至抗拉强度随填料加入而增加的现象。但由于物理吸附作用较弱，在推进剂承受一定载荷时，黏合剂和填料表面间易产生分离，习惯上称之为“脱湿”。“脱湿”会使固体填料和黏合剂之间作用力减弱，力学性能下降。

为防止“脱湿”，通常在固体推进剂中加入键合剂，增加黏合剂和附体填料的黏附力，提高其力学性能。比如，在聚氨酯推进剂中加入少量能与氧化剂产生强吸附作用的三乙醇胺，三乙醇胺的醇基再与二异氰酸酯及黏合剂反应生成聚氨酯。如此，氧化剂与聚氨酯黏合剂之间的作用大大增强，并在填料颗粒周围建立一个高模量的黏合剂层。

键合剂对复合推进剂力学性能的影响见表 13－17。

表 13－17　键合剂对复合推进剂力学性能的影响

温度/℃	键合剂	σ_m/MPa	ε_m/(%)	E_0/MPa
82.2	有	0.59	26	3.03
	无	0.42	15	3.17
21.1	有	1.27	75	3.52
	无	1.20	19	3.59
−17.8	有	1.96	89	4.96
	无	1.24	22	5.94
＋20	有	2.89	72	17.44
	无	1.90	21	12.89
−50	有	5.53	35	55.81
	无	4.20	14	43.40

注：σ_m、ε_m、E_0 分别表示“脱湿”发生时的应力、应变和弹性模量。

第六节　固体推进剂的储存性能

固体推进剂的储存性能，也可称为安定性。对固体推进剂而言，储存性能关注的重点是保持满足使用要求的结构完整性和力学性能。固体推进剂的储存性能由其老化过程控制。

固体推进剂的老化是指在储存过程中所发生的性能变化的总和。根据影响老化的因素，固体推进剂的老化可分为化学老化和物理老化。

推进剂组分不同，其老化规律、老化机理和防老化措施也不相同。对双基和改性双基推进剂而言，其老化过程、体现形式、影响因素和规律、老化后果与双基发射药基本相同，这里不再赘述。本节重点结合复合固体推进剂的特点，阐述影响其储存性能的老化。

一、复合固体推进剂的化学老化

复合固体推进剂在储存过程中的化学老化，主要包括后固化、氧化交联、断链降解和AP的分解等形式，这里主要介绍前三种。

1.推进剂的后固化

推进剂的后固化是指正常固化循环完成后，由于固化剂自身或与黏合剂分子间的反应而引起推进剂模量增加、延伸率降低的现象。复合固体推进剂的后固化取决于所用黏合预聚物及其固化体系本身的特征、反应能力。

目前常用复合固体推进剂中，采用IPDI(异佛尔酮二异氰酸酯)、HMDI(4,4′-二环己基甲烷二异氰酸酯)和DDI(二聚酸二异氰酸酯)等异氰酸酯作为固化剂的HTPB推进剂没有后固化现象，耐老化性能良好。对单独采用氮丙啶类化合物、环氧类化合物等为固化剂的CTPB推进剂而言，其影响力学性能的交联等反应在固化条件下没有进行完全，在储存过程中这些反应还会进行，因此造成其储存期间的抗拉强度继续增加，延伸率持续降低，直到储存一定时间后，反应完全，两者才会趋于恒定值。为防止后固化发生，可使用混合的氮丙啶或混合的环氧化合物作为CTPB的固化剂。

2.黏合剂的氧化交联

氧化交联反应是大多数聚丁二烯复合推进剂的重要化学老化反应。聚丁二烯预聚物主链上含有不饱和乙烯基($>C=C<$)，其中的双键非常活泼。在氧、热等外界因素影响下，形成碳-碳交联的自由基，导致推进剂变硬。除空气中的氧，AP分解产物中的氧也能与聚合物的双键发生氧化交联反应。研究证明，温度与氧化交联反应密切，温度越高、储存时间越长，氧化交联越严重。氧化交联反应的结果是推进剂的交联密度增加，最大拉伸应力和模量增大。

为有效防止黏合剂的氧化交联，通常在推进剂中加入防老剂，其作用有两个：一是在氧化剂颗粒周围形成坚韧层，抑制AP分解；二是与聚合物双键和AP分解产物反应生成的活泼基团反应，生成稳定产物，阻碍氧化交联和分子链断裂。

3.黏合剂的降解和水解

在加热或水的作用下，黏合剂还会发生降解断链或水解断链。断链可发生在某些固化交联点处，也可能发生在主链某些基团处。断链将引起推进剂变软，拉伸强度降低。

二、复合固体推进剂的物理老化

复合固体推进剂在储存过程中的物理老化，主要包括组分迁移、降解产物的积累和吸湿等。

1.组分迁移

对复合固体推进剂而言，发生迁移或有迁移倾向的组分为低分子的液态增塑剂、固化剂等，详见表 13-18。

表 13-18　推进剂、惰性材料及其扩散组分

材料类型	迁移组分类别	迁移组分举例
普通 HTPB 推进剂	增塑剂	DOA,DOP
	固化剂	IPDI,DDI
高燃速 HTPB 推进剂	液体燃速催化剂	卡特辛
少烟 NEPE 推进剂	硝酸酯增塑剂	TMETN,BTTN
HTPB 包覆层	固化剂	IPDI,DDI
	粘结促进剂	HX868
聚异戊二烯绝热层	工艺辅助剂	硬脂酸

注：DOA 为己二酸二辛酯，DOP 为邻苯二甲酸二辛酯。

与发射药组分迁移稍有不同，复合固体推进剂中组分的迁移发生在火箭发动机的绝热层、包覆层和推进剂之间，如图 13-7 所示。

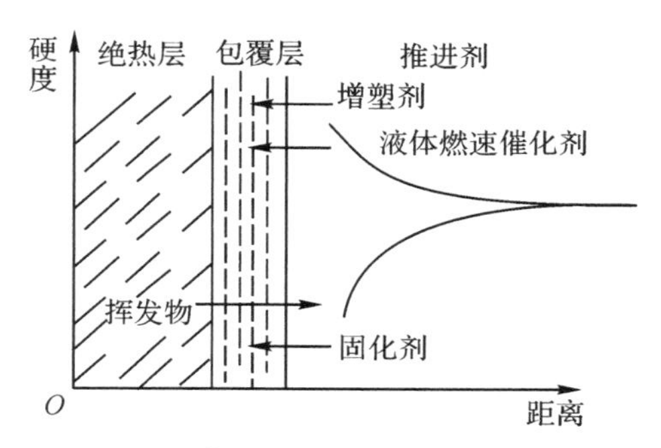

图 13-7　固体推进剂火箭发动机的组分迁移

图 13-7 不仅说明了各组分的迁移方向，还给出了组分迁移所引起的推进剂硬度变化情况，即：绝热层中挥发物向推进剂内的迁移，将使推进剂变软；而推进剂内各组分向绝热层中的迁移，将使推进剂变硬。

组分迁移将产生以下效应：

(1)推进剂与包覆层分离(脱粘)。推进剂固化时，固化剂从推进剂中迁移至包覆层内，绝热层内的硬脂酸通过包覆层迁移至推进剂内，并同异氰酸基固化剂反应，从而抑制固化，软化了黏合剂，造成脱粘。

(2)推进剂产生裂纹。基于上述同样的原因，使包覆层/绝热层上较薄处的推进剂强度降低，产生裂纹；过量的键合剂从包覆层中迁移到推进剂中并发生反应，导致推进剂形成硬层，并在靠近推进剂和包覆层界面处失去应变能力而产生裂纹。

(3)弹道性能严重变化。实验表明,直径为350 mm的内孔燃烧复合固体推进剂装药发动机,由于增塑剂迁移到包覆层或绝热层中,使黏结界面附近的推进剂固体成分(AP百分含量)增加,导致燃速增大,实测燃烧室压强-时间曲线与预示正常曲线相比,曲线尾部出现了压力峰。

为减少组分迁移,改善力学和弹道性能,通常可采用两种方法:一是选用与推进剂增塑剂含量相平衡的惰性材料作为包覆层或绝热层,避免推进剂和包覆层间存在增塑剂的浓度梯度;二是在推进剂和包覆层间使用聚脂薄膜和铝箔等阻挡层,以阻止DOA、IPDI和卡特辛等组分向惰性包覆层或绝热层迁移。

2.降解产物的积累

与双基和改性双基推进剂相同,复合固体推进剂中的降解产物也会进一步催化降解反应。推进剂内部的化学分解和相互作用都可释放气体。如无其他措施使气体释放速率小于气体扩散速率,药柱内部的气体压强可能超过推进剂的强度,导致内部产生裂纹。

3.吸湿

无机氧化剂是导致复合固体推进剂吸湿的主要组分,吸湿后将导致黏合剂水解,或者使水分聚集在氧化物晶粒表面,形成包裹氧化物粒子的低模量液体层,造成脱湿。

三、外界条件对复合固体推进剂老化的影响

影响复合固体推进剂老化的外界条件主要包括温度、湿度和受力状态。

研究表明,温度越高,后固化、氧化交联、断链降解、水解和AP分解等反应速率越快。湿度则会造成黏合剂的水解和氧化剂表面的“脱湿”。

固体火箭发动机在各种条件下储存时,推进剂装药因受热和机械载荷等作用处于受力状态,从而对推进剂老化进程产生影响,这一点对大尺寸火箭发动机非常重要。比如,25℃下老化8个星期、受应变12%的试样,其松弛模量为2.05 MPa,而未受应变的为2.59 MPa。在受应变的老化试样卸载后,仍保留残余变形。残余变形量取决于所施加的应变时间和温度。

第七节　固体推进剂的安全性能

研制、生产、勤务处理及战场使用过程中,受到环境加热、热冲击、破片撞击、静电放电等外界能量作用后,固体推进剂或采用固体推进剂的火箭发动机性能会受到不同程度的影响。当外界作用达到一定强度后,固体推进剂会发生燃烧和爆炸,所以必须重视固体推进剂的安全性能。

固体推进剂的安全性能主要体现在两个方面;一是在外界能量作用下是否会发生燃爆,这与固体推进剂的各种感度有关,涉及固体推进剂发生燃烧、爆炸甚至爆轰的可能性;二是在发生燃爆后的破坏能力和效应。固体推进剂各种感度的测试和表示方法,与第三章所述基本相同,不同点在于测量固体推进剂热感度时,需要采用DSC或DTA等方法对推进剂在受到点热源作用下发生燃烧的局部热感度进行测试。因此,本节主要涉及固体推进剂的燃爆危险性和破坏效应两方面内容。

一、固体推进剂的燃爆危险性

1.固体推进剂的燃烧危险性

通常条件下，燃烧是固体推进剂危险性的表现形式。根据燃烧的规律，燃烧可分为有规律的燃烧和爆燃两种。无外界约束时，固体推进剂即使意外发火，其燃烧也是有规律的，不会产生爆燃。但当固体推进剂处于具有一定强度且相对密闭的环境中时，或者因受外力作用产生孔隙裂纹，或者在生产制造过程中存在疏松、大量气孔或裂纹等严重缺陷时，点火后有可能产生爆燃甚至爆炸。在相对密闭的环境下，爆燃或爆炸都会因燃烧产物膨胀对周围介质产生破坏。

2.固体推进剂的爆炸危险性

固体推进剂的爆炸虽然是一种不稳定的过程，但会使其发生非爆轰的快速反应，可以在0.1～1 s内消耗约1 t的固体推进剂，并在周围介质中形成冲击波。

固体推进剂的爆炸过程时间相对较短，但仍远大于其爆轰过程。理论计算和实验结果表明，一般固体推进剂的爆速均大于4 000 m/s，消耗1 t固体推进剂仅需100 μs，因此，对固体推进剂而言，爆炸和爆轰的区别仅在于能量释放的时间长短。美军对民兵-1导弹的一级、三级发动机和大力神-3助推器发动机的火箭橇实验表明，在撞击靶板后，固体推进剂的爆炸当量均相对较低，属于爆炸的范围。

3.固体推进剂的爆轰危险性

从能量密度看，固体推进剂与常规炸药相当甚至更高，但由于支配能量释放速率的因素不同，故其爆轰能力、爆轰特性与猛炸药相比有显著差异，主要体现在：一是固体推进剂能量构成复杂，其各组分的分解及气态产物混合需要一定时间，限制了能量聚集，对固体推进剂的爆轰过程非常不利；二是由于大多数推进剂采用真空浇注成型工艺，其密度为理论密度的99.5%，甚至更高，而猛炸药的装填密度最高为理论密度的95%，故固体推进剂的气孔率非常低，非常不利于冲击作用下产生热点，从而发生冲击起爆；三是固体推进剂中氧化物的分解动力学过程比猛炸药要慢很多。

因此，常规固体推进剂(如HTPB推进剂)的危险性主要来自爆炸而非爆轰。事故分析结果表明，在强冲击波作用下固体推进剂产生裂纹和损伤，使燃面急剧增加，能量释放率呈几何级数增加，燃烧压力急剧增加，这是造成美国北极星导弹和民兵导弹发生爆炸事故的原因。虽然其能量释放率可能与爆轰速度相当，但最终导致固体推进剂爆炸，而非爆轰。但对含有大量猛炸药或硝酸酯增塑剂的NEPE类推进剂而言，因其临界直径较小，冲击波等各种感度均较常规推进剂高，故在外界能量作用下存在较大的爆轰危险性。

二、固体推进剂的破坏效应

固体推进剂的破坏效应是指固体推进剂或装有固体推进剂的火箭发动机在外界能量作用下发生爆炸时对周围环境的破坏能力，主要体现为空气冲击波、爆炸破片和热辐射作用。这些作用都可用威力、猛度来表示。需要强调，用爆热计算TNT当量时，爆热应是用炸药爆热测试方法得到的爆热，而不是燃烧热。

关于空气冲击波的破坏效应在本书“炸药的爆炸作用”一章已有讨论，而爆炸破片的破坏效应则主要取决于破片初速和散落范围，因计算过程复杂，不再赘述。本节主要讨论固体推进剂爆炸后产生热辐射的火球效应。火球效应对周围物质的破坏作用可以用爆热、火球直径和火球高度三个参数来表征。

固体推进剂的火球直径与装药质量的关系为

$$D = 12.4\sqrt{W} \tag{13-15}$$

式中：D——火球的直径；

W——装药质量。

固体推进剂的火球高度与装药质量的关系为

$$H = 6.8\sqrt{W} \tag{13-16}$$

式中：H——火球的高度。

第八节　固体推进剂的命名

固体推进剂的命名包括名称和代号，其名称/代号的模式为：类别的特定汉字/代号＋特征组分的特定汉字/代号＋定型序号＋改型符号：

类别	特征组分	—	定型序号	改型符号

名称/代号中，类别用于区别不同种类的推进剂，如双基推进剂、交联改性推进剂、复合固体推进剂等；特征组分是指能引起其能量、燃烧性能、力学性能等明显变化的组分，比如双基推进剂中的石墨、氧化镁等燃烧催化剂、燃烧稳定剂等，改性和交联改性双基推进剂中的氧化剂和金属燃料等，复合固体推进剂中的聚硫橡胶、端羟基聚丁二烯黏合剂等。定型序号用于区别相同类别、相同特征组分的推进剂。改型符号表示对已定型推进剂的某些性能有所改进的符号，无改进时无改型符号。

双基系固体推进剂和复合固体推进剂的类别、特征组分、定型序号及改型符号有所不同。

一、双基系固体推进剂的命名

双基系固体推进剂的类别和特征组分皆用一个特征汉字表示，对应的特定汉字和符号分别见表 13－19 和表 13－20。

表 13－19　双基系固体推进剂类别特定汉字和符号

推进剂类别	特性汉字	符　号
双基推进剂	双	S
改性双基推进剂	改	G
交联改性双基推进剂	交	J

表 13－20　双基系固体推进剂特征组分特定汉字和符号

特征组分	特定汉字	符　号	特征组分	特定汉字	符　号
高氯酸铵	铵	A	钡化合物	钡	B
醋酸酯类	醋	C	镉化合物	镉	E
钴化合物	钴	G	黑索今	黑	H

续　表

特征组分	特定汉字	符　号	特征组分	特定汉字	符　号
吉纳	吉	J	铝及铝化合物	铝	L
镁及镁化合物	镁	M	镍及镍化合物	镍	N
奥克托今	奥	O	硼化合物	硼	P
铅化合物	铅	Q	石墨	石	S
锌化合物	锌	X	硝化二乙二醇	乙	Y
间苯二酚	酚	F	钙化合物	钙	Ga
铬化合物	铬	Ge	钾化合物	钾	Ja
聚二酸乙二酯	已	Ji	络合物	络	Lu
异氰酸酯	氰	Qi	聚甲醛	醛	Qu
钛化合物	钛	Ta	铜化合物	铜	To

双基系推进剂的特征组分的特征汉字不超过两个。第一个取对能量有突出贡献的能量组分(硝化棉、硝化甘油除外),第二个组分取对主要性能(能量除外)有突出影响的特征组分,若第一个或第二个特征组分为两个以上时,取含量最高的组分。

双基系推进剂的定型序号用阿拉伯数字1,2,3…表示;改型序号从汉语拼音字母A开始连续给出(I、O除外)。比如:双乙醛-1,代号SYQu-1,表示特征组分为硝化二乙二醇和聚甲醛、定型序号为1的双基推进剂;改铵铅-1,代号GAQ-1,表示特征组分为高氯酸铵和铅化合物、定型序号为1的改性双铅推进剂;双石-2A,代号SS-2A,表示第一次改型、特征组分为石墨、定型序号为2的双基推进剂。

二、复合推进剂的命名

复合固体推进剂用黏合剂进行分类,其类别用两个特定汉字表示,特征组分用一个特定汉字表示。其类别、特征组分对应特定汉字和符号如表13-21和表13-22表示。

表13-21　复合固体推进剂类别特定汉字与符号

推进剂类别	特性汉字	符　号	推进剂类别	特性汉字	符　号
聚硫推进剂	聚硫	JL	聚醚推进剂	聚醚	JM
丁羧推进剂	丁羧	DS	丁腈羧推进剂	腈羧	QS
丁羟推进剂	丁羟	DQ			

表13-22　复合固体推进剂特征组分特定汉字与符号

特征组分类别	特性汉字	符　号	特征组分类别	特性汉字	符　号
能量添加剂	能	N	增塑剂	增	Z
氧化剂	氧	Y	固化剂	固	G
燃烧调节剂	燃	R	防老剂	防	F
键合剂	键	J			

复合固体推进剂的特征组分是指能引起能量、弹道、燃烧、力学、尾烟量等性能指标明显变化的组分。在一个推进剂内若有几个特征组分，用对性能贡献最大的组分作为该推进剂的特征组分。

复合固体推进剂的定型序号一般用二位阿拉伯数字顺序表示；改型序号按汉语拼音字母次序排列。比如，DQJ-06A 表示经一次改型、定型序号为 06、特征组分为键合剂、以端羟基聚丁二烯为黏合剂的复合固体推进剂。

第九节　固体推进剂的发展趋势

固体推进剂的总体发展趋势是研制具有高能化、低特征信号和钝感化特征的推进剂。

一、高能化固体推进剂

高能量永远是推动固体推进剂发展的第一牵引力。20 世纪 70 年代末到 80 年代初，为满足战略导弹 MX 的性能要求，美国成功研制 NEPE 推进剂，即硝酸酯增塑的聚醚聚氨酯推进剂。该种推进剂采用聚醚聚氨酯（如聚乙二醇，PEG）和乙酸丁酸纤维素作黏合剂，液态硝酸酯（如 NG）或混合硝酸酯（如 NG/BTTN）作含能增塑剂，添加 HMX、AP 和 Al 等组分。NEPE 推进剂突破了双基和复合推进剂在组成上的界限，集两类推进剂的精华于一体，在能量和力学性能方面超过了现有各种固体推进剂，是现役推进剂中能量最高的一种，代表了近期复合固体推进剂的发展方向。

20 世纪 80 年代以来，继 NEPE 高能推进剂投入使用后，新型含能材料和高能推进剂的探索研究逐渐活跃。

在含能材料方面，制备了一些可供实用的高能量密度物质——含能添加剂、叠氮黏合剂和叠氮增塑剂，并对以聚叠氮缩水甘油醚（GAP）推进剂为代表的高能推进剂性能作了较为广泛的探索研究。采用 NEPE 推进剂技术，添加硝酸酯和细微硼粉，可望用作整体级发动机的高能推进剂。叠氮类黏合剂还可能作为无烟推进剂的优良黏合剂。

铍的燃烧热值高，故含铍（Be）推进剂具有很高的比冲，但因含铍推进剂燃烧产物毒性大、价格昂贵等原因，未在常规兵器中得到应用。

为适应推进剂高能化发展需要，目前一些国家正在大力开展将如 CL-20 的高能量密度物质用于推进剂的研究。与 HMX 相比，CL-20 的密度、爆速、爆压、能量密度分别增加了 4%、5%、10%和 9%，而使用 CL-20 的固体推进剂可使推力增加 17%，速度增加 50 m/s。

二、低信号特征固体推进剂

20 世纪 60 年代以来，各国十分重视固体推进剂的低特征信号技术研究。与双基推进剂的无烟燃烧相比，复合推进剂中添加的 AP、Al 的燃烧产物氯化氢和三氧化二铝是烟雾的主要成分。随着配方技术的发展，以现有硝胺炸药（RDX 或 HMX）部分或全部取代 AP，可达到消烟补能的目的，制得少烟或微烟复合推进剂。另外，在推进剂配方中引入“电子捕捉剂”，降低燃气烟雾中自由电子密度，是控制发动机羽烟电磁波衰减的有效措施。NEPE 推进剂和 GAP 推进剂体系使复合推进剂的无烟化技术具有了更广阔的前景。

三、钝感固体推进剂

对双基推进剂及改性双基推进剂而言，广泛采用的钝感方法是用新的钝感硝酸酯增塑剂取代 NG。常用的钝感增塑剂包括三羟甲基乙烷三硝基酸酯（TMETN）、三乙醇二硝酸酯（TEGDN）与 TMETN 的混合物、三醇三硝酸酯（BTTN）与二乙醇二硝酸酯（DEGDN）的混合物等。

对复合推进剂而言，钝感方法主要包括以下几种类型：

（1）采用钝感黏合剂。比如，HTPE 推进剂，该推进剂采用羟基聚醚预聚物（HTPE）作为黏合剂以提高其钝感性能。不同装药结构的各种缩比和全尺寸模型发动机的钝感弹药实验结果表明，HTPE 推进剂都具有良好的钝感特性，尤其是采用石墨复合发动机壳体时。因 HTPE 推进剂的电导率要比 HTPB 推进剂高好几个数量级，HTPE 推进剂对静电刺激的危险性远低于 HTPB 推进剂。又如，美国海军空战中心武器分部和 Thiokol Propulsion 公司合作研制的战术助推用含铝钝感 NEPE 推进剂，使用了能量较低的硝酸酯增塑剂和混合聚醚黏合剂体系。为达到与高固含量 HTPB 推进剂接近的能量水平，配方中高氯酸铵（AP）含量较典型 NEPE 推进剂高，但总固含量仍低于 HTPB 推进剂。与能量和燃速相近的 HTPB 推进剂相比，NEPE 钝感推进剂在慢速烤燃反应方面性能要好，且具有较低的撞击和冲击波感度。推进剂在较宽温度范围内具有极好的力学性能，以及低温储存时与衬层间良好的黏结能力。再如，采用聚叠氮缩水甘油醚（GAP）作为黏合剂。GAP 具有生成热为正值、密度大、氮含量高、机械感度低、热稳定性好等优点，能与其他含能材料和硝酸酯增塑剂相容，并可降低硝酸酯增塑剂的感度，且对 HMX 有明显的钝感作用。因此，以 GAP 为黏合剂的推进剂受到各个国家的普遍重视。

（2）采用低感度氧化剂。比如，ATK 公司通过在 HTPE 推进剂中加入质量分数为 10%～21%的氧化铋（高密度氧化剂）研制出高密度 HTPE 推进剂，在应用于体积受限的战术发动机中时，推进剂更加钝感，提高了钝感弹药响应特性，且性能较标准含铝 HTPE 和 HTPB 推进剂提高了 6%，储存期更长。又如，在 GAP 推进剂中采用各种相稳定的硝酸铵（含质量分数 3%的金属相稳定剂 Ni_2O_3、CuO 或 ZnO）替代 AP。

第十四章　火　工　品

第一节　概　　述

一、火工品的定义及特点

火工品是武器系统中燃烧、爆炸系统的关键元件，广泛应用于弹药、导弹、核武器、航空航天器等系统中。火工品对武器系统在预定条件下完成发射和引爆等功能，确保武器系统安全性方面具有不可替代的作用，是一种可靠性、安全性要求都很高的产品。

《中国军事百科全书》中火工品(Initiating Exlposive Device)的定义：装有火药、炸药等药剂，可在较弱外界能量作用下发生燃烧或爆炸，以引燃火药、引爆炸药或作为某种特定动力能源的一次性使用的元器件或装置的总称。

《兵器工业科学技术辞典　火工品与烟火技术》中对火工品(Explosive Initiator; Initiating Device)的定义：装填少量火工药剂，可在较小的外界刺激能量作用下激发，产生燃烧或爆炸，从而完成点火、起爆、传爆、传火(包括延期)、做功等功能的一次性使用的器件或装置。

GJB 102A—1998《弹药系统术语》中对火工品的定义：可用预定刺激量激发其中装药，并以装药爆炸或燃烧产生的效应完成点燃、起爆功能及作某种特定动力能源等的器件及装置。

《苏联军事百科全书》(1986 年版)对火工品的定义：用以点燃火药(烟火剂)或激发炸药爆轰的装置，用对外界冲量(热、机械、电等)的感度很高的起爆药和其他添加剂装填。

从上述不同定义中，可以看出火工品具有以下特性：

(1)爆炸性，是一种装有火炸药药剂的含能元件、器件或装置。

(2)首发性，在武器系统作用过程中，首先接受预定外界能量，并将其转换为燃烧或爆炸等能量形式。

(3)敏感性，在武器系统作用过程中，在预定较小外界能量作用下发生燃烧或爆炸。

(4)独立性，每种火工品具有独立的输入、输出、转换界面。

(5)体积小、结构简单、应用广泛，涉及所有火炸药的爆炸、燃烧，以及一些特殊功能的作用过程。

二、火工品在武器系统中的应用及技术使命

(一)火工品在武器系统中的应用

(1)用于武器系统的点火、传火、延期及其控制系统,使武器的发射、运载等系统安全可靠运行。

(2)用于武器系统的起爆、传爆及其控制系统,以控制战斗部的作用,实现对敌目标的毁伤。

(3)用于武器系统的推、拉、切割、分离、抛撒和姿态控制等做功序列及其控制系统,使武器系统实现自身调整或状态转换与安全控制。

为保证火工品在武器系统中的可靠作用,以及火工品在制造、运输、储存及勤务处理过程中的安全,通常要求火工品有合适的感度、适当的威力、良好的环境适应性,以及基于使用条件满足在作用时间、时间精度、体积等方面的要求,等等。

(二)武器系统用火工品新的技术使命

武器从发射到毁伤整个作用过程均从火工品首发作用开始,几乎所有的弹药都要配备一种或多种火工品。除常规的点火、起爆作用外,随着作战需求的强力牵引和火工品技术发展的大力推动,火工品的作用又有了新的拓展。为有效打击各种目标,适应未来战争和作战环境,武器弹药所配用的火工品需着重增强战场生存能力、准确作用能力、高效摧毁能力、持久作战的综合保障能力。这些作战能力将火工品从发挥“起爆”“点火”等基本功能拓展到实现“定向起爆”“可控起爆”等更高功能要求,并全面体现在表征武器系统对抗的战场生存、初始点火起爆、运载过程修正、毁伤等多个技术环节中,使火工品开始成为推动弹药、引信乃至武器系统发展的动力,以及弹药乃至武器系统作战效能的“量级”倍增器。火工品新的技术使命具体表现为以下几方面。

1.战场生存能力(安全性要求)

战场生存能力不仅包括部队人员和装备的生存能力,而且还包括弹药飞抵目标前的生存能力。通过火工品提高部队人员和装备生存能力的措施就是提高火工品的安全性,提高火工品的抗干扰能力是提高弹药飞抵目标前生存能力的一个重要措施。例如,新型冲击片雷管和正在发展中的激光飞片雷管都具有防静电、防射频和耐冲击的性能,这将使武器系统更安全、更钝感。同时,低易损型爆炸序列也在积极研究中,这些都将使弹药钝感化。

2.准确作用能力(可靠性要求)

准确作用能力既体现在命中目标时的可靠作用,又包括飞行中实现精确命中过程的准确作用。精确命中是实现精确打击的前提。通过火工品实现精确命中的途径是通过阵列脉冲推冲器逻辑点火技术对弹药实施弹道或姿态控制,通过二维(距离、空间)修正,可获得对固定目标较高的命中精度。美国在反战术导弹系统中就应用了姿态修正技术。1987 年,美国增程拦截弹的末制导段就由环状配置的 180 个推冲器进行稳定和控制。俄罗斯的弹道修正弹药已形成系列产品,如 152 mm、155 mm 弹道修正榴弹,240 mm 弹道修正迫弹等,其中 240 mm 迫弹

装有4排24个推冲器,单个或数个点火器产生脉冲推力,或推动平衡体飞出弹体做功,用于修正飞行速度大小及飞行方向。这种应用要求火工品能快速响应点火,且满足高钝感的安全要求,具有低能量的半导体桥火工品可以满足这一要求。

3.高效摧毁能力(起爆可选择性)

高效摧毁所追求的是“命中即摧毁”。在火工品环节上实现高效摧毁的途径有两个:一是根据引信对目标的识别,火工系统对弹药战斗部的起爆位置具有可选择性,如空空导弹、地空导弹、航空炸弹采用爆炸逻辑网络达到起爆点精确控制,实施定向起爆,改变了现役战斗部破片沿战斗部径向分散的局面,使战斗部的杀伤破片向目标方向集中,大幅度提高毁伤概率,使弹药具有“高效毁伤”能力,成为防空反导中的一项重要技术;二是在终点弹道环境中的火工品的抗冲击能力,如硬目标侵彻弹药中,火工品能否抗高过载与弹药的侵彻效果直接相关。

4.连续持久作战的综合保障能力

随着未来战场上前、后方界限的模糊化和部队分布的离散化,连续持久作战的综合保障能力日趋重要,特别是对于战时大量消耗的火工品,实现通用化和系列化设计,简化品种,降低成本,简化战时弹药用火工品的管理与供应。因此,今后发展的火工品均将按照“三化”原则进行研制。

三、火工品的分类和命名

1.分类

火工品种类繁多,功能不一,可按输入、输出、结构、用途等多个依据进行分类,这些分类相互交错,且各有其适用范围。

(1)按输入能量形式,分为针刺、撞击、火焰、电、激光、冲击波等。

(2)按输出能量形式,分为引燃类、引爆类、动力源类等。

(3)按用途,分为弹箭用、导弹用、航天器用、工程爆破用、特殊用途等。

(4)按功能特征分类。所谓功能特征,是指火工品的输出特性和用途。按照功能特性进行分类是目前应用最广泛的分类方式,也是国家军用标准采用的分类方法。

由于航空航天、弹药等领域的快速发展对火工品提出了更多的功能特性需求,近年来火工品的品种和类型增加很快。基于火工品种类快速增加的现实,我国与火工品分类和命名原则相关的标准曾多次更新。

最新颁布的标准按照功能特征将火工品分为24类,分别是:燃气发生器,导爆管、传爆管、传爆装置,传火具、传火药盒、传火药包,底火,自毁装置,小型固体姿控发动机(含火药启动器、点火发动机),点火管、点火器,火帽,点火具、点火装置,小型发烟装置,雷管,爆炸螺栓(含分离螺母),起爆器,抛放弹、弹射装置,延期件(含延期体、延期组合件),热电池,索类,点火头,切割器、切割装置,电爆阀(含非爆爆破阀门),电爆管、压力药筒,火工系统,曳光管,作动器、作动装置(含拔销器、推销器、烟火开关等)。

在上述分类的基础上,还可根据结构复杂程度和完成功能的多少,进一步将火工品分为火工元件、火工装置和火工系统三大类。其中,火工元件尺寸最小,结构最简单,通用性最强,应用也最为广泛，其功能主要是点火传火、起爆传爆和做机械功。火工元件既可以单独完成某些功能，也可以作为火工装置和火工系统中的内装元件；火工装置是由火工元件及装药组成且只完成一种功能的装置，与火工元件相比，火工装置结构较为复杂，尺寸也较大；火工系统则是由数个火工元件或数个火工装置组成，同时完成两个以上（含两个）功能的组合体。因弹药装备内的体积较小，完成的功能相对单一，故火工装置和火工系统主要用在航空航天领域。当然，弹药装备中的爆炸序列通常被认为是一种火工系统。

按照功能特征，对火工品的详细分类情况见表 14－1。

表 14－1　火工品分类情况（按功能特征分）

大　类	小　类	对应标准中的火工品类别
火工元件	点火传火类	火帽、底火、点火头、点火具、点火管、点火器、传火药盒、导火索、延期索、曳光管等
	起爆传爆类	雷管、传爆管、导爆管、切割索、起爆器
	作动类	拔销器、切割器、推销器、电爆阀门、电爆管
火工装置	释放分离类	弹射装置、爆炸螺栓、解锁螺栓、切割装置、自毁装置、作动装置
	驱动产气类	小型火箭发动机、燃气发生器、压力药管
	点火传爆类	点火装置、传爆装置
	光电烟火效应类	发烟装置、热电池等
火工系统	航天非电传爆系统	—
	弹药爆炸序列	传火序列、传爆序列

根据火工品在武器系统中的总体功能，将火帽、点火头、点火管、底火、点火具、点火装置、传火具、传火药盒、传火药包称为点火传火类火工品，将雷管、导爆管、传爆管、传爆装置、起爆器、自毁装置称为起爆传爆类火工品，将燃气发生器、小型固体姿控发动机（含火药启动器、点火发动机）、爆炸螺栓（含分离螺母）、抛放弹、弹射装置、切割器、切割装置、电爆阀（含非爆爆破阀门）、电爆管、压力药筒、作动器、作动装置（含拔销器、推销器、烟火开关等）称为动力源类火工品，将延期件、索类称为延期类火工品，将小型发烟装置、热电池、曳光管和火工系统称为其他类火工品。

2.火工品的命名及标识

火工品的命名包括名称和代号。其中，名称由阿拉伯数字和汉字组成，代号由大写的拼音字母、阿拉伯数字和连字符组成。火工品的名称和代号皆采用类别（按照功能特征确定）、型别（按输入特征确定，索类火工品除外）、顺序号的混合命名法。

火工品的类别按其功能特征确定，见表 14－2。

表 14-2 火工品类别及代码表

序号	类别	代码	序号	类别	代码
1	燃气发生器	A	13	起爆器	N
2	导爆管、传爆管、传爆装置	B	14	抛放弹、弹射装置	P
3	传火具、传火药盒、传火药包	C	15	延期件(含延期体、延期组合件)	Q
4	底火	D	16	热电池	R
5	自毁装置	E	17	索类	S
6	小型固体姿控发动机(含火药启动器、点火发动机)	F	18	点火头	T
7	点火管、点火器	G	19	切割器、切割装置	U
8	火帽	H	20	电爆阀(含非爆爆破阀门)	V
9	点火具、点火装置	J	21	电爆管、压力药筒	W
10	小型发烟装置	K	22	火工系统	X
11	雷管	L	23	曳光管	Y
12	爆炸螺栓(含分离螺母)	M	24	作动器、作动装置(含拔销器、推销器、烟火开关等)	Z

通常情况下,火工品的型别由输入特征确定,见表 14-3。但需要强调:传火具(含传火管、传火药柱、传火药盒)、延期件、传爆管(含传爆药柱、导爆药柱等)、曳光管(含曳光药柱)四类火工品没有型别;索类有独立的型别,见表 14-4。

表 14-3 火工品型别及代码表

序 号	型别名称	代 码	序 号	型别名称	代 码
1	针刺	Z	6	冲击波	B
2	撞击	J	7	火电	DH
3	火焰	H	8	针电	DZ
4	电	D	9	电撞	JD
5	激光	G			

表 14-4 索类火工品型别及代码表

序 号	型 别	代 码	序 号	型 别	代 码
1	导火索	H	4	切割索	Q
2	延期索	Y	5	塑料导爆管	S
3	导爆索	B			

总之,火工品的命名/代号有三种情况:

(1)第一种情况适用于除传火具、延期件、索类火工品、传爆管和曳光管之外的火工品,其名称组成模式为顺序号+型别+类别。其中,顺序号表示审批命名时的流水号,用阿拉伯数字标识，如 1 号针刺火帽、1 号电雷管。其代号的组成模式为类别代码＋型别代码＋“-”＋顺序号，如 HZ－1(1 号针刺火帽)、LD－1(1 号电雷管)。

(2)第二种情况适用于传火具、延期件、传爆管和曳光管，该 4 类火工品没有型别，其名称组成模式为顺序号＋类别，如 1 号传爆管、2 号曳光管。其代号组成模式为类别代码＋“-”＋顺序号，如 B－2(2 号传爆管)、Y－1(1 号曳光管)。

第三种情况适用于索类火工品，其名称组成模式为顺序号＋型别，如 1 号导火索、2 号导爆索。代号组成模式为类别代码＋型别代码＋“-”＋顺序号，如 SH－1(1 号导火索)、SB－2(2 号导爆索)。

火工品改型后，需要在原名称和代号中的顺序号后分别增加汉字甲、乙、丙……和大写英文字母 A、B、C……。例如：4 号针刺雷管第一次改型后，名称是 4 号甲针刺雷管，代号为 LZ－4A；第三次改型后，名称是 4 号丙针刺雷管，代号为 LZ－4C。

四、火工品的发展历程

因火工品性能主要由药剂和发火件的发火机理决定，故火工品领域常按照其最终性能发展或变化对火工品进行划代。

第一代火工品是以雷汞为起爆药或由含雷汞的药剂制成的机械火工品火焰类火工品，如最初的火帽、雷管、底火等，其安全性能不可控，不能适应武器的发展和使用需要，且雷管有毒。这一代火工品目前已完全淘汰。

第二代火工品是采用氮化铅、史蒂芬酸铅等常规起爆药制成的各类敏感性火工品，如电桥丝火工品、机械火工品和火焰类火工品，有一定的安全性，但其可靠性和安全性通常是一对矛盾体。就应用范围和数量而言，第二代火工品目前仍占有重要地位。

第三代火工品为钝感电火工品，其电安全性能可满足 1 A、1 W、5 min 不发火要求，且发火电流不大于 5 A。主要产品包括桥带式火工品、半导体桥火工品和部分桥丝类火工品。所有药剂仍采用氮化铅等常规起爆药或其他钝感发火药，可靠性和安全性具有独立设计特征。第三代火工品的应用范围和数量均逐渐增大。

第四代火工品是高安全性火工品，如采用直列式传爆序列或点火序列许用钝感药剂的爆炸箔起爆器及激光类火工品。该代火工品已经在航空航天和高价值武器装备上得到应用，但由于尺寸、发火能量及成本等限制，应用范围和数量还不大。

第五代火工品是具有精确控制能量的集成产品或阵列，包括 MEMS 火工品、SMART 火工品、数字化火工品等，以微装药、微输入/输出能为标志，所有药剂为小临界直径药剂、光聚合药剂、内嵌化合物(多孔硅、多孔金属)和可反应复合膜材料。该代火工品相关技术目前仍处于研究阶段。

第二节　弹药爆炸序列

从应用历史角度看，火工品最早用于弹药爆炸序列。从应用现状上看，火工品在弹药爆炸序列中应用的种类最多、数量最多。

所谓爆炸序列，是指由一系列激发感度由高到低而输出能量由低到高的火工品组成，用于将较小的初始冲能有控制地转换为火焰或爆炸能量，并适当放大后用于起爆弹丸主装药或引燃发射装药等的序列。

爆炸序列通常由三类火工元件组成：一是火帽、雷管等能量转换元件，将外界施加的电能、机械能、激光等能量转换成火焰或爆炸能量；二是时间药盘、延期管等时间控制元件，通过其有规律燃烧获得时间延期，完成延期功能；三是导爆管、传爆管、传火管等能量放大元件，通过将火焰或爆炸能量放大，保证其输出能足以起爆主装药或引燃发射装药。

按照最终输出能量形式，弹药爆炸序列可分为传爆序列和传火序列。其中，传爆序列主要用于引信中，输出能量形式为爆炸能量。传火序列主要用于引信和弹药的发射部中，输出能量形式为火焰冲能。

一、传爆序列

传爆序列一般由火帽（或电点火头、电点火管）、延期药柱（或时间药盘）、雷管、导爆管（或导爆药柱）、传爆管（或传爆药柱）等组成，如图 14－1 所示。火帽（或电点火头、电点火管）首先接受针刺、电能等外界能量，并将其转换为火焰输出，延期药柱（时间药盘）燃烧一定时间后，将火焰能量传递给雷管，雷管将火焰能量转换为爆炸能量输出后，再经导爆管、传爆管对爆炸能量进行放大后，最终引爆弹体主装药。

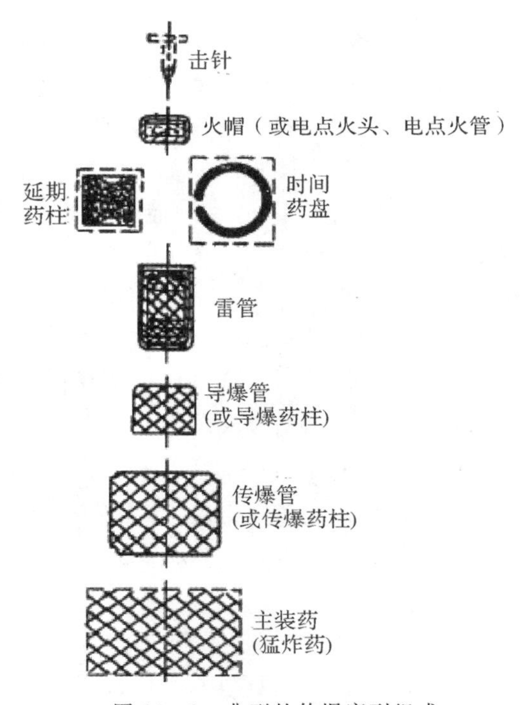

图 14－1　典型的传爆序列组成

对于配用杀伤、爆破、杀伤爆破、穿甲、碎甲等效应的战斗部（或弹丸）而言，其引信皆采用传爆序列。为满足弹药对作用可靠性、安全性、延期时间等要求，传爆序列的组成形式多种多样。常用引信传爆序列的组成形式见表 14－5。

表 14－5　常用引信传爆序列的组成形式

序　号	引信类型	典型传爆序列组成
1	瞬发引信、水压引信	雷管→导爆管→传爆管→弹丸装药
2	火药延期引信	火帽→延期管→雷管→导爆管→传爆管→弹丸装药
3	多种装定引信	火帽—(瞬发、惯性)→雷管→导爆管→传爆管 火帽—(延期)→延期管→雷管 雷管—(瞬发)→雷管→导爆管→传爆管 雷管→延期雷管→雷管
4	带自毁的小口径榴弹触发引信	触发 火帽—(气体动力延期)→雷管→传爆管 火帽→时间药盘→雷管 自毁
5	钟表时间引信	火帽→雷管→导爆管→传爆管→弹丸装药
6	药盘时间引信	火帽→时间药盘→加强药柱→雷管→传爆管→弹丸装药
7	无线电引信、压电引信、光引信、磁引信、电子时间引信	电雷管→导爆管→传爆管 电点火管→加强药柱→雷管→导爆管→传爆管

按照隔爆形式，传爆序列可分为隔爆爆炸序列（错位爆炸序列）和无隔爆爆炸序列（直列爆炸序列）。引信解除保险前，隔爆传爆序列中的起爆元件与导爆药、传爆药之间的爆轰传递通道是被隔断的。此种爆炸序列中的火帽、雷管等起爆元件，均装有敏感的起爆药；无隔爆爆炸序列中各爆炸元件之间均无隔爆件，且其中的各爆炸元件内装填的炸药是与导爆药、传爆药同级感度的炸药。因感度相对起爆药较低，故其所需激发能量远远大于隔爆爆炸序列所需要的激发能量，大大提高了安全性。但为了确保引信解除保险前的安全，必须严格控制激发能的产生或隔断激发能的输入。典型的无隔爆爆炸序列如图 14－2 所示。

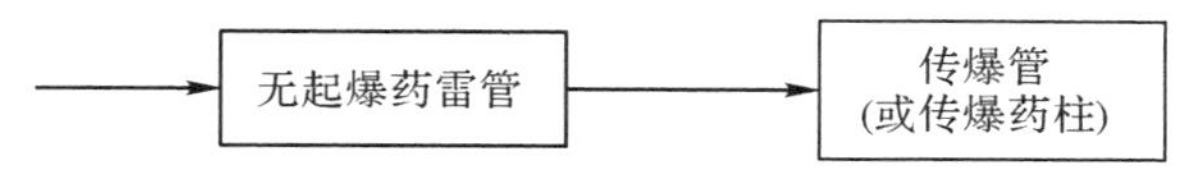

图 14－2　典型的无隔爆爆炸序列

二、传火序列

传火序列既可用于引信中，也可用于弹药的发射部中。引信传火序列输出的火焰能量，用于点燃弹体中的烟幕剂、燃烧剂、照明剂等烟火药剂，或用于点燃抛射装药，并利用抛射装药产生的高温高压区气体的膨胀做功，达到抛射子弹、宣传品等目的。

1.引信传火序列

子母弹或特种弹引信中的爆炸序列为传火序列。引信传火序列一般由火帽、加强药柱、传火药柱、主装药(抛射药)等组成，如图 14-3 所示。

引信传火序列中，最简单的结构为火帽→弹丸主装药；如有延期和时间要求，其传火序列组成为火帽→时间药剂→扩焰药→弹丸主装药(抛射药)，或者火帽→时间药剂→弹丸主装药(抛射药)。

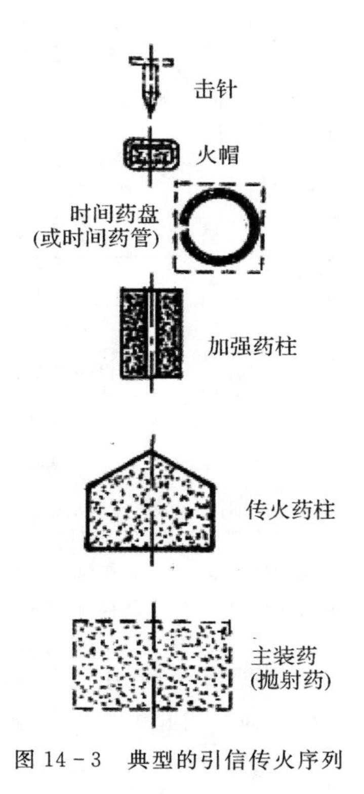

图 14-3　典型的引信传火序列

2.发射部中的传火序列

采用火炮(枪)发射的弹药，其发射部中传火序列组成形式，因发射药性质、药量、弹道要求等不同而有所差异。对枪弹来说，因口径小、发射药量少，其传火序列为底火(火帽)→发射药；小口径炮弹的传火序列为底火→发射药；在中大口径炮弹中，为扩大火焰，增加了传火药，其传火序列为底火→传火药→发射药；而对一些自动武器和部分大口径火炮弹药而言，多数采用电能激发，其传火系列为电底火→传火药→发射药。

采用火箭推进方式发射的弹药，其外界激发能量有机械能及电能激发两类。其传火序列分别为火帽→点火具→点火药→推进剂、电点火管(头)→点火具→点火药→推进剂。

第三节　点火传火类火工品

一、火帽

火帽是体积最小、质量最轻的火工品，既是底火和某些引信爆炸序列中的能量转换元件，又是热电池系统、某些动力源火工品等元部件的重要组成部分。火帽中装填有少量起爆药，在微小的针刺、摩擦、撞击等机械能和电能作用下发生燃爆，输出火焰能，引燃引爆后续点火传火药剂或火工品，或起到加热、做功等作用。

通常情况下，可按照用途和激发方式对火帽进行分类。

按照用途，可将火帽分为药筒火帽、引信火帽和其他火帽。其中，药筒火帽配用于枪弹底火和炮弹底火中，受武器击发机构中撞针的撞击作用发火，用于点燃发射药或点火药。引信火帽配用在各种引信中，靠引信中的击针刺入火帽而发火，用于点燃延期药、抛射药或者火焰雷管。其他火帽则是指用于完成切削、启动开关和激发热电池等动作的火帽。

按激发方式，可将火帽分为针刺火帽、撞击火帽、摩擦火帽、电火帽、压空火帽和碰炸火帽，上述火帽分别依靠击针刺击、撞针撞击、摩擦生热、电热转换空气绝热压缩和碰撞挤压发火。

1.针刺火帽

针刺火帽主要用于引信的爆炸序列、保险机构和自炸机构中。在撞击目标的惯性力或膛内惯性力作用下，由击针刺发，与后续火工品或元件一起完成引燃引爆主爆炸序列、解除引信保险和弹丸自毁等功能。

基于基本功能和使用环境，针刺火帽除了满足足够的点火能力、合理的感度、良好的相容性等基本要求外，还应该在承受火炮发射的高过载时可靠作用但不提前作用，避免引信早炸。

(1)结构组成。针刺火帽由火帽壳、药剂和盖片(或加强帽)组成，如图 14－4 所示。其中，火帽壳一般由紫铜片经冲压后表面镀镍制成，用于盛装针刺药。盖片或加强帽由紫铜片冲压而成，厚度较小，外形为盂形或圆片形，用于防止药剂撒出、防潮等。盖片或加强帽的厚度及材料对火帽感度影响很大。有些火帽针刺端厚度小，便于针刺药发火后击穿，有利上方点火。针刺药用于产生一定强度的火焰。针刺火帽中一般只装一种针刺药，为提高输出威力，有的火帽装针刺药和点火药两种药剂。针刺药主要由起爆药、可燃物与氧化剂组成，有时还加入钝感剂或敏感剂、黏合剂及安定剂等成分。

火帽有一定的形状和尺寸，其结构尺寸取决于引信中火帽的用途和位置。针刺火帽一般为盂形，多数为平底，如图 14－4(a)～(d)所示，也有凹底结构，如图 14－4(e)所示。尺寸上，针刺火帽直径一般为 3～6 mm，高度约为 2～5 mm。

图 14－4(a)为扁平的圆柱状火帽，高度同直径大致相等，火帽壳厚度为 0.3 mm。这种火帽具有一定的耐振性。

图 14－4(b)为双层药结构火帽，上层为针刺药，下层为点火药。上层药用于保证火帽的针刺感度，下层药用于保证火帽的点火能力，且下层药还有一定的延期作用。

图 14－4(c)为上、下均用盖片的火帽。这种火帽的结构牢固，具有耐振性，并且加强帽和盖片均可以炸碎。

图 14－4(d)中，火帽壳底部较薄，易于击穿。火帽壳较厚，可以增加强度。

图 14-4(e)中的火帽底部为凹形，火帽收口。火帽壳及盖片均较薄，正、反面都可以针刺发火，针刺感度较好，耐振性能好。

(2)发火机理。击针刺入药剂时，药粒之间、药剂与击针之间发生摩擦。如果击针端部有平面，则此平面对药剂有撞击作用，在击针的表面及药剂中有棱角的地方，形成应力集中，产生"热点"。"热点"很小(直径为 $10^{-5} \sim 10^{-3}$ cm)，但温度很高。当"热点"温度足够高，并维持一定时间($10^{-5} \sim 10^{-3}$ s)后，火帽被起爆。实验证明，击针进入药剂约 1～1.5 mm，火帽就会发火。发火时，感度大的起爆药最先分解，之后氧化剂与可燃物之间发生反应。

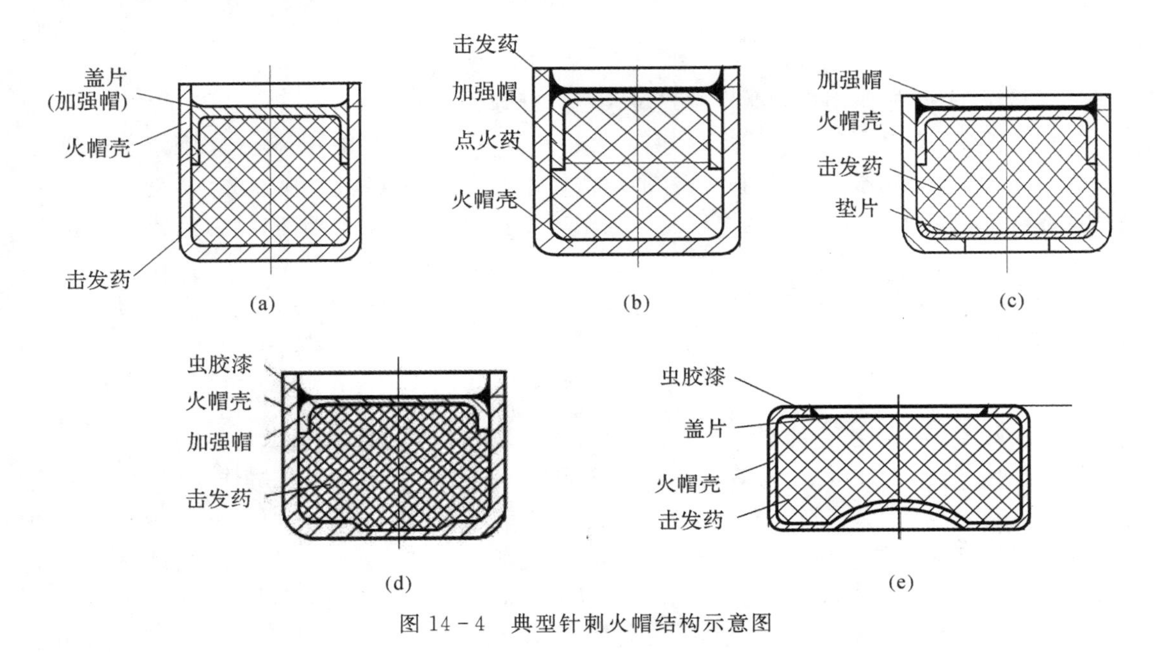

图 14-4　典型针刺火帽结构示意图

从发火机理上看，针刺火帽发生爆炸变化受两方面因素影响：击针的硬度、刺入药剂的速度和深度等是外部因素，击针硬度大，刺入速度快，产生"热点"的可能性就大；药剂感度则是内在因素。

2.撞击火帽

撞击火药是弹药发射部传火序列的首发元件，主要用在枪弹药筒、各种炮弹的撞击底火、迫击炮的尾管及特种弹的药筒中，在撞针作用下发火，用于引燃底火与传火管中的传火药。

基于其基本功能和使用条件，撞击火药应满足以下要求：一是作用可靠性要求，即适当撞击能量作用下可靠发火，且点火能力足够；二是作用一致性要求，即同批火帽点火时间、点火效果一致性好，以保证火药装药弹道性能的一致性；三是强度要求，即壳体有一定的强度，受撞击后不能有被击穿或破裂等情况，以免火药燃气泄漏；四是撞击火帽爆炸反应的生成物不应对武器产生有害影响。

(1)结构组成。撞击火帽的结构、性能及战术技术要求等与针刺火帽类似，但某些要求低于针刺火帽严格，如耐振动性要求等。

图 14-5 所示为几种典型撞击火帽的结构形式。撞击火帽主要由火帽壳、盖片、击发药、火台等部分组成。其中，火帽壳用于盛装击发药、固定药剂、密封防潮和调节感度。火帽壳多

采用黄铜冲压而成，通常采用涂虫胶漆或镀镍的方法，提高火帽壳与药剂的相容性。为了保证使用安全，要求火帽壳具有一定的机械强度。另外，火帽壳底厚、壁厚以及底到壁的过渡半径均应配合适当。击发药的作用是保证火帽有合适的感度和足够的点火能力。盖片通常由金属箔或涂虫胶漆后的羊皮纸冲压而成，起密封药剂、防潮等作用。火台可以装在底火中、枪弹壳上或与火帽结合在一起，以保证受撞击后火帽的发火可靠性。

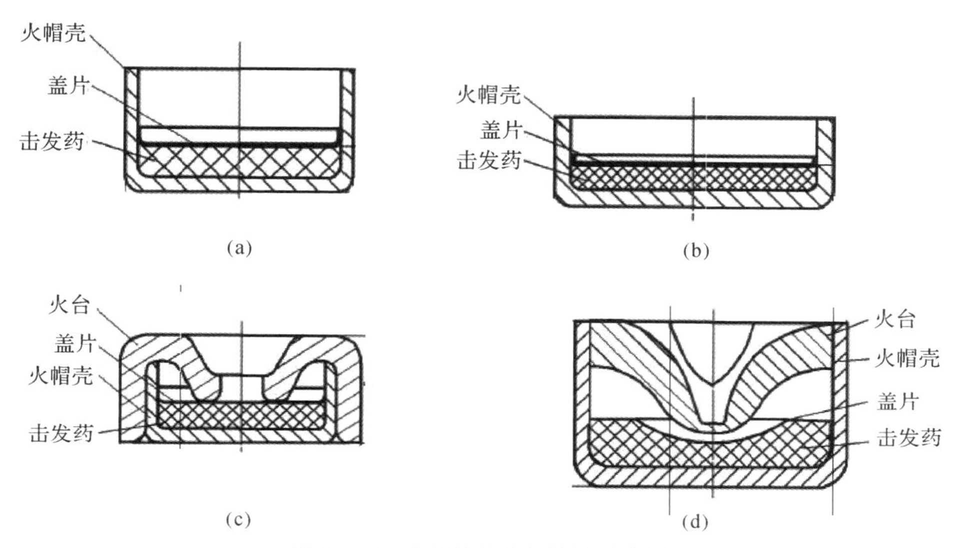

图 14－5　典型撞击火帽结构示意图

(2)发火机理。撞针撞击火帽时，火帽的底部变形，向内凹入，(与火台一起)挤压击发药。受挤压时，击发药受到撞击、压碎、摩擦等作用，在棱角或棱边上产生热点，使击发药发火，产生的火焰点燃发射药或底火中的黑火药。

撞击火帽的发火可靠性，与火台的尖端面积、撞击的半径、火帽壳底部的硬度和厚度等有关，影响热点温度大小、撞针能量的集中作用程度的因素，都会影响其感度。

3.摩擦火帽

摩擦火帽的应用仅限于木柄手榴弹的发火件和爆破用拉火管。典型的摩擦火帽由火帽壳和拉火药(70～90 mg)两部分组成，如图 14－6 所示。

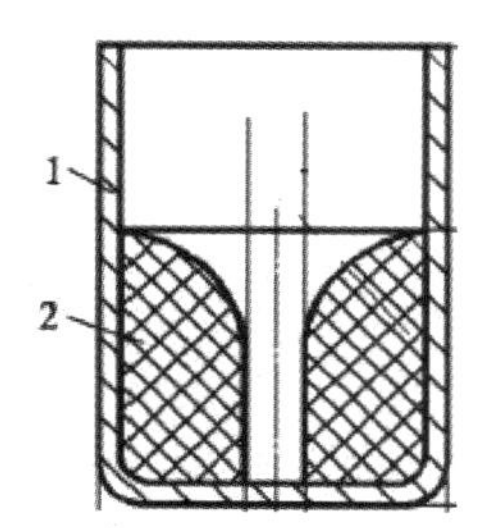

图 14－6　HM－2 拉火帽构造示意图

1—火帽壳；2—拉火药

图 14－7 所示为木柄手榴弹的发火件结构。发火件由铅管、摩擦火帽、拉火铜丝、导火索、黑药和火焰雷管组成。手榴弹投掷时，拉火铜丝被拉出并穿过摩擦火帽，拉火铜丝与药剂摩擦发火，并点燃导火索，铅管的薄壁处因生成气体而胀破，使气体顺利排出，保证导火索的正常燃烧，从而保证一定的延期时间。达到延期时间后，导火索引爆雷管，从而引爆弹体内炸药。

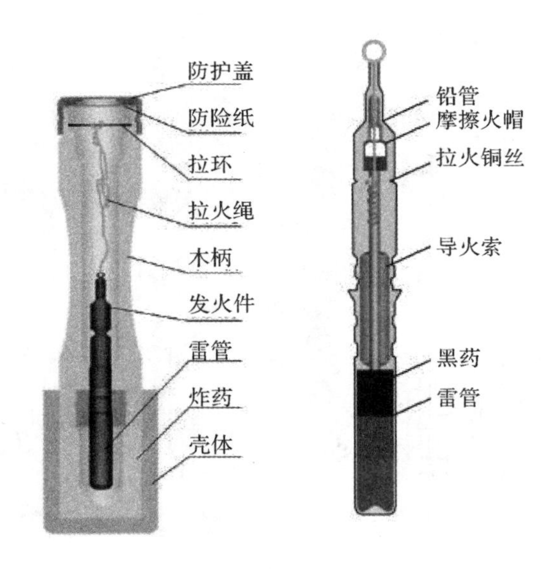

图 14－7　手榴弹发火件结构示意图

4.电火帽

电火帽是电底火的发火元件，主要由火帽壳、导电药、黑药和盖片组成，如图 14－8 所示。

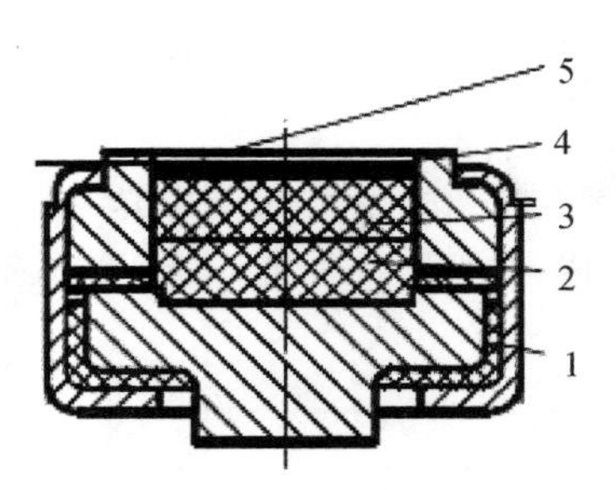

图 14－8　电火帽结构示意图

1—火帽壳；2—导电药；3—黑药；4—盖片；5—硝化纤维素漆

炮弹装入炮膛，关闭炮闩并击发后，闩体上的击针与电底火的接触塞相接触，构成如下通电回路：兵器电源→击针→下导电簧→导电体→上导电簧→电火帽→底火体→药筒→兵器电源。通电后电火帽中的导电药迅速升温，当温度超过导电药的发火温度时，迅速点燃黑药，黑药燃烧产生的高温高压气体冲破盖片，点燃电底火中的扩焰药。

因采用电激发方式，且多配用于大射速的武器系统弹药，故为确保作用可靠性和使用安全性，电火帽除满足点火能力的要求外，其电阻、不发火性能、发火性能和延期时间都应符合相关技术要求。

二、底火

底火是枪弹和炮弹发射部传火序列的第一个元件，在机械、电等外界能量作用下发火，输出的火焰用来引燃发射药或火工品。

通常情况下，可将激发能量形式、与药筒的配合方式、发射后是否消失等作为依据对底火进行分类。

按激发能量形式，可将底火分为撞击底火、电底火和电撞两用底火。撞击底火利用火炮击针撞击能量发火，是多数后装炮弹采用的类型。电底火由武器系统提供的电能激发。为提高发火可靠性，电撞两用底火采用冗余设计，即撞击机械能或电能都可使其发火。

按与药筒的配合方式，可将底火分为压入式和旋入式两类。压入式底火一般用于小口径炮弹上，靠底火体与药筒底火室之间的过盈配合固定，底火体外无螺纹，可维修性差。旋入式底火一般用于中大口径炮弹上，可通过换件的形式进行维修。

按发射后是否消失，可将底火分为可燃(可消失)底火和不可消失底火。可燃底火在发火后可完全燃烧或气化而不留固体残渣，专用于可燃药筒等特殊场合。不可消失底火即在发射后除底火装药燃烧外，其他零件完整地保留下来，这些零件一般为金属零件。

除对火工品的共同要求外，底火还应满足以下要求：①合适的感度，以保证发火的可靠性；②足够的点火能力，以保证弹丸的内、外弹道稳定；③足够的机械强度，防止在火炮射击过程中，底火产生变形影响开闩，发生底火击穿、漏烟，造成伤害射手和燃蚀炮闩等；④足够的安全性，保证炮弹上膛时，不会因受惯性振动而提前发火。

1.撞击底火

撞击底火是以撞针突然挤压介于撞针和火台之间装药激发的底火。撞击底火装在绝大多数的枪弹和炮弹的药筒底部，用于引燃药筒内的发射药。

(1)枪弹底火。枪弹底火通常由壳体、盖片和击发药组成，有的枪弹底火还带有火台和加强帽等，其结构如图 14－9 所示。其中，壳体具有盛装击发剂、密封药室、防止药剂受潮和调节感度等作用，多采用黄铜冲压而成，为防止与药剂作用，也可涂虫胶漆或镀镍。为防止射击时底部被击穿，壳体底部比边缘部略厚。盖片材料一般为锡箔片，与击发药接触的一面涂虫胶漆或松香虫胶漆，用于密封药剂、防潮等。早期枪弹底火中的击发药多含有雷汞，现多采用无雷汞击发药。

枪弹底火的作用过程与撞击火帽基本相同，撞针撞击底火壳体时，壳体变形的同时击发药前冲，击发药在壳体或者与火台的夹击下发火，直接点燃发射药，或者通过火台上的传火孔点燃发射药。

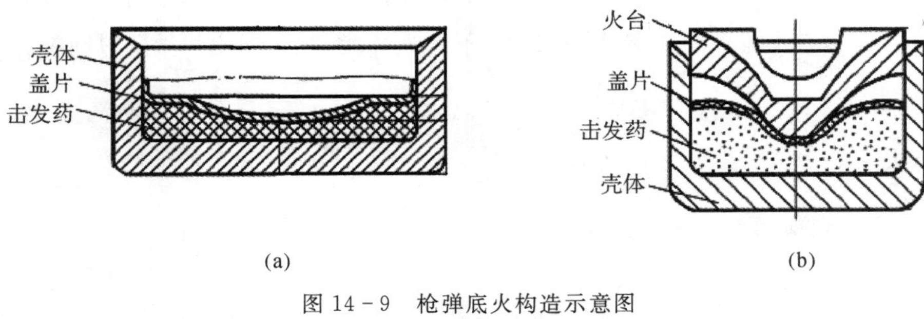

图 14-9　枪弹底火构造示意图

(a)无火台底火；(b)有火台底火

(2)小口径炮弹底火。小口径炮弹的初速在 800～900 m/s 之间，膛压在 280～305 MPa 之间，对该类底火无特殊的性能要求。

1)DJ-14A。DJ-14A 主要由底火体、撞击火帽、火台、黑药和铅垫组成，如图 14-10 所示。底火体为覆铜钢，起闭气及总装作用。体内装入一个预先将火帽压在火台内的组件后进行收口，上方装 0.1 g 松装黑药和 1.5 g 黑药柱，口部装铅垫片后涂掺有细铝粉的硝基胶液密封。

DJ-14A 的作用过程为：火炮撞针撞击 HJ-9 火帽壳时，火帽壳产生变形，击发药前冲，并在火帽和火台夹击下发火，火焰能量通过火台上的传火孔点燃底火中松装黑药，再点燃黑药柱，当燃烧产生一定压力时，火药气体冲出垫片点燃药筒中的发射装药。

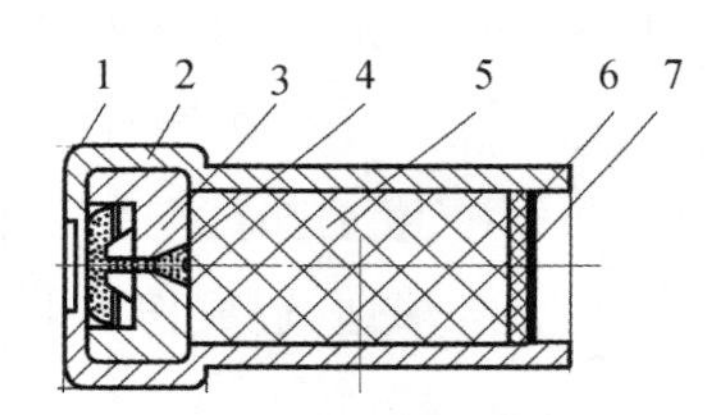

图 14-10　DJ-14A 底火构造示意图

1—底火体；2—HJ-9 火帽；3—火台；4—松装黑药；5—黑药柱；
6—铅垫；7—掺有细铝粉的硝基胶液

该底火选用直径较大的 HJ-9 火帽，火台工作面直径也较大，发火可靠性好；采用火焰能力强的黑药，且药量较大，点火传火能力强；采用覆铜钢作为底火体，不易因破裂造成底火漏烟；采用火帽火台组合件的形式，结构简单，且能有效防止火帽松动。

2)DJ-24。DJ-24 主要由底火体、撞击火帽、火台、纸垫、黑药柱、压盖和钢球组成，如图 14-11所示。钢质底火体将底火各零件组装结合成一体，并压入药筒底火室内。内装 0.1 g 松装黑药和 1.55 g 黑药柱。

DJ-24 的作用过程为：火炮撞针撞击 HJ-9 火帽壳时，火帽壳产生变形，击发药同时前冲并在火帽和火台夹击下发火，通过火台上传火孔加热钢球，火焰推动钢球向上运动点燃黑药和黑药柱，当黑药燃气压力达到规定值后，燃气冲出纸垫点燃药筒中的发射装药。在发射药燃气压力作用下，钢球向下运动，堵塞火台上的传火孔，防止火药气体从底火体底部泄露。

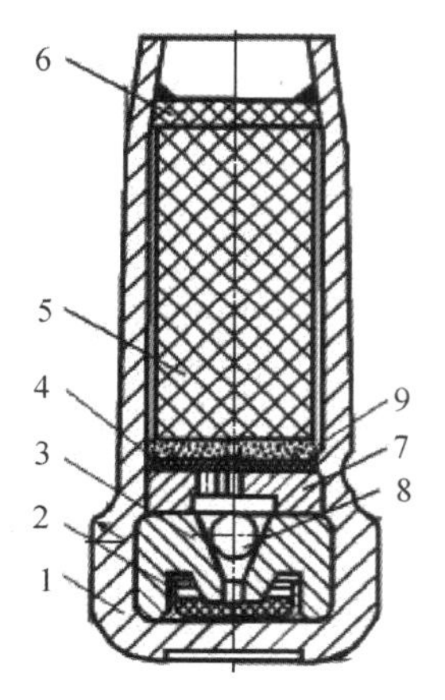

图 14-11 DJ-24 底火构造示意图

1—底火体；2—HJ-9 火帽；3—火台；4—硝酸钾纸垫；5—黑药柱；
6—纸垫；7—压盖；8—钢球；9—松装黑药

该底火具有击发能量低、低温发火率高、发射强度高(闭气机构保证)和使用安全等特点。

3)DJ-36。DJ-36 主要由底火体、火台、纸垫和击发药组成，如图 14-12 所示。与 DJ-14A 和 DJ-24 不同，该底火内没有火帽，也没有点火药和传火药。作用过程中，击针撞击使击发药发火后，火焰通过火台上的传火孔直接点燃药筒中的发射装药。

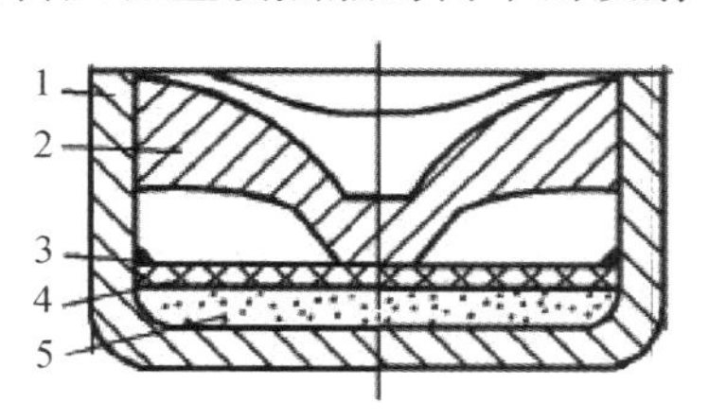

图 14-12 DJ-36 底火构造示意图

1—底火体；2—火台；3—缩醛烘干胶液；4—纸垫；5—击发药

(3)中、大口径炮弹底火。中、大口径弹发射装药量多，为保证全面同时点燃发射药，要求底火具有更大的点火能力。

1)DJ-5。DJ-5 由底火体、火帽、火帽座、锥形塞、闭气盖、密封圈、垫片和衬盂等组成(见图 14-13)，是一种配用在膛压较高的炮弹上，耐高压能力强(最大能承受 392 MPa)的底火。

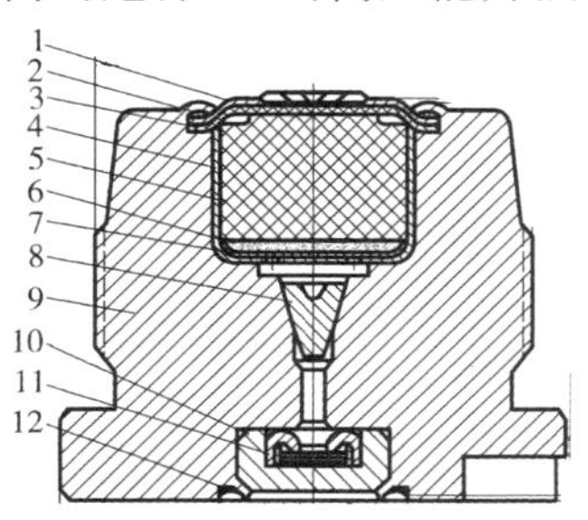

图 14-13 DJ-5 底火构造示意图

1—闭气盖；2—密封圈；3—纱布垫片；4—衬盂；5—黑药饼；6—3 号小粒黑药；
7—纸垫；8—锥形塞；9—底火体；10—火帽座；11—HJ-3 火帽；12—密封清漆

DJ-5的作用过程为：火炮撞针撞击HJ-3火帽壳时，火帽壳变形的同时，击发药前冲并在火帽和火帽座夹击下发火；火帽火焰将锥形塞抬起，通过传火孔点燃底火中的3号小粒黑药，再点燃衬盂里的黑药饼；当黑药燃气达到一定压力时，火药气体冲出垫片和闭气盖点燃药筒中的发射装药；同时，发射药燃气体压力压下闭气塞，堵塞传火孔，防止燃气外泄。

DJ-5具有以下特点：一是强度好，底火体采用35号冷拉退火钢制成，厚度较大，射击时能够承受很高的膛压，射击后能方便地从药筒上旋下。二是密闭性好，闭气塞位于传火孔内，可上下活动，向上则传火孔通畅，向下则传火孔堵塞。同时闭气盖上预压有梅花瓣，发射时裂成花瓣形，位于底火体与药筒之间，起阻挡火药气体、减少螺纹漏烟的作用。三是安全性好，采用特制的火帽座，能精确控制底火体厚度，满足既敏感又安全的要求，同时为保证顺利关闩，火帽座稍稍凹于底火体。其缺点是火帽座周围不易变形，若击发位置不正，易瞎火。

2）DJ-13。DJ-13主要由底火体、火帽、火台、锥形塞、加强盂、盖片、黑药、纸垫、压螺和密封圈组成（见图14－14），也是一种耐高压底火，最大能承受的压力为344 MPa，配用在高射炮、加农炮和滑膛炮上。

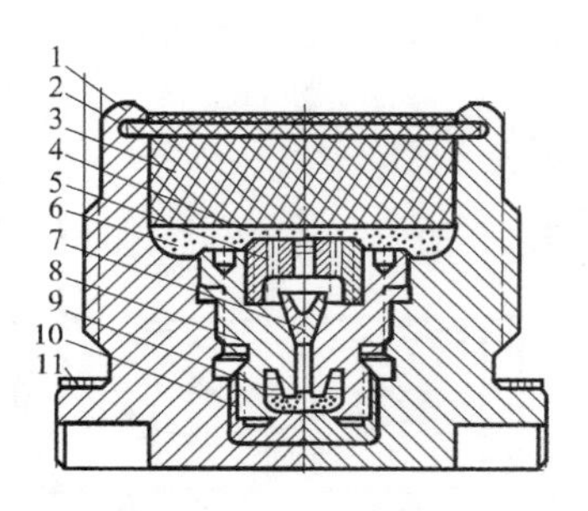

图14－14　DJ-13底火构造示意图

1—底火体；2—盖片；3—黑药饼；4—纸垫；5—压螺；6—散装黑药；7—锥形塞；8—火台；9—HJ-1火帽；10—加强盂；11—密封圈

DJ-13的作用过程为：火炮撞针撞击底火底部中央，底火被撞击处向内凹入变形，HJ-1火帽壳产生变形，击发药同时前冲，击发药在火帽和火台共同挤压下发火；火帽火焰将锥形塞抬起，穿过火台传火孔，通过传火孔，烧掉纸垫，点燃散装黑药。散装黑药燃烧后，形成较高的火药气体压力，立即将锥形塞压下，紧紧堵塞传火孔，因此火药气体不能通过火台击穿底火体的薄弱部位而外泄；同时，黑药燃烧再点燃黑药饼，火药气体冲出盖片点燃弹药中火药装药。

DJ-13底火体较厚，强度较好。火帽和底火体之间的加强盂，便于提高底火的耐压性能和发火可靠性。锥形塞装入火台后用带孔的盖板旋在火台上方，以限制锥形塞的运动距离。在底火体的台阶上有紫铜密封圈，发射时可防止火药气体从底火体与药筒间的缝隙外泄。

3）DJ-9。DJ-9主要由底火体、火帽、火台、锥形塞、加强盂、盖片、黑药、纸垫、压螺和密封圈组成，如图14－15所示。

DJ-9的作用过程为：撞针撞击底火外管，外管内部变形迫使火帽前冲，火帽座阻止火帽前冲，击发药在火帽和火帽座夹击下发火；火焰先点燃点火药，再点燃黑药，当燃气产物压力达到规定值后，火焰冲出盖片点燃发射药装药；发射药燃气把盖片从梅花瓣处冲破，破片紧贴在药筒传火孔壁上，防止火药气体从底火与药筒之间漏出。

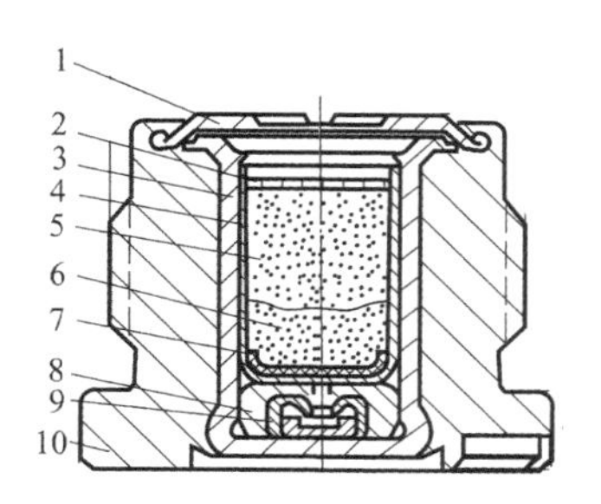

图 14－15　DJ-9 底火构造示意图

1—闭气盖；2—封口片；3—外管；4—内管；5—黑药；6—点火药；7— 垫片；
8—火帽座；9— HJ-3A 火帽；10—底火体

DJ-9 的底火体采用强度较大的 35 号钢，耐压性能强；采用双层点火药结构，下层为点火能力较猛的点火药（亚铁氰化铅、高氯酸钾及松香），上层为点火效果较好的黑药，有效提高了底火的点火能力；采用螺纹连接方式，便于换件维修；采用了收口、扩口翻边及点铆等工艺措施，保证底火闭气性及内外管在射击时不会脱落。同时，DJ-9 底火存在撞针击偏时感度降低的问题。

（4）迫击炮弹底火。迫击炮弹为前膛装填，靠弹药重力使击针撞击底火，撞击能量较小；一旦底火瞎火或射击后底火脱落，勤务处理困难且危险；发射药装药密度较小（约为 0.04～0.15 g/cm^3），膛压低，故采用基本药管点火，以增强点火能力。基于上述使用背景，迫击炮弹底火除满足对火工品的共同要求外，还应满足感度大、作用可靠、射击后底火零件不留膛等特殊要求。

迫击炮弹底火位于迫击炮弹的基本药管内，有压入式和旋入式两种。目前，迫击炮弹底火多为压入式，典型的有 DJ-6 和 DJ-6B 两种。

1）DJ-6。DJ-6 主要由底火体、火台、火帽壳、纸垫和击发药组成，如图 14－16 所示。底火体由厚 0.4 mm 黄铜板冲压制而成，用于组装底火各个零件，密闭气体，承受撞针的撞击。火帽壳为底火的发火件，用于保证底火感度和点火能力。火台（黄铜）用于固定火帽和保证火帽发火确实。

DJ-6 的作用过程为：底火与撞针相撞击（坠发或者拉发）时，底火体和火帽壳产生凹入变形，击发药在火台的作用下发火，火焰经火台侧面的传火孔外传，点燃基本药管内的发射药；基本药管内的发射药燃气达到一定压力时，冲破基本药管，通过尾管上的点火孔点燃迫击炮弹的附加药包。

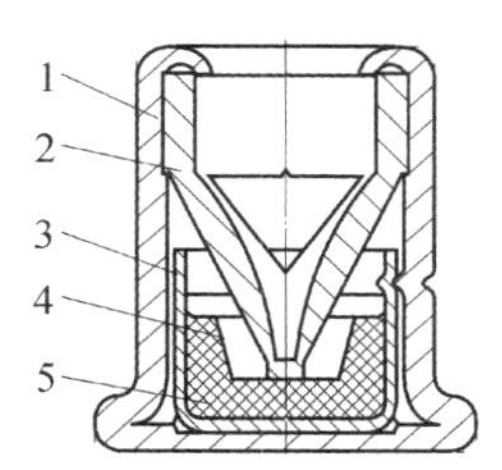

图 14－16　DJ-6 底火构造示意图

1—底火体；2—火台；3—火帽壳；4—纸垫；5—击发药

DJ-6 的底火体内装火帽壳并经点铆固定，故经历跌落和震动时的安全性好；选用底厚较小的紫铜底火体，且击发药量较大，火焰感度大；结构简单，零件少，加工方便。但该底火也存在防潮性差、击发药中雷汞含量大腐蚀性强、发火后底火体易沿边缘炸裂造成漏气等缺点。

2)DJ-6B。DJ-6B 主要由底火体、封口片、火台、火帽壳、纸垫和击发药组成，如图 14－17 所示。与 DJ-6 相比，该底火火台上有一张厚 0.3 mm 的硝基软片(封口片)，该封口片可防止传火黑药等进入底火，防止火台锈蚀或击发药受潮。同时硝基软片可燃烧，因此不会影响底火的使用。另外，DJ-6B 高度较大，击发药为不含雷汞击发药。

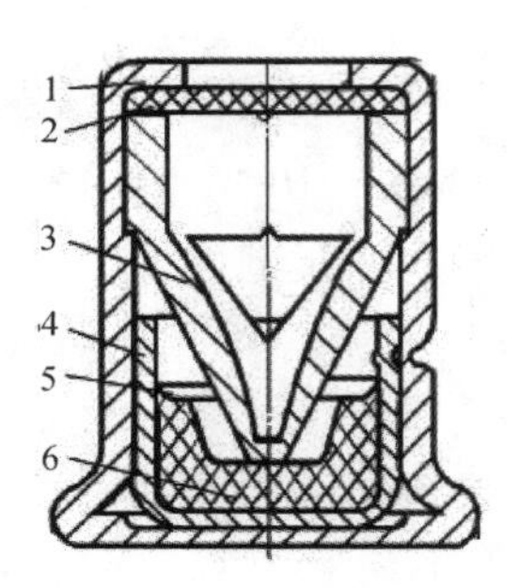

图 14－17　DJ-6B 底火构造示意图

1—底火体；2—封口片；3—火台；4—火帽壳；5—纸垫；6—击发药

(5)无坐力炮弹底火。无后坐力炮弹发射过程中，弹丸向前运动的同时，发射药燃气向后排出。为维持膛内的足够压力，发射药必须同时迅速燃烧。因此，要求底火有较大的点火能力。

无坐力炮弹底火的构造、作用过程与迫击炮弹底火基本相同，都位于炮弹的基本药管内。其中，含药筒的无坐力炮弹底火一般采用长管底火，如图 14－18 所示。

与中、大口径底火相同，图示底火的击发部分也包括底火体、HJ-3 火帽、闭气塞、黑药等。其不同点在于，图 14－18 所示底火在撞击底火的基础上增加了较长的传火管体，增加了黑药的装药量，且传火管体上开有许多传火孔，以便黑火药燃烧后从传火孔上喷出火焰引燃药筒内的发射药。

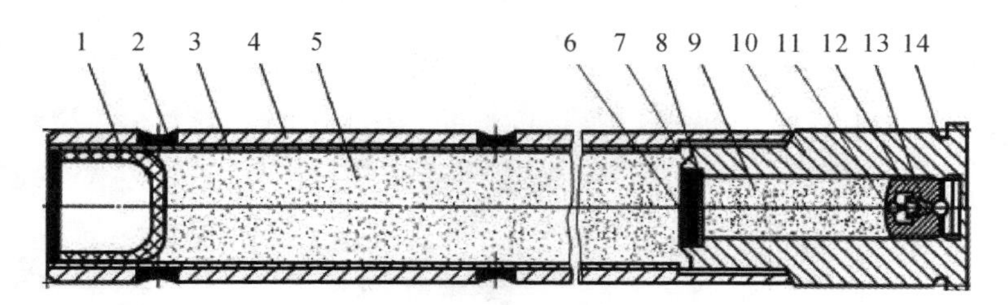

图 14－18　底火构造示意图

1—硝棉盂；2—虫胶漆；3—衬纸；4—传火管体；5—2 号大粒黑火药；6—磁漆；7—黄铜片；8—纱布纸垫片；9—小粒黑药；10—底火体；11—纸垫；12—压螺；13—闭气塞；14—HJ-3 火帽

2.电底火

电底火主要用于高射速武器弹药，用电能击发，具有很高的瞬发度。为满足武器系统高射速以及作用可靠、安全等要求，电底火应满足以下特殊要求：一是保证从底火击发到点燃发射药的时间，小于高射速武器发射一发炮弹所用平均时间；二是在 50 MPa 以上的炮弹上膛所引起的震动作用下，性能不受影响；三是在大于 300 MPa 以上的膛压作用下，具有一定强度，不能产生击穿漏烟等问题。

按发火原理，电底火可分为桥丝式电底火和导电药式电底火。前者利用电能使桥丝灼热而激发，后者则利用电能使两极之间的导电药激发。

电底火一般由壳体、发火机构和扩燃药组成。其中，灼热桥丝式电底火的壳体材料为黄铜，发火机构由环电极、芯电极、绝缘塑料、桥丝和史蒂酚酸铅组成；导电药式电底火采用复铜钢镀锡的外壳，发火机构由芯电极、绝缘层、导电药组成。两者均采用黑药作为扩燃药。

(1)DD-1。DD-1 配用某小口径火炮，属于灼热桥丝式电底火，主要由底火体、环电极、芯电极、电桥、绝缘塑料、绝缘垫片、药剂和纸垫组成，如图 14－19 所示。桥丝是直径 0.03 mm 的镍铬丝，点火药为史蒂酚酸铅，传火药为过氯酸钾、亚铁氰化铅和松香混合物；绝缘垫片是高强度塑料酚醛层压板，用于衬托桥丝及药剂，并防止火药气体直接作用于绝缘塑料。绝缘塑料位于环电极与芯电极间，是一种加玻璃纤维的热固性塑料。

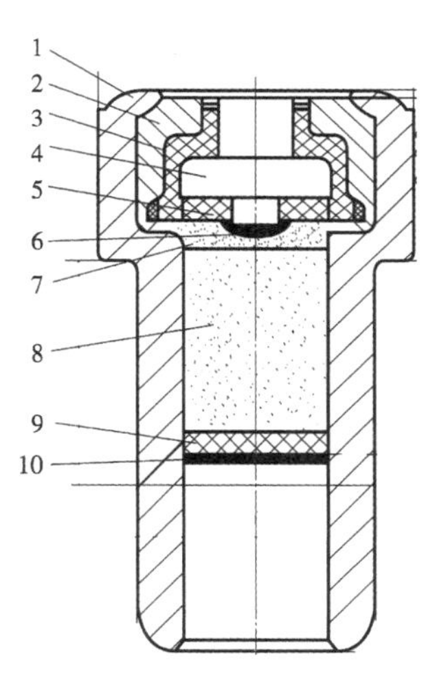

图 14－19 DD-1 底火构造示意图

1—底火体；2—环电极；3—绝缘塑料；4—芯电极；5—绝缘垫片；6—电桥；7—史蒂酚酸铅；8—点火药；9—密封纸垫；10—硝基胶液

DD-1 底火的作用过程为：击针撞击底火底部时，击针与底火芯电极接触，构成的通电回路为兵器电源→击针→底火芯电极→双灼热电桥→环电极→底火壳→兵器电源；通电后桥丝升温，当温度超过史蒂酚酸铅发火点后，药剂迅速发火点燃点火药，进而点燃传火药；当传火药燃气压力达到一定值时，火焰冲破纸垫点燃火药装药，此时电底火要承受高压高温火药气体的冲击，但不能出现底火的击穿、漏烟和芯电极突出等现象。

(2)DD-20A。DD-20A 属于灼热桥丝式电底火，配用于某自行反坦克炮穿甲弹，主要由底火体、芯电极、导电体、电火帽组件、绝缘体等组成，如图 14－20 所示。该底火作用过程与 DD-1底火基本相同，通电回路为兵器电源→击针→芯电极→电桥→环形圆片→底火壳→兵器电源。

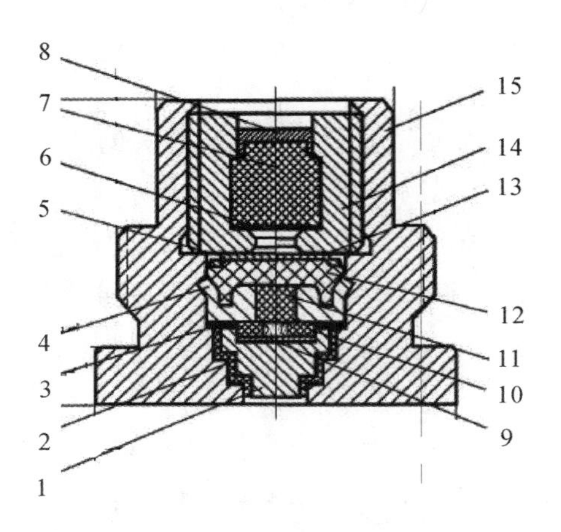

图 14-20　DD-20A 底火构造示意图

1—芯电极；2—绝缘层；3—环形绝缘片；4—装药盂；5—加强帽；6—纸垫；7—黑药；8—锡箔帽；9—弹簧片；10—环形圆片；11—点火药；12—黑药；13—锡箔片；14—装药螺帽；15—底火体

(3)DD-19。DD-19 属于导电药式电底火，配用于某坦克炮弹，主要由底火体、接触塞、导电体、电火帽、绝缘体和螺盖等组成，如图 14-21 所示。底火体外有大、小两个螺纹，大螺纹用于连接药筒，小螺纹用于通过螺套连接传火管。习惯上把连接在底火上的传火管看作是底火的一部分，称为长管底火。传火药装在传火管的中、上部，下端用衬筒支撑。传火管的周围和顶端都有传火孔，以便火焰迅速上传，传火孔平时被盂形塞密封。为确实接触以防短路，在接触塞与导电体、导电体与电火帽之间都有导电簧。底火中采用了如图 14-8 所示的电火帽。

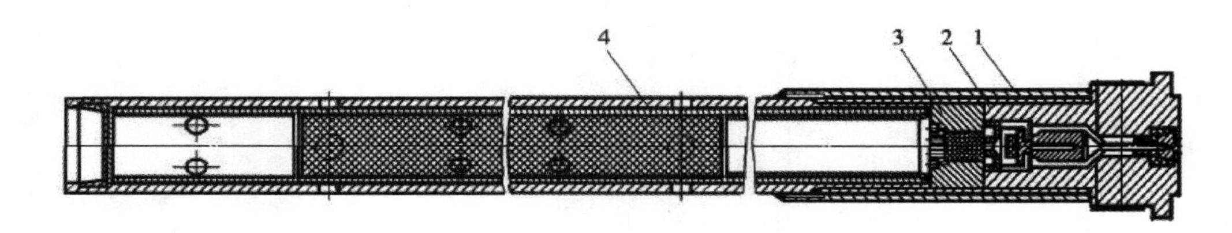

图 14-21　DD-20A 底火构造示意图

1—连接套管；2—带电火帽的头部件；3—传火件；4—点火药管

DD-19 底火的作用过程为：击发时，炮闩体上的击针与电底火的接触塞相接触，构成的通电回路为兵器电源→击针→下导电簧→导电体→上导电簧→电火帽→底火体→药筒→兵器电源；通电后电火帽发火，迅速点燃扩焰药，进而点燃传火传火管内的黑药。

3.电撞两用底火

(1)DD-5。DD-5 配用于舰炮榴弹及甲弹，主要由底火体、火帽、火帽座、闭气塞、桥丝、上下导电盖、导电片、绝缘环、绝缘套、纸垫、绸垫、黑药和压螺组成，同时具有撞击和电发火两种发火机构，如图 14-22 所示。

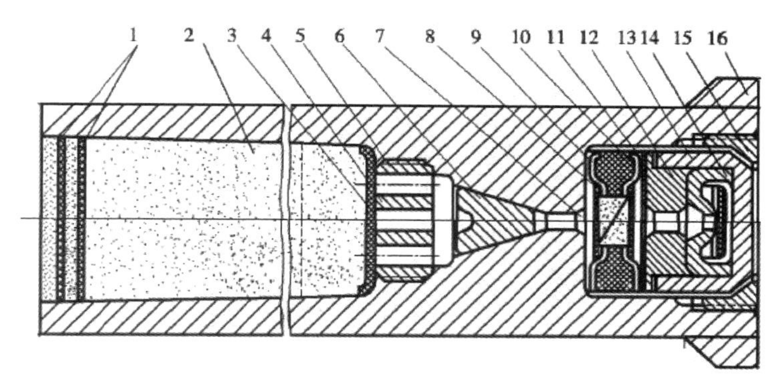

图 14－22　DD-5 底火构造示意图

1—纸垫；2—黑药；3—纸垫；4—绸垫；5—压螺；6—闭气塞；7—桥丝；8—纸垫；9—上、下导电盖
10—绝缘环；11—导电片；12—压垫；13—绝缘套；14— HJ-3 火帽；15—火帽座；16—底火体

撞击发火机构位于底火底端，其结构形式与 DJ-5 底火相近，主要由底火体、火帽座、HJ-3 火帽、火台、黑药等组成。电发火机构位于撞击发火机构前端，主要由点火药，桥丝，上、下导电盖和绝缘环等组成。点火药装在绝缘环中心孔内，两端用锡箔纸覆盖；桥丝采用直径 0.18 mm 的康铜丝制成，桥丝斜穿过点火药，两端分别与上、下导电盖相连；上、下导电盖被位于其中间的绝缘环隔开；下导电盖通过紫铜导电片、压垫与火帽座相连；上导电盖与底火体相连。为确实防止短路，火帽座周围装有绝缘套。整个发火机构均被压螺固定在底火体下部。底火体中部有传火孔及闭气机构，上部有黑药和羊皮纸垫片。

DD-5 底火的作用过程为：撞击发火时，火炮撞针撞击 HJ-3 火帽壳后，火帽壳产生变形，击发药同时前冲并在火台和火帽座夹击下发火；火帽火焰穿过电发火机构，将锥形闭气塞抬起，点燃黑药，当燃烧产生一定压力时，火药气体冲出垫片，点燃药筒中的发射药装药；同时，火药气体压力立即将闭气塞压下，紧紧堵塞传火孔，因此火药气体不能通过火帽座击穿底火体的薄弱部位而外泄。电发火时，当击针撞击底火底部时，电流经过导线至炮闩上的接触体，构成通电回路。这时的电路为兵器电源→击针→火帽座→压垫→导电片→下导电盖→桥丝→上导电盖→底火体→兵器电源。通电后桥丝升温，当温度超过史蒂酚酸铅发火点后，药剂迅速发火点燃点火药，火焰将锥形闭气塞抬起，点燃黑药。

(2)DJD-3。DJD-3 配用于坦克炮弹，主要由发火机构、点火机构、紧固圈和密封圈组成，如图 14－23 所示。该底火兼有撞击和电发火两种发火机构，其构造与性能与 DD-5 底火相近，但点火机构较短、传火药较少，且桥丝材料为镍镉合金。

该电撞两用底火的结构，是在电底火的基础上增加撞击发火机构，即将撞击火帽放置于电发火件下部的芯电极内，形成串联式结构，且电发火件与装药管之间设有闭气塞。撞击发火时，底火在击针撞击作用下，火帽发火，点燃电发火件内装药，继而引燃装药管内的黑火药；而电发火时，底火在电流作用下，电发火件直接发火。这种串联式结构有利于装配。

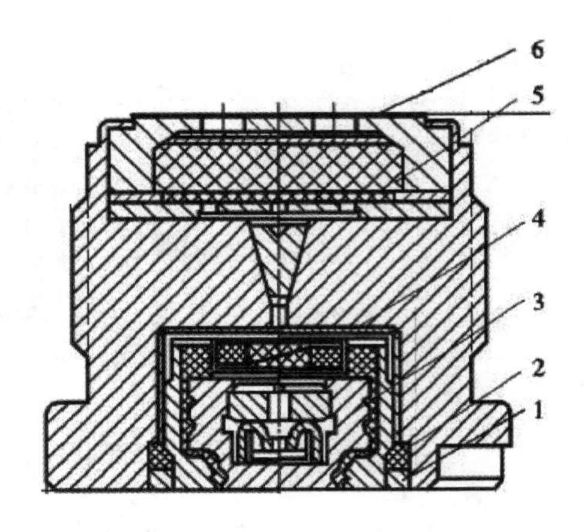

图 14-23　DJD-3 底火构造示意图

1—紧固圈；2—密封圈；3—发火机构；4—导电片；5—点火机构；6—密封清漆

三、点火头

点火头内装填点火药剂，通常由电能击发，具有结构简单、体积小、质量轻、装药量少、输出火焰微弱等特点，其作用与火帽类似。通常情况下，点火头作为点火具、电点火管、电底火和电雷管的起爆元件，利用其输出的火焰能量来引燃其他药剂，另外点火头还用在引信中，利用其燃气压力完成拔销等动作。

各种电点火头的形状、结构基本相同，主要由带桥丝的脚线、塑料塞、引燃药和套管等组成，如图 14-24 所示。

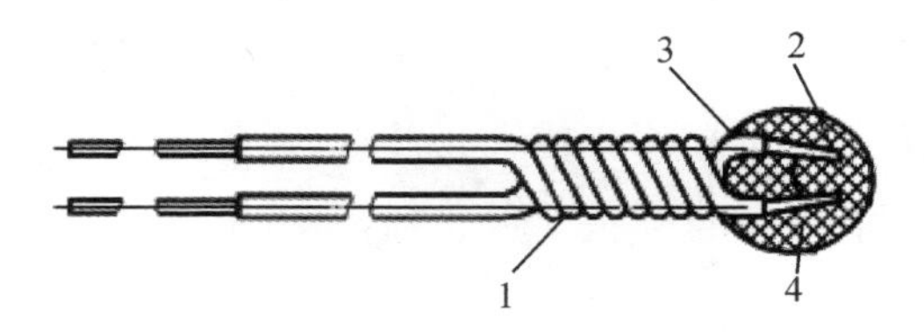

图 14-24　电点火头结构示意图

1—带桥丝的脚线；2—引燃药；3—套管；4—塑料塞

脚线用于固定桥丝，形成回路；塑料塞（胶、漆）用于绝缘及固定脚线；套管用于固定及保护引燃药，且加强点火能力。桥丝用于将电能变为热能来点燃引燃药，一般采用焊接法固定在导线上，焊接好后将桥丝弯成 M 形，增加桥丝强度，并有利于热量集中；引燃药用于保证点火具电感度并输出燃气和火焰能量。

图 14-25 所示的电点火头配用于无线电引信的安保机构中。平时，电点火头在引信保险位置处于短路状态，与回转体部件构成传爆序列的隔爆元件。发射后，当弹丸飞抵弹道顶点时，峰值检测器检测到涡轮发电机的过峰信号，点燃解除保险机构中的电点火头，靠其产生的气体使保险销从定位孔中拔出，释放转子，解除短路，引信传爆序列对正。

四、点火管

点火管是一种由机械能(针刺)或电能击发,在规定方向上输出火焰能量或做功,用于解除引信保险、脉冲发动机点火或传爆序列点火的元件。目前,应用最为广泛的是电点火管。

各种电点火管的结构、形状基本相同,且具有尺寸小、形状规则和输出能量较小等特点。图 14-25 给出了一种典型的配用于某型引信的电点火管结构。该点火管由电点火头、管壳和填料组成:其中的电点火头属桥丝式结构,用于电热换能,是电点火管输出能量的基本来源;填料采用塑料塞,用于绝缘和固定脚线;管壳采用增强尼龙,用于装填和保护电点火头,并使点火头的发火能量定向输出。

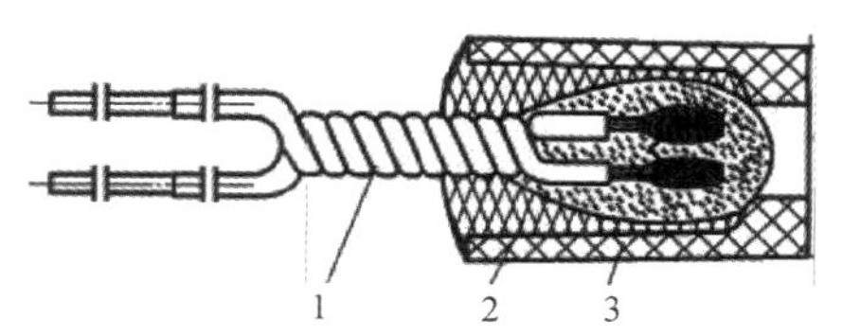

图 14-25　电点火管结构示意图

1—电点火头;2—填料;3—管壳

五、点火具

点火具能将机械能、电能、化学能的外界能量转换为火焰能量,起到引燃作用。点火具的应用非常广泛,它既是火箭弹(航箭弹)、导弹、破障弹、鱼雷、水雷等弹药发射部(含一级发动机、续航发动机)传火序列的首发火工品,还可作为某些传火具、火焰喷射器、掩体爆破器等的点火元件,或用于投放弹、干扰弹、烟幕弹、某些子母式弹药等的抛射机构。

按照激发方式,点火具可分为电点火具、惯性点火具、热源式点火具和化学点火具。目前,电点火具的应用范围最为广泛。

电点火具靠电能激发,包括桥丝式、火花式和导电药式等类型;惯性点火具是靠惯性力推动击针激发的,故也称为刺发点火具;热源式点火具是靠热能激发的;化学点火具是靠酸与装药发生化学反应激发的。

除满足与火工品的通用要求外,点火具还应满足可靠发火、可靠引燃的要求。如点火具用于续航发动机点火,还应满足作用时间的要求。

点火具的性能是否满足战术技术要求,需要通过开展环境适应性试验(含震动、振动、湿热、高温、低温、跌落、浸水试验等)、可靠性试验、储存寿命试验和性能(含输入性能、点火性能和延时时间等)试验予以验证。

电点火具、热源式点火具和化学点火具中,电点火具的性能试验项目最多,包括开展极间电阻测试、电极与壳体间的绝缘电阻(壳体不是电极时)测试、发火电流(电压)测试、安全电流(电压)测试、抗静电性能测试、抗杂散电流测试、输出性能测试等项目。其中,发火电流(电压)与安全电流(电压)测试是在电极间加载一定大小的电流并持续一定的时间,通过观察电点火具是否发火,来判断其作用可靠性和勤务处理、使用的安全性;抗静电测试是在对一定容量的电容器充电至特定电压值后,通过一定阻值的电阻对电极和外壳放电,观察电点火具是否发火来判断其抗静电能力;抗杂散电流测试是以一定频率对发火桥路连续释放多个一定幅值并持续一定时间的电流脉冲,观察电点火具是否发火来判断其抗杂散电流的能力;输出性能的测试方法有两种：一种是定性测试，即通过模拟弹药发射真实作用情况，观察电点火具能否正常点燃后续火工品或装药；一种是定量测试，通过在密闭爆发器中测量电点火具的输出点火压力，作出 $p-t$ 曲线来判断输出性能是否符合要求。

1.电点火具

电点火具多用于火箭弹和火焰喷射器的点火等，目前应用最广泛的是桥丝式电点火具。

桥丝式点火具由电点火头和点火药组成。根据电点火具和点火的相对位置关系，可分为整体式和分装式两类。整体式点火具用于各种小型火箭弹，其结构如图 14-26 所示。电点火头被置于点火药盒内，并与点火药盒成一整体，导线引出后与弹体电极部分连接。为保证点火可靠性，一般采用两个或两个以上并联的电点火头。这种点火具具有结构简单、点火延迟时间较短等优点。分装式电点火具中，点火药和电点火头是分离的，如图 14-27 所示。这种结构具有三个优点：一是安全性好，电点火头和点火药可以分别贮存和运输；二是经济性好，便于更换其中个别零件，不需装拆整个装置，也不致使整个装置报废；三是通用性好，便于使点火头生产标准化。

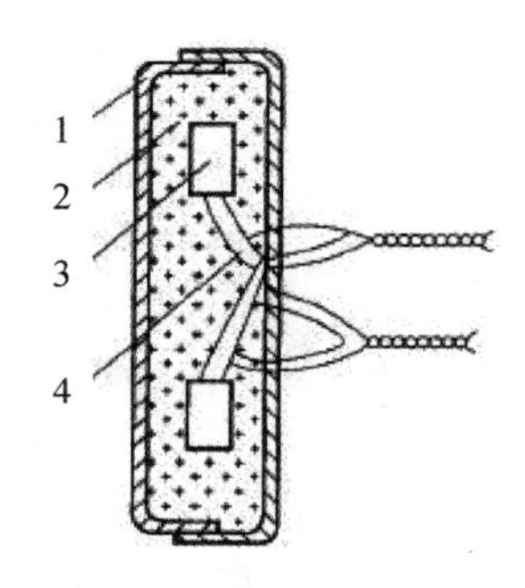

图 14-26 整体式点火具结构示意图

1—点火药盒；2—点火药；3—点火头；4—导线

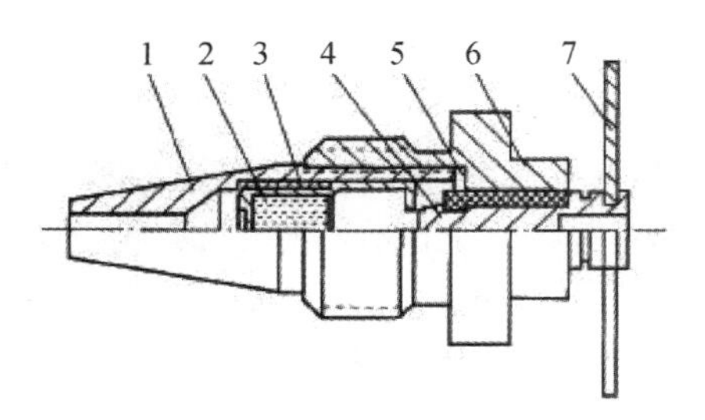

图 14-27 分装式点火具结构示意图

1—喷嘴；2—点火具；3—弹簧；4—导电杆；5—绝缘体；6—本体；7—导电盖

弹药爆炸序列中，电点火具传火序列的发火回路有两种，即：电源→电点火具→推进剂或者电源→电点火具→传火具→推进剂；兵器电源→发火开关→导电装置接触体→导电盖→导电杆→点火具芯杆→点火具桥丝→点火具外壳→弹簧→喷嘴→点火器固定体→喷管→燃烧室定心部→定向管→兵器电源（火箭弹典型发火电路）。其点火过程为：点火具接通电源，电点火具发火，火焰自喷嘴向弹内喷火，经中心药柱内孔，引燃传火具内黑药，黑药火焰点燃推进剂。

(1)JD-1。JD-1 配用于火箭炮榴弹和轻型火焰喷射器，是一种典型的桥丝式电点火具。JD-1 主要由壳体、内帽、接触芯子、绝缘垫片、桥丝、点火药、黑药和盖片等组成，如图14-28所示。其中，壳体由黄铜制成，用于组装点火具和组成导电通路。内帽用于固定桥丝及芯杆组成导电通路。绝缘垫片用于固定芯杆，并使芯杆与内帽绝缘。绝缘套管由聚苯乙烯制成，用于绝缘和固定零件。桥丝通常由镍铬合金或铂铱合金制成，是点火具的电热换能部件，用于保证电点火具的感度。三硝基间苯二酚铅（药量 100g）是点火具的最初发火药剂，将其与少量硝化棉（0.5～1.5 g）、乙酸乙酯（液）、乙酸丁酯（液）调匀后滴入桥丝孔内，晾干后烘干，再涂表面漆晾干后烘干，作为点火具的药头成分。黑药用于保证点火具的点火能力。盖片平时用于固定药剂和防潮，射击时可以改进点火效果。

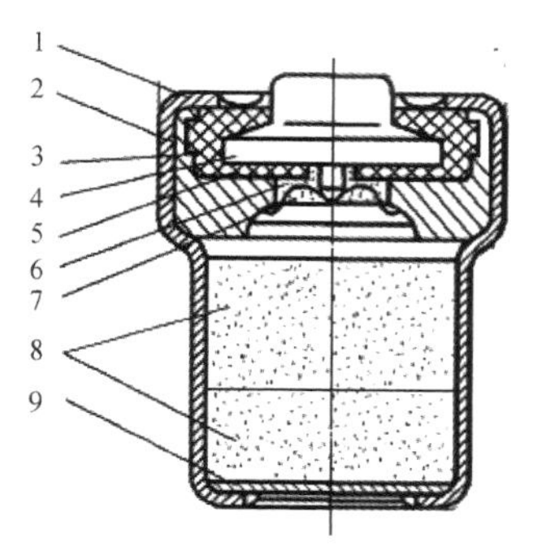

图 14－28　JD-1 电点火具结构示意图

1—点火具壳体；2—内帽；3—绝缘套管；4—接触芯子；
5—绝缘垫片；6—点火药；7—桥丝；8—黑药；9—盖片

JD-1 作用过程中的发火电路为电源→接触芯子→桥丝→内帽→点火具壳体→电源。发火电路中桥丝的电阻值最大，桥丝将电能转变为热能，温度超过引燃药发火点后，引燃药发火并点燃黑药。黑药燃烧生成物冲破盖片点燃火箭弹中的传火具，传火具点燃推进剂。

(2)JD-21。JD-21 配用于火箭炮榴弹，属于桥丝式电点火具。JD-21 主要由点火药盒、点火药、导线、接线片、点火体组合件等组成，如图 14－29 所示。点火药盒用于盛装黑药；点火具体用于组装点火具；点火体组合件由两个并联的电点火头、导线、密封塞和接触片等组成，连接有长、短两根导线，短导线上焊有镍铬合金丝，长短导线焊接处有聚氯乙烯塑料绝缘套管。电点火头引燃药成分为氯酸钾、硫氰酸铅、铬酸铅。其中，铬酸铅为着色剂，用以检查药剂混合的均匀性，同时起钝感作用，延长作用时间，药头的外面蘸硝基磁漆作为防潮漆。密封塞、缩醛烘干胶液和环氧树脂胶，用于零件装配时相互配合，起防潮密封作用。

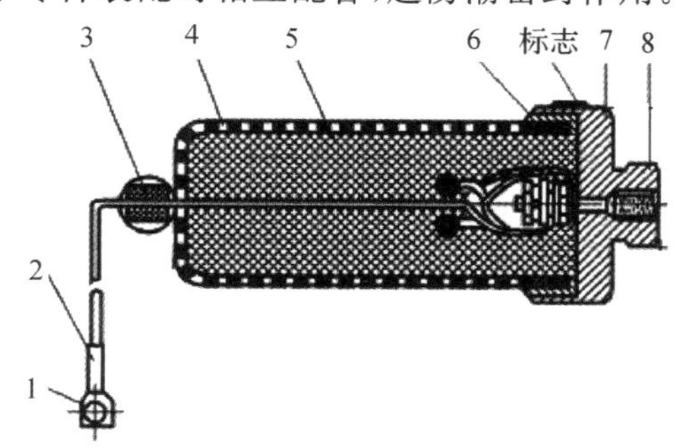

图 14－29　JD-21 电点火具结构示意图

1—接线片；2—绝缘套管；3—密封塞；4—药盒；5—点火药；
6—缩醛烘干胶液；7—点火体组件；8—环氧树脂胶

该电点火具的发火回路为电源→短导线→桥丝→长导线→电源。电源接通以后，两个并联电发火头同时接通，电源电能转变为热能，引燃电发火头，且同时点燃黑药装药，黑药燃烧产物压力达一定数值以后，冲破点火药盒点燃推进剂。

2.惯性点火具

惯性点火具一般由膛内惯性发火机构和点火机构等组成。因借助弹药发射过程中的产生惯性力，并由惯性发火机构中的击针刺发，故又称为刺发点火具，主要用于火箭弹续航发动机的点火。

(1)JH-11。JH-11配用于火箭弹破甲弹续航发动机,其结构如图14-30所示。发火机构由火帽、击针和击针簧组成;点火机构包括延期机构和点火扩燃机构,延期机构主要由延期管和延期药组成,点火扩燃机构主要是点火药盒。

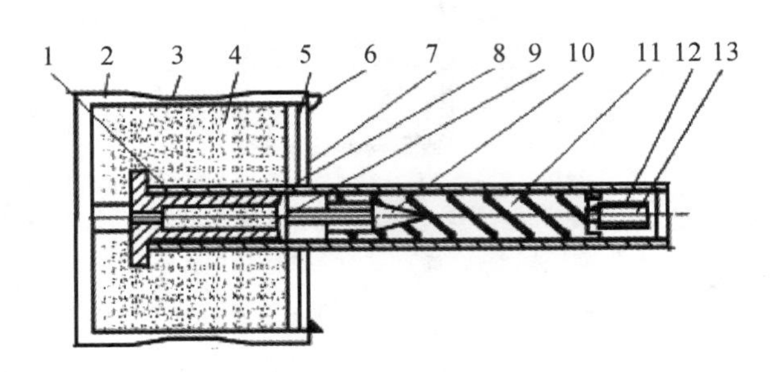

图14-30　JH-11惯性点火具的结构示意图

1—点火具壳体;2—药盒体;3—铝箔挡片;4—黑药;5—盖片;6—密封胶;7—药盒盖;8—延期管;9—延期药;10—击针;11—弹簧;12—火帽座;13—针刺火帽

当战斗部在发射筒内向前运动时,火帽连同火帽座所经受的直线惯性力,使火帽及火帽座克服弹簧抗力向击针方向运动,火帽受针刺作用发火(弹药出炮口20 m左右),火帽的火焰通过击针上的传火孔点燃延期药,经78～85 ms燃烧后,再点燃黑药,黑药燃烧形成的点火压力,冲破盖片并迅速地点燃火箭推进剂,完成点火作用。

(2)JH-8。JH-8配用于无坐力破甲弹火箭发动机,由本体、药盒、铝箔片、药管和延期体组成,如图14-31所示。发火机构由火帽、火帽座、击针簧及带传火孔的击针组成。点火机构由延期机构和点火药盒组成。延期机构在膛内靠惯性发火,其延期时间为0.133±0.015 s,即炮弹出炮口38～40 m后,延期药燃尽点燃黑药,黑药立即点燃推进剂。

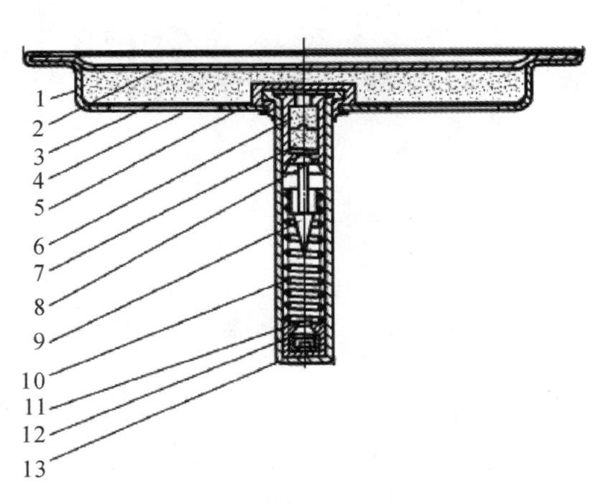

图14-31　JH-8惯性点火具的结构示意图

1—盒底;2—盒盖;3—黑药;4—盖片;5—卡环;6—延期管;7—延期药;8—锥孔片;9—击针;10—弹簧;11—点火具壳体;12—火帽座;13—H2-2号针刺火帽

该点火具的作用过程为：战斗部飞离炮口 40 m 左右时，惯性点火具中的击针受惯性力作用而克服弹簧抗力向后运动，触发 2 号针刺火帽并使其发火，火帽的火焰通过击针上传火孔点燃延期药；经过 0.16 s 左右的延期时间，延期药燃完，点燃火药盒中的 5 g 点火药，点火药火焰冲破点火药盒的铝箔，点燃整个推进剂。

3.热源点火具

以热激发的点火具，按点火形式分为热辐射式点火、火焰传火式点火、热气流体点火和隔板热点火等。火焰传火式的点火具现已归类到传火具，这里重点介绍热辐射式延期点火具。

图 14－32 所示为某用于地空导弹的热辐射式延期点火具的结构。该点火具由两部分组成，即带隔板起爆的辐射传火管和延迟点火管。辐射传火管由热辐射罩、热辐射火帽、带隔板的传火管壳、冲击激发火帽和套筒等组成，延迟点火管由密封垫、引燃火帽、延期药、点火药和点火管壳等组成。

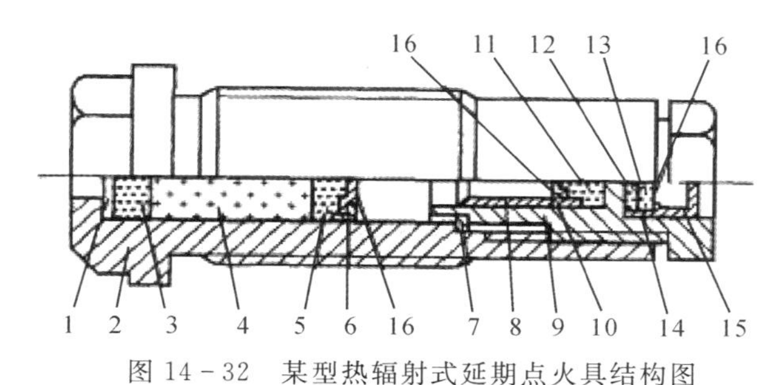

图 14－32　某型热辐射式延期点火具结构图

1—顶盖；2—延迟点火管壳；3—传火药；4—延期药；5—引燃药；6—引燃火帽；7—密封垫圈；8—套筒；9—辐射传火管壳；10—冲击激发火帽；11—针刺药；12—氮化铅；13 热辐射罩；14—热辐射火帽；15—套筒；16—绸垫

辐射传火管壳用于组装传火管各零件，密封传火系统，保证传火系统作用可靠和隔断主、助推发动机间通路。热辐射罩(铝帽)用于接受发动机中辐射热能而达到熔融状态，进而点燃热辐射火帽，并起防潮和固定火帽作用。热辐射火帽由绸垫、史蒂酚酸铅、氮化铅和火帽壳(铝壳)组成。其中史蒂酚酸铅对热辐射敏感，迅速发火且点燃氮化铅，氮化铅用于保证点火能力。火帽发火后应可靠地点燃延迟点火管。冲击激发火帽用于接受热辐射火帽爆炸冲击波和隔板变形震动。冲击激发火帽中针刺药成分为硝酸钡、三硫化二锑、史蒂酚酸铅、特屈拉辛，用于保证隔板震动发火。套筒用于固定冲击激发火帽。

延迟点火管体(不锈钢)用于组装点火管，密闭点火具和固定延期药燃烧后的自由容积。绸垫用于固定药剂及保证顺利传火。顶盖(铝片)用于固定和密封点火药，防止药剂受潮。点火药用于接受冲击火帽火焰，可靠地点燃延期药，传火药用于保证点火具的点火能力。其中点火药的成分为四氧化三铅、锆粉、硝化棉(外加)，延期药的成分为镁铝合金粉、过氯酸钾、虫胶(外加)，传火药的成分为硫氰酸铅、过氯酸钾、松香。

该点火管的作用过程为：当导弹的第一级发射药燃烧时，燃烧温度很高，其辐射能将延期管的辐射罩(铝)加热并使其达到熔融状态，此温度引燃热辐射火帽中的史蒂酚酸铅，史蒂酚酸铅再引爆氮化铅，氮化铅爆炸形成的冲击波通过 1 mm 钢片引燃冲击激发火帽，冲击激发火帽火焰依次点燃引燃药、延期药、传火药和发射装药。

延迟点火具具有以下特点：一是性能稳定，采用耐腐蚀的不锈钢外壳，全密封型结构使药剂不易受潮，以确保延迟时间准确；二是利用隔板点火，两部分均有完整的传火体系，既完成了传火作用，又完成了封闭发动机作用；三是只要外界无100℃以上热源直接辐射或直接接触传热时，使用是安全的。

4.化学点火具

图14－33所示是用于引信的化学点火具的结构图，其主要由管壳、加强帽、酸点火药和史蒂酚酸铅等组成。酸点火药的主要成分是含氯酸钾的点火药，利用硫酸与化学点火具接触时发生化学反应放出热量引燃史蒂酚酸铅，火焰冲破绸垫进而引燃下一级火工品。

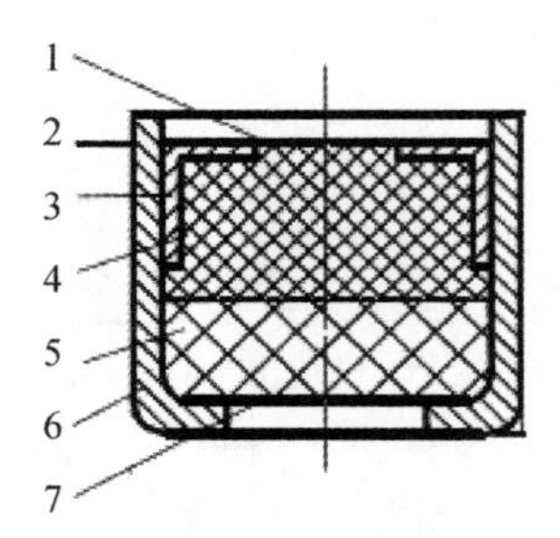

图14－33　化学点火具的结构图

1—绸垫；2—虫胶漆；3—加强帽；4—酸点火药；
5—史蒂酚酸铅；6—管壳；7—锡箔片

六、传火具

传火具是指传火序列中将火帽或者点火具输出的火焰冲量放大后传递给其他装药的火工品。

通常将没有壳体的、柱状装药的传火具称为传火药柱，将没有壳体的、块状装药的传火具称为传火药块，将有管状壳体的传火具称为传火管，将有盒状外壳的传火具称为传火药盒，将柔性织物内松散装药的传火具称为传火药包。传火具起着扩大火焰能量的作用。

图14－34所示为配用于火箭弹的传火具，其主要由盒盖、盒底、黑药和盖片组成。盒盖、盒底均有传火孔，由铝带冲压而成；内装黑药；盖片为锡-锑箔，起防潮密封作用。

作用时，在点火具发火输出火焰能量后，点燃传火具中的装药，传火具将火焰能量放大后可靠点燃推进剂。

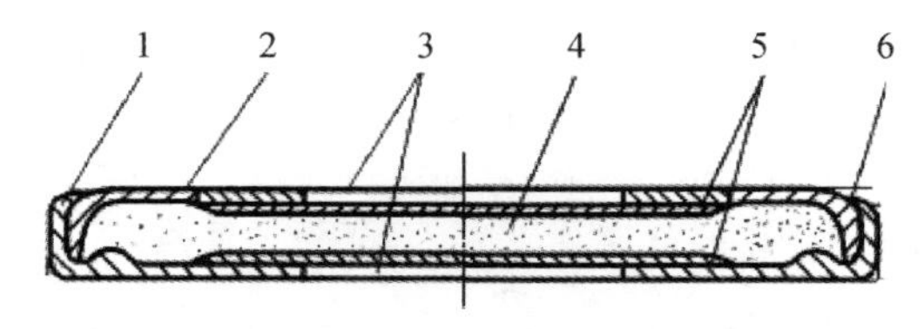

图14－34　传火具构造示意图

1—盒底；2—盒盖；3—传火孔堵片；4—黑药；5—盖片；6—密封漆

第四节　起爆传爆类火工品

通常将非爆轰能量转换为爆轰能量，或者用于传递、放大前续爆轰能量的火工品，称为起爆传爆类火工品。该类火工品不仅用于引信的传爆序列和其他组合式火工系统或装置，在工程爆破中也有广泛应用。鉴于应用领域不同，本节仅讨论用于弹药传爆序列中的雷管、传爆管（含传爆药柱、导爆药柱等）。工程爆破中的起爆传爆类火工品将在本章“工程类火工品”一节中详细表述。

一、雷管

弹药传爆序列中，雷管既可作为起爆元件，也可作为中间的爆炸元件，能够将机械能、热能、电能或化学能等转换成爆轰能量。作为起爆元件时，常用机械能或电能激发；作为中间爆炸元件时，多用火焰起爆，有的也靠冲击波起爆。雷管的性能直接影响弹药的作用，一些膛炸、早炸和瞎火等严重事故常常和雷管有关。

按照激发能量形式，雷管可分为火焰雷管、针刺雷管、电雷管、化学雷管、激光雷管、针电两用雷管和火电两用雷管等。目前，引信传爆序列中应用最广泛的是火焰雷管、针刺雷管、电雷管、针电两用雷管和火电两用雷管。其中，火焰雷管一般由火帽、延期药、扩焰药等的火焰引爆；而在一些对作用可靠性要求较高的场合，常采用针电两用雷管和火电两用雷管。

鉴于其功能作用和使用背景等，雷管除了需满足火工品的一般要求外，还应在起爆能力、感度和安全性方面满足特定要求。比如，在经历勤务处理震动、高膛压发射和目标碰击时，应保持结构完好，不发生早炸。

（一）针刺雷管和火焰雷管

针刺雷管主要用于引信的针刺发火机构，也可用于依靠撞击产生碎片发火的不带击针的碰炸机构。火焰雷管是利用火帽或延期元件输出的火焰激发的雷管。

1.构造与作用

除加强帽结构和装药不同外，针刺雷管和火焰雷管构造基本相同，皆由雷管壳、加强帽和装药三部分组成，如图14－35所示。

（1）雷管壳。雷管壳用于装填炸药，也是雷管的结构件，故壳体材料与炸药之间要有良好的相容性，且具有一定的机械强度。针刺雷管和火焰雷管一般采用铜镍合金冲压成的盂型壳体，其具有强度大、耐震动、冲压工艺性好和防腐性能好等特点，地雷中所用雷管用铝冲压而成。

外观上看，雷管壳有翻边、不翻边和收口三种。翻边的便于装配，这是引信结构所要求的，收口的耐震动性比较好，但装配较为复杂。为增加输出威力，收口的雷管壳底部有冲孔（上部有垫片，以防药剂外漏），且底部厚度较小。

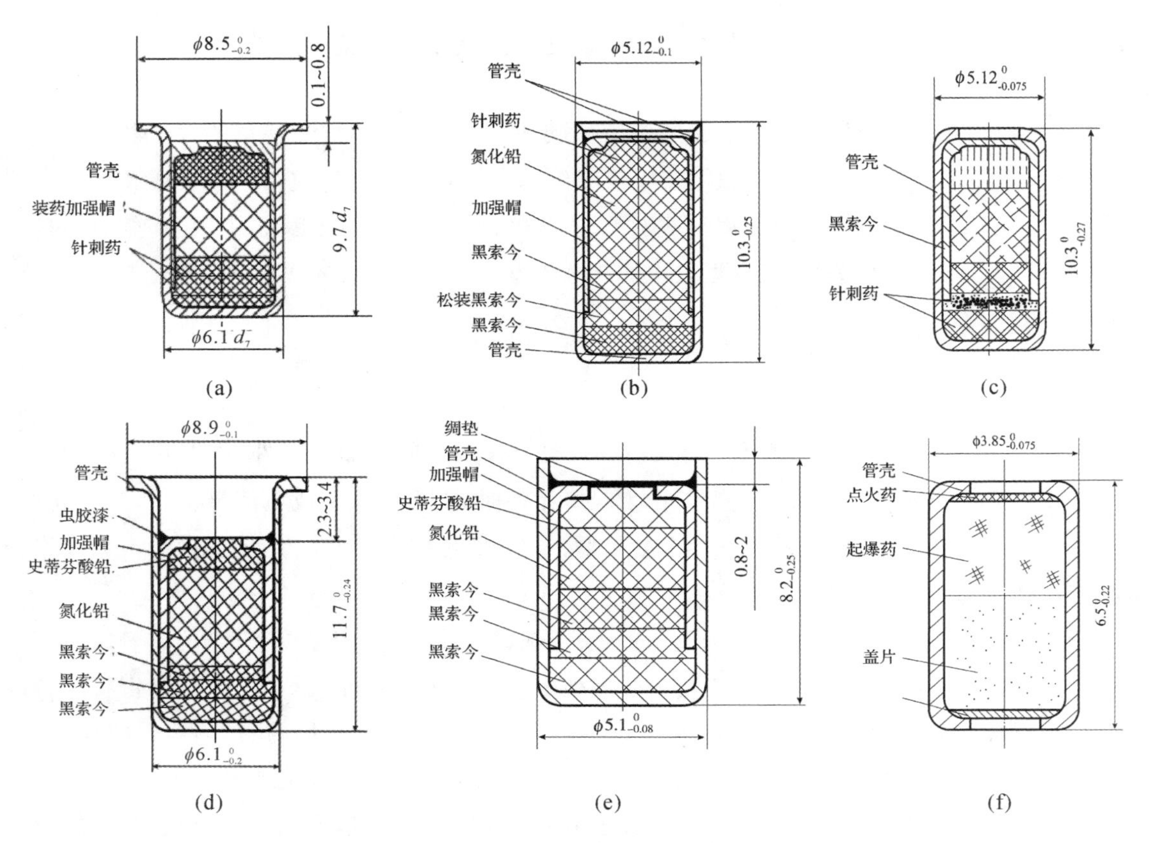

图 14－35　针刺雷管和火焰雷管典型结构示意图

(a)翻边针刺雷管；(b)无翻边不收口针刺雷管；(c)无翻边收口针刺雷管；

(d)翻边火焰雷管；(e)无翻边不收口火焰雷管；(f)无翻边收口火焰雷管

(2)加强帽。加强帽用于固定装药、防潮和增强起爆力。雷管作用时，加强帽能阻止起爆药引燃瞬间爆炸气体产物的迅速逸出，有利于爆速增长，缩短爆轰成长期。加强帽一般采用与药剂相容性好且压制成型工艺性好的铝质材料。加强帽分为无孔和有孔两种。有孔的用于火焰起爆，孔下有一绸垫，用于保证装药不外漏，但火焰能够顺利通过；针刺雷管的加强帽不需要传火孔，但是为了提高感度，通常把底部中心部分厚度减小，以减小击针刺入时消耗的能量。有些采用收口结构的雷管通过盖片来起加强帽的作用。

(3)装药。雷管装药一般有三层，最上层是对针刺或火焰最为敏感的针刺药(特屈拉辛5%、硝酸钡20%、三硫化二锑25%、史蒂酚酸铅50%)或史蒂酚酸铅；第二层是起爆力很强的氮化铅；第三层是特屈儿、太安或黑索今等威力和猛度较大的猛炸药。

由于三层装药结构工序多，通常采用将第一层和第二层起爆药混合使用的方法，减少装药工序，得到无引燃药的雷管，这对小雷管装配尤为有利。例如：在制造氮化铅的过程中，同时生成史蒂酚酸铅，用含史蒂酚酸铅的氮化铅来装火焰雷管，保证雷管的火焰感度；或者在制造氮化铅时先加入特屈拉辛作为晶核与氮化铅得到共沉淀起爆药，用来装针刺雷管，以保证雷管的针刺感度。

2.作用机理

(1)雷管爆炸过程。在受到外界能量作用后,史蒂酚酸铅(对于火焰雷管)或针刺药(对于针刺雷管)首先由燃烧转为爆燃,并以弱冲击波或热能的形式来起爆下层的氮化铅。这一过程基本上属于快速爆燃变化形式。氮化铅起爆后,由于其爆炸变化加速度大,在经历很短的爆轰成长期后便可达到稳定爆速,并以强冲击波的方式引爆猛炸药。猛炸药的爆炸过程是不稳定爆轰到稳定爆轰的过程,猛炸药起爆后,雷管壳在爆轰波作用下被炸碎,产生雷管的输出效应,起爆爆炸序列中的其他装药或元件。

(2)雷管的起爆能力。雷管的起爆能力是雷管输出能量的体现。雷管的输出能量有爆炸产物、雷管产生的破片和在介质中传播的冲击波三种形式,并以冲击波和破片为主。在雷管和炸药直接接触时,爆炸生成物与冲击波共同起作用;距离较近时,以破片和冲击波为主;在远距离作用时,基本是冲击波的作用。

3.针刺延期雷管和火焰延期雷管

在具有延期作用方式的引信中,为减少传爆元件数量、提高作用可靠性和安全性,通常采用针刺延期雷管和火焰延期雷管,来分别取代针刺首发雷管→延期药→继发雷管传爆序列中三个爆炸元件,以及针刺火帽→弯曲传火通道→主延期药→接力药柱→火焰雷管传爆序列中的主延期药和接力药柱。

典型的针刺延期雷管和火焰延期雷管的结构分别如图 14-36 和图 14-37 所示,即利用起爆药和猛炸药之间延期药层的燃烧达到延期效果,所以可将延期雷管看作延期药柱(或接力药柱)和雷管的组合体。

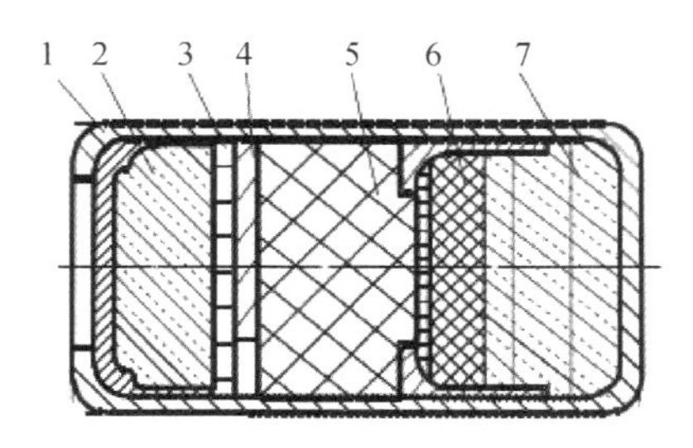

图 14-36　针刺延期雷管结构示意图

1—雷管壳;2—针刺火帽;3—绸垫;4—隔片;5—延期药;6—加强帽;7—黑索今

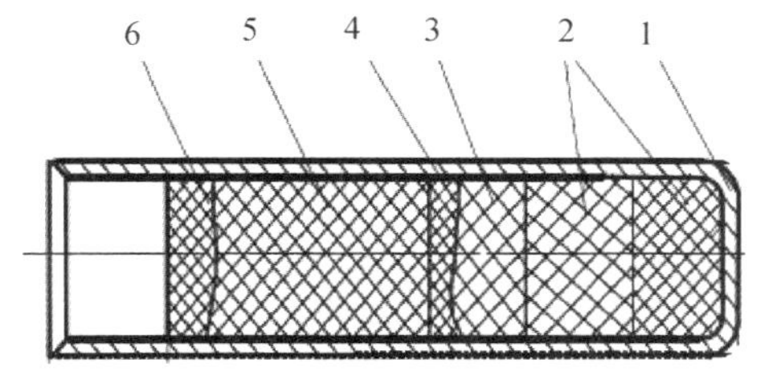

图 14-37　火焰雷管典型结构示意图

1—雷管壳;2—黑索今;3—氮化铅;4—点火药;5—延期药;6—点火药

(二)电雷管

电雷管广泛用于引信的传爆序列(如近炸引信和触发引信),另外还作为一种特殊的能源装置,用作导弹、核武器和航天器中的动力源器件(导弹和火箭的级间分离器等)。

按照雷管的换能器结构,电雷管可分为桥丝式、火花式和中间式三种类型。其中,桥丝式电雷管依靠电流通过电阻丝(带)时产生的热效应激发,火花式电雷管依靠极间电击穿产生的电火花激发,中间式电雷管又称间隙式电雷管,依靠电流通过导电物质时产生的热效应激发。中间式电雷管又可分为导电药式和涂膜式两种。导电药式电雷管是指以电流直接通过具有一定电阻的装药时产生的热效应激发的电雷管。涂膜式电雷管是指以电流通过导电薄膜时产生的热效应激发的电雷管。

按照作用时间,电雷管可分为毫秒电雷管和微秒电雷管。按照某些特殊性能,电雷管可分为防静电式电雷管、防射频电雷管和延期电雷管等。

通用弹药中,电雷管主要用于反坦克破甲弹引信。为确保大着角可靠发火、遇树枝等不发火,保证锥形装药的有利炸高,电雷管除应满足火工品的通用要求外,还应满足高瞬发性和合适的灵敏度等要求。所谓合适的灵敏度,是指破甲弹压电引信中的压电晶体,在引信大着角碰击目标输出一定电压(3 000～4 000 V)和具备一定电容(195 ～150 pF)时,应可靠发火(灵敏度上限);而在碰击树枝或高杆农作物输出的电压和具备电容条件下,一定不发火(灵敏度下限)。

电雷管的瞬发度和灵敏度,通常由安全电流(不发火电流)、发火电流、发火能量和作用时间等参数表征。所谓安全电流是指电雷管100%不发火的最大输入电流值,用于表征电雷管在杂散电流作用下的安全性能。发火电流是指电雷管100%发火所需的最小电流值,用于表征电雷管的发火可靠性,通常电雷管的发火电流为0.5～7 A。对电容放电激发的电雷管而言,通常用发火能量($CU^2/2$)来表示发火可靠性。作用时间是从通电到电雷管爆炸结束所需的时间,也称为发火时间。影响作用时间的因素有很多,就热桥丝式电雷管而言,作用时间不仅与通电后桥丝升温、点燃桥丝附近药剂、起爆起爆药以及雷管中猛炸药爆炸的时间等雷管自身性能有关,还与电源条件有关。

1.火花式电雷管

火花式电雷管是在两极间加上高电压,利用火花放电的作用,引起电雷管爆炸。与其他电雷管相比,火花式电雷管具有电阻大(一般大于10^4～10^6 Ω)、工作电压高(一般大于1 kV)、作用时间最短(一般小于3 μs)、精度高、抗外界感应电流的能力强和抗静电能力较差等特点,主要用于炮弹的压电引信中。

(1)常见电极形式。图14-38所示为火花式电雷管的四种电极形式,即尖头电极、独头电极、对顶电极和平头电极。尽管形状不同,但有相同之处:一是都有两个电极,其中雷管壳可作为独头电极一极;二是无论两极如何设置,两极间均有一定距离(称之为极距,一般小于1 mm),且两极间装填有起爆药或猛炸药;三是电极的固定及其与雷管壳的结合,是由酚醛树脂或者尼龙等电气强度与绝缘强度都很高的材料来完成的,通常称之为电极塞。最常采用的电极形式为独头电极(独角式)。

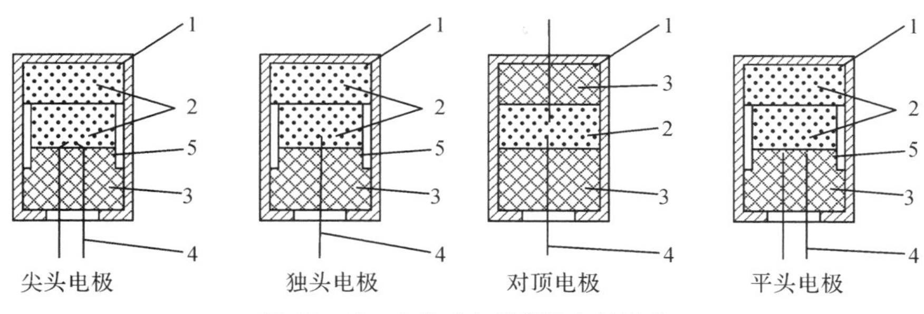

图 14－38　火花式电雷管的电极形式

1—雷管壳；2—药剂；3—塑料塞；4—电极；5—加强圈

(2)LD-1A。LD-1A 配用在电引信，是典型的火花式电雷管。LD-1A 主要由管壳、底帽、猛炸药、起爆药、电极塞和顶帽等组成，如图 14－39 所示。管壳和底帽用于盛装起爆药和猛炸药；电极塞和顶帽(带孔帽)是雷管发火的主要性能元件，电极塞由塑料塞(聚碳酸酯)和芯杆电极组成，芯杆电极与顶帽之间的火花间隙为 0.15～0.25 mm。为保证勤务处理安全，雷管平时呈短路状态。短路状态由连通芯杆电极及顶帽的短路螺钉、短路弹簧和短路帽来保证。雷管的装药、管壳、底帽要求与其他雷管相同，常用管壳材料是铝合金，顶帽的材质是铝，芯杆电极采用导电性好的铝镁合金，电极塞是绝缘强度好的热塑性树脂。

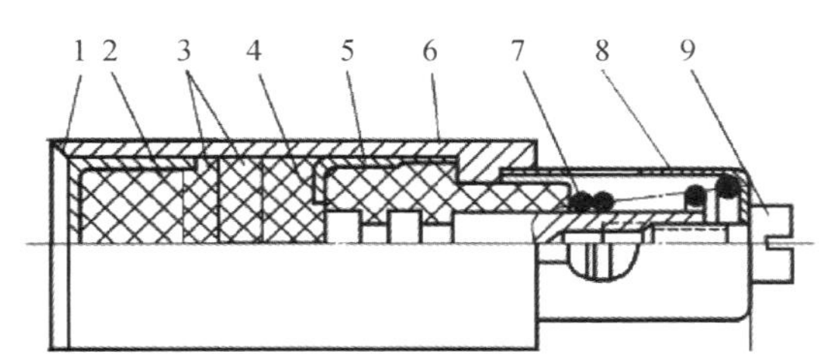

图 14－39　LD-1A 电雷管结构示意图

1—密封漆；2—底帽；3—太安；4—粉末氮化铅；5—电极塞；6—管壳；
7—短路弹簧；8—短路帽；9—短路螺钉

LD-1A 电雷管的主要参数：电阻为大于 2 MΩ；4 000 V、195 pF 时应可靠发火，而 1 500 V、195 pF 时应不发火；作用时间小于 3 μs。

火花式电雷管的发火电压较高，但是其发火能量却很小。实验表明，有的产品甚至能被 10^{-5}J 的能量引爆。各种场合产生的静电也表现为高电位，并且带电体的能量常常会大于火花式电雷管的起爆能量。这样的带电体作用于雷管，可能引起意外爆炸。因此，为了防止意外发生，火花式电雷管从结构上采取防范措施，即在非使用情况下，保证两极间无电位差。如 LD-1A 电雷管用短路帽将两极短路，使用时短路帽弹起，破坏两极间的短路并与引信电路相连，形成发火回路。

(3)发火机理。外加电压作用于火花式电雷管两极后，会引起极间起爆药、空气等介质的极化。如药剂存在水膜时，还会形成极微弱的通路。同时，空气中的自由带电体在电场作用下的运动也会形成极微弱的电流。因此，可认为火花式电雷管的发火是药剂在电流通过时的热效应，或者药剂大面积击穿引起的。

实验研究表明，药剂的电击穿是火花式电雷管发火的主要原因。处在电极间的起爆药是不均匀的介质，既有起爆药作为固体介质，也有空气作为气体介质。这些介质处于电场中时，介质表面的电力线一部分在固体介质内，一部分在空气中。空气介电常数为 1，而起爆药的介电常数则大于 1，因此空气部分的电场强度大，更易发生击穿，故这种击穿发生在两种介质的表面，称之为表面击穿效应。特别是当界面上存在水、油、金属粉等物质时，会显著改变场强的均匀性，缩短击穿距离，从而更易发生击穿。在空气被击穿后，产生的高温和很大压力的电火花，会引爆起爆药，并进一步引起猛炸药爆炸。

2.桥丝式电雷管

桥丝式电雷管的发火部分与电发火管、电点火具、电点火管相同，都采用两极之间焊接电阻丝（桥丝，一般为镍镉丝）的结构，电阻丝周围有药剂，通电后，桥丝灼热点燃或起爆周围的药剂。

与其他电雷管相比，桥丝式电雷管具有电阻小（几欧到几十欧）、起爆电压低、性能参数比较稳定、安全性好等特点，是引信爆炸序列中广泛使用的一种电雷管。

(1)典型结构。桥丝式电雷管一般为引线式结构，也可采用独脚式结构。图 14－40 所示为反坦克火箭增程弹引信用桥丝式电雷管的结构，其主要由管壳、加强帽、电极塞、桥丝、起爆药、猛炸药、脚线和绝缘套管组成。

雷管壳用镍铜材料制成，用于组装各零件，盛装药剂，防止药剂受潮，保证起爆性能；加强帽为铝质材料，用于盛装药剂和发火头，防止药剂受潮，保证发火和起爆性能；加强帽内有酚醛塑料材质的电极塞，用于固定脚线，绝缘脚线；电极塞内部穿进两根铜质脚线，脚线端部焊上直径为 9 μm 的镍镉桥丝。有时为了作用可靠还采用双桥。起爆药为氮化铅，猛炸药用太安。

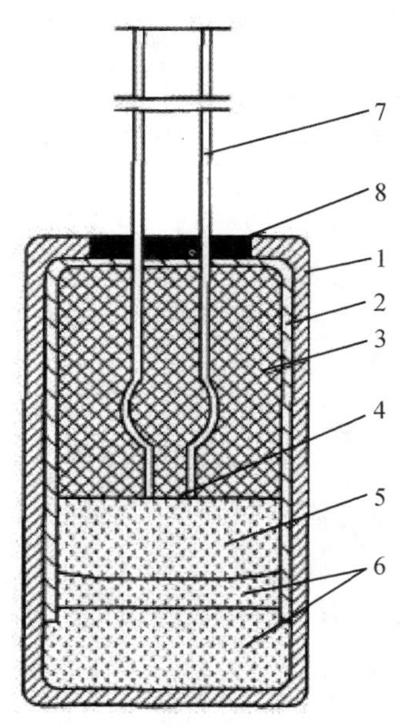

图 14－40　桥丝式电雷管结构示意图

1—管壳；2—加强帽；3—电极塞；4—桥丝；5—起爆药；
6—猛炸药；7—脚线；8—绝缘套管

该雷管的主要参数：电极极距为 0.8 mm；安全电流为直流(50±5)mA，作用时间 60 s，不应发火；发火能量为 3 500 pF，350 V 时应可靠发火；发火所需能量最低为 2×10^{-4} J；作用时间小于 3 μs。

(2)发火机理。当外界电能导入桥丝后，桥丝温度升高，当温度超过药剂发火点后药剂发火，且药剂迅速由燃烧转为爆轰，进一步引爆猛炸药。因药剂发火的前提是桥丝具有很高的温度，故又称为灼热桥丝式电雷管。其作用过程大致可以分为桥丝预热、药剂加热和起爆、爆炸在雷管中传播三个阶段。

1)桥丝预热阶段。引爆电雷管的电源来自引信的储备化学电源、热电池、物理电源和电容(与压电晶体)。在电极两端加电后，电能转化为桥丝的热能，使桥丝升温。桥丝的温度大小与外加电能和桥丝电阻大小有关。

2)药剂加热和起爆阶段。桥丝的热能同时向脚线和周围药剂散失，使周围药剂升温。药剂因温度升高而加速分解，放出的热量会使药剂温度进一步升高。当药剂内不断产生热积累，且热积累使药剂的温度超过发火点时，起爆药(氮化铅)发生爆炸。

3)爆炸在雷管中的传播阶段。氮化铅起爆后，很快达到稳定爆轰，并以强冲击波能量的方式引爆猛炸药。雷管壳在猛炸药的爆轰波作用下被炸碎，产生雷管的输出效应，起爆爆炸序列中的其他装药或元件。

(3)LDH-1。LDH-1 是一种火电两用雷管，主要由管壳、加强帽、装药和电极塞等组成，如图 14－41 所示。管壳和加强帽用于盛装起爆药和猛炸药；电极塞和桥丝是电雷管发火的主要性能元件；电极塞由塑料塞和电极构成。装药有三层，第一层是对火焰敏感的史蒂酚酸铅，第二层是氮化铅，第三层是太安。

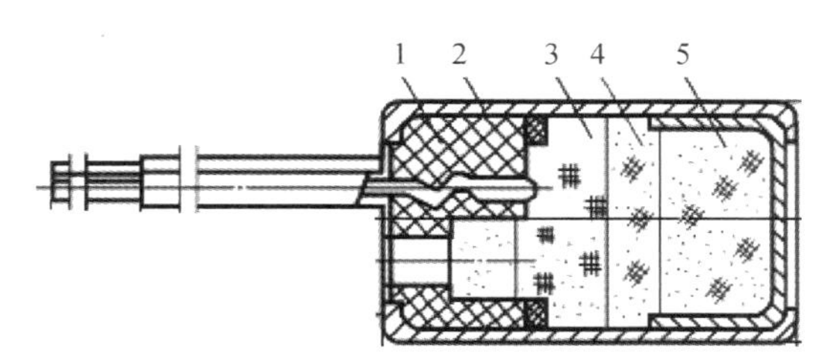

图 14－41　LDH-1 火电两用雷管结构示意图

1—电极塞；2—管壳；3—起爆药；4—猛炸药；5—加强帽

LDH-1 的主要参数：电阻为 6.5～11.5 Ω；安全电流为直流(50±5)mA，作用时间 180 s，不应发火；发火能量为 5 000 pF，26 V 时应可靠发火；作用时间小于 100 μs。

该雷管主要配用在具有自毁功能的引信中，当战斗部碰击目标时，靠引信的撞击式传感器接通电路，以桥丝式起爆；如果战斗部碰不到目标，在飞行 14～17 s 后，通过延期药盘直接点燃雷管，使火焰雷管被起爆，弹丸自毁。

3.导电药式电雷管

导电药式电雷管是中间式电雷管的一种，两极之间有导电药。其极间电阻比桥丝式电雷管的电阻大得多，但又比火花式电雷管小得多。

(1)LD-3。LD-3 主要由雷管壳、底帽、黑索今、导电氮化铅、芯杆电极和塑料塞等组成，如图 14－42 所示。铝合金雷管壳和铝质底帽用于组装各个零件，并盛装起爆药和猛炸药，其中雷管壳构成雷管的一个电极；芯杆电极（铝合金）构成雷管的另一个电极，并起密闭作用；塑料塞（增强聚氨酯）用于保持两个电极之间的绝缘；导电氮化铅是在PVA氮化铅（聚乙烯醇氮化铅）制造过程中加入3.5%～4%的导电石墨制成的，装在两极之间。由于石墨在氮化铅生成过程中进入到结晶体中，而不是附在表面，故其导电性能比较稳定。

LD-3结构上最大的特点是采用避雷针原理，将芯杆电极埋在管壳内2.5 mm处，管壳对芯杆电极起到屏蔽作用。即使雷壳处于开路状态，在交流高压电场中，或在一定距离的高压电火花作用下仍具有很好的安全性，这一结构解决了高灵敏度及安全性之间的矛盾。

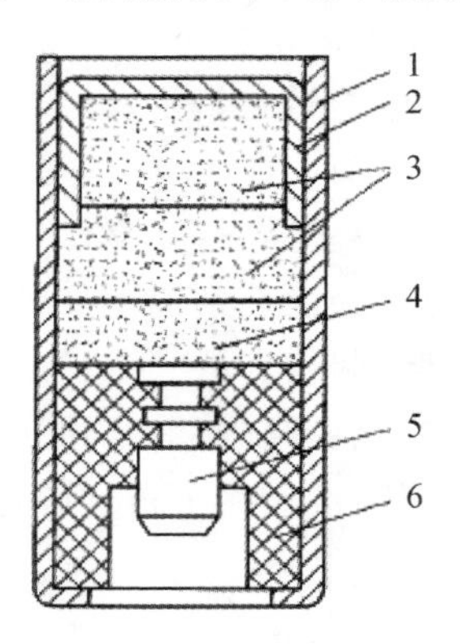

图14-42　LD-3电雷管结构示意图

1—管壳；2—底帽；3—黑索今；4—导电氮化铅；
5— 芯杆电极；6—塑料塞

LD-3电雷管的主要参数：极距为2 mm；电阻为100 kΩ以上；在500 V、1 500 pF时应可靠发火，而在70 V、1500 pF时应不发火；作用时间小于10 μs。

（2）发火机理。导电药式电雷管的导电回路为芯杆电极→导电药→雷管外壳。外加电源后，电极间形成电场，导电药在电场作用下可能存在以下三种发火机理：一是药剂中的石墨微粒形成了许多石墨桥，电流流过桥路时产生热量，使药剂发生爆炸，与桥丝式火工品类似；二是外加电场在药剂表面发生击穿，引起药剂爆炸；三是石墨粒子间较大的电位差，引起空气击穿，在石墨粒子间产生火花，使药剂发生爆炸。

4.涂膜式电雷管

涂膜式电雷管是一类不连续的导电微粒桥膜雷管，即石墨桥雷管。

（1）LD-2。LD-2配用于引信，主要由管壳、加强帽、猛炸药、起爆药、脚线和塑料塞等组成，如图14-43所示。镍铜管壳和铝质加强帽用来盛装起爆药和猛炸药；两根不锈钢导线穿过加强帽内的塑料塞（酚醛树脂），导线端面与塑料塞端面处于同一平面，构成平头电极，是雷管发火的主要性能元件，极距为0.04～0.08 mm；两极间装导电膜，即用粒度为0.004 mm以下的石墨与聚苯乙烯的醋酸丁酯溶液搅匀后涂在两极间，形成一定电阻值的半透明薄膜。导电膜中的石墨的作用有两个：一是形成导电粒子间连续的微型成桥，即形成电流通路；二是组成各导电粒子的不相连续，形成无数个微型间隙。黏合剂除了使石墨粘在电极上形成薄膜外，还在导电物颗粒间起绝缘介质的作用。这种导电物与黏合剂在电极上所形成的半导电的薄膜，组成了无数个连续的微型电桥和不相连续的微型间隙的综合体，构成了涂膜式电雷管的发火机体。

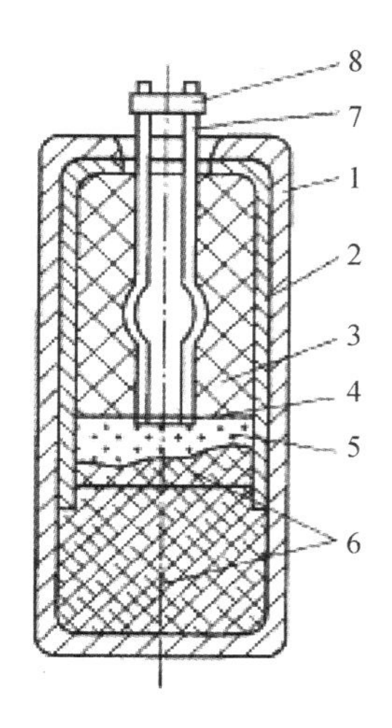

图 14－43　LD-2 电雷管结构示意图

1—管壳；2—加强帽；3—塑料塞；4—导电薄膜；

5—起爆药；6—猛炸药；7—脚线；8—绝缘套管

LD-2 电雷管的主要参数：极距为 0.04～0.08 mm；电阻为 2～10 kΩ；在 500 V、0.002 2 μF 时应可靠发火，而在 300 V、0.002 2 μF 时应不发火；作用时间小于 25 μs。

(2)发火机理。外界通电后，使导电膜首先发火，进而引燃起爆药，药剂迅速由燃烧转为爆轰，起爆猛炸药，最后以雷管爆炸形式输出。该种雷管发火作用过程同导电药电雷管比较接近，皆由半导体药剂引起雷管发火，药剂中同样存在空气、导电微粒及绝缘介质等三种状态介质。不同之处在于导电药式电雷管中含有起爆药，而涂膜式电雷管中的导电膜不含有起爆药；导电药式电雷管电阻值比涂膜式电雷管大；导电式电雷管的起爆电能量范围比涂膜式电雷管大；导电药式电雷管中导电药密度一致性好，而涂膜式电雷管的外部密度大，内部密度小(由溶剂蒸发次序引起)。

对于涂膜式电雷管而言，产品原材料一定时，导电物的百分数以及导电物的分布情况，不但影响着电阻值的大小，还影响着各导电微桥与微型间隙之间交错分布的情况。这种结构中，微型电桥的存在是热起爆过程的根据，而微型间隙的存在是电击穿的根据。因此涂膜式电雷管的发火机理有类似桥丝式电雷管的一面，又有类似火花式电雷管的一面，但是比两者都灵敏些。

涂膜式电雷管的发火原理，与电阻值、外加电压等有关，即电阻值、外加电压不同，发火机理也不相同。当电阻值低于 10^2 Ω 时，发火过程与桥丝式电雷管类似；当电阻值大于 10^6 Ω 时，发火过程与火花式电雷管类似；电阻值在 10^2～10^6 Ω 之间时，发火过程与所加电压有关，当电压高于电阻薄膜的击穿电压时，发火主要表现为电击穿过程(一般击穿电压为 200～300 V)，反之为热击穿过程。

5.钝感电雷管

基于抗静电、抗射频和抗杂散电流干扰的需要，要求电雷管有较高的发火能量和功率，以保证其在一定强度的电干扰下的安全。根据 GJB 344A—2015《钝感电起爆器通用规范》要求，该类电火工品至少应满足每个桥路在最小电流 1 A、相应功率最小 1 W 的电能作用下，

5 min内不应发火。钝感电雷管主要从两方面来提高其钝感性：①增加桥丝的散热量，常用的是改变桥丝的散热面积，使桥丝温度不易上升；②降低药剂感度，在药剂中加入一些钝感物质，使其感度降低，或不用起爆药。

(1)金属薄膜式电雷管。金属薄膜式电雷管由灼热桥丝式电雷管发展而来，两者发火机理相同，不同的是金属薄膜式电雷管两极之间是用一层金属膜连接。

金属薄膜式电雷管主要由管壳、加强帽、猛炸药、脚线、塞子和金属膜等组成，典型结构如14-44所示。金属膜的材料为镍铬合金80/20，通过真空蒸发镀在电极上，因其厚度薄、横断面小，故电阻值较大。为保证膜与导线接触良好，在两极附近镀上一层铝后再镀膜。膜宽为0.5 mm，长为0.5 mm，膜上压0.12 g氮化铅。猛炸药为1.2 g太安。塞子为玻璃塞。

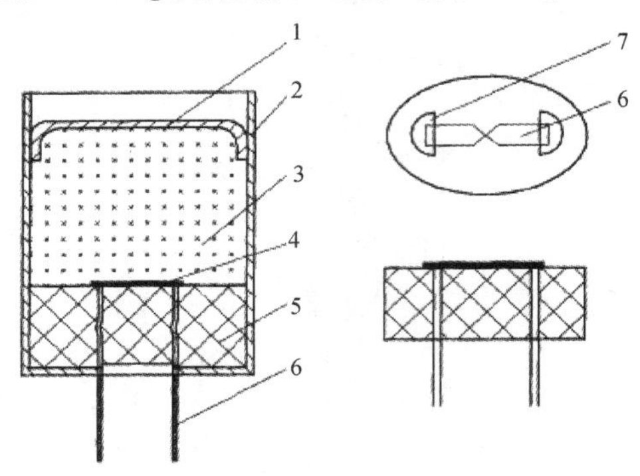

图 14-44　金属薄膜式电雷管结构示意图

1—加强帽；2—管壳；3—药剂；4—金属膜；5—塞子；6—脚线；7—铝膜

该雷管的主要性能参数：极距为0.5 mm；电阻为10～20 Ω；在400 V、3 500 pF的发火能量下应可靠发火，而在150 V、3 500 pF时应不发火；作用时间小于2 μs。

金属薄膜式电雷管的特点是感度较大，对感应电流有较高的安全性。因膜很薄，横断面积比桥丝式小很多，且感度与桥的横断面积成反比，故感度较大。其对感应电流有较高的安全性的原因是：与一般的灼热桥丝式电雷管相比，金属薄膜雷管的膜紧贴在塞子上，接触面大，在膜的加热过程中，经塞子导走的热量多，镀膜温度不易上升，且热损失随时间而增加，因此提高了安全电流。

金属薄膜式电雷管与石墨膜式相比，强度好，性能更加稳定，缺点是镀膜工艺复杂。

(2)半导体桥雷管。如果将桥丝式电雷管上的金属丝桥，换成以硅基片或蓝宝石基片上的很细的重掺杂硅条，作为发火桥(重掺杂硅桥)，便构成半导体桥雷管。半导体桥雷管一般由半导体桥、电极塞、脚线、氮化铅等组成。半导体桥的典型结构如图14-45所示，主要由铝线、多晶硅层、焊盘、脚线和硅基片等组成。半导体桥用互补金属氧化物半导体技术制成，即在陶瓷电极塞内的蓝宝石或硅基片(面积约为2 mm^2)上沉积生长一层厚度约为2 μm的N型重掺杂多晶硅层，经氧化、光刻、掩模、洗蚀工序形成预定形状的半导体桥；之后，再沉积一层厚度1 μm的铝层，经光刻、掩模、洗蚀工序形成具有铝焊盘的成品半导体桥；最后，采用超声波焊接方法将铝线焊在铝焊盘与电极塞内脚线柱之间。含有铝焊盘的成品半导体桥呈H形，典型钝感半导体桥尺寸为100 μm(长)×380 μm(宽)×2 μm(厚)，体积为7.6×10^{-8} cm^3，约为镍镉桥丝的1/35，电阻约为1.0 Ω。

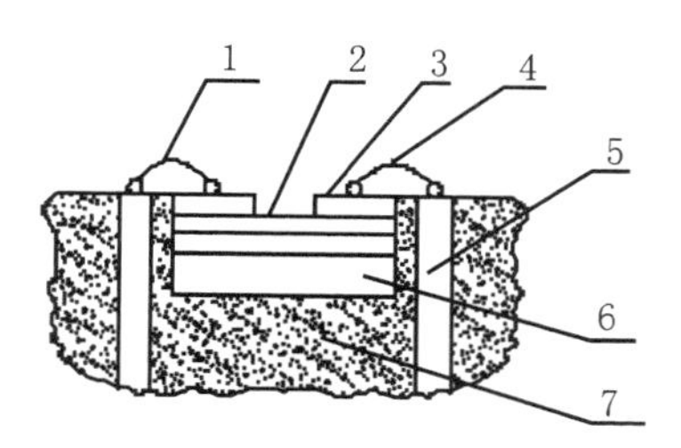

图 14-45　半导体桥结构示意图

1—铝线；2—多晶硅层；3—铝焊盘；4—铝线；5—脚线柱；6—硅基片；7—陶瓷电极塞

半导体桥对药剂的发火机理属等离子微对流作用机理。当向半导体桥施加一快速电脉冲时，具有负电阻温度系数的桥材料将使电流急剧增加，导致半导体桥区迅速气化，接着电流通过硅蒸气产生热等离子体，并以微对流的方式渗入起爆药中使之起爆。

以半导体桥作为发火件的电雷管等电火工品具有以下特点：一是半导体桥火工品所装药剂与半导体桥及其硅衬底紧密接触，硅衬底良好的散热性使散热面积增大，从而提高了安全电流。二是半导体桥材料的电阻温度系数为负值，有利于降低发火能量。当输入脉冲电流温度上升时，由于电阻温度系数为负值，温度越高电阻越小，通过的电流急剧增加，有利于低能量发火。三是半导体桥热容小同样有利于降低发火能量。半导体桥质量较小，约为钨丝的 1/10，当快速脉冲作用时，可近似认为其热容相当于钨丝的 1/10，即对同一药剂而言起爆能量仅相当于钨丝电火工品的 1/10。四是半导体桥对药剂的发火机理属等离子微对流作用机理，有利于提高瞬发度。

(3)冲击片雷管。冲击片雷管是利用金属箔爆炸生成的高温高压气体，驱动塑料飞片直接撞击猛炸药而起爆的无起爆药雷管。其典型结构及其轴向解剖如图 14-46 所示，主要元件有桥箔、塑料片、加速膛(飞片加速圈)及起爆炸药柱等。

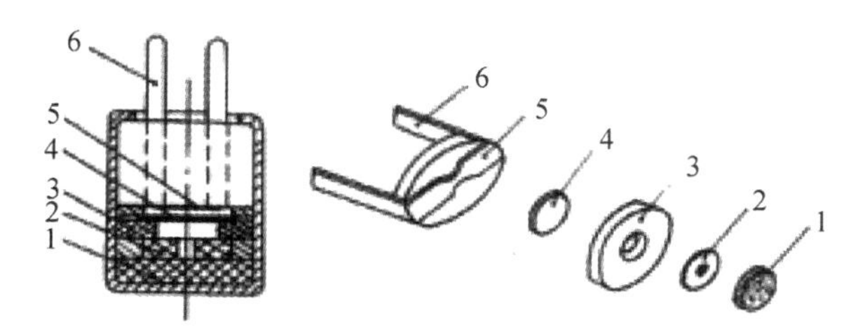

图 14-46　冲击片雷管元件分解图

1—猛炸药；2—飞片；3—加速膛；4—塑料片；5—桥箔；6—导电片

桥箔是冲击片雷管的核心元件，一般由绝缘介质基片上的覆铜箔蚀刻制成；桥箔基片背面有一反射片，用于防止爆发气体膨胀进入自由空间而造成能量损失，同时将桥箔爆炸时的大部分能量从反射片表面反射回来，提高飞片速度；塑料片通常是粘在桥箔上的一块聚酰亚胺薄膜，是产生飞片的基础，厚度约为箔桥厚度的 5～10 倍，飞片厚度决定飞片与炸药的作用时间；在塑料片/桥箔组合件与炸药柱之间有加速膛(飞片加速圈)，其主要作用是在等离子体的作用下将聚酰亚胺片剪切成与其内径相等的圆片，并在膛内加速；加速膛上部是带有铝约束套的起爆炸药柱。起爆炸药柱中的猛炸药是由六硝基芪(HNS)和聚三氟氯乙烯按 95∶5 的质量配比制成的耐热型塑料黏结炸药。

冲击片雷管的作用过程是：当大电流（一般比引爆桥丝电雷管所需电流约大 10 倍）通过体积很小的铜箔时，使铜箔气化并形成高温高压等离子气体，高温高压等离子气体将塑料片剪切成飞片，并在加速膛的空腔中加速，然后直接撞击猛炸药。由于加速膛的孔径很小，使质量很小的飞片加速到与爆轰速度相同的数量级，故可直接起爆较钝感的猛炸药。

冲击片雷管所需的起爆电流很大，具有良好的抗静电和射频性能；无起爆药，安全性好；采用集成电路型桥膜，可制成双向飞片或飞片组，使之形成特定形状的爆轰波阵面。目前，冲击片雷管已经实现批量生产，并用于陶－2B 反坦克导弹、爱国者反导防空导弹、ATACMS 陆军战术导弹等导弹的直列式爆炸序列中。

（4）爆炸桥丝电雷管。爆炸桥丝电雷管结构和灼热桥丝式电雷管类似，其桥丝材料采用易气化金属，雷管内仅装填太安、黑索今等感度较大的猛炸药。爆炸桥丝电雷管的爆炸过程可分为金属丝爆炸和猛炸药爆炸两个阶段。桥丝在强电流作用下，短时间（100 μs）内熔化、气化，形成高温等离子体，并迅速向四周扩散，形成强烈的冲击波，以冲击波的方式引爆炸药。

爆炸桥丝电雷管在 650～1 400 V 的中低电压和低电流下不发火，具有较高的固有安全性。

（三）化学雷管

化学雷管是利用两种以上物质相互接触时的化学反应而激发装药发火的雷管。化学雷管的作用时间较长、时间散布较大、结构较复杂，多用于地雷、水雷和航空炸弹等弹药中。

化学雷管主要由管壳、加强帽和装药组成，其典型结构如图 14－47 所示。雷管中的装药有四层，输入端是酸点火药，典型配方是用氯酸钾和硫氰酸铅的化合物（质量比 1∶3），与浓度为 1％的铬酸铅及 2％硝化棉混合均匀制成；第二层是史蒂酚酸铅；第三层是粉末氮化铅；输出端是钝化太安。该雷管主要用于地雷、定时炸弹的防排机构。

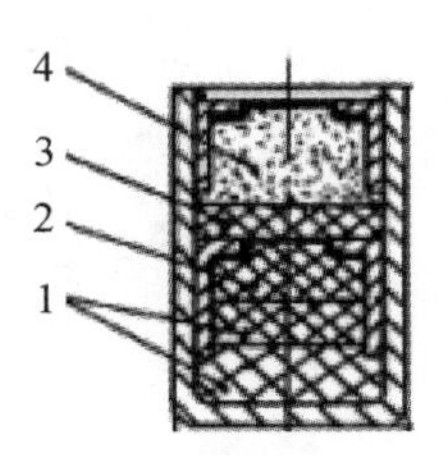

图 14－47　化学雷管的典型结构

1—钝化太安；2—粉末氮化铅；3—史蒂酚酸铅；4—酸点火药

使用时，化学发火机构中，除了化学雷管外，还有盛装氧化剂的玻璃器和击砧。氧化剂一般为浓硫酸（96％～98％），并加入 3％的氯化钾（防止在－28℃以下使用时结冰）。

其作用过程为：击砧在外力作用下击碎玻璃器后，浓硫酸与化学雷管中的酸点火药接触发生化学反应，放出的热量迅速（发火时间小于 0.5 s）点燃史蒂酚酸铅，史蒂酚酸铅发生快速爆燃后，以弱冲击波或热能的形式来起爆氮化铅，氮化铅起爆后，以强冲击波能量的方式引爆太安。

二、导爆管和传爆管

导爆管和传爆管主要用于引信传爆序列。多数情况下，在引信传爆序列中前续起爆元件(雷管)输出的能量无法直接引爆弹体主装药时，在起爆元件与弹体主装药之间安装导爆管、传爆管，用于传递和扩大前续火工品的爆炸能量，确保可靠引爆弹体主装药。

在引信传爆序列中，是否使用导爆管、传爆管，与弹丸的口径大小、弹体装药工艺、是否采用隔爆设计有关。对小口径炮弹而言，弹体装药量少，采用压装法装填，容易起爆，且雷管与传爆管之间的距离很短，传爆序列中一般不使用导爆管。如使用一些威力较大的火焰雷管，可直接由雷管引爆主装药，则传爆序列中也不使用传爆管。中大口径炮弹的弹丸内装药量多，且多采用铸装法和螺旋装药法装填，不易起爆，雷管不足以引爆传爆管，故在雷管与传爆管之间还需要设置导爆管。

为确保引信传爆序列中雷管意外爆炸后的安全，中大口径榴弹引信通常采用隔爆型结构，如图 14－48 所示。即雷管装在隔爆装置的滑块或回转体中，引信解除保险前，雷管与导爆管不同轴，且雷管与传爆管之间有隔板隔开。这种结构能保证雷管非正常作用时，导爆管和传爆管都不会作用。解除保险后，雷管对正传爆管时，并通过隔板或隔板上的孔起爆传爆管。因雷管的起爆能力会在金属隔板或空气介质中衰减，造成起爆不可靠，故需要在隔板孔内装入导爆管。因此，隔爆型引信中，只有在有隔板时，才有可能使用导爆管。如果既能安全隔离雷管，解除隔离后雷管又能可靠并完全起爆传爆管，则可不设置导爆管。

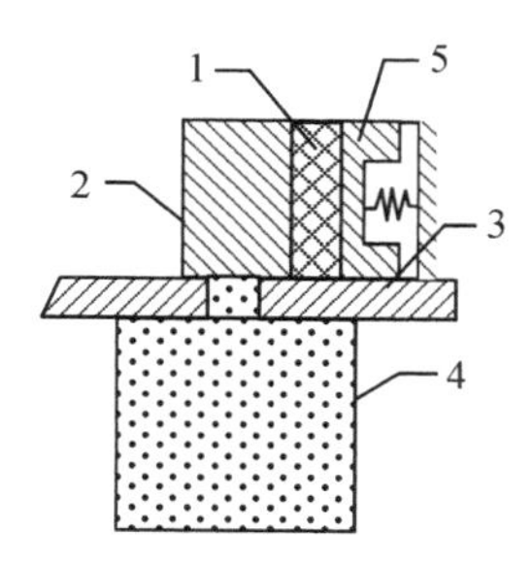

图 14－48　导引传爆药位置示意图

1—雷管；2—导爆管；3—隔板；4—传爆管；5—滑块

导爆管、传爆管在引信传爆序列起“承上启下”的作用，对前续火工品来说是被发装药，而对后续火工品、弹体装药来说是主发装药，故要求其具有一定的爆轰感度和起爆能力。同时由于传爆管和主装药之间没有隔离，所以对其安全性还有着特殊要求，传爆管中的传爆药必须通过 GJB 2178—2005《传爆药安全性试验方法》中的八项安全性试验，即小隔板试验、撞击感度试验、撞击易损性试验、真空热安定性试验、灼热丝点火试验、热可爆性试验、静电感度试验和摩擦感度试验。

1.导爆管

导爆管处于雷管和传爆管(或弹体主装药)之间，用于将雷管产生的爆轰能量放大后传递给传爆管(或弹体主装药)，具有尺寸小、装药量少等特点。

(1)结构。典型的导爆管结构如图 14－49 所示，可分为两种形式：一种是将导爆药直接压在金属管壳内，或者是将导爆药预先压成药柱后再装入管壳，然后装入隔板中；另一种是将导爆药直接压入隔板中。

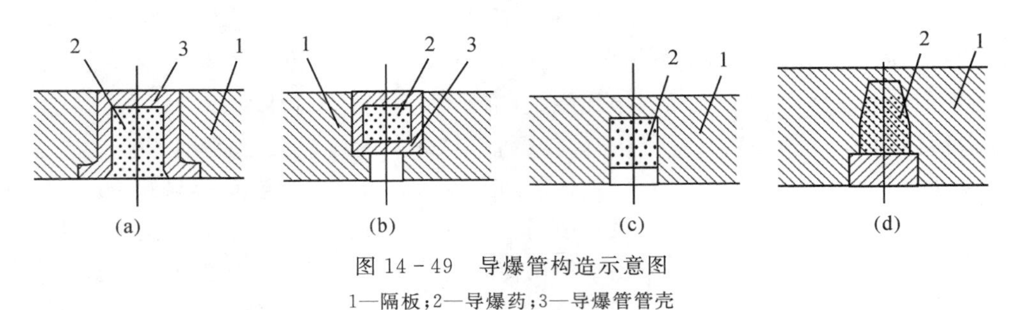

图 14-49　导爆管构造示意图

1—隔板；2—导爆药；3—导爆管管壳

1）导爆管壳。管壳形状有翻边形、圆柱形两种，分别如图 14-49(a)(b)所示。翻边形结构中，管壳直接压入隔板，靠翻边轴向定位，因有隔板孔存在，故感度较高。导爆管与隔板孔间无间隙，限制了导爆药爆炸生成物的径向膨胀，提高了轴向起爆能力。圆柱形结构中，导爆管以端面定位，装入隔板孔后，采用环铆或胶粘固定。用于低膛压火炮弹药时，采用胶粘方式，用于高膛压火炮弹药时，采用铆接方式。圆柱形结构的优点是：导爆管是独立的元件，能满足引信结构设计的一些特殊要求，可防止药剂的压药性能不好时药柱碎裂和掉块等现象。圆柱形结构也存在一定缺陷：为便于安装，导爆管与隔板孔的配合大部分采用间隙配合，有些引信中导爆管的公称直径略小于隔板孔的公称直径，不可避免地存在径向间隙，对起爆能力不利。

2）导爆药柱。图 14-49(c)(d)所示结构中的导爆药皆采用药柱形式。其优点是无径向间隙、耐冲击和无壳体。缺点是对压药模具及工艺要求较高，冲头必须与隔板孔对正，并有均匀的间隙；输出端药面不得突出隔板平面，也不得凹入过多，一般规定凹入量不得超过 0.2～0.5 mm，凹入量过大时，导爆药柱和传爆药空气间隙过大，会造成起爆冲击波衰减，降低起爆能力。

采用如图 14-49(d)所示的锥形药柱可减小导引传爆药柱被引爆端的直径，提高隔爆安全性。由于装药需要，隔板孔应留有 0.6～1 mm 底厚，用于安全状态下隔离雷管意外发火时产生的冲击波。

(2)装药。目前，导爆管多采用钝化黑索今、钝化太安、聚黑、聚奥等猛炸药。为保证药柱易被雷管起爆，并可靠引爆传爆管，药柱密度通常为 1.5～1.65 g/cm³。从起爆能力上看，导爆药柱的临界爆速小于雷管对其输入面的输出爆速，而导爆药柱的输出爆速则大于传爆管的临界爆速。

(3)形状。导爆管的形状用长径比来表征。导爆管的高度和直径，与上下级爆炸元件的性能、尺寸和隔爆机构的具体结构有关。为保证可靠传爆，导爆管输入端的直径一般等于或略大于雷管直径。导爆管的高度与隔板厚度和材料性能有关，无论采用哪种结构形式，传爆药柱的传爆过程均属于径向有强约束情况，故从提高有效装药量考虑，一般采用长径比为 1 的圆柱形。当隔板采用强度较低的铝合金时，其高度应大于直径。

(4)药量。药量大小取决于其对传爆药的起爆能力需求。理论和实验都表明：直径一定时，在一定范围内增加药量(亦即增加装药长度)时，其起爆能力也随之增大，即导爆药的药量实际上取决于一定直径下的药柱长度。在引信中实际采用的导爆药量一般相当于传爆药的

1/30 左右。因此，一般传爆管比导爆管尺寸要大，药量更多。

2.传爆管

有传爆管的引信传爆序列中，传爆管通常位于导爆管与弹体主装药之间，其作用与导爆管相同。与导爆管相比，传爆管的感度更小、尺寸更大、装药量更多，传递爆轰的能力更强。

(1)结构。传爆管的典型结构如图 14－50 所示，主要由传爆药和管壳组成，部分还有盖片和加强帽。传爆管的外形分为杆式和环形两种。杆式传爆管的结构如图 14－50(a)(b)(c)(e)所示；环形传爆管的结构如图 14－51(d)(f)所示。图 14－50(a)所示结构主要配用于垂直转子式隔离雷管机构中，由于垂直转子的端面形状不同，因此传爆药的输入端也可以是不规则的；图 14－50(b)所示结构主要配用于弹簧式滑块隔离雷管机构中，这种机构要求引信有较大的径向尺寸。为满足隔板和导爆管的装配需要，传爆药的输入端是凹入的。图 14－50(c)所示结构主要配用于离心式滑块隔离雷管机构中，导爆管长径比基本等于 1，目的是减小传爆药的直径，有利于被引爆。图 14－50(d)(f)所示结构主要配用于空间式隔离雷管机构中。当装导爆药的导爆管作轴向运动插入雷管时，采用如图 14－50(d)所示结构；当雷管作轴向运动移动到环形传爆药之间时，采用如图 14－50(f)所示结构。图 14－50(e)所示结构主要配用于球转子式隔离雷管机构中，传爆管可以被雷管直接起爆，传爆药的输入端是平面。

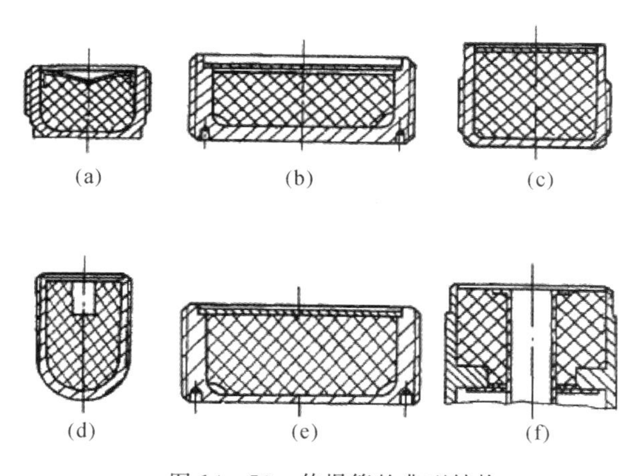

图 14－50　传爆管的典型结构

1)管壳。传爆管壳常用具有一定强度的盂状金属结构，用于盛装药剂，并起到防潮和增大起爆能力的作用。它与装药组成传爆管，一般多用螺纹与引信体连接。为加强对药柱侧向限制及满足螺纹连接强度要求，管壳壁厚度较大(通常为 1～4 mm)，与主装药接触的部分厚度较小(通常为 0.8～1 mm)。为保证螺纹连接的密封可靠，通常在螺纹结合处涂红丹和脂胶清漆的混合物或加装塑料密封圈等。对于高速旋转弹的引信还应采取加固措施，如增加固紧螺圈、滚口和点铆等。

2)传爆药。按照传爆序列的设计要求，传爆药(或传爆药柱)的感度应低于导爆管(或雷管)的感度而高于主装药的感度。目前，传爆管中的传爆药在品种、装药密度上与导爆药一致。

3)装药方式。传爆药柱与管壳的结合有两种方式。一种是直接将炸药压在管壳中。采用这种装药方式时，炸药与管壳结合牢固，机械强度高。该装药方式常用于穿甲弹和高膛压榴弹引信的传爆管。另一种是先将炸药压成传爆药柱再装入管壳。这种装药方式易于生产，效率较高，但在传爆药柱与管壳间容易产生间隙，结合牢固性较差，且径向间隙对传爆管的输出影响很大。对于径向间隙不均匀的传爆管，除影响起爆能力外，还会造成输出波形不对称。如将这种装药方式用于锥孔装药破甲弹，会影响破甲效果。

(2)形状。在有效高度($h=2.5d$，药柱底面的比冲量达到最大)范围内，传爆药柱的高度越大，起爆能力越强。通常情况下，以 $h=2d$ 作为药柱高度的极限值，而实际应用中，传爆药柱的长径比约为0.3～1.5。当引信口螺较大或传爆药量较小时，长径比应接近下限；当引信口螺较小，导爆药柱较小或偏心安置时，长径比应接近上限。对于主装药量很大的火箭弹、航空炸弹、导弹和鱼雷等，传爆药柱的高度可大于 $1.5d$，但应小于 $2d$。在传爆药柱难以直接引爆主装药时，还可采用两节药柱串联使用的方式，即在主装药的输入端增装辅助传爆药柱。

当传爆药量一定时，在传爆药柱高度与直径的一定比例范围内，适当增加药柱直径可增强起爆能力，因此在引信传爆序列中，大多采用扁平状的传爆药柱。

(3)药量。通常传爆管设置在主装药上方，且与主装药的直径相差不太大，其输出的爆轰能量足以完全起爆主装药。为确保传爆管作用可靠，中大口径榴弹传爆药的药量为战斗部装药量的0.5%～1%。其他小口径弹、迫弹、穿甲弹、破甲弹等则取战斗部装药量的1%～2.5%。对于一些大威力战斗部，仅用引信传爆管不足以完全起爆战斗部装药，此时需在战斗部内放置辅助传爆药柱。

第五节　延期类火工品

为控制引信解除保险和弹药爆炸的时机、完成弹药的自毁等功能，弹药中有各种控制时间的机构。比如机械时间引信内的钟表机构、电子时间引信内的计时电路以及化学时间药盘等。本节主要讨论弹药结构中通过火药有规律燃烧来控制时间的延期类火工品，通常称之为延期件。

与其他控制时间的机构相比，延期件计时精度较低，且其中的药剂在密封不良的情况下易吸湿，并影响到燃烧速度和计时精度，故该类火工品在弹药中的应用范围较窄，目前短延期的火工品在弹药上还有一定的应用。

按照功能，延期件可分为两类：第一类是用于控制传火序列和传爆序列作用时间的元件，包括延期管、时间药盘、保险药管等；第二类是用于点火和传火的元件，包括点火药(柱)、加强药(柱)、接力药柱等。虽然该类延期件的主要功能是点火和传火，但客观上也起到延期的作用。

按照延期时间，延期件可分为秒级延期件和毫秒级延期件两种。延期时间的长短与药剂的种类、装药密度、延期件的尺寸等有关。延期件中所采用的药剂主要包括有气体延期药和无(微)气体延期药两类。黑药是有气体延期药的典型，由于1 kg黑药能生成0.436 kg气体，气体压力会对药剂的燃速产生很大影响。无(微)气体延期药则包括硅系、钨系、硼系和硫化锑系等延期药，由于燃烧过程中气体生成很少，故此类延期药受对外界压力影响较小，具有较高的计时精度。

上述延期药中，硅系延期药多用于毫秒级延期元件中；钨延期药是一种燃速较低的长秒延期药(3 s以上)，比较适宜用作高秒量的延期药；硫化锑系延期药为秒级延期药，延期精度较高，多用在一些精度要求较高的弹药装备中。

按照外界输入能量形式，延期件可分为针刺延期件、撞击延期件、电延期件及火焰延期件等。其中，利用火帽的火焰能量是点燃延期件的主要形式。

基于功能要求和应用背景，除满足火工品的共同要求外，延期药还应满足其他一些要求。一是作用可靠。对起时间控制延期作用及时间药盘用的延期件，要求有较好的时间精度；对起火药保险作用的延期件，除有较好的时间精度外，还要求残渣尽量少，有利于保险塞运动；对作点火用的延期件，要求发火点低，易被点燃；作加强药用的延期件主要用来传火，要求其点火能力好。二是感度适宜，能被火帽输出的较小火焰能量点燃，能保证制造、运输、使用时的安全。三是机械强度足够，能承受发射时的震动而结构不被破坏，药剂不碎裂，确保延时精度。四是安定性好、吸湿性小，药剂各成分之间、药剂与其他材料间相容。

一、延期管

延期管通常用于触发引信中，其功能是使弹丸钻入目标一定深度或穿过目标一定距离后爆炸。延期管的典型结构如图 14－51 所示，主要由管壳和装药组成。

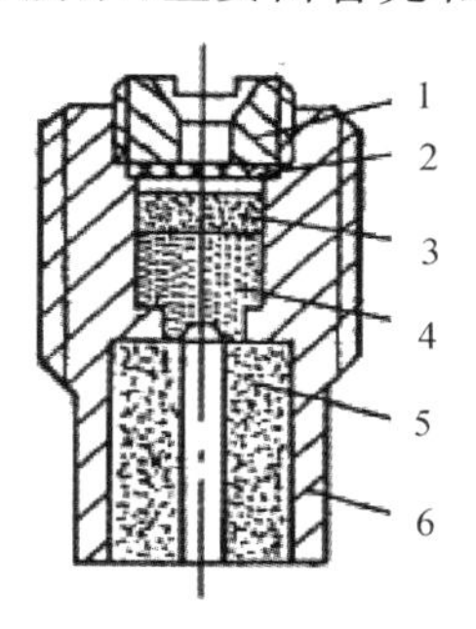

图 14－51　延期管的典型结构

1—调节螺；2—纸垫；3—引燃药柱；
4—延期药柱；5—接力药柱；6—管壳

管壳用于组装各个零件。上部的调节螺上有一小孔，该小孔可减弱火帽火焰对延期药的直接冲击，并使药剂燃烧产生的气体从小孔中排出，维持燃烧室内压力基本不变，保证药剂的稳定燃烧。纸垫主要起局部密封作用，既能减小储存环境对药剂的影响，又能减弱火帽火焰对延期药的冲击。装药一般由引燃药柱、延期药柱和接力药柱组成。延期药柱是控制延期时间的基本装药，一般直接压入管壳内，密度较大，并具有一定的强度。药柱直径通常为 3～6 mm，高度与直径之比应小于 1.5。药柱上、下端面压有球形或截锥形的凹面。其中，上凹面用于扩大受能面积，提高火焰感度，下凹面则用于集中输出火焰，两凹面之间的最小厚度决定了延期时间的长短。

二、保险药管

保险药管常用于延期解除保险机构，用于控制引信保险机构解除保险的时间。保险药管一般由管壳和延期药柱组成，如图 14－52 所示。保险药管是引信保险结构中的隔爆元件，在引信不作用时起保险作用，当引信作用时起解除保险作用。其作用过程是：延期药未被点燃时，在延期管端部，滑块被保险塞和钢球同时紧紧卡住，不能移动，保证滑块上的雷管和传爆管错开一定位置，起到隔爆作用。发射时，在后坐力作用下，火帽下移被击针刺击而发火，当火帽火焰点燃保险药管中的延期药后，火焰沿表面传播，同时向内部燃烧，生成物从表面及中间孔排出，一旦延期药燃烧完毕，钢球立即滚入管体内，这时滑块靠弹簧力滑出，使雷管和导爆管位置对正，处于触发状态，保证引信可靠作用。解除保险过程发生在战斗部出炮口后一定距离，药剂燃烧时间约为 0.09～0.12 s。延期药采用锆系延期药，配方为锆粉 20%、四氧化三铅 37%、过氯酸钾 25%、硫 14%、弱棉 4%。

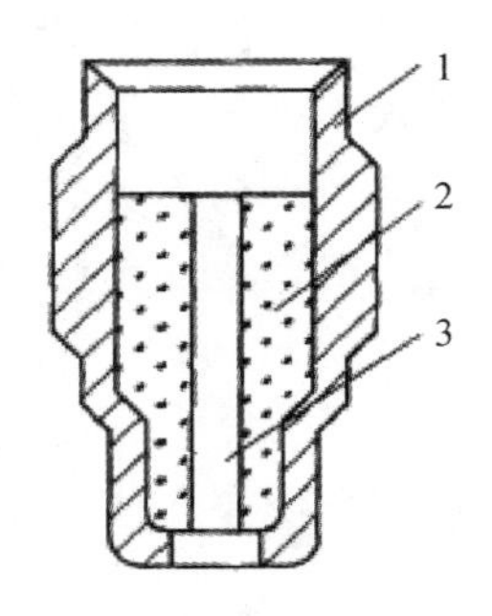

图 14－52　保险药管结构示意图

1—外壳；2—延期药柱；3—中间药孔

为保证药柱易于点燃和燃烧，保险药管的药柱有直径不小于 1 mm 的中心孔（一般直径不小于 1 mm），或将药柱输入端制成球形凹面。

三、时间药盘

药盘是时间药盘引信和弹药自毁装置中常用的延期件，具有装药量较多、延期时间长等特点。通常，延期时间药盘上、下两面都有装填了时间药剂的环形沟槽。

时间药盘有固定药盘和活动药盘两种，固定药盘对引信体不作相对角位移，活动药盘（装定药盘）可相对固定药盘转动，以调整延期时间，其中长延期为 13～15 s，短延期为 7～9 s。图 14－53 给出了典型的三药盘火药时间引信的结构。其中，固定药盘处于中间药盘上、下活动药盘中间位置，为使上、下两个活动药盘装定时一起转动，两药盘间用连动钩相连；排气孔端部盖有石棉垫和锡箔，并涂漆密封，以便平时防潮，燃烧时防止热气体从排气孔窜入。固定药盘的典型结构如图 14－54 所示，一般由药盘体、引燃药和延期药等组成，有些结构中还有加强药。药盘体上有开口环形药槽和定位销槽，并设有传火孔和排气孔。定位销槽用于药盘在引信上定位和固定药盘，引燃药接受火帽火焰来点燃延期药，延期药稳定燃烧，起到准确延迟点火的作用。活动药盘体上也有传火孔和排气孔，但无定位销槽。各药盘间靠轴向惯性力压紧，药盘之间、药盘与引信体之间垫药盘毡垫。

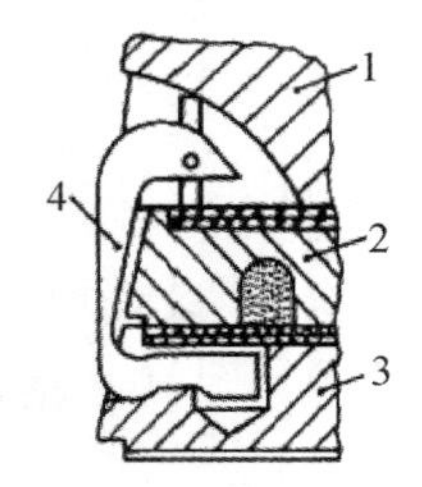

图 14－53　典型时间药盘引信结构示意图

1—上活动药盘；2—固定药盘；3—下活动药盘；4—连动钩

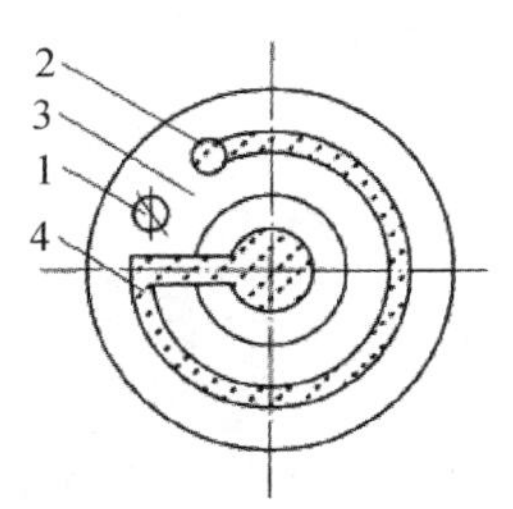

图 14－54　固定药盘结构示意图

1—定位销槽；2—引燃药；3—药盘体；4—延期药

时间药盘引信中，引信膛内发火机构与时间药盘之间的通道称为输入传火孔，药盘间的通道称为药盘传火孔，药盘与引信体扩焰室之间的倾斜通道称为输出传火孔。装定引信时，可转动活动药盘改变传火孔的相对位置，以得到不同的装定时间。

某些弹药的自炸机构中也采用延期药盘，其结构和延期药盘基本相同。根据延期时间要求，延期药既可以是黑药，也可以是微烟药。例如，某引信自炸延期药盘采用配方为铬酸钡79％、高氯酸钾10％、硫化锑11％、弱棉2％的微烟药。

第六节　动力源火工品

动力源火工品是一种在较小初始能量作用下，通过将药剂的燃烧或爆炸能量作用于一定的机构，完成推、拉、切、割、释放、抛放、驱动等机械动作或做机械功的火工品。从结构组成上看，动力源火工品一般由点火元件、装药和功能结构件组成。动力源火工品的点火元件和装药与其他火工品并无区别，其能够完成机械动作或做机械功，主要与其独特的功能结构件有关。功能结构件不同，完成的机械动作不同，采用特殊功能结构件的动力源火工品，甚至可同时实现多个动作。因其结构比较复杂，所以有些场合也将动力源火工品称为火工装置。

动力源火工品最早应用于导弹，以及飞机、运载火箭、载人飞船、卫星等航空航天器上。近年来，在战争需求的持续强力牵引下，动力源火工品和传感器技术、信号处理技术、通信技术、MEMS技术、含能材料技术等一起，对推进无控弹药制导化、信息化、智能化改造起到了巨大的推动作用。

据统计，近年来国内外研制和装备的诸多弹药上，国家军用标准中规定的作动器(含推销器、拔销器、爆炸开关、爆炸阀门、切割器等)、抛放弹和爆炸螺栓(含爆炸螺帽)等动力源火工品的种类和数量都呈现高速增长的趋势。

按照作用特点和功能，动力源火工品可分为分离类和驱动类。其中，分离类又可分为连接/解锁型和切割型；驱动类又可分为机械做功型和产气型。

一、连接/解锁型火工装置

连接/解锁型火工装置在不同时机的作用是不同的，作用前可将两个独立的结构牢固地连接为一体，作用后解除结构间的连接关系使其分离。本节主要介绍爆炸螺栓、分离螺母和膨胀管分离装置。

1.爆炸螺栓

爆炸螺栓在外形上与普通螺栓并无太大区别，但其内部空腔内装有炸药或可分离药筒，同时螺栓上预设有削弱槽。作用时，火炸药燃烧、爆炸产生的冲击波或产物压力，使螺栓从削弱槽处断裂，完成解锁或分离。

由于兼具连接和解锁两个功能，且需考虑火炸药燃爆产物可能会对爆炸螺栓的工作环境造成影响，故爆炸爆栓的性能参数包括承载能力、分离冲量和污染量。承载能力是指爆炸螺栓所能承受的最大拉伸破坏载荷，用来表征其作为连接件对被连接件的结合能力和受冲击波或压力作用时发生断裂的可靠性；分离冲量一般用分离后螺栓杆的动量表示，用于度量爆炸螺栓工作后对被连接体产生的冲击大小；污染量一般用爆炸螺栓分离后向外排出的微粒物的质量来表示，用于衡量其分离后产生污染的程度。

爆炸螺栓空腔内的炸药可以是高能炸药,也可以是火药。前者靠炸药爆轰产生的冲击波使螺栓断裂,典型产品有切槽式、无污染式爆炸螺栓;后者则靠火药的燃气高压作用于腔体端部使螺栓断裂,典型产品有剪切销式、钢球活塞式爆炸螺栓。

图 14-55 所示为典型的切槽式爆炸螺栓结构。爆炸螺栓圆柱形药室的外壁上,有一环形凹槽,形成连接上的薄弱环节。当药室内装猛炸药爆炸后,药室内压力升高。当压力增高到开槽部位的断裂强度时,螺栓断裂,两个被连接件发生分离。

这种爆炸螺栓结构简单,且螺栓头和本体分离时不产生碎片,但由于爆炸产物会从分离面溢出,对周围设备或环境造成污染,所以不适合在洁净度要求高的地方使用。

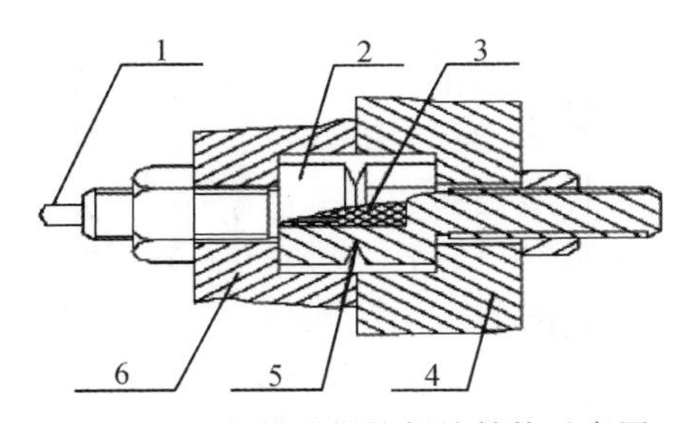

图 14-55 切槽式爆炸螺栓结构示意图

1—导线;2—爆炸螺栓;3—猛炸药;4、6—被连接结构;5—断裂面

2.分离螺母

分离螺母,又称爆炸螺母或易碎螺母,是通过高压气体使螺母与螺栓脱离的。

典型的分离螺母结构及安装如图 14-56 所示,分离螺母作用前、后的状态如图 14-57 所示。螺母中心连接双头螺栓。当安装在分离螺母中压力药筒的雷管发火时,其输出能量将使连接分离螺母两个半块的临近薄轮辐断裂,分开螺母的两个半块,并且对称位置的两个薄轮辐也因螺母半块的支轴作用而断裂,继而导致螺母中心的压紧螺栓释放。分离螺母使用两个压力药筒主要起冗余作用。

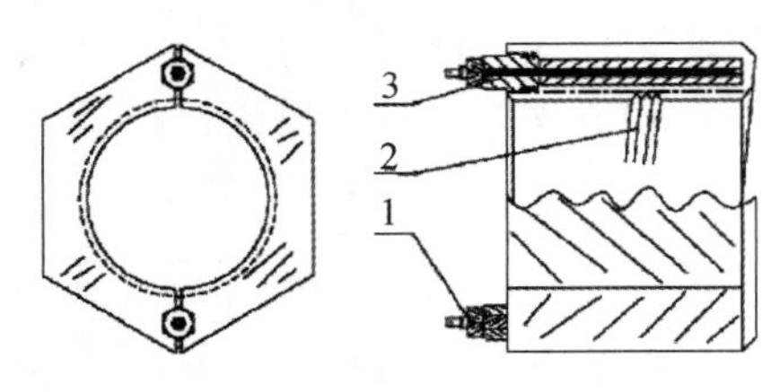

图 14-56 分离螺母结构及安装图

1—雷管;2—锯齿螺纹;3—扩爆管

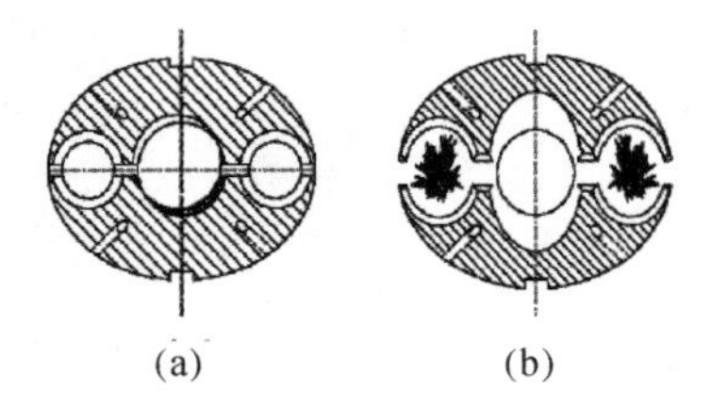

图 14-57 分离螺母作用前、后示意图

(a)作用前 ;(b)作用后

3.膨胀管分离装置

膨胀管分离装置有膨胀管-凹槽板分离装置、膨胀管-凹口螺栓分离装置等类型,虽然这些类型的结构有所不同,但其功能和作用原理基本相同,都是利用柔性金属管内导爆索及填充物的膨胀效应实现分离的。膨胀管分离装置适应于装有高精密仪器设备、光学仪器的场合,以及太阳能电池板打开以及载人飞船的舱段和整流罩的分离,是一种新型的线性分离装置。

图 14－58 所示为典型的膨胀管-凹槽板分离装置的结构示意图，可以看出其由炸药索、填充物、金属管、分离板组成。分离板是分离装置实现两个分离体连接和分离的核心部件，因板上预制有凹槽，故又称凹槽板，为保证作用前可靠连接和作用时可靠分离，分离板一般用铝合金材料制成，且强度、刚度和厚度必须满足使用要求；炸药索是分离装置的能量源，内装黑索今，壳体为铅质材料，整体外形呈圆形；炸药索外层为填充物，用于吸收炸药索爆炸产生的冲击能量，减少自由容积，在储存、运输过程中支撑、保护炸药索；填充物外为扁平型金属管，用于传递炸药索爆轰能量和封闭爆轰产物气体。金属管既要高效率地向分离板传递爆炸能量，又要保证爆炸瞬间有较大的强度裕度而不破坏。因此，通常选用材质均匀且有较高韧性的材料制成，其厚度大小必须满足上述两个功能要求。这种金属膨胀管是实现动力源火工品无污染的典型结构形式之一。

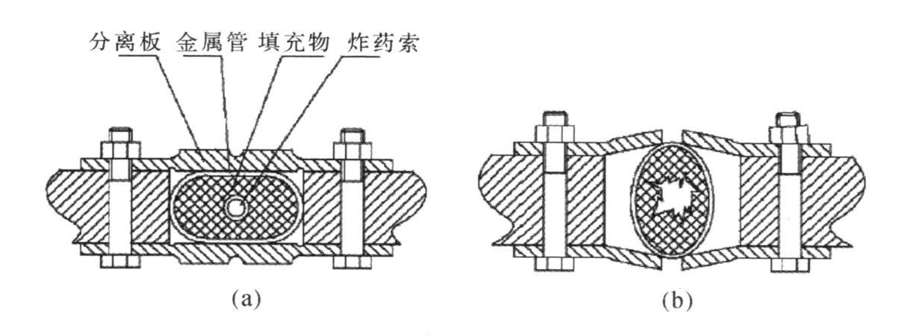

图 14－58　分离板式膨胀管分离装置作用前后

(a)作用前；(b)作用后

膨胀管分离装置的作用过程是：炸药索爆炸后，其爆炸冲击能量大多数被填充物所吸收，并使填充物迅速气化，在金属管内产生高压并膨胀，使金属管变形。当金属管内部气体压力足以克服金属管的变形力及分离板的破坏力时，分离板分离。只要导爆索的装药量及分离板的连接力选择适当，即可保证在分离板分离的同时金属管不破裂，爆炸产物和填充物气化气体不泄漏，达到无污染、无碎片的要求。

二、切割型火工装置

切割型火工装置主要用于将一个完整的线、缆、管、面、流体等目标进行切割分离。根据目标体特征，切割型火工装置主要分为点式和索类两类。前者主要是对线、缆、管、流体等线状目标进行点式切割分离，如切割器、爆炸阀门等；后者主要对面状目标进行连续线形切割，如切割索和膨胀管分离装置等。与点式分离相比，线形分离具有工作可靠、安全性高、同步性好、电能消耗低、勤务处理方便等特点，已逐渐取代点式切割分离。

切割型火工装置的性能参数主要包括切割能力、切割分离时间等。其中，切割能力一般用被切割体的材料和厚度来衡量，用于表征对被分离体的切割解锁能力；切割分离时间是指从接受分离信号到将被切割体切割解锁的时间。

1.切割器

切割器用于对钢丝绳、电缆、耐压软管、燃料管及各种高强度绳索等各种线状目标进行点式切割分离。按点火方式，可分为电起爆与机械发火两种。

图 14-59 所示为典型的电起爆切割器结构，可以看出，其由壳体、电起爆器及装药、活塞刀、剪切销、砧座等组成。主装药发火前，切割器一般不受力。工作时，活塞刀在主装药爆炸压力推动下切断目标。为保证顺利切断目标，一般应使活塞刀的硬度比目标及砧座的硬度(洛氏硬度)高 20 以上。另外，砧座的硬度也要比目标的硬度高，以免在切割过程中目标镶入砧座内。

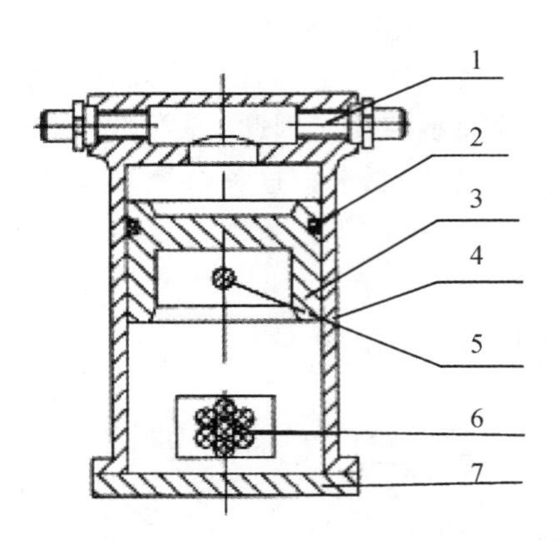

图 14-59 电起爆切割器结构示意图

1—起爆器；2—密封圈；3—活塞刀；4—壳体；5—剪切销；6—目标体；7—砧座

图 14-60 所示为用于切割降落伞收口绳的机械发火切割器，可以看出，其主要由拉环、击发机构、火帽、延期药、输出装药及环形切刀组成。被切的收口绳从环形切刀前方的圆孔穿过，而拉绳一端缝合在伞绳上，另一端则系在拉环上，拉绳的长度应短于相应一段伞绳的长度。降落伞开伞伞绳拉直后，拉绳拉动拉环，击发机构的击针在压缩弹簧的推动下，撞击火帽，火帽激发后点燃延期药，经过一定的延期时间后，延期药引燃输出装药，后者燃爆的气体压力推动环形切刀前进，将环形切刀前方的收口绳切断。为可靠切割软线等目标，在环形切刀接触端设置铝合金的堵头，作用是使环形切刀作用端面为柔性接触，保证伞绳切割时顺利不夹丝。

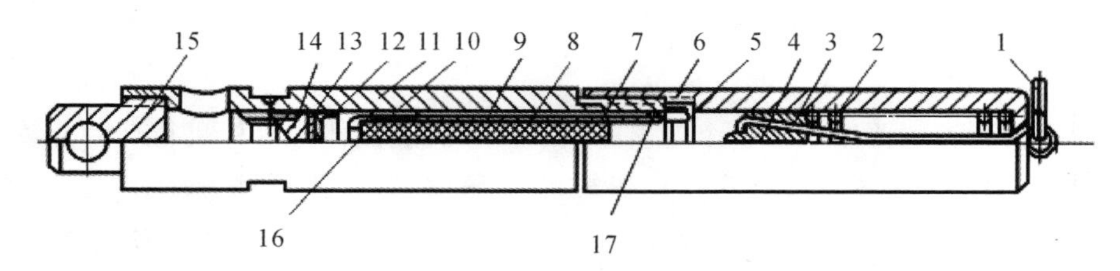

图 14-60 降落伞收口绳切割器结构示意图

1—拉环；2—弹簧；3—开口销；4—撞针；5—3 号撞击火帽；6—上套管；7—延期药；8—强耐水药；9—延期管；10—点火药；11—下套管；12—闭气帽；13—橡胶垫片；14—环形切刀；15—堵头；16—盖片；17—橡胶圈

2.爆炸阀门

爆炸阀门是利用活塞打开和关闭阀门，对流体(气体、液体)进行开关处理，主要用于弹箭动力系统中的增压输送系统、载人运载火箭中的逃逸灭火系统等。

常用的爆炸阀门为电爆阀(又称电爆活门)，主要用于启动和切断输送管路中流体的流动。

按作用前流体运动状态可分为常开型和常闭型两类。常开型电爆阀作用前流体导通，作用后流体切断。它是弹簧体动力系统中的重要产品，通常对整个增压输送系统起开关和密封作用，是整个动力系统正常工作的保障。

典型的常闭型电爆阀结构如图 14－61 所示，可以看出，其主要由电爆管、活塞(切刀)、壳体和切破件等组成。其作用过程为：利用电爆管火药燃烧时产生高温高压燃气推动活塞，活塞上的切刀使切破件破裂，形成介质通路。虽然电爆阀的工作过程非常快(只需 0.3～1 ms)，但切割过程中伴随着燃烧、气体膨胀、金属件破裂，以及高温高压燃气冲击作用于切破件表面上形成塑性变形甚至断裂等动作。

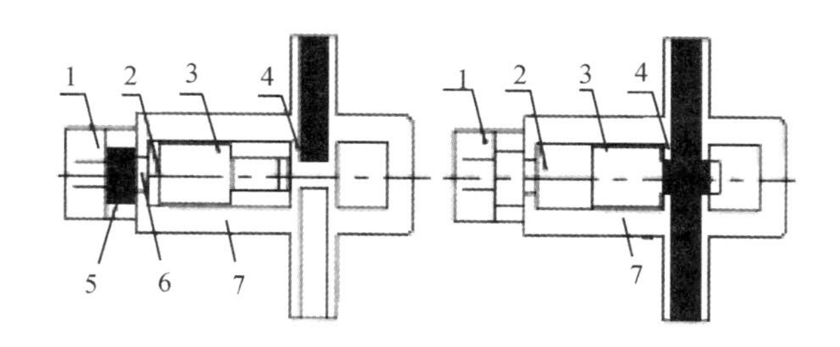

图 14－61　常闭型电爆阀结构原理示意图

1—电爆管；2—电爆容腔；3—活塞(切刀)；4—切破件；5—电爆管火药；6—传火孔；7—壳体

3.切割索

切割索(又称为聚能切割索)，是利用切割索爆炸后的聚能射流直接将分离面切开达到分离的目的，具有能量大、可切割多种结构及材料等特点，适应于承载能力较大、结构厚度较厚的切断与分离，是应用较早、较多的线形分离装置，常用于自毁系统、级间分离系统等。

切割索有药条式和金属管两种结构，分别如图 14－62 和图 14－63 所示。药条式切割索是由黑索今炸药配以辅助成分压制成药条，药条外加由硅青铜条压制而成的金属聚能罩。金属管切割索则是将纯黑索今或六硝基芪炸药装在铅管(铅锑、银、铜等)内，用模具多次压制而成。切割索能切割金属的厚度由炸药的威力、装药量、聚能角、炸高(切割索离金属表面的距离)等因素决定。在两种基本结构中，金属管聚能切割索切割效果更好些。

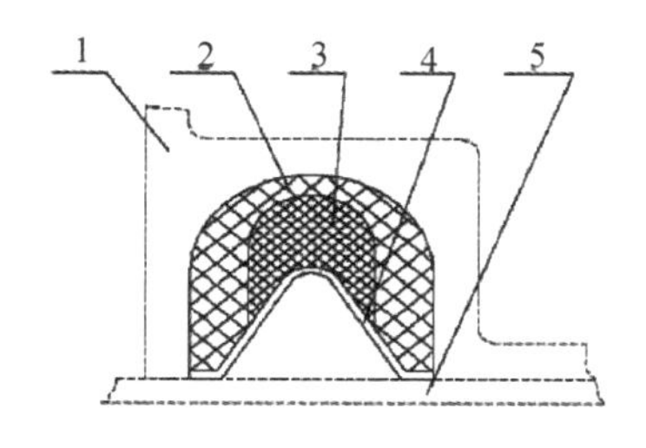

图 14－62　药条式聚能切割索

1—金属保护罩；2—橡胶保护套；3—药条；4—聚能罩；5—被切割结构

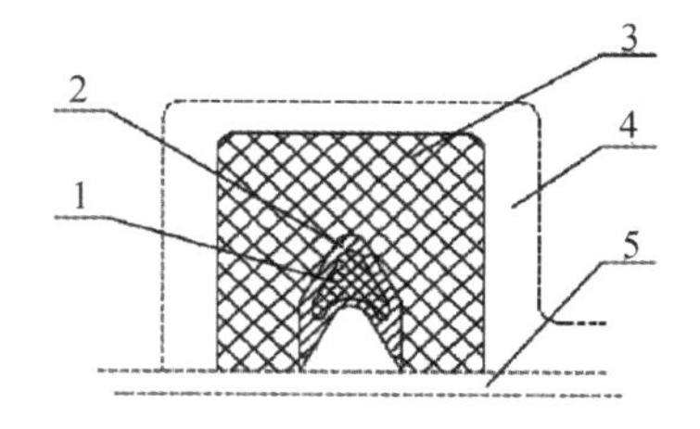

图 14－63　金属管聚能切割索

1—装药；2—铅管；3—橡胶保护罩；4—金属保护罩；5—被切割结构

聚能切割索的作用原理如图 14－64 所示。当起爆器起爆聚能切割索后，管内的炸药爆炸，因聚能效应而形成一股由高温高压气体和金属气化后气体所组成的金属射流，对一定厚度的金属板进行切割。

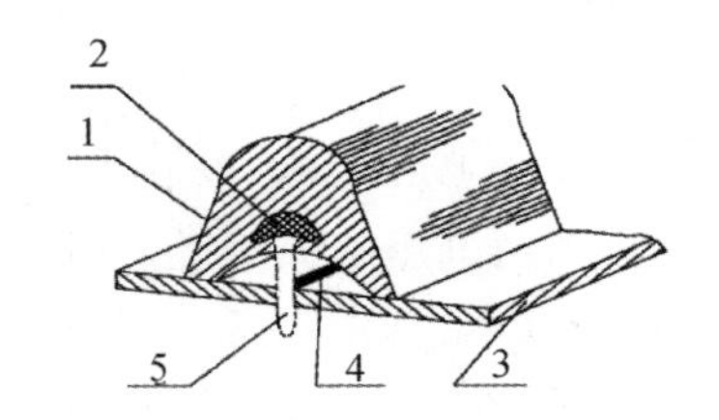

图 14-64　聚能切割索结构

1—金属保护罩；2—猛炸药；3—被切割结构；4—断裂线；5—爆炸射流

由于作用时冲击过载高，有污染、碎片产生，所以在卫星整流罩分离和飞行员逃逸系统等场合，切割索已逐渐被膨胀管分离装置替代。

三、机械做功型火工装置

机械做功型火工装置是利用装填于其中的火药(发射药、推进剂)爆燃所产生的压力，驱动类似活塞的装置在活塞筒作线性机械运动，完成抛放和作动等功能的火工装置。

基于其功能特性，机械做功类火工装置的主要性能参数包括行程、平均驱动力、最大驱动力、工作时间、不同步性、达到最大驱动力的时间等。对不同的机械做功型火工装置来说，其结构、功能不同，性能指标也有所差异。

机械做功型火工装置主要包括弹射类(包括弹射筒、弹伞器等)和作动类(推冲器和拔销器等)。

1.推销器

推销器，是为产生特定推冲速度和冲程而由燃气驱动的活塞装置，也称为行程式作动筒，一般用于火箭和导弹的级间分离、整流罩分离、弹翼及舵面的展开等。图 14-65 所示为典型活塞式推销器的结构，其作用原理与内燃机相似，不同之处在于，它是装有火炸药的、一次性作用的单冲程内燃机。

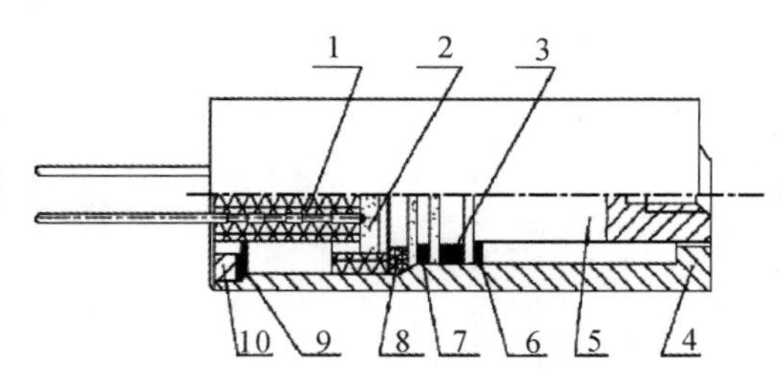

图 14-65　活塞式推冲器结构图

1—电发火管；2—混合点火药；3—O 形密封圈；4—筒体；5—活塞杆；
6—缓冲圈；7—挡烟圈；8—支承圈；9—密封圈；10—挡环

活塞式推销器的作用过程为：当电发火管通电后，点火药装药发生爆燃并迅速产生高温高压气体，使活塞末端与发火管之间的初始容腔增压，继而推动活塞上的预加负载以极高的速度运动到所要求的冲程。

2.拔销器

拔销器作用原理基本上与推销器相同,不同之处是它利用低气压气体能量剪切低强度销钉,克服剪切摩擦,使活塞将伸出的轴端以一定速度回拉,从啮合(伸展)状态收缩到非啮合(收回)状态,活塞收回,释放出载荷。典型活塞式拔销器结构如图 14-66 所示,可以看出,其主要由柱状管壳、销子、剪切销、压力药筒、密封件、冲击吸能帽等组成。与活塞式推冲器相同,它也是一次性作用的单冲程装置。

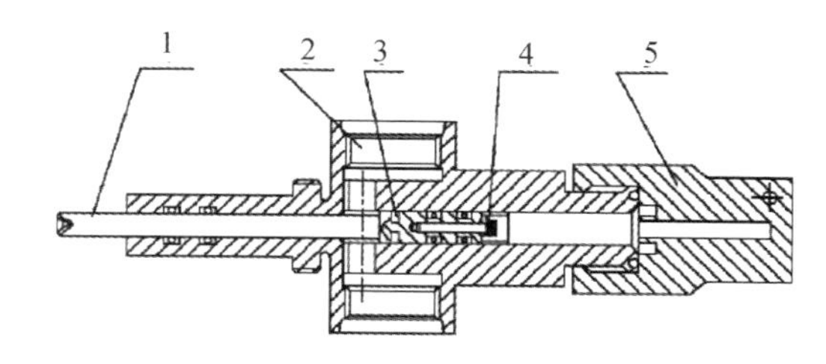

图 14-66　活塞式拔销器结构

1—销子;2—压力药筒接口;3—剪切销;4—吸能帽;5—密封件

活塞式拔销器的作用过程为:压力药筒发火后,其输出的高温高压气体通过一个直径为 2.5 mm的小孔排出,并进入体积极小的自由容腔,给活塞的销子一端施压,当压力增大到一定值后,切断剪切销并推动活塞向内运动,拉出伸在外面的销子。销子缩回 12 mm 后,活塞停止在冲击吸能帽内。冲击吸能帽实际上是一个薄壁钢扁壳,主要用于消除来自活塞和销子的过多能量,并防止其反弹。

3.弹射筒

弹射筒主要用于为物体的可靠分离提供一定速度,如弹射舱盖、天线盖、展开降落伞,甚至可以直接将数据舱等大质量物体从弹体上抛出,广泛应用于卫星、载人飞船、运载火箭和无人机等领域。弹射筒主要由内筒和外筒组成,内筒作为外筒的自由活塞,具有一定的行程,内筒在火药气体作用下,在外筒内作加速运动,最终内筒与外筒以一定的速度完全分离。当被弹射物体质量小于 2 250 kg 时,内外筒采用剪切销固定;当其质量大于 2 250 kg 时,内外筒采用滚球(珠)固定。

图 14-67 所示为典型的弹射筒结构,可以看出,其主要由上螺帽、活塞、内筒、外筒、药筒和防火罩等组成,可用于航天器返回舱的回收。图 14-67 中,L 为弹射筒的工作行程;S_1为燃气压力面积,即为活塞右端截面面积;S_2为当活塞运动离开内筒后燃气的压力面积,即上螺帽的内表面面积。返回舱在返回过程中,速度非常快,利用降落伞系统对其进行减速实现软着陆。航天器进入回收段时,弹射筒接到电信号,点火工作,将伞舱盖弹出,同时将固定在伞舱盖上的降落伞以一定速度拉出,实现降落伞顺利开伞。弹射筒的使用关键是控制工作过载,以保证在整个运动行程的推力大于外界阻力,而且推力曲线平缓,以减小工作过载对结构及元器件的影响。

弹射筒的作用过程为:点火器点燃主装药,产生高温高压燃气,推动活塞剪断剪切销向左移动,钢球落入内筒内完成解锁,上螺帽-外筒组件在燃气推动下以一定速度飞出,完成弹射功能。

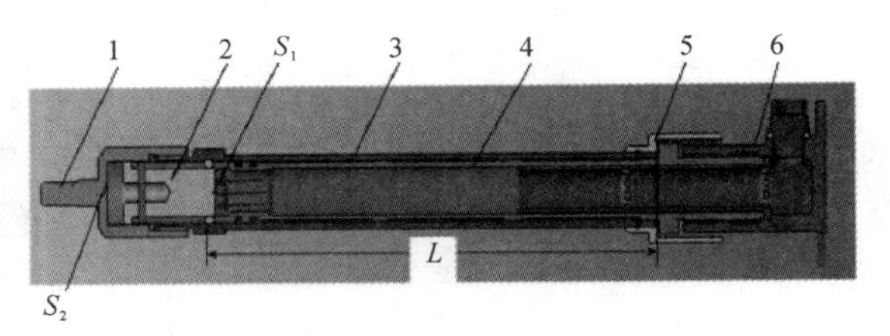

图 14-67 弹射筒结构简图

1—上螺帽;2—活塞;3—外筒;4—内筒;5—防火罩;6—药筒

四、产气型火工装置

产气型火工装置通过燃气或气体,提供一定、有限的推力冲量,对目标体实施驱动或分离等功能,常用于火箭、导弹、卫星等航空航天飞行器的级间分离、整流罩分离、星箭起旋、弹丸(体)姿态调整和控制,还可实现机载弹药投放、车载成员逃生、多个有效载荷抛撒等功能。

常见的产气型火工装置包括固体小火箭发动机、抛放弹、分离抛撒装置等。

1.分离火箭

分离火箭工作时产生推力,使被推动的物体产生一定的运动速度和加速度,完成级间分离、助推器分离、推进剂管理等预定功能。按使用方式,分离火箭可分为反推火箭、正推火箭、侧推火箭等。分离火箭比较小,装药一般采取自由装填方式和浇铸方式两种,其中自由装填方式比较常用。典型的自由装填方式分离火箭如图 14-68 所示,可以看出,其主要由点火器、点火药盒、弹簧件、壳体、装药(推进剂)、挡药板和喷管等组成。与自由装填方式的火箭相比,浇铸方式的分离火箭中可以减少弹簧件和挡药板。分离火箭用的点火器可采用电点火器或隔板点火器。

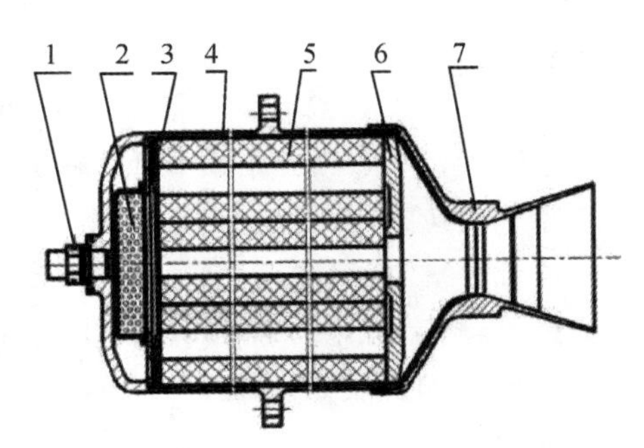

图 14-68 自由装填方式的分离火箭结构图

1—点火器;2—点火药盒;3—弹簧件;4—壳体;5—装药;6—挡药板;7—喷管

自由装填方式分离火箭工作过程为:分离火箭工作时,通过点火器引燃点火药盒,点火药盒产生的高温燃烧产物流经装药表面,将装药迅速加热点燃,产生大量的高温燃气,燃气在燃烧室的限制下形成高压。高温高压燃气通过拉瓦尔喷管高速喷出,形成反作用力,推动与分离火箭连接的物体运动。

衡量分离火箭的性能参数与大型火箭发动机基本相同,主要包括总冲、总冲偏差、最大推力、工作时间、推力线偏移、推力线横移、点火延时和气动不同步性等。其中,推力线偏移是指分离火箭推力实际作用线与理论作用线之间的夹角，而推力线横移是指分离火箭推力实际作用点与理论作用点之间，在推力作用线垂直平面上的横向距离。

2.慢旋火箭

慢旋火箭的工作方式与分离火箭类似，不同点在于慢旋火箭的喷管是两个或多个，工作时用于提供力矩，为各种运动姿态和控制提供动力。

图 14－69 所示为典型慢旋火箭的结构，可以看出，其主要由燃烧室、喷管、装药和点火药盒等组成。工作时，用点火器点燃点火药盒，点火药盒产生的高温高压产物将装药点燃，装药燃烧后产生的大量高温燃气，在燃烧室内形成高压，并从多个喷管喷出。因各喷管喷流方向不同，故产生的反作用力不在同一条直线上，从而形成旋转力矩。

基于慢旋火箭的基本原理，一些制导弹药上设置了与弹轴呈一定角度的多个推冲器，这些推冲器可根据弹载计算机的指令，实现对弹药飞行方向和飞行姿态的控制。

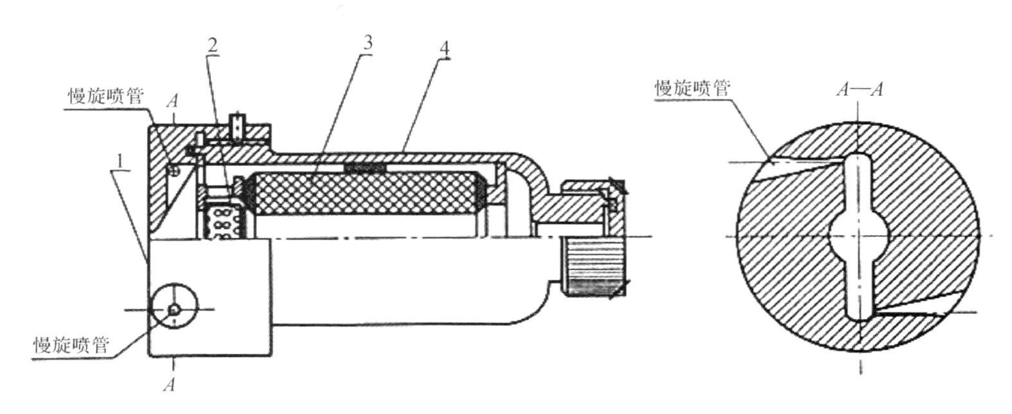

图 14－69　慢旋火箭结构图

1—喷管；2—点火药盒；3—装药；4—燃烧室

3.抛放弹

抛放弹是指利用装药燃烧产生的燃气压力，为机载弹药或其他悬挂物投放、乘员逃生弹射提供动力的火工品。抛放弹按用途分为两大类，即飞机救生装置用抛放弹和机载悬挂装置用抛放弹。机载悬挂装置用抛放弹的典型结构如图 14－70 所示，可以看出，其主要由弹体、点火药、发射药及密封件等组成。

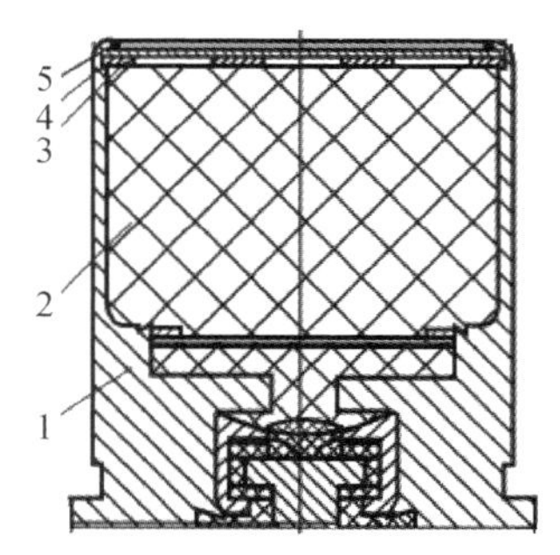

图 14－70　机载悬挂装置用抛放弹结构

1—装有点火药的弹体；2—发射药；3—五孔盖片；4—密封盖片；5—快速黏结剂

抛放弹的作用过程为:抛放弹安装在弹射挂弹钩中,飞机供电系统给抛放弹通电,抛放弹的电热件点燃点火药,点火药引燃电点火管增强点火药,使点火能力加强,根据渐进点火原理,再依次引燃辅助发射药和主装发射药。通过发射药燃烧产生高温高压气体推动机载悬挂装置活塞,使其开钩;同时高压气体推动弹射杆,使载荷以一定的速度迅速通过机身周围的紊流层,安全离开载机,达到强力弹射的目的。

4.抛撒装置

抛散装置主要用于将多个有效载荷从母舱中释放出去,主要用在采用子母战斗部的弹药和导弹中。常用的火工分离抛撒装置有爆炸式、气囊式、波纹管式和活塞式等类型。

(1)爆炸式抛撒装置。爆炸式抛撒装置是通过位于母舱中心的爆炸管爆炸提供动能,驱动有效载荷运动,以实现有效载荷的分离抛撒。其结构如图 14-71 所示,可以看出,其主要由金属管、扩爆药和抛撒药组成。金属管可通过螺纹或螺钉固定在母舱端框上,扩爆药和抛撒药装填在金属管内。金属管与母舱舱体之间安装有固定有效载荷,有效载荷的排布可以是一层,也可以是多层,如图 14-72 所示。

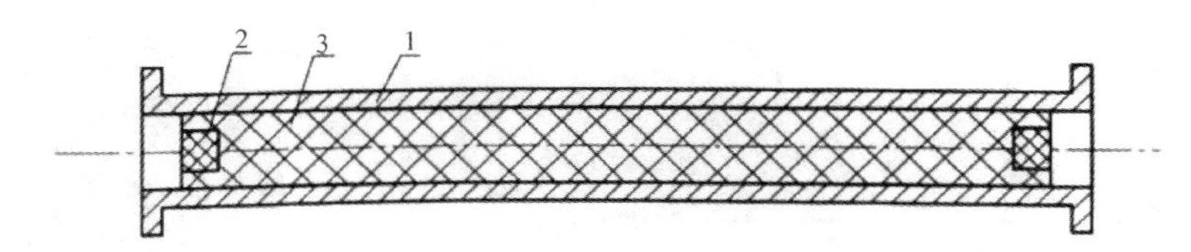

图 14-71 爆炸式抛撒装置结构

1—金属管;2—扩爆药;3—抛撒药

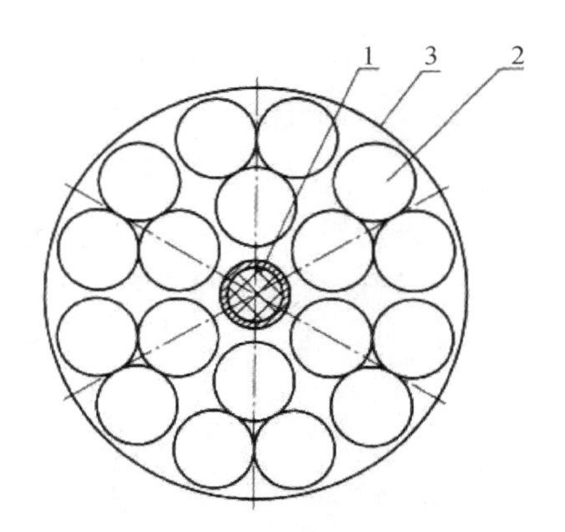

图 14-72 爆炸式抛撒有效载荷排布示意图

1—抛撒装置;2—有效载荷;3—母舱舱体

满足起爆条件后,控制系统起爆抛撒装置中的扩爆药,扩爆药引爆抛撒药,抛撒药爆炸后金属管破裂,爆炸产物作用在有效载荷和母舱舱体上,造成母舱舱体破裂和有效载荷向外运动。由于爆炸过程非常快,故母舱舱体破裂、抛壳和有效载荷抛撒几乎同时进行。

爆炸抛撒方式具有结构简单、动作可靠、抛速高等优点,可以使内、外层有效载荷间按一定的速度梯度顺序抛出,使内、外有效载荷散布均匀,特别适合用于有效载荷多的中、大口径母舱，目前各国多管火箭发射系统所发射的子母弹即采用了这种抛撒方式。但这种方式也存在缺陷：由于抛撒药的爆轰产物和金属管破碎时产生的破片，将直接冲击在有效载荷上，且冲击过载峰值高、脉宽短，故可能造成有效载荷在抛撒中失效。

(2)气囊式抛撒装置。气囊式抛撒装置是通过气囊充气膨胀推动有效载荷运动，以实现有效载荷的分离抛撒。由于利用气囊充气膨胀来延长燃气对有效载荷的作用时间，故抛撒过载比爆炸式小一个量级。与此同时，在有效载荷的抛撒过程中，由于燃气始终处于气囊中，不产生外泄，故污染很小。和金属膨胀管结构相同，气囊式结构也是实现动力源火工品无污染的典型结构形式。

按照气囊的安装位置，气囊式抛撒装置可分为内燃式和外燃式两种，下面主要介绍外燃式结构。

外燃气囊式抛散装置主要由燃气发生器、燃气导管、燃气分配器和气囊组成，如图 14－73 所示。有效载荷排布如图 14－74 所示。

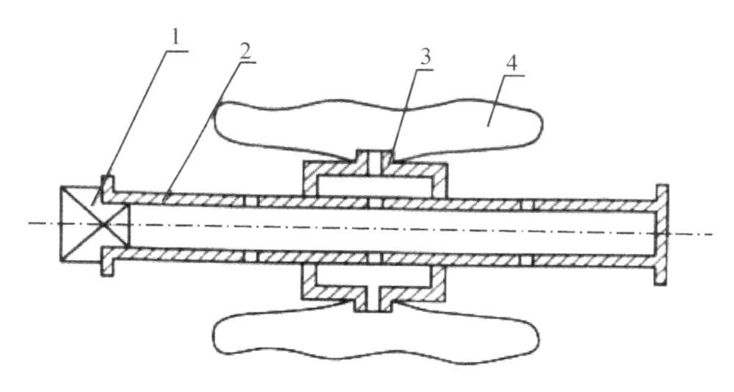

图 14－73　外燃气囊式抛散装置

1—燃气发生器；2—燃气导管；3—燃气分配器；4—气囊

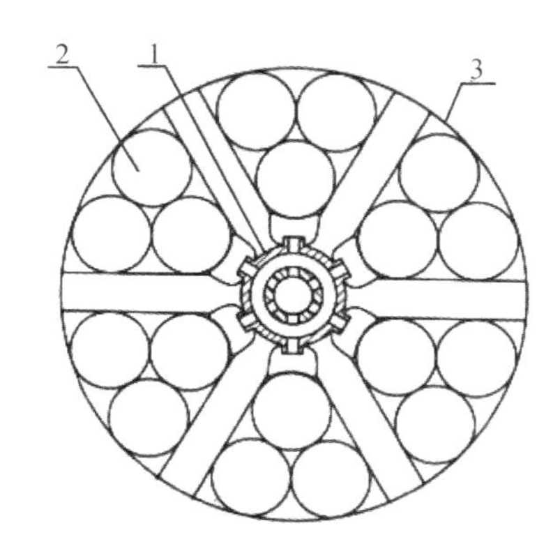

图 14－74　外燃气囊式抛散装置有效载荷排布示意图

1—抛撒装置；2—有效载荷；3—母舱舱体

抛撒时，燃气发生器内的火药点火产生燃气流入燃气导管，当燃气达到一定压力时，冲破燃气导管的限压膜片流入燃气分配器，通过燃气分配器的喷孔流入气囊，气囊充气膨胀推动有效载荷加速运动实现抛撒。

外燃气囊式抛撒装置的燃气发生器位于气囊外部，通过燃气分配器的合理设计，使燃气均匀地推动对应的有效载荷运动，可产生一定的抛撒效果。但由于分配器上的喷孔限制了气体的流速，不能在气囊高速膨胀过程中提供火药燃气，故气囊内压力下降较快，有效载荷行程小，抛撒过程持续时间短。总之，该装置具有内弹道稳定可控、点火系统简单可靠等优点，在工程上应用广泛。如，美国的突击破坏者 T-16 导弹、战斧导弹及英国的 BL755 航空反装甲子母炸弹都采用了此种抛撒方式。

(3)波纹管式抛撒装置。波纹管式抛撒装置是通过火药气体驱动波纹管向外膨胀，推动有效载荷运动，以实现有效载荷的分离抛撒。波纹管式抛撒装置主要由燃气发生器、燃气导管和波纹管组成，如图 14－75 所示。有效载荷排布如图 14－76 所示。

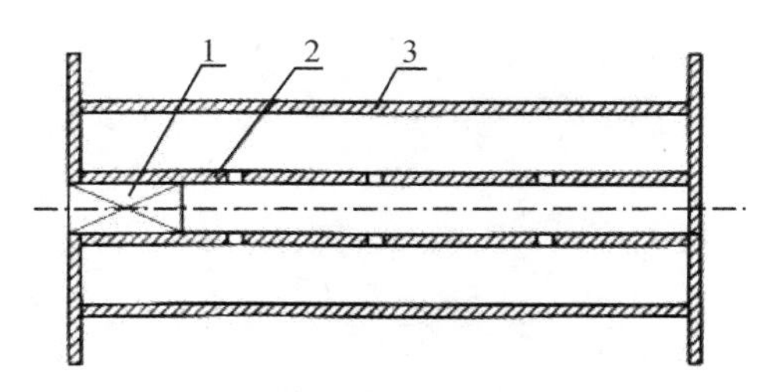

图 14－75　波纹管式抛撒装置

1—燃气发生器；2—燃气导管；3—波纹管

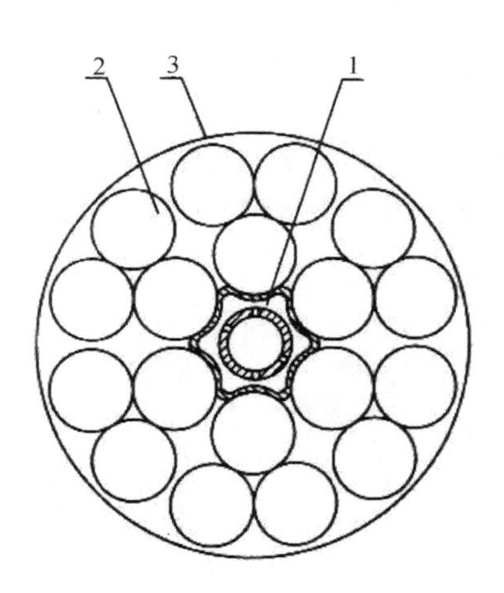

图 14－76　波纹管式抛撒装置有效载荷排布示意图

1—抛撒装置；2—有效载荷；3—母舱舱体

每个母舱内使用一根波纹管，燃气导管位于母舱中心轴处，有效载荷分布于波纹管外层，火药在燃气发生器内燃烧，燃气通过燃气导管的喷孔流入波纹管内，在燃气导管内形成一个高压区，在波纹管内形成一个低压膨胀做功区，以保证有效载荷在波纹管的低压作用下平缓加速，减少有效载荷的抛撒过载(与气囊式抛撒装置相当)。

波纹管式抛撒装置具有结构简单、动作可靠，且波纹管的形状可根据有效载荷外形进行对应设计，以保证波纹管与有效载荷很好贴合，有利于控制有效载荷的抛撒运动，降低抛撒过程中有效载荷的过载。

(4)活塞式抛撒装置。活塞式抛撒装置是通过火药气体驱动活塞,活塞推动有效载荷运动实现有效载荷的分离抛撒。通过设计气缸(或燃烧室)压力和活塞行程,以延长燃气对有效载荷的有效作用时间,大幅降低对有效载荷的冲击载荷。

在抛撒有效载荷时,活塞式抛撒装置有轴向抛撒和端面抛撒两种方式,轴向抛撒时有效载荷的排布与爆炸式、气囊式、波纹管式相同,本节主要介绍广泛用于某些烟幕弹、宣传弹、照明弹等特种弹药,以及某些子母式弹药(如德国 155 mm Smart 末敏弹)中的端面抛撒结构。

图 14－77 所示的照明弹采用的即为端面抛撒方式的活塞式抛撒结构。该抛撒结构主要由抛射药包、燃烧室和推板合件组成。引信传火序列点燃抛射药包内的装药,装药燃烧产生的高温高压气体,一方面通过推板上的传火孔点燃照明炬,另一方面加压于推板,并通过照明炬、半圆环、支撑瓦传递到弹底,剪短弹体和弹底的连接螺纹,将吊伞照明炬系统等装填物抛出弹体。

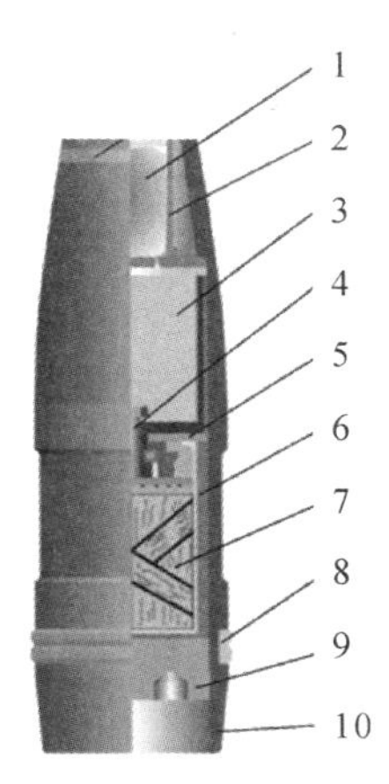

图 14－77　采用端面抛撒方式的某型照明弹

1—抛射药包;2—推板合件;3—阻旋照明炬;4—转动合件;5—半圆环合件;6—支撑瓦;7—吊伞;8—导带;9—弹底;10—弹体

第七节　工程类火工品

工程类火工品主要用于工程爆破,因此常称之为爆破器材。根据爆炸输出能量的形式,爆破器材分为点火器材和起爆器材。通常称拉火管、导火索、电点火具和时间药剂等输出火焰冲能,用于点燃其他可燃对象的为点火器材;称工程雷管(火焰雷管、电雷管、延期雷管和毫秒雷管)、导爆索等输出爆轰冲能,用于起爆爆炸装药的为起爆器材。

工程爆破中,通常要根据需求将不同的点火/起爆器材按照感度由高到低、输出能量由低到高的顺序,排列组成工程爆破爆炸序列。与弹药爆炸序列相比,工程爆破爆炸序列具有下述特点。

(1)爆破目标的能量来自压装或松散装填、密度较小、起爆感度较高的炸药包或少量液体炸药等起爆主装药,起爆主装药可用直径、长度和装药量都远大于引信雷管的工程雷管直接起爆,或用导爆索、导爆管直接起爆,故工程爆破爆炸序列中很少采用用于放大能量的火工品。

(2)与弹药“打了不用管”相比,工程爆破的必须有点火/起爆等相关操作人员参与。为确保人员安全,工程爆破序列的点火/起爆元件与炸药包之间,都设置有一定长度的、具有特定燃速或爆速的索类火工品,用于传递燃烧或爆炸能量,或直接引爆主装药。索类火工品的长度应能保证相关操作人员在炸药包或液体炸药爆炸之前安全撤离。采用索类火工品的另外一个优点是,可通过爆炸序列的合理设置完成多点同时起爆。

一、拉火管

拉火管主要用于点燃导火索,有塑料拉火管和纸拉火管两种。如图 14-78 所示,塑料拉火管主要由拉火帽(内装发火药)、管壳、拉火丝、摩擦药、拉火杆等组成。拉火帽中发火药配方为氯酸钾、三硫化二锑和二氧化铅(石墨),拉火丝为镀锌铁丝,拉火丝上涂有摩擦药(配方为赤磷和三硫化二锑),拉火杆为塑料或木材。使用时,将长 18～22 mm 的军用导火索插入拉火管内,用力拉出拉火丝,拉火丝与火帽内的药剂相互摩擦发火,随即点燃导火索。纸拉火管的构造与塑料拉火管相似,尺寸略大,在拉火管上有导火索卡,使用时将导火索插入导火索卡(带六个牙的金属筒)内固定。

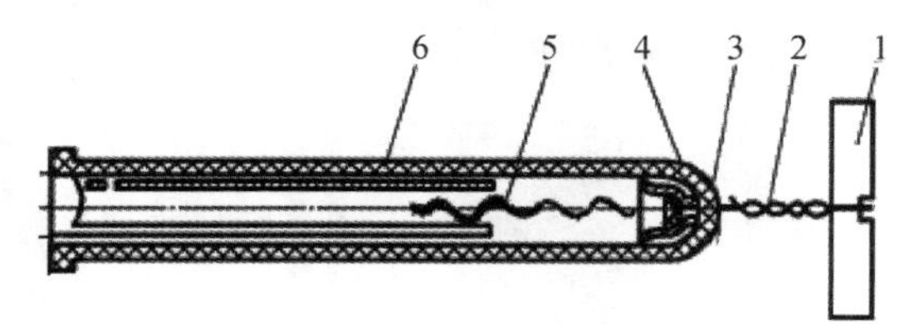

图 14-78　塑料拉火管结构

1—拉火杆;2—拉火丝;3—火帽壳;4—发火药;5—摩擦药;6—管壳

拉火管易吸湿,故开封后要及时恢复密封。使用时出现未发火或点不燃导火索,多由火帽掉药或无药、药量过小或发火药受潮、拉火丝摩擦药受潮或掉药太多等造成。出现吹出导火索而未点燃情况时,是由火帽药量过大、火帽压药表面虫胶漆过多、管壳内径不匹配、排气槽小或导火索外皮线黏结不牢固(插入拉火管时,外皮线堆积在管壳口部而堵塞排气槽)等造成。

二、导火索

导火索是一种用于传火和延期,外形为绳索状的火工品。导火索在工程爆破中用来引爆火焰雷管,在弹药中可用作手榴弹、爆破筒等爆破器材的引爆延期体。工程爆破中,导火索适用于无爆炸性气体和粉尘的爆破工程。

按照用途,导火索可分为军用导火索和工业导火索。按照延期时间不同,工业导火索又可分为普通导火索(延期时间较短,药芯含木炭)和石炭导火索(延期时间较长,药芯含石炭)。按其包缠物种类,导火索可分为全棉线导火索、三层纸工业导火索及塑料导火索等。本节重点介绍军用导火索。

1.结构

军用导火索分为手榴弹用、普通和塑料导火索,其外径及药芯尺寸稍有不同。军用普通导火索外观为白色,主要由芯药、芯线、牛皮纸、棉线和防潮层等组成,如图 14-79 所示。芯药通常使用 9 类黑药(粉状黑药),是导火索的能源;药剂中有四根并股棉线组成的芯线,用于导引黑火药燃烧，并保证导火索不易被折断；药芯外有三层白色棉麻线缠绕的包覆层，用于固定装药、保证强度和防潮；包覆层外为防潮层，由两层牛皮纸和沥青组成。

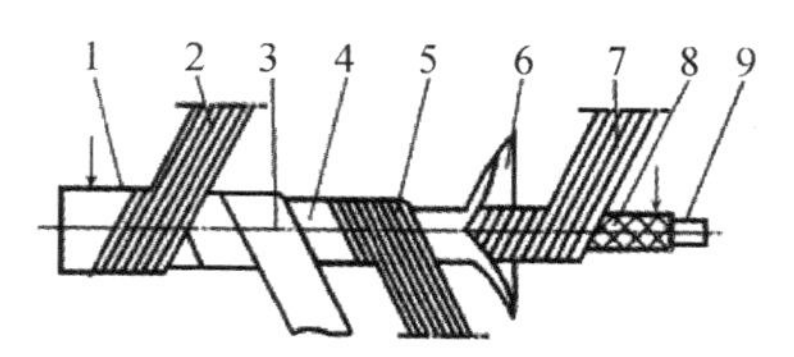

图 14－79　军用普通导火索结构

1—外涂料；2—外层线；3—中层纸；4—防潮层；5—中层线；6—内层纸；7—内层线；8—药芯；9—芯线

2.作用过程

导火索的作用有三个阶段。第一阶段为引燃阶段。当以足够的热能使药芯达到燃点后，导火索被点燃。该阶段黑药的反应速度很小，反应速度的增长较慢。第二阶段为燃烧阶段。药芯引燃后产生的气体和固体生成物，从引燃端和索壳排出；固体生成物与内层包线形成排气通路，使火焰沿着药芯向前传递，形成稳定的均匀燃烧，直至药芯接近燃尽。该阶段中，燃烧生成物中硫化钾等物质的自动催化作用使黑药反应速度增加很快，直至增大到最大值。第三阶段为喷火阶段。导火索燃烧至尾端时，由于黑火药燃烧时具有气体压力和热冲量，瞬间喷出火焰，引爆雷管。

3.性能及注意事项

导火索的直径为 5.2～5.8 mm，每卷导火索长度为 100 m；燃速比较均匀，一般为 1 cm/s，长度为 1 m 的质量完好导火索，应能在 100～125 s 燃完；取 2 根 0.1 m 的导火索，用一根导火索点燃另一根时，有效喷火距离不小于 50 mm；在燃烧过程中应无爆声、中途熄灭及透火现象，允许有烧焦、沥青渗出等现象。

导火索的使用有效期为 2 年，储存中要注意防潮、防弯折。使用前应检查外观，不合格部分要剪除，受潮、发霉、变质的不能使用。

三、导爆索

导爆索的外形与导火索相同，但药芯装药为猛炸药，通常用雷管起爆并输出爆轰能量，用于起爆爆炸装药。其外观为红色，以示与导火索的区别。导爆索适用于无沼气、无粉尘爆炸危险的场所，除用于引爆药包外，也可用于金属切割、爆炸成型、爆炸焊接等。此外，利用导爆索和继爆管配合可以实现毫秒起爆，用于微差爆破作业。

按药芯用药，导爆索可分为黑索今导爆索和太安导爆索；按包覆材料，可分为棉线导爆索、塑料导爆索和金属壳导爆索；按用途，可分为军用导爆索、工业导爆索、震源导爆索、安全导爆索、油井导爆索以及延时用导爆索等。本节重点介绍军用导爆索。

1.结构

军用普通导爆索有棉线导爆索和塑料导爆索两种。棉线导爆索的结构与导火索类似，如图 14－80 所示。塑料导爆索结构与棉线导爆索也基本相似，不同之处在于外层涂敷热塑性塑料，更适用于水下爆破作业。

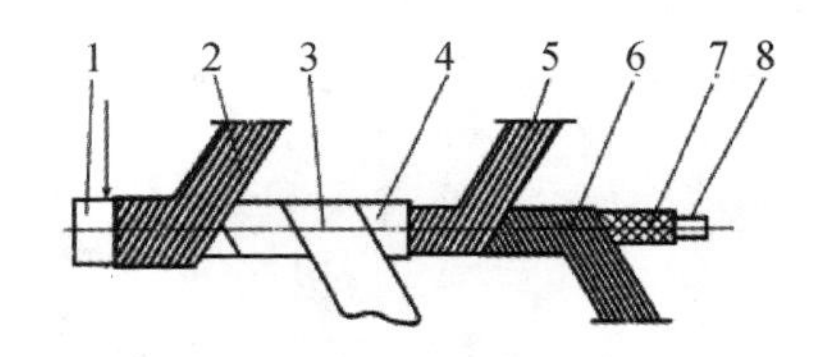

图 14 - 80　军用普通导爆索结构

1—外涂料；2—外层线；3—中层纸；4—防潮层；
5—中层线；6—内层线；7—药芯；8—芯线

2.性能及注意事项

棉线导爆索的直径为 5.2～6.0 mm，每卷导爆索长度为 50 m；可用 8 号工程雷管直接引爆，爆速不低于 6 500 m/s；在 1 个压装的 200 g TNT 药块上缠绕 3～4 圈应能直接起爆；7.62 mm步枪距离 50 m 射击不爆炸；索芯端面被火焰或导火索点燃时，不允许爆炸。导爆索的使用有效期为 2 年，导爆索切忌弯折，以免药芯移位，产生爆炸中断现象。

四、继爆管

继爆管是一种专门和导爆索配合使用的延期起爆器材，分为单向和双向两种。在导爆索和继爆管爆破网路中，应用继爆管的优点是可以任意设计所要求的爆破段，且在施工中不会窜段，安全性高。其缺点是成本高，不能在有瓦斯的环境中应用。

1.单向继爆管

单向继爆管结构及连接方法如图 14 - 81(a)所示，主要由连接套、消爆管、长内管、延期药、加强帽、起爆药、猛炸药等组成。导爆索与消爆管由连接套紧密相连，消爆管的另一端连接在装有毫秒延期元件的火雷管的管体内，经过卡口，互相紧密相连。将它与爆炸网路的导爆索按图 14 - 81(b)串接起来。

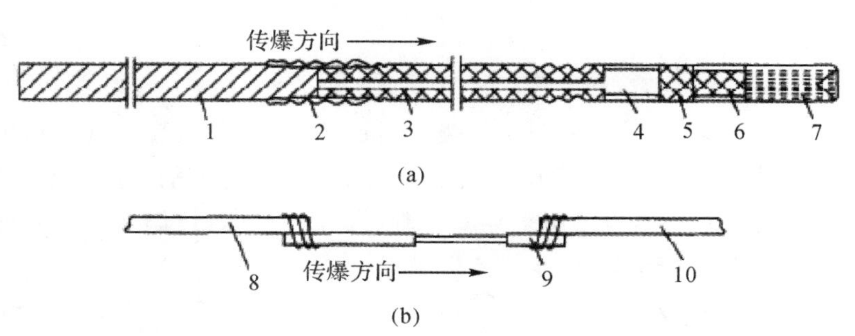

图 14 - 81　单向继爆管结构及与导爆索连接方法

1—起爆导爆索；2—连接套；3—消爆管；4—长内管；5—延期药；6—起爆药；7—猛炸药；
8—主爆导爆索；9—继爆管；10—被爆导爆管

继爆管的作用过程为：当主爆导爆索的爆轰波传播至消爆管时，其高温高压气流通过消爆管的小孔，到达长内管(减压室)降温降压，点燃雷管内的延期药，经过一定延期时间后雷管的起爆药柱和猛炸药药柱爆炸，引爆被爆导爆索。

单向继爆管是有方向性的，只能是由消爆管一端传向雷管一端，反接则爆炸中断，故应用时应选对方向。

2.双向继爆管

双向继爆管是一种没有方向性的继爆管，结构如图 14－82 所示。双向继爆管在结构上相当于两个相同的延期火雷管，底面相对连在一根消爆管上；口部各连接一根导爆索，用连接套在导爆索一端和消爆管一端卡口，将雷管包在连接套当中。双向继爆管结构对称，两根导爆索亦无起爆、被爆之分，在任一端起爆导爆索都不会发生拒爆，可靠性高。

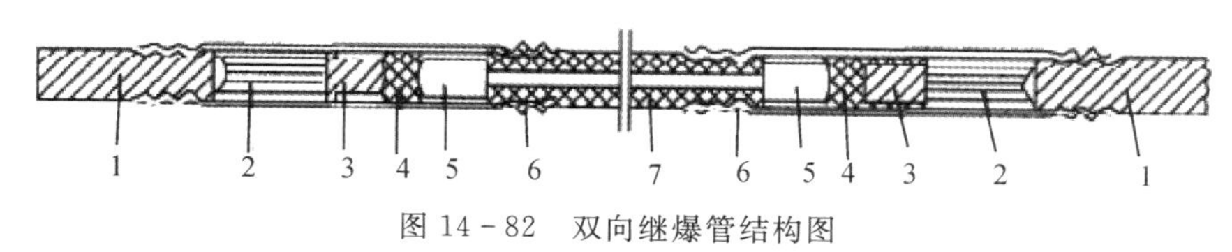

图 14－82　双向继爆管结构图

1—导爆索；2—猛炸药；3—起爆药；4—延期药；5—减压室；6—连接套；7—消爆管

五、导爆管

导爆管是塑料导爆管的简称，是一种由爆炸冲能引爆，用于传播爆轰波的索类火工品。与导爆索相比，其直径较小，爆速较低，结构也较为简单。

1.结构

塑料导爆管是一根内壁涂有薄层炸药粉末的空心塑料软管，如图 14－83 所示。塑料管由热塑性塑料制成，既是导爆管的外壳，又是导爆药涂敷的载体，还是导爆药形成低速爆轰约束条件与传播低速爆轰波的媒介。少量导爆药涂敷在管壁表面，且分布不连续。导爆药由奥克托今（质量百分比 91%）和铝粉（质量百分比 9%），外加约 0.25%的石墨或者硬脂酸钙组成。

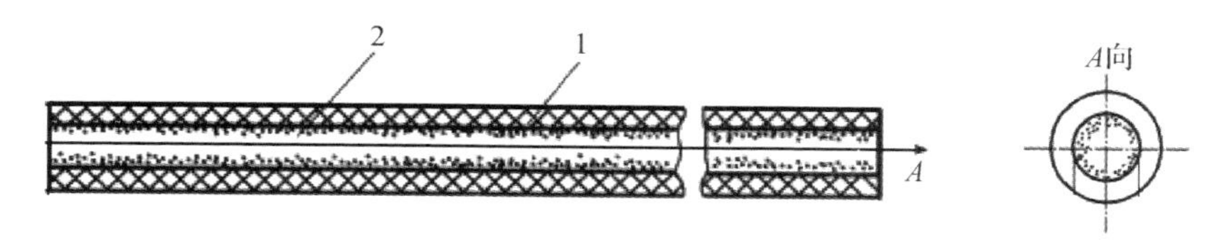

图 14－83　塑料导爆管结构图

1—低密度聚乙烯管壳；2—导爆药

2.传爆过程

导爆管的起爆有轴向起爆和侧向起爆两种。轴向起爆通常用电火花或火帽冲能在导爆管端部起爆，而侧向起爆时外界激发冲量作用在导爆管管壳上。

受到一定强度冲击波能量作用时，管壁强烈受压（侧向起爆）或管内腔受到激发冲量的直接作用（轴向起爆），使管内壁的混合药粉涂层表面产生迅速的化学反应。反应放出的反应热一部分用来维持管内的温度和压力，另一部分用来使剩余药粉继续反应。反应产生的（中间）产物迅速向管内扩散，与空气混合后再次产生剧烈的反应。爆炸时放出的热量和迅速膨胀的气体支持前沿冲击波向前稳定传播而不衰减，同时前移的冲击波又激起管壁药粉产生爆炸变化，如此循环下去，爆轰波在导爆管内稳定传播。

虽然导爆管中装药量少且不连续，但冲击波仍能够在其中稳定传播，有两个原因：①传爆爆炸过程存在管道效应，管道效应主要是管壁能够阻止或减少爆炸产物的侧向飞散，减少侧向能量损失，相当于增大了装药直径；②管的直径小、长度大，外界对其干扰较小，这对冲击波的传播有利。

3.性能

导爆管直径一般不大于 2 mm，爆速为 1 600～2 000 m/s，被起爆后要经历 30～40 cm 的爆轰成长期（距离）。明火不能引爆导爆管，但受明火作用后能平稳地燃烧，无爆炸声，能在火焰中见到许多亮点。

六、工程雷管

工程雷管主要指爆破工程中使用的雷管，可用于军事爆破和民用工业爆破。与弹药中的雷管相比，其尺寸更大、装药量更多、起爆能力更强，但对耐冲击过载性能没有要求。

通常按起爆能量形式、作用时间和装药形式对工程雷管进行分类。按照起爆能量形式，工程雷管可分为火焰雷管和电雷管等。按作用时间，工程雷管可分为瞬发雷管和延期雷管。瞬发雷管的作用时间不大于 12.5 ms，而延期雷管又包括毫秒延期雷管、半秒延期雷管和秒延期雷管。按装药形式，工程雷管分为单式雷管和复式雷管两种。单式雷管中只装雷汞或者雷汞-氯酸钾混合物，复式雷管装有起爆药和猛炸药。因复式雷管安全性高，故应用广泛。

不同工程雷管在结构上的区别，在于其引火装置和延期引爆元件不同；在性能上的区别，则在于起爆能力和延期时间不同。这两个参数是工程雷管的重要指标，工程上分别用号数和段别来表示。

单式雷管出现后，把不同威力的雷管按起爆力大小编成了 10 个号数（1 号～10 号），称为标准雷管。雷管号数越大，装药量越多，起爆力越强。复式雷管出现后，仍以标准雷管的起爆力为标准，当起爆力相同时，采用标准雷管的号数。实践证明，6 号和 8 号雷管已能满足工程爆破要求，且使用最多的是 8 号雷管，其他号数的雷管仅用于炸药的起爆感度实验。工程爆破中，对较钝感的炸药用 8 号雷管，较敏感的用 6 号雷管。如果用 8 号雷管不能起爆，则需使用传爆药柱。

雷管的段别用延期间隔区分，段别不同，延期时间不同。例如，200 ms 的延期雷管分为 9 个段号，段号为 1 时，延期时间为 0 ms，段号为 9 时，延期时间为 200 ms，相邻段号雷管的延期时间差（段长）为 25 ms。

1.工程火焰雷管

工程火焰雷管（简称火雷管）靠火焰（通常为导火索燃烧火焰）能量起爆，用于引爆装药或导爆索。

军用 8 号火雷管属于瞬发雷管，其典型结构与弹药雷管相同，如图 14－84 所示。

管壳是雷管的结构件，用于装配其他元件，盛装和保护雷管装药，限制爆轰产物的侧向飞散，缩短爆轰成长期，并加强轴向起爆能力。管壳可使用铜、铝、纸或塑料等材料，采用何种材料与装药有关。为避免药剂和金属作用，装雷汞时采用铜、铁或纸；装氮化铅时用铝或纸，不能用铜；装二硝基重氮酚时可采用铜、铝、铁、纸等。结构上，管壳口部留有空位，用于插入导火索;另一端根据聚能作用原理将其制成凹形结构。雷管爆炸后,除产生爆轰产物外,管壳还会产生可增强起爆能力的金属碎片及金属射流。

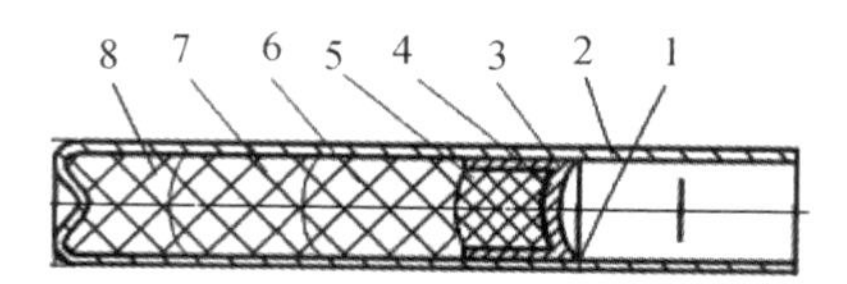

图 14 - 84　军用 8 号火雷管结构图

1—硝基密封漆;2—管壳;3—加强帽;4—绸垫;5—起爆药;6、7、8—猛炸药

雷管的装药采用正、副装药相结合的方式。与火焰接触的部分为正装药(雷汞或氮化铅等起爆药),军用 8 号火雷管正装药为雷汞;如为铝或铝合金外壳,则起爆药采用氮化铅,并在其上表面压一薄层火焰感度大的史蒂酚酸铅或采用 D.S 共沉淀起爆药;正装药下方黑索今等猛炸药是雷管的副装药。为保证可靠起爆,图 14 - 84 中的起爆药、猛炸药的装填密度,从右至左依次减小。

加强帽在雷管中起提高管壳抗力、提高起爆药装填安全性、密封起爆药和减少起爆药产物逸出、缩短爆轰成长期等作用。加强帽由铜、铝、铁等材料冲压而成,其中心有传火孔,用于使火焰通过该孔激发起爆药爆炸。传火孔内有一绸垫,以防起爆药散失和防潮。

使用时将导火索插入雷管,并与加强帽接触。点火器材点燃导火索后,产生的火焰通过加强帽的传火孔点燃起爆药,起爆药由燃烧转为爆轰后,引爆猛炸药,雷管最终输出爆轰能量、破片和射流。

军用 8 号火雷管能直接起爆所有的压装猛炸药,但起爆熔铸 TNT 装药时需加扩爆药柱。由于内装起爆药,火雷管感度大,遇冲击、摩擦或火花等外界作用均可能引起爆炸。雷管进水受潮后容易失效,在潮湿地点或水中使用时应严密防潮。军用火雷管的储存期为15～20年。

2.导爆管雷管

导爆管雷管是导爆管和火雷管的组合体。作用时间上,导爆管雷管既有瞬发的,也有各种段位的。目前使用最多的是毫秒延期导爆管雷管,多用于露天工程爆破。

导爆管延期雷管主要由导爆管、卡口塞、延期体和火雷管组成,如图 14 - 85 所示。导爆管通过卡口塞与延期火雷管连接构成。其中,卡口塞主要有两种作用:①固定和密封,将导爆管与延期雷管壳体紧密连接,避免延期药受潮;②消爆,橡胶卡口塞本身带有锥形空腔,其空腔(通常称为消爆空间)有一定长度和锥度要求,使导爆管产生的冲击波经消爆空间衰减后,以火焰形式点燃延期药,使延期药稳定燃烧。

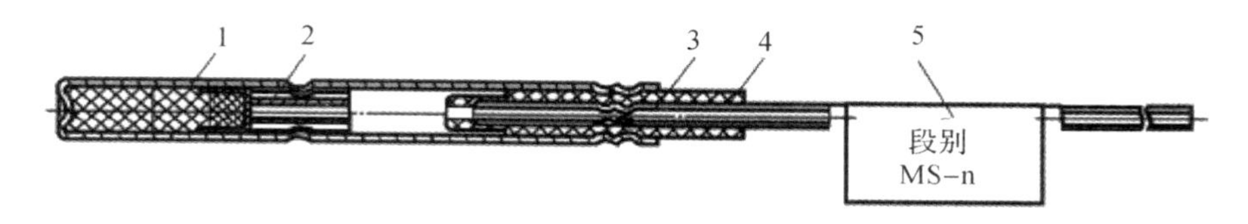

图 14 - 85　导爆管雷管结构图

1—8 号火雷管;2—延期件;3—导爆管;4—卡口塞;5—段别标志

导爆管被起爆后,其末端输出一定强度的冲击波,并伴有高温残渣粒子的火焰,经一定长

度的消爆距离后，以增强的火焰点燃延期药，延期药以一定速度燃烧并传播，在延期元件末端喷出火焰，点燃起爆药，起爆药迅速由爆燃转爆轰，进而引爆猛炸药，输出爆炸冲能。

3.工程电雷管

在大面积爆破、同时起爆多个药包、远距离控制起爆等场合，只能使用工程电雷管。工程电雷管主要为灼热桥丝式电雷管，常用的是8号电雷管。

(1)瞬发电雷管。军用8号铜电雷管属瞬发电雷管，其结构与军用8号火雷管相似，主要区别在于雷管前端增加了电点(引)火头，如图14-86所示。

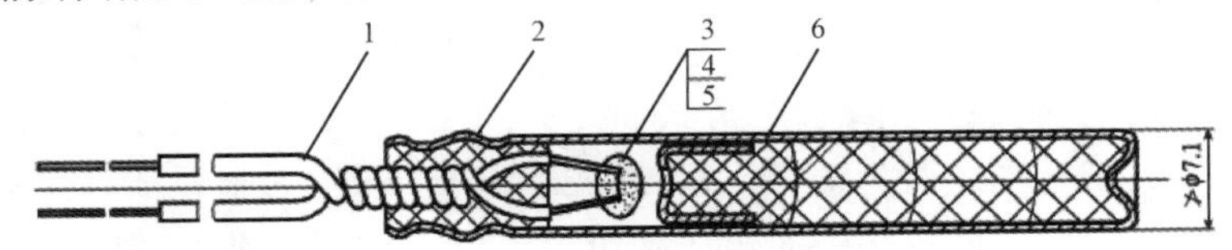

图14-86　军用8号铜电雷管结构图

1—脚线；2—塑料塞；3—桥丝；4—引燃药；5—2%～3%硝棉漆；6—军用8号铜火雷管

电点火头由脚线、桥丝、塑料密封塞及引燃药组成。脚线为两根塑料单芯铜线，长2 m，直径为0.5 mm，桥丝为直径(0.03±0.002)mm或(0.04±0.003)mm的镍铬丝。电点火头一般做成滴状，即在引燃药中加入黏合剂直接涂在桥丝上形成滴状，使药剂紧密地贴在桥丝上，有利于电点火头的点燃。实际上滴状引燃药常分为二层或三层，内层为较易点燃的引燃药(18 g氯酸钾、10.8 g硫氰化铅、15～21 mL动物胶液)，外层为点火能力较强的引燃药(50 g氯酸钾、50 g硫氰化铅、1 g铅丹)。有时为了防潮和增加强度，在最外层涂防潮剂作为第三层。防潮剂的配方为醋酸丁酯(质量百分比96%～98%)、3号硝化棉(质量百分比4%～2%)和少量的中性红色染料。

当电流通过电点火头桥丝时，被加热的桥丝将热量传给引燃药，引燃药开始产生化学反应。该反应速度很大程度上决定于压力和温度，随着压力与温度的增加，反应速度迅速增加，反应放出的热量也逐渐增多，致使引燃药燃烧。引燃药燃烧产生的热能(火焰、热气体、热质点等)点燃电雷管的起爆药，引起电雷管爆炸。

(2)延期电雷管。延期电雷管是指用电能引爆，具有延期功能的电雷管。延期电雷管包括秒延期电雷管、1/2 s延期电雷管、1/4 s延期电雷管和毫秒延期电雷管。

秒延期电雷管是段延期间隔时间在1～2 s的延期电雷管，其延期件为导火索。军用8号延期雷管属于秒延期电雷管，其结构如图14-87所示。与瞬发电雷管相比，秒延期电雷管的电点火头与火雷管之间设有导火索。秒延期电雷管的结构为内置式，即将精制缓燃导火索装配在雷管内，不同的段别采用不同燃速和不同切长的缓燃导火索，导火索的段长为11～16 mm。装配前要根据导火索的燃速来调整切长。切好的导火索压入火雷管中，使导火索的下端刚好与加强帽接触，芯药对正传火孔，然后在卡口工具上卡口。

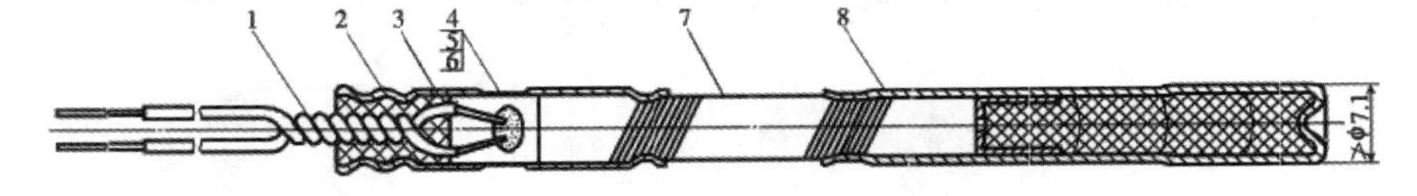

图14-87　军用8号铜延期雷管结构图

1—脚线；2—塑料塞；3—套管；4—桥丝；5—引燃药；6—硝棉漆；7—导火索；8—军用8号铜火雷管

毫秒延期电雷管又称为微差电雷管，段间隔为十几毫秒至数百毫秒。由于毫秒延期电雷管的延时精度高，故采用具有一定燃烧速度和燃烧精度的延期药作延期件。延期药的装填方式有装配式和直填式两种。前者是将延期药压装在延期管内后，再装入火雷管；后者则是将延期药装入火雷管内，反扣长内管后，直接在雷管内加压。典型的装配式毫秒延期电雷管结构如图 14－88(b)所示，属于煤矿许用毫秒延期电雷管，与图 14－88(a)秒延期电雷管的区别主要是在电点火头与火雷管之间设置有延期体。目前我国毫秒延期电雷管的延期件多采用铅质延期体(铅锑合金管内装有一定量延期药)，以铅质延期体的长度来控制延期秒量。

1/4 秒延期电雷管和 1/2 秒延期电雷管是指段间隔为 0.25 s 和 0.5 s 的延期电雷管。这两个品种延期电雷管的结构、电点火元件、电发火参数与毫秒延期电雷管相近，只是引燃药和延期药的组分有所不同。1/4 秒延期电雷管多采用铅质延期体，1/2 秒延期电雷管则采用秒级延期药。

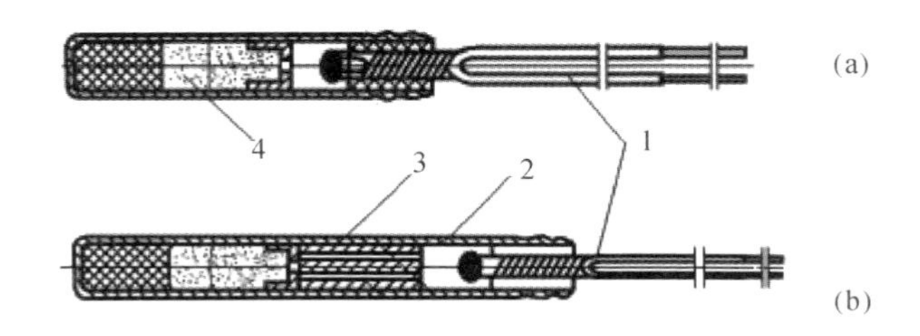

图 14－88　煤矿许用电雷管结构

(a)秒延期电雷管；(b)毫秒延期电雷管

1—电点火头；2—62 mm 长火雷管；3—铅延期体；4—45 mm 长火雷管

(3)性能指标。电雷管的性能指标包括电阻、最大安全电流、最小发火电流、百毫秒发火电流、准爆电流、传导时间和发火冲量等。

电阻指电雷管的全电阻，即桥丝电阻与脚线电阻之和。我国采用康铜丝的电雷管电阻为 0.8～1.2 Ω，采用镍铬丝的电雷管电阻为 2.2～4 Ω。基于多点同时起爆的需要，各雷管间电阻不能相差太大(＜0.25 Ω)。

工程电雷管的最大安全电流是指在较长时间(5 min)恒定直流电流作用下，使电雷管不发生爆炸的最大电流。国家标准规定，电雷管的安全电流为 0.03 A。最小发火电流是指在较长时间(5 min)恒定直流电流作用下，使电雷管爆炸的最小电流。

百毫秒发火电流是指固定通电时间为 100 ms，能使电雷管爆炸的最小电流，用 I_{100} 表示。为保证单个电雷管可靠起爆，通常串联时电雷管的准爆电流约为百毫秒发火电流的 2 倍，用 $2I_{100}$ 表示。

发火时间(也称点燃时间)是指从通电到输入的能量足以使引燃药发火的时间。传导时间是指从引燃药发火到雷管爆炸的时间。作用时间(反应时间)是指从通电到雷管爆炸的时间，等于发火时间与传导时间之和。传导时间对成组电雷管的齐发爆破有重大意义，较长的传导时间使敏感度稍有差别的电雷管成组爆炸成为可能。

发火冲量是指引燃发火的电流冲量，$K=I^2Rt$。在串联时，因为电雷管是同一类的，所以可将 R 的差异忽略，只用 $K=I^2t$ 来表示。发火冲量与电流强度有关，当电点火头的结构和材料固定后，发火冲量随电流强度的增大而减小，最后趋于一个定值。最小发火冲量是指单个电

雷管在强电流 $2I_{100}$ 作用下发火的最小冲量。

桥丝熔化冲量是指从通电到桥丝熔断时所需的电流冲量。桥丝熔化冲量的意义在于能判定在高的电流强度下，是否产生电桥烧断而引燃药未被点燃的现象，也就是可能判定烧断的电桥是否有足够的潜热引燃电发火头。如果熔化冲量大于发火冲量，即可保证发火。

(4)雷管的检查。使用电雷管之前，应首先检查其外表。雷管不许有裂缝、脏污、夹层、皱痕及机械损伤，雷管与加强帽接合处涂漆要完整，传火孔上无妨碍传火的杂质。然后用欧姆表导通或测量其电阻。为保证安全，在导通或测量时，应将电雷管放在遮蔽物后面，或埋入土中10～20 cm，如放在地面上检查，安全距离应不小于 30 m。

第八节　电火工品的安全问题

火工品的可靠作用对武器系统、航空航天器等有效发挥作用至关重要。但因装填有起爆药和感度较大的太安、黑索今等猛炸药，故弹药导弹、航空航天器等经常会因为火工品的意外作用而引起安全事故，因此必须重视火工品以及装配有火工品的弹药导弹的管理使用问题。

对大多火工品来说，因含有黑药、击发剂、引燃药等易吸湿受潮的药剂，故需进行密封防潮。对装配在弹药导弹等系统上的火工品而言，因尽量避免非作用环境引起火工品意外发火。以底火为例，虽然底火底部有一定的强度，可抵御一般外力作用，但因装填有击发药，仍较敏感，故应按相关规定进行勤务处理。例如：不得将带底火的炮弹立放，修理包装箱时防止撞击底火，装卸底火时用专业扳手等工具，不得撞击底火，等等。此外，炮弹的装填次数不能太多，否则在经受多次冲击振动后，可能对其性能造成影响。

从安全角度考虑，最应引起重视的是电火工品的安全问题。在电火工品的生产、运输、储存过程中，特别是使用过程中，往往会遇到许多意外的电能量，如静电、射频、感应电流、杂散电流等，这些意外能量都可能引起电火工品的发火。因此，电火工品的安全问题是经常遇到的现实问题。

一、静电作用时的安全问题

带有静电电荷的物体一旦与电火工品接触，会出现静电泄放，形成高压电火花，导致电火工品意外发火。由于静电的存在具有普遍性，所以由其引发的爆炸事故最多，对人员和财产造成了巨大的损失。

1.静电的产生

静电产生的途径较多，主要有以下三种情况：

(1)摩擦起电。任何两个物体特别是非导电物体接触时，总有电荷传递，反复接触或颗粒对表面的碰撞都会大大加强电荷传递。例如直升机旋转的浆叶是一种理想的静电发生器，产生的电位可高达 1 MV，与此电位相应的能量约为 1 mJ。因此直升机上的点火具及其附近地面上的弹药内的火工品必须有抵抗这种危害的能力。

(2)感应起电。一个带电体接近另一个非带电体时，就会使第二个物体的电荷重新分布，如果此时提供某些通道(如瞬时接地)，导出感应带电体一端的电荷，但仍保留着剩余电荷。以存放在雷电天气下的阵地火箭弹为例，由于云层电荷的感应作用，就有可能使火箭弹中的电火工品处于静电意外点火危险状态。

(3)剥离起电。两个接触非常紧密的物体，在外力作用下突然分开，称为剥离。剥离会导致物体产生静电。因剥离而使物体带电的现象称为剥离带电。例如，人快速脱掉衣服或将盖在绝缘台上的塑料布突然揭开，将会产生高达 7.55～15.8 kV 的静电压。由于剥离起电速率非常快，产生的静电电压很高，因而可以引燃和引爆电火工品。

2.人体静电

摩擦起电是人体带电的主要原因。人体摩擦起电包括行走时鞋子与地面的摩擦起电，人体和物体间的摩擦起电，做动作时各层衣服的相互摩擦产生静电等。此外，电场对人体的感应及人体与带电体的接触也会使人体带电。当带有静电的人体与火工品接近时，如果间隙足够小，静电电压足以击穿间隙间的介质，储存在人体上的静电能量就会通过被击穿的介质产生火花放电。

3.静电对电火工品的作用形式

静电对电火工品的作用形式主要有两种：一是静电荷从一个脚线输入，经过桥丝从另一脚线输出，这种形式的起爆与正常起爆相同，如图 14－89(a)所示；二是静电放电通过脚线与外壳间的药剂从管壳输出，如图 14－89(b)所示。通常静电引发电火工品作用的位置不在脚线与脚线之间，而是脚线与管壳之间。在静电高压作用下，电火工品脚线与管壳之间将会产生击穿，形成电火花，由电火花引爆装药。电火工品脚线与壳体之间的静电高压击穿需要的起爆能量很小，所以它是最经常和最危险的意外发火形式。

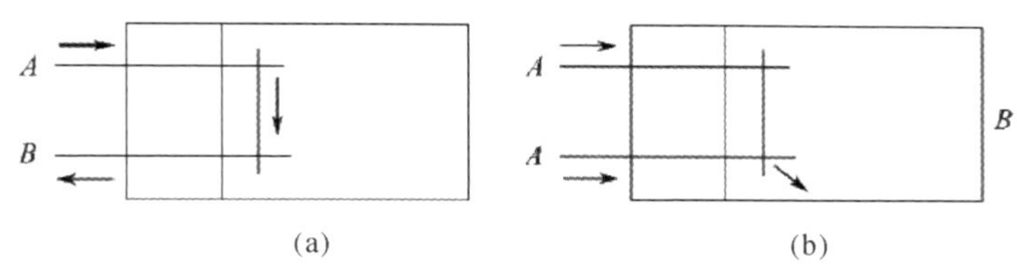

图 14－89　静电对电火工品的作用形式

(a)脚线-脚线；(b)脚线-管壳

4.静电的危害

对电火工品来讲，由于结构中采用了绝缘材料，导入静电不可避免。静电的危害有两方面：一方面是静电放电造成电火工品早发火，另一方面是造成电火工品性能变坏，如迟发火、钝感等。一般情况下，如果不采取措施，涂膜式电雷管可以在 10 pF 以上、100 V 以下的静电电压下发生爆炸；火花式电雷管虽然爆炸所需的静电电压较高，但是电容量在 10 pF 以下也可能爆炸；桥丝式电雷管的抗静电能力比较好，但它抗杂散电流的能力较差。另外，如果采用的桥丝很细，电阻值大，发火能量小，在静电作用下同样不够安全。

二、射频作用时的安全问题

随着无线电技术的飞速发展，人们生活的空间和宇宙中充满着射频电磁场，地面上的广播、通信设备上的发射机、军舰上的各种雷达、战场上的电磁脉冲武器等都会对电火工品产生作用。在射频作用下，电火工品本身及其连接的有关线路和部件，都可以作为无线电波的接收天线，将射频能量引入电火工品。一般情况下，这种引入的能量很小，不足以使电火工品发火。

但是在适当的条件下，射频能量也可能引起电火工品意外起爆，从而出现安全事故。更多情况下，若电火工品长期受到低于发火能量的射频作用，会使其性能发生变化，工作可靠性变差。显然，这种电火工品的意外发火或性能变化对武器系统所产生的后果都将是毁灭性的。因此，除静电外，射频是影响电火工品安全性、可靠性的最重要因素。

1.射频的产生

射频是指发射到空间的具有一定频率的电磁波。射频波分为连续射频波和脉冲射频波两种，连续射频波以通信无线电波为典型代表，雷达波是脉冲射频波的典型代表。

武器遇到的射频环境主要有民用射频源、军用射频源和武器系统射频源。其中，民用射频源主要指电视发射机、调频调幅电台、移动式发射台及各类通信设备，是武器运输过程重点考虑的射频环境。军用射频源是指军事设施附近的高功率密度的发射体(无线电、雷达等大功率电子设备)，该射频源已成为武器使用中最危险的电磁环境，已出现过多起因射频导致武器弹药意外爆炸的事故。武器系统射频源，主要指武器系统中的通信设备和监视设备，这些设备通常是最接近武器系统的射频源。

2.射频对电火工品的危害机理

桥丝式电火工品的脚线为金属线，用于连接发火、控制线路等。当电火工品脚线处于电磁场中时，能起到天线作用，并从中接收电磁能量。对双脚线电火工品而言，未短路的电火工品脚线起偶极天线的作用，短路的电火工品脚线起环形天线的作用。一般情况下，射频能量是通过电压与电流两种形式使电火工品发火或瞎火的，而连续波和脉冲波又有不同的作用机理。

(1)脚线-脚线间电流作用机理。连续波对电雷管的作用可以和直流电作用相比较，在1 000 MHz以下，其发火能量随频率的增加而增加，此时电雷管的射频感度比直流电感度要低，所以可用直流电感度的大小来评定电火工品的射频感度或安全性。如果某电火工品对直流钝感，一般对射频也钝感。它的起爆机理是电流通入桥丝而加热药剂。当连续射频波频率大于1 000 MHz时，除桥丝加热外，还可能出现电弧起爆等现象。

脉冲波是以一种周期短的重复脉冲发出射频能量的电磁波。这种射频能量以热积累的方式加热桥丝。即每个脉冲都将加热桥丝，在下一个电脉冲到来之前，前一个电脉冲作用到桥丝上，桥丝所产生的热量仍未散去，而一连串的重复电脉冲就有可能使桥丝温度不断升高，直到引起电火工品意外发火。

需要注意，如果连续波引起的电流较小或者脉冲波的每个脉冲波提供的能量较小，这种小于不发火水平的射频电流通过桥丝时也会使其发热，如果由此产生的温升达不到自动发火温度，则桥丝周围的炸药可能缓慢分解或桥丝性能会发生变化(如氧化)。之后，如再通入正常发火刺激时，已分解的药剂或性能变化的桥丝将对正常发火起到阻碍作用。

(2)脚线-管壳间电压作用机理。连续波或脉冲波产生的场强对电火工品的作用与静电作用相似，主要发生在脚线-管壳间。因此，如果电火工品脚线-管壳对静电敏感，那么它很可能对射频能量也比较敏感。

连续波作用时，将在脚线-管壳之间产生电压梯度。如果电场强度足够高，时间足够长，则可能在脚线-管壳之间产生击穿并使火工品发火。在射频能源下，最后的击穿是多次冲击的结果，此时的击穿电压较低。

脉冲波作用时，由于波峰幅度比连续波更高，多次加载将使电火工品击穿，场强显著下降，故射频感度最高。虽然前一次加载不足以使电火工品发火，但却减弱了对下次加载的承受力，最后一次的击穿是多次加载积累的结果，而这种关系和加载频率直接相关。实践证明，当脉冲波频率为 1.5 MHz 时，电火工品的发火能量最低。

3.射频的危害

射频作用在不同类型的电火工品上时，会分别或同时造成电流和电压输入，其危害与静电相同，即早发火或迟发火、瞎火等。总之，射频的危害，与电火工品的结构、发火机理以及射频类型有关。

三、感应电流作用时的安全问题

如果发火线路没有很好屏蔽，则当电火工品靠近交流动力线时，发火线路上可能产生感应电流。感应电流的大小和电压的高低与线路及动力线的性质有关。如果感应电流足够大，可以使桥丝加热，从而使桥丝式电火工品发火。但是这种电压不可能达到 1 000 V，所以对火花式电火工品是比较安全的。

四、杂散电流作用时的安全问题

杂散电流产生的原因是各种电气设备的地电位差，这种电位差产生的电流比较小，对火花式电火工品没有作用，但足以引爆某些桥丝式电火工品。

五、电火工品的“双防”问题

虽然静电、电磁干扰、电磁辐射及雷电等电磁环境都会对电火工品造成影响，但影响最大、影响范围最广的还是射频和静电。所谓“双防”就是指防静电、防射频。为防止静电和射频对电火工品的影响，必须重视电火工品的安全性问题。

电火工品的安全性可分为固有安全性和电磁环境安全性。固有安全性是指电火工品本身具有的抗电磁环境的能力，主要是指在设计、生产过程中赋予其的“双防”能力。电磁环境安全性是指电火工品适应电磁环境的能力，主要包括储存安全性和使用安全性。

固有安全性主要通过内部结构设计实现。电火工品防静电干扰的途径一般有三种：一是“堵”静电，通过设置火工品内部绝缘系统，增加脚-壳间的绝缘强度，保证在一定静电放电电压下不会被击穿；二是“泄放”静电，采用保护性静电泄放装置或材料，构成静电的泄放通道，该方法是目前最常采用一种保护形式；三是使用对静电放电钝感的起爆药或点火药剂。电火工品防射频干扰的途径主要是降低电火工品的射频感度，提高内部对射频能量的衰减耗散。比如，采用以通低频阻高频为目的的复合导线技术及宽频带衰减电极塞技术，或在传输射频路径——发火线上附加衰减器来衰减进入火工品的射频能量。

储存安全性主要通过对环境的管理来实现。采用电点火具、电底火或者电撞两用底火等为发火元件的电发火弹药对电磁环境最为敏感。电发火的火箭弹由于带有电点火具，在储运过程中受雷击或电能作用时可能自动点火，危害很大。因此，电发火的火箭弹（含电火工品元件）在储存管理上除了要遵守弹药共同储存原则和堆码要求外，还应注意以下问题：一是储存电发火火箭弹的库房应做好雷电防护，按一类防护要求设置防雷装置；二是地坪表面不得涂绝缘涂料，以防人体、搬运机具和弹药箱上的静电能量积聚，地面应达到Ⅱ类防静电要求，地面的静电泄露电阻要求不大于 $10^8\ \Omega$；三是作业人员应穿着防静电服或导电鞋，库内作业的机械应保持静电接地状态，接地电阻值不应大于 100 Ω；四是作业时，库内相对湿度应控制在 50%以上；五是在雷雨天一般不得进行电发火火箭弹的运输。

使用安全性主要是指对电发火弹药的检查、测试和维修等过程的安全性。检测维修中，弹药均为裸露状态，"双防"问题更加突出。采取的主要措施：一是电火工品两脚线自由端为裸露状态时，将脚线可靠短接；二是作业人员应穿着防静电服、导电鞋，每次操作前，都要触摸静电接地装置或一直戴着防静电手环；三是所有测试设备均接地，地面、工作台有接地的覆盖物，接地电阻符合要求；四是增加屏蔽措施有效防止射频，如把电火工品、电源、传输电线、开关、保险机构分别或整体屏蔽在特制的金属壳内，并且外接线一律采用屏蔽电缆。当弹体内部有发射机时，仅靠屏蔽防射频是不可靠的，还需外接射频陷阱线路，其基本原理如图 14-90 所示，电容器与发火线路并联，以旁路射频电流，二极管 D 与发火线路串联以防止反向电流通过，从而组成对射频的陷阱。当输入正向发火直流或低频电流时，电容器 C 上基本没有电流通过，可以保证正常发火。

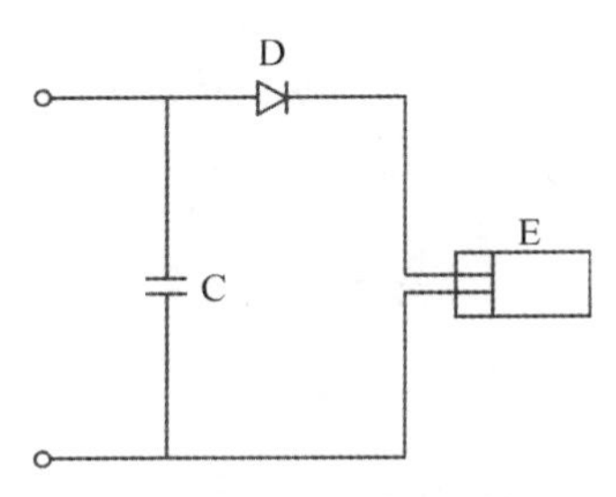

图 14-90　射频陷阱原理图

参考文献

[1] 王泽山,欧育湘,任务正,等.火炸药科学技术[M].北京:北京理工大学出版社,2002.

[2] 《炸药理论》编写组.炸药理论[M].北京:国防工业出版社,1982.

[3] 肖忠良,胡双名,吴晓青,等.火炸药的安全与环保技术[M].北京:北京理工大学出版社,2006.

[4] 罗运军,庞恩平,李国平.新型含能材料[M].北京:国防工业出版社,2015.

[5] 黄寅生.炸药理论[M].北京:北京理工大学出版社,2016.

[6] 舒远杰,霍冀川.炸药学概论[M].北京:化学工业出版社,2011.

[7] 余永刚,薛晓春.发射药燃烧学[M].北京:北京航空航天大学出版社,2016.

[8] 久保田浪之介.火炸药燃烧热化学[M].徐司雨,姚二岗,裴庆,等译.北京:国防工业出版社,2019.

[9] 赵雪娥,孟亦飞,刘秀玉.燃烧与爆炸理论[M].北京:化学工业出版社,2010.

[10] 张奇,白春华,梁慧敏.燃烧与爆炸[M].北京:北京航空航天大学出版社,2007.

[11] 张恒志,王天恒.火炸药应用技术[M].北京:北京理工大学出版社,2010.

[12] 欧育湘.炸药学[M].北京:北京理工大学出版社,2006.

[13] 路明.炸药的分子与配方设计[M].北京:兵器工业出版社,2003.

[14] 马蒂阿什,帕赫曼.起爆药学[M].张建国,张志斌,许彩霞,译.北京:北京理工大学出版社,2016.

[15] 劳允亮,盛涤伦.火工药剂学[M].北京:北京理工大学出版社,2011.

[16] 邓汉成,郑文芳.火药制造原理[M].北京:国防工业出版社,2013.

[17] 张续柱.双基火药[M].北京:北京理工大学出版社,1997.

[18] 蔺向阳,郑文芳.火药学[M].北京:化学工业出版社,2020.

[19] 李葆萱.固体推进剂性能[M].西安:西北工业大学出版社,1990.

[20] 庞爱民,马新刚,唐承志.固体推进剂理论与工程[M].北京:中国宇航出版社,2014.

[21] 张炜,鲍桐,周星.火箭推进剂[M].北京:国防工业出版社,2014.

[22] 谭惠民.固体推进剂化学与技术[M].北京:北京理工大学出版社,2015.

[23] 阿格拉沃尔.高能材料:火药、炸药和烟火药[M].欧育湘,韩廷解,芮久后,等译.北京:国防工业出版社,2013.

[24] 潘功配.高等烟火学[M].哈尔滨:哈尔滨工程大学出版社,2005.

[25] 常双君.烟火技术及应用[M].北京:北京理工大学出版社,2019.

[26] 王玄玉.烟火技术基础[M].北京:清华大学出版社,2017.

[27] 曹欣茂.世界爆破器材手册[M].北京:兵器工业出版社,1999.

[28] 贝静芬.世界弹药手册[M].北京:兵器工业出版社,1990.

[29] 王凯民.火工品工程:上卷[M].北京:国防工业出版社,2014.

[30] 王凯民.火工品工程:下卷[M].北京:国防工业出版社,2014.
[31] 刘竹生,王小军,朱学昌,等.航天火工装置[M].北京:中国宇航出版社,2012.
[32] 汪佩兰,李桂茗.火工与烟火安全技术[M].北京:北京理工大学出版社,1996.
[33] 叶迎华.火工品技术[M].北京:北京理工大学出版社,2007.
[34] 王凯民,温玉全.军用火工品技术[M].北京:国防工业出版社,2006.